Das chemische Element seine Wandlung und sein Bau

als Ergebnis der wissenschaftlichen Forschung

Von

Dr. Willy Bein

Mit 39 Figuren im Text

Leipzig und Berlin 1920

Vereinigung wissenschaftlicher Verleger

Walter de Gruyter & Co.

vormals G. J. Göschen'sche Verlagshandlung :: J. Guttentag, Verlagsbuchhandlung :: Georg Reimer :: Karl J. Trübner :: Veit & Comp.

Druck von Metzger & Wittig in Leipzig.

Vorwort.

In den letzten beiden Jahrzehnten ist kein Gegenstand der Physik und Chemie eingehender und mit größerem Erfolge behandelt worden als das chemische Atom. Naturwissenschafter aller Gebiete und aller Nationen haben einträchtig zu den wichtigen Erkenntnissen zusammengewirkt, deren Ziel die Aufklärung der geheimnisvollen Natur des Stoffes ist. Mit ihnen gelangen die Bestrebungen von Boyle, Lavoisier und Dalton zum Abschluß. Den Ausgangspunkt dieser fruchtbaren Epoche der Naturwissenschaften bildet die Entdeckung der X-Strahlen. Im Jahre 1895 machte Röntgen seine Entdeckungen. Ihm folgte unmittelbar Becquerel und das Ehepaar Curie. Ein neues Gebiet, die Radioaktivität, war erschlossen, die von Rutherfords ebenso kühner wie einfacher und erschöpfender Zerfalltheorie beherrscht wird. 1915/16 berechneten die Mathematiker Sommerfeld und Epstein, anknüpfend an die Theorie von Bohr über den Bau der Atome, die Bahn der Elektronen im Atom, Untersuchungen, die das Atom als ein verhältnismäßig einfaches Abbild der großen Weltsysteme erscheinen lassen. In einem erstaunlich geringen Zeitraum ist die Wissenschaft der Lösung eines Problems nahegekommen, ja man kann vielleicht sagen, ein Problem ist zu einem vorläufigen Abschluß gekommen, das schon seit den Zeiten der alten griechischen Denker die Menschheit bewegte und das Jahrtausende lang allen wirklichen Lösungen zu spotten schien. Schwerlich hatte man noch gehofft, so tief in das Wesen der Substanz eindringen zu können.

Die Forschungen dieser Jahrzehnte brachten uns den Triumph der Atomtheorie, die Demokrit aus einer Verallgemeinerung von wenigen Tatsachen, ohne jeden Rückhalt an Versuchen, nach der naiven Methode der Griechen abgeleitet hatte. Jetzt läßt sich zeigen, wie sich der Stoff in Energie umwandelt, und eine Energie, die Elektrizität, wird zum chemischen Element, wie es einst Faraday mit seherischem Blick vorausgesagt hatte. Die isolierten Forschungen über die freie Elektrizität (die Kathodenstrahlen) von Plücker, Hittorf, Helmholtz, Goldstein, Hertz, Lenard, Crookes, J. J. Thomson gliedern sich in den Gesamtbau der Wissenschaft ein. Der kühne Traum Crookes vom zusammengesetzten und zerfallenden Atom blieb nicht länger Hypothese.

Zugleich wurde auch das alchemische Problem der Metallverwandlung im Sinne Faradays ein Gegenstand wissenschaftlicher Forschung. Nicht mehr hoffnungslos steht man dem Problem der Umwandlung der Elemente gegenüber, nachdem es Rutherford gelungen ist, den Stickstoff zu zerlegen.

Immer deutlicher zeigt sich, daß die Elemente in engen Beziehungen zueinander stehen, daß sie einen gemeinsamen Urstoff haben. Ihre Vielheit weicht einer Ureinheit. Masse und innere Energie des chemischen Elementes hängen von wenigen genau bestimmbaren Konstanten ab: der Moseleyschen Ordnungszahl, der Faraday-Helmholtzschen Elektrizitätsmenge, dem Elektron e, dem Planckschen Elementarquantum h und der Bohr-Einsteinschen Energie $h\nu$. Zahl und Anordnung der Valenzelektronen bestimmt die chemische Verwandtschaft. Drei neuentstandene Forschungsgebiete haben sich hier vereinigt: die Theorie der Elektronen, der Quanten und der Relativität.

Wenige Jahre haben das Geheimnis der Materie mehr entschleiert als zwei vorangegangene Jahrtausende. Mit Spannung und Ungeduld erwartet man die neuesten Hefte der wissenschaftlichen Zeitschriften der Welt. Neben den Hypothesen des theoretischen Physikers feiert die geduldige Kunst des Beobachters neue Triumphe. Vor wenigen Wochen bescherte sie uns das Massenspektrum. Die in den Goldsteinschen Anodenstrahlen vereinigten Atommassen lassen sich durch den Magneten ebenso scharf voneinander trennen, wie die in den Flammen vereinigten Spektralstrahlungen durch das Prisma. In den von J. J. Thomson und F. W. Aston aufgenommenen Photographien des Massenspektrums sieht man, wie viele Atomarten und Molekülgruppen selbst „einfache" Gase enthalten. Die „einfachen" chemischen Elemente bestehen überwiegend aus einer Reihe von Isotopen. Deren Atommasse ist, wie es Prout forderte, ein ganzes Vielfache einer Einheit.

In immer gesteigerter, kaum noch zu verfolgender Geschwindigkeit gehen, unbeirrt vom Weltgeschehen, kühne vor keiner gewagten Annahme zurückschreckende Pfadfinder der Wissenschaft ihren ruhmvollen Weg. Der Kleinarbeit der Forschung erwachsen aus dieser geradezu dramatischen Entwicklung der Erkenntnis zahllose Aufgaben. Nur der Rohbau des neuen Gebäudes ist vollendet. Im einzelnen gibt es viel auszugestalten und zu stützen. Haben doch die Baumeister nicht immer alle Standpfeiler mit der erforderlichen Bedächtigkeit und Sicherheit errichten können.

Im vorliegenden Werk sind die neuen Ideen so kurz, wie irgend tunlich, wiedergegeben. Stets sind die einzelnen Versuchsergebnisse, auf die sich diese Ideen stützen, hervorgehoben. Zum Teil sind diese Versuchsergebnisse tabellarisch zusammengefaßt. Das Versuchs- und Zahlenmaterial der letzten Jahre war oft nur mit großen Schwierigkeiten zu beschaffen. Es ist nach Möglichkeit bis Anfang des Jahres 1920 berücksichtigt.

Berlin-Wilmersdorf, im Juni 1920.

Der Verfasser.

Inhalt.

Radioaktive Stoffumwandlung.

Die Zerfalltheorie und ihr Beweis.

Die radioaktiven Substanzen als chemische Elemente.

Die Forschungen über den Atombau.

Anhang.

Das Unveränderliche in der Wandlung des Stoffes.

Der Weg zum chemischen Element.

1. Chemische Erfahrungen in prähistorischer und vorklassischer Zeit.

Das Herdfeuer hat zuerst die Aufmerksamkeit der Menschen auf die Wandlung des Stoffes, auf chemische Reaktionen, gelenkt. Nach einer Methode, die noch heute manche auf der Kulturstufe der Steinzeit stehengebliebene Bewohner der australischen Inselwelt benutzen, durch Aneinanderreiben trockenen Holzes, wurde das Feuer erzeugt. Die das Holz verzehrende Flamme erschien als Ursache der Veränderungen. Jahrtausende vergingen, ehe weitere Fortschritte erzielt wurden. Der wichtigste Fortschritt war die große Erfindung, durch Feuer Metalle aus den Erzen zu gewinnen. Bereits zur Zeit der ersten geschichtlichen Überlieferungen sehen wir vollendete Proben dieser Kunst in Ägypten, Babylonien, Indien. Werkzeuge zur Sicherung der Gewinnung von Nahrung, Kleidung und Wohnung, Waffen zur Bekämpfung der Feinde, Geräte und Bildwerke zur Verehrung der Götter wurden bereits angefertigt. Die aus Asien eingewanderten Ägypter lernten um 4500 v. Chr. die Kunst des Kupferschmelzens auf der Sinaihalbinsel. Dort sind Kupfererze weit verbreitet. Man fand Gegenstände aus Kupfer neben Steinwerkzeugen zu ihrer Bearbeitung. Besonders bemerkenswert ist, daß das Kupfer für Messer, Sicheln und Werkzeuge, wie sie für den Pyramidenbau erforderlich waren, durch Arsenzusatz gehärtet wurde. Die ägyptischen Pharaonen, wie z. B. Snetru (um 3450) haben den Bergbau sehr gefördert. Wahrscheinlich noch früher wurde im Lande der sumerischen Könige von Kisch, auf dem Boden des späteren Assyriens, die Metalltechnik in Kupfer ausgeübt. Das Metall stammte wohl aus den Bergen Armeniens, aus dem Lande der Chaldäer. In den Überresten der chaldäischen Hauptstadt Ur hat man Gegenstände aus Kupfer gefunden. Götzenbilder aus dem Sumererlande (um 4000 v. Chr.) bestehen aus reinem Kupfer (99,9 %); ebenso ein Spiegel aus der ersten Dynastie Ägyptens (3500 v. Chr.) und auch das Zepter des Pharao Pepi, aus der sechsten Dynastie.

Zinnzusatz zur Herstellung von Bronze tritt zuerst in der vierten Dynastie auf. Das Zinn stammte aus den Bergen Irans, später aus Hinterindien. Noch später holten es die Phönizier aus Britannien. In der mykenisch-kretischen Zeit, vom 3. Jahrtausend ab, gewinnen die Bronzen steigende Bedeutung. Der Spiegel von Mariette aus der Zeit um 2000 enthält 90 % Kupfer und 10 % Zinn. Auch Blei und Zink und ihre Verwendung (z. B. Herstellung von Messing) ist bereits, vor allem in Indien bekannt. Sehr weit zurück geht die Benutzung von Edelmetallen, von Gold, Silber und von der Legierung beider, dem Elektron. Quecksilber hat man in Gräbern auf Inseln der Ägeis aus der Zeit um 2000 gefunden. Die Gewinnung des Eisens muß in Ägypten und Innerafrika außerordentlich lange bekannt gewesen sein. In einer Fuge der Cheopspyramide sowie in Resten aus der Zeit der fünften Dynastie sind eiserne Meißel gefunden worden. Daß Eisen bei Funden so selten auftritt, ist darin begründet, daß es als dem bösen Gotte Seth zugehörig, als Totenbeigabe nicht verwendet wurde, und dann in seiner geringen Haltbarkeit gegenüber der Einwirkung der im Boden Ägyptens vorkommenden Meeressalze und des Salpeters. Eisen wurde auch in den übrigen Ländern des Mittelmeeres nur spärlich verwendet; erst zu den Zeiten Homers (um 1000) beginnt sein Siegeszug.

Die Rezepte und Handgriffe zur Herstellung und Prüfung der Metalle und Legierungen, sowie der Erzeugnisse des Textilgewerbes bewahrte die ägyptische Priesterzunft. Besondere symbolische Darlegungen sorgten dafür, daß sie Uneingeweihten nicht zugänglich war. Der Mondgott Thot — griechisch Hermes [1]) — lateinisch Mercur — ist der Schutzpatron der Priester, Chemiker, der Magier, und nach ihm hieß die Kunst der Chemie und Metallurgie die hermetische oder auch heilige (schwarze) Kunst. Im Papyrus Ebers, gefunden in Luxor, der Zeit um 1550 zugehörig, sind die wohl bereits aus noch älterer Zeit stammenden Lehren und Symbole der Priesterorden aufgezeichnet. Von ihnen führt ein gerader Weg zu der Alchemie[2]), die im dritten Jahrhundert n. Chr. beginnt, zu der Lehre von der Verwandlung unedler Metalle in edle. In der Praxis genügte es, die unedlen Metalle mit Überzügen zu versehen, die ihnen das Aussehen, die „Form" edler Metalle gaben. Derartige Handgriffe sind in dem aus der Zeit 300 n. Chr. stammenden Leydener Papyrus, den Berthelot „Handbuch eines betrügerischen Goldschmieds" nannte, aufgezeichnet. Doch sind die Rezepte wohl uralt, da die Juden nach Oppert schon zur Zeit Homers Messing durch Überziehen mit Schwefelarsen oder mit Quecksilberverbindungen den Anschein von Gold oder Silber gaben.

2. Die ersten chemischen Theorien im vorklassischen Altertum. — Das Urwasser und der Kreislauf der chemischen Wandlung.

Die hochentwickelten technischen Erfahrungen wurden mit den allgemeinen Naturbeobachtungen zu einer Stofftheorie verknüpft, die zur Lehre von den Elementen wurde. Sumerer, Ägypter, Babylonier, Inder haben an dieser Lehre, deren Herrschaft erst vor wenig mehr als 100 Jahren erlosch, gearbeitet. Von Ägypten[3]), Indien und Persien her wurde sie zu Buddahs Zeit den Griechen bekannt.

---

[1]) Er führte den Beinamen Trismegistos, der dreifach Mächtige. — Dieses Wort hat sich zu Mephisto gewandelt.

[2]) Die Alchemie ist ausführlich in v. Lippmanns Werk: Entstehung und Ausbreitung der Alchemie (Berlin 1919) behandelt.

[3]) Lepsius (Philosph. Abhdl. Berl. Akad. 1856, 182) zeigt, daß die Griechen die Lehre von der Vierzahl der Elemente nicht von den Ägyptern übernommen haben können. Zur Zeit als die griechischen Philosophen in Ägypten bei den Priestern studierten, war diese Lehre dort nicht ausgebildet. Sie ist auch den ägyptischen Anschauungen fremd und hat erst durch Manetho, der unter griechischem Einfluß stand, im Nilland Fuß gefaßt.

In Ägypten hängt das Gedeihen des Landes von der Nilflut ab. Das Nilwasser ist der Schöpfer des Lebens. So lag es nahe, alle Materie aus dem Wasser entstanden zu denken. Dem Wasser und der Mutter Gottes (Isis) wurde dasselbe Hieroglyphenzeichen zuerteilt. Es entstand die Lehre vom Urwasser, das eher war, als Himmel und Erde. Wir finden sie aber auch in der aus dem dritten Jahrtausend stammenden babylonischen Weltschöpfungssage, dem Gilgamesch-Epos; in den indischen Dichtungen (Rigveda, Indralied, Palikanon, Sakuntala), im Homer. Aus dem Urwasser geht der Gott des Lichtes und des Feuers Marduk — Agni — Zeus hervor. In Babylonien, dem Lande der symbolischen Verknüpfung von Zahl, Zeit und Raum hat man die Lehre von den 4 Elementen und ihrem Kreislauf geschaffen. Man verglich Himmel und Erde. Den Hauptplaneten am Himmel zugleich den vier Hauptgöttern Marduk (Jupiter) — Nergal (Saturn) — Nebo (Merkur) — Ninib (Mars) entsprachen die vier Elemente. Und diese sind wieder in ihrem Kreislauf das Abbild des Menschenlebens. Der Mensch ist, wie alle Geschöpfe, aus dem Wasser entstanden, er lebt auf Erden, nicht frei von allem Stofflichen, doch dem göttlichen Element nahe, dem reinigenden verjüngenden Feuer, dem Inbegriff des Geistigen, bis seine Seele im Tode sich in Vogelgestalt in die Luft erhebt. Als Phönix steht er aus der Asche wieder auf und beginnt sein Leben im Kreislauf von neuem. Dem Kreislauf des Lebens entspricht der Kreislauf der Substanz. Die Stoffe sind daher ineinander zu verwandeln.

In Indien und in China (bereits im dritten Jahrtausend, nach einem uns erhaltenen Werk) tritt zu den vier Elementen, die alle nur Erscheinungsformen des höchsten Gottes (Siwas) sind, der Äther, der feinst verteilte Stoff, die spätere Quintessenz des Aristoteles und der Alchemie. Wie alle Elemente durch sinnliche Eigenschaften charakterisiert sind, so ist es auch der Äther, der Überträger (Vater) von Strahlungen, besonders vom Schall. Die Zahl 5 entspricht den fünf Sinnen. Seine Vollendung erhielt das System (Vaiseshika) durch Kanâda, einem Zeitgenossen des Pythagoras. Von diesem System kommen wir geradenwegs zu dem System der Unstetigkeit, der Atomtheorie des Democrit.

3. Urstoff und Elemente bei den griechischen Denkern.

Die Griechen treten mit aller logischen Schärfe an die Frage heran: Was ist das unveränderliche Ewige im veränderlichen Endlichen, was ist das Einfache im Zusammengesetzten. Thales von Milet (640—550), dem das Meer von Jugend auf vertraut ist, knüpft an das Urwasser an. Aus dem Wasser sondert sich die Erde ab, von ihr aus steigen Nebel, dunstige Luftmassen empor. Aus ihnen zieht die am Himmel lodernde Sonnenfackel ihre Nahrung. So entsteht Feuer aus Luft, Luft aus Erde, Erde aus Wasser. Heraclit von Ephesus (542—470) geht vom Urfeuer aus. Wasser bzw. Feuer sind die Ursubstanz aber in dem Sinne, wie auf das elektrische Teilchen, das Elektron, nach heutiger Anschauung, der Ursprung aller Substanz und Energie (siehe **44.**) zurückgeführt wird. Auch Seele und Geist sind in diesem Sinne Wasser oder Feuer.

Der Urstoff, die unzerstörbare Substanz (Anaximander 610—550) nimmt im ewigen Kreislauf der Welt verschiedene vergängliche, stets wechselnde Formen an. Diese Formen sind die 4 Elemente (Empedocles von Agrigent 495—435). Die Welt besteht aus diesen vier Elementen, etwa wie ein Gemälde, das Tausende von Farbentönen wiedergibt, doch nur in vier Grundfarben gemalt sein kann. Die vier Elemente sind qualitativ verschieden und unendlich teilbar. Unaufhörlich treten die vier Urstoffe zu Gemischen zusammen (Liebe), unaufhörlich trennen sie sich (Haß). Liebe und Haß halten sich das Gleichgewicht.

Für Plato (427—347; besonders in Timäus erörtert) ist das Wesen der Elemente ein geometrisch ästhetisches Problem. Der Begriff, die Idee, die Form ist das Unvergängliche; die sinnliche Welt und ihre Eigenschaften sind bloßer Schein. Die abstrakte Lösung des Problems der Urstoffe Erde, Wasser, Luft, Feuer, Äther besteht in dem Aufsuchen der im geometrischen Sinne harmonischsten, also schönsten Körper. Das sind Würfel (Erde), Pyramide, Oktaeder, Ikosaeder, Dodekaeder (Äther). Alle sind wieder aus Urzellen, den Urdreiecken aufgebaut. Die gewöhnlichen Körper verändern ihre Eigenschaften, wenn die Urstoffe anders sich verteilen. Die möglichen Elemente stehen z. T. im Gegensatz. Dieser wird durch ein harmonisches Bindeglied verknüpft und überwunden. Diese Idee ist die der Weltseele. Sie wandelt sich zur Urmaterie und schließlich zum Stein der Weisen. Die Veränderungen und Verwandlungen aller Dinge sind harmonisch; sie kehren in einem ewigen Kreislauf wieder. Dieser Kreislauf bildet die Grundlage für das Streben nach Verwandlung der Metalle.

Aristoteles von Stagira (384—322) ist der Vertreter der energetischen Weltanschauung. Alle Energie oder Eigenschaft wird durch die Sinne übermittelt. Alle Veränderung ist Ausnutzung und ewige Verwandlung (Kreislauf) der in dem Stoff vorhandenen Möglichkeiten[1]) oder, wie man heutzutage sagen würde, der Energieformen. Aber diese Anschauung wird nur durch rein formalistische Prinzipien erläutert, von denen keine Brücke zu den erfahrungsgemäß erforschbaren Eigenschaften der Dinge führt. Die Ausnutzung der Möglichkeit geschieht durch das Hinzutreten der Form zum Stoff. Durch die Form, die der Bildhauer dem Stoff Marmor gibt, wird der Stoff eine Statue. — Durch die Form, in der der Architekt den Stoff der Statuen unterbringt, werden die Statuen zu einem Tempel.[1]) Alle Möglichkeiten der Stoffe lassen sich auf Grundstoffe zurückführen. Diese werden[2]) definiert, als diejenigen Stoffe, in die die übrigen zerlegt werden können, die sich aber selbst nicht mehr in andere, der Art nach verschiedene zerlegen lassen. Ihre Zahl ist zweckmäßig zu 4 anzunehmen[3]), da, wie bereits die früheren Philosophen lehrten, aus diesen 4 alle Einzeldinge hervorgehen, entweder durch bloße Verdünnung oder Verdichtung, oder durch Vereinigung und Trennung gewisser schon vorhandener mehr oder weniger überwiegender Gegensätze. Diese sind die 4 sinnlich wahrnehmbaren Qualitäten — warm und kalt, trocken und feucht. Paarweis zusammengefaßt, kommen sie jedem Element zu.[4]) Durch den Hinzutritt der Qualitätspaare als Form wird der Stoff eine der Grundmaterien z. B. Wasser durch das Paar kalt—

[1]) Metaphysik (Lasson), S. 143, 146, 151.
[2]) Über das Himmelsgebäude III, 3; Metaphysik V, 3.
[3]) Physik I, 4; III, 4; VIII, 7.
[4]) Physik I, 5; Entstehen und Vergehen II, 2.

feucht. Nach dem Platonischen Prinzip der Entwicklung (Kreislauf) und des Überganges der Gegensätze verwandeln sich die Elemente. Diejenigen Verwandlungen treten am leichtesten ein, bei denen eine Qualität des Paares unverändert bleibt.[1]) Bei den endlosen gegenseitigen Verwandlungen bleibt die Menge der einzelnen Elemente konstant. Die Möglichkeit des Überganges deutet auf das Vorhandensein einer gemeinsamen Grundlage: Äther, Prothyl (Urmaterie, siehe **105.**).[2]) Diese ist indessen nicht als körperlicher, von den Qualitäten trennbarer Stoff vorhanden. Sie ist das Göttliche in der Körperwelt.

Da alle Körper sich ineinander verwandeln können und miteinander verwandt sind, so sind es auch die Metalle.[3]) So ist das Zinn nur ein stoffloser Zustand des Kupfers. Es verschwindet daher beim Zusammenschmelzen mit Kupfer. Das Kupfer allein bleibt in der Bronze übrig, was man an der Farbe, dem Hauptmerkmal (der Form) eines bestimmten Stoffes, erkennt. Die Metalle sind besondere Formen des Wassers. Die Ausdünstungen im Erdinnern verbinden sich mit der Feuchtigkeit zu Metallen. Dieser uns kaum verständlichen, für die Entwicklung der Chemie verhängnisvollen Auffassung liegt die Beobachtung zugrunde, daß die Veränderungen der Metalle sich in Lösung oder im geschmolzenen Zustande (als „Wasser") am leichtesten vollziehen. Eine gegenseitige Verwandlung der Metalle erschien daher möglich, sobald man sie zu „Wasser" machte.

Die Urstoffe oder Ureigenschaften werden von Plato und dem Gegner Platos, dem Fortbildner der Democritischen Atomtheorie, Epicur „stoicheion", d. h. ordnender Maßstab, genannt. Die Wahl dieses Wortes deutet auf den ägyptischen Ursprung. So wurde nämlich auch ein Obelisk von den Griechen bezeichnet, dessen veränderliche Schattenlänge als Maßstab für die Zeit benutzt wurde. Ursprünglich hatte das Wort den Sinn „die geordnete Rotte" und bezog sich auf die Ordnung von Soldaten, wie von Buchstaben. Epicur benutzte es in diesem Sinne auch für die den Buchstaben ähnliche Ordnung der Atome in einem Körper. Als Lucrez die Theorie Epicurs ins Lateinische übertrug, ersetzte er stoicheion durch das Wort Element. Danach bedeutet Element: Unterscheidungsmerkmal (Größe und Form) der Atome, vergleichbar den Unterschieden der Buchstaben, aus denen die Worte zusammengesetzt sind. Diese Buchstaben hießen in den Schulen der Alten Elephant, weil sie aus Elfenbein bestanden. Aus dem griechischen Elephant wurde nach einer mehrfach beobachteten Lautverschiebung Element. Der Lucrezsche Sinn dieses Wortes ging bald verloren und es wurden die 4 Aristotelischen Urstoffe von den Alchemikern auch Elemente genannt.

4. Die Herrschaft der Aristotelischen Lehre.

Das monumentale logisch-formale Gebäude, von Aristoteles errichtet, in welchem die gesamten Erfahrungen, zusammengefaßt zu wenigen Grundprinzipien, Platz fanden, hat fast 2 Jahrtausende für die Bedürfnisse der

[1]) Himmel II, 3; III, 7; Entstehen II, 4, 5, 10.

[2]) Himmel IV, 5; Entstehen I, 6; Physik II, 1; Metaphysik I,1. — Die Quinta Essentia, das fünfte Element.

[3]) Entstehen I, 10.

denkenden Menschheit ausgereicht. Niemand dachte bis zu den Zeiten der Renaissance daran, durch planvolle Versuche und Einzelbeobachtungen zu prüfen, ob die Ideen der Griechen richtig oder falsch waren. Es durfte auch niemand wagen, da Kirche und Staat jeden mit schwerer Strafe bedrohte, der an diesen Anschauungen, die die Grundlage der Kirchenscholastik, besonders nach dem System des heiligen Thomas von Aquino (1224—1274) bildeten, zweifelte. So türmte sich ein unübersteigbarer Wall vor die Wissenschaft. Statt zu Fortschritten zu gelangen, wurden die Forscher in die Irre geführt. Die Wissenschaft wurde im Abend- und Morgenlande zur Alchemie. Die Bestrebungen der Metallveredelung, das Suchen nach dem Stein der Weisen, der Quintessenz, bildeten den Inhalt dieser für die Menschheitsentwicklung verlorenen Zeit. Das Prothyl des Aristoteles wird zum Mercur der Philosophen. In den edlen Metallen überwiegt es, in den unedlen ist der edle Keim, durch den Sulphur, durch das leicht Brennbare und Zerstörbare, verdeckt. Mittels des Steins läßt sich aus ihnen der Sulphur entfernen und der Mercur bleibt in Form des alleredelsten, des Goldes, zurück. Mit diesen Anschauungen brach die Wissenschaft erst am Ende des 18. Jahrhunderts.

Wissenschaftliche Fortschritte [1]) wurden nur von wenigen erzielt, so durch chemische Entdeckungen von dem Araber Geber (Jábir Ibn Hayyán aus Tarsus) am Ende des 8. Jahrhunderts und dem von Goethe [2]) in der Geschichte der Farbenlehre besonders gewürdigten Schüler und spätern Professor der Universität Oxford Roger Bacon (1214—1294). Bacon, Doctor mirabilis genannt, hat zuerst das Ziel jeder Naturwissenschaft angegeben, den planvollen Versuch zur Bestätigung theoretischer, besonders mathematischer Betrachtungen. Er experimentierte allerdings nur in Gedanken, aber seine Überlegungen, die er in Werken wie dem Opus majus, dem Opus minus, dem Speculum alchemiae, der Lehre von den Geheimwirkungen in der Kunst und Natur niedergelegt hat, führen ihn zum Voraussagen von technischen Errungenschaften, die tatsächlich sich erst in unseren Tagen haben verwirklichen lassen. Zu seinem 700 jährigen Geburtstage wurden seine Werke neu herausgegeben und am 18. Juni 1914 wurde in der Oxforder Universität in Gegenwart von Wissenschaftlern aus vielen Ländern seine Statue enthüllt. Die damalige Feier fand ihren Abschluß in der Romanes Experimentalvorlesung von J. J. Thomson über Stoffumwandlung und Atomtheorie (siehe **21**.ff.).

5. Die Erschütterung und der Sturz der Aristotelischen Elementenlehre.

Im Zeitalter der Renaissance und des Humanismus beginnt die Wiedererweckung des wissenschaftlichen Geistes. Durch Leonardo da Vinci (1452—1519), Galilei (1564—1642), Paracelsus (1493—1541) werden Physik und Chemie Wissenschaften. Letzterer erklärt es als Aufgabe der Chemie, Präparate herzustellen, ohne sich um die Metallverwandlung zu kümmern. Viele Substanzen, besonders Metallsalze, sind von ihm untersucht worden. Zu einer Klärung des Wesens der chemischen Umwandlung reichten seine

[1]) Z. B.: Darstellung der Salze, Schwefelsäure, Salzsäure, Äther, Alkohol, Schießpulver.

[2]) Jubiläumsausgabe, Bd. 40, S. 159; 1912.

Erfahrungen nicht aus. Er hielt an dem Quecksilber und Schwefel der Philosophen fest, unterschied aber ein drittes Prinzip: das Salz. Daneben aber trieb ein phantastisches Element, das allgemeine Lösungsmittel, der Alcahest sein Unwesen. Sein geistiger Schüler ist van Helmont (1577—1644), dessen Charakterbild ebenso wie das seines Meisters Paracelsus wegen des Nebeneinanders von Mystik, Aberglauben und wissenschaftlicher Arbeit sehr in der Geschichte schwankt. Ausgehend von dem Paracelsusschen Chaos (= Gas) Begriff gelangt er experimentell zu der Erkenntnis von der besonderen Natur verschiedener Gase. Wenn er auch an den 4 Elementen festhält, so verwirft er doch das Feuerelement. Feuer ist nur eine zufällige Erscheinung bei der Verbrennung. Das Wesentliche ist der Rauch und das Gas, das die Flamme fortschleudert. Van Helmont zeigt, daß Metalle in Lösungen und Verbindungen weiter bestehen. Das Kupfer ist in der Kupfervitriollösung schon vorher, ehe es durch Eisen ausgefällt wird, vorhanden [1]) und es wird nicht, wie aus dem Aristoteles folgt, bei der Fällung Eisen in Kupfer verwandelt. Ebensowenig ist die Lehre richtig, daß sich Luft in Wasser beim Regnen verwandelt. Wasser ist als Dampf in der Luft enthalten; der Wasserdampf ist ein Gas, wie Luft. Auch Sumpfgas und Stickgas (Kohlensäure) sind Gase.

Daß die Luft keine elementare Grundeigenschaft, sondern ein gewöhnlicher mit Schwere begabter Stoff ist, der wie andere Stoffe ausdehnbar und mechanisch bewegbar ist, hat dann wenig später O. v. Guericke, der Bürgermeister von Magdeburg, durch seine um 1640 beginnenden Versuche gezeigt. 1654 wurden sie dem Reichstag in Regensburg vorgeführt, weitere Verbesserungen beschäftigten ihn bis 1662. 1672 erschien endlich seine zusammenfassende Darstellung über die Magdeburgischen Experimente. In der Einleitung nimmt er scharf gegen Aristoteles Stellung. „Wo Tatsachen vorhanden sind, bedarf es keiner Worte."

Nach van Helmonts Tode beteiligen sich immer mehr Chemiker an dem Kampf um die Aristotelischen und die alchemischen Elemente, Quecksilber, Schwefel, Salz, von denen Descartes in einem Briefe erklärte, daß zwischen ihnen kein größerer Unterschied, als zwischen Eis, Wasser, Schaum und Schnee bestände. Der Kampf war erfolgreich wesentlich durch die experimentellen Arbeiten über die in der Alchemie in engster Verbindung zum Stein gebrachten, als Abarten des Quecksilbers geltenden Arsen- und Antimonverbindungen (Basilius Valentinus alias Joh. Thoelde, 1604). Etwas später (1669) wurde gelegentlich alchemischer Versuche von Dr. Brand in Hamburg der Phosphor entdeckt. 1678 wurde er von Kunckel (1630—1702) als besonderer chemischer Stoff erkannt.

Zu gleicher Zeit machte sich die Wissenschaft von den sonstigen Fesseln der Aristotelischen Philosophie frei. Hauptsächlich ist an dem Erfolg Descartes (Cartesius, 1596—1650) beteiligt. Er hat gelehrt, wie schon Paracelsus, daß die Wissenschaft auf eigenen Beinen zu stehen habe, und sich nicht um hergebrachte Autoritäten kümmern dürfe. Als erster untersuchte er das Wesen unserer sinnlichen Erkenntnis: Was ist von den sinnlichen Eindrücken auf die Außenwelt zurückzuführen?

[1]) Schon 1619 vertrat Sennert die Auffassung, daß die Elemente in den Verbindungen erhalten bleiben.

Eine Säule des Aristotelischen Gebäudes fiel nach der andern. Unter dem Eindruck der drastischen Versuche Guerickes vor Kaiser und Reich verschwand der von der Tradition geheiligte Horror vacui; der leere Raum war da. Es verschwand der stetige Übergang. Descartes in seinen Prinzipien (1644) und Gassendi (1592—1655) in einem 1647 erschienenen Werk bekannten sich zu dem Atomismus, der von Aristoteles so bekämpften Lehre Democrits. In Deutschland halfen noch bei dieser Entscheidung wesentlich Sennert in Wittenberg (1572—1637) und Jung in Hamburg (1587—1657) mit.

6. Die neue Elementenlehre von Boyle.

Hughens und Newton hatten in der Physik der reinen von philosophischen Irrlehren unbeeinflußten Wissenschaft endgültig zum Siege verholfen. Viel länger dauerte es aber in der Chemie, ehe man die alten Überlieferungen ganz über Bord warf. Ehe nicht umfangreiche Erfahrungen den Boden für eine klare Auffassung der Besonderheit chemischer Elemente und Reaktionen schufen, war das auch nicht möglich. Daß es besondere chemische Körper gibt, daß diese unzerstörbar seien und bei allen Umwandlungen erhalten bleiben, folgte schon aus van Helmonts und Sennerts Arbeiten. Die Methode, nach der die fehlenden Erfahrungen gewonnen und das Wesen der chemischen Vorgänge festgestellt werden konnte, hat Boyle (1626—1691), Earl of Cork angegeben. Seine Schöpfung, die chemische Analyse, fußt auf dem Gedanken, daß es besondere chemische Elemente gibt, die miteinander keine unbestimmten, wechselnden, wie es Aristoteles glaubte, sondern feste Verbindungen bilden. Ob die aristotelisch-alchemischen Elemente vorhanden sind, kann nur die Erfahrung lehren. Feuer ist jedenfalls kein Element, sondern nur ein chemisches Hilfsmittel. „Jede Erkenntnis und Erfahrung soll wie eine Münze auf dem Probierstein auf ihre Echtheit ohne Voreingenommenheit untersucht werden“ (wie er in dem „skeptischen Chemiker“, 1660, betonte). Man hat daher lediglich auf die Bestandteile zu achten, die sich wirklich ausscheiden. Die Urbestandteile gehen den Chemiker zunächst überhaupt nichts an. Elemente sind diejenigen Bestandteile der Stoffe, die sich nicht weiter zerlegen lassen. Die Entscheidung darüber, welcher Stoff nach dieser rein erfahrungsgemäßen Definition ein Element ist, hängt lediglich von den zeitigen Hilfsmitteln ab. So läßt sich Salpeter in Salpetersäure und Ätzkali zerlegen und aus diesen Bestandteilen aufbauen; ebenso Salmiak in Ammoniak und Salzsäure. Ob diese Substanzen noch weiter zerlegbar sind, entscheidet Boyle nicht. Er hält es für wahrscheinlich. Aber ebenso möglich ist es, daß Metalle wie Gold und Silber einmal zerlegt werden, wenn mächtigere Hilfsmittel als Fällung auf nassem Wege, fraktionierte Destillation, Sublimation, zur Verfügung stehen. Danach ist es auch nicht ausgeschlossen, daß die Metalle als Verbindungen ineinander überführbar sind. Seine Versuche der Umwandlung des Goldes aus unedleren Metallen fielen stets negativ aus.

7. Die Lehre vom Feuerelement oder Phlogiston.

Boyle hatte 1673 durch, wie später nachgewiesen wurde, unvollkommene Versuche gefunden, daß ein oxydierbares (verkalkbares) Metall beim Erhitzen in einem von der äußeren Luft abgeschlossenen Glasgefäß an Gewicht zugenommen hatte. Dieser Vorgang konnte, da der Luftvorrat im Innern des Gefäßes für diese Zunahme nicht ausreichte und von außen, wie er glaubte, kein Luftzutritt möglich war, nur so erklärt werden, daß die schwereren Bestandteile der Erhitzungsflamme durch das Glas hindurchgetreten waren. Diese Bestandteile bildeten den im allgemeinen nicht wägbaren Wärmestoff. Dieses Ergebnis war eine der Hauptstützen der von Becher (1627—1691 — Physica subterranea 1669) aufgestellten und von Prof. Stahl in Halle (1660—1734) im einzelnen [1]) ausgebauten Theorie vom Phlogiston, einer Lehre, der auch noch ein so klarer Kopf, wie James Watt anhing. Danach ist nicht das Metall, sondern sein Kalk (Oxyd) ein Element; ebenso nicht der Phosphor, sondern die Phosphorsäure. Durch Erhitzen des Kalkes oder der Säure mit einer am Phlogiston reichen Substanz (Holzkohle, Mehl, Öl) wird dieses dem Kalk zugeführt, und das Metall oder der Phosphor wird gebildet. Die chemische Reduktion wird als die gleiche Erscheinung, wie die Ausdehnung eines festen Körpers oder Gases durch Erhitzung, angesehen. Wie die Ausdehnung, kommt die Reduktion durch Eintritt des Wärmestoffes in die Poren (Atome) des Körpers zustande. Stahl und die Phlogistiker halten an den Aristotelischen Elementen fest.

So sonderbar uns heute die Lehre anmutet, man darf nicht vergessen, daß sie als erste wissenschaftliche, von aristotelischer Logik freie Theorie die chemischen Erscheinungen systematisch zusammenfaßte. Man sah wohl ihren wunden Punkt, nämlich daß die Kalke schwerer waren, als die durch Hinzutritt von Phlogiston aus ihnen gebildeten Metalle. Aber noch war Newtons Anschauung, daß die Schwere eine einseitig nach dem Erdinnern gerichtete Kraft sei, nicht durchgedrungen. [2]) Man unterschied noch, wie Aristoteles, Körper mit positiver und mit negativer Schwere. Erstere fallen nach unten, letztere (Gase, Feuer, Wärme, Licht) steigen nach oben. Es konnten daher die Ergebnisse der Wägung als entscheidend zur Erklärung der chemischen Reaktionen gar nicht herangezogen werden.

8. Versuche zur Aufklärung des Verbrennungsprozesses und der Zusammensetzung der Luft vor Lavoisier.

In der Stahlschen Lehre stecken zwei Entdeckungen 1., daß die Kalzinierung der Metalle eine wahre Verbrennung sei und 2., daß die Eigenschaft der Brennbarkeit durch einen Körper auf einen andern übertragen werden kann. Welches dieser Körper war, wußte man nicht genau. Erst durch Pristley (1733—1804) und Scheele (1742—1786) wurde fast gleichzeitig dieser Körper, der Sauerstoff, gefunden und ihm der Name dephlogistierte Luft gegeben. Er war so ganz das Gegenteil vom Phlogiston. Wie er an der Verbrennung beteiligt ist, das hat erst Lavoisier klargestellt. Daß der Vorgang bei der Verbrennung nicht ein Vorgang sei, wie ihn die Phlogistiker

[1]) Besonders in den Fundamenta chymiae dogmaticae 1723 und 1732 (von einem seiner Schüler verfaßt) und 1730 in Junckers Conspectus chemiae theoretico-practicae (Kopp, Geschichte der Chemie, Bd. 1, 193).

[2]) Die Auffassung Newtons ist auch dogmatisch. Erst vor kurzem (1913) wurden durch Einstein Anschauungen entwickelt, welche die Schwere uns ihrem Wesen nach begreiflich machen.

darstellten, war bereits viele Jahre vorher von allen den Forschern festgestellt worden, die bei ihrem Versuche sich der Wage bedienten (van Helmont, Rey, Lomonossow).

Die ersten richtigen Vorstellungen, daß eine Gewichtsvermehrung bei der Verkalkung durch Aufnahme einer Substanz eintrete, finden wir bereits bei Eck von Sulzbach in dem Clavis philosophorum (1489). Der geniale Leonardo da Vinci erklärte 1500, daß Verbrennung und Atmung nur in der Luft möglich sind. Durch diese Prozesse wird ein Teil der Luft verzehrt. Dadurch wird aber die Luft zu weiterer Verbrennung und Atmung untauglich. Der französische Arzt J. Rey (1630) — lebte von 1583—1645 —, zeigte durch Versuche, daß eine Massenzunahme bei der Verkalkung stattfindet. Diese rührt von der Luft her, die entgegen Aristoteles ein schwerer Körper ist. Bei der Zersetzung des Quecksilberoxydes in der Wärme entsteht Luft, in der die Metalle besonders leicht verbrennen. Seine Arbeit blieb verschollen, bis 1766 Prof. Spielmann in Straßburg und Boyen 1775 in Paris auf ihre Wichtigkeit hinwies. Am ausführlichsten hat der jung verstorbene Arzt J. Majow (1645—1679) die Rolle des Sauerstoffes (salpetriger Luftgeist genannt) geschildert. Anknüpfend an Ideen seines Lehrers Hooke (1665) veröffentlichte er zunächst zwei Abhandlungen, 1668 und 1669, die 1672 erweitert erschienen und 1793 zuerst wieder abgedruckt wurden. Sie gerieten in Vergessenheit, weil Boyle sie auf Grund seiner Versuche von 1673 (siehe **7.**) sehr gering einschätzte. M. zeigte, daß der Sauerstoff bei allen Verbrennungen, z. B. von Schwefel, wie von Metallen, sich mit den verbrennenden Körpern verbindet. Der Sauerstoff ist vor allem im Salpeter enthalten; und ist die Ursache, daß im Salpeter Körper wie Kohle so leicht verbrennen. Die Luft ist eine Mischung, sie besteht aus dem Sauerstoff und den gröberen eigentlichen Luftteilchen (Stickstoff), die nicht imstande sind, Verbrennung und Atmung zu unterhalten. In dem folgenden Jahrhundert der Herrschaft des Phlogistons finden wir nur einen Gegner, den Freund des Mathematikers Euler, den vielseitigen, als Schriftsteller, Techniker und Chemiker tätigen russischen Professer Lomonossow (1711—1765). Zuerst in einer Abhandlung von 1745 (1747 abgedruckt in den Arbeiten der Petersburger Akademie und 1788 in Crells neuem chemischen Archiv), dann in einem Brief an Euler (1748), sowie in Versuchen von 1754 und 1756 zeigte er, daß die Verbrennung gar nichts mit einem Wärmestoff zu tun hat. Durch Zuführung von Wärme und Steigerung der Temperatur werden Metalle gerade reduziert und nicht verbrannt. Die Versuche Boyles (siehe **7.**) waren nicht einwandfrei. In einem geschlossenen Glasgefäß, in das Luft nicht eintreten kann, findet keine Gewichtsvermehrung statt. Black, der Entdecker der latenten Wärme (1728—1799), zeigte dann (1757), daß bei der Verbrennung der Kohle ein besonderes Gas, die Kohlensäure auftritt.

9. Lavoisier. Seine Versuche und ihre Grundlagen.

Der Mathematiker und Physiker Lavoisier (1743—1794), der Mitarbeiter des Astronomen Laplace, hat endlich auf den vielen Bruchstücken seiner Vorgänger, die er systematisch bearbeitete und durch entscheidende Versuche ergänzte, das neue System der Chemie aufgebaut. Der Anteil dieser Vorgänger, die zum Teil Zeitgenossen waren, ist allerdings aus seinen Veröffentlichungen nur schwer zu entnehmen.

Am 1. Nov. 1772 (veröffentlicht 1774)[1]) erkannte er, daß die Oxydation von Blei, Schwefel, Phosphor eine Verbindung mit einem anderen Körper sei. Welches dieser Körper war, wußte er nicht. 1774 zeigte dann Boyen, daß die Ursache der Gewichtszunahme bei der Verkalkung ein Gas sein müsse, das von der Kohlensäure verschieden sei. Inzwischen hatte Pristley in England am 1. Aug. 1774 (veröffentlicht 1776) ein neues Gas[2]) gefunden. Er war nach Paris gefahren. Dort im Hause Lavoisiers traf er am 30. Sept. Boyen. Dieser führte seine Versuche vor und bekannte sich als Gegner des Phlogistons. Lavoisier machte nun weitere Versuche und wies 1775[3]) nach, daß das neue Gas, der Sauerstoff, für die Verbrennung notwendig sei. Er sei ein chemisches Element im Sinne Boyles und zugleich in der Luft enthalten. Diese Versuche, der Wendepunkt der Chemie (sie fallen in dasselbe Jahr, in dem ein so hervorragender Chemiker, wie Baumé, noch auf das energischste für die alte Elementenlehre eintrat), sind die Unterlage für die Verbrennungstheorie von 1777 (veröffentlicht 1780).[4]) Die Körper brennen nur in reiner Luft. Säuren und Kalke sind Verbindungen des Pristleyschen Gases mit den ursprünglichen Elementen. Nun hatte Cavendish (1731—1810) 1766 den Wasserstoff, das brennbare Gas, entdeckt, das vielfach für das langgesuchte Phlogiston gehalten wurde. Zur Vollendung der Verbrennungstheorie mußte die Rolle des Wasserstoffes aufgeklärt werden. Die Versuche, vom 24. Juni 1783 ab (veröffentlicht 1785 und 1786)[5]), erklärten den Mechanismus der Zersetzung des Wassers unter Wasserstoffentwicklung bei Einwirkung von Säuren auf Metalle. Es zeigte sich, daß der Wasserstoff mit der Verbrennung nichts zu tun hatte, und ein Bestandteil des Wassers ist. So konnte denn endlich der Kampf gegen das Phlogiston beendet werden. 1787 ist dann bereits, zusammen mit Guyton de Morveau und Fourcroy, das neue System der Chemie[6]) geschaffen. Es gibt besondere chemische Elemente. Die Liste der Elemente, der unzerlegbaren Stoffe, enthielt die Gase Wasserstoff, Sauerstoff, Stickstoff, ferner Schwefel, Phosphor, sowie die Metalle. 1789 ist sein Werk abgeschlossen; seine Lehre, die neue Chemie, ist in dem Traité de Chimie in klarster Form zusammengefaßt.[7])

Die Aristotelischen Elemente sind damit erledigt. Das Feuer wird zum Sauerstoff. Die Luft ist kein Element, sie besteht aus Sauerstoff und Stickstoff. Auch das Wasser ist kein Element. Es besteht aus Wasserstoff und Sauerstoff. Die etwas unvollkommenen Versuche Lavoisiers zur Wassersynthese haben 1783 James Watt (der Erfinder der Dampfmaschine) und Cavendish zu Ende geführt. Watt wies die Bildung des

---

[1]) Oeuvres II, 103, 105.

[2]) Scheele hatte nach Laboratoriumsnotizen 1772 den Sauerstoff gefunden — aus äußeren Gründen erfolgte die Veröffentlichung erst 1777.

[3]) Oeuvres II, 129.

[4]) Oeuvres II, 226.

[5]) Oeuvres II, 510, 623.

[6]) Nomenclature chimique.

[7]) Oeuvres I, 1.

Wassers bei der Verbrennung des Wasserstoffs qualitativ, Cavendish quantitativ nach. Danach war die Anschauung, daß sich Wasser in Luft verwandeln kann, falsch. Ebensowenig ließ sich beweisen, daß Wasser in Erde übergehen kann. Eine scheinbare Stütze für diese Ansicht gaben Versuche von Helmonts und Boyles über den Rückstand von in Glasgefäßen gekochtem Wasser. Bei Anwendung von reinem Wasser in reinem widerstandsfähigen Glase blieb kein Rückstand (Versuche von Lavoisier 1768—1769; veröffentlicht 1770 [1]) und Scheele 1776). Daß die Erde kein Element sei, hatte schon Paracelsus durch den Nachweis verschiedener Erdarten und Salze gezeigt.

Lavoisiers Theorie der Verbrennung ist später noch weiter ausgebaut worden.[2]) Es zeigte sich sehr bald, daß die Verbrennung, d. h. die Bildung einer Verbindung unter starker Lichterscheinung nicht an den Sauerstoff gebunden sei. Göttling, Prof. in Jena (1755—1809), führte 1795 zusammen mit Goethe [3]), Versuche aus, aus denen sich ergab, daß Phosphor mit Stickstoff unter Flammenerscheinung verbrennt. Ähnlich ergab sich Verbrennung von Eisen im Phosphordampf, von Wasserstoff, Antimon, Arsen im Chlor oder Bromdampf. Das Leuchten der Flamme bei der Verbrennung ist nur eine zufällige Begleiterscheinung, herrührend von festen in der Flamme schwebenden Teilchen. Besonders stark tritt das Leuchten bei Substanzen ein, die Kohlenstoff abscheiden, rußen, wie Wachs, Terpentin, Acetylen; Wasserstoff verbrennt dagegen in Sauerstoff ohne Flamme.

10. Der Sieg Lavoisiers.

Nach den Veröffentlichungen von 1789 erfolgte die Anerkennung sehr schnell. Besonders wirkungsvoll hat dazu beigetragen der von van Troostwijk geführte Nachweis, daß sich Wasserstoff und Sauerstoff lediglich durch die Funkenentladung zu Wasser verbinden. In Deutschland haben sich um die neue Lehre durch Schrift und Wort besonders die Professoren Chr. E. Weigel (1748—1831 — der Übersetzer der Lavoisierschen Schriften), dann Girtanner, Göttling, der Freund Goethes, Hermbstädt, Hindenburg, Klaproth, Tob. Mayer, Scherer und der Schwede Gadolin verdient gemacht — dank ihrer Tätigkeit ist bis 1795 die neue Lehre fast restlos durchgedrungen. Gegner, wie die Professoren Crell, Gmelin und Wigleb stießen sich hauptsächlich an den unwägbaren chemischen Elementen, unter welche Gruppe Lavoisier Elektrizität, Licht und Wärme einreihte. Für eine derartige Anschauung, die erst in neuester Zeit als berechtigt erscheinen kann, fehlte damals jede Unterlage.

11. Die Gültigkeit des Grundgesetzes von der Erhaltung der Masse und die Wägung des Äthers.

Welche Reaktionen auch vor sich gehen, man hat anzunehmen, daß die bei den Reaktionen beteiligten Elemente ihrer Menge nach sich nicht ändern. Lediglich die Menge und Art der Verbindungen ändern sich. Diese stehen daher in einfachen Beziehungen zu den Mengen, die vor dem Ein-

[1]) Oeuvres II, 1.
[2]) Vgl. Faraday: Naturgeschichte einer Kerze, Berlin 1871.
[3]) Jubiläumsausgabe, Bd. 30, S. 24, 1912; ferner Grens Journal, 1795.

tritt der Reaktion vorhanden waren. Es lassen sich, wie zuerst Lavoisier zeigte, Gleichungen für die chemischen Reaktionen aufstellen, die gestatten, unbekannte Glieder zu berechnen. Diese quantitativen Beziehungen hat er an der Bildung und Zersetzung des Wassers geprüft.[1]) Seine Versuche waren aber noch ziemlich ungenau. Zum Abschluß ist diese Untersuchung erst durch Davy (1807) gelangt.

Das Grundgesetz von der Erhaltung der Masse wird durch jede quantitative Analyse bestätigt.

Am weitgehendsten ist diese Prüfung bei den Atomgewichtsbestimmungen erfolgt, wie sie mustergültig Stas (1867 veröffentlicht) ausgeführt hat. Nach seinen Versuchen ist das Grundgesetz bis auf $^1/_{40000}$ erfüllt. Lothar Meyer hat 1872 aber die Vermutung ausgesprochen, daß in die Reaktionen auch der als chemischer Stoff[2]) anzusehende, die Atome einhüllende Äther eintreten könne. Ändert sich bei der Reaktion die Dichte der Ätherhülle, so könnte vielleicht eine Gewichtsänderung[3]) merkbar sein. Diese Frage ist zuerst 1891 von Kreichgauer durch Untersuchung der Einwirkung von Brom und Jod auf Quecksilber geprüft worden. Gewogen wurde ein 2-schenkliges zugeschmolzenes Glasgefäß vor und nach der Reaktion. Die zwei Substanzen, welche miteinander (als Flüssigkeit oder in Lösung) reagieren sollten, befinden sich zunächst getrennt in je einem Schenkel. Neigt man das Gefäß, so fließt die eine Lösung zur andern. Um diese Methode zu größerer Genauigkeit auszubilden, ist die Beseitigung einer großen Reihe von Fehlerquellen erforderlich, die vor allem durch den Einfluß der Reaktionswärme entstehen (Änderung der Wasserhaut an der Glasoberfläche, Änderung des Volumens der Glasgefäße, Luftauftrieb). In langer geduldiger, fast 20 jähriger Arbeit (1890—1909) hat Landolt zuletzt mit den Hilfsmitteln der Physik.-Techn. Reichsanstalt diese Methode bis zur äußersten durch die Zuverlässigkeit der Wagen überhaupt erreichbaren Genauigkeit ausgebildet.

In der folgenden Übersicht (S. 14) sind die Schlußwerte der von Landolt ermittelten Gewichtsänderungen (δ) in mg für verschiedene Reaktionen (R) mitgeteilt.

Die Änderungen schwanken im Vorzeichen, Gewichtsverluste (— Zeichen) überwiegen nur wenig. Die Beträge δ überschreiten kaum die bei Belastungen von 200 g erreichbare Genauigkeit. Kreichgauer fand, daß die Änderungen weniger als den $^1/_{10^7}$ Teil der reagierenden Mengen betragen. Heydweiller (1901) beobachtete systematische Änderungen, die aber unter 0,1 mg liegen, für die Auflösung von Kupfersulfat in Wasser, für die Neutralisation von Ammoniak durch Essigsäure, für die Fällung von Ba durch Schwefelsäure, für die Fällung von basischem Kupfersulfat durch Eisen (Landolt Nr. 9—12). Bei einer erneuten Untersuchung der letzten Reaktion durch Lo Sourdo (1903 und 1906) blieben aber die Gewichtsänderungen unter 0,01 mg. Das gleiche gilt für die Reaktion Nr. 6—7. Joly (1903) hat die Reaktionsgefäße an ein die Wage an Empfindlichkeit übertreffendes Horizontal-

[1]) Oeuvres I, 10.
[2]) Vgl. die Betrachtungen von Mendeléef 1904 (siehe 46.).
[3]) Über deren Größe siehe 93.

Nr.	R	beobachtet	δ	Nr.	R	beobachtet	δ
1	Silbersulfat und Ferrosulfat	1903	−0,025	17	Jod und Natriumsulfit	1890	−0,021
2		1905	−0,032	18		1891	+0,012
3		1905	−0,019	19		1901	−0,011
4		1907	+0,003	20		1902	−0,024
5		1907	+0,008	21	Uranylnitrat und Kaliumhydrat	1905	+0,006
6	Silbernitrat und Ferrosulfat	1902	+0,003	22		1905	+0,002
7		1902	−0,003	23	Chloralhydrat und Kaliumhydrat	1891	+0,012
8	Goldchlorid und Eisenchlorür	1903	−0,009	24		1891	+0,007
9	Eisen und Kupfersulfat	1902	+0,006	25	Elektrolyse von Kadmiumjodid	1906	+0,004
10		1902	−0,012	26		1906	+0,008
11		1904	+0,001	27		1906	−0,008
12		1904	−0,003	28		1906	+0,012
13	Jodsäure und Jodwasserstoff	1904	+0,021	29		1907	+0,014
14		1904	+0,006	30		1907	+0,014
15		1904	−0,008	31		1907	−0,022
16		1905	−0,028	32		1907	+0,009
				33		1907	−0,001

Nr.	Lösungsvorgänge	beobachtet	δ
34	Chlorammonium in Wasser	1902	−0,024
35		1902	−0,002
36		1902	+0,008
37		1902	+0,005
38		1902	+0,017
39		1903	−0,008
40		1903	+0,019
41		1903	−0,033
42	KBr in Wasser	1902	−0,038
43	Uranylhydrat in Wasser	1905	+0,009
44		1905	−0,010
45		1905	−0,004
46	Chloralhydrat in Wasser	1891	−0,003
47	Kupfersulfat in Alkohol	1902	−0,017
48		1902	+0,016

pendel gehängt. Es war keine Änderung der Gleichgewichtslage durch die Reaktion eingetreten. Die Reaktion Nr. 6—7 ist, wie Manley (1913) angibt, vom Licht abhängig. Durch das Licht entstehen Gase, die einen starken inneren Überdruck in dem Glasgefäß hervorrufen und damit eine Volumenänderung, die eine scheinbare Gewichtsänderung von — 0,02 mg bei der Reaktion vortäuscht. Bei der Fällung von Ba durch Na_2SO_4 hat Manley δ-Werte gefunden, die unter 0,001 mg bleiben.

Vom Standpunkt der Elektronentheorie (siehe **105.**) sollten bei jeder Reaktion an Stelle des Lothar Meyerschen Äthers Elektronen austreten. Nach den Versuchen Lenards über Kathodenstrahlen, die nichts weiter sind als freie Elektronen, durchdringen Elektronen ohne weiteres feste Körper, also auch die Glashülle. Bei den Versuchen Nr. 25—33, bei denen durch die Elektrolyse im Innern des Glasgefäßes ein Elektronenaustausch stattfindet, ist ein Elektronenverlust nicht nachzuweisen. Im allgemeinen treten bei chemischen Reaktionen keine freien Elektronen aus (Martinelli 1904, Campbell 1905). Erst Haber und Just (1911, siehe **105.**) haben Reaktionen entdeckt, bei denen ein solcher Elektronenverlust stattfindet. Doch wird wohl eine Gewichtsänderung dabei nicht nachweisbar sein. Auch der mit den radioaktiven Vorgängen verbundene Elektronen- und Substanzverlust (α-Strahlung) war bisher durch Wägungen nicht direkt nachweisbar (siehe **93.**).

Literatur zu 1 bis 11.

Allgemeines. M Berthelot [1]) (u. Ruelle): Collection des alchimistes grecs (3 Bde., Paris 1887—88). [2]) La Chimie au moyen age (3 Bde., Paris 1893). [3]) Origines de l'Alchimie (Paris 1885) — p. 80: Papyrus Leiden. [4]) Introduction à l'étude de la chimie des anciens et du moyen age (Paris 1889). [5]) Die Chemie im Altertum und Mittelalter (Paris 1893; übersetzt von Struntz und Kalliwoda, Lpg. 1909). — Chevreul. Resumé d'une histoire de la matière depuis les philosophes grecs jusqu'au Lavoisier (Paris 1878). — Ehrenfeld: Entwicklungsgeschichte der chemischen Atomistik (Heidelberg 1906). —Hoefer. [1]) Histoire de la chimie (1. Aufl. Paris 1842; 2. Aufl. 1866—69; 3. Aufl. 1892, 2 Bde.). [2]) Histoire de physique et de chimie (Paris 1872). — Kekulé: Grundeigenschaften der Materie (Bonn 1877). — Köthner: Aus der Vergangenheit der Chemie (Aus der Natur, Lpg. 1905, Bd. I, 50—349). — Kopp: [1]) Verfall der Alchemie und die hermetische Gesellschaft (Gießen 1847). [2]) Geschichte der Chemie, 4 Bde. (Brschg. 1843—47). [3]) Beiträge zur Geschichte der Chemie (3 Bde., Brschg. 1869—75). [4]) Die Alchemie in älterer und neuerer Zeit (2 Bde., Heidelb. 1886). — v. Lippmann· Abhandlungen und Vorträge zur Geschichte der Naturwissenschaften (2 Bde., Lpg. 1906, 13). — E. v. Meyer: Geschichte der Chemie (4. Aufl., Lpg. 1914). — Muir: History of chemical theories and laws (New York 1907). — Stange: Einführung in die Geschichte der Chemie (Münster 1902). — Strunz [1]) Naturbetrachtungen und Naturerkenntnis im Altertum (Hbg. 1904). [2]) Paracelsus (Lpg. 1904). [3]) Chemie im klassischen Altertum (Wien 1905). [4]) Vorgeschichte und Anfänge der Chemie (Lpg. 1906). [5]) J. B. Helmont (Wien 1907). [6]) Antike Chemie (Natur und Offenbarung **56**, 21, 65; 1910). [7]) Beiträge und Skizzen zur Geschichte der Naturwiss. (Hbg. 1909). [8]) Vorgeschichte der Lehre von den Elementen (Chem.-Ztg. **31**, 111, 1907). [9]) Chemisches bei Plato (Chem.-Ztg. **31**, 1047; 1907). [10]) Geschichte der Naturwiss. im Mittelalter (Stuttg. 1910). [11]) Vergangenheit der Naturforschung (Jena 1913). — Svedberg: Die Materie (Lpg. 1914). — Walden: Die Lösungstheorien in ihrer geschichtlichen Aufeinanderfolge (Stuttg. 1910) — Wislicenus: Die Lehre von den Grundstoffen (Tübingen 1903). — Moore: History of Chemistry (New York 1918).

Zu 1. Beck: Geschichte des Eisens (Berlin 1896). — Rössing: Geschichte der Metalle (Berlin 1901). — B. Neumann: [1]) Geschichte, Vorkommen und Gewinnung der Metalle (Halle 1904). [2]) Chemie und Archäologie, Kupferlegierungen (ZS. angewandte Chem. **20**, 2019; 1907). — Beiträge zur Geschichte der Chemie zum Gedächtnis von G. W. A. Kahlbaum (Lpg. 1909). [1]) S. 90 (A. Hoffmann). [2]) S. 129 (Oppert). [3]) S. 149 (v. Lippmann). [4]) S. 172 (Rhonosopoulos). [5]) S. 213 (Rathgen). — Rhonosopoulos: Archiv Gesch. Naturwiss. **1**, 287; 1910. — Gsell: Eisen, Kupfer, Bronze bei den alten Ägyptern (Dissert. Karlsruhe 1910). — Lepsius: [1]) Die Metalle in ägyptischen Inschriften (Berlin 1872). [2]) Götter der 4 Elemente (Philosoph. Abhdl., Berl. Akad. 1856, 184). — Brugsch: Ägyptologie (Lpg. 1897). — Joachim: Papyrus Ebers (übersetzt, Berlin 1890). — Schäfer: Mysterien des Osiris (Lpg. 1904). — Pietschmann Hermes trismegistos (Berlin 1875). — Zielinski: Hermes und die Hermetik (Archiv, Religionswiss. **8**, 321). — Berthelot (Strunz): Die Chemie im Altertum p. 44 — Prähistorische Zschr. **5**, 289; 1913.

Zu 2. Hielscher: Die ältere griech. Philosophie völkergeschichtlich dargestellt (Lpger. Archiv, gesamte Psychologie **5**, 125; 1905). — Winkler: Babylonische Weltschöpfung (Abhdl. vorderasiat. Gesellsch., Lpg. 1907). — Gomperz: Griechische Denker (1903). — Sammlung des Pali Kanons (K. E. Neumann, Lpg. 1896, I, 88). Ray: History of Indian Chemistry (Calcutta 1902, Bd. 1, S. 1). — Handt: Atomistische Grundlage der Vaischeschika (Rostock 1900). — Garbe: Zur indischen Kulturgeschichte (Berlin 1903, S. 79). — Rückert: Sakuntala (Lpg. 1867, Nachlaß). — Cappeler: Kalidasas Sakuntala (Lpg. 1909, 127). — Hillebrandt: Lieder des Rig-Veda (aus Gruppe 7 der Quellen zur Religionsgeschichte, Gött. 1913, 132).

Zu 3. Ladenburg: Naturwiss. Vorträge (Lpg. 1911, 39, 125). — Haas: Ästhetische Gesichtspunkte der antiken Physik (Archiv Philosophie, Abt. I, **22**, 80; 1908). — Plato: Timäus (übers. H. Müller, Bd. VI, Lpg. 1857, 149, 176). — Bäumker: Problem der Materie in der griech. Philosophie (Münster 1890). — Rothlauf: Physik bei Plato (München 1887). — Aristoteles: 8 Bücher Physik, 4 Bücher über Himmelsgebäude, 2 Bücher über Entstehen und Vergehen (Prantl, Bekker, Lpg. 1854, 57, 81). — Metaphysik (Lasson, Jena 1907). — Kappes: Die aristotelische Lehre über Begriff und Ursache der Kinesis (Bonn 1887). — Lasswitz: Atomistik (siehe **5.**). — Lorscheid: Aristoteles' Einfluß auf die Entwicklung der Chemie (Münster 1872). — L. Lange: Geschichtliche Entwicklung des Bewegungsbegriffes (Lpg. 1886). — Zeller: Philosophie der Griechen.

Über das Wort Element: [1]) Diels Elementum (Berlin 1899). [2]) Hielscher: Archiv ges. Psychologie **5**, 209; 1905.

Zu 4. Castelot: La Science alchimique (Paris 1904). — Prantl: Die Keime der Alchemie (Deutsche Vierteljschr. Stuttg. 1856, Bd. 1, S. 135. — Bein: Stein der Weisen (Voigtländ. Quellensammlung, Lpg. 1915). — Kahlbaums Gedächtnisschrift (1909), S. 213 (Hiortdahl); S. 229 (Rieß). — v. Lippmann: Leidener und Stockholmer Papyrus (Chem.-Ztg. 1913; 934, 962, 1014). — Berthelot: Ann. chim. phys. (6) **9**, 5; 1886. — Thomas, Comte d'Aquino: La pierre philosophale (Bibliothèque rose crucienne, Nr. 6, Paris 1901). — Charles: Roger Baco, sa vie et ses ouvrages (Bordeaux 1861, 111, 298, 300). — Roger Baco in Nature **93**, 405; **94**, 443; 1914. — Bridges: [1]) Opus majus of Bacon (Oxford 1897). [2]) The life and Work of Bacon (edited by Iones, London 1914). — Little: Collected Essays, contributed by various writers (Commemoration of the seventh century of Bacons birth. — Baur, E. Smith, Duhem, E. Wiedemann u. a., Oxford 1914). — J. J. Thomson: The atomic theory (Oxford 1914). — P. Lehmann: Aberglauben und Zauberei, 1898, S. 155.

Zu 5. G. W. A. Kahlbaum: Theophrastus Paracelsus (Basel 1894). — Laßwitz (auch zu **6—11**): Geschichte der Atomistik (2 Bde., Hbg. 1889). — Speter, v. Lippmann: Die 4 Elemente, Gas, Chaos (Chem.-Ztg. **34**, 1, 193; 1910; **35**, 41; 1911). — Rixner und Sieber: Lehren berühmter Physiker (Sulzbach 1826, Bd. **7**, S. 148). — Daubeny (Oxford): Die Idee der Materie im Altertum und Mittelalter. — Paracelsus: [1]) Das Buch Paramirum. [2]) Das Buch Paragranum (übers. Strunz, Lpg. 1903—04). — Netzhammer: Paracelsus (Einsiedeln 1901). — Peters: Aus pharmazeut. Vorzeit (3. Aufl., Berlin 1910). — Strunz: van Helmont (Chem.-Ztg. **33**, 1187; 1909). — van Helmont: Aufgang zur Arzneikunst (Sulzbach 1683, S. 55 bis 145). — Melsens: van Helmont; definition de la flamme (Mem. Acad. Brux. 1874). — Joh. Kunckel v. Löwenstern: [1]) Laborat. chymicum (Hbg. 1716, 2. Aufl., 1722, 500). [2]) Von dem Phosphor mirabili (Wittenb. 1678). — Joh. Thoelde: [1]) Vom großen Stein der uralten Weisen (Zerbst 1602). [2]) Triumphwagen des Antimons (Lpg. 1604). — O. v. Guericke: Die sogenannten neuen Magdeburgischen Experimente über den luftleeren Raum (Amsterd. 1672 — im Auszuge: Bein in Voigtländ. Quellenbücher, Lpg. 1912). — Descartes: Principia philosophiae (Amsterd. 1644). — Gassendi: De vita, moribus et placitis Epicuri (Paris 1647). — Sennert: [1]) De chymicorum cum Galenicis et Peripateticis consensu ac dissensu (Wittenb. 1619). [2]) De rerum naturaliam principiis (Frankf. 1635). [3]) Hypomnemata physica (1636). — Jungius: [1]) De naturalium corporum natura et forma (Hbg. 1637). [2]) De principiis corporum naturalium (Hbg. 1642). — E. Wohlwill: Jungius und die Erneuerung der atomistischen Lehre im 17. Jahrhundert (Hbg. 1887).

Zu 6. Ramsay: [1]) Vergangenes und Zukünftiges aus der Chemie (Lpg. 1909, 52). [2]) Gase der Atmosphäre (Halle 1907, S. 8). — Th. Thorpe: [1]) Essays in historical chemistry (London 1894). [2]) Historical chemistry (London 1914, auch zu **7—11**). — Boyle: [1]) The sceptical chymist (Oxford 1660, Genf 1680). [2]) Chymista scepticus (Rotterdam 1662). [3]) New experiments touching the relation between flame and air (London 1673). [4]) new exper. to make the parts of fire and flame stable and ponderable (London 1673). [5]) Collected Works (London 1723, 1744). [6]) Degradation des Goldes durch ein Gegenelexier (London 1678; Götting. Magaz. 1783, 410).

Zu **7**. Stahl: fundamenta chymiae dogmaticae et experimentale (Nürnberg 1746). — Kahlbaum und Hoffmann: Einführung der Lavoisierschen Theorie (Lpg. 1897, auch zu **8—10**). — Büchel: Die Lehre von der elementaren Zusammensetzung der Körper (Programm, Bürgerschule, Düren 1876). — Peters: Von Stahl zu Lavoisier (Chem.-Ztg. 1902, 499). — Einstein: [1]) Phys. ZS. 1913, 1251. [2]) ZS. Math. Phys. **62**, 6; 1913. [3]) Ann. Phys. **44**, 322; 1914.

Zu **8**. Ladenburg: Entwicklungsgeschichte der Chemie von Lavoisier bis zur Gegenwart (4. Aufl., Lpg. 1907). — Speter: Lavoisier und seine Vorgänger (Stuttgart 1910). — Rey: Ursache der Gewichtszunahme von Blei und Zink beim Verkalken (1630 — Lpg. 1909, Ostw. Klassiker, Nr. 172). — Hooke: Micrographia 1665, S. 103. — Majow: Über den Salpeter und den salpetrigen Luftgeist (London 1674; Jena 1799; Lpg. 1901; Ostw. Klassiker, Nr. 125). — Speter: Majow und das Schicksal seiner Lehren (Chem.-Ztg. 1910, 946). — Lomonossow: Physik.-chem. Abhandl. 1741—1752 (Lpg. 1910, Ostw. Klassiker, Nr. 178). — Mentschutkin und Speter: Lomonossow (Ann. Naturphilosophie **4**, 204; 1905; Gedenkschrift für Kahlbaum 1909, 466 und Sonderschrift, Petersburg 1904).

Zu **9** und **10**. Lavoisier: [1]) Physik.-chem. Schriften (übersetzt Chr. Weigel, Linck, 4 Bde., Greifswald 1784—94). [2]) Traité élementaire de chimie (Paris 1789). [3]) System der antiphlogistischen Chemie (übersetzt von Hermbstädt, 1. Aufl., Berlin 1800). — Berthelot: La révolution chimique (Paris 1890). — Gadolin: Über die Unmöglichkeit des Phlogistons (Crells Chem. Ann. 1788 (I), 16; 1796 (I), 247). — Girtanner: Lehrb. der antiphlogistischen Chemie 1792. — van Troostwijk: [1]) Roziers Observ. Phys. **35**, 376; 1789. [2]) Grens J. **2**, 141; 1790. — Fittica: Entdeckung des Sauerstoffs (Stuttg. 1909, Bd. 14, Sammlung chem. Vorträge). — Bayen: Roziers Observ. Phys. **3**, 129, 280; **5**, 155; 1774—45. — Scheele: Chem. Abhandl. von der Luft und dem Feuer (1777; Lpg. 1894, Ostw. Klassiker, Nr. 58). — Über den Verbrennungsprozeß in: Vorträge des Vereins zur Verbr. naturw. Kenntn., Wien **11**, 475; 1871; (v. Kletzinsky); **16**, 209; 1876 (Pierre); **19**, 609; 1879 (Ludwig); **34**, 365; 1894 (Bamberger).

Zu **11**. Stas: Untersuchungen über die Gesetze der chemischen Proportionen (Brüssel 1865; übers. 1867 Aronstein). — Lothar Meyer: Moderne Theorien der Chemie, I. Teil, die Atome und ihre Eigenschaften (2. Aufl., Breslau 1872, 293, vgl. **16**). — Kreichgauer: Vhdl. Phys. Ges. **10**, 13; 1891. — Heydweiller: Ann. Phys. **5**, 394; 1901. — Joly: On the conservation of mass (Transact. Dubl. Soc. II, **8**, 23; 1903). — Kahlbaum: Vhdl. Naturf. Ges. Basel **16**, 441; 1903. — Lo Sourdo: Nuov. Cimento **8**, 45; 1903; **12**, 299; 1906. — Manley: Phil. Transact. **212** (A), 227; 1913. — Landolt: [1]) Über die Erhaltung der Masse bei chem. Umsetzungen, (Abhandl. der Bunsen-Ges. 1909. [2]) Abhandl. in Berl. Akad. 1910. [3]) (erste Arbeit) Sitzber. Berl. Akad. 1893, 301. — Mendeléef: [1]) Promotheus **15**, 97, 121, 129, 145; 1903. [2]) an attempt towards a chemical conception of the ether (London 1904). — Martinelli: Atti Rend. Lincei (5) **13**, II, 217; 1904. — Campbell: Phil. Mag. **9**, 545; 1905.

Atome und Atomgewichte.

12. Dalton.

Lavoisier und seine unmittelbaren Nachfolger haben eine große Zahl Stoffe als besondere chemische Elemente erkannt. Es fehlte aber eine quantitative Kontrolle dafür, daß eine Substanz ein Element sei und daß eine Verbindung aus bestimmten Elementen bestände. Als Bahnbrecher wirkte in dieser Richtung J. B. Richter (1762—1807) und das von ihm 1792 aufgestellte Gesetz der konstanten Proportionen. Seine Arbeiten blieben aber wegen ihrer ungenügenden Klarheit wenig beachtet. Dalton (1766—1844) tat dann 1803 den entscheidenden Schritt, um die Chemie auf exakten Boden zu stellen. Zur Charakterisierung der Elemente und als Grundlage aller analytischen Berechnungen wurde von ihm das empirisch mit großer Genauigkeit (zur Zeit etwa $^1/_{10000}$) ermittelbare Atomgewicht eingeführt. Erst in den letzten Jahren ist seine physikalische Wichtigkeit hinter die der Ordnungszahlen (siehe **95.**) zurückgetreten. Die ersten Angaben machte Dalton in einem Vortrag am 21. Oktober 1803 in Mancheser, weiter in Vorträgen Dezember 1803 und Januar 1804 vor der Royal Institution in London. 1805 wurden diese Vorträge veröffentlicht. Daß seine Betrachtungen sich auf alle chemischen Vorgänge anwenden lassen, ist ihm einige Monate später bei der Zersetzung des ölbildenden Gases und des Sumpfgases klar geworden, wie aus einem weiteren Vortrag (am 26. Aug. 1804 vor der Royal Institution) hervorgeht. Die dort entwickelten Ideen sind von seinem Freund Th. Thomson in sein 1807 erschienenes, weit verbreitetes Lehrbuch der Chemie aufgenommen worden. Dalton selbst hat die Atomtheorie in einem zweibändigen, 1808 und 1810 erschienenen, 1812 ins Deutsche übersetzten Werk dargestellt.

Die Theorie hat seit dieser Zeit an allgemeiner Bedeutung nichts eingebüßt, sie blieb unangegriffen die Grundlage der Chemie. Ihren Ursprung haben wir in den 1801 begonnenen Untersuchungen über die Absorption der Gase in Flüssigkeiten und über die Mischung und Diffusion der Gase untereinander zu suchen. Bei der Diffusion, die bis zur gleichmäßigen Mischung führte, verhielten sich die Gase, als ob jedes unabhängig vom andern in einen luftleeren Raum eintrat, bei der Absorption zeigte sich, daß die Gase keine Verbindung mit den Flüssigkeiten eingingen und sehr verschieden absorbiert wurden. Zur Erklärung nahm Dalton, an die Newtonschen Ideen über die atomistische Struktur anknüpfend, an, daß die Gase aus kleinen unzerstörbaren, gleichartigen [1]), voneinander unabhängigen Teilen, die sich weder anziehen, noch abstoßen — den Atomen bestehen. Ihre Zahl ist endlich. [2]) In dem gleichen Volumen sind gleich viel Atome enthalten. Diese haben ein unveränderliches Gewicht, das Atomgewicht. Dieses ist für alle

---

[1]) Ausgabe von 1808, Bd. 1, S. 141, 211; 1812, Bd. 1, S. 161.

[2]) Loschmidtsche Zahl N ($60{,}5 \cdot 10^{22}$), siehe Tabelle zu **29.**

Elemente die kleinste Menge, die noch eine chemische Wirkung ausübt. Alle Reaktionen bestehen in der Trennung und Vereinigung von Atomen. Eine Zerstörung von chemischen Atomen liegt außerhalb des Bereiches chemischer Wirkung. Die Verbindungen der Elemente kommen durch Nebeneinanderlagerung der Atome und zwar nach einfachen Zahlenverhältnissen zustande, z. B. bildet sich 1 Atom Wasser aus 1 Atom H und 1 Atom O. Aus dieser Theorie folgte von selbst das Gesetz der konstanten und multiplen Proportionen und die im langjährigen Kampf (1799—1807) mit Berthollet, von Proust (1755—1826) in großem Umfange bestätigte Erfahrung, daß das Verhältnis, in dem sich zwei Elemente verbinden, ein konstantes ist. Das Verhältnis ist sprungweise veränderlich, wenn die Elemente zu mehreren Verbindungen zusammentreten können.

13. Die Genauigkeit der Atomgewichte (A.-G.).

In der ersten 1805 erschienenen [1]) Tabelle wird H = 1, O = 5,5, in der zweiten [2]) von 1810 H = 1, O = 7, N = 5, C = 5, P = 9 angegeben. Wie diese Werte berechnet sind, läßt sich nicht sicher feststellen. Maßgebend war wohl einerseits, daß die Reaktionsgleichungen möglichst einfach wurden, andererseits, daß die vom Wasser absorbierten Mengen der Gase im Verhältnis der Atomgewichte stehen sollten. Seitdem bildete die Ermittelung der relativen auf eine bestimmte Einheit (jetzt meist O = 16) bezogenen At.-Gew. eine der Hauptaufgaben der analytischen Chemie. Die genauesten chemischen Untersuchungen rühren von J. Berzelius (1779—1848), von J. Stas (1813—91) und in neuester Zeit von Th. W. Richards und G. Baxter her. Berzelius lernte Dalton und seine Theorie schon 1808 kennen. Seine 1815 erschienene erste Tabelle ist weiter und weiter verbessert worden. Er hat durch seine mit bescheidenen Hilfsmitteln ein Menschenalter nach rein stöchiometrischen Methoden fortgesetzten Arbeiten vorbildlich gewirkt. Die Resultate, die Richards nach eigenen Methoden erhalten hat, stellen zurzeit den Gipfelpunkt des Erreichbaren dar. Aus der folgenden Tabelle erkennt man die große innere Übereinstimmung. Aber auch nach anderen Methoden mit Substanzen verschiedenster Herkunft sind für die wichtigsten Elemente [3]) jetzt bereits Übereinstimmungen von $^1/_{10000}$ erreicht. In neuerer Zeit haben die analytischen Resultate eine wichtige Bestätigung durch die Untersuchung der Dichte gasförmiger Elemente erfahren, besonders durch Ph. Guye, der die Wägung großer Ballons unter Vermeidung der vielfach auftretenden Fehlerquellen durchführte. D. Berthelot brachte Klarheit über die Korrektionen, die an diese Ergebnisse wegen der Abweichung der Gase vom idealen Gaszustand anzubringen sind.

Hier seien die Resultate für Stickstoff angeführt, nach Beobachtungen von Guye (1909) und Scheuer (1914).

aus:	N/O_2	N_2/CO	N_2O/O_2	N_2O/CO_2	NO/O_2	NH_3/O_2	N_2/N_2O_3
	14,009	14,006	14,006	14,007	14,008	14,012	14,0073

analytisch aus:	1. N_2O_4	2. $AgNO_3$
	14,0079	14,008

[1]) Daltons Abhandlung von 1805, S. 257.
[2]) Ausgabe des Daltonschen Lehrbuches von 1812, Bd. 1, 237; Bd. 2, S. 390.
[3]) Für Blei, Thorium, Uran siehe **86.**; für Radium **79.**

Die Ergebnisse der Atomgewichtsbestimmungen des Natriums, Silbers und Chlors.

(Th. W. Richards u. R. Wells; ZS. anorg. Chem. **47**, 56; 1905; Atomgewichte 1909, S. 737.)

A.

Versuch	Präparat NaCl	NaCl in g	AgCl gefunden in g	100 Teile AgCl entsprechen	
13	K	3,27527	8,03143	40,781	Teilen NaCl
19	B	5,56875	13,65609	40,779	
20	A	4,18052	10,25176	40,779	
22	C	4,54319	11,14095	40,779	
23	D	1,97447	4,84196	40,778	
27	E	3,97442	9,74547	40,782	
61	H	6,69495	16,41725	40,780	
62	I	2,88692	7,07955	40,778	
63	J	5,56991	13,65833	40,780	
64	J	5,85900	14,36693	40,781	
		44,52740	109,18972	40,780	

B.

Versuch	Silber		NaCl		100 Teile Silber entsprechen	
	Präparat	nach Abzug der Verunreinigung in g	Präparat	in g		
41	N	7,30896	F	3,96051	54,187	Teilen NaCl
44	N	4,29355	K	2,32651	54,186	
46	N	9,90699	K	5,36802	54,184	
45	M	7,39210	G	4,00548	54,186	
47	N	8,66101	G	4,69304	54,186	
52	P	6,03842	H	3,27189	54,185	
53	P	9,38795	I	5,08685	54,185	
55	P	6,76952	J	3,66793	54,183	
56	P	10,12993	L	5,48890	54,185	
57	P	6,56909	L	3,55943	54,185	
		76,45752		41,42856	54,185	

C.

Versuch	Präparat Silber	Silber in g	AgCl in g	100 Teile Silber entsprechen	
69	Baxters Ag, Kalk, H_2	7,24427	9,62508	132,865	Teilen AgCl
77	*T* „ „	8,30502	11,03484	132,870	
78	„ „ „	7,29058	9,68676	132,867	
80	„ „ „	8,58472	11,40614	132,866	
81	„ „ „	8,01318	10,64648	132,862	
R_2	„ „ „	9,77160	12,98335	132,868	
83	„ „ „	7,98170	10,60528	132,870	
R_3	*V*, Kalk, Vakuum	11,49983	15,27964	132,868	
84	*W*, Kalk, H_2, Vakuum	6,25318	8,30834	132,866	
85	„ „ „ „	7,72479	10,26360	132,866	
			109,83951	132,867	

Als weiteres Beispiel für die zurzeit erreichte Genauigkeit seien die von Guye (1917) angegebenen Werte für das At.-Gew. des Wasserstoffes (bezogen auf Sauerstoff = 16) angeführt. Weitere Angaben siehe **121.**

A. Nach chemischen Methoden (Synthese des Wassers)	B. Nach physikalischen Methoden Volumetrische Beziehungen, Dichte der Gase H und O
1. Morley **1,00767**	Edgar und Burt **1,00773***)
2. Noyes 1,00787	

*) Einzelwerte (57 Bestimmungen in 6 Reihen):

I 1,00773 II 772 III 772 IV 773 V 772 VI 772

C. Besondere physikalisch-chemische Methoden

a) Kritische Dichte		b) andere kritische Konstanten	
1. Leduc und Sacerdote	1,00775	1. Guye-Dewar	1,00768
2. Rayleigh	1,00775	2. Guye-Olzewski	1,00780
3. Jacquerod und Scheuer	1,00777	3. D. Berthelot	1,00760
4. D. Berthelot	1,00773	4. Leduc	1,00765

Bei den meisten der angeführten Bestimmungen ist nicht ausgeschlossen, daß ein Wasserstoff benutzt ist, der Spuren Ozon und H_2O_2 enthielt.

Guye hat durch seine Schüler Stahrfoß und Batuecas (1918) aus den Dichten verschiedener kohlenstoffhaltiger Gase das At.-Gew. des C ableiten lassen. Die Werte sind: 12,004 (aus CH_4); 12,004 (C_2H_6); 12,006 (C_2H_4); Einzelwerte von Batuecas nach 3 verschiedenen Arten der Berechnung 11,996; 11,999; 12,005 (C_2H_4 in 21 Bestimmungen, Darstellung des Gases nach 4 verschiedenen Methoden); 11,999 (CO_2 nach Lord Rayleigh, Pintza); 12,006 (CO ebenfalls nach Rayleigh).

Danach sind die At.-Gew. wirkliche Konstanten. Den Beweis, daß sie keine Mittelwerte darstellen und nicht für die einzelnen Atome verschieden sind, hat J. J. Thomson (siehe **28.**) geliefert.

14. Die Eindeutigkeit der Atomgewichte. Atom und Molekül.

Je nach den Verbindungen, die man für die Bestimmung der At.-Gew. verwendet, ist die Wahl zwischen verschiedenen, in ganzzahligem Verhältnis stehenden Werten möglich. Berzelius hat mit feinem Gefühl für die gegenseitigen Beziehungen der Verbindungen in seiner Tabelle von 1826 Werte aufgenommen, die auch durch die besonderen physikalischen Hilfsmethoden bestätigt wurden, ausgenommen sind die Alkalimetalle, Silber, Bor, Silicium. Gmelin, dessen Lehrbücher maßgebend waren, nahm die At.-Gew. des H, N, Cl, P, Au im Verhältnis zum O doppelt so groß an, als Berzelius. Aus diesen Unterschieden entstand eine scharfe Polemik und eine 40 Jahre andauernde Verwirrung über die passendsten chemischen Formeln. Anorganische und organische Chemiker bedienten sich ganz verschiedener Gleichungen. Die der Organiker stützten sich auf Dumas und Laurents Substitutionstheorie. H ist in organischen Substanzen durch Cl ersetzbar, eine Tatsache, die nach dem Berzeliusschen elektrischen Gegensatz der Elemente (siehe **128.**) unmöglich richtig sein konnte. Durch die Substitution lassen sich At.-Gew. unzweideutig ermitteln (Perrin), z. B. Kohlenstoff.

Im Methan kann H in 4 Stufen durch Cl ersetzt werden. Daraus folgt, daß Methan 4 Atome H enthält. Das Methan wiegt aber 4 mal soviel, als der in ihm enthaltene H. Also wiegt ein Mol Methan 16 mal soviel als das Atom H. Der Kohlenstoff im Methan wiegt 3 mal soviel, als der gesammte H, also 12 mal soviel, als das Atom H.

1860 kam diese Entwicklung dank den weiteren Fortschritten der organischen Chemie durch Gerhardt [1]) und Cannizaro zum Abschluß. Sie griffen auf die 1811 erschienenen, vergessenen Lehren von Avogadro zurück, einer Ausgestaltung der Ideen von Dalton und Gay-Lussac, der aber die Unterscheidung von Atom und Molekül hinzugefügt war. 1808 [2]) fand Gay-Lussac (1778—1850), daß das Volumen einer gasförmigen Verbindung in einfachem Verhältnis zu dem Volumen der Komponenten steht. Daraus folgt, daß sich aus der Dichte der Elemente die Dichte der Verbindungen berechnen läßt, und daß eine einfache Beziehung zwischen der Dichte der Gase und ihrem At.-Gew. besteht. Diese läßt sich aus der schon von Dalton [3]) vertretenen Annahme ableiten, daß in dem gleichen Raume der verschiedenen Gase unter gleichem Druck und bei gleicher Temperatur gleichviel Teilchen vorhanden sind. Diese Annahme und damit das Volumengesetz von Gay-Lussac versagt aber gerade in den einfachsten Fällen. Aus einem Atom Cl und einem Atom H entsteht ein Atom HCl; aber aus einem Liter Cl und einem Liter H zwei Liter HCl. Avogadro beseitigte diesen Widerspruch durch die Annahme, daß die freien Bestandteile in den Gasen nicht die Atome, sondern Atomkomplexe (die Mole) seien. 1 Mol Cl (2 Atome) und ein Mol H (2 Atome) bilden 2 Mole HCl. Jedes Mol HCl enthält wieder 2 Atome. Es findet ein Austausch von 1 Atom Cl mit 1 Atom H statt. Die Reaktionsgleichung lautet also $H_2 + Cl_2 = 2\,HCl$. Jedes Liter der Gase enthält gleichviel Moleküle. Dalton verwarf diese Unterscheidung, ebenso die meisten Physiker (z. B. Maxwell) [4]), für die diese Unterscheidung im allgemeinen ohne Belang ist. Aber auch Berzelius verwarf diese Auffassung, die für die Entwicklung der organischen Chemie von entscheidender Bedeutung war. In einer großen Chemikerversammlung (1860) gelang es Cannizaro, der 1858 diese Verhältnisse mit großer Klarheit entwickelt hatte, die Chemiker, vor allem Lothar Meyer, dessen Lehrbücher von Einfluß waren von der Notwendigkeit der Einführung des Molekularbegriffes zu überzeugen.

Das Mol ist bei allen physikalischen, das Atom dagegen bei allen chemischen Vorgängen das kleinste wirksame Teilchen. Nur bei wenigen Substanzen (einigen Metallen und Gasen, wie He, Ne, Ar) fällt At.-Gew. und Mol-Gewicht zusammen. Ihr Mol ist einatomig, während es im allgemeinen zweiatomig ist. In Flüssigkeiten und Gasen kann man ohne Mole nicht auskommen. Dagegen haben die Untersuchungen von Bragg (siehe **26.**) über die Interferenz von Röntgenstrahlen an Krystallen ergeben, daß im Krystallmol und überhaupt in festen Körpern die Atome nicht mehr einzeln

---

[1]) Cannizaro, 1914, 155.
[2]) 1805 erste Versuche über Gasdichte.
[3]) Laboratoriumsnotizen vom 26. Sept. 1803.
[4]) Im Artikel „Atom" der Enzyklop. Britannica 1875.

aneinander gebunden sind. Ein Atom ist mit einer Gruppe anderer Atome in Verbindung.[1]) Jeder Krystall ist als ein einziges Molekül aufzufassen.

15. Physikalische Methoden zur Festlegung des At.-Gew.

In erster Linie ist die Gasdichte zu benutzen (vgl. **13.**). Aus der Dichte von Halogen- und Wasserstoffverbindungen lassen sich die Molekulargewichte der Verbindung und damit ihre Konstitution leicht ermitteln. Man erhält unmittelbar das niedrigst mögliche At.-Gew. der mit dem Halogen oder Wasserstoff verbundenen Elemente. So ist das At.-Gew. des Berylliums (durch Nilson) und des Indiums festgelegt worden. Für Berylliumchlorid wurde die Dampfdichte zu 40,4; das Molekulargewicht zu 80,8 gefunden. In diesem Mol können nur 2, nicht 3 Atome Chlor vorhanden sein, da schon 2 Atome $2 \times 35{,}5 = 71$ wiegen. Somit bleibt für das Be-Atom nur der Wert $80{,}8 - 71 = 9{,}8$. Viel unsicherer sind die Folgerungen aus den Dichtebestimmungen der Elemente im Gaszustande. Vielfach[2]) sind Doppelmole vorhanden; sie gehen bei Steigerung der Temperatur zum Teil in einfache Mole über oder zerfallen in Atome. Viele Metalle[3]) sowie die Edelgase[4]) sind einatomig[5]), wie sich aus Messungen nach der Kundtschen Methode der Schallgeschwindigkeit ergibt.[6]) Bei diesen Substanzen ist das Atom mit dem Mol identisch.

1819 zeigten Dulong und Petit, daß bei mittlerer Temperatur die Atomwärme (c_p) einer großen Reihe von Elementen den Wert 6 besitzt. Dadurch wurden die von Berzelius (1815) angenommenen At.-Gew. für S, Bi, Ag, Co, Pb berichtigt. Weiter ausgedehnt wurde diese Methode in mustergültiger Weise von Regnault (1840). Erst allmählich erkannte man, daß die Atomwärme keine Konstante, sondern stark mit der Temperatur veränderlich ist. Zunächst fand Weber (1875), daß die Elemente von großer Härte und leichtem At.-Gew. (C, Be, Si) viel kleinere Werte als 6 ergaben. Bei Rotglut wird der Wert $7\frac{1}{2}$ erreicht; er fällt bei Abkühlung bis zur Temperatur der flüssigen Luft auf 4. Nach Wiegand (1907) hat c_p:

einen Wert	unter 5	von 5,1 bis 6,0	von 6,1 bis 7,0	über 7	
im Intervall	für				
−100° bis 0°	4	15	4	0	Elemente
0° „ +100°	2	7	14	0	Elemente
100° „ 200°	2	3	15	3	Elemente
200° „ 300°	2	1	14	6	Elemente

[1]) Das kann nach Lewis und Langmuir (J. Chem. Soc. **38**, 2271; 1916) nur für Verbindungen mit polaren Atomen, wie es die Salze sind, zutreffen — nicht aber für Substanzen, wie CH_4; bei denen die Nebenvalenzen gegen die Hauptvalenzen zu vernachlässigen sind (siehe **127.**, in einer Anm.). Danach müßten die gewöhnlichen Valenzkräfte in der festen Phase nicht immer wirksam sein. Diese Auffassung wird aber bestritten (siehe Smits, **26.**).

[2]) Cl, Br, J — S, Se, Te — P, As, Bi — Fe, Ni, Sn (siehe **94.**).

[3]) K, Na, Hg, Zn, Cd im Gaszustand.

[4]) He, Ar, Ne, Kr, X.

[5]) Auch Triphenylmethyl hat ein einatomiges Mol (siehe **37.**).

[6]) Man erhält den für einatomige Gase charakteristischen Wert 1,66 für das Verhältnis der spezifischen Wärmen (Wiegand).

Bei $T = 50^0$ (223^0 C) ist nach Dewar (1913) c_p für C (Graphit) = 0,16; für C (Diamant) = 0,03; S geschmolzen 0,86; S krystallisiert 0,77; P gelb 2,40; P rot 1,34. Elemente, die allotrope Modifikationen bilden (siehe **94.**), haben kein konstantes c_p. Für die Alkalimtealle ergab sich c_p zu 1,35 (Li); 3,5 (Na); 5,01 (K); 6,05 (Rb); 6,82 (Cs). Ähnliche Änderungen, die parallel gehen der Änderung des Atomvolumens mit der Ordnungszahl der Elemente (siehe **19.**) weisen auch die übrigen Reihen des periodischen Systems auf.

Durch Einstein, Eucken (1907) und Nernst (von 1910 ab) sind die Änderungen erklärt worden. c_p ist nach der Formel $\frac{6\beta\nu}{e^{\frac{\beta\nu}{T}}-1}$ zu berechnen.[1]) Diese stützt sich auf die Plancksche Strahlungstheorie (siehe **41.**). $\beta\nu$, die wahre Temperatur eines Elementes, ist für jedes Element eine Konstante. β ist $= h/k = 4{,}9 \cdot 10^{-11}$ (h — das Plancksche Elementarquantum; k — die Boltzmannsche Strahlungskonstante — siehe Tabelle **136**). ν ist die charakteristische Schwingung des Atoms, die sich auch aus den Rubensschen Reststrahlen oder aus Atomvolumen und Kompressibilität und anderen elastischen Konstanten der Elemente (Debye 1912) aus der Grenzfrequenz des Photoeffektes (Allen 1917) berechnen[2]) läßt. Für Cu ist $\beta\nu = 321$, für Fe 453, Ca 226, J 106, KCl 218, Diamant 1940.[3]) Ist der Wert von $\beta\nu$ durch physikalische Messungen bekannt, so kann man das At.-Gew. aus der spezifischen Wärme mit großer Genauigkeit berechnen, z. B. folgt für Silber das At.-Gew. zu 107,6 statt 107,9. (Über die ν-Werte vgl. **42.** und **135.**)

Als Beispiel für die Änderung von c_p nach der obigen Formel seien die Resultate für Cu angeführt:

absol. Temp.	23,5°	27,7°	33,4°	87,0°	88,0°	137°	234°	290°	323°	450°
c_p beob. . . .	0,22	0,32	0,54	3,33	3,38	4,57	5,59	5,79	5,90	6,09
c_p ber.	0,15	0,31	0,59	3,37	3,39	4,65	5,52	5,75	5,81	6,03

Aus den sehr zuverlässigen Beobachtungen von Keesom in Leiden (1915) bei reinem Kupfer geht die starke Veränderlichkeit von c_p, aber auch die Konstanz von $\beta\nu$ hervor.[4])

[1]) c_v (die spez. Wärme bei konst. Volumen) hat statt des Wertes $3RT$ den angenäherten Wert $3R\frac{x^2 e^x}{(e^x-1)^2}$; $x = \frac{h\nu}{kT}$ (Schrödinger, 1919).

[2]) Schrödinger (Naturw. **5**, 537, 561; 1917) stellt die Werte von $\beta\nu$ berechnet aus Atomwärmen (I) mit denen ber. aus Elastizitätskonstanten (II) gegenüber. Man erhält für Al 396 (I) gegen 399 (II); Cu 309 (I), 329 (II); Ag 215 (I), 212 (II); Pb 95 (I), 72 (II), — bei letzterem sind die Elastizitätszahlen nicht genau zu ermitteln. Bernoulli (1918) hat die engen Beziehungen von $\beta\nu$, c_p, der Kompressibilität und der elastischen Grundschwingung für die Metalle bestätigt. Diese wichtigen Beziehungen fußen auf Arbeiten von Grüneisen, Madelung, Einstein.

[3]) Mit dem At.-Gew. besteht kein einfacher Zusammenhang (Günther 1916) — dagegen hat Allen (1917) gefunden, daß sich das Produkt aus ν mit der Ordnungszahl der Elemente stets in der Form nC darstellen läßt. C ist eine Konstante $= 21 . 10^{12}$; n eine in engen Grenzen schwankende, von Element zu Element verschiedene ganze Zahl. Z. B. für Al = 5; Fe = 10; Cu = 9.

[4]) Eastman (J. Amer. Chem. Soc. **40**, 496; 1918) hat die große Abhängigkeit der c_p von der Temperatur für Na, K, Mg, Ca bestimmt.

T	14,51	15,60	17,17	20,20	20,75	25,37	29,73	
c_p	0,0396	0,0506	0,0687	0,1155	0,1217	0,234	0,377	
$\beta\nu$	330	326	325	321	324	319	317	
T	40,22	50,04	59,75	60,33	69,66	80,32	88,86	89,38
c_p	0,877	1,434	2,06	2,08	2,58	3,04	3,35	3,42
$\beta\nu$	315	315	311	312	313	317	321	317

Nach den von Mitscherlich (1794—1863) im Berzeliusschen Laboratorium (1819—21) ausgeführten Arbeiten haben gleiche Verbindungen von chemisch ähnlichen (verwandten) Elementen gleiche Formeln und dieselbe Kristallform. Sie sind isomorph und bilden Mischkristalle. Ein isomorpher Kristall bewirkt in übersättigter Lösung die Fällung der chemisch ähnlichen Verbindung. So sind P und As—Al und Fe—Ni, Co, Mn und Cr verwandt. Kennt man das At.-Gew. eines dieser Elemente, so kennt man auch die des verwandten. Aus der Isomorphie der Ga- mit den Al-Verbindungen folgt die Formel $Ga_2(SO_4)_3$ und damit das At.-Gew. zu 69,9.

Die Untersuchung der Röntgenstrahlen hat zu neuen Methoden geführt. Benoist (1901, 1914) fand, daß gleiche X-Strahlen von den Elementen um so stärker durchgelassen werden, je höher das At.-Gew. ist — ein Gesetz, das sich daraus erklären läßt, daß die X-Strahlen lediglich vom Atomkern und seiner Ladung beeinflußt werden. Die Ladung ist aber unmittelbar mit dem At.-Gew. oder der Ordnungszahl des Elements im periodischen System verknüpft (siehe **122.**). Die Kurve der Durchlässigkeit beginnt mit Li = 115 und endet mit U = 0,8. Für Be, Ce und Th wurde die bisher etwas unsichere Ordnungszahl bestätigt. Ebensogut, wie die Absorption, kann die Beugung der X-Strahlen an den Gittern der Kristalle (Bragg 1914) zur Ermittelung des At.-Gew. dienen. Die Verteilung[1]) der Intensitäten in den verschiedenen Beugungsspektren hängt von dem At.-Gew. der beugenden Atome ab. Binäre Verbindungen, deren Teilatome gleiches At.-Gew. haben (KCl; CaF_2; Fe—CO_3) zeigen den normalen Abfall der Intensität der Spektren (100: 25: 7: 0). Ganz anders verhält sich NaCl (Abfall: 20: 100: 2: 15). Isomorphe Verbindungen haben gleiches Beugungsspektrum.

J. J. Thomson (1913 und 1918) zeigte[2]), daß die Ablenkung der Goldsteinschen Anodenstrahlen (siehe **28.**) im Magnetfelde in einfachem Zusammenhang mit den At.-Gew. der die Strahlen erzeugenden Atome steht. Durch die Ablenkung entstehen auf einem Fluoreszenzschirm oder einer photographischen Platte Parabeln, deren Lage leicht ausgemessen werden kann. Selbst die geringsten Spuren von Atomen (z. B. He in 1 ccm Luft) erzeugen Parabeln, so daß ihr At.-Gew. berechenbar ist. Das At.-Gew. des Stickstoffs ergab sich zu 14 $\pm$ 0,01. Die Empfindlichkeit der Methode ist größer, als die der Spektralanalyse.[3])[4])

[1]) Die Werte der Verteilung geben Aufschluß über den Bau der Atome (Compton 1917, siehe **126.**).

[2]) Vgl. die Zusammenstellung von Retschinsky, Jahrb. Radioaktiv. **13**, 66—125; 1916.

[3]) Über eine weitere Methode, nach der sich das At.-Gew. aus dem Verhältnis der At.-Gew. von Gliedern homologer Reihen berechnen läßt (C. Schmidt), siehe **121.**

[4]) Hicks (1919) hat für die Edelgase aus den Spektren ihre At.-Gew. berechnet (siehe S. 32).

Die Anordnung der Apparate zur Erzeugung der Parabeln ist aus der folgenden Zeichnung zu ersehen. *A* ist die Anode in einem gläserenen Entladungsrohr von 30 cm Durchmesser, in dem Gase unter niedrigem Druck ($^{1}/_{7000}$ mm) enthalten sind. Die elektrische Entladung, die aus Kathodenstrahlen besteht, geht von der Kathode *K* aus durch die Gase.

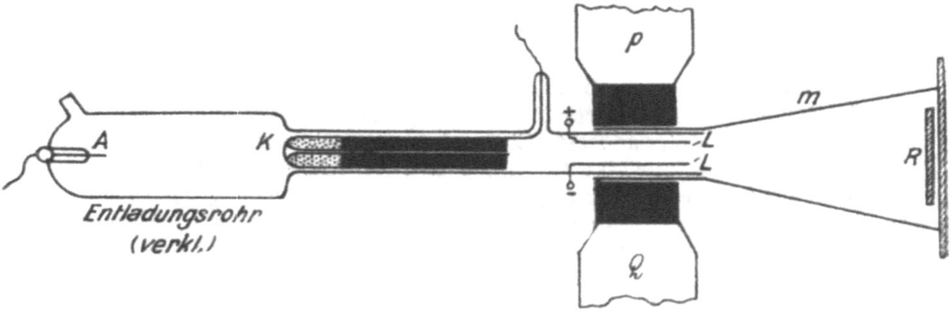

Fig. 1.

Die positiv geladenen Teilchen bewegen sich entgegengesetzt durch eine schmale, weniger als 0,1 mm große Bohrung in der Mitte der halbkugeligen Kathode *K* und treten durch einen 8 cm langen Kanal aus Kupfer als feiner, sich durch seine Farbe von den Kathodenstrahlen unterscheidender Anodenstrahl aus. (Fig. 1[1]). Auf diesen Strahl wirkt ein elektrisches Feld, das durch die geladenen Platten *L* erzeugt wird. Zugleich gelangt der Strahl in ein magnetisches Feld, das durch die Pole des Elektromagneten *PQ* entsteht. In den Magnet ist ein kegelförmiger Ebonitkasten *m* luftdicht eingeschoben.

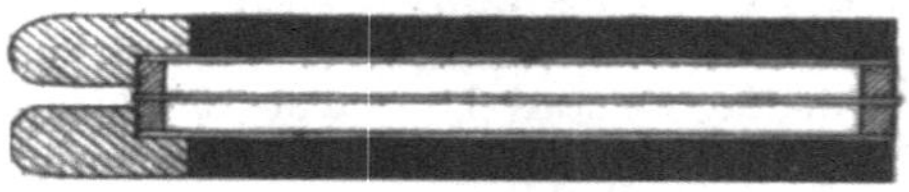

Fig. 2.

Sind in dem Strahl verschiedene Arten von Atomen, die sich durch Ladung, Geschwindigkeit oder At.-Gew. (Masse) unterscheiden, so zerfällt der Strahl in eine entsprechende Anzahl Einzelstrahlen unter Einwirkung der elektrischen und

Fig. 3.

magnetischen Kräfte. Je nach Masse und Geschwindigkeit der Teilchen schlagen die Strahlen verschiedene Wege ein. Alle Teilchen, die verschiedene Geschwindig-

[1]) Fig. 2 zeigt eine anders gestaltete Kathode *K* (vergrößert) mit einem Kanal, der aus ebenen Kupferplatten gebildet ist, die durch eine dünne Zwischenlage getrennt sind.

keit, aber gleiche Masse haben, bewegen sich auf der Oberfläche eines Kegels. Wir haben so einen Kegel für Wasserstoff, einen für Sauerstoff. Die Strahlen dieser leuchtenden Kegel werden auf der photographischen Platte *R* als Parabeln abgebildet. Soviel Arten von Atomen in dem Gase enthalten sind, so viel Parabeln werden auf der photographischen Platte erscheinen (Figur 3 gibt ein Abbild einiger Parabeln). Die Platte befindet sich in dem Entladungsrohr. Ihr Deckel kann im Vakuum entfernt, auch kann sie nach Belieben mit einem Fluoreszenzschirm vertauscht werden.

16. Die Entdeckung der chemischen Ähnlichkeit und Verwandtschaft der Elemente.

Als Anfang des 19. Jahrhunderts Element auf Element entdeckt wurde, trat sofort die Frage auf, welche Beziehungen die Elemente zueinander haben. Man hoffte durch Klärung[1]) dieser Frage die Abhängigkeit der Zusammensetzung der Verbindungen, sowie der chemischen Eigenschaften der Elemente von der Natur der Elemente übersichtlich zu gestalten. Prout (1815) erklärte, ausgehend von der Annäherung der At.-Gew. an ganze Zahlen, die Elemente einfach für verschiedene Kondensationen des Wasserstoffs (siehe **102.**). So einfach lagen die Verhältnisse aber nicht. Die Arbeiten von Mitscherlich (1819—21) über den Isomorphismus stellten zuerst die Frage der Verwandtschaft der Elemente ins richtige Licht. Er fand ganze Reihen von Elementen, die ähnlich zusammengesetzte Verbindungen bilden, chemisch ähnlich reagieren. Die Ähnlichkeit ist so groß, daß sich die Atome gegenseitig in den Kristallen vertreten können. Doebereiner (1780—1849), der Freund Goethes, hat 1817 und ausführlich 1829 die ähnlichen Elemente zu je 3, zu Triaden zusammengefaßt, z. B. Li, Na, K — Ca, Sr, Ba — Cl, Br, J — S, Se, Te. Bei diesen ist das At.-Gew. des mittleren Elements das arithmetische Mittel der beiden übrigen. Als in der organischen Chemie die Ähnlichkeit der Glieder der homologen Reihen, die sich in der Zusammensetzung um je eine gleiche kohlenstoffhaltige Atomgruppe unterscheiden, gefunden war, kamen Pettenkofer (1850) und Dumas (1858) zu der Hypothese, daß auch die ähnlichen Elemente eine Art von homologer Reihe bildeten (siehe **104.**). Nach Aufstellung des Valenzbegriffes durch Frankland und Butlerow (siehe **128.**) konnte man die verwandten Elemente mit größerer Sicherheit finden. Man kam aber nicht dazu, die Verwandtschaft der Elemente richtig zu definieren und übersichtlich darzustellen. Zu erwähnen sind die Versuche von Gmelin (1843), Dumas (1851, 1859), Kremers (1852), Gladstone (1853), Cooke (1854), Lenssen, Odling (1857), Strecker (1859). Wichtiger sind die Darstellungen von Chancourteois (1862) (die Verteilung der Elemente auf einer Spirale) und von Newlands (1863). Dieser verteilte die Elemente auf horizontale und 7 vertikale Reihen. Jedes Element erhält eine bestimmte Nummer (später Ordnungszahl genannt). In den Vertikalen stehen die verwandten Elemente untereinander. Die Nummern ähnlicher Elemente sollten sich um 7 unterscheiden. Die Stellung der Elemente war etwas willkürlich, da die chemische Ähnlichkeit mehr gefühlsmäßig zu bestimmen, als exakt meßbar war. Weitere Schlußfolgerungen ließen sich aus den Darstellungen, die vielfach nur als müßige Spielereien angesehen wurden, nicht ziehen.

[1]) J. B. Richter als Bahnbrecher (Ostwald bei **121.**).

17. Das periodische System.

Den wesentlichen Schritt, auch die physikalischen Eigenschaften der Elemente als Vergleichsmaßstab und als Kontrolle der chemischen Ähnlichkeit heranzuziehen, haben unabhängig voneinander Lothar Meyer (1830—1895) in Tübingen (1864) und in viel umfassenderer Weise D. Mendeléef (1834—1907) in Petersburg (1869) getan. L. Meyers Ideen gehen auf die im Karlsruher Kongreß von 1860 duch Gerhardt, Cannizaro, Dumas und Odling erhaltenen Anregungen zurück. Auf ihm wurden zuerst die At.-Gew. der Elemente sichergestellt (siehe **14.**). Mendeléef bezeichnete die von ihm gefundene Darstellung des inneren Zusammenhanges der Eigenschaften aller Elemente mit dem At.-Gew. als periodisches Gesetz oder periodisches System. An Stelle des At.-Gew. tritt jetzt, wie noch später mit Rücksicht auf die Isopen ausführlicher zu begründen ist (siehe **95.**), die Ordnungszahl N, die dem Element bei fortlaufender Zählung zukommt. Für Wasserstoff ist $N = 1$.[1])

Es ergab sich, belegt durch ein großes Beobachtungsmaterial, daß nicht bloß die chemische Verwandschaft, sondern auch die physikalischen Eigenschaften als Funktion des At.-Gew. durch eine kontinuierliche Kurve darstellbar waren, die in mehrere periodisch wiederkehrende Teile zerfiel. Ähnliche Elemente lagen stets auf gleichen Teilen der Periode. Ordnet man die Elemente nach Newlands in horizontale und vertikale Reihen, so sind 7 (in neuerer Zeit trat dazu als 8. Reihe die Reihe der Erdgase) Reihen anzusetzen entsprechend 7 (bzw. 8) natürlichen Familien. Die horizontal nebeneinander stehenden Elemente unterscheiden sich durch ihre chemischen Wirksamkeit, für welche die Valenzzahl ein Maßstab ist. Diese steigt bei positiven Valenzen entsprechend der Ordnungszahl der vertikalen Reihen von 0 bis 7, sie steigt bei negativen Valenzen von —7 auf 0. Chemische Ähnlichkeiten treten am besten hervor, wenn man noch die natürlichen Familien in eine Hauptgruppe (a) und eine Nebengruppe (b) zerlegt (siehe die Verschiebungsregeln **88.**). So gehören Cu, Ag, Au zur Nebengruppe Ib. Die beiden Gruppen sind nur in bestimmten Verbindungen einander ähnlich, z. B. die Chloride von Be, Mg, Ca (Gruppe IIa) mit den Chloriden von Zn, Cd, Hg (Gruppe IIb). Elemente einer Gruppe sind sehr verwandt und bilden auch analoge komplexe Verbindungen; so z. B. bilden die Elemente X = N, P, As, Sb, Bi viele substituierte Ammoniake und Salmiake, wie z. B. die Tetramethyl—X—Chloride; die v. Baeyer in einer großen Reihe von Arbeiten beschrieben hat (siehe **37.**).

Auch die Hauptgruppen stehen untereinander in Verbindung, aber nicht in der Beziehung der Ähnlichkeit, sondern in der Beziehung des Gegensatzes (Harkins), der dem Berzeliusschen elektrochemischen Dualismus (siehe **128.**) zugrunde liegt. Diese Reihen kann man komplementäre nennen. Je zwei Glieder solcher Reihen bilden zusammen Salze und die Valenzen sind gleich, aber von entgegengesetztem Zeichen. Man kann 5 Abteilungen unterscheiden. In der nullten (umfassend die Elemente mit 0 und 8 Valenzen) ebenso in der vierten (umfassend die Elemente mit 4 Valenzen)

---

[1]) Die endgültige Form des Systems, wie sie durch die radioaktiven und spektralanalytischen Untersuchungen gewonnen worden ist, wird in **121.** erörtert.

zeigen die Elemente keinen bestimmten chemischen Charakter; die Valenzen können bald positiv, bald negativ sein. Besonders charakteristisch ist in dieser Beziehung der Kohlenstoff, der, wie in seinem amorphen Zustand (siehe **26**; **128.**) für gleiche Mole, auch als Bindeglied für andere Elemente wirkt. Die erste Abteilung umfaßt als komplementär die Gruppe I und Gruppe VII, die zweite Abteilung Gruppe II und VI, die dritte Abteilung Gruppe III und V. Die Summe aller Valenzen gleichen Vorzeichens ist bei komplementärer Bindung = 8 (siehe **121.**).

Zahlreich sind die Versuche, die Reihendarstellung, in welcher nicht die kontinuierliche Verknüpfung von Element zu Element wiederzugeben ist, durch eine geeignetere übersichtliche Form zu ersetzen. Die Spiralform, zuerst von de Chancourteois vorgeschlagen, ist von Stoney weitergebildet worden. Crookes (1886 und 1898) stellt das System in räumlicher Form dar; die Elemente sind auf einer auf einem Zylinder aufgewickelten Schraubenlinie enthalten. Die gleiche Darstellung bevorzugt Harkins und Hall (1916); sie ist bei **121.** erläutert.

18. Die Feuerprobe des Mendeléefschen Systems.

Be, In, Ur wies Mendeléef die ihrer Verwandtschaft entsprechenden Plätze an. Das At.-Gew., das dem Dulong-Petitschen Gesetz gemäß angesetzt war, änderte er und spätere Untersuchungen bestätigten diese Änderung. Die At.-Gew. anderer Elemente, wie Cs, Mo, Sb mußten mit erheblichen Fehlern behaftet sein. Neue At.-Gew.-Bestimmungen ergaben die Richtigkeit dieser Annahme. Mendeléef hat aber etwas gewagt, was zunächst ganz phantastisch erschien; er hat in kühnster Spekulation mit verblüffender Sicherheit die Eigenschaften von Elementen, die noch nicht entdeckt waren, vorhergesagt. Es sind drei, die später Gallium (1875 von de Boisbaudran entdeckt), Scandium (1879 von Nilson) und Germanium genannten (1886 von Winkler). In folgender Übersicht sind die prophezeiten und die wirklichen Eigenschaften des Germaniums einander gegenüber gestellt:

Eigenschaft	At.-Gew.	spez. Vol.	Atomvol.	Oxyd	Dichte	Chlorid
gefunden:	72,3	5,469	13,2	GeO_2	4,703	$GeCl_4$
berechnet:	72	5,5	13	XO_2	4,7	XCl_4

Eigenschaft	Siedep.	Dichte	Fluorid	Siedep.	Dichte
gefunden:	86°	1,887	GeF_4	160°	< Wasser
berechnet:	< 100°	1,9	XF_4	160°	0,96

Für die glänzenden Entdeckungen Ramsays (von 1894 ab), die Edelgase He, Ar, Ne, Kr, Xe hatte das System zunächst keinen Platz. Sie bildeten eine Familie, für die eine ganz neue Reihe zur Verfügung gestellt werden mußte.[1]) Aber dadurch wurde ein großer Vorteil gewonnen. Während früher die in schärfstem Gegensatz stehenden Elemente der I. und VII. Reihe, z. B. Na auf F unmittelbar folgten, wurden sie nunmehr durch indifferente

[1]) 1898 ist ihre Stellung durch Crookes festgelegt worden (siehe **121.**).

Elemente der 0-Reihe und durch die chemisch bald mit +, bald mit —Valenzen auftretenden Elemente der VIII. Reihe, die Eisen- und Platinmetalle[1]) getrennt (siehe **88.**).

Noch viel größere Schwierigkeiten waren zu überwinden bei der Einreihung der zahlreichen radioaktiven Elemente. Die Überwindung dieses Hindernisses (siehe **81.**) hat uns aber das volle Verständnis für den Zusammenhang der Elemente eröffnet.

19. Die physikalischen Eigenschaften der Elemente und Verbindungen als periodische Funktion der At.-Gew. oder der Ordnungszahlen.

Fast alle physikalischen Konstanten lassen sich als periodische Funktionen des At.-Gew. darstellen. Es muß an dieser Stelle auf die älteren Darlegungen von Lothar Meyer in den verschiedenen Auflagen seiner modernen Theorien der Chemie, ferner auf Werke von Venable (1896), Rudorf (1904), auf Arbeiten von Traube (1906), Th. Richards (1907), Blom (1911), Dhar (1913 und 1915), Herz (1916) und Harkins (1916) verwiesen werden. Die Eigenschaften sind recht vielseitig. Untersucht wurden die Kohäsionseigenschaften: Atomvolumen, Atomfrequenz, Torsionsmodul, Dehnbarkeit, Kompressibilität, Schallgeschwindigkeit, Ausdehnungskoeffizient, kubische Ausdehnung, Härte, Oberflächenspannung — ferner thermische Eigenschaften: Volumenänderung beim Schmelzen, Schmelzpunkt, molekulare Siedepunktserhöhung, latente Schmelzwärme, latente Verdampfungswärme, spezifische Wärme, Atomwärme, Wärmeleitfähigkeit, kritische Temperatur. Von Atom- und Ioneneigenschaften sind zu nennen: Durchmesser der Atome, Absorptionsvermögen für Gase, Löslichkeit, Ionenpotential, Ionenbeweglichkeit, Ionisationswärme, Farbe der Ionen. Zu erwähnen sind ferner: Molekulares Brechungsvermögen, Drehung der Polarisationsebene, Hauptschwingungen der Spektralserien, Dielektrizitätskonstante, elektrische Leitfähigkeit, Temperaturkoeffizient der Leitfähigkeit, magnetische Suszeptibilität.

Die Kenntnis der periodischen Abhängigkeit hat zu einem großen technischen Fortschritt geführt. Man fand eine Gruppe von Metallen, die alle einen hohen Schmelzpunkt haben mußten, nämlich Ta, Ti, Vd, W, Zr. Als man daran ging, den Kohlenfaden in den Glühlampen durch Metallfäden zu ersetzen, wurden alle diese Metalle untersucht. Die erwähnten Metalle, besonders Ta und W, haben sich auch als sehr geeignet erwiesen.

Nicht bloß die Eigenschaften der Elemente, sondern auch viele Eigenschaften der Verbindungen, z. B. die Schmelzpunkte, Siedepunkte und Bildungswärmen der Halogenverbindungen sind periodische Funktionen. Besonders einfache Beziehungen bestehen für die Siedetemperaturen und ihre Abhängigkeit vom Druck für ähnliche Verbindungen, z. B. H_2O, H_2S, H_2Se. Bisher haben sich alle diese Regelmäßigkeiten meist nur qualitativ verwerten lassen. Traube hat (1906) die Meinung geäußert, daß, wenn einfache Zahlenbeziehungen bei einer Eigenschaft, z. B. dem Atomvolumen, vorhanden sind, die gleichen quantitativen Beziehungen auch in anderen Fällen bestehen.

---

[1]) Durch Abegg 1904 (siehe **121.**).

Als Beispiele für die periodische Änderung seien (nach St. Meyer 1915)[1]) in einer Tabelle die Atomvolumina V — die Verhältnisse N/ϱ (N: Ordnungszahl, siehe **121.**, ϱ: Dichte) mitgeteilt. Zugleich sind in dieser Tabelle die Werte von c_p der Atomwärme, wie sie von Dewar (1913) für die absolute Temperatur 50° gefunden wurde, enthalten.

N		1 H	2 He	3 Li	4 Be	5 B	6 C	7 N	8 O	9 F	
V		13,1	13,7	5,6	2,1	2,0	2,7	6,8	5,6	7,9	
c_p		—	—	1,35	0,125	0,24	0,16	—	—	—	
N			10 Ne	11 Na	12 Mg	13 Al	14 Si	15 P	16 S	17 Cl	
V			—	11,3	6,9	4,8	6,0	8,2	7,7	9,8	
c_p			—	3,50	1,74	1,12	0,86	1,34	1,75	3,43	
N			18 Ar	19 K	20 Ca	21 Sc	22 Ti	23 Vd	24 Cr	25 Mn	
V			12,7	22,1	12,9	—	4,9	4,2	3,6	3,4	
c_p			—	5,01	2,86	—	0,99	—	0,70	1,26	
N	26 Fe	27 Co	28 Ni	29 Cu	30 Zn	31 Ga	32 Ge	33 As	34 Se	35 Br	
V	3,3	3,1	3,2	3,3	4,2	5,2	5,9	5,8	7,1	11,1	
c_p	0,98	1,22	1,22	1,56	2,52	—	—	1,94	2,86	3,62	
N			36 Kr	37 Rb	38 Sr	39 Y	40 Zr	41 Nb	42 Mo	43	
V			16,7	24,3	15,0	10,3	6,3	4,9	4,7	—	
c_p			—	6,05	4,82	—	2,38	—	1,36	—	
N	44 Ru	45 Rh	46 Pd	47 Ag	48 Cd	49 Jn	50 Sn	51 Sb	52 Te	53 I	
V	3,6	3,7	4,0	4,5	5,6	6,8	6,9	7,7	8,3	10,7	
c_p	1,11	1,38	2,03	2,62	3,46	—	3,41	2,89	3,68	4,59	
N			54 Xe	55 Cs	56 Ba	57 La	58 Ce	59 Pr	60 Nd	62 Sa	74 Wo
V			15,1	29,2	14,7	9,3	8,5	9,1	8,6	7,9	3,9
c_p			—	6,82	4,80	4,60	4,64	4,63		—	1,75
N	76 Os	77 Ir	78 Pt	79 Au	80 Hg	81 Tl	82 Pb	83 Bi	90 Th	92 U	
V	3,4	3,4	3,6	4,1	5,6	6,8	7,2	8,5	8,2	4,9	
c_p	1,49	1,92	2,63	3,16	4,65	4,80	4,96	4,54	4,58	3,30	

20. Einige Schönheitsfehler des periodischen Systems.

In drei Fällen hat das folgende Element ein niedrigeres At.-Gew. als das vorhergehende, nämlich K (hinter Ar), Ni (hinter Co), I (hinter Te). Das ist aber unbedenklich. Die Differenzen in den At.-Gew. aufeinander folgender Elemente sind sehr verschieden, so daß es nicht auffallend ist, wenn einmal die Differenz negativ wird. Auch die Differenzen der At.-Gew. in den natürlichen Familien sind nicht so gleichmäßig, wie es bei den eine Triade bildenden Elementen der Fall ist; selbst die Edelgase sind hiervon nicht ausgenommen.

In manchen Fällen sind Verwandtschaften zu anderen Elementen verdeckt, da für die Anordnung diejenige Verwandtschaft maßgebend war, die die Elemente mit wechselnden Valenzen bei ihrer höchsten Valenz zeigen. So steht Cr beim S und Mo, während es in den niedrigeren Valenzstufen dem Mg und Al ähnelt. Aus dem Rahmen fallen die seltenen Erden heraus, die die Plätze 57 bis 73 einnehmen. Sie haben keine bevorzugte Valenz; am ehesten kann man sie noch in die dritte oder vierte Reihe einordnen.

[1]) Die wahren Atomvolumina (Thornton, Phil. Mag. **34**, 30; 1917), die man erhält, wenn man von den beobachteten Werten die innere Kohäsion (abgeleitet aus der Dichte) abzieht, geben eine sehr regelmäßige Kurve.

Alle diese Elemente sind miteinander außerordentlich näher verwandt, als mit den übrigen.

Im System fehlen die sogenannten Protoelemente, die in den Sternspektren durch besondere Linien aufgezeichnet sind (Nebulium, Arconium, Coronium). Ihr At.-Gew. ist zwar jetzt ermittelt, doch ist es immerhin nicht ausgeschlossen, daß die Spektrallinien, aus denen man ihre Besonderheit abgeleitet hat, gewöhnlichen Elementen angehören, deren Linien aber durch die besondere Beschaffenheit der Sternatmosphären erheblich verschoben sind (siehe **101.**). Alle diese Schwierigkeiten haben ihre Bedeutung eingebüßt, nachdem es gelungen ist, einerseits die Ordnungszahlen unzweideutig zu ermitteln, andererseits die Zusammensetzung des Systems aus mehreren unabhängigen Teilen festzustellen (siehe **121.**).

Nachtrag zu **15.**

Hicks (1919) hat für eine große Reihe von Elementen Formeln gegeben, nach denen sich die Linien der verschiedenen Serien ihrer Spektren berechnen lassen. Für die einatomigen Gase der Helium-Reihe geben diese Formeln genaue Werte der At.-Gew. So für

Neon	den Wert	20,0005 ±	0,004	statt	20,2
Argon	,, ,,	40,0141 ±	6	,,	39,88
Krypton . . .	,, ,,	83,0550 ±	3	,,	82,92
Xenon	,, ,,	129,963 ±	2	,,	130,2
Radium Eman.	,, ,,	222,259 ±	3	,,	222,4

Die Werte nähern sich sehr viel stärker ganzen Zahlen (vgl. **102**), als die bisherigen Werte der At.-Gew.

Literatur zu 12 bis 20.

Allgemeines. Clarke: The atomic theory (Science N. Y. **18**, 513; 1903; Manchester, Mem. Lit. Phil. Soc. **47**, Nr. 11; 1903. — Cannizaro: [1]) Abriß eines Lehrbuches der theoretischen Chemie (Nuov. Cim. Bd. 7; 1858; Ostw. Klass. Nr. 30, Lpg. 1891. [2]) Über die Anwendung der Atomtheorie in der Chemie (Gazz. Chim. I, 1, 213; 1871; übers. Samml. Chem. Vorträge **20**, 1—166; 1914). — Ehrenfeld: Chem. Atomistik (Heidelberg 1906). — Hinrichsen: Chem. Atomistik (Lpg. 1908). — Ladenburg: Vorträge über die Entwicklungsgeschichte der Chemie (4. Aufl., 1907). — E. v. Meyer: Geschichte der Chemie (4. Aufl., Lpg. 1914). — Lothar Meyer: moderne Theorien der Chemie (2. Aufl., 1872, vgl. **16.**). — Muir: History of chemical theories (N. Y. 1907). — Rudorf: periodisches System (übers. Hbg. 1904). — Svedberg: Die Materie (Lpg. 1914).

Zu **12.** Dalton: [1]) Grundlage der Atomtheorie (Manch. Mem. **1**, 271; 1805; Lpg. 1889; Ostw. Klass., Nr. 3). [2]) Ein neues System des chemischen Teils der Naturw. (Manch. 1808, 1810; übers. Berlin 1812—13). — Th. Thomson: System of chemistry, Bd. 3, 424—451; 1807. — Henry: The life and scientific researches of Dalton (London 1854). — R. A. Smith: Dalton and the history of the atomic-theory (Manch. Mem. **13**, 1856; gegen die Prioritätsansprüche von Higgins). — Meldrum: Dalton (Manch. Mem. **54**, 1910). — Roscoe und Harden: [1]) Entstehung der Atomtheorie (London 1896; Lpg. 1898). — [2]) Kahlbaum: Gedächtnisschrift 1909, S. 530. — Debus, Kahlbaum: Einige Fundamentalsätze der Chemie (Kassel 1894; ZS. physik. Chem. **20**, 373; 1896; **22**, 248; 1897). — Zur Geschichte der Atomtheorie siehe auch A. Scott: J. Chem. Soc. **111**, 288; 1917.

Zu **13.** Berzelius: [1]) Versuche, die bestimmten und einfachen Verhältnisse nachzuweisen, nach welchen die Bestandteile der anorganischen Natur miteinander verbunden sind (Abhdl. Akad. Stockholm 1810; Gilb. Ann. in Bd. 37, 38, 40; 1811—12). — [2]) Selbstbiograph. Aufzeichnungen (Lpg. 1903, S. 45; Söderbaum, Herausgeber). — J. Stas: [1]) Siehe **11.** [2]) Mem. Acad. Belg. **43**, 1882. — J. Mallet: Chem. News **67**, 20; 1893. — Th. W. Richards: Experimentelle Untersuchungen über At.-Gew. 1887—1908 (Hbg. 1909). — Scheuer: Sitzungsber. Wien. Akad. **123**, 931; 1914. — Ph. Guye: [1]) Sur les propriétés physico-chimiques de quelques gaz (Paris 1908). [2]) La revision des poids atomiques (Archiv Genève **27**, 557; 1909). [3]) J. chim. phys. **15**, 214, 439; 1917. — Stahrfoß, Batuecas: J. chim. phys. **16**, 175, 322; 1918. — Burt und Edgar: Phil. Transact. (A) **216**, 393; 1916. — D. Berthelot: Sur les thermomètres à gaz (Trav. Mem. Buro Intern. Paris **13**; 1902).

Zu **14**. Avogadro: Die Grundlage der Molekulartheorie (1811 und J. de phys. **73**, 58; 1811; Ostw. Klass., Nr. 8, Lpg. 1889). — Guareschi: Avogadro und die Molekulartheorie (Lpg. 1903). — Gay-Lussac: [1]) Mem. Soc. d'Arcueil **2**, 159, 206, 252; 1807—09. [2]) Gilb. Ann. **26**, 478; **30**, 246; 1807—08 (Ostw. Klass., Nr. 42, 44). — Berzelius: Jahresber. Chemie **7**, 73; 1826. — Perrin: [1]) Abhdl. Bunsenges. **7**, 125; 1913. [2]) Die Atome (1914, S. 26). — Sommerfeld: Naturw. **4**, 17; 1916. — W. L. Bragg: ZS. anorg. Chem. **90**, 153—296; 1914. — Zanstra: Der Atombegriff (Chem. Weekblad **15**, 209; 1915).

Zu **15**. Nilson und Pettersson, L. Meyer: Ber. Chem. Ges. **13**, 1456, 1780; 1880 (vgl. Mendeléef **16**.). — Rayleigh und Ramsay: [1]) ZS. phys. Chem. **16**, 344; 1895 (Argon). [2]) Ber. Chem. Ges. **31**, 3111; 1898 (Neon). — Kundt und Warburg: Pogg. Ann. **157**, 353; 1876. — Spezif. Wärme: Wiegand: [1]) Ann. Phys. **24**, 601; 1907. [2]) Jahrb. Radioakt. 1913, 54. — Eucken: Jahrb. Radioakt. 1911, 489. — Dulong und Petit: Ann. chim. phys. **10**, 395; 1819 (Ostw. Klass., Nr. 44, Lpg. 1894). — Regnault: Ann. chim. phys. **1**, 202; 1841. — H. F. Weber: [1]) Pogg. Ann. **154**, 367, 553; 1875. [2]) Phil. Mag. **44**, 161, 276; 1875. — Dewar: Proc. Roy. Soc. **89**, 168; 1913. — Einstein: Ann. Phys. **22**, 180, 800; 1907; **34**, 170; **35**, 679; 1911. — Eucken: Ann. Phys. **22**, 180; 1907. — Debye: Ann. Phys. **39**, 789; 1912. — Allen: [1]) Proc. Roy. Soc. **94**, 100; 1917. [2]) Phil. Mag. **34**, 478, 488; 1917. — Richarz: ZS. anorg. Chem. **58**, 356; 1908. — Nernst (Lindemann): [1]) ZS. El. chem. Ges. **17**, 817; 1911. [2]) Vhdl. Phys. Ges. **13**, 138; 1911. [3]) Ann. Phys. **36**, 375; 1911. [4]) Sitzungsber. Berl. Akad. 1910, 262; 1911, 306; 1912, 1, 160. [5]) Abhdl. Bunsenges. **7**, 208; 1913. [6]) Kinetische Theorie der Materie (Lpg. 1914, 74). — Schrödinger: Naturwiss. **5**, 537, 561; 1917. — Bernoulli: Helvetica Chim. Acta **1**, 278; 1918. — Grüneisen: Ann. Phys. (4) **25**, 848; 1908. — Madelung: Phys. ZS. **11**, 898; 1910. — Günther: Ann. Phys. **51**, 843; 1916. — Keesom und Kamerlingh-Onnes: [1]) Communication Leiden, Nr. 143 und 147. [2]) Versl. Akad. Wet. Amsterd. 1914, 792; 1915, 355. — Mitscherlich: Das Verhältnis zwischen der chem. Zusammensetzung und der Kristallform arsenigsaurer und phosphorsaurer Salze. [1]) Abhdl. Berl. Akad. 1820. [2]) Denkschrift Stockholm. Akad. 1821 (Ostw. Klass., Nr. 94; Lpg. 1898). — J. J. Thomson: [1]) Rays of positive electricity a) Vortrag vom 22. 3. 1907 (Proc Royal Institution **18**, 877; 1907); b) Proc. Royal Inst. **20**, 180; 1913; c) Buch (London 1913, S. 107, 123). [2]) (Royal. Instit.) Engineering **105**, 344; 1918. — Dempster: Phys. Review **11**, 316; 1918 (Verfeinerung der positiven Strahlmethode). — W. L. Bragg: [1]) Proc. Roy. Soc. **89**, 468; 1914. [2]) ZS. anorg. Chem. **90**, **246**; 1915. — Benoist und Copaux: [1]) C. R. **131**, 324, 545, 772; 1901 und J. de phys. **10**, 653; 1901. [2]) C. R. **158**, 550, 689, 859; 1914. [3]) Bull. Soc. Chim. **15**, 484; 1914. — Hicks: Chem. News **118**, 70; 1919 (Royal Society, Sitzung vom 23. 1. 1919); ferner: Phil. Transact. **217** (A) 360; 1918 (a critical study of spektral series). — Über Photoeffekt und Grundschwingungen: Hallwachs: Ann. Phys. **34**, 731; 1888; Pohl und Peringsheim, Lichtelektrische Erscheinungen (Brschg 1914, S. 27).

Zu **16**. Allgemeines zum periodischen Gesetz. — Lothar Meyer: Moderne Theorien der Chemie (1. Aufl., Breslau 1864, 6. Aufl. 1896, — erster Teil: Die Atome und ihre Eigenschaften; vgl. **11**.). — Newlands: Discovery of periodic law (1884). — Crookes: Genesis der Elemente. [1]) Repert. Brit. Assoc. 1886, 538. [2]) Brschg. 1888 und 1895. — Preyer: Entwicklung der Elemente (Wiesb. 1891). — Mendeléef: [1]) Ber. Chem. Ges. **13**, 2043; 1880. [2]) (Faraday Lecture) J. Chem. Soc. **55**, 634; 1889. — Huth: Periodisches Gesetz (Berlin 1887). — Venable: [1]) The development of periodic law (Easton 1896). [2]) The study of atom (Easton 1904). — Rudorf: Periodisches System, seine Geschichte (Hbg. 1904). — Hackh: Das synthetische System der Elemente (Hbg. 1914). — C. Schmidt: Periodisches System (Lpg. 1917).

Vorgeschichte — L. Meyer: Die Anfänge des natürlichen Systems (Ostw. Klass., Nr. 66, Lpg. 1895). — Seubert: ZS. anorg. Chem. **9**, **334**; **1895**. — Doebereiner: [1]) Gilb. Ann. **56**, 331; **57**, 436; 1817. [2]) Pogg. Ann. **15**, 301; 1829. — Gmelin: Lehrbuch der Chemie (1843). — Pettenkofer: [1]) Münch. Akad. **30**, 261; 1850. [2]) Lieb. Ann. **105**, 287; 1859. — Dumas: [1]) C. R. **47**, 1026; 1858. [2]) Lieb. Ann. **108**, 324; 1858. [3]) Ann. chim. phys. **55**, 129; 1859. — Kremers: Pogg. Ann. **85**, 262; 1852. — Gladstone: Phil. Mag. **5**, 313; 1853. — Cooke: Sill. J. **17**, 387; 1854. — Lenssen: Lieb. Ann. **103**, 121; 1857. — Odling: Phil. Mag. **13**, 423; 1857. — Strecker: Zur Bestg. des At.-Gew. (1859). — De Chancourteois: [1]) Vis tellurique (1862). [2]) Les propriétés des corps sout des propriétés des nombres (1863). — Newlands: [1]) Chem. News **7**, 70; **10**, 59, 94; **13**, 113, 130; 1863—66. [2]) Ber. Chem. Ges. **17**, 1145; 1884. — Baumhauer: Beziehung zwischen dem At.-Gew. und der Natur der chem. Elemente (Brschg 1870).

Zu **17**. Lothar Meyer: Die Natur der chem. Elemente als Funktion ihres At.-Gew. (Lieb. Ann. VII. Suppl-Bd. S. 354; 1870; Ostw. Klass. Nr. 68, Lpg. 1895). — Mendeléef: [1]) ZS. Chemie **12**, 405; 1869. [2]) J. Ruß Phys. Ges. **1**, 60, 229; 1869; **3**, 25; **4**, 343; 1871. [3]) Lieb. Ann. VIII. Suppl.-Bd., S. 133; 1871 (Ostw. Klass. Nr. 68). [4]) Siehe **11**. — Walden: Biographie Mendeléefs (Ber. Chem. Ges. **41**, 4719; 1908). — v. Baeyer: Gesammelte Arbeiten Bd. II, 872, 877; 1905. — Reynolds: Chem. News. **54**, 1; 1886. — Stoney: Chem. News **57**, 163; 1888 (vgl. Proc. Roy. Soc. **85**, 471; 1911). — Crookes: [1]) Chem. News **78**, 25; 1898. [2]) Proc. Roy. Soc. **63**, 408. [3]) ZS. anorg. Chemie **18**, 72; 1898.

Zu **18**. de Boisbaudran: C. R. **81**, 483, 969, 1100; 1875; **86**, 475; 1880. — Nilson: Ber. Chem. Ges. **12**, 550; **13**, 1439; 1879. — Winkler: Ber. Chem. Ges. **19**, 210; J. prakt. Chem. **34**, 183; 1886.

Zu **19**. Rudorf und L. Meyer siehe **15**. — Th. Richards: Carnegie Publ. Wash. Nr. 76; 1907. — Blom: Ann. Phys. **42**, 1397; 1913. — Dhar: Proc. Amsterd. **18**, 384; 1915. — Herz: ZS. anorg. Chem. **94**, 1; 1915. — Harkins und Hall: ZS. anorg. Chem. **97**, 175; 1916. — Dewar: Proc. Roy. Soc. **89**, 168; 1913. — St. Meyer: [1]) Elster-Geitel: Festschrift 1915, 146. [2]) Sitzungsber. Wien **124**, 249; 1915. — Traube: Jahrb. Radioakt. 1906, 188.

Zu **20**. Rydberg: [1]) ZS. anorg. Chem. **14**, 97; 1897. [2]) Lunds Univers. Arskrift (NF. = neue Folge) Bd. **9**, Nr. 18; 1913; das System der Grundstoffe. — Ramsay: ZS. phys. Chem. **38**, 688; 1901.

Der atomistische Bau der Stoffe.

21. Die Entwicklung des Atombegriffes im Altertum.

Im Gegensatz zu der Mehrzahl der griechischen Philosophen, besonders aber zu den Lehren, die später Aristoteles vertrat, suchten Democrit aus Abdera (460—370), zusammen mit Leucipp, wie die heutige Wissenschaft, das Veränderliche stets auf das unveränderliche nicht weiter zu erklärende Ewige zurückzuführen. Democrit kann neben Pythagoras als der Hauptvertreter der antiken Wissenschaft gelten. Hat er doch im Grunde schon das Prinzip der Erhaltung der Energie verkündet, auch sind ihm der Begriff der Schwere, das Gesetz von Wirkung und Gegenwirkung, die Gesetze von Bewegung und Stoß nicht fremd (Löwenheim 1914). Bei der Theorie des Stoffes ging er von der Beobachtung aus, daß sich durch Druck oder Kälte das Volumen eines Körpers verringert, durch Wärmezufuhr vergrößert. Ferner mischt sich bei der Auflösung ein fester Körper mit Wasser. Diese Beobachtungen sind nur erklärbar, wenn den anscheinend stetigen Stoffen eine unstetige Beschaffenheit zukommt. Derartige Schlüsse sind allein logisch möglich, wenn man sich auf den Boden des Kausalitätsgesetzes, des Gesetzes vom Zusammenhang von Ursache und Wirkung stellt. Eine solche Schlußfolgerung war Aristoteles fremd. Dieser mußte daher in dem Begriff des Stetigen und Unstetigen, des Leeren und Vollen unüberwindliche Schwierigkeiten sehen, die ihn notwendig zu einer Bekämpfung der Democritischen Lehre führte, die ganz konsequent zur Atomtheorie ausgebaut wurde. Alle Körper bestehen aus sich bewegenden, unteilbaren, wegen ihrer Kleinheit nicht sichtbaren Körperchen (Atome nach Epikur, der Democrits Ideen weitergeführt hat). Sie sind in unendlicher Zahl vorhanden und voneinander durch leeren Raum getrennt. Als das wahrhaft Seiende, Ewige, müssen sie unzerstörbar (unteilbar) und undurchdringlich oder absolut hart sein. Ihre Gestalt und Größe kann verschieden sein. Durch Zusammentritt und Auseinandergehen der Atome, durch ihre Mischung und Entmischung bilden sich die Körper, kommen alle Veränderungen zustande. Dabei ist noch der verschiedene mögliche Abstand und die verschiedene Lage der Atome, sowie ihre Bewegung zu berücksichtigen. Die Atome stoßen unaufhörlich aufeinander und schlagen bei der Bewegung die mannigfaltigsten Bahnen ein. Um zu erklären, wie es kommen kann, daß durch bloße Verschiedenheit und Größe von gleichbeschaffenen Urbestandteilen verschiedenartige Dinge entstehen, wurde auf die Buchstaben hingewiesen, die selbst nur aus wenigen gleichen Grundbestandteilen aufgebaut, z. B. A und N, I und H, aber doch alle Worte wiederzugeben imstande sind. Diese Lehren hat dann der römische Dichter T. Lucretius Caro (98—55 v. Chr.) in einem grandiosen Werk als Grundlage der gesamten Naturbetrachtung geschildert. Wie wir beobachten, daß der das Leben bedingende Kreislauf des Wassers sich unmerklich abspielt, indem sich die kleinen Wirkungen des Wassers allmählich summieren, so beruht alles Geschehen auf kleinen Wirkungen, die sich als Bewegung von qualitativ gleichen „ersten Körperchen" (Uratomen) darstellen. Aus diesen bilden sich Atomgruppen (von Lucrez bereits Elemente genannt). Von diesen gibt es nur eine beschränkte Zahl, so etwa der Zahl der ebenfalls aus gleichen Urbestandteilen bestehenden Buchstaben entsprechend. Aus der verschiedenen Ordnung der Elemente entstehen die Körper. Die Veränderungen entstehen durch Bewegung der Atome, die wir am besten an den Sonnenstäubchen erkennen können. Seine Auffassung darüber, die mittelbar Clausius[1]) (1822—1888) zu der kinetischen Gastheorie geführt hat, möge hier mit seinen Versen wiedergegeben werden (de rerum natura II, 113):

Richte empor den Blick zu der leuchtenden Sonne,
wenn sie Strahlen ergießt durch schattige Plätze der Häuser.
Masse von Körperchen wirst du sehen, die auf mancherlei Art sich
drehn und untereinander sich mischen im eigenen Lichtstrahl
Schlachten und Kämpfe bestehen, als lebten sie ständig im Kriege,
gleichwohl streitend in Scharen — es ist nicht Ruhe noch Rast da —
stets fort sammeln sie sich und trennen sich ebenso wieder.
Hieraus ziehe den Schluß, wie die uranfänglichen Stoffe
unaufhörlich umher in unendlichem Leeren sich jagen....
und deshalb gebührt genaue Betrachtung den Körpern,
die in dem Strahl der Sonne sich treiben in solcher Verwirrung,
weil sotanes verworrenes Umhersichtreiben ein sicherer
Fingerzeig für die innere, verborgene Bewegung des Stoffes.

---

[1]) Pogg. Ann. **115**, 2; 1862; von einem unmittelbaren Einfluß ist keine Rede.

Denn oft wirst du sie sehen, wie von heimlichen Stößen erregt, sie
ändern den Weg; wie rückwärts bald sie werden getrieben,
bald hierher bald dorthin in verschiedenster Richtung.
Hiervon liegt der Grund schon im Urtrieb der ersten
Körperchen all. Sie bewegen sich nämlich zuerst durch sich selber...
nachher reizen nun die auch andere größere Teile.

Diese Auffassung treffen wir wieder in der modernen Erklärung der dem Sonnenstäubchen gleichenden Brownschen Bewegung. Aus dieser ist die Zahl der Atome abgeleitet (siehe **28.**, **29.**).

22. Die Wiederbelebung der Atomtheorie.

Die Atomtheorie blieb, solange Aristoteles Physik und Logik die Herrschaft hatte, verfehmt. Ihre offenen Anhänger waren als Materialisten und Atheisten den Ketzern gleichgeachtet. Noch 1624 [1]) hat das französische Parlament verordnet, daß Anhänger dieser Lehre an Leib und Seele gestraft würden. Aber unbeirrt ging die Wissenschaft ihren Weg. Zuerst hat Sennert in Halle in mehreren Schriften (1619 und 1636) die atomistische Lehre wieder aufgenommen zur Erklärung einmal der starken Volumenänderung beim Erwärmen, beim Verdampfen und bei der Verbrennung, sodann der Erscheinung, daß sich bei der Legierung Metalle untereinander, bei der Lösung Salze mit Wasser, bei der chemischen Zersetzung Metalle mit Säuren vollständig mischten. Galilei (1564—1642), der schon 1612 für Democrits Lehre eintrat, hat eben zu derselben Zeit die für das Verständnis der Atombewegungen nötigen grundlegenden Bewegungsgesetze abgeleitet. Er zeigt auch, daß entgegen Aristoteles die Bewegungsvorgänge das primäre, die Sinnesempfindungen aber das sekundäre, von den Bewegungen Ausgelöste seien. 1643 konnte dann Torricelli den Nachweis führen, daß der von den Atomistikern geforderte leere Raum [2]) wirklich vorhanden ist. Descartes schloß sich Galilei an mit der Auffassung, daß alle chemischen und physikalischen Vorgänge auf räumliche Bewegungen zurückzuführen seien. Die Träger der Bewegung sind die Atome eines Urstoffes, der der mannigfaltigsten Gestaltung fähig sei. Scheinbar füllt die Materie den Raum stetig aus. Aber tatsächlich sind Lücken, Poren, leerer Raum vorhanden. In diese dringen Effluvien, feinste Teile (wir würden sie jetzt Elektronen nennen) ein, die von den in starker Wirbelbewegung (siehe **45.**) befindlichen Atomgruppen des Urstoffes, den Korpuskeln, bei ihren Zusammenstößen absplittern. Aus den Korpuskeln bilden sich durch die Bewegungsvorgänge drei beständige Formen der Materie, die feurige, erdige und luftige aus. Durch weitere gegenseitige Beeinflussung treten Verschiedenheiten zweiter Ordnung auf. Es bilden sich scharfe (harte) oder salzige, biegsame, weiche oder schweflige, schwere runde oder quecksilbrige Bestandteile der Körper. Die chemischen Verbindungen kommen durch Verknüpfung der Ösen der einen Sorte Atome mit den Haken der anderen Sorte zustande.

Gassendi (1592—1655) hat 1647 vom logisch-mathematischen Standpunkt aus gezeigt, daß die Raumerfüllung der Körper das Ursprüngliche,

---

[1]) Lasswitz: Atomistik **1**, 484.

[2]) Mit Hilfe der Gaedeschen Molekularpumpe (siehe 27.) kann Luft bis zu $^1/_{100000}$ mm Hg-Druck verdünnt werden.

Ewige, Unveränderliche gegenüber den Sinnesempfindungen sei. Die Materie ist unerschöpflich und unzerstörbar, läßt sich aber in Atome oder Korpuskeln teilen. Die Atome unterscheiden sich durch ihre Größe, Schwere und Gestalt. Boyle bildet die Descartesschen Anschauungen weiter aus. Die kleinsten Teile unterscheiden sich durch dreierlei, nämlich durch Größe, durch Gestalt (oder Anordnung) und durch Bewegung. Alle, auch die sinnlich wahrnehmbaren Eigenschaften, wie Farbe, Geruch und Wärme, sind lediglich Folgen der drei Grunderscheinungen. Die Wirkung auf die Sinne ist bedingt durch den Austritt von Korpuskeln. Die Menge der austretenden Korpuskeln ist bei den Körpern verschieden. Sie treten in großer Zahl aus, wenn sie locker gebunden sind. Bei den stark riechenden oder verdampfenden Substanzen bilden sich so aus den austretenden Korpuskeln besondere Emanationen oder Effluvien. Im Grunde beruht aber jede Veränderung auf dem Übergang von Effluvien von einem Körper in die Poren eines zweiten. Der Zusammenhalt der Körper ist, wie es Descartes annimmt, durch die Zahl und Verteilung der Spitzen oder Haken in den Atomen bedingt. Derartige bequeme, grob sinnliche Annahmen haben noch lange Zeit in der Chemie zur Erklärung der chemischen Verwandtschaft gedient.

Alle diese weltumspannenden Ideen sind trotz mancher abweichenden Einzelheiten im Grunde immer wieder die Vorstellungen von Democrit. Sie blieben als qualitative Annahmen unfruchtbar, bis es Mitte vorigen Jahrhunderts gelang, sie quantitativ umzugestalten als exakte Grundlage für die in der Chemie, wie in der Physik gleich fruchtbare atomistische Mechanik, die kinetische Gastheorie. Zu dieser Ausgestaltung haben Hugghens (1629—95) Arbeiten den Weg eröffnet. Dieser Forscher hat eine meßbare Größe, die Energie der Bewegung, gefunden und in den Mittelpunkt seiner mathematisch-physikalischen Entwicklungen gestellt. Die sinnlich wahrnehmbare Bewegung der Körper wird auf den durch Berührung und Stoß erfolgenden Austausch von Energie unter den Atomen zurückgeführt. Er vermochte Bewegungsgleichungen aufzustellen, welche die physikalischen Erscheinungen der Wärme und des Lichts erklären (Wellentheorie). Die weitere Entwicklung der Theorie wurde aber dadurch unterbunden, daß Newton[1]) (1647—1727) alle Vorgänge entsprechend den Wirkungen der Schwere auf Fernwirkungen zurückführte. Dadurch waren Berührung und Stoß der Atome ausgeschaltet. Newton hielt indessen grundsätzlich an der Atomtheorie fest. Die Kräfte zwischen den Atomen, die Molekularkräfte, waren wesensgleich mit der zwischen den Gestirnen wirkenden Schwerkraft. Nur wirken sie wegen der viel größeren Nähe der Atome viel stärker und bedingen den Zusammenhalt, die Kohäsion der Körper. Über die Eigenschaften, besonders die Form (Gestalt) der Atome läßt sich nichts aussagen; nur muß man annehmen, daß die Atome härter sind, als jeder Körper, den sie bilden, so daß sie nicht mehr geteilt werden können. Die Newtonschen Vorstellungen über Molekularkräfte haben auf die chemische Entwicklung keinen Einfluß geübt; höchstens könnte man von einem hemmenden Einfluß sprechen, indem aus diesen Vorstellungen der verschwommene Begriff der chemischen Affinität heterogener Atome ent-

[1]) Optik 1717 — Ostwalds Klassiker, Nr. 97, S. 125, 143.

stand, der der Kohäsion gleicher Atome, wie sie ein einheitlicher Körper hat, entsprechen sollte.

Weitere Fortschritte sind bis etwa 1850 nicht gemacht worden. Zu erwähnen wäre nur die noch in anderem Zusammenhange zu besprechende Theorie der Wirbelatome von Boscovich, die auf Descartes zurückgeht (siehe **45.**). Sie ist von Helmholtz und Lord Kelvin mathematisch behandelt worden. Für die Entwicklung der Chemie hat sie keine Bedeutung.

23. Die Notwendigkeit der Atomtheorie in der Chemie und Physik.

Daß man ohne den Atombegriff[1]) in der Chemie nicht auskommen kann, haben schon vor Dalton Sennert, Gassendi und vor allem Boyle erkannt. Sennert betrachtete die gleichmäßige Mischung, die beim Legieren von Metallen, z. B. von Ag und Au eintritt. Ein solcher Vorgang ist leicht erklärbar, wenn man annimmt, daß jedes der Metalle aus Atomen besteht, die ineinander diffundieren. Die Mischung ist gleichmäßig, wenn neben jedem Atom der einen ein Atom der zweiten Substanz liegt. Schoop[2]) hat in einer Reihe von interessanten Versuchen gezeigt, daß dieses Diffundieren der Atome und damit das Entstehen der Legierung schon weit unter dem Schmelzpunkt eintritt. Auf einem Kupferstab, der mit einer $^1/_{10}$ mm dicken Zinkschicht bedeckt ist, entsteht beim Erhitzen auf 500° eine Legierung, deren Dicke mit der Zeit langsam zunimmt. Das gleiche gilt für Überzüge von Co, Ni, Al.

Gassendi folgerte die Notwendigkeit von Atomen und Atomgruppen aus dem Verhalten der Krystalle. Boyle führte die Veränderung durch chemische Reaktionen auf einen Austausch von atomaren Bestandteilen der aufeinander wirkenden Verbindungen zurück. Dieser Austausch beruhe auf der verschiedenen Affinität der einzelnen Bestandteile zueinander. In den Atomen der Verbindungen bleiben die Atome der ursprünglichen Bestandteile erhalten, so im Salmiak die Salzsäure und das Ammoniak, im Salpeter die Salpetersäure und das Ätzkali. Aus den Verbindungen können die ursprünglichen Bestandteile regeneriert werden. Die Bildung der Verbindungen entspricht der Bildung einer Legierung.

Der Siegeszug der atomistischen Betrachtungsweise beginnt erst, nachdem Lavoisier in seinem neuen System als Hauptaufgabe der Chemie die Auffindung der chemischen Elemente und der Verbindungen zugewiesen hatte. Proust hatte gezeigt, daß eine Verbindung sich stets aus gleichen oder in konstantem Verhältnis veränderlichen Mengen der Elemente bildet.

---

[1]) Dieser Begriff ist für Physik und Chemie das Reale. Auch Materie und Energie gehören zu diesen für Physik und Chemie erforderlichen Grundbegriffen. Erkenntnistheoretisch sind sie aber nichts Reales, sondern nur Hilfsbegriffe zu einer möglichst einfachen Darstellung der Gesamtheit der Erscheinungen. Mach hat den Atombegriff wegen seiner irreführenden Folgerungen, zu denen er auf dem Gebiete der Physiologie, Psychologie und Biologie führt, überhaupt aus der Wissenschaft verbannen wollen. Es ist das aber das Schicksal aller derartigen Begriffe, daß ihnen leicht zu weite Ausdehnung gegeben wird. Am verhängnisvollsten war diese Ausdehnung bei den philosophisch-physikalischen Begriffen, die Aristoteles gegeben hat (Ph. Frank, Die Naturw. **5**, 65; 1917). Über die Lösung dieser Schwierigkeiten siehe **43.**

[2]) Die Naturwiss. 1916, 266.

Dalton gab dafür die einfachste Erklärung. Besteht jedes Element aus unteilbaren einander gleichen Atomen, so wird sich, wenn sich zwei Elemente verbinden, eine bestimmte Anzahl Atome des ersten neben eine bestimmte ganzzahlige Menge Atome des zweiten Elements lagern. Die Entwicklung der organischen Chemie, besonders der Substitutionstheorie und der Strukturformeln (durch Liebig, Dumas, Gerhardt, A. W. v. Hoffmann) ist ohne atomistische Vorstellungen undenkbar. Der wichtige Begriff der Isomerie, die verschiedene Bindung der Kohlenstoffatome, der Nachweis, daß Substitution auch durch zusammengesetzte Radikale oder Atomgruppen erfolgt, sie alle sind auf der Atomtheorie gegründet. Die Auffindung der stereoisomeren Verbindungen (van't Hoff — Le Bel 1874) hat die Atome und ihre Verkettung zur Gewißheit gemacht. Stereoisomere Verbindungen unterscheiden sich durch ihre optische Drehung (rechts- und linksdrehend) sie sind Spiegelbilder betreffs der Atomlagerung. Van't Hoff konnte ohne Schwierigkeit prophezeien, welche Voraussetzungen erfüllt sein müssen, damit auch bei der Atomverkettung Spiegelbilder entstehen. Die aus seiner Theorie folgenden 16 Isomeren des Zuckers hat E. Fischer sämtlich aufgefunden.

Aus der Theorie folgt daß das Atom (oder Kraftzentrum) des Kohlenstoffs tetraederische Form [1]) und nicht, wie man es für Atome voraussetzte, Kugelform besitzt.

Auch viele physikalische und physikalisch-chemische Erscheinungen sind nur durch Annahme der Atomtheorie verständlich (Fechner, Larmor), so z. B. die Dispersion des Lichtes (Young 1801, Sellmayer 1866), aus der sich sogar die Loschmidtsche Zahl der Mole (siehe **29.**) berechnen läßt. Magnete lassen sich in beliebig kleine Teile zerlegen, die stets wieder Magnete sind. Vielfach, z. B. beim Molekularvolumen fester Salze, bei der Wärmekapazität, dem optischen Brechungsvermögen, dem elektrischen Leitvermögen von Salzlösungen kann man die Konstante der Verbindung additiv aus den Konstanten der einzelnen Elemente berechnen. Eine solche Erscheinung ist nur bei Annahme unabhängig voneinander wirkender Atome verständlich. Diese Unabhängigkeit bildet die Grundlage der elektrolytischen Dissoziationstheorie. Diese hat sich aus der Theorie des osmotischen Druckes (Raoult — van't Hoff) entwickelt. Eine solche Theorie setzt voraus, daß die Lösungen ganz wie Gase aus einzelnen Molen bestehen. Es gelten die Gasgesetze auch in Lösungen wie besonders für die Gefrierpunktserniedrigung eingehend nachgewiesen ist. An Stelle des Gasdruckes tritt der osmotische Druck. Jedes Ion übt einen besonderen Druck aus und hat seine besondere Neigung (Lösungstension), Elektronen zu binden (siehe **36.**). Diese Unabhängigkeit der Ionen äußert sich auch darin, daß jedes Element in Verbindungen sein charakteristisches Spektrum ausstrahlt, sowie daß X-Strahlen (siehe **118.**) von den Metallen auch in den festen Verbindungen so absorbiert und emittiert werden, als ob die Metalle nicht mit einem Anion verbunden wären. Man kann so die Gegenwart eines bestimmten Metallkations, z. B. Fe, ebenso sicher nachweisen, wie man in Lösungen das Fe-Ion an besonderen Reaktionen erkennt.

[1]) Die Untersuchung des Raumgitters des Diamantes nach Laue-Bragg (siehe **26.**) bestätigt diese Annahme.

24. Die Teilbarkeit der Materie und die körperliche Existenz der Mole.

Schon Boyle (1680) und Wolf (1746) haben aus der kleinsten Dicke von ausgewalztem Gold (Goldblatt) und von Überzügen auf Metallen, ferner aus der kleinsten noch durch den Geruch wahrnehmbaren Menge von Riechstoffen (Ambra) eine obere Grenze für die Größe der Atome berechnet. Muncke (1838) gibt an, daß ein einziger Indigotropfen 500 Kubikzoll[1]) Wasser färbt. 1 gran[1]) gelöstes Kupfer färbt 392 Kubikzoll Salmiaklösung blau. D. Berthelot (1904) fand, daß $^1/_{10^6}$ mg Jodoform noch am Geruch erkennbar ist. 1 g Jodoform verliert im Jahre nur $^1/_{100}$ mg; Moschus noch 1000 mal weniger. Das gleiche gilt für Asa foetida, Zimt, Cubeben. Die Gerüche sind dadurch wahrnehmbar, daß die Stoffe verdampfen und die Dämpfe in unsere Nase eindringen (Aitken 1904). Spring (1905) beobachtet diejenige Konzentration stark färbender Substanzen, bei welcher im Mikroskop beim Durchtritt eines intensiven Lichtstrahls dieser Strahl noch als feiner Lichtkegel sichtbar ist. Diese, von Tyndall (1876) entdeckte Erscheinung tritt im allgemeinen nicht mehr auf, wenn die Lösung „optisch leer" ist, d. h. wenn die festen Teilchen in der Lösung so klein oder so wenig zahlreich werden, daß keine Beugung (Streuung) des Lichtes mehr möglich ist. Löst man Fluoreszein in Wasser, so verschwindet der Lichtkegel, wenn $^1/_{10^{17}}$ g im cmm (mg) Wasser gelöst sind. Nimmt man an, daß in dem einen mg Wasser nur ein Mol Fluoreszein vom At.-Gew. 400 enthalten ist, so ergibt sich die obere Grenze für das Gewicht eines Atom H zu $2{,}5 . 10^{-21}$ g. Empfindlicher wird diese Methode noch durch die Anwendung des von Siedentopf und Zsigmondy (1902) in Jena konstruierten Ultramikroskopes, indem Teilchen, die im Mikroskop nicht mehr sichtbar sind, wie Sonnenstäubchen im Sonnenlicht bei horizontaler Intensivbeleuchtung, als leuchtende Scheibchen vom dunklen Grunde sich abheben. Was man sieht, ist lediglich ein Beugungsbild, so daß man über die Gestalt der kleinen Teile nichts aussagen kann. Perrin (1914) fand so, daß noch 1 Kubikmikron (10^{-15} g) einer Lösung von 1 mg Fluoreszein im Liter eine deutliche Fluoreszenz gibt, demgemäß ist noch ein Milliontel von 10^{-15} g, also $2{,}5 . 10^{-21}$ g der Substanz sichtbar. Das H-Atom wiegt demnach etwa $2{,}5 . 10^{-25}$ g.

Fluoreszein gehört zu den kolloidalen Stoffen; von diesen wissen wir, daß sie als feste, aber sehr kleine Teile in der Lösung suspendiert sind. Derartige Substanzen sind im Ultramikroskop sofort zu erkennen. Zsigmondy (1905—06) konnte so Goldteilchen (im Goldrubinglas oder in Lösung) von 5 $\mu\mu$[2]) erkennen; die Färbung oder der Tyndallkegel hört bei 1 $\mu\mu$ auf. Teilchen von $1^1/_2$ $\mu\mu$ offenbaren sich noch durch ihre Reduktionswirkung auf andere Kolloide. Etwas kleiner (0,5—1 $\mu\mu$) sind die Dicken von Häuten von Öl, Paraffin, Schwefelkupfer, die nach dem Verdampfen eines Lösungsmittels auf der Oberfläche des Wassers schwimmen bleiben (Devaux 1904).

Von den kolloidalen Lösungen besteht ein kontinuierlicher Übergang zu den echten Lösungen (Svedberg 1909), so z. B. für die Lichtabsorption. Die Farbe von kolloidalen Goldlösungen geht bei weiterer Verdünnung in die von Goldchlorid über, ebenso verhält sich Schwefelarsen, Indigo-

---

[1]) 8 Liter — 50 Milligramm.

[2]) Millionstel Millimeter.

lösung und Selenlösung. Echte Lösungen erscheinen gewöhnlich, als seien sie homogen. Untersucht man aber Substanzen mit hohem Molekulargewicht, so erkennt man das Vorhandensein der Mole. De Bruyn (1904) zeigte in Gemeinschaft mit Wolf und Calcar, daß in konzentriertem Rohrzucker-, Tannin-, Phosphormolybdänsäurelösungen der Tyndallsche Lichtkegel durch Beugung an den Molen sichtbar wird. Durch Zentrifugieren entstehen in KJ und KCNS-Lösungen merkliche Konzentrationsunterschiede.

Schließlich ist es gelungen, auch die Mole in homogenen Medien, z. B. in Gasen, sichtbar zu machen (Cabannes 1915, v. Smoluchowski 1916, Strutt, J. J. Thomson 1918).[1]) Läßt man in ein Bündel parallelen Lichts durch vollkommen staubfreie Luft, die sich in einem kugelförmigen Gefäß befindet, durchfallen und photographiert von der Seite senkrecht gegen den Lichtstrahl, so erhält man ein Bild des Lichtbündels. Dieses kann nur durch die Beugung an den Luftmolen[2]) zustande kommen. Die Farbe des so abgebeugten Lichtes ist blau. Seine Wahrnehmung mit dem Auge ist dadurch erschwert, daß die Reflexion des Lichtstrahles an den Wänden intensiver ist, als die Beugung. In Wasserstoff ist die Beugung schwächer, in Äthylchlorid und Kohlensäure entsprechend dem höheren Brechungsexponenten n stärker.[3]) Stellt man zwischen photographische Platte und Gefäß eine Gelbscheibe, so ist der Strahl des abgebeugten Lichtes nicht mehr zu erkennen. Benutzt man als Lichtquelle den Quecksilberbogen, der außer Blau noch viel Gelb enthält und zerlegt das abgebeugte Licht spektral, so enthält es nur blau (Gelb ist nicht vorhanden), weil Blau am stärksten gebeugt wird. Wie das blaue Himmelslicht oder das Licht des Tyndallkegels in Mastixlösungen oder Joddampf ist das Licht vollkommen polarisiert. Betrachtet man nämlich den Lichtstrahl durch ein Nicolsches Prisma und sieht man ihn in einer Stellung des Prismas, so verschwindet er beim Drehen und man sieht dann nur die Reflexion des Lichtes an den Wänden. Pumpt man das Gefäß leer, so verschwindet das gebeugte, aber nicht das reflektierte Licht.

---

[1]) Die Versuche von Strutt sieht Wood (Phil. Mag. **36**, 272; 1918) nicht für beweiskräftig an, weil es nicht ausgeschlossen sei, daß die ultravioletten Strahlen in der Lichtquelle die Erscheinungen hervorriefen. Wenn auch nur eine Spur von Feuchtigkeit in den durchstrahlten Gasen vorhanden sei, entstünden durch ultraviolettes Licht bläuliche Nebel. Strutt weist aber (Phil. Mag. **36**, 320; 1918) auf die von ihm getroffenen Vorsichtsmaßregeln hin. Daß Wood die Erscheinungen bei reinen Gasen nicht beobachtete, liegt an der viel zu geringen Intensität seiner Lichtquelle. Auch die Versuche von Cabannes (1919) wiederlegen Woods Einwände. Die Wirkung ultravioletter Strahlung ist durch zwischengeschaltete Glasplatten und durch nur kurze Belichtung zu beseitigen. Bei reinen Versuchen ist die Intensität (i) der Beugung der Zahl der beugenden Teilchen, d. h. bei Gasen dem Druck (p) der Gase proportional. So findet man für p = 770—680—539 bis 421 mm; i = 16,7—14,9—11,9—9,2. Das Verhältnis p/i ist konstant (Einzelwerte: 218—219—221—219).

[2]) Der Beugung des sichtbaren Lichtes an den Gasmolen entspricht die Beugung der 1000 mal kleineren Wellen der Röntgenstrahlung an den ebenfalls 1000 mal kleineren Elektronen in den Ringen, die die Atome enthalten (siehe **40.** und **115.**).

[3]) Die Intensität (i) der Beugung ist der Größe $(n - 1)^2$ proportional. In Übereinstimmung mit der Berechnung findet man, wenn man i für Luft = 1 setzt, für H i = 0,23, für NO_2 3,4, für Äther 26,8 (Strutt, 1918).

Die Anordnung von Strutt ist in der Figur 4 skizziert. Das Licht des Lichtbogens *L* von 12 Amp. geht durch einen Quarzkondensator *M* und einen Kasten *N* mit Quarzwänden, der mit Wasser gefüllt ist, trifft dann auf das Quarzfenster *A* eines innen tief geschwärzten, kreuzförmigen Rohres von $1^1/_2$ Zoll Weite. Dieses enthält mittels Phosphorpentoxyd von Wasser und mittels Filtration durch Watte von Staub befreite Luft. Weiter geht das Licht durch den Schlitz *B*. Man sieht dann von *F* aus das gebeugte bläuliche Licht zwischen *D* und *E*, wobei man gegen den schwarzen Hintergrund von *E* blickt. Die Seitenwände von *E* strahlen noch etwas (gelbes) Licht aus. Photographiert man das Licht durch die Linse *F*, so erhält man die Abbildung der Erscheinung, wie sie Fig. 5 wiedergibt. Das bläuliche Licht erscheint als dicker Strich. Er verschwindet (Fig. 6), wenn man vor die photographische Platte ein Gelbfilter bringt.

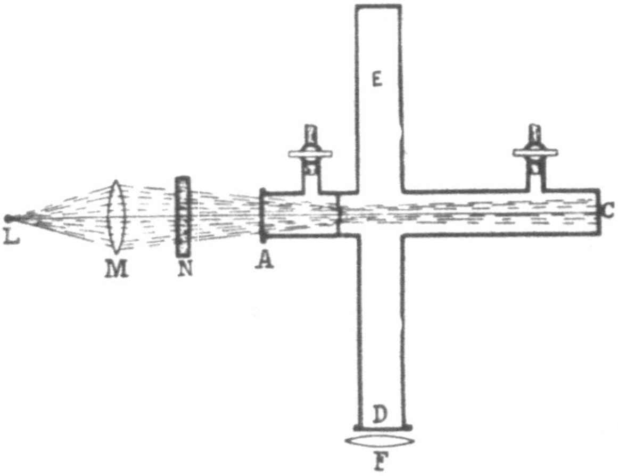

Fig. 4.

Das Licht hat eine ganz andere Zusammensetzung, als das Licht der Lampe *L*. In dieser ist, wenn Quecksilberdampf strahlt, gelb und grün vorherrschend; im Beugungslicht dagegen, wie die spektrale Zerlegung erkennen läßt, violettes Licht von der Wellenlänge 2536 und 2654.

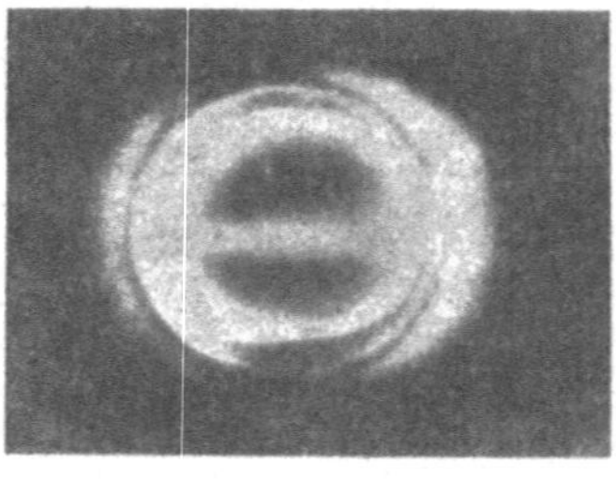

Fig. 5.

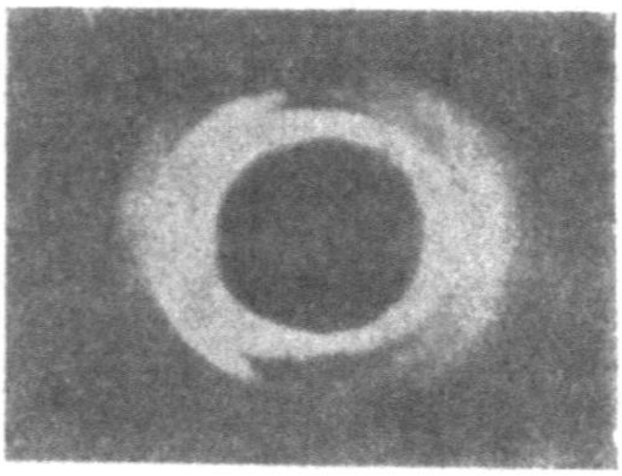

Fig. 6.

Auf diese Beugung des Lichtes in einem Medium, das eine heterogene, atomistische Struktur besitzt, sind auch die Opaleszenzerscheinungen in der Nähe der kritischen Temperatur eines homogenen Gases zurückzuführen. Kurz vor dem Erreichen der kritischen Temperatur hört die Homogenität des Gases auf, die Atome verlieren ihre gleichen Eigenschaften, indem ein merklicher Teil größere Geschwindigkeit erhielt (v. Smoluchowski 1908, 1911, 1912).

Durch diese in jüngster Vergangenheit erhaltenen Resultate sind somit die bisherigen hypothetischen Atome Wirklichkeit geworden.

25. Die Realität der Atome und die neuentdeckten Strahlungen.

Das Rätsel der 1896 von Becquerel entdeckten radioaktiven Strahlungen ist durch die Rutherfordsche Zerfalltheorie (siehe **56.**) restlos gelöst worden. Rutherford nimmt an, daß die Strahlung von radioaktiver Umwandlung herrührt. Bei dieser tritt schrittweise von Atom zu Atom eine Spaltung ein. Diese Grundidee, die ganz aus der Atomtheorie entwachsen ist, teilt mit ihr auch die klare Anschaulichkeit. Nach dieser Auffassung besteht die α-Strahlung aus einem Strom chemischer Atome des Heliums, die β-Strahlung aus Elektrizitätsatomen, den Elektronen. Daß die Strahlungen diskontinuierlich sind, ergibt sich ohne weiteres daraus, daß sie elektrisch und magnetisch ablenkbar sind, und zwar nach den gleichen Gesetzen, die für den Fall von mit großer Geschwindigkeit geworfenen Körpern gelten. Aus der Größe der Ablenkung läßt sich die Masse der Heliumatome und Elektronen berechnen (siehe **40.**, **65.**).

Auch das einzelne α-Atom ist sichtbar (Becquerel, Crookes 1903). Eine feine Nadel wird mit einer geringen Radiummenge ($^1/_{1000}$ mg) bedeckt. Die von dieser Nadel ausgehende Strahlung fällt auf einen Fluoreszenzschirm. Man sieht eine Menge leuchtender Punkte bald hier bald da aufblitzen; die Punkte scintillieren (flackern). Die α-Teile werden überall hin gleichmäßig ausgesandt. Bringt man in 1 cm Abstand von der Nadel vor den Schirm eine Blende von 0,1 qmm Öffnung, so kann man die Zahl der Punkte auf dem Schirm zählen. Es sind die einzelnen α-Atome. Es seien 3 in der Sekunde beobachtet worden; auf die ganze Strahlungskugel, mit der Nadel als Mittelpunkt berechnet, ergab sich eine Zahl von 36 000 in der Sekunde (Regener 1908).[1] Auch durch elektrische Wirkungen, z. B. durch die **Stoßionisation**[2]) kann man einzelne α-Atome erkennen. Townsend fand (1901), daß ein α-Teil längs seiner Bahn (siehe **31.**) 100 000 Ionen erzeugt und diese erzeugen, elektrisch beschleunigt, wieder Ionen. So kann man einen im Elektrometer nachweisbaren Strom[2]) erhalten (siehe **51.**). Die Bahn jedes α-Teilchens ist durch die Nebelbildung, die es in mit Feuchtigkeit gesättigter Luft auslöst, zu erkennen (Wilson, Geiger 1913; siehe **31.**, **53.**).

26. Die Porosität der festen Körper und die Verwirklichung der chemischen Strukturformeln.

Die antiken Atomistiker nahmen bereits an, daß die scheinbar kontinuierlichen Körper Poren haben, in welche die Atome ein- und durch welche sie durchdringen können. Einen entscheidenden Versuch hat Lenard (1893, siehe **33.**, **39.**) ausgeführt. Zum Durchdringen sind nicht die gewöhnlichen chemischen Atome geeignet, sondern die durch elektrische Beschleunigung fast Lichtgeschwindigkeit erreichenden Elektronen, die Kathodenstrahlen. Diese dringen ohne Einbuße ihrer Eigenschaften durch

[1]) Durch diese Zählung der Atome (siehe **68.** und Tabelle bei **136.**) hat die Rutherfordsche Zerfalltheorie eine exakte Grundlage erhalten.

[2]) Die Methode ist von Lenard 1897 entdeckt worden und wichtig in ihrer technischen Anwendung zum Erkennen und Verstärken kleinster Erdströme und schwacher elektrischer Wellen (Norden, J., Gasbel. 1917, 17). Über ihre physikalische Anwendung vgl. **31.**, **36.**, **51.**

dünne Folien von 0,03 mm Aluminium in die freie Luft durch (siehe **115.**). Aber auch chemische Atome, sofern sie wenigstens $^1/_{10}$ Lichtgeschwindigkeit besitzen (wie es für die He-Atome der radioaktiven α-Strahlung zutrifft), werden in dünne (unter 0,01 mm betragende) Glaswände wie Geschosse hinein und hindurchgeschleudert (Rutherford und Royds 1909; siehe **66.**).[1])

Danach muß man sich die festen Körper als ein Maschennetz vorstellen; die Knoten der Maschen sind die kleinsten Teile der Körper (Atome oder Mole). Für Kristalle hat man die Form dieser Netze schon längst genau berechnet. Entsprechend den Symmetrieachsen der Kristalle hat man 3 sich unter verschiedenen Winkeln (je nach dem Kristallsystem) kreuzende Symmetrieebenen. Die Atome liegen in Scharen von Ebenen parallel diesen 3 Ebenen; die Scharen der Ebenen haben den Abstand der Atome. Die Atome befinden sich im Schnittpunkt dieser Ebenen. Diese Annahme ist durch die Untersuchungen von Laue[2]) in München (1911) und von W. H. Bragg in Leeds, der die Lauesche Methode verbesserte, bestätigt und der Messung zugänglich geworden. v. Laue konnte damit weiter die Wellenlänge der Röntgenstrahlen bestimmen.

Aus den Untersuchungen über X-Strahlen war es klar geworden, daß sie auch die Natur der Lichtstrahlen haben, aber daß ihre Wellenlänge λ erheblich kleiner sein müsse. Das sicherste Mittel zur Bestimmung der Wellenlänge ist ein Fraunhofersches Gitter, dessen Gitterstäbe einen Abstand d von etwa der Länge einer Welle haben müssen.[3]) Für das Licht ist das Gitter noch durch mechanische Mittel herstellbar. Für die X-Strahlen benutzte v. Laue die Gitter, welche die Kristalle bilden. Fallen diese Strahlen auf Kristalle, so entstehen sowohl bei ihrem Durchgang, wie bei der Reflexion Interferenzbilder, weil von jedem Atom Wellenzüge ausgehen, die miteinander wegen des Gangunterschiedes interferieren müssen. Aus der Lage der Interferenzpunkte kann man die relativen Abstände der aus den Atomen gebildeten Gitterstäbe und damit die Verteilung der Atome[4]) sicher berechnen. Hiernach müssen z. B. in den KCl-Kristallen K- und Cl-Atome in gleichen Abständen symmetrisch verteilt sein; beim KBr stehen die Ebenen mit den Br-Atomen entsprechend dem doppelt so großen At.-Gew. des Br gegen K auch doppelt so weit voneinander, als die Ebenen mit den K-Atomen. Es ergibt sich so für alle Verbindungen, daß sie aus zwei von-

[1]) Auch die viel langsameren Atome des H und He in den Anodenstrahlen durchdringen Glimmerplatten von 6 μ und Goldfolien von 0,07 μ (Goldsmith, Phys. Rev. **2**, 16; 1913. — v. Traubenberg, Götting. Nachr. 1914).

[2]) Vgl. v. Laue: Ber. Chem. Ges. **50**, 8; 1917 und **14.** S. 22; ferner Marx Radiologie Bd. V, 488—622; Lpg., 1918.

[3]) An dem Gitter entsteht ein Beugungsspektrum, für das die Gleichung gilt $n\lambda = 2d \sin \varphi$; φ ist der Beugungswinkel; n die Ordnungszahl des Beugungsspektrums.

[4]) Vgl. den Vortrag von Laue (Ber. Chem. Ges. **50**, 8; 1917). Johnsen, Die Anordnung der Atome in den Kristallen (Jahrb. Radioakt. 1917, 72) und Bragg (J. Chem. Soc. **109**, 252; 1916). Man hat 230 verschiedene Raumgittertypen gegenüber den 32 Kristallsystemen zu unterscheiden. Beim regulären System kommen außer den gewöhnlichen kubischen Gittern noch flächen- und raumzentrierte Gitter vor. Die Netzebenen, welche den Abstand der Gitterfurchen bestimmen, haben verschiedenen Abstand in diesen Typen. Aus der Verteilung der Interferenzpunkte und aus der Verteilung der Intensität der Interferenzstrahlung auf die verschiedenen Ordnungen der Beugungsspektren läßt sich feststellen, zu welchem Typus ein Kristall gehört.

einander unabhängigen Atomarten bestehen. Jedes einzelne Atom der einen Art ist wegen der räumlichen Symmetrie von 8 Atomen der anderen Art umgeben (siehe **14.** am Schluß). Beim Flußspat bilden so 8 F-Atome einen Kubus in der Mitte von 16 Ca-Atomen.

Figur 7 (aus Laues Abhandlung von 1914 entnommen) zeigt das Gitternetz für einen Kochsalzkristall. Die Atome Na und Cl sind voneinander getrennt; sie haben nach allen Seiten gleichen Abstand.[1]) Bei der symmetrischen Lage gehört kein einziges Na-Atom zu einem bestimmten Cl-Atom. Den absoluten Abstand der Atome kann man mit Hilfe der Loschmidtschen Zahl berechnen (siehe **30.**, **119.**); er beträgt 0,28 $\mu\mu$.[2])

Auf ähnlichem Wege kann man für alle Kristalle ein Atomnetz erhalten. Das interessanteste Netz ist das des lediglich aus einzelnen C-Atomen auf-

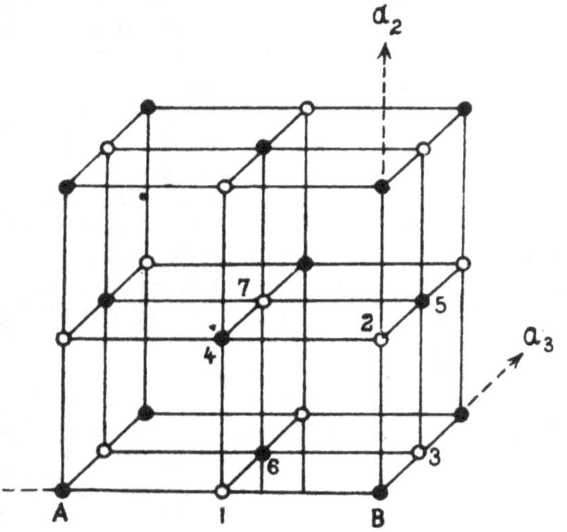

Fig. 7.

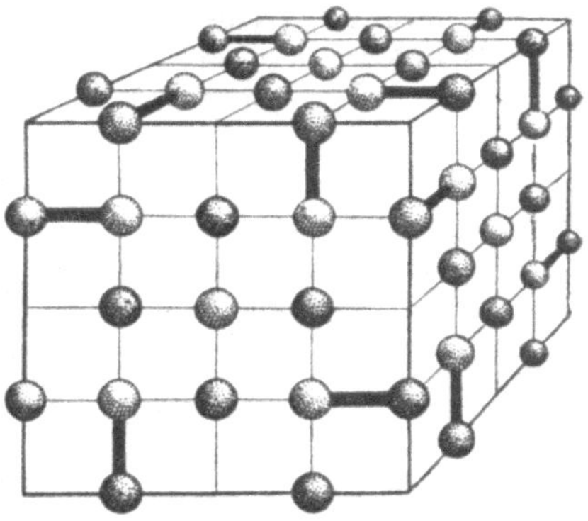

Fig. 8.

gebauten Diamanten. Je 4 der C-Atome bilden ein Tetraeder, in dessen Mitte wieder ein C-Atom vorhanden ist. Diese Resultate von Bragg über die Bindung der C-Atome werden durch die Annahme bestätigt, die Nernst zur Erklärung der Abweichungen des Diamanten vom Dulong-Petitschen Gesetz (siehe **15.**) gegeben hat. Daß die C-Atome mit Vorliebe eine Tetraedergruppe bilden, hatte zuerst van't Hoff aus dem Auftreten von stereoisomeren Verbindungen gefolgert (siehe **23.**). Wenn man sich nach diesen Voraussetzungen ein Modell des Diamanten herstellen will, so muß man die

[1]) Das Modell ist viel zu symmetrisch gebaut und müßte nach Smits und Scheffer (Versl. Akad. Wet. Amsterd. **25**, 325; 1917) durch ein solches ersetzt werden, bei dem der Abstand zwischen den Atomen innerhalb des Moles nicht genau der gleiche ist, wie der zwischen Atomen, die verschiedenen Molen angehören. Dieser Unterschied kommt in den bisherigen Messungen an X-Strahlen wegen deren ungenügenden Genauigkeit nicht zum Ausdruck.— Fig. 8 zeigt das Modell von Smits.

[2]) 0,7 $\mu\mu$ dicke Glimmer- und 0,5 $\mu\mu$ dicke Toluidinschichten hat Marcelin (Ann. de Phys. **10**, 189; 1918) hergestellt.

Tetraeder so gegeneinander anordnen, daß sich Valenzlinien nicht kreuzen. In einem solchen Modell stehen außer den 4 auch je **6** Atome in engerer Beziehung. Sie bilden den Ring, den bereits vor 60 Jahren Kekulé für das Benzol und seine zahlreichen Abkömmlinge als Grundlage ihrer Strukturformeln angenommen hatte. Dieser Ring ist also in Wirklichkeit vorhanden. Der Diamant ist daher ein Benzol, das sämtliche H-Atome verloren hat.

Durch eine sinnreiche Abänderung der Laueschen Gitterspektralmethode konnten Debye und Scherer (1917) die Anordnung der Valenzen im Graphit und amorphen Kohlenstoff feststellen. Danach ist die tetraedrische Anordnung von 4 gleichwertigen Valenzen nicht die einzig mögliche. Das Benzolschema finden wir zwar auch vor, aber es kommt auf ganz andere Weise zustande. Der Kohlenstoff ist als 3wertig anzusehen (siehe die Ausführungen über Triphenylmethyl, **37.**). Die vierte Valenz ist nur schwach. Man erhält die richtige Valenzanordnung, indem man in einer bienenwabenförmigen Anordnung von Sechsecken (Skizze) jede zweite Ecke mit einem C-Atom besetzt. Unter dieser Netzebene liegt um die halbe Breite des Sechseckes verschoben eine zweite; die dritte liegt um den gleichen Betrag gegen die zweite verschoben darunter. Diese Netzebenen werden lose durch die vierte Valenz, die sowohl nach oben, wie nach unten gerichtet ist, zusammengehalten. Der Graphit ist nach diesen Netzebenen daher auch leicht spaltbar. Amorphes Kohlenpulver gibt das gleiche Laue-Diagramm, die Linien des Spektrums sind aber verwaschen. Es ergibt sich, daß etwa 30 C-Atome zu einem losen Verband zusammengetreten sind.[1])

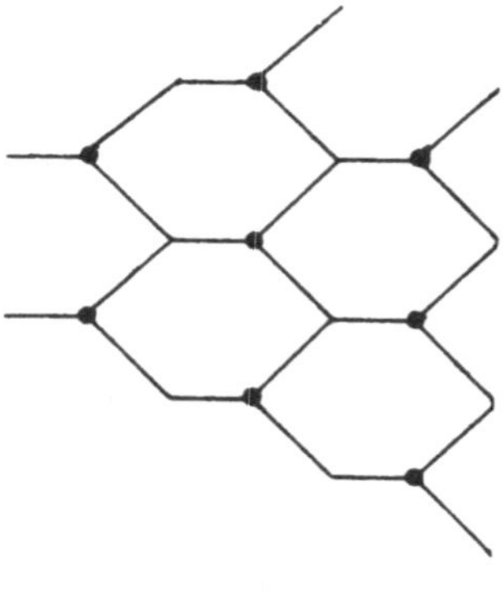

Da Graphit und Kohle die Muttersubstanz des Benzols und seiner Abkömmlinge sind (bei der Oxydation mit Salpetersäure entsteht Mellit oder Benzolhexakarbonsäure), so sind die C-Valenzen wahrscheinlich bei allen aromatischen Substanzen wie oben angeordnet. Für die aliphatischen hat man die tetraedrische des Diamanten anzunehmen.

27. Die Weiterbildung der Atomistik durch die kinetische Gastheorie.

Der antike, durch die Philosophie des 16. und 17. Jahrhunderts geläuterte Atomismus kam über qualitative Betrachtungen nicht hinaus. Erst dann konnte man die Vorgänge beim Anprall und Austausch der Atome mathematisch darstellen und zu einer Erklärung physikalisch-chemischer Vorgänge gelangen, als man über den Begriff der Energie oder der lebendigen Kraft verfügte. Dieser entstand am Ende des 17. Jahrhunderts (siehe **22.**). Zu gleicher Zeit begann aber Newtons Idee von der allgemeinen Schwere und ihrer Fernwirkung ihren Siegeslauf. Dadurch verkümmerte das Interesse an einer aus Nahewirkungen sich ableitenden Atomtheorie. Die Entdeckungen des einfachen Verhaltens der Gase am Anfang des 19. Jahrhunderts führten notwendig zum Atomismus zurück. Es dauerte aber

[1]) Vgl. die Darstellung durch Rinne (Naturwiss. 7, 507, 1919).

noch ein halbes Jahrhundert, ehe eine mathematisch formulierte Atomtheorie, die kinetische Gastheorie geschaffen war. An dieser ist zunächst Clausius (1857), sodann Loschmidt, Maxwell, O. E. Meyer und Boltzmann beteiligt. Clausius ging von der Anschauung aus, daß die Atome oder Mole der Gase sich unabhängig voneinander bewegen, eine Annahme, die ihre Stütze in dem Gay-Lussacschen Gesetz (siehe **14.**) findet, daß die relative Volumenänderung aller Gase mit der Temperatur die gleiche ist; die Bewegung ist sehr lebhaft, die Mole stoßen sehr häufig gegeneinander und gegen die Gefäßwände. Diese Stöße sind es, die wir als Druck der Gase messen. Im Durchschnitt dauert es eine gewisse Zeit, bis wieder ein Stoß erfolgt. In dieser Zeit wird ein bestimmter Weg frei im Raum (die freie Weglänge) zurückgelegt. Trotzdem die Gase einen stark verdünnten Zustand der Materie darstellen, so sind doch die Mole so zahlreich, daß ihr durchschnittlicher Abstand und daher die freie Weglänge l nur klein ist. Diese wichtige Konstante ist von O. E. Meyer (1877) aus der inneren Reibung, der Wärmeleitung und aus den Abweichungen der Gase vom idealen Gaszustand (van der Waalssche Gleichung) berechnet worden. Sie ergab sich bei 0^0 und 760 mm, z. B. in H, He, N, O zu 10, 24, $9{,}10 \cdot 10^{-6}$ cm.

Sie hängt auch einfach zusammen mit der Größe σ der Mole (siehe **30.**). Kleine Mole können naturgemäß erheblich größere Strecken ohne Zusammenstöße zurücklegen, als größere. Ist n die Zahl der Mole im ccm (Loschmidt, siehe **29.**), so gilt die Gleichung $\pi\sqrt{2}\, n\, \sigma^2 = 1/l$.

Für die Ableitungen der Gastheorie spielt die Form der Atome keine Rolle, sie können Kugeln, Ellipsoide, sie können elastisch oder starr sein, sie können chemische Substanzen oder bloße Kraftzentren im Sinne der Kraftwirbel von Descartes oder Boscovich (siehe **45.**) sein.

Je nach dem Winkel, unter dem der Zusammenstoß von 2 der durcheinander wirbelnden Mole erfolgt, wird die Geschwindigkeit des einen Mols gehemmt oder verstärkt. Bei der Berechnung geht man aber nicht von dem Einzelvorgang beim Zusammenprall aus, sondern man betrachtet die Summe aller Vorgänge, für die man einen Mittel- oder Durchschnittswert angeben kann. Dieser Mittelwert ist auch allein meßbar. Die Verteilung der Atome auf den Raum, sowie ihre Geschwindigkeiten werden uns stets als gleich erscheinen. In Wirklichkeit weichen die Einzelwerte vom Durchschnitt ab. Diese Abweichungen gehorchen, wie es bei einer großen Zahl von Ereignissen stets der Fall ist, einem einfachen Verteilungssatz, dem Maxwellschen. Größere Abweichungen sind selten, kleinere häufig. Derartige Gesetze, durch welche die Wahrscheinlichkeit eines Vorganges berechenbar ist, spielen in der volkswirtschaftlichen und Versicherungsstatistik eine große Rolle. Danach heißt die auf die kinetische Gastheorie mit großem Erfolge von Boltzmann angewandte Methode die der statistischen Mechanik. Durch diese Methode werden alle Vorgänge in Gasen berechenbar und die Atomtheorie verläßt den logisch-philosophischen Boden und wird eine naturwissenschaftliche Hypothese.

Diesen Vorstellungen verdanken wir die Konstruktion der zurzeit besten Luftpumpe, der Gaedeschen Molekularpumpe, die in Verbindung mit einer Vorpumpe eine Luftleere unter $^1/_{100000}$ mm herzustellen gestattet. Die Gase werden in einem 0,1 mm engen zylindrischen Kanal durch einen außerordentlich schnell rotierenden axial angeordneten Zylinder in starke Bewegung gesetzt. Diese ist schneller, als ihre Eigengeschwindigkeit. Die Abstände der Mole werden rasch größer. Dadurch wird die freie Wegstrecke der Mole auch vergrößert, sie verhalten sich wie im luftleeren Raum. Es entstehen relativ starke Druckunterschiede, ein Ausgleich ist durch die Eigenbewegungen der Mole nicht mehr möglich.

28. Experimentelle Bestätigungen der Grundlagen der kinetischen Gastheorie.

Perrin (seit 1908) und Svedberg (seit 1909) haben die Theorie auch quantitativ in allen ihren Folgerungen geprüft und bestätigt. Sie benutzten dazu die von dem Botaniker Brown (1827) entdeckte freiwillige Bewegung feinster Teilchen in Gasen und Flüssigkeiten. Diese ist mit der von Lucrez (**21.**) beschriebenen Bewegung der Sonnenstäubchen identisch und ein Abbild der diskontinuierlichen Molekularbewegung. Chr. Wiener erkannte (1863) und Gouy bewies (1888), daß die Bewegung unabhängig von äußeren Einflüssen ist. Ihre Ursache ist lediglich in den inneren Vorgängen der Flüssigkeiten und Gase, in der Molekularbewegung zu suchen. Durch die Brownsche Bewegung können alle charakteristischen Molekularkonstanten: mittlere freie Weglänge, Geschwindigkeit, Größe und Zahl der Mole gemessen werden. Svedberg[1]) hat die von den Molekularstößen[2]) herrührende Bewegung eines Goldteilchens von 40 $\mu\mu$ in einer Flüssigkeit 20 Sekunden lang auf einen Film photographiert. Es zeigt Zickzackschwankungen in der Bewegung, wie sie nach dem Maxwellschen Verteilungssatz zu erwarten sind. Die mittlere Schwankung führt zu einem Wert, der mit dem (nach einer von Einstein (1906) abgeleiteten Formel) berechneten übereinstimmt. Ähnlich verhalten sich kleine Ölkugeln, Mastix, Gummigutt von 0,1 bis 1 $\mu\mu$, Tabaksrauch und Metallstaub. Die Teilchen entfernen sich im Mittel nur wenig aus ihrer Ruhelage; in Wasser von 23° z. B. nur einige μ, Silberteilchen in Luft etwa 46 μ. (Ehrenhaft 1907.) Mit abnehmender Größe und mit steigender Temperatur nimmt die Geschwindigkeit der Teile wie bei den Gasen zu.

Perrin konnte zeigen, daß die Suspensionen die Eigenschaften von wahren Gasen haben. Vor allem gilt die Gasgleichung $pV = RT$, sowohl in Flüssigkeiten als in Gasen. In ersteren ist der Druck der osmotische Druck von van't Hoff (siehe **23.**).[2]) Ein Schüler Perrins, Costantin, zeigte 1915, daß Abweichungen vom idealen Gaszustand vorhanden sind und daß diese der Zustandsgleichung van der Waals für Gase gehorchen. Wegen dieses Verhaltens kann man also auch umgekehrt sagen, daß die Gase feine Suspensionen sind. Das Molekulargewicht der Perrinschen Suspension berechnet sich zu 2 Millionen kg.

Die Verteilung der Teilchen ist die gleiche, wie wir sie in großen Gasmassen, z. B. in der Luft, finden. Nur nimmt die Dichte der Luft in $1\frac{1}{2}$ km

---

[1]) Siehe Existenz der Mole, 1912, 123.

[2]) Auch der osmotische Druck (siehe **23.**) läßt sich durch die Brownsche Bewegung auf den Grundlagen der Boltzmannschen statistischen Mechanik erklären (Debye: Mitt. Phys. Ges. Zürich, 1916, Nr. 18, p. 20). Dabei entsprechen die Brownsche Bewegung und die Diffusion der Mole in der Lösung einander.

auf die Hälfte ab, die der Suspension aber bereits in $^1/_{20}$ mm. Der Druck p oder die Zahl der Teilchen ($1/v$) nimmt ebenso, wie der Druck der Atmosphäre mit der Höhe nach einer geometrischen Reihe ab. Untersucht man die Verteilung in gleich weit voneinander entfernten Schichten und setzt die Zahl in der höchsten Schicht = 1,00, so ergeben sich nacheinander die Zahlen: 1,16; 1,46; 1,70 und 2,00. Diese sind als Potenzen von 1,19[1]) darstellbar.

Für eine $^1/_{10}$ mm (100 μ) hohe Schicht, in der 13000 Teile gezählt wurden, waren in 6,5 μ Abstand vom Boden 100 Teile, in 35 μ: 47, in 65 μ: 23, in 95 μ: 12 Teile vorhanden. Aus dieser Abnahme läßt sich der osmotische Druck p der Teilchen zu $360 \cdot 10^{-16}$ Atm. berechnen. Unter Benutzung des Wertes der Loschmidtschen Zahl (siehe **29.**) kommt man zu einem Wert von $343 \cdot 10^{-16}$ Atmosphären.

Eine wichtige Voraussetzung der Daltonschen und der Clausiusschen Atomtheorie (siehe **91.**) ist die, daß alle Teilchen von derselben chemischen Beschaffenheit gleiche Masse haben. Den Beweis erhielt man nach J. J. Thomson[2]) durch die Beobachtung der Ablenkung von elektrisch geladenen Atomen (Ionen), wie sie in den Goldsteinschen Anodenstrahlen (siehe **15.**, **55.**) auftreten. (Die Anordnung ist in Abschnitt **15** beschrieben.) In den Anodenstrahlen, die entgegen der Richtung der Kathodenstrahlen durch Löcher in der Kathode und auf der Rückseite der Kathode durch das Gas gehen und es zum Leuchten bringen, sind eine Reihe von Ionen, die gleichen oder verschiedenen Stoffen angehören, vorhanden. Man hat daher Gruppen von verschiedener Masse. Da das magnetische Feld proportional der Masse wirkt, so trennen sich die verschiedenen Stoffe. Der homogene Strahl zerfällt in eine größere Zahl von scharfen Linien, die durch die Ablenkung Parabelform annehmen. Wäre die Masse einer jeden Gruppe auch nur wenig verschieden, so müßten die Parabeln stark verwaschen sein. Es folgt daraus, daß die Masse der Atome, das At.-Gew., kein Mittelwert ist.

29. Die Loschmidtsche Zahl N der Mole.

Daß die Zahl eine zwar große, aber endliche sei, blieb lange Hypothese. 1865 gelang es Loschmidt, den Wert der Zahl N genau zu berechnen. In neuerer Zeit sind eine große Zahl von Methoden gefunden worden, aus denen sich ein Wert für N ergibt (siehe folgende Tabelle). Die Werte stimmen jetzt hinreichend überein, so daß der Wert von $60,5 \cdot 10^{22}$ für das g-Mol oder von $277 \cdot 10^{19}$ (n) für den ccm eines Gases bei 0° und 760 mm gut gesichert ist. Von der Größe dieser Zahl bekommt man eine Anschauung, wenn man bedenkt, daß die kleinste isolierbare Menge einer Substanz die Menge Neon ist, die in $^1/_{20}$ ccm Luft enthalten ist (J. J. Thomson-Methode; siehe **28.**). Aber auch diese Menge enthielt noch 10 Billionen Mole.[3])

Alle Methoden für die Zählung von N sind ebenso viele Beweise für die Atomtheorie. Von großem Interesse ist die Messung, die der Rayleighschen Theorie (1899) zugrunde liegt. Rayleigh betrachtet die aus Molen

[1]) 1,19; $1,19^2 = 1,42$; $1,19^3 = 1,69$; $1,19^4 = 2,01$.

[2]) Atomtheorie 1914, S. 9; nach Beobachtungen von W. Wien 1901—02 und Thomson 1907—1908.

[3]) Neon ist zu $^1/_{80000}$ in der Luft enthalten; He zu $^1/_{250000}$ (Ramsay, Gase der Atmosphäre 1909, p. 140).

Die wichtigsten Bestimmungen der **Avogadro-Loschmidtschen**[1]) **Zahl** N **der Atome** in einem g-Mol (g-Atom für einwertige Substanzen).

Angaben für $N \cdot 10^{-22}$ berechnet aus:

1. Der kinetischen Gastheorie (Zustandsgleichung, innere Reibung von Gasen, besonders Argon): **60** (van der Waals[2]) 1873—81); 62 (Ghose[3]) 1909); 62 (Reinganum und Rappenecker[4]) 1909); 62 (Perrin[5]) 1914); 62 (Dorn[6]) 1915).

2. Der Theorie der Flüssigkeiten (Kapillarität, kritische Konstanten, innere Reibung und Kompressibilität, Diffusion von Zuckerlösungen: Einstein): 47 (Jäger[7]) 1892); **61,2** (Jäger[8]) 1911); 43 und 65 (Einstein[9]) 1905—06; berechnet von Perrin[22]) 1913).

3. Der Zerstreuung des Lichtes an den Luftmolen (Rayleigsche[10]) Theorie) bestimmt auf hohen Bergen (Ätna, Monte Rosa, Pic von Teneriffa, Mount Wilson): 220 (Lord Kelvin[11a]) 1904 — berechnet von Westgren[10]): 55); 57 (Pacini[44]) 1915); **60,5** (Fowle[12]) 1914); 64,5 (Dember[13]) 1915—16).

4. Der Strahlung des schwarzen Körpers (Plancksche Theorie) und den Strahlungskonstanten: 61,8 (Planck[14]) 1901; 1906); 62 (Planck[15]) 1913); 60,8 (Coblentz[16]) 1913); **60** (Eucken[17]) 1913); **60** (Gerlach[18]) 1916).

5. Der Feinstruktur der Spektrallinien: **61** (Sommerfeld[19]) 1916); dem Grenzwert der Hauptschwingung im Wasserstoff und Heliumspektrum: **61,5** (Bernoulli[20]) 1915).

6. Aus der Brownschen Bewegung[21]) kleinster Teilchen. a) Verteilung von 0,3 μ Gummigutteilen in verschiedener Höhe: 69 (Perrin[22]) 1909; 1914); **60** (Costantin[23])-Perrin, verbessert 1915). Verteilung von Goldteilchen, 65—130 $\mu\mu$ **60,5** (Westgren[10]) 1915). b) Lagenänderung von Teilchen (Öl, Vaselin- und Quecksilberemulsionen, Bazillen): 68,8 (Perrin[22]) und [24]) 1911); 62 (Svedberg und Inouye[25]) 1911—13); 59 (Nordlund[26]) 1914); 62—63 und 57 (Zangger und Böhl[27]) 1911, verbessert Nordlund[26])); 72 und 83 (korrigiert) (v. Ettenreih[28]) 1912); **60,3** (Fletcher[29]) 1914); **60,4** (Eyring[30]) 1915). c) Diffusion und Rotation von Gold- und Gummigutteilchen: 58 (Svedberg[25]) 1913); 69 (Brillouin[31]) 1912); 65 (Perrin[22]) 1909).

7. Aus Messungen des elektrischen Elementarquantums e (siehe Tabelle bei **40.**); Ladung von schwebenden Teilchen von Ölen, Glyzerin, Schellack, Schwefel, Quecksilber in Luft, Wasserstoff und Flüssigkeiten: 62,1 (Lattey[32]) 1909); 59,2 (Regener[33]) 1911); 63,3 (Begeman und Millikan[34]) 1910); **60,6** (Millikan[35]) 1913); **60,62** + 0,006 (Millikan[47]) 1917); **60,7** (Lee[36]) 1914); 66—72 (Roux[37]) 1911 bis 1913); **61,1** (Schidlof und Murcynowska[38]) 1913).

8. Aus radioaktiven Messungen. Zählung und Ladung der α-Teilchen: 60,4 (Regener[39]) 1908—09); 62,4 (Rutherford und Geiger[40]) 1909); 61,5 Heliumentwicklung aus Radium (Boltwood und Rutherford[41]) 1911) und 65 aus Polonium (Debierne und S. Curie[42]) 1914); 61 Lebensdauer des Radiums (St. Meyer[43]) 1913).

9. Aus magnetischen Messungen. Größe des Magnetons (nach Weiß[45]) 1123,5 anzunehmen) ergibt: 62 (Wereide[46]) 1917).

Der wahrscheinlichste Wert ist $N = \mathbf{60{,}5} \cdot 10^{22}$. Da ein g-Mol eines idealen Gases 22410 ccm bei 0° und 760 mm einnimmt (siehe Tabelle bei **136.**), so sind in 1 ccm eines Gases $\mathbf{2{,}77} \cdot 10^{19}$ Atome enthalten.

---

[1]) Sitzungsber. Wien. Akad. **52** (2), 365; 1865. [2]) Kontinuität des flüssigen Zustandes; 2. Aufl. 1881. [3]) Nature **80**, 39. [4]) Ann. Phys. (4), **28**, 142; Dissert. Freiburg. [5]) Die Atome S. 74. [6]) Kultur der Gegenwart **3**, Bd. 3, S. 240. [7]) Sitzungsber. Wien **100** (2a) 1233. [8]) Sitzungsber. Wien **120**, 635. [9]) Ann. Phys. **17**, 549; **19**, 289. [10]) ZS. phys. Chem. **83**, 151; ZS. anorg. Chem. **93**, 231—266. [11]) Phil. Mag. **47**, 37; 1899. [11a]) Baltimore Lectures on molecular dynamics S. 300, 317. [12]) Wash. Acad. **4**, 529; Astrophys. J. **40**, 435. [13]) Leipziger Akad. **67**, 1; Ann. Phys. **49**, 599. [14]) Ann. Phys. **4**, 553 (Theorie der Wärmestrahlung, 1906, 162). [15]) Wärmestrahlung S. 166. [16]) Jahrb. Radioakt. **10**, 340; Bull. Bur. Stand. Wash. **12**, 553. [17]) Abhdl. Bunsenges. **7**, 375. [18]) Ann. Phys. **50**, 268. [19]) Ann. Phys. **51**, 93. [20]) Vhdl. Phys. Ges. **18**, 309. [21]) Phil. Mag. **4**, 161; 1828; Pogg. Ann. **14**, 294; 1828. [22]) Ann. Chim. Phys. (8), **18**, 5; Kolloid. Chem. Beiträge, 1910, Heft 1; Abhdl. Bunsenges. **7**, 125; 175; Memoirs Soc. Phys. Serie II, S. 1; 1913; Die Atome S. 76. [23]) Ann. de Phys. (9) **3**, 101. [24]) Phys. ZS. **11**, 461. [25]) Archiv Kemi Stockholm **4**, Nr. 12, 19; Jahrb. Radioakt. **10**, 507; ZS. phys. Chem. **77**, 145; Existenz der Mole, S. 89. [26]) ZS. phys. Chem. **87**, 40. [27]) Vjschrift. Naturf., Zürich **56**, 168, 183; ZS. Chemie Kolloide **9**, 216. [28]) Sitzungsber. Wien **121**, 1163. [29]) Phys. Review **4**, 440. [30]) Phys. Rev. **5**, 412. [31]) Ann. Chim. Phys. (8), **27**, 412. [32]) Phil. Mag. **18**, 26. [33]) Phys. ZS. **12**, 135. [34]) Phys. Rev. **30**, 131; **31**, 41. [35]) Phys. ZS. **14**, 796. [36]) Phys. Rev. **4**, 420. [37]) C. R. **152**, 1168; Ann. chim. phys. (8) **29**, 69. [38]) C. R. **156**, 304. [39]) Vhdl. Phys. Ges. **10**, 78; Sitzungsber. Berl. Akad. **38**, 948. [40]) Phys. ZS. **10**, 1, 42. [41]) Phil. Mag. **22**, 586; Sitzungsber. Wien **120**, 313. [42]) Ann. de Phys. (9) **2**, 464. [43]) Sitzungsber. Wien. **122**, 1091. [44]) Nouv. Cim. **10**, 131. [45]) J. de phys. **9**, 555; 1910. [46]) Ann. Phys. **52**, 289. [47]) Phil. Mag. (6) **34**, 1.

aufgebaute Atmosphäre als ein „trübes Medium“. Das heißt: die Atmosphäre verhält sich gegen Licht, wie ein mit kleinen Körperchen gefülltes Gefäß oder ein durch Suspensionen getrübtes Glas. Das Licht erfährt durch Streuung oder Beugung an diesen Teilchen eine Schwächung und eine Farbenänderung (Erklärung des Himmelsblau). Es wurde nun auf hohen Bergen die Schwächung des Sonnenlichtes untersucht. Aus dieser Messung ist die Zahl der trübenden Teile, also die Zahl der Atome in Übereinstimmung mit den übrigen Werten zu $60{,}5 \pm 0{,}04$ (Fowle 1914) gefunden worden.

Am durchsichtigsten ist die direkte Zählung aus der bei radioaktiven Messungen entwickelten Heliummenge. Debierne und Frau Curie fanden, daß sich vom Polonium 0,578 cmm Helium (bezogen auf 0° und 760 mm) in 587 Tagen entwickelte. Die Zahl der in dieser Zeit gespaltenen Atome läßt sich aber durch Zählung der bei **25.** beschriebenen Szintillationen oder der durch Stoßionisation erhaltenen Elektrometerausschläge für ein bestimmtes kürzeres Zeitintervall ermitteln. Es wurden 2660 Szintillationen und 4980 Ausschläge durchgezählt. Es zerfielen in der Minute 5,93; 5,56; 5,54; 5,47; 6,42; $6{,}62 \cdot 10^{10}$ — im Mittel $5{,}99 \cdot 10^{10}$ Atome. In 587 Tagen sind danach $1{,}65 \cdot 10^{16}$ Atome gespalten, und diese bilden 0,578 cmm Gas. Für 1 g-Mol oder 22410 ccm erhält man danach $65 \cdot 10^{22}$ statt $60{,}5 \cdot 10^{22}$.

30. Größe und Gestalt[1]) der Mole.

Aus der bekannten Zahl N läßt sich zunächst der Abstand d der Atome berechnen.

Nach dem Braggschen Modell (siehe **26.**) liegt in jedem Würfel von der Kantenlänge d ein Na oder ein Cl-Atom, die voneinander d-cm entfernt sind. Das Mol NaCl nimmt also den Raum $2d^3$ ein, 1 g-Mol enthält N-Mole, füllt also den Raum $2Nd^3 = 12{,}1 \cdot 10^{23} d^3$ ccm. Das Molekularvolumen ist aber auch gleich dem Quotient aus Molgewicht (58,5) und Dichte (2,15). Daraus folgt einfach $d = 0{,}2814\,\mu\mu$.[2]) Für Diamant ist $d = 0{,}184$. Für Wasserstoff, von dem 1 g-Mol 22410 ccm einnimmt (Tabelle siehe **136.**) ergibt eine ähnliche Rechnung $0{,}2\,\mu\mu$ (Arrhenius).

Zu der gleichen Größenordnung führen die übrigen Methoden. Aus der Diffusion und der Schallgeschwindigkeit in Gasen kann man zunächst die Geschwindigkeit Λ_t der Mole berechnen. l_t sei die mittlere Weglänge (siehe **27.**), η_t die innere Reibung, so folgt $l_t = B\Lambda_t \eta_t$ (B eine Konstante). Der Durchmesser σ folgt nach der Formel bei **27.** Die Werte, nach den verschiedensten Methoden für Flüssigkeiten und Gase gewonnen, liegen zwischen 0,1 und $0{,}5\,\mu\mu$[3]), für Alkohol ergab sich aus Kapillaritätserscheinungen 0,52, für Zucker aus Diffusionsmessungen (Einstein 1906) $0{,}78\,\mu\mu$.

---

[1]) Siehe auch **126.**

[2]) Eine Zusammenstellung der $2d$-Werte für die verschiedensten Kristalle: Johnson (Jahrb. Radioakt. **14**, 101; 1917). v. Laue (Ber. Chem. Ges. **50**, 8; 1917) gibt einige der obigen Berechnung entsprechende Beispiele für Ag (0,41 $\mu\mu$ Kantenlänge des Elementarwürfels), Cu (0,35), CaF_2 (0,54), Diamant (0,35). Für Kalkspat ist $d = 0{,}30281$ (Compton; Phys. Review **11**, 430; 1918). Durch sehr genaue Vergleichungen der Beugungswinkel von mehreren Hauptlinien des Röntgenspektrums für Kalkspat und Steinsalz als Normale fand Siegbahn (Ann. Phys. **59**, 57; 1919) für Kalkspat $d = 0{,}302904$, ferner für Ferrocyankalium, dem zuerst von Moseley benutzten Kristall 0,8408 (statt 0,8454 nach Moseley).

[3]) Vgl. Landolt-Börnstein, phys.-chem. Tabellen 1912, S. 140 und Debye bei **134.**

Von den Methoden seien noch erwähnt: Abweichung vom idealen Gaszustand (Waals-Dorn 1915), Diffusion und innere Reibung der Gase (Kelvin 1902), der Flüssigkeiten (Svedberg 1909), Brechungsexponenten (Exner 1885), Dielektrizitätskonstanten (Dorn 1881) und Kapillarität in Zusammenhang mit der Verdampfungswärme (Herz 1915).

Sutherland (1910) hat aus Beobachtungen von Robinson über die Absorption von Kathodenstrahlen[1]) durch Atome, bei der die Atome das „trübe Medium" für die Elektronen bilden, folgende Werte von σ abgeleitet (in $\mu\mu$): He 0,19; H_2 0,22; NO 0,26; Ar 0,27; O_2 0,27; CO 0,27; Luft 0,29; CO_2 0,29; N_2 0,30; C_2H_4 0,33. Lorenz (1910) berechnet σ aus der Dichte der Flüssigkeiten bei normalem Siedepunkt für: H_2 0,20; Cl_2 0,23; Br_2 0,25; J_2 0,26; Li 0,20; Na 0,25; K 0,31; Rb 0,34; Cs 0,34; Ag 0,19. Silberstein (1917) hat σ aus der Dispersion des Lichtes für H, O, N berechnet. Seine Berechnung stimmt sehr gut mit den Werten aus der kinetischen Gastheorie (nach 4 Methoden) überein.

σ in $\mu\mu$	Dispersion	1. van der Waalssche Gleichung	2. Zähigkeit	3. Wärmeleitung	4. Diffusion
H	0,213	0,205	0,205	0,199	0,202
O	0,253	—	0,281	0,258	0,270
N	0,299	0,312	0,290	0,274	—

Helmholtz berechnete (1879) den Abstand der Wasserstoff-Mole aus der Aufladung eines mit H beladenen Platinbleches zu 0,1 $\mu\mu$, v. Hevesy (1917) aus der Aufladung in Lösungen den Radius eines einwertigen Ions zu 0,28 $\mu\mu$. Aus der van der Waalsschen Zustandsgleichung folgt σ zu 0,230 $\mu\mu$. Chapman (1912) kam zu dem gleichen Wert (0,236) unter der Annahme, daß die Atome elastische inkompressible kugelförmige Massen sind, umgeben von einem nach Art der Faradayschen Kraftröhren (siehe **35.**) mit ihnen zusammen wandernden Anziehungsfeld. Die genauesten Werte folgen aus der Theorie von Darwin und Bragg (1915) über die Verteilung der Intensität im Beugungsspektrum homogener Röntgenstrahlen. Compton (1917) berechnet so für das Na-Atom im NaCl den Durchmesser zu 0,186 $\mu\mu$; für das Chlor-Atom zu 0,089 $\mu\mu$. Der beiden Atomen gemeinsame Valenzring von 8 Elektronen, von denen 7 zum Cl-, 1 zum Na-Atom gehören, hat einen Durchmesser von 0,10 $\mu\mu$.

Die Frage, ob die Atome als absolut hart oder als elastisch anzusehen sind, ist noch nicht einwandfrei gelöst. Aus den Untersuchungen über Atomvolumen und Kompressibilität sind Traube (1906) und vor allem Th. W. Richards (in einer großen Reihe von Arbeiten seit 1902) zu der Überzeugung gelangt, daß die Atome kompressibel[2]) sind. Unter Atom ist aber dabei nicht die materielle Substanz zu verstehen, sondern gemäß der Zurückführung der Substanz auf elektrische Kräfte (siehe **44.**) das gesamte Betätigungsfeld, die Wirkungssphäre, welche die eigentliche Substanz (den geladenen Kern) und die darum kreisenden Elektronen (den Sitz der

[1]) Lenard (Kathodenstr. 1918, 182): σ ist 1,3 fach so groß, als nach der kinetischen Gastheorie.

[2]) Vgl. **115.**

chemischen Affinität — Rutherford, **117.**) umfaßt. Der letztere Raum, das Kovolumen *b* ist nach Traube nur ein kleiner Teil des Ganzen, nach Rutherford ist es gerade umgekehrt. Für die Kompressibilität spricht, daß das Kovolumen des einatomigen Heliums mit steigender Temperatur abnimmt. Die mit der Temperatur zunehmenden Molekularstöße wirken voll auf das Atom ein (bei mehratomigen Molen verwandelt sich die Energie der Stöße zum Teil in Rotationsenergie) und können es stärker zusammendrücken, als bei tieferen, wo ihre Energie geringer ist. Die Poren der festen Körper werden daher bei höherer Temperatur größer sein, als bei tieferer. Daraus folgt eine Zunahme der Durchlässigkeit z. B. für Glas und geschmolzenen Quarz gegen Gase mit steigender Temperatur.

Auch die Erfahrungen bezüglich der Größe und Änderung von Konstanten, wie Ausdehnung, Oberflächenspannung, Bildungswärme sprechen für die Kompressibilität der Atome. Im flüssigen Zustand ist das Atom kleiner als im gasförmigen, weil die Flussigkeitsatome viel dichter beieinander liegen und ihre Wirkungssphären sich vielfach berühren. Die dadurch entstehenden Kohäsionskräfte verkleinern das Atom. Die chemische Affinität steht mit diesen Kräften, und besonders mit der Kompressibilität, in engem Zusammenhang.

31. Der Zusammenprall der Atome und Mole.

Auf die Bewegung der Atome hat man die Stoßgesetze anzuwenden. Was beim Zusammenprall von 2 Atomen, mögen sie unelastisch hart oder elastisch kompressibel sein, geschieht, hängt ab von der lebendigen Kraft (Masse × Quadrat der Geschwindigkeit). Sind die Massen ungleich und die Geschwindigkeit nicht sehr verschieden, so wird das kleinere Atom aus seiner Bahn geworfen und seine Geschwindigkeit stark geändert. Ein kleineres Atom mit großer Geschwindigkeit kann ein großes mit geringerer Geschwindigkeit in Bewegung setzen.

Das Elektrizitätsatom, das Elektron, hat eine Masse, die nur rund $^1/_{2000}$ des H-Atoms erreicht (Tabelle **40.** I), es besitzt aber eine der Lichtgeschwindigkeit nahe kommende Geschwindigkeit. Es ist daher befähigt, Körperatome zu spalten, d. h. zu ionisieren. Die Ionisation findet statt, wenn z. B. Strahlen, welche entweder Elektronen enthalten (Kathodenstrahlen) oder Elektronen auslösen (X-Strahlen, ultraviolette Strahlen) in staubfreier Luft auf Gasmole treffen.[1]) Die gleiche Wirkung erzielen die leichten, aber große Geschwindigkeit besitzenden He-Atome in den α-Strahlen radioaktiver Substanzen. Ein α-Teilchen zerschmettert in staubfreier Luft längs seiner Bahn beim Zusammenprall rund 100000 Gasmole und verwandelt sie in Ionen (siehe **25.**).[2]) Diese Ionenbildung hört auf und die Bahn des α-Teilchens ist zu Ende, sobald durch die Zusammenstöße seine lebendige Kraft unter einen bestimmten Wert gesunken ist. Die Anfangsgeschwindigkeit der α-Teile der verschiedenen radioaktiven Körper ist verschieden und daher ist es auch verständlich, daß die kritische

[1]) Über die Prüfung der Stoßtheorie (Einstein, Townsend, Hertz, Compton und Benade, Tate) siehe **42.** (S. 80, 88) und **115.** (Lenard).

[2]) Ein β-Teilchen durchquert auf 1 cm 8400 Atome; verwandelt aber nur höchstens 2% in Ionen (St. Meyer, Radioakt. 1916, 160).

Verringerung der Geschwindigkeit erst nach Zurücklegung verschiedener Wegstrecken (Bahnlängen) erreicht wird. Diese Bahnlängen oder Reichweiten (siehe **54.**) der α-Teile schwanken von etwa 2 bis 10 cm (in Luft normaler Beschaffenheit). Andererseits kann die lebendige Kraft der von den α-Teilen erzeugten Ionen durch Hinzufügung eines elektrischen Feldes so weit gesteigert werden, daß diese Ionen weitere Mole spalten (siehe **25.**, Stoßionisation).

Diese Vorgänge lassen sich photographisch aufnehmen und dadurch im einzelnen verfolgen. R. v. Helmholtz (1887) zeigte, daß Gasionen (siehe **39.**) in staubfreier, Wasserdampf in Übersättigung enthaltender Luft sichtbar werden. Wird diese Luft ausgedehnt, so entstehen so viel Nebeltröpfchen, als Ionen vorhanden waren. Die Ionen bilden den Kern des Tröpfchens. Besonders C. T. R. Wilson (1911—13)[1]), hat diese Nebel so photographiert, daß man die Bahnen der Ionen verfolgen kann. In einer schmalen Kammer befindet sich eine mit Polonium schwach aktivierte Metallspitze; in der Kammer läßt man den Nebel entstehen. Dieser wird durch ein elektrisches Feld am raschen Niedersinken gehindert. Beleuchtet man mit starkem Licht eine kurze Zeit, so sieht man auf der Photographie von der Spitze sternförmige Lichtlinien ausgehen. Es sind die Bahnen der α-Teile des Poloniums, gebildet aus den Nebeltröpfchen, von denen etwa 20000 auf 1 cm kommen.

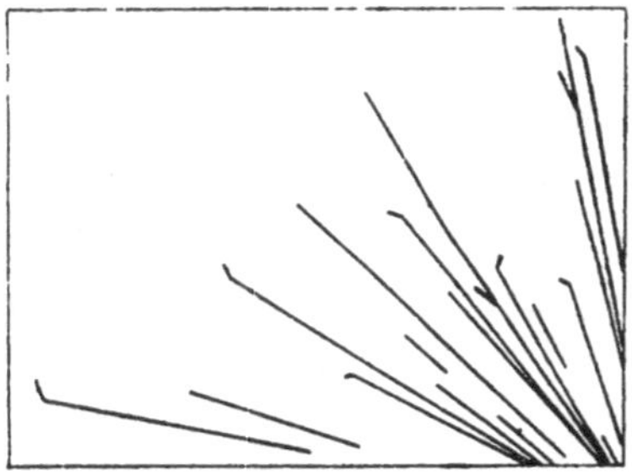

Fig. 9.

Die Bahn (Fig. 9) hört an einem genau erkennbaren Punkt auf (siehe **54.**). Bei einigen Strahlen sieht man noch einen s c h a r f e n K n i c k. Dieser kommt dadurch zustande, daß die kritische Geschwindigkeit des α-Teilchens so klein ist, daß nunmehr die lebendige Kraft der Luftmole überwiegt und das Teilchen seinerseits nunmehr aus der Bahn geworfen oder z e r s t r e u t wird (siehe **117.**). Frau Bose hat (1916) die Vorgänge beim Zusammenstoß von α-Teilen mit H-Molen photographiert. Ein Poloniumpräparat, das zur Verringerung der Geschwindigkeit der α-Teile in Metallblätter gehüllt war, strahlte in einer mit übersättigtem Wasserdampf und W a s s e r s t o f f gefüllten Kammer. Wie bei Wilson entstand bei Auslösung der Übersättigung durch die auf der Bahn des α-Teilchens erzeugten Ionen ein Nebel. Es wurden 1038 Nebelbahnen photographiert. Bei 7 von ihnen bemerkte man einen Knickpunkt. An diesem teilte sich die Bahn. Der eine Teil gehörte zum abgelenkten α-Teil, der andere zu dem ebenfalls abgelenkten H-Atom. Gemäß der Sätze der kinetischen Gastheorie über die Verteilung der Geschwindigkeiten unter den Gasmolen (siehe **27.**) berechnete sich, daß von etwa 1000 α-Teilen 8 durch den Zusammenstoß mit den H-Molen eine solche Änderung der Geschwindigkeit erfahren, daß sie um 40—80°, wie auf den Photographien, abgelenkt werden können.

---

[1]) Ferner Kinoshita (1910), Reinganum (1911), Miehl (1912—14), Mache (1914).

Die Anwendung der Stoßgesetze auf die Gasmole kann man auch quantitativ prüfen[1]) und zwar beim radioaktiven Atom. Dieses zerfällt nach Rutherford in 2 Teile, dem leichten α- oder He-Atom und dem schweren Atomrest. Das He-Atom erhält eine große Geschwindigkeit, das Restatom einen Rückstoß (siehe **60.**) in umgekehrter Richtung. Die Restatomgeschwindigkeit muß aber viel geringer sein. Das Atom erreicht durch den Rückstoß Teile des Apparates, die ganz außerhalb des sichtbaren Weges der α-Teile liegen. Diese Erscheinung nannte man im Anfang der radioaktiven Forschungen die induzierte Radioaktivität. Mit elektrischer Induktion oder Influenz hat sie aber nichts zu tun. Die Geschwindigkeit der Restatome hat Russ mehrfach untersucht. Beim Zerfall[2]), z. B. des Ra—A, entsteht Ra—B als Restatom; nach der Thomsonschen Kanalstrahlenmethode (**15.**) findet man die Masse des Ra—B zu 214, die Geschwindigkeit zu $3{,}23 \cdot 10^7$ cm/sec, während das α-Teilchen mit der Masse 4 die Geschwindigkeit $1{,}77 \cdot 10^9$ cm/sec besitzt. Da Stoß und Rückstoß betreffs der Stoßmomente gleich sein müssen, so kann man aus den Massen und der Geschwindigkeit des α-Teilchens die Geschwindigkeit x des Restatoms berechnen, und zwar aus der Gleichung $4 \cdot 1{,}77 \cdot 10^9 = 214 \cdot x$ in Übereinstimmung mit der Beobachtung zu $3{,}27 \cdot 10^7$ cm/sec.

Literatur zu 21 bis 31.

Allgemeines. Bäumker (Problem der Materie), Diels (Elementum), Ehrenfeld (Atomistik), Hinrichsen (Atomistik), Kopp (Geschichte), Laßwitz (Atomistik), Walden (Lösungstheorie), Zeller (Philosophie), siehe **3.** und **12.** — C. G. Cornelius: Grundzüge einer Molekularphysik (Jena 1866). — Schilling und Cornelius (Flügel): Das Problem der Materie. [1]) ZS. exakt. Philosophie Bd. 12. [2]) Abhdl. zur Naturwiss.; Langensalza 1908. [3]) ZS. Philos. und Pädag., Bd. 15; 1908. — Ehrenfeld: ZS. angew. Chem. **22**, 1346; 1909. — Erwin: The universe and the atom (N. Y. 1916. — Köthner: [1]) Realität der Atome (Aus der Natur, Bd. 3; 1907). [2]) Aus der Chemie des Unbegreifbaren (Osterwiek 1907). [3]) Der Atombegriff (Sammlung zwangloser Abhandlungen, London 1907). — Ch. Walter: Der chemische Atombegriff (London 1907). — Mie: Die Materie (Stuttg. 1912). — Soddy: Entwicklung der Materie (Lpg. 1904). — J. J. Thomson: [1]) Rays of positive electricity (London 1913). [2]) The atomic theory (Romanes Lectures, Oxford 1914).

Zu **21.** Löwenheim: Die Wissenschaft Democrits (Berl. 1914); Kronenberg: ZS. Naturwiss. **3**, 29; 1915. — Wundt: Theorie der Materie (Lpg. 1885). — Usener: Epicur (Lpg. 1887). — Veitch: Lucrez and the atomic theory (London 1885). — J. Masson: The atomic theory of Lucretius (London 1884). — T. Lucretius Caro (Stuttg. 1868, Langenscheidt Bibl. Bd. 65).

Zu **22.** Descartes, Gassendi, Jungius, Sennert siehe **5.** — Boyle: [1]) Origine of forms and qualities, according to the corpuscular philosophie (London 1664). [2]) tentamen ad porositatem corporum (Genf 1686. [3]) the history of particular qualities (Werke, Bd. 3, 278, 627; London 1772).

Zu **23.** Fechner: Physik. und chem. Atomlehre (Lpg. 1855, 1864). — Laßwitz: G. Fechner (Stuttg. 1896). — Larmor: Mem. Lit. Phil. Soc. Manchester, **52**, X, 1908. — Rutherford und Geiger: Phil. Mag. **21**, 669; 1911; **25**, 604; 1913.

Zu **24.** Boyle: Exerc. de mira subtilitate effluviorum, 1680. — Chr. Wolf: Vernünftige Gedanken von den Wirkungen der Natur (in Physica general, 5. Aufl.,

[1]) Über die Schwierigkeiten der Deutung der Ergebnisse in anderen Fällen siehe Compton und Benade (siehe **42.**).

[2]) Der Zerfall des Ra-Atoms läßt sich einerseits durch die Wärmeentwicklung messen, andererseits aus den einfachen Stoßgleichungen berechnen. Beide Methoden geben gleiche Werte (Hess und Lawson 1918; siehe **58.**).

Halle 1746, S. 3, 67). — Muncke in Gehlers Handwörterbuch, Bd. 9, 709; 1838. — Berthelot: C. R. **138**, 1249; 1904. — Aitken: Proc. Roy. Soc. Edinb. **25**, 894; 1904. — Spring, de Bruyn: Rec. Trav. Chim. **23**, 153, 218; **24**, 297; 1904—05. — Tyndall: Lehre vom Licht (Brschg. 1876, 166). — Siedentopf und Zsigmondy: Ann. Phys. **10**, 1; 1903. — Zsigmondy: [1]) Zur Kenntnis der Kolloide (Jena 1905). [2]) ZS. phys. Chem. **56**, 65; 1906. — Perrin: Die Atome, 1914, 44. — Devaux: [1]) J. de phys. **3**, 450; 1904. [2]) Revue generale 1913. — Cabannes: C. R. **160**, 62; 1915; **168**, 340; 1919. — Strutt: Proc. Roy. Soc. **94**, 483; **95**, 150; 1918. — Abbot u. Fowle: Annals Astrophys. Observat Mount Wilson **2**, 1908.

Zu **25**. Crookes: Chem. News **87**, 157; 1903. — Becquerel: C. R. **137**, 629; 1903. — Regener: Sitzungsber. Berl. Akad. 1909, 948. — Lenard: Ann. Phys. **63**, 253; 1897. — Townsend: Phil. Mag. **1**, 198; 1901 und **36**. — Findlay: Chem. News **116**, 8; 1917. — Damm: Promotheus **27**, 379, 396; 1916. — Strutt: Proc. Roy. Soc. 28. Febr. 1918 (Nature **101**, 37). — J. J. Thomson: Engineering **105**, 206, 234; 1918. — v. Smoluchowski: Ann. Phys. **25**, 205; 1908; Bull. Acad. Krak. 1911, 493; 1916, 218; Phil. Mag. **23**, 165; 1912.

Zu **26**. Wagner: Phys. ZS. **18**, 405; 1917; Über Röntgenspektroskopie. — Lenard: [1]) Sitzungsber. Berl. Akad. 1893, 3. [2]) Ann. Phys. **51**, 227; **52**, 23; 1894. — Rutherford und Royds: [1]) Phil. Mag. **17**, 281; 1908. [2]) Jahrb. Radioakt. 1909, 1. — v. Laue (Friedrich, Knipping) [1]) Sitzungsber. Münch. Akad. 1912, 303. [2]) Ann. Phys. **41**, 971; 1913. — W. H. und W. L. Bragg: [1]) Proc. Roy. Soc. **88**, **89** und **90**, 182; 1913. [2]) Jahrb. Radioakt. 1914, 338. [3]) ZS. anorg. Chem. **90**, 153—296; 1915. [4]) X-Rays and crystall structure (London 1915). [5]) Phil. Transact. **215**, 253; 1915. [6]) Phil. Mag. **27**, 898; 1914. — Nernst: Kinetische Theorie der Körper (Gött. 1914, 65). — Debye und Scherrer: Phys. ZS. **18**, 291; 1917. — Hull: Phys. Rev. **11**, 661; 1917. — J. J. Thomson: Engineering **105**, 463; 1918.

Zu **27**. Clausius: [1]) Pogg. Ann. **100**, 352; **105**, 239; 1857—58. [2]) Wesen der Wärme (Zürich 1857). [3]) Mechanische Wärmetheorie (2. Aufl., **3**, 55; 1889). — Loschmidt: Sitzungsber. Wien. Akad. **52**, (II), 365; 1865. — Maxwell: [1]) Phil. Mag. **19** und **20**; 1860; **35**, 1868; **46**, 1873. [2]) Pogg. Ann. **125**, 178; 1866. [3]) Phil. Transact. **157**, 1867. — O. E. Meyer: Kinetische Theorie der Gase (Breslau 1877: 223). — Boltzmann: Vorlesungen über kinetische Gastheorie (Lpg. 1895). — A. Klaus Entwicklung der kinetischen Gastheorie (Dissert. Freiburg 1904). — Jeans: The dynamical theory of gases (Cambr. 1904). — Gaede: Phys. ZS. **13**, 864; 1912. — Dorn: Kultur der Gegenwart **3** (3), 228; 1915. — H. A. Lorentz: Les theories statistiques en thermodynamique (Lpg. 1916). — Behaghel: Ber. Naturf. Ges. Freiburg **21**, 1—62; 1916.

Zu **28**. Rutherford: [1]) Die neuen Beweise der Atomtheorie (Naturwiss. Rdschau **24**, 481, 496; 1906). [2]) Fortschritte der Atomistik (Phys. ZS. **10**, 762; 1909). — Mecklenburg: Experimentelle Grundlegung der Atomistik (Naturwiss. Wchschr. **8**, 769; **9**, 385; 1909—10 und Jena 1910). — Jahn: Fortschritte der atomistischen Auffassung der Materie (Jahrb. Radioakt. **6**, 229; 1909). — Voigt: Physik. Begründung der Atomhypothese (Kultur der Gegenwart **3** (3), 719; 1915). — Perrin: [1]) C. R. **146**, 967; **147**, 475; **149**, 477; 1908—09. [2]) Ann. Chim. Phys. **18**, 5; 1909. [3]) ZS. Elchem. Ges. **15**, 269; 1909. [4]) Phys. ZS. **11**, 461; 1910. [5]) Kolloid. Chem. Beihefte **1**, 221; 1910. [6]) Mem. Soc. Phys. (II) 1; 1913. [7]) Abhdl. Bunsenges. 7, 125; 1913. [8]) Die Atome (Paris 1913; Dresden 1914). — Brown: [1]) Phil. Mag. **4**, 161; 1827. [2]) Pogg. Ann. **14**, 294; 1828. — Svedberg: [1]) Zur Lehre von den kolloidalen Lösungen (Upsala 1907). [2]) ZS. phys. Chem. **65**, 624; **66**, 752; **67**, 249; 1909; **74**, 513; 1910. [3]) Kolloid. ZS. **5**, 318; 1910. [4]) Existenz der Mole (Lpg. 1912, 84). [5]) Jahrb. Radioakt. 1913, 467. — v. Smoluchowski: Phys. ZS. **17**, 557, 585; 1916. — de Haas-Lorentz: Brownsche Bewegung (Brschg. 1913). — Chr. Wiener: Pogg. Ann. **115**, 79; 1863. — Gouy: J. de phys. **7**, 561, 1888. — Einstein: Ann. Phys. **17**, 549; **19**, 371; 1905—06. — Ehrenhaft: Sitzungsber. Wien **116**, 1175; 1907. — v. Schweidler: Röntgen-Kongreß (Lüttich 1905). — Costantin: Ann. de phys. **3**, 101, 1905.

Zu **29**. Siehe Tabelle. Zu **30**. Arrhenius: Theorien der Chemie (Lpg. 1906, 80, 110). — Einstein: Ann. Phys. **19**, 289; 1906. — Lord Kelvin: Phil. Mag. **4**, 177, 281; 1902. — Svedberg: ZS. phys. Chem. **67**, 105; 1909. — Lorenz: ZS. phys. Chem. **73**, 254; 1910. — Sutherland: Phil. Mag. **19**, 26; 1910. — v. Helmholtz:

Ann. Phys. **7**, 337; 1879. — v. Hevesy: Kolloid. ZS. **21**, 129; 1917. — Darwin und Bragg: Phil. Transact. **215**, 253; 1915. — Compton: Phys. Review **9**, 29; 1917; **11**, 430; 1918. — Siegbahn: Ann. Phys. **59**, 56; 1919. — Exner: Sitzungsber. Wien **91**, 850; 1885. — Dorn: Ann. Phys. **13**, 378; 1881. — Chapmann: Phil. Transact. **211**, 433; 1912. — Silberstein: Phil. Mag. **33**, 215; 1917. — Th. W. Richards: [1]) ZS. phys. Chem. **40**, 169; **49**, 15; **61**, 77, 183; 1902 bis 1907. [2]) Jahrb. Radioakt. 1907, 376. [3]) J. Amer. Chem. Soc. **31**, 154; 1909; **36**, 617; 1914. [4]) Public. Carnegie Institut Nr. 76; 1907. [5]) J. Chem. Soc. **99**, 1201; 1911. [6]) ZS. anorg. Chem. **92**, 1; 1915. — Traube: [1]) Vhdl. Phys. Ges. 1906, 199. [2]) Jahrb. Radioakt. 1906, 184.

Zu **31**. Townsend siehe **25**. und **36**. — R. v. Helmholtz (und Richarz): Ann. Phys. **32**, 1; 1887; **40**, 161; 1890. — C. T. R. Wilson: [1]) Phil. Transact. **189**, 265; 1897. [2]) Proc. Roy. Soc. **85**, 285; **87**, 277; 1911—13. [3]) Jahrb. Radioakt. 1913, 34. — Kinoshita: Proc. Roy. Soc. **83**, 432; 1910; Phys. ZS. **10**, 775; 1909. — Reinganum: [1]) Phys. ZS. **12**, 1076; 1911. [2]) (Heil) Naturf. Ges. Freiburg 1914. — Miehl: Sitzungsber. Wien **121**, 1431; **123**, 1965; 1912—14. — Mache: Vortr. Verein Verbreitung Naturwiss. Wien **54**, 299; Phys. ZS. **15**, 288; 1914. — Bose: Phys. ZS. **17**, 388; 1916. — Russ und Makower: [1]) Phil. Mag. **20**, 875; 1910. [2]) Memoirs Phil. Soc. Manchester **55**, 1910.

Die materiellen Eigenschaften der Elektrizität und der anderen Energien.

32. Der Elektronenbegriff.

Der weitere Fortschritt der Erkenntnis des Wesens der Materie ist eng verknüpft mit der Aufklärung über die Grundeigenschaft der Elektrizität und zwar der negativen Elektrizität. Diese tritt selbständig, frei von chemischen Molen auf. Sie ist anzusehen als ein chemischer Stoff, als solcher ist sie atomistisch gegliedert. Ihre Atome (Elementarquanten, Korpuskeln oder Elektronen) sind von bestimmter Masse, Trägheit und Energie und sind fähig, sich mit chemischen Atomen zu verbinden. Ebensowenig wie die Masse oder die Energie können wir die Elektrizität erschaffen oder vernichten. Es kann lediglich ihre räumliche Verteilung geändert werden. Schon Berzelius und vor allem Faraday (1833—34), die die engen Beziehungen zwischen den elektrischen und den chemischen Vorgängen erkannten, hatten eine ähnliche Auffassung. Zuerst hat W. Weber (1871) die elektrischen Erscheinungen auf die Wirkung elektrischer, an jedem ponderablen Atom haftender Elementarteilchen zurückgeführt. Diese beeinflussen sich gegenseitig durch ihre relative Lage, Geschwindigkeit und Beschleunigung. Die elektrischen Atome sind viel kleiner als die chemischen Atome. Webers Theorie leistete zwar bereits viel, wurde aber nicht angenommen, weil zunächst gar keine Möglichkeit bestand, etwas über die Größe dieser Atome auszusagen. Die Webersche Theorie wurde durch Helmholtz (Faraday Vorlesung in der Londoner Royal Institution 1881) und vor allem durch die Versuche von Crookes (1878) zu neuem Leben erweckt. Helmholtz sagte: „Wenn wir die Annahme machen, daß die einfachen Substanzen aus Atomen zusammengesetzt sind, können wir den Schluß nicht vermeiden, daß die Elektrizität, positive wie negative, in bestimmte Elementarteilchen zerfällt, die sich wie elektrische Atome verhalten." Crookes fand diese besonderen freien elektrischen Teilchen in den Kathodenstrahlen auf, und zwar nur für die negative Elektrizität. Die von Goldstein (1876) Kathodenstrahlen genannten Strahlen sind von Plücker (1858, 1859, 1862) entdeckt worden. Plücker beobachtete, daß an den Wänden von Geissler-Röhren ein grüner Phosphoreszenzfleck bei einem bestimmten Verdünnungsgrad auftritt, der von Strahlen herrührt, die von der Kathode herkamen. Nähert man einen Magneten, so wandert der Lichtfleck. Die Strahlen sind also magnetisch zu beeinflussen. Hittorf (1869) stellte ihre gradlinige Ausbreitung fest. Goldstein bewies durch zahlreiche Versuche, daß sie sich wesentlich von Lichtstrahlen unterscheiden. Varley (1871) hielt sie für besondere Teilchen von großer Geschwindigkeit. Crookes zeigte, daß ihre Bewegung unabhängig von der Natur des Gases ist, in dem sie entstehen. Sie sind nicht Atome von gewöhnlicher Beschaffenheit, sondern Atome eines besonderen Zustandes der Materie, des über den gasförmigen Zustand hinausgehenden Zustandes der strahlenden Materie, in dem jede besondere chemische Eigenschaft verschwunden ist. Die Teilchen sind ebenso materiell, wie der Tisch, auf dem die Apparate stehen, in denen die Kathodenstrahlen erzeugt werden. Die Teilchen besitzen Masse, Trägheit, Geschwindigkeit und Energie, wie die Atome. Das äußert sich darin, daß sie imstande sind, mechanische Bewegungen, z. B. das Drehen eines Schaufelrades, und beim Zusammenstoß mit festen Körpern starke Wärmewirkungen hervorzurufen. Die Teilchen sind aber viel kleiner als chemische Atome, da sie im Vakuum imstande sind, feste Körper zu durchdringen und da sie Lichtgeschwindigkeit erreichen können.

Stoney, der (1874), an die elektrischen Erscheinungen anknüpfend, auch die materielle atomistische Natur der Elektrizität vertrat, hat 1881 zuerst die Größe der Teilchen berechnet. Man kennt nach dem Faradayschen Gesetz die Elektrizitätsmenge F, die zur Entwicklung von 1 g-Atom Wasserstoff erfordert wird. Nach Loschmidt (siehe **29.**) kennt man ferner die Zahl N der Atome in 1 g-Atom. Dividiert man F durch N, so erhält man die Ladung

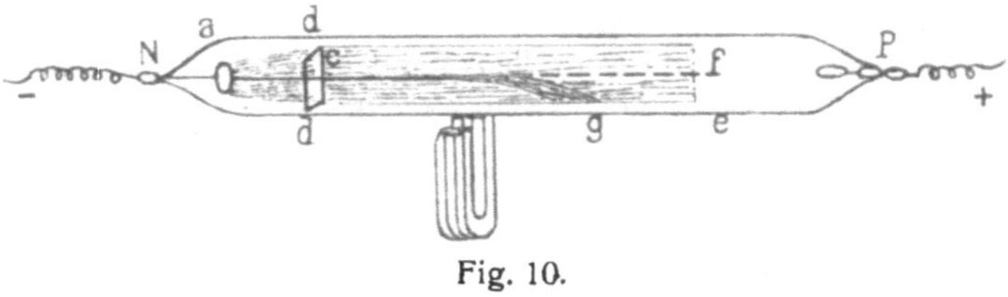

Fig. 10.

e des Elektrizitätsatoms, für das Stoney 1891 den Namen Elektron einführte, er gab diesen Wert zu 10^{-20} EME. (elektromagnetische Einheiten) an. Mit $F = 9650$ und $N = 60{,}5 \cdot 10^{22}$ erhielt man $1{,}59 \cdot 10^{-20}$ (siehe Tabelle **40.**, II). Giese zeigte (1882 und 1889), daß die Gesetze, die sich für die Leitung der Elektrizität durch Gase[1]) ergaben, ebenso wie die Leitung in Flüssigkeiten, zur Annahme von Elektrizitätsatomen nötigten. Wiechert hat (1897) als

[1]) Die Untersuchungen über Leitfähigkeit der Gase wurden dann seit 1900 im Cavendish- Laborat. zu Cambridge durch J. J. Thomson, Rutherford, Townsend, C. T. Wilson durch Aufstellung der Gesetze der Stromleitung zum Abschluß gebracht.

erster die Masse dieser Atome, die Crookes noch für erheblich größer hielt [1]), richtig zu $^1/_{2000}$ des H-Atoms berechnet (siehe **40.**). Er bediente sich dazu der Ablenkung der Kathodenstrahlen durch magnetische Felder. Die Ablenkung erfolgt, wie die von materiellen festen Leitern (siehe nebenstehende Figur 10 nach Crookes). Kathodenstrahlen, die von einer Wehnelt-Kathode ausgehen, lassen sich im magnetischen Felde in eine vollständige Kreisbahn zusammenbiegen (siehe die nebenstehende Figur 11). [2])

Auf der Kathode *K*, einem dünnen Platinblech, sind 2 mm mit Kalk bedeckt. *K* wird durch eine Nebenleitung (bei 3 u. 4) elektrisch zur Rotglut erhitzt. Legt man bei 1 u. 2 die Spannung von 220 Volt an, so geht von dem Kalkfleck ein schmales himmelblaues Band von Kathodenstrahlen aus. Bei Annäherung des Nordpols eines Magneten (von der Feldstärke *H*) krümmt sich das Band und wird bei genügender Nähe in einen Ring (vom Radius *r*, punktiert gezeichnet) verwandelt. Diese Erscheinung folgt aus dem Gleichgewicht von 2 Kräften. Nach dem Mittelpunkt des Kreises werden die Elektronen (Masse *m*, Geschwindigkeit *v*, Ladung *e*) durch das Feld *H* getrieben mit der Kraft von evH. Ihr entgegen wirkt die Zentrifugalkraft mv^2/r, die das Teilchen zwingen will, den Kreis zu verlassen und gradlinig, wie ohne Magneten fortzufliegen. Setzt man die Kräfte gleich, so wird $e/m = v/rH$.

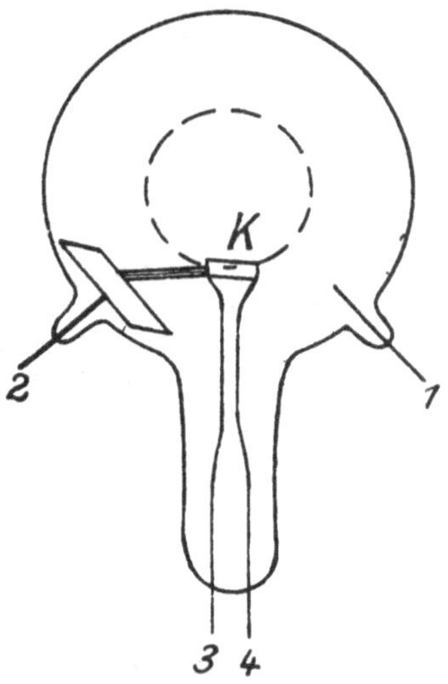

Fig. 11.

33. Die elektrische Materie.

Sind Elektronen in großer Menge in einem luftleeren Raum enthalten, so zeigen sie, wie schon Crookes annahm, die Eigenschaften eines starkverdünnten Gases.[3]) Die Atome dieses Gases, die Elektronen, folgen in ihren

---

[1]) Crookes hielt sie ursprünglich für geladene Gasmole, die bei der großen Verdünnung viel größere Wegstrecken zurücklegen sollten.

[2]) Nach Himstedt, Elektronen; Freiburg 1909.

[3]) Dieser Auffassung widerspricht v. Laue in seiner grundlegenden Arbeit über Glühelektronen (Jahrb. Radioakt. **15**, 208, 255; 1918). Für verdampfende Elektronen können die Gasgesetze nicht streng gelten, da die Abstoßung der Elektronen voneinander, die bei Gasmolen fehlt, zu berücksichtigen ist. Es hat daher die Zustandsgleichung für das Elektronengas eine ganz andere Form, wie bei gewöhnlichen Gasen; aber es läßt sich aus ihr die Richardsonsche Formel ableiten. Die Glühelektronen, wie sie aus einem erhitzten Wolframdraht in einem Vakuumrohr austreten, bilden eine der Drahtelektrode aufliegende Schicht. Diese hat eine vom Elektrodenmaterial und der Temperatur abhängige Energie und Ladung auf der Flächeneinheit. Die Schicht steht mit den übrigen Elektronen im Rohr im Gleichgewicht; auf dieses können die bekannten Gasgesetze nicht angewendet werden. Das ist nur möglich für freie Elektronen, die unabhängig von der Elektrode sind und deren Zahl konstant ist. Bei den Glühelektronen steigt aber die Zahl stark mit wachsender Temperatur.

Bewegungen den Gesetzen der kinetischen Gastheorie über den Stoß. Die Erscheinung der Stoßionisation und der Ionenbildung in Gasen lassen sich so ohne Schwierigkeit erklären (siehe **31.**). Man kann von einer Elektronenatmosphäre und Elektronenspannung (vergleichbar der Dampfspannung) sprechen. Substanzen, die, wie die Metalle, leicht Elektronen abspalten (siehe **38.**), haben eine merkliche Elektronenspannung, wie schon seit fast 200 Jahren bekannt ist (siehe **39.**). O. W. Richardson hat die Verdampfung der Elektronen seit 1901 in einer großen Reihe von Arbeiten untersucht. Es besteht eine vollständige Analogie zwischen der Verdampfung eines festen Körpers und der Elektronenentwicklung. Bei beiden Erscheinungen nimmt die Spannung und die Verdampfung oder Stromstärke J stark mit der Temperatur T zu. Es gilt die Gleichung $J = a\sqrt{T}\,e^{-b/T}$ (a, b; Konstanten). Bei jeder Temperatur ist ein bestimmtes Maximum der Spannung p vorhanden, die bei den Elektronen durch den Sättigungsstrom gemessen wird. Es gilt für diese Spannung die gewöhnliche Gasgleichung $pV = RT$, wo R den gleichen Wert wie sonst hat.

Die Verdampfung der Elektronen ist mit Wärmeverbrauch (entsprechend der latenten Verdampfungswärme bei gewöhnlichen Verdampfungserscheinungen); die Kondensation von Elektronen mit Wärmeentwicklung verbunden. Verstärkt man die Elektronenentwicklung in dem Faden einer leuchtenden Metallfadenlampe durch Einschaltung eines Zweigstromes (mittels einer zweiten Leitung), so kühlt sich der Faden ab, wie man an der Verringerung der Lichtstrahlung des Fadens sofort erkennt. Ist die Glühlampe so konstruiert, daß die von dem leuchtenden Drahte entwickelten Elektronen auf einem zweiten Draht innerhalb der Lampe aufgefangen werden können, so erwärmt sich dieser zweite Draht, sobald die Elektronen ihn erreichen. Das erkennt man an der Änderung seines elektrischen Widerstandes. Die latente Verdampfungswärme der Elektronen läßt sich aus der Änderung der Spannung des Sättigungsstromes mit der Temperatur messen. Die von verschiedenen Beobachtern erhaltenen Werte liegen zwischen 10—15000 g-Cal.

Die kinetische Energie der Elektronen, ermittelt aus Stromstärke und Potentialgefälle der Elektronen, erreicht sehr beträchtliche Werte, wenn die Geschwindigkeit bis zur Lichtgeschwindigkeit ansteigt. Daß die Elektronen verschiedene Geschwindigkeit haben, erkennt man, wenn sie als Kathodenstrahlen durch ein Magnetfeld durchgehen. Sie werden dann sehr verschieden abgelenkt, man erhält ein Elektronenspektrum (Deslandres 1897). In Geisslerschen Röhren wurde bei 10000 Volt Gefälle eine Geschwindigkeit von 58000 km/sec (etwa $^1/_5$ der Lichtgeschwindigkeit) erhalten. Die Geschwindigkeit für andere Gefälle ist leicht berechenbar, da sie sich mit der Quadratwurzel aus der Spannung gemäß dem Einsteinschen lichtelektrischen Gesetz (siehe **42.**) ändert. Wächter (1914) nimmt an, daß diese Beziehung auch für die geringere Spannung gilt, unter der bei der Elektrolyse die Elektronen aus den Metallelektroden in die Lösung gehen. Das Zersetzungspotential bei der Wasserelektrolyse beträgt 1,56 Volt. Daraus folgt die Geschwindigkeit v zu 722 km/sec. Die Wasserzersetzung kommt dadurch zustande, daß ein Elektron seine Energie ($^1/_2\, mv^2$) an das 16000 mal so schwere Wassermol abgibt, dessen Geschwindigkeit und Masse nach der kinetischen Gastheorie mit Hilfe der Loschmidtschen Zahl berechenbar ist. Für die Zersetzung von 1 g-Mol Wasser folgt so die Zersetzungswärme zu 164000 g-Cal; aus thermochemischen Daten folgt dieser Wert zu 162000 g-Cal.

Durch ihre Kleinheit und ihre große Geschwindigkeit sind die Elektronen fähig, alle Substanzen zu durchdringen. Der Nachweis gelang zuerst Lenard (1893, siehe **26.**). Die Elektronen der Kathodenstrahlen, die eine Al-Schicht von 0,03 mm durchdrangen, bewegten sich in der Luft etwa 10 cm weiter, wobei sie die Luft zum Leuchten erregten. Man kann annehmen, daß ein Elektron ungefähr an 10000 Atomen vorbeieilt.[1])

Das Elektron ist, wie viele chemische Stoffe, weit verbreitet, vor allem in der Sonne. Die Bildung und schnelle Änderung von Corona, von Sonnenflecken und Fackeln, läßt sich durch Elektronenbewegung verständlich machen. Die von der Sonne ausgestrahlten Elektronen erzeugen in der Erdatmosphäre das Nordlicht.

34. Millikans Beweis für die atomistische Struktur der Elektrizität.

Die Ladungen e von sehr feinen, staubförmigen Teilchen (z. B. Tröpfchen von Öl, Quecksilber), die die Brownsche Bewegung zeigen, ändern sich sprungweise. Millikan benutzt (von 1910 ab) folgende Anordnung. Ein elektrischer Kondensator, mit Luft oder Wasserstoff gefüllt, hat in der oberen horizontalen Platte ein feines Loch. Bläst man einen Luftstrom, feine Teilchen enthaltend, über das Loch, so fallen einige durch das Loch. Bei seitlicher Beleuchtung des Zwischenraumes der Kondensatorplatten sieht man die Teilchen im Mikroskop. Sie bleiben schweben, wenn der Kondensator auf etwa 4000 Volt (für das Zentimeter) geladen wird. Stundenlang kann man die Teilchen an derselben Stelle beobachten. Dann kann plötzlich eine Bewegung eintreten, besonders wenn das Gas durch schwache Bestrahlung, z. B. mit ultraviolettem Licht[2]), leitend gemacht wird. Um das Teilchen an seinem Platz zu halten, ist es nötig, das Potential sprungweise zu ändern. Diese Potentiale stehen im Verhältnis ganzer Zahlen.[3]) Millikan (1911 und 1916) untersuchte Tröpfchen von 0,5 bis etwa 5 μ Durchmesser.[4]) Das Potential des Kondensators wurde von 808 bis 3923 Volt geändert. Diese Potentiale haben einen gemeinsamen kleinsten Teiler. Bei 20 Beobachtungsreihen schwankte der Wert dieses Teilers (berechnet wurde aus ihm der Wert von $e^{2/3}$) von 60,9—61,3. Aus dem Mittelwert $e^{2/3} = 61{,}11 \cdot 10^{-8}$ ergibt sich e, die Ladung eines Elektrons zu $4{,}776 \cdot 10^{-10}$ (siehe Tabelle **40.**, II).

Joffé hat im Helium schwebende Metallteilchen der Einwirkung schwachen ultravioletten Lichtes ausgesetzt. Das beobachtete Teilchen blieb zunächst in Ruhe, nach etwa 5 Minuten fing es an, sich zu bewegen. Das Licht wurde dann abgeblendet; durch Änderung der Kondensatorspannung wurde dann das Teilchen zum Stillstand gebracht. Bei jeder

---

[1]) und sie glatt ohne Ablenkung durchdringt (siehe **115.**).

[2]) Joffé 1913.

[3]) Die Annäherung an ganze Zahlen ist so groß, wie diejenige, durch die das Gesetz der multiplen Proportionen (siehe **12.**) begründet ist.

[4]) Man kann ihn auch durch die Fallzeit berechnen; diese wechselte von 45—200 sec.

neuen Lichtwirkung wurden ein oder mehrere Elektronen aus dem Metall verdampft. So konnte man bis zu 1144 Elektronenladungen gelangen. Wurde das Gas radioaktiv bestrahlt, so erhielt das Teilchen seine Ladungen wieder. Bei starkem ultravioletten Licht kann die Ladung auf einmal abgegeben werden. Zur Kompensation dieses Ladungsverlustes ist ein ganz bestimmtes Potential, z. B. 808 Volt, erforderlich. Jedes Volt mehr oder weniger zwingt das Teilchen zum Verlassen der Ruhelage. Die Abgabe von (n) Elektronen erfordert das folgende Potential (p) in Volt, damit das Teilchen in Ruhe bleibt:

n	3	4	5	6	7	8	9	10	11	12	13	15	17
p_{beob}:	40	30	25	21	18	15,3	13,5	12,0	10,8	10,0	9,4	8,0	7,0
$p_{ber.}$	40	30	24	20	17,3	15	13,4	12,0	10,9	10,0	9,2	8,0	7,0

Der Wert von $p_{ber.}$ ist erhalten worden durch Division von 120 mit n. Auch die anderen zahlreichen Methoden zur Bestimmung der Elementarladung e können als Beweis für die atomistische Struktur der Elektrizität angesehen werden. Stets kommt man zu dem gleichen Wert für die kleinst mögliche Ladung. Die Größe des Elektrizitätsatoms ist daher konstant (siehe Tabelle **40.**, II).

Der aus den Millikanschen Beobachtungen abgeleitete Wert des elektrischen Elementarquantums ist trotz der inneren Übereinstimmung in Zweifel zu ziehen.[1]) Ehrenhaft und seine Schüler haben die Ladungen von kleinen Kugeln von nur 60—500 $\mu\mu$ Radius aus Metallen (Ag, Au, Hg) aus S, Se und Öl untersucht. Die Methode[2]) war ähnlich der von Millikan, aber viel empfindlicher, da sie noch elektrische Kräfte zu messen gestattet, die nur Massen von 10^{-14} g entsprechen. Im Ultramikroskop erscheinen die Kugeln durch die Beugung des Lichtes in verschiedener Farbe[3]), die ein Maß für ihre Größe ist. Ihre Fallgeschwindigkeit, die nach besonderen Bewegungsgesetzen ein Maß für ihre Masse ist[4]), wurde bestimmt, sowohl wenn die Teilchen ohne Ladung waren, als auch nachdem sie geladen waren. Die Ladung wirkt dem Fallen entgegen, so daß man die Teilchen zum Schweben bringen kann. Die Ladung selbst ist unbekannt. Es lassen sich aber je nach der Bewegung (Steigen oder Fallen) 2 Grenzen angeben, zwischen denen sie liegen muß. Die Berechnung ist zahlentheoretisch genau durchzuführen. Ist ein bestimmtes Elementarquantum vorhanden, so müssen die Ladungen auch bestimmte rationale, allen Teilchen gemeinschaftliche Teilfaktoren ergeben. Diese Faktoren fallen aber viel kleiner aus, als sie nach dem Wert der Ladungen $4{,}8 \cdot 10^{-10}$ zu erwarten sind.

Gegen die Ehrenhaftschen Beobachtungen wurden eine Reihe von Einwänden (Schidlof, Targonski) erhoben. Diese bezogen sich auf die Größe, Form, Dichte[5]) und Beweglichkeit der Kugeln. Es konnten jedoch durch mehrere unabhängige Methoden, die aus den Fallgesetzen abgeleiteten Schlußfolgerungen bestätigt werden.

---

[1]) Außer durch Ehrenhaft auch durch Schidlof, Mc Keehan, Silvey.

[2]) Ehrenhaft hat sie unabhängig von Millikan gefunden und vor ihm veröffentlicht (siehe Anzeiger der Wiener Akademie vom 4. März 1909).

[3]) Teilchen von 40 $\mu\mu$ sind violett, von 50 $\mu\mu$ blau, von 60 $\mu\mu$ grün, von 80 $\mu\mu$ gelb, von 100 $\mu\mu$ orange.

[4]) Konstantinowsky: Aus der Physik des Millionstel cm; Naturwiss. **6**, 431, 488, 473; 1918. — W. König: Der Streit um das Elektron; Naturwiss. **5**, 374; 1917.

[5]) Veränderung der Größe durch Verdampfung, der Dichte durch Adsorption von Luft, Wasserdampf, Staub. Bär (Archiv Genève (5) **1**, 238; 1919) fand aus Messungen der Fallgeschwindigkeit von kleinsten Metallteilchen bei verschiedenen Drucken, daß Edelmetalle vielfach Schwammstruktur besitzen; so berechnete sich für Platin die Dichte 0,6. Bestätigt durch weitere Versuche (1919).

Millikan hat (1917) Tausende von Tropfen der verschiedensten Substanzen untersucht, aber niemals haben sich darunter Tropfen befunden, bei denen die Ladung nicht den gemeinsamen Teiler von der Größe e besaß. Auch die Größe der Tropfen, die Stärke der gesamten Aufladung, die Feldstärke, der Luftdruck (14—76 cm) wurde variiert, ohne daß das Resultat sich änderte. Die Größe $e^{2/3}$ ändert sich nur von 60,94—61,39. Auch weitere Versuche im Laboratorium Millikans mit Hg-Tropfen von 3×10^{-5} cm Größe (Derieux 1918), bei denen durch Vermeidung jeder verunreinigenden Schicht keine Verdampfung mehr eintrat, ergaben mit verhältnismäßig geringen Schwankungen im Mittel für $e^{2/3}$ den Wert 61,12 gegen 61,13 bei Öl. Die Versuche im Millikanschen Laboratorium sind von Bär (1918) bestätigt worden, der nach der Ehrenhaftschen Einengungsmethode die Versuche berechnete. Beobachtet wurde das Steigen oder Fallen, sowie das Schweben von kleinen Aluminiumteilchen. Die Schwebespannung war bis auf 1 Volt genau zu messen. In allen drei Fällen stehen die aufeinander folgenden elektrischen Spannungen, die die Teilchen annehmen, in einfachem rationalen Zahlenverhältnis. Multipliziert man die beobachteten Spannungen mit diesen Zahlen, so erhält man eine Reihe von Werten C, die innerhalb der Fehlergrenze für die 3 Fälle übereinstimmen, z. B. C = 1820 (fallend) = 1822 (schwebend), = 1824 (steigend) oder = 944 (fallend), = 945 (schwebend), = 946 (steigend); die Reihe 1950—1957—1964 weist die größten Änderungen auf.

Die Bärsche Anordnung ist nach Ehrenhaft lange nicht so vollkommen, daß sie die erforderliche Sicherheit für die Einengung der Spannungen bietet. Bär und ebenso Schidlof hatten außerdem noch Ergebnisse von Messungen der Brownschen Bewegung kleiner Teilchen zugunsten des Elementarquantums benutzt. Die Untersuchungen einer Schülerin Ehrenhafts (Parankiewicz) führen zur Verwerfung der Methode der Brownschen Bewegung, die immer nur eine statistische ist. Sie gibt vor allem falsche Werte des Radius der Teilchen, den man in erster Linie kennen muß. Hierfür eignet sich nur die Bestimmung der Fall- und Steiggeschwindigkeit. Durch Beobachtung der Beugungsfarben werden die Ergebnisse bestätigt.

Schidlof verwirft andererseits die Einengungs- oder Gabelmethode als eine unphysikalische; man hat keinen Beweis dafür, daß die wirklichen Potentiale der Teilchen auch tatsächlich in die berechneten Grenzen fallen. Besondere Beobachtungen lehren außerdem, daß die Steiggeschwindigkeit keine konstante ist. Bei einem Öltropfen, dessen Spannung und Fallgeschwindigkeit unverändert bleibt, ändert sich die Steiggeschwindigkeit so, daß die berechneten Werte von e von 4,77 langsam auf 4,50 fallen. Diese Änderung ist sehr regellos und läßt sich in H, CO_2 und Luft beobachten. Wahrscheinlich werden Elektronen vom Öl durch Ionisierung gebunden.

Nach alledem hat man bei den Messungen von e noch mit einer Reihe von unberücksichtigten Fehlerquellen zu rechnen.

Wie man sich zu den entgegengesetzten Resultaten[1]) von Millikan und Ehrenhaft stellen möge, an der Existenz eines Elektrons kann man nicht zweifeln, da sich auf anderem Wege Konstanten ableiten lassen, die sich auch mit Hilfe des Millikanschen Wertes ergeben (siehe **40.** und **136.**, Anhang 2). So berechnet Flamm (1918) das Trägheitsmoment des H-Atoms zu $2{,}77 \cdot 10^{-41}$ unter Benutzung der Messungen über die spezifische Wärme des Wasserstoffes, sowie der Werte von h (siehe **42.**) und der Boltzmannschen Konstante k. Die zweite Messung, bei der die Werte von h, e, e/m, m_1/m nach der Bohr-Debyeschen Dispersionstheorie des Wasserstoffes benutzt wurden, ergab $2{,}82 \cdot 10^{-41}$.

35. Die Trägheit der elektrischen Materie.

Die Grundeigenschaft, durch die wir die Materie wahrnehmen, ist die Trägheit, d. h. der Widerstand, den die bewegte Masse gegen jede Zustandsänderung leistet. Eine elektrisch geladene Masse hat eine erheblich größere Trägheit, als wenn sie ungeladen ist. Das kann man leicht an einer pendelnden Kugel aus Kupfer zeigen. Sobald unterhalb der Kugel ein Magnetfeld

[1]) Miteinander vereinbar? (vgl. Fürth, S. 100).

erregt wird, nimmt die Trägheit der Kugel zu; sie schwingt unter Einwirkung der in ihr induzierten elektrischen Ströme erheblich langsamer. Diese Induktionsströme sind ihrerseits ein Maß für die Trägheit der elektrischen Materie. Jeder elektrisierte Körper bindet Elektronen in dem umgebenden Medium, dem Dielektrikum. Nach Faraday[1]) bilden die von dem Körper ausgehenden Kraftlinien das Band zwischen Körperelektronen und Elektronen der Umgebung. Bewegt sich nun der Körper, so wandern die Kraftlinien zwangsläufig mit und es verschieben sich auch die Elektronen der Umgebung. Ändert sich die Geschwindigkeit der Elektronen im Körper, also ihre träge Masse (durch Änderung von Strom und Spannung), so ändert sich auch die träge Masse der Elektronen der Umgebung. Nimmt die Elektrizität im Körper zu oder ab, so häuft sie sich auch in der Umgebung oder vermindert sich. Der Zunahme entspricht eine Steigerung des Zusammenhaltes von Körper mit Umgebung.

Somit wird das Elektron, wie ein träger Körper, jeder Änderung seiner Geschwindigkeit einen als Induktionsstoß erkennbaren Widerstand entgegensetzen. Seine ursprüngliche Masse (Ruhemasse m_0) ist um diesen Widerstand wie eine Pendelmasse im widerstehenden Mittel vergrößert. Man hat daher bei bewegten Elektronen nicht mit der Masse m_0, sondern mit einer vergrößerten („scheinbaren") Masse (m) zu rechnen. Dieser Massenzuwachs ist rein elektrischen Ursprungs. Die scheinbare Masse wächst erst dann merklich, wenn die Geschwindigkeit (β) sich der Lichtgeschwindigkeit (c) stark nähert. Kaufmann hat 1901 zuerst die Massenzunahme des bewegten Elektrons an den β-Strahlen des Radiums gemessen. Bei einer Geschwindigkeit β von 99 % der Lichtgeschwindigkeit betrug die scheinbare Massenzunahme 3 %, bei $\beta = 99{,}9$ erst 5 %. Nach Lorentz-Bucherer (siehe Tabelle **40.**, I für e/m) gilt die einfache Beziehung $m_0 = m\sqrt{1-\beta^2}$. Diese Formel setzt voraus, daß das Elektron wie die gewöhnlichen Atome kompressibel[2]) ist. Diese Zusammendrückbarkeit äußert sich (Langevin, Poincaré 1906) dadurch, daß es ellipsoidisch wird. Nach Parson (1915) ist es ringförmig **(40)**.

36. Die Zusammensetzung der chemischen Atome aus Elektronen und Ionen.

Durch vielseitige Forschungen, die an die Hertzschen Untersuchungen von 1887 anknüpfen, ist festgestellt, daß durch Einwirkung der verschiedensten Strahlen Gasmole auch von einatomigen Gasen ionisiert werden. Dies kann unmittelbar geschehen durch ultraviolette Strahlen (Hertz, Lenard, 1900, Townsend 1902), durch Röntgenstrahlen (Richarz, J. J. Thomson 1896), durch Luft, die an radioaktiven Substanzen vorbeigeblasen ist (Lenard, Himstedt 1906) — oder unmittelbar durch Stoßionisation.[3]) Eine solche

[1]) Maxwell: Über Faradays Kraftlinien; 1855 (Ostwald Klassiker, Nr. 69).

[2]) Die Abrahamsche Elektronentheorie, die vom starren Elektron ausgeht, ist nicht in Übereinstimmung mit den Beobachtungen (siehe **40.**). Das Elektron hat eine streifige oder Käfigform (Nicholson 1918; siehe ebenfalls **40.**).

[3]) Es tritt Strahlung (im optischen Gebiet) bei festen Substanzen oder Gasen in der Flamme erst ein bei der Wiedervereinigung der abgespaltenen Elektronen mit den Ionen (siehe **39.**). Über Stoßionisation siehe Arbeiten von Lenard 1897, Townsend 1898, 1901, 1910, Stark 1902 (siehe **25.**).

Umwandlung, besonders von einatomigen Molen, ist nur möglich, wenn diese Atome spaltbar sind. Die Spaltung erfolgt, wie bei anderen chemischen Zerlegungen.[1]) Das Atom zerfällt in ein Ion und ein Elektron. Diese Trennung ist in den Geissler-Röhren nachgewiesen. Die Elektronen bilden die Kathodenstrahlen, die Ionen sind die Träger der Goldsteinschen Anodenstrahlen (siehe **15.**). Der Vorgang der Ionisierung der Gasmole entspricht im Wesen, wie es bereits 1834 Faraday annahm, dem der Elektrolyse. Quantitativ geprüft wurde diese Annahme durch Feststellung der Gesetze, nach denen die Gase den elektrischen Strom leiten, zuerst von Giese (1882) und davon unabhängig von Schuster (1884). Das charakteristische Merkmal dieser Leitung besteht aber in dem nicht in Lösungen auftretenden Sättigungsstrom (J. J. Thomsen 1896, Rutherford 1897). Die Anordnung war die folgende. Ein Aluminiumfenster ist vorn in einer Metallröhre angebracht, die am hinteren Ende einen isolierten Draht enthält, der zum Elektrometer führt. Die Röhre ist zur Erde abgeleitet; der Draht und das Elektrometer geladen. Fallen X-Strahlen durch das Aluminiumfenster und wird die Luft aus der Röhre abgesaugt, so entladet sich das Elektrometer. Durch Erhöhung der Ladung des Drahtes kann man den Strom bis zu einem Maximum, dem Sättigungsstrom steigern. In Lösungen fehlt er, weil die Ionen und Elektronen in ihnen nicht so frei beweglich sind, wie in Gasen. Es dauert eine gewisse Zeit, die je nach dem Druck verschieden ist, bis das Elektron wieder mit einem Mol oder Ion zusammenstößt. Das Elektron vereinigt sich wieder mit dem Ion. Es bildet sich so ein nach der kinetischen Gastheorie berechenbares Gleichgewicht aus zwischen der Zahl der durch die Strahlung zerlegten und der sich wiedervereinigenden Molen. Die Zahl der die Leitung vermittelnden Elektronen und daher die Stromstärke ist eine begrenzte.

Die Spaltung der Mole erfolgt nach dem Faradayschen Gesetz. Es sind ebensoviel Elektronen, elektrische Ladungen, abspaltbar, als Valenzen die Atome im Mol binden. Man kann daher überhaupt den Begriff der Valenz (siehe **128.**) mit dem der leicht gebundenen Elektronen[2]) im Mol gleichsetzen (Rydberg 1906, H. Kauffmann 1911). Vom Ion können Elektronen sowohl gebunden als auch abgegeben werden. Negativ geladene Ionen sind neutrale Atome, die Elektronen gebunden haben. Positiv geladene Ionen, wie die Ionen der Metalle, sind neutrale Atome, denen entsprechend der Valenzzahl ein oder mehrere Ionen fehlen. Es ist aber zweckmäßiger, das positive Ion als das eigentliche Atom anzusehen. Das neutrale

[1]) Debye (1918) hat gezeigt, daß die Salze in festem Zustande aus Ionen bestehen. Das eine Atom gibt an das andere ein Elektron ab. Das ergab sich aus der Berechnung der Zahl der Elektronen, die die polaren Bestandteile der Salze bilden. Die Berechnung war möglich durch die Beugungserscheinungen an den Kristallgittern (siehe **128.**). Man gelangt so zu einer Vorstellung über die Ursache der chemischen Verwandschaft. Aber diese elektronische Auffassung der Verwandschaft gibt für eine ganze Reihe von chemischen Tatsachen noch keine oder keine genügende Erklärung (siehe Baker bei **128.**).

[2]) Bei den polaren Verbindungen, wie es die Salze sind (siehe **128.**), sind einige Atome durch einseitig gerichtete Valenzen gebunden. Diese sind befähigt, Elektronen aufzunehmen oder abzugeben (Briggs, J. Chem. Soc. **111**, 253; 1917). Elektrisch neutrale Substanzen, wie HCN, haben doppelt gerichtete Valenzen: $H \rightleftharpoons CN$.

Na-Atom ist danach eine Verbindung, wie ein Salz, und zwar vom Ion mit einem Elektron (Ramsay 1908). Zweifelhaft ist dabei, ob das Elektron als ein- oder zweiwertig aufzufassen ist (Rydberg 1906). Im letzteren Falle wären die Metalle wie Oxyde oder Sulfide anzusehen, z. B. $Na = Na_2 e$ (entsprechend Na_2S), denen sie auch vielfach gleichen (Metallglanz, Leitfähigkeit, siehe **37.**).

Ein neutrales Mol, wie H_2, muß man sich danach vorstellen als bestehend aus 2 Atomen A und B und 2 Elektronen *e* (siehe **134.**), die etwa wie in Fig. 12 angeordnet sind. Die Striche versinnbildlichen die Kraft- oder Valenzlinien zwischen den 4 Atomen. Die Verbindung HCl entsteht daraus, daß an Stelle des einen H (z. B. in *B*) ein Cl-Atom tritt. Die Ionisierung von HCl in Lösung ist in der Weise zu erklären, daß das eine H-Ion (*A*) sich von $B + 2e$ trennt, da das H-Ion, wie ein Metallion, nur schwache Affinität zu Elektronen besitzt. Die Zahl der Kraftlinien zwischen *e* und (*A*) ist daher geringer, als zwischen *e* und (*B*). Diese Differenz wird ausgeglichen, indem sich zwischen *A* und *e* Wassermole der Lösung einschieben, also Mole mit großer Neigung, Kraftlinien an sich zu ziehen. Als Maß für diese Anziehung kann man die Dielektrizitätskonstante ansehen, die für Wasser sehr groß ist.

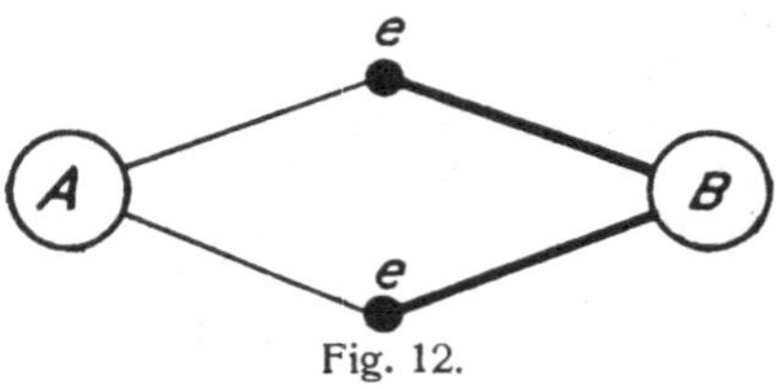

Fig. 12.

Die Neigung der Ionen, sich mit Elektronen zu verbinden, die Elektroaffinität ist sehr verschieden.[1]) Bei den Metallen zerfällt das neutrale Atom leichter, als bei solchen Atomen, die keinen bestimmten elektrischen Charakter haben, wie der Kohlenstoff. Dieser bleibt überwiegend neutral. Metalloide, wie Chlor, binden dagegen leicht Elektronen. Die Größe dieser verschiedenen Affinitäten ist durch die Lösungstension meßbar.[2]) Die Affinität ändert sich auch mit der Temperatur, wie bei gewöhnlichen chemischen Verbindungen. Daher nimmt die Abspaltung der Elektronen bei Metallen stark mit der Temperatur zu.

37. Der metallische Zustand.

Eine der augenfälligsten Eigenschaften der Materie, die schon seit Jahrtausenden die Alchemisten beschäftigte, ist der metallische Zustand.[3]) Dieser ist keine Eigenschaft bestimmter chemischer Elemente; es gibt vielmehr eine größere Zahl von Nichtmetallen, sowie von Verbindungen, die metallische Eigenschaften zeigen können. Das heißt, sie zeigen Metallglanz, indem sie das Licht stark zurückwerfen, sie leiten gut die Wärme und Elektrizität und zersetzen sich nicht durch den elektrischen Strom (Schenck). Durch allotrope Umwandlung (siehe **94.**) kann vielfach aus einem Metall ein Nichtmetall entstehen, z. B. beim Selen (wie Werner Siemens entdeckte). Ebenso können Elemente bald als Kationen, bald

---

[1]) Abegg-Bodländer 1899, siehe **38.**, **127.**, **129.**
[2]) Siehe aber **128.** (Smits).
[3]) Metallische Eigenschaften und Elektronenringe (Teudt **127.**).

als Anionen auftreten, sie zeigen bald metallische, bald metalloidische Eigenschaften[1]), auch wenn sie äußerlich wenig verändert sind (Zwitterelemente). Danach ist der metallische Zustand eine veränderliche Eigenschaft.

Der Übergang vom Metall zum Nichtmetall ist am leichtesten bei den den Metallen äußerlich so ähnlichen Oxyden und Sulfiden der Schwermetalle, z. B. von Fe, Cu, Pb, Ag zu bewirken.

Dieser Wechsel tritt vielfach bei Änderung der Temperatur ein und ist an der Änderung der Art der elektrischen Leitung zu erkennen. Es tritt plötzlich Polarisation des Stromes als Zeichen des nichtmetallischen oder Salzzustandes ein.[2]) Andererseits zeigen aber auch salzartige Verbindungen, wie die Nernstschen Glühstifte oder Kalk in der Wehnelt-Kathode (siehe **39.**), oder Gemische wie KJ in flüssigem Jod, AgJ, CuJ, gemengt mit überschüssigem Jod, Na_2S in flüssigem Schwefel metallische Leitfähigkeit (Bädeker, v. Hasslinger). Viele Substanzen, z. B. sogar das gewöhnlich nur als Anion auftretende Cl, sind befähigt, auch als Kation aufzutreten, d. h. OH-Ionen oder Sauerstoff zu binden, z. B. als unterchlorige Säure (HClO). Sowohl H, wie OH-Ionen binden die eigentlichen Zwitterelemente J, P, As, Sb, Te (Leblanc 1909). Roter Phosphor verhält sich wie ein Metall. Er fällt Metalle aus Lösungen, man kann eine galvanische Zelle mit P- und Cu-Elektroden bauen (Bird), C kann in Kohlenfäden reine metallische Leitung zeigen (Streintz, 1914).

Am interessantesten sind die Pseudometalle, das sind Atomgruppen, die vollständig die Reaktionen von Metallen zeigen. Sie sind seit langem bekannt. Zuerst hat Bunsen (1839) in der 2wertigen Kakodylgruppe, einem Abkömmling des Arsens, ein solches Pseudometall erkannt. Dieses zählt zu der großen Gruppe der ammoniumähnlichen Radikale. Zu dieser gehören[3]) Verbindungen von N, P, As, Sb, Bi mit Wasserstoff oder mit den Wassersteff ersetzenden Kohlenwasserstoffen. Als Metalle können sie sich mit Quecksilber legieren; man kennt sogar die Verbindungen CH_3Hg und C_2H_5Hg (Kraus, 1913). Das allermerkwürdigste Pseudometall ist das von Gomberg 1900 entdeckte Triphenylmethyl, in dem der Kohlenstoff nur 3 Valenzen betätigt. Die vierte Valenz ist, wie bei den Metallen, an Elektronen gebunden.[4]) v. Baeyer, der die Pseudometalle vielfach zusammen mit Villiger untersuchte, hat die Verbindung mit Na oder Al verglichen. Schon die Entstehung aus dem Chlorid ($(C_6H_5)_3C$—Cl) durch Reduktion mit Silber spricht für seine Metallnatur. Wie Schmidtlin (1914) und Fry (1915) feststellten, sind alle seine Verbindungen wahre Salze, die gut leitende Lösungen bilden und die gewöhnliche Salzreaktionen zeigen, z. B. ist das Chlor des Chlorids durch Silbernitrat fällbar. Nach den Werten der Dampf-

---

[1]) Viele Metalloide werden in höherer Temperatur Leiter der Elektrizität und verhalten sich wie Metalle, z. B. Calciumoxyd (Germershausen, siehe **39.**) und andere Erdoxyde (Nernsts Glühlampe).

[2]) Streintz (Ann. Phys. **44**, 545; 1914) erklärt diese Änderungen durch die inhomogene Beschaffenheit der meist als Pulver untersuchten Substanzen.

[3]) Vgl. **98.**

[4]) H. Kauffmann (Naturwiss. **5**, 22; 1917) faßt sie als eine auf die drei Phenylgruppen zersplitterte Valenz auf. Diese Zersplitterung wirkt auf die optischen Eigenschaften, sie bringt Farbenerscheinungen hervor. Debye bestätigt diese Auffassung (siehe **26.**).

dichte ist die Substanz, wie ein echtes Metall, einatomig. In der gleichen Weise und bei der gleichen Temperatur wie Natrium bildet sie ein Peroxyd; entsprechend verläuft die Reaktion mit Jod unter Bildung des Jodides. Die Lösung in flüssiger SO_2 ist gut leitend, wie die Lösung von Na in flüssigem NH_3. In letzterem Falle ist der Stickstoff 4 wertig, und die fünfte Valenz an freies Elektron gebunden. Das Pseudometall ist hier die Gruppe $N(NaH_3)$, entsprechend der Gruppe $N(CH_3)_4$.

38. Elektronen bei der metallischen Leitung.

Faßt man die Metalle als Elektronensalze auf, so kann man die Gesetze der Elektrolyse auch auf die Metalle (M) anwenden. Der Strom spaltet Me in $M^+ + e^-$; diese Spaltung erfordert bei der geringen Verwandtschaft des Ions (M^+) zum Elektron keine Arbeit. Die abgespaltenen Elektronen stoßen mit den die Elektronenatmosphäre zwischen den Metallatomen bildenden freien Elektronen e zusammen. Diese übernehmen die Weiterführung des Stromes. Auf diese Bewegung der Elektronen sind bei dem großen Abstand der Metallatome gegenüber der Größe des Elektrons die Gesetze der kinetischen Gastheorie anwendbar. Nach diesen Grundsätzen hat zuerst Drude (1900) die Eigenschaften der Metalle rechnerisch abgeleitet, und zwar außer der elektrischen Leitfähigkeit andere elektrische Eigenschaften, wie die thermoelektrischen, den Peltiereffekt, das Kontaktpotential, ferner die Wärmeleitung und die optische Reflexion. Aus letzterer läßt sich das Verhältnis der freien zu den gebundenen Elektronen berechnen. Besonders einfach erscheint die Erklärung der Voltaschen Spannungsreihe. Die verschiedenen Metalle haben eine verschiedene Verwandtschaft zu den Elektronen oder, was das gleiche ist, eine verschiedene Elektronenspannung oder Lösungstension (siehe **36.**, **129.**, der maximalen Dampfspannung entsprechend). Bringt man 2 Metalle aneinander, so werden die Elektronen von Stellen höheren zu Stellen niederen Druckes strömen. Diese Strömung erzeugt die zu messende elektromotorische Kraft.

In neuster Zeit haben die Entdeckungen von Kamerlingh-Onnes in Leiden (1911, 1914) über den geringen Widerstand der Elektrizität bei den tiefsten Temperaturen, wie sie das flüssige Helium erzeugt, die einfache Auffassung der Metalleitung in Frage gestellt. Die Tatsache, daß bei tiefster Temperatur die Metalle keinen Widerstand mehr der Elektronenbewegung entgegensetzen, während die spezifische Wärme unmeßbar klein ist, deutet darauf hin, daß die Elektronen bei diesen Temperaturen nicht frei beweglich sind, sondern bestimmte Gleichgewichtslagen einnehmen (Wächter 1914). Ihre Bewegung würde der der Atome in den Kristallen entsprechen (siehe **26.**). Es bestehen daher starke Zweifel (Stark[1]), Lindemann 1915), ob die Elektronen bei höherer Temperatur so große Wegstrecken frei zurücklegen können, wie zur Erklärung der elektrischen Leitung erforderlich ist. J. J. Thomsen (1915) nimmt an, daß die Atome eine Art Magnet seien (siehe **129.**). Dieser bestände aus je zwei Ionen und je zwei festgebundenen Elektronen in systematischer Verteilung mit einem dem Molekulardurchmesser entsprechenden Abstand. Die Achsen sind bei höherer Temperatur willkürlich im Raume

---

[1]) Elektrizität im chemischen Atom 1915, S. 179.

verteilt, bei sehr tiefen sind sie aber wie bei den Kristallen gerichtet. Ist einmal durch diese Gleichrichtung ein Übergang von Elektronen von einem Mol zum andern (infolge Berührung?) möglich geworden, so bleibt dieser Übergang, d. h. ein elektrischer Strom, weiter bestehen. Das ist die Erklärung für die von Onnes beobachtete Erscheinung, daß bei sehr tiefer Temperatur die Elektrizität ohne Mitwirkung einer äußeren elektromotorischen Kraft dauernd strömt.

Die ursprünglichen Drudeschen Annahmen müssen jedenfalls verändert werden. Wereide (1918) weist darauf hin, daß es vielleicht genügt, hier die gleiche Annahme zu machen, die sich für die kinetische Theorie der Wärme (siehe **15.**) bewährt hat. Die mittlere kinetische Energie der Elektronen wie die der körperlichen Atome eines einatomigen Gases, ist nicht $= \frac{m}{2} v^2 = \frac{3}{2} k\,T$, sondern $= \frac{3}{2} \frac{h\nu}{e^{\frac{h\nu}{kt}} - 1}$ zu setzen. Man gelangt so zu einer Formel für das elektrische Leitvermögen oder den Widerstand w, nach der w bei höherer Temperatur der absoluten Temperatur proportional ist. Der Widerstand ändert sich dann, wie die innere Energie (c_p) der Körper und erreicht in tiefer Temperatur den Grenzwert Null. Bei den tiefen Temperaturen, bei denen der Widerstand endliche Werte hat, folgen die Werte von w aufeinander, wie die charakteristischen Schwingungszahlen $\beta\nu$ der Atome (siehe **15.**). W ist um so kleiner, je größer die Elektronenaffinität der Atome wird (siehe Benedicks 1916).

39. Die freien Elektronen.

Die Elektronen lassen sich von anderen Substanzen trennen und bilden in freiem Zustande ein stark verdünntes Gas. Die sichtbare Abtrennung der Elektronen führte zuerst Lenard (siehe **26.**, **33.**, 1893) aus. Die durch das Aluminiumfenster an einem Geißlerrohr frei in die Luft tretenden Kathodenstrahlen lassen sich, wie die Strahlen im Rohr, durch den Magneten ablenken, eine Erscheinung, die charakteristisch ist für bewegliche, kleine, geladene Teilchen (Elektronen).

Sind die Elektronen körperliche Teilchen, wie die Mole eines Gases, so müssen sie, wie diese, beim Auftreffen von Lichtwellen zu Beugungs- und Polarisationserscheinungen Anlaß geben (siehe **25.**). Bei der geringen Größe der Elektronen können nur die Wellen der homogenen X-Strahlung wirksam sein. J. J. Thomson (1918) weist darauf hin, daß die Polarisation schon von Barkla nachgewiesen ist, sobald die X-Strahlen mit den Kathodenstrahlen zusammentreffen. Die Polarisation ist durch Streuung und Intensitätsvermehrung der X-Strahlung zu erkennen. Durch Versuche von Compton (1918) ist dann auch die Beugung nachgewiesen worden.

Die bei der Erhitzung von Metallen nach Richardson (siehe **33.**) verdampfenden Elektronen erkennt man daran, daß die Luft in der Umgebung heißer Metalle elektrisch leitend wird. Das wurde zuerst 1725 gefunden und ist von Volta weiter untersucht worden. Elster und Geitel haben seit 1882 die Leitfähigkeit der Luft systematisch untersucht; durch ihre Versuche ist immer mehr die Wichtigkeit dieser Erscheinung als eine Grundlage physikalischer Erkenntnis hervorgetreten.

Langmuir hat 1913 gezeigt, daß in einem von jedem Gasrest befreiten Vakuum (das ist bei Drucken von 0,01 μ — 0,05 $\mu\mu$ Quecksilber) für die Elektronenbewegung erhitzter Metalle die einfachen Gesetze gelten, wie sie Richardson abgeleitet hat, z. B. die Formel für die Steigerung der Elektronenspannung mit der Temperatur. Bei niederer Spannung hindert noch die durch die Elektronen bewirkte Aufladung der Wände (wie die Polarisation in Flüssigkeiten) einen stärkeren Stromübergang. Bei höherer Spannung erhält man aber die berechneten Ströme. Aus auf über 2000° erhitzten Metallen (Wo, Mo, Ta), also auf rein thermischem Wege, entstehen so starke Kathodenstrahlen. Diese Ergebnisse haben dann zu der jetzt viel verwendeten Coolidgeröhre für Erzeugung von Kathoden- und Röntgenstrahlen geführt. Ein als Kathode dienender, durch einen Zweigstrom erhitzter Wolframdraht strahlt auf eine Wolframantikathode. Von dieser gehen durchdringende X-Strahlen aus.

Wehnelt hat 1903 gefunden, daß die Menge der Elektronen in einer Entladungsröhre stark anwächst, wenn man die Platinkathode mit Oxyden der Erdalkalien bedeckt (siehe **32.**). Ihre Geschwindigkeit beträgt nur $^1/_{1000}$ der Lichtgeschwindigkeit. Die Vorgänge an der Wehneltkathode hat Germershausen (1916) klargestellt. Er hat sie, wie Langmuir, in einem von allen Gasen freien Raum untersucht. Es treten dann ebenfalls erheblich mehr Elektronen aus, als in einem von Verunreinigungen noch merklich erfüllten Raum. Über 1400° erhält man einen Sättigungsstrom, der nach den Richardsonschen Gesetzen über die Verdampfung der Elektronen mit der Temperatur anwächst. Das Entstehen der Elektronen ist rein elektrischer Natur. Ein Erdalkalioxyd verhält sich in den hohen Temperaturen wie ein Metall. Auch bei ihm ist die Zahl der freien Elektronen gleich der Zahl der Mole und die freie Weglänge des Elektrons gleich dem Radius der Wirkungssphäre des Moles.

Der Nachweis der durch Erhitzung frei werdenden Elektronen gelingt am sichersten nach der von Aitken (1881) und R. v. Helmholtz (1886—87) ausgearbeiteten Nebelmethode (siehe **31.**). Die Elektronen erzeugen beim Anprall auf die Gasmole Ionen. Um diese als Kern lagert sich in staubfreier Luft, die mit Wasserdampf übersättigt ist, bei der Ausdehnung der Luft eine Nebelhülle, die sich im Mikroskop in einzelne Tröpfchen zerlegt. Die Zahl der Tröpfchen ist ein Maß für die Zahl der Ionen.

Auch bei chemischen Prozessen, so besonders beim Verbrennungsprozeß, bilden sich freie Elektronen. Die bei der Verbrennung entstandenen Elektronen erkennt man daran, daß die Flammgase elektrische Leitfähigkeit besitzen. Auch der bei Einwirkung von Natriumamalgam auf Wasser, von Zink oder Eisen auf Schwefelsäure gebildete Wasserstoff besitzt Leitfähigkeit (Lavoisier und Laplace 1780). Ebenso Acetylen aus Karbid entwickelt, Sauerstoff bei Einwirkung von H_2O_2 auf Manganoxyde. Lenard hat 1892 eine große Reihe solcher Elektronenbildungen untersucht.

Von besonderer Bedeutung für die Grundannahmen über das Wesen der Elektrizität sind die freien Elektronen, die entstehen, wenn Lichtwellen (besonders ultraviolettes Licht) auf ganz reine Metallflächen, z. B. von Alkalimetallen (K, Na, Rb, Cs), fallen. Sie bilden den Photostrom[1]), der der Licht-

[1]) Über die Erklärung siehe die Quantentheorie (**42.**).

menge proportional ist. Da der Strom genau meßbar ist, ist es auch möglich, die Lichtmenge, so z. B. die von Sternen ausgesandte, sicher zu messen. Die Photoelektronen haben nur geringe Geschwindigkeit. Das folgt aus dem geringen Spannungsgefälle, unter dem sie sich bewegen. Elektronen von geringer Geschwindigkeit, sogenannte δ-Strahlen, bilden sich beim Auftreffen von α- oder β-Strahlen auf Metalle. Die Spannung geht auf 2 Volt herunter, eine Spannung, die etwa 1000 km/sec Geschwindigkeit entspricht (siehe **33.**). Für das Entstehen dieser Strahlen ist die Anwesenheit von Luftmolen in der Metallfläche nötig. Die α- und β-Teilchen spalten durch ihre große Geschwindigkeit die Luftmole; die Metallatome werden nicht angegriffen (Campbell 1912, Hauser 1913, Mc Lennan 1915).

Auch die sichtbare Strahlung, das Leuchten farbiger Flammen ist auf den Austritt von Elektronen aus den die Flamme erzeugenden Substanzen, z. B. dem Kochsalz, zurückzuführen. Das Leuchten der Flamme ist daher mit Ionenbildung verknüpft. Das läßt sich z. B. dadurch beweisen (Ohlen 1914, 1918), daß Salze unter dem Einfluß von Kathodenstrahlen erst dann ihr charakteristisches Spektrum aussenden, wenn die Intensität der Strahlen einen Schwellenwert überschreitet. Dieser ist für die Salze verschieden, er muß so groß sein, daß er in jedem Fall die Energie für den Zusammenhalt der polaren Bestandteile der Salze (die Bildungswärme) überschreitet.

Ist die Lichtstrahlung mit der Bewegung von Elektronen verknüpft, so sollte das Licht ebenso wie die Kathodenstrahlen vom Magneten abzulenken sein. Wie so viele elektrische Erscheinungen, hatte Faraday auch diese vorausgesagt. Lorentz hatte 1880 eine entsprechende Lichttheorie auf die Annahme elektrisch beeinflußbarer Lichtträger (elektrische Kerne oder Resonatoren) aufgebaut, die er dann bis 1895 erheblich vervollkommnete. Diese Theorie ließ erwarten, daß eine Spektrallinie zwischen den Polen eines starken Elektromagneten eine meßbare Verbreiterung zeigen müßte. Zeeman hat 1896 diese Messungen zuerst ausgeführt. Die Verbreiterung erfahren fast alle Spektrallinien, so z. B. die beiden D-Linien des Natriums und die rote Kadmiumlinie. Betrachtet man die Linien mit einem stark auflösenden Spektroskop, z. B. dem Michelsonschen Stufengitter, so erkennt man, daß die Verbreiterung der Linien darauf beruht, daß zu der Hauptlinie eine Reihe Nebenlinien (Satelliten) hinzugetreten sind. Der Abstand dieser Nebenlinien ist eine einfache Funktion der Stärke des ablenkenden Magnetfeldes. Aus der Ablenkung läßt sich die spezifische Ladung der Elektronen (e/m) berechnen. Aus den Messungen, die zu einer weitgehenden Übereinstimmung mit den nach anderen Methoden erhaltenen e/m-Werten (siehe Tabelle **40.**) geführt haben, folgt, daß die von Lorentz gemachte und von Rutherford erweiterte Annahme (siehe **117.**), daß die Atome einen Kern und um ihn rotierende oder schwingende Elektronen enthalten, zutreffen müsse. Lorentz zeigte, daß sich viele elektrische und optische Vorgänge, z. B. die Dispersion, durch diese Annahme erklären lassen. Läßt man eine magnetische Kraft auf solche in den leuchtenden Flammen schwingende Elektronen einwirken, so werden diejenigen in ihrer Bewegung verzögert, bei welchen die magnetische Kraft senkrecht zu den Kraftlinien des von dem Elektron erzeugten elektrischen Feldes und der Bewegungsrichtung steht. Die entgegengesetzten Schwingungen werden vergrößert. Es müssen daher ursprünglich einheitliche Linien in mehrere zerfallen.

Man kann diese Linienverschiebung nach Rubens[1]) sehr einfach als Vorlesungsversuch zeigen. Man stelle zwei Natriumflammen hintereinander auf; blickt man durch die eine Flamme, so wird man die dahinter gestellte nicht sehen, weil alles Licht von gleichem Licht absorbiert wird. In dem Moment, wo man in der Nähe der zweiten Flamme ein Magnetfeld erregt, wird aber diese Flamme aufleuchten. Das Licht ist verändert und wird nicht mehr von der ersten so stark absorbiert.

Die freien Elektronen sind stets **negativ** geladen. Positive Ladungen hat man bisher frei nicht nachweisen können.[2]) Es scheint, daß sie nur unter Zerfall der Atome, wie bei radioaktiven Stoffen, erscheinen. Sonst sind sie, wie W. Wien (1898) durch Untersuchung der Goldsteinschen Anodenstrahlen und J. J. Thomson durch die der α-Strahlen radioaktive Stoffe feststellte (siehe **28.**), an die chemischen Atome gebunden. Nach Perrin[3]) läßt sich die negative Ladung der Elektronen einwandfrei folgendermaßen nachweisen. Ein hohler Metallzylinder *ABCD* (Fig. 13) ist von einer metal-

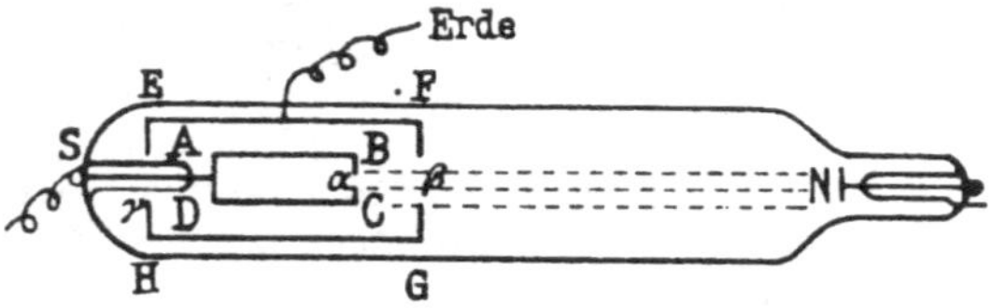

Fig. 13.

lischen, zur Erde abgeleiteten, als Anode und als Faradayscher „Käfig" dienenden Hülle (*EFGH*) umgeben. Diese hat nun eine kleine Öffnung β, ebenso wie der Zylinder, der bei *S* mit dem Elektrometer verbunden ist, die Öffnung α. Durch die Öffnung treten Kathodenstrahlen. Der geschützte Zylinder wird negativ aufgeladen (bis zu 3000 Einheiten). Wird die Öffnung durch ein dünnes Al-Blättchen verschlossen, so ladet sich der Zylinder auch negativ auf (allerdings nur bis zu 100 Einheiten).

40. Masse (m), Atomgewicht, Ladung (e), Größe und Form des Elektrons.

Die Masse des Elektrons ist sehr klein, da es imstande ist, durch feste Körper ohne Änderung hindurchzugehen. Wiechert (siehe **33.**) fand zuerst (1897), daß seine Masse $^1/_{2000}$ der des Wasserstoffes beträgt, wenn seine Geschwindigkeit gering ist. Der genaue Wert (m_0) ist $^1/_{1845}$, wie von Paschen (1916) aus den Konstanten des Linienspektrums des Wasserstoffes berechnet wurde. Dieser Wert ergibt sich auch aus den zahlreichen anderen Bestimmungsmethoden von e und e/m (siehe Tabelle), unabhängig von dem Ursprung der Elektronen. Das At.-Gew. des Elektrons ist also, wie für alle anderen chemischen Elemente eine Konstante. Im periodischen System

[1]) Unveröffentlichter Vorlesungsversuch (1916). J. J. Thomson beschreibt einen vollkommneren Versuch 1919 (Engineering **107**, 474).

[2]) Über das H-Ion und seine Auffassung als positives Elektron siehe **105.**

[3]) Ann. Chim. Phys. **11**, 503; 1897.

ist es nicht unterzubringen, außer wenn man ihm die Ordnungszahl N-Null gibt (für Wasserstoff ist $N = 1$).

Die Ruhemasse m_0 läßt sich nur indirekt ermitteln, indem man einmal die spezifische Ladung der Elektronen, das Verhältnis e/m, bestimmt (Tabelle I), sodann davon unabhängig die Ladung oder das Elementarquantum e der Elektrizität (Tabelle II). e/m ist meist nach der ursprünglich von Schuster (1884) angegebenen, von Kauffmann (1897) ausgearbeiteten Methode der gleichzeitigen Einwirkung eines elektrischen und eines magnetischen Feldes auf Kathodenstrahlen bestimmt worden.

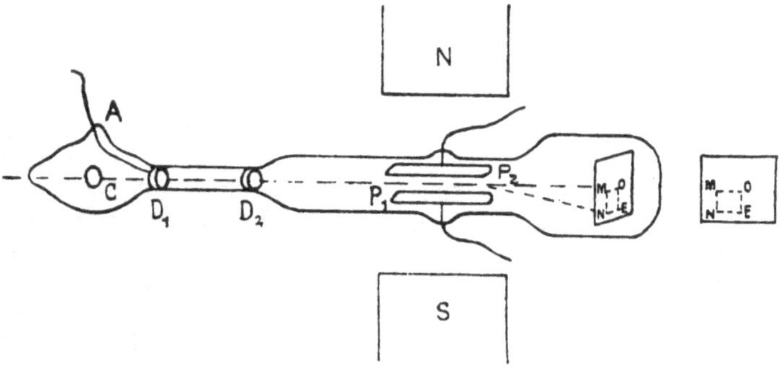

Fig. 14.

Figur 14 zeigt die Ausführung der Methode durch J. J. Thomson. In einer Entladungsröhre gehen von der Kathode C Strahlen aus. Sie durchsetzen eine mit der Anode verbundene gelochte Platte D_1, dann eine zweite D_2, so daß ein schmales Bündel ausgeblendet wird. Dieses geht weiter durch den Raum P_1—P_2. In diesem ist es der Einwirkung von 2 Kondensatorplatten unterworfen, die durch eine Hochspannungsbatterie elektrisch geladen werden können; außerdem kreuzt diesen Raum ein Magnetfeld, das von dem Magnet NS erzeugt wird. Das Kathodenstrahlbündel trifft auf einen Fluoreszenzschirm und erzeugt den Lichtfleck o. Wird das elektrische Feld erregt, so wandert der Fleck nach E; das magnetische Feld treibt den Fleck senkrecht dazu nach M. Bei gleichzeitiger Wirkung beider Kräfte wandert der Fleck nach N. In der Fig. 15 ist diese Ablenkung klarer zu erkennen.

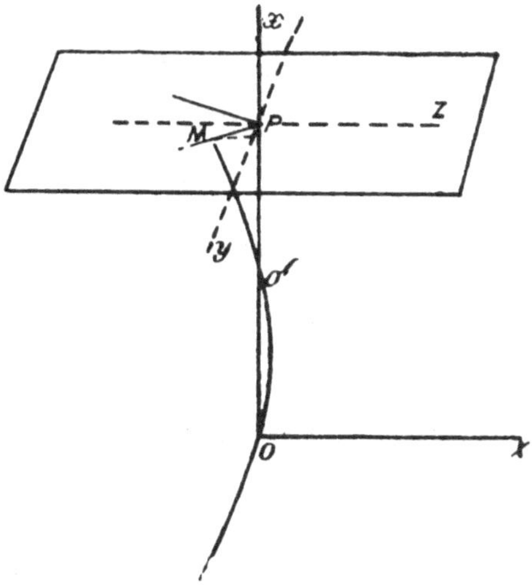

Fig. 15.

Das Magnetfeld hat die Richtung Oy. Durch das Feld werden die Strahlen in der Ebene Oxz nach Pz abgelenkt. Durch das elektrische Feld werden die Strahlen in der Ebene Oxy nach Py abgelenkt. Beide Felder bedingen die Ablenkung in Richtung PM. Sind in den Kathodenstrahlen Elektronen verschiedener Geschwindigkeit vorhanden, so bildet sich in der Ebene eine Kurve PM aus. Bei Umkehrung des elektrischen Feldes erhält man eine dazu symmetrische Kurve.

Die Ladung e hat zuerst J. J. Thomson (1903) bestimmt durch Feststellung der Gesamtladung von Ionen, deren Zahl sich einigermaßen zuverlässig nach der Aitken-Helmholtzschen Nebelmethode (siehe **39.**) ermitteln läßt. Die Methode ist von C. T. R. Wilson (1897) zu einer quantitativen umgestaltet worden. Soweit Ionen vorhanden sind, entstehen Nebeltröpfchen, die eine Wolke bilden. Man ermittelt die Menge des Wasserdampfes und die Größe der Tropfen, letztere durch die Geschwindigkeit, mit der die Wolke zu Boden sinkt. Man kann auch die Geschwindigkeit messen durch ein das Fallen kompensierendes elektrisches Feld, durch das die Wolke in der Schwebe gehalten wird (H. A. Wilson 1903). Die Methode gibt zu kleine Werte, weil die Tröpfchen nicht gleiche Größe haben und die kleineren leichter wegen des größeren Dampfdruckes verdampfen. Auch ist nicht ausgeschlossen, daß in der das Ion umgebenden „schaumartigen" Hülle mehrere Ionen enthalten sind (Quincke 1915). Von den zahlreichen genaueren Methoden sei die von Rutherford und Geiger (1909) angegebene besonders erwähnt. Radiumemanation wird in einem dünnwandigen sehr schmalen Glaszylinder eingeschlossen. Nach etwa 15 Minuten ist auf der Glaswand ein Niederschlag von reinem RaC entstanden. Von diesem gehen α-Strahlen aus; die Zahl der α-Teile läßt sich sowohl direkt (durch die Zahl der Szintillationen, siehe **25.**) oder durch die Intensität der von ihnen ausgelösten γ-Strahlung messen.[1]) Man findet so, daß $3{,}57 \cdot 10^{10}$ α-Teile von 1 g Ra in der Sekunde entsandt werden (siehe Tabelle **136.**, Nr. 16). Die Gesamtladung dieser α-Teile wird im Elektrometer gemessen. Es ergab sich so $e = 1{,}55 \cdot 10^{-20}$ Einheiten. Aus den Millikanschen Beobachtungen folgt $e = 1{,}59 \cdot 10^{-20}$. Das Faradaysche Gesetz der Elektrolyse führt zu dem Wert 1,595, also zu vollkommener Übereinstimmung.[2]) Die Ladung des Elektrons ist also von seiner Entstehung unabhängig.

Die Masse m nimmt, wie bereits (siehe **35.**) angegeben wurde, stark zu, mit wechselnder Geschwindigkeit β (relativ zur Lichtgeschwindigkeit) der Elektronen, e/m nimmt ab. Proctor (1910) gibt folgende Werte an:

β	0,432	0,408	0,381	0,341	0,285	0,229	0,187	0,157	0,140	0,123
e/m	1,738	1,755	1,757	1,783	1,796	1,838	1,828	1,848	1,835	1,856

Ll. Jones (1916) teilt folgende Zahlen mit, die ebenfalls zugunsten der Lorentzschen Annahme sprechen:

β	0,504	0,482	0,457	0,437	0,416	0,396	0,375	0,352	0,223	0,203	0
e/m	1,495	1,508	1,504	1,533	1,558	1,599	1,632	1,653	1,625	1,708	(1,765)

Der Verlauf dieser Änderung ist nur durch die Lorentzsche Annahme eines kompressiblen Elektrons erklärbar.

Nimmt man die Ladung e des Elektrons auf einer Kugel vom Radius a gleichmäßig verteilt an, so folgt[3]) $a = \frac{2}{3} \frac{e}{m_0} \cdot e = 2 \cdot 10^{-13}$ cm. Das Elektron ist also 10^5 mal so klein, wie das Atom. Diese Auffassung von der Kugel-

---

[1]) Über die Methode der Messung nach Makower siehe **116.** in einer Anm.

[2]) Siehe **32.** und Tabelle **40.**, II am Schluß.

[3]) Einstein, Ann. Phys. **17**, 891; 1905; Rutherford, Radioaktivität 1907, 135; Fajans, Umschau 1915, 661, 687. Die Ableitung ist folgende: Die elektromagnetische

form des Elektrons kann aber nicht richtig sein (Michelson 1918); sie ist unvereinbar mit der Notwendigkeit der komplexen Natur der Kerne im Atom (siehe **122.**). Es kann eine streifige Zellenstruktur besitzen ohne eigentliche Grenze. Praktisch nimmt aber das Kraftfeld sehr schnell ab (und zwar nach einem Gesetz $\varrho = e^{-\lambda \nu}$). Daraus ergibt sich ein bestimmter Radius mit dem Wert $1/\lambda$.[1]), und man kann dann mit einer bestimmten Grenze rechnen. Einen weiteren Anhalt für die Form des Elektrons finden wir in Versuchen von Compton (1918, 1919). Die Intensität der gestreuten Strahlung ist auf der Einfallseite größer als auf der entgegengesetzten. Es wird daraus die Größe des Elektrons zu $2{,}5 \cdot 10^{-10}$ cm berechnet. Aus der Theorie der Streuung der X-Strahlung von Atomen berechnet H. C. Compton (1919) diesen Wert genauer zu $1{,}85 \cdot 10^{-10}$ cm (siehe **118.** und dagegen **46.**). Das Elektron hat, wie es Parsons (1915) wahrscheinlich machte, ringförmige Struktur. Diese Form bedingt, daß es als ein Magnet wirkt. Man kann es daher den zuerst von Weiß als Träger des Magnetismus eingeführten Magnetonen gleichsetzen. Webster (1917) gründet auf derartige Ringmagnetonen (vom Radius $1{,}5 \cdot 10^{-9}$ cm) eine Theorie der Materie (siehe **129.**)[2])

Glitscher (1917) zeigte, daß die Lorentzschen Formeln zu der richtigen Größe des Abstandes der Linien im Wasserstoff-Dublett (Sommerfeld, **120.**) führen. Die Abrahamsche Theorie des starren Elektrons gibt nur $^4/_5$ des Wertes. Auch die Feinzerlegung der Spektrallinien im K- und L(Röntgen)-Spektrum ist nur mit einem deformierbaren Elektron als Grundlage vereinbar.[3]) Wer die Sommerfeldsche Theorie der Röntgenspektren als erwiesen ansieht, muß daher auch dem Elektron eine zusammengesetzte Form zuschreiben.

Masse μ_0 (mit dem Radius a und der Geschwindigkeit v erzeugt in der Umgebung elektrische Energie, die sich zu $\frac{1}{3}\frac{e^2 v^2}{a}$ berechnet. Diese addiert sich zu der kinetischen Energie $\frac{1}{2} M v^2$. Die Gesamtenergie ist also $= \frac{1}{2}\left(M + \frac{2}{3}\frac{e^2}{a}\right) v^2$. Die scheinbare Masse m_0 beträgt also $\frac{2}{3}\frac{e^2}{a}$.

[1]) λ ergibt sich für das positive Elektron viel größer. Man kann sich ein elektrisch neutrales Atom als Dublett vorstellen, bei dem wegen der verschiedenen Größe der Elektronen keine gegenseitige Störung der Kraftfelder möglich ist.

[2]) H. C. Compton hält die Ringform deswegen für wahrscheinlicher, als die gewöhnlich für elektrische Ladungen angenommene Glockenform, weil Eisen einen größeren Absorptionskoeffizient für X-Strahlen besitzt, wenn es parallel zur Achse der Strahlen magnetisiert ist, als wenn es unmagnetisch ist Bei dieser Absorption wirken die Elektronen allein, sie ist vergleichbar der Beugung an festen Teilchen (siehe **24**[4]). Die Magnetionentheorie der Materie, die eine Reihe Anhänger zählt, führt dazu, den magnetischen Kräften im Atom, sowie es zuerst Ritz in seiner Theorie der Spektrallinien (Ann. Phys. **25**, 660; 1908) tat, den Vorrang vor den elektrischen einzuräumen. Es gibt allerdings eine Reihe von physikalischen Erscheinungen (Allen führt in den Erörterungen über diese Frage — Phys. Soc. London **31**, 39; 1919 — ihrer 13 an), die sich nach dieser Auffassung erklären lassen. Zu diesen gehören auch die Quantentheorie und die Bohrschen Gleichungen (siehe **130.**), die unabhängig vom Atommodell seien.

[3]) $\frac{\Delta \nu}{N} = \frac{Z - 3{,}5}{2}$ (Lorentz); $= \frac{Z - 3{,}5}{1{,}89}$ (Abraham).

Zu **40. I.** Die wichtigsten Bestimmungen der **Ladung der Masseneinheit** m (= 1 g) von Elektronen; des Verhältnisses e/m_0 in elektromagnetischen Einheiten (E.M.E.) **für ruhendes Elektron.** Angegeben sind die Werte für $e/m_0 \cdot 10^{-7}$.

a) Erste Bestimmungen[1]: Magnetische Ablenkung und Potentialdifferenz zwischen den Elektroden oder besonderes elektrisches Feld wirkend auf Kathodenstrahlen; Radiumstrahlen, ultraviolettes Licht und Lenardstrahlen; **1,77** (Kaufmann[2] 1897—98); 1,84 (Kaufmann[3] 1901—02); 1,865 (Simon[4] 1899); **1,878** (von Kaufmann[5] 1906 berechnet); 0,8 (J. J. Thomson[6] 1897—98); 0,7 (Lenard[7] 1898

b) Methode 1. angewandt auf sekundäre Kathodenstrahlen, Wehneltstrahlen (glühende Kathode, Ablenkung in einem Kreis, siehe **33.**), Photokathodenstrahlen, Radium-F-Strahlen. 1,733 (Bestelmeyer[8] 1907); 1,776 (Bestelmeyer[9] 1911); 1,750 (Bestelmeyer[10] 1912); **1,767** (Wolz[11] 1909); **1,763** (Bucherer[12] 1909); 1,776 (Classen[13] 1907—08); 1,72 (Lerp[14] 1911); **1,769** (Malassez[15] 1911); **1,76** korr. 1,766 (Alberti[16] und [61]) 1912; **1,765** (Schäfer[61]).

c) Aus der Aufspaltung von Spektrallinien im Magnetfelde (Zeemansches Phänomen) 1,71 (Färber[17] 1902); 1,75 und 1,72 (Lohmann[18] 1906); 1,787 (berechnet von Zeeman[19] aus den Lohmannschen Beob.); 1,79 (Stettenheimer[20] 1907); **1,767** (Weiß und Cotton[21] 1907); 1,74 (Gehrcke und v. Baeyer[22] 1908); **1,771** (Gmelin[23] 1909—12); 1,73—1,82 (für die D-Linien; Nagaoka[24] 1910); **1,775** (3000 Linien; Babcock[25] 1911).

d) Aus dem Grenzwert der Geschwindigkeit von Kathodenstrahlen; **1,765** (Schäfer[26] 1914—16).

e) Aus der Feinstruktur der Spektrallinien (Paschen und Sommerfeld[27] 1916); **1,765.**

f) Aus der Rydbergschen Konstante und dem Millikanschen Wert des Elektrons **1,769** ± 0,003 (Flamm[66] 1917).

Aus dem wahrscheinlichsten Wert $e = 1{,}765 \cdot 10^7\, m_0$ folgt: 1. da für ein Elektron (folgende Tabelle) $e = 1{,}59 \cdot 10^{-20}$ beträgt, die Ruhemasse m_0 eines Elektrons zu $9{,}0 \cdot 10^{-28}$ g. 2. Da für 1 g Wasserstoff die Ladung 9570 E.M.E. beträgt, das Verhältnis der Ladungen gleicher Massen von Elektronen und von Wasserstoff wie **1845:1** — umgekehrt wie das Verhältnis der Äquivalente.

Ist m die scheinbare Masse eines bewegten Elektrons mit der Geschwindigkeit β (relativ zur Lichtgeschwindigkeit, so gilt $e/m = e/m_0 \sqrt{1-\beta^2}$ (Lorentzsche Gleichung[64]) für kompressibles Elektron) — bestätigt durch Bucherer[12] und Hupka[28] (1910) für Kathodenstrahlen mit β bis zu 0,6 (Spannungen von 90000 Volt) durch Cl. Schäfer[61] (1916), durch Ch. Guye und Lavanchy[67] (1916), sowie Proctor und Jones im Bereich der λ von 0,2—0,85.

II. Die wichtigsten Bestimmungen des Elementarquantums (Ladung eines Elektrons) e in elektrostatischen Einheiten (E.S.E.). Angaben für $e \cdot 10^{10}$.

a) Erste Bestimmungen: Ladung von Gasen, besonders von Wasserdampfnebel unter Einwirkung von X-Strahlen und ultraviolettem Licht — Fehlerquelle: Verzerrung des Nebels durch Strömungen. $e = 1{,}5—6{,}7$ (C. T. R. Wilson[29] 1897 bis 1900; Townsend[30] 1898—1900; J. J. Thomson[31] 1898—99); 3,4 (J. J. Thomson[32] 1903); 3,1 (H. A. Wilson[33] 1903).

b) Nach der verbesserten Wilsonmethode: geladene einzelne Tröpfchen (von Öl, Quecksilber oder Teilchen von Metallen, Tabaksrauch, Schwefel, Schellack) in Luft, Wasserstoff bei verschiedenem Druck; oder in Flüssigkeiten, schwebend im elektrischen Felde. 4,67 (Begeman und Millikan[34] 1910); 4,65 (Millikan[35] 1910); 4,89 (Millikan und Fletcher[36] 1911); 4,78 (Millikan[37] 1912); **4,774** ± 0,005 und 4,776 (Millikan[38] 1913—16 und [65] 1917); **4,764** (Lee[39] 1914); 4,5 (de Broglie[40] 1909); 5,0—5,2 (Przibram[41] 1910—11); 4,8 (Regener[42] 1911); 4,4 und 4,6 (Weiß[43] 1911); 4,2 (Roux[44] 1913); 4,74 (Schidlof und Murzynowska[45] 1913—15); 4,68 (Targonski[60] 1916); **4,774** (Schidlof[62] 1916).

c) Aus der Einsteinschen Theorie der Brownschen Bewegung von Suspensionen (auch in Gasen), besonders von Goldteilchen von 20—60 $\mu\mu$, sowie von Vaselintröpfchen, ferner aus der Verteilung von 0,2 μ großen Teilen (Perrin). 4,12 (Perrin[46] 1910); 4,24 (Perrin[47] 1910—11); 4,4 (Weiß[43] 1911); 4,63 (Svedberg[48]

1911); **4,78** (Fletcher[49] 1914); **4,76** (Eyring[50] 1915); **4,765** (Schidlof und Targonski[62] 1916; 3000 Einzelbeob.).

d) Aus den Beobachtungen über die Strahlung (schwarzer Körper, Strahlungskonstanten). 4,69 (Planck[51] 1901); **4,67** (Planck[52] 1913); 4,69 (Warburg und Leithäuser[53] 1910); 4,62 (Royds[54] 1911); **4,83** (Gerlach[55] 1916).

e) Aus radioaktiven Vorgängen: Direkte Auszählung durch Stoßionisation oder durch Szintillation und Bestimmung der Ladung der α-Teilchen von Radium C und Polonium (Rutherford, Regener) und aus der Heliumentwicklung von Po (Debierne). **4,65** (Rutherford und Geiger[56] 1908—09); 4,79 (Regener[57] 1909); 4,46 (Debierne und Curie[58] 1914);

Millikan[59]) (1916) hält $\mathbf{4{,}77} \cdot 10^{-10}$ für den besten Wert. Dieser Wert ist nach Targonski[63]) wahrscheinlich auf 4,8 zu vergrößern. Da 1 E.M.E. $= 3 \cdot 10^{10}$ E.S.E., folgt daraus $e = \mathbf{1{,}59} \cdot 10^{-20}$ (E.M.E.). Da 1 g Atom nach dem Faradayschen Gesetz $F = 9650$ E.M.E. mit sich führt und 1 g Atom $N = 60{,}5 \cdot 10^{22}$ Teile (Loschmidtsche Zahl, siehe 29.) eines einwertigen Stoffes, also auch der Elektronen enthält, so ergibt sich $e = F/N = \mathbf{1{,}595} \cdot 10^{-20}$ E.M.E.

¹) Prinzip der Methode von Schuster; Proc. Roy. Soc. **37**, 317; 1884; **47**, 526; 1890; Ann. Phys. **65**, 877; 1898. ²) Ann. Phys. **61**, 544; **62**, 596; **65**, 431. ³) Gött. Nachr. 1901, 143; 1902, 291. ⁴) Ann. Phys. **69**, 589. ⁵) Ann. Phys. **19**, 551; **20**, 639. ⁶) Phil. Mag. **44**, 293; **46**, 528; Cambr. Proc. **9**, 243. ⁷) Ann. Phys. **64**, 279. ⁸) Ann. Phys. **22**, 429; **30**, 166. ⁹) Ann. Phys. **35**, 909. ¹⁰) Vhdl. Phys. Ges. **13**, 984. ¹¹) Ann. Phys. **30**, 272. ¹²) Ann. Phys. **28**, 513; **35**, 909. ¹³) Jahrb. Hambg. Wiss. Anstalt **25**, 1; Vhdl. Phys. Ges. **10**, 700. ¹⁴) Dissert. Gött. ¹⁵) Ann. Chim. Phys. **23**, 231, 397, 491. ¹⁶) Dissert. Berlin. ¹⁷) Ann. Phys. **9**, 886. ¹⁸) Phys. ZS. **7**, 809. ¹⁹) Magneto-opt. Unters. 1914, 71. ²⁰) Dissert. Tübingen. ²¹) J. de phys. **6**, 429. ²²) Phys. ZS. **9**, 834. ²³) Ann. Phys. **28**, 1079; **37**, 597. ²⁴) Arch. Sc. Phys. **30**, 121. ²⁵) Astroph. J. **34**, 281. ²⁶) Ann. Phys. **45**, 529; **49**, 934. ²⁷) Ann. Phys. **50**, 901; **51**, 93. ²⁸) Ann. Phys. **31**, 196. ²⁹) Phil. Transact. **189**, 265; **192**, 403; **193**, 280. ³⁰) Phil. Mag. **45**, 125; Phil. Transact. **193**, 129, 280. ³¹) Phil. Mag. **46**, 528; **48**, 557. ³²) Phil. Mag. **5**, 346. ³³) Phil. Mag. **5**, 429. ³⁴) Phys. Review **30**, 131; **31**, 41. ³⁵) Phil. Mag. **19**, 228. ³⁶) Phys. Rev. **32**, 349; **33**, 81; Phys. ZS. **12**, 161. ³⁷) Phys. ZS. **13**, 1162; Vhdl. Phys. Ges. **14**, 712. ³⁸) Phys. ZS. **14**, 810; Ann. Phys. **50**, 729. ³⁹) Phys. Rev. **4**, 420. ⁴⁰) C. R. **148**, 1163, 1315. ⁴¹) Sitzungsber. Wien **119**, 870; **120**, 639. ⁴²) Phys. ZS. **12**, 135. ⁴³) Phys. ZS. **12**, 630; Sitzungsber. Wien **120**, 1021. ⁴⁴) Ann. Chim. Phys. **29**, 123. ⁴⁵) C. R. **156**, 304; Archiv Sc. Phys. Genève **40**, 386. ⁴⁶) Phys. ZS. **11**, 461. ⁴⁷) C. R. **149**, 99; **152**, 1165. ⁴⁸) Archiv Kemi Stockholm **4**, 1. ⁴⁹) Phys. Rev. **4**, 440. ⁵⁰) Phys. Rev. **5**, 412. ⁵¹) Ann. Chim. Phys. **4**, 564. ⁵²) Theorie der Wärmestrahlung, 166. ⁵³) Sitzungsber. Berl. Akad. **39**, 925. ⁵⁴) Phil. Mag. **21**, 172. ⁵⁵) Ann. Phys. **50**, 268. ⁵⁶) Proc. Roy. Soc. **81**, 141; Phys. ZS. **10**, 1, 142; Phil. Mag. **1**, 198; Jahrb. Radioakt. **5**, 408. ⁵⁷) Sitzungsber. Berl. Akad. **38**, 948; Perrin (die Atome 1914, 199) macht darauf aufmerksam, daß die Rückstoßatome unter den α-Teilen mitgezählt wurden. ⁵⁸) Ann. de phys. **2**, 464. ⁵⁹) Phys. Rev. **7**, 18. ⁶⁰) Archiv Genève **41**, 181, 269, 357. ⁶¹) (u. G. Neumann) Ann. Phys. **45**, 529; 1914; **49**, 934; 1916. ⁶²) a) C. R. **162**, 788. b) Phys. ZS. **17**, 376; 1916 (u. Targonski). ⁶³) Archiv Genève **43**, 68; 1917. Es muß sowohl bei Öl-, wie bei Hg-Tropfen die Dicke der adsorbierten Lufthaut berücksichtigt werden. Die besten und größten Werte von e erhält man für große Tropfen, deren Dichte sicherer zu ermitteln ist. ⁶⁴) Akad. Wet. Amsterd. 1904, 809. ⁶⁵) Phil. Mag. (6) **34**, 1. ⁶⁶) Phys. ZS. **18**, 515. ⁶⁷) Archiv Sciences Phys. Nat. Genève **42**, 353.

Werte von e/m (bis 1913): Bestelmeyer im Handbuch der Radiologie Bd. V (Lpg. 1918).

41. Die Atomisierung der Energie (Quantentheorie).

Boltzmann (siehe **27.**) nimmt bei der Entwicklung der kinetischen Gastheorie an, daß die Bewegung der Gasmole vollständig ungeordnet ist. Ihre Energie ist daher gleichmäßig über kleine Räume verteilt und in allen Teilen eines Gases ist der Energieaustausch ebenfalls gleichmäßig. Ein derartiger Austausch ist auch bei der Strahlung vorhanden. Aus diesen Annahmen konnte eine Strahlungstheorie (Rayleigh-Jeans) abgeleitet werden, die mit den früheren Beobachtungen übereinstimmt. Sie versagte aber, als sie auf die Beobachtungen von Lummer und seinen Mitarbeitern an der Physikal.-Technischen Reichsanstalt über die Abhängigkeit der Strahlungsenergie E_λ eines schwarzen Körpers (d. h. eines gleichmäßig temperierten Hohlraumes) von der Wellenlänge und der Temperatur angewandt wurde. Planck fand dann 1901, daß ε_λ sich nur in der Form: $C/\lambda^5(e^\varphi-1)$ darstellen läßt. C ist eine Konstante[1]), $\varphi = h\cdot\nu/k\cdot T$. Dabei bedeutet $\lambda = 1/\nu$ die Wellenlänge der Strahlung, T die absolute Temperatur des Strahlungsraumes, h die neue Plancksche Konstante, das Elementarquantum, das von der Dimension einer Energie ist. k ist die Boltzmannsche Strahlungskonstante, ebenfalls eine Energiegröße. Diese läßt sich aus der Analogie zwischen Strahlung und Wärmeaustausch der Mole gemäß der Gastheorie aus der Grundgleichung der Gase $pV = RT = kNT$ berechnen. R, die Gaskonstante, ist $= 831\cdot 10^5$ erg/Grad; N, die Loschmidtsche Zahl (siehe **29.**) $= 60{,}5\cdot 10^{22}$. Daraus folgt $k = R/N = 1{,}34\cdot 10^{-16}$ erg, h gibt Planck zu $6{,}4\cdot 10^{-27}$ an (über diese Konstante siehe Tabelle **42. u. 136.**, Nr. 9 und 10). Die Strahlung geht aus von kleinsten schwingenden[2]) Teilchen, Oszillatoren von der Schwingungszahl ν in der Sekunde. Abweichend von der Gastheorie ist aber anzunehmen, daß die Energie bei dieser Strahlung nicht stetig ausgetauscht wird, sondern nur in endlichen Energieteilen, in Energiequanten h; in der Sekunde für jeden Oscillator also $h\nu$. Solange ein Strahler nicht die Energie $h\nu$ abgeben kann, strahlt er nicht. Die Strahlung setzt plötzlich ein und hört wieder auf, sobald $h\nu$ abgegeben ist. Die Strahlung ist also kein stationärer Vorgang. Man hat demgemäß bei Wärme- und Strahlungsvorgängen mit endlichen Energiemengen der Quanten (Energieatomen) zu rechnen, Bei näherer Überlegung erscheint auch diese Unstetigkeit als Folge der Grundanschauungen der kinetischen Gastheorie. Nur ein kleiner Teil der Mole stößt in jedem Zeitmoment zusammen und tauscht Energie aus. Auch ist die Geschwindigkeit und die freie Wegstrecke einzelnener Mole eine erheblich verschiedene. Zerlegt man den Gasraum in so kleine fächerartige Räume (Elementargebiete), daß nur wenige Mole in jedem Gebiet enthalten sind, so unterscheidet sich der Energieinhalt solcher Gebiete sehr beträchtlich.

---

[1]) Die Strahlungsgleichung läßt sich streng auflösen, wenn man die experimentellen Werte der Energie der Strahlung bei zwei verschiedenen Wellen und Temperaturen einsetzt (Dellinger, Phys. Review **7**, 687; 1916). Nernst hat (1919) sämtliche Beobachtungen, die der Planckschen Formel zugrunde liegen, durchrechnen lassen; es ergibt sich, daß sie noch einer Korrektion bedarf. Zu dem gleichen Ergebnis kamen von Priest (Phys. Review **13**, 314; 1919) im Standard Bureau, Washington, ausgeführte Rechnungen. Die von Coblentz (1916) beobachtete Strahlung e_λ läßt sich als Funktion der Temperatur T, der Wellenlänge λ, der Wienschen Verschiebungskonstante A ($= \lambda_{max}\cdot T$; λ_{max}: Wellenlänge der stärksten Strahlung) am genauesten nach der Formel darstellen:

$$e_\lambda = C_1 T^5 e^{-C_2\Phi^2}; \quad \Phi = \sqrt[3]{A} - \sqrt[3]{\lambda T}.$$

Nernst (und Wulfs) Rechnungen werden bei **137.**) besprochen.

[2]) Die Strahlungselemente (Elektronen, Resonatoren) führen um eine bestimmte Ruhelage sinusartige Schwingungen von der Schwingungszahl ν aus, wie ein elastischer Körper oder ein Pendel. Das Elektron wird aus seiner Ruhelage mit einer Kraft gezogen, die der Verschiebung proportional ist (quasielastische Bindung der Elektronen).

Die Unstetigkeit[1]) in der Energieverteilung und dem Energieaustausch widerspricht allerdings völlig den bisher angenommenen Grundsätzen, die sich besonders in der Elektrizität und Optik in der Form der elektromagnetischen Lichttheorie von Maxwell (1831—79) sehr bewährt hatte. Maxwell ging (1865) von der Faradayschen Grundanschauung (siehe **35.**) der stetigen Kraftübertragung durch Kraftlinien aus; es war ihm und seinen Anhängern gelungen, die wichtigsten Erscheinungen aus einigen Formeln abzuleiten. Die Quantentheorie verwirft die Stetigkeit. Der Sitz der Unstetigkeit ist in der Materie und in den den Energieaustausch vermittelnden Elektronen; der Sitz der Stetigkeit die Umgebung der Materie und der Elektronen, der Äther. Es tritt hier die alte Frage (siehe **43.**) auf: Sind die Erscheinungen auf stetige oder unstetige Ursachen zurückzuführen, ein Gegensatz, wie er zwischen der Lehre von Aristoteles und Demokritos bestand (siehe **21.**) und überhaupt zwischen den Lehren der Philosophen und Mathematiker und dem der exakten Naturwissenschafter. Aber auch bei letzteren ist er schon vorhanden in Newtons Fernkräften und Hughens Nahewirkungen (siehe **22.**). Eine befriedigende Lösung des Widerspruches ist recht unwahrscheinlich; sie hat die Einfügung der rätselhaften Schwerkraft (siehe **7.**) in die anderen Energieformen zur Voraussetzung. Zur Erklärung dieser Vorgänge erwies sich die Maxwellsche Theorie nicht geeignet. Andererseits ist es bisher der Quantentheorie nicht geglückt, wichtige Erscheinungen, die aus der Wechselwirkung von Äther mit der Materie entstehen, wie die Dispersion und Interferenz des Lichtes, darstellen zu können.

42. Die Übertragung des Elementarquantums, *h*, und die Korpuskulartheorie.

Die Träger des Quants *h*, die Vermittler des Strahlungsaustausches, also die Oszillatoren, sind nach den früheren Betrachtungen die Elektronen. Diese vermitteln aber ebenso den Austausch aller anderen Energieformen, so auch der chemischen Energie. Das ist nur möglich, wenn die Atome der Körper Elektronen leicht abgeben können. Das ist aber der Fall, wie z. B. der Vorgang der Ionisierung und das mit ihm verbundene Freiwerden von Valenzelektronen lehrt (siehe **36.**), oder die Beeinflussung des Spektrums durch magnetische Kräfte (Zeemansches Phänomen, siehe **39.**). Man gelangt so, wie bereits bei **39.** erwähnt. zu der Auffassung, daß die Atome aus einem positiv geladenen Kern und um ihn mit der Schwingungszahl ν (in der Sekunde) herumschwingenden oder kreisenden Valenzelektronen bestehen. Ein Austausch irgendeiner Energie kann nur erfolgen, wenn die Energie $h\nu$ oder ihr ganzes Vielfache übertragen werden kann. Das kann man aber auch experimentell zeigen, und zwar durch die lichtelektrischen Erscheinungen (siehe **39.**). Wir erhalten damit einen Einblick in die Wechsel-

[1]) Solange man an der Stetigkeit der Energie und den Grundgleichungen der Mechanik festhält, gelangt man zu dem falschen Strahlungsgesetz für einen Hohlraum, in dem mechanische, strahlende und elektromagnetische Kräfte wirksam sind. Das ist mathematisch zwingend (H. A. Lorentz, Solvay-Konferenz 1911), Auch die neuere Wärmetheorie (Nernst, siehe 15.) läßt keine andere Möglichkeit, als diese unstetige Energiezuführung.

wirkung zwischen Materie und Energie (Lenard 1902, Einstein 1905). Das Licht besteht nach Maxwell in der Verschiebung elektrischer Felder. Diese Verschiebung führt den Elektronen der Atome (durch Induktion) Energie zu. Aber zunächst muß sich diese Energie bis zur Höhe $h\nu$ anhäufen, ehe das Atom eine Veränderung erfährt. Ist dieser Zustand erreicht, so wird plötzlich das Atom sich spalten und ein Elektron abgeben. Wirkt das Licht weiter, so wird wieder einige Zeit vergehen, bis sich der Vorgang wiederholt. Das Licht wirkt also diskontinuierlich wie auch der Versuch mit schwachen Lichtquellen zeigt. Joffé beobachtete diese Erscheinung bei der Einwirkung schwachen ultravioletten Lichtes auf schwebende, elektrisch geladene Metallteile (siehe **34.**). Aber auch ohne elektrische Aufladung kann man an reinen Alkalimetallflächen das Fortfliegen einzelner Elektronen bei Belichtung beobachten; das Licht wirkt hier durch Stoßionisation auf Gasmole (siehe **31.**), so wie ein von den radioaktiven Substanzen ausgesandtes β-Teilchen, das mit den Elektronen identisch ist. Für diese Ionisation gelten daher nach Einstein die einfachen Stoßgleichungen. Es ist $h/\lambda = h\nu = \frac{1}{2} m v_0^2 = e V$. λ: die Wellenlänge des wirksamen oder des beim Vereinigen des Elektrons mit einem Ion entstehenden Lichtes; m, e, v_0: Masse, Ladung und Geschwindigkeit des ausgelösten Elektrons; V, V_0: Potential unter dem das Elektron sich bewegt, oder die Spannung des Photostroms. Nach Einsetzung der Werte für die Konstanten[1]) ergibt sich die einfache Gleichung für λ (in Ångströmeinheiten, AE.): $\lambda = 1260/V_0$ (in Volt). Man kann auch h ausrechnen. Es ist $h = \lambda V_0 \cdot 5{,}3 \cdot 10^{-31}$.

Die Gleichung ist für verschiedene Gruppen von Wellen und Potentialen geprüft worden, 1. für die kurzen Wellen, die wir in den X-Strahlen zur Verfügung haben, (siehe **119.**)[2]) und großen Potentiale; 2. für Lichtwellen und kleine Potentiale (siehe **114.** und **122.**). Die erste Prüfung[3]) durch Duane und Webster bestätigte die Gleichung. Webster ließ durch eine Coolidge-Röhre (siehe **39.**) mit Rhodiumantikathode eine Entladung gehen, die durch Anlegen einer konstanten Spannung (bis über 40 Kilovolt — KV), geliefert von einer Akkumulatorenbatterie, hervorgerufen wurde. Er erhielt

Duane (1915)[2])				Webster (1916)			
V_0 in KV.	λ in AE.	λV_0	$h \cdot 10^{27}$	V_0 in KV.	λ in AE.	λV_0	$h \cdot 10^{27}$
39,2	0,307	1202	6,37	40,0	0,312	1248	6,60
38,0	0,318	1207	6,40	31,8	0,387	1234	6,54
34,9	0,345	1204	6,38	23,2	0,531	1232	6,53
32,3	0,371	1196	6,34	22,5	0,544	1224	6,49
28,4	0,425	1207	6,40	22,0	0,554	1219	6,46
25,0	0,486	1215	6,44	18,5	0,645	1193	6,32

[1]) V in CGS.-Einheiten $= V_0 \cdot 10^8/c$ in Volt, $c = 3 \cdot 10^{10}$ cm; $e = 1{,}59 \cdot 10^{-20}$ (siehe Tabelle bei **40.**).

[2]) Die Gültigkeit der Einsteinschen Gleichung für X-Strahlen hat zuerst W. Wien (Gött. Nachr. 1907, 598; vgl. Sommerfeld, Naturwiss. **1**, 705; 1913) behauptet. Er sprach die damals kühne Idee aus, daß X-Strahlen auch Licht seien und berechnete Wellenlängen auf diesem Wege aus den Potentialen V.

[3]) Duane hat in Gemeinschaft mit Blake (Phys. Review **10**, 93 624; 1917) außerordentlich genaue Werte von h gefunden; sie schwanken nur von 6,548—6,560. Dabei sind sechs verschiedene Anordnungen benutzt (siehe auch **136**).

ein kontinuierliches Spektrum („weiße" Strahlung).[1]) Die Wellenlängen wurden nach der Braggschen Methode (siehe **26.**) durch Beugung an Calcitkristallen als Gitter ermittelt. Die Grenze λ, bis zu der das Spektrum reichte, wurde durch Verschwinden des Ionisationsstromes, den die gebeugte Strahlung erzeugt, festgestellt.

Wagner (1918) hat für Potentiale von $4^1/_2$—10 KV., die sich mit einer Genauigkeit von 10 Volt messen lassen, die Einsteinsche Gleichung geprüft und bestätigt. Beobachtet wurden bei steigender Spannung die Ausschläge am Elektrometer, das in einer Ionisationskammer angebracht ist. Diese wurde getroffen von einem möglichst homogenen X-Strahlbündel, dessen Wellenlänge aus dem Ablenkungswinkel (11—25°) am Kristallgitter (NaCl, KCl) bekannt war. Es wird die Spannung bestimmt, bei der die Ausschläge des Elektrometers stark zunehmen. Verändert wurden auch die Strahlungsquellen, Antikathoden. Berechnet wurde der Wert von h. Einige Beispiele zeigen, daß der Wert von h weder von dem Beugungswinkel φ noch von der Anordnung abhängig ist:

φ	V_0	h	φ	V_0	h	Anordnung	
10° 42′	10430 10480	647	14° 13′	8810	646	Pt-Antikathode,	NaCl-Gitter
			12° 48′	8750	646	Cu- ,,	KCl- ,,
25° 2′	4570	644	16° 11′	6940	645	Cu- ,,	KCl- ,,
			11° 11′	10030	648	Cu- ,,	KCl- ,,

Im Mittel ergab sich (bei Schwankungen von 642—652) $h = (648 \pm 3) \cdot 10^{-27}$.

Die Gleichung ist weiter (1916) von Hull und Rice bis zu 150 KV geprüft worden. Aus der Zusammenstellung von Rutherford (1917) ersieht man, mit welcher Genauigkeit die Gleichung gilt:

für KV =	ist λ nach Einstein =	ber. aus der Absorpt. (μ/ϱ in Al)
84	$0{,}147 \cdot 10^{-8}$ cm	0,154
92	0,135	0,14
102	0,122	—
144	0,086	0,11

Die Wellenlängen wurden auch noch spektral kontrolliert; für KV. = 150 ist $\lambda = 0{,}08$; woraus $h = 6{,}4 \cdot 10^{-27}$ folgt. Zwischen der Absorption μ/ϱ und λ besteht die Beziehung $\mu/\varrho = \lambda^{2,7}$. Diese ist für die Berechnung von λ benutzt.

Noch weiter kam Lilienfeld (1918) durch Benutzung einer Mo- und einer Pt/Ir-Kathode; das Spektrum wurde photographisch aufgenommen. Zu der äußersten Schwingung von $0{,}073 \cdot 10^{-8}$ cm gehört eine Spannung von 183 KV. Aus der Einsteinschen Gleichung berechnet sich 175 KV.

Über 180 KV. soll die Gleichung nach Dessauer (1918) nicht gelten. Mit einem besonderen Meßtransformator wurden Spannungen bis zu 308 KV. erzeugt. Die Wellenlänge der Grenze des Spektrums wurde aus der gemessenen Absorption in Al und Pb nach der Gleichung $\mu = K\lambda^{5,2}$ berechnet. Diese Gleichung gilt bis zur Strahlung des RaC mit $\mu = 0{,}115$.[2]) Es ergab sich:

---

[1]) Im Gegensatz zur charakteristischen Linienstrahlung (siehe **118.**). Diese entsteht erst bei höherem Potential und zwar erscheinen zuerst bei 23,3 KV die sämtlichen Linien des *Rh* (α_2 — 0.620; α_1 — 615; β — 548; γ — 537) auf einmal. Zugleich steigt die sekundäre, Ionisation hervorrufende, Strahlung sehr stark an. Die Linien sind in dem bei 0,531 beginnenden weißen Spektrum sichtbar. Für die Linienstrahlung gilt nicht die Einsteinsche Quantengleichung. Die Erregungsspannung der Linien liegt 15% höher als die nach der Gleichung zu erwartende. Das gilt für die Emission, wie für die Wagnerschen Absorptionslinien (siehe **119.**). Auch ist zu berücksichtigen, daß man die Linienstrahlung erst von einer bestimmten Intensität ab erkennen kann, so daß die Spannung zu hoch ausfällt (Siegbahn, Jahrb. Radioakt. **13**, 317; 1917. W. Whiddington (siehe **122.**) hat so die Spannung um 40% zu hoch gefunden. Über die Linien: siehe **119.**

[2]) zugehörige Strahlung beträgt 500 KV.

für V = 103 KV.;	μ in Al 0,51	λ ber. = 1,92	$\lambda \cdot V$ = 1980
132	0,424	1,77	2340
179	0,396	1,72	3080
220	0,325	1,6	3520
267	0,27	1,5	4000
283	0,258	1,46	4130
308	0,239	1,42	4370

Das Versagen der Gleichung tritt dadurch ein, daß nicht mehr eine „weiße" kontinuierliche Bremsstrahlung vorhanden ist. Die Intensität der Grenze des Spektrums ist so gering, daß die von homogenen Strahlungen herrührende Lichtmengen die eigentliche Strahlung überdecken.[1]) So verdeckte bei den Versuchen von Rutherford (1915) und Ledoux (1916) das von der Wo-Kathode herrührende Spektrum von 140 KV.—180 KV. die eigentliche Grenze. Das Wo-Spektrum (Hauptlinie 1,72) wird zwischen 77 und 86 KV. erregt; seine Intensität steigt mit der Spannung stark an.

Dessauer und Back haben (1919) mit verbesserten Hilfsmitteln (direkte Messung der durch Transformatoren erzeugten Spannung, spektromotorische Messung der Grenzwellenlänge) die Gültigkeit der Einsteinschen Gleichung bis zu 250KV. bewiesen. Es ergab sich jetzt im Gegensatz zu obigen Messungen für 170 KV: λ = 0,0755 statt 0,072 und 245 KV: λ = **0,057** statt 0,05 (nach Einstein). Diese Welle ist nach Rutherford kürzer als die kürzesten Wellen der γ-Strahlung von RaC (siehe **79.**, **83. 119.**), aber gleich der K_1-Strahlung (**118.**).

Die obigen Werte der V wie der μ in Al sind wesentlich verändert:

V = 70; 90; 137; 170; 217; 230; 256 KV.,

μ = 0,5; 0,416; 0,388; 0,320; 0,264; 0,254; 0,235.

Für μ = 0,320 wurde früher λ = 1,6 berechnet, während sich jetzt λ = 0,075 ergibt.

Die Prüfung der Einsteinschen Gleichung im Gebiet des optischen Spektrums.[2])

Die Beziehungen zwischen Wellenlänge, Aufladungspotential und Wirkungsquantum sind im sichtbaren Gebiet nicht so durchsichtig und eindeutig, wie im Röntgenspektrum. Das liegt daran, daß jedes Atom eine große Reihe von Spektrallinien aussenden kann, die zu einer bestimmten Anzahl von Spektralserien[3]) gehören. Je nach den Erzeugungsbedingungen[4]) tritt eine bestimmte Serie auf. Ihre Entstehung ist auch[5]) auf den Austausch von Elektronen mit Atomionen zurückzuführen. Dabei

[1]) Es ist auch möglich (Lilienfeld), daß ein zweites kontinuierliches Spektrum erregt wird, das ebenfalls das eigentliche Bremsspektrum beeinträchtigt. Auch Wagner (1917), der noch weitere Mängel der Rutherfordschen Versuche aufdeckte, wies die Unrichtigkeit dieser Versuche nach. Lilienfeld hat in zwei weiteren Arbeiten (1918) zeigen können, worin sowohl Rutherfords wie Dessauers Anordnungen fehlerhaft sind. Rutherfords Bleifilter läßt nur die Eigenstrahlung des Bleies und der Antikathode Wolfram durch, so daß eine große Spektrallücke entsteht und die Spektralgrenze nicht bestimmbar ist. Dessauers Transformator gibt nicht so hohe Spannungen, als er annimmt, auch wurde die Streustrahlung mitgemessen, und schließlich wurden Bleifilter benutzt. Es ist daher wahrscheinlich, daß die Einsteinsche Gleichung auch bei der höchsten erreichbaren Spannung gilt.

[2]) Die Möglichkeit, diese Gleichung anzuwenden, gründet sich auf die Idee von J. Stark (1909), daß Lichterregung an das Vorhandensein von freien Elektronen und Atomionen gebunden ist; das Prinzip der Methode rührt von Lenard (1897, 1902) her.

[3]) Siehe **114.** in einer Anm.

[4]) Bunsenflamme, Funkenpotential, elektrischer Bogen, Einzellinienspektrum durch Bestrahlung, Absorptionsspektrum des nicht leuchtenden Dampfes.

[5]) Entsprechende Vorgänge nach Bohr-Sommerfeld, siehe **120.**).

ist das Atom nach Bohr zusammengesetzt zu denken aus einem Kern und verschiedenen Elektronenringen (**125.**). Es ist daher die Möglichkeit des Elektronenaustausches eine sehr große und jedem Austausch entsprechen bestimmte Schwingungen. Welche man nun erhalten wird, das hängt von der Energie (Geschwindigkeit) der erregenden Elektronen ab.[1]) Aus den beobachteten Linien hat man erst die zugehörige Serie und dann deren Grenzwellenlänge festzustellen. Denn nur auf diese ist die Gleichung anzuwenden.

Bisher konnte man sie in zwei Gruppen von Erscheinungen nachweisen: 1. In der des Resonanzspektrums, 2. in der des Ionisationsspektrums. Der erste Fall ist das optische Analogon zu dem des X-Spektrums. Auch hier wandelt das Elektron nur zwischen den inneren Ringen des Atoms, ohne es selbst zu verlassen. Das Spektrum besteht nur aus wenigen, im allgemeinen nur einer einzigen Linie. Die Ionisation tritt bei höherer Spannung ein, das freiwerdende Elektron erlangt eine größere Geschwindigkeit und kann dann aus dem Anziehungsbereich des eigenen Atoms entweichen.[2]) Trifft es dann auf andere Atome, so kann es sie spalten (siehe **31.**). Das zu messende Potential läßt sich nach der von Lenard (1897) entdeckten Stoßionisationsmethode (wie sie F. Mayer anwandte) oder durch den Photostrom bei der Bestrahlung (Hughes) oder durch das Entladungspotential, bei dem eine bestimmte Strahlung λ einsetzt (Franck und Hertz, Mc Lennan), messen. Compton hat das Potential berechnet aus den Dielektrizitätskonstanten (DE.) einer Substanz, da nach Richardsons Elektronentheorie ein einfacher Zusammenhang zwischen λ und DE. besteht.

Das Resonanzpotential beobachteten Franck und Hertz (1913) zuerst am Quecksilberdampf. Bei 4,9 Volt[3]) erscheint die nach der Gleichung berechnete

[1]) Ist diese nicht genügend einheitlich — und das ist sehr schwer zu erreichen — so werden mehrere Serien zugleich erregt. Beim X-Spektrum, bei dem die Elektronen nur zwischen Kern und einigen Ringen sich bewegen können, ist die Austauschmöglichkeit viel kleiner.

[2]) In einatomigen Gasen, Edelgasen, Metalldämpfen (siehe S. 23), werden die Elektronen bei Zusammenstößen mit dem Atom zunächst elastisch reflektiert (Resonanz). Erst wenn sie eine Mindestgeschwindigkeit überschreiten, ihr Bewegungspotential V wächst, ändert sich die Stoßform, der Stoß wird unelastisch, die Elektronen verlieren losgelöst vom Atom ihre gesamte Energie, die absorbiert wird. Diese Energiegrenze stimmt überein mit der, bei welcher Ionisation beginnt. Die übertragene Energie zerlegt das getroffene Atom. An diesen Punkt geht die Kurve, welche die Abhängigkeit der Stromstärke von der Spannung darstellt, steil in die Höhe. Für diese Vorgänge gilt die Gleichung $Ve = h\nu$. Die völlige Absorption beim Grenzpotential erkennt man bei der photographischen Aufnahme eines Spektrums des Wasserstoffes, das die ganze (Schumann) Serie mit ihrer Grenze enthält. Dicht bei der Stelle, wo die Linien immer enger werden, wo man sich also der Grenze nähert, ist vollständige Schwärzung vorhanden. Auch Spektren des Na, K, Cd zeigen die stärkste Absorption dort, wo die Linien der Serien enger werden (Holtsmarck, Phys. ZS. **20**, 88; 1919).

[3]) Die Deutung dieser Beobachtung ist sehr verschieden (Millikan und Hebb 1917; van der Bijl 1917). Die Resonanzspannung kann viel niedriger werden, da schon bei 3—4 Volt der Lichtbogen durch Hg-Dampf hindurchgehen kann. Inwieweit dabei das Potential durch von der glühenden Kathode ausgelöste Photoelektronen herabgedrückt wird, ist noch unbekannt. Bei 5stündiger Exposition wurde die Linie 2537 schon bei 1,9—2,5 Volt auf der photographischen Platte erhalten. Ferner gehört die Linie zu der Serie, deren Grenzlinie 1188 ist. Zu dieser gehört aber die Spannung 10,5 Volt, die eigentliche Ionisationsspannung. Hebb hat durch neuere Versuche (Phys. Rev. **11**, 170; 1918; auch van der Bijl, **10**, 567; 1917) gezeigt, daß die photoelektrische Strahlung ohne merkliche Wirkung ist, selbst wenn sie von einem intensiven Quecksilberbogen ausgeht. Erhitzt man eine Kathode (aus Wolframdraht) sehr stark, indem man durch sie einen Zweigstrom bis zu 15 Amp. hindurchsendet, so setzt der elektrische Bogen zwischen dieser heißen Kathode

Linie von der Wellenlänge 2536,7 in AE. (10^{-8} cm). Die gleiche Linie wird erregt, wenn ultraviolettes Licht und die bei der Bestrahlung ausgelösten Elektronen den Dampf zum Leuchten bringen. Ähnlich verhält sich Magnesiumdampf (Mc Lennan 1915). Das Absorptionsspektrum des nichtleuchtenden Mg-Dampfes in einer Vakuumröhre besteht aus den Linien 2855,2 und 2073,4. Wird Mg-Dampf von Elektronen bestrahlt, so entsteht eine charakteristische Strahlung 2852,2, zu der nach der Gleichung des Potential 4,3 Volt gehört, während 4,5 Volt beobachtet ist. Diese Strahlung ist auch in der Bunsenflamme vorhanden. Ähnlich verhalten sich andere Metalldämpfe:

Zn 3076 (3,96 Volt)[1]); Cd 3260 (3,74 Volt); Ca 4227 (2,89 Volt); Sr 4608 (2,65 Volt); Ba 5536 (2,20 Volt); Tl 3776 im nichtleuchtenden Dampf (3,2 Volt); 5536 in der Bunsenflamme (2,3 Volt). Flammen, die diese Linien zeigen, sind nicht leitend; das ist nur möglich, wenn die die Strahlung erregenden Elektronen das Atom nicht verlassen.

Beobachter		Wert des Resonanzpotentials in Volt für												
		H.	He	Ne	Ar	N	O	As	Na	Mg	Zn	Cd	Hg	Ni
Compton	1916	11,8	22,8	16,8	8,2	8,05	8,4	3,5	—	—	3,07	2,66	4,65	—
Mayer	1916	11,5	—	—	—	11,8 (?)	9,5	—	—	—	—	—	—	9,6
Franck	1913	11 a)	20,5	16	12	7,5	9	—	—	—	—	—	4,85 e)	—
Hughes	1912	10,3 c)	20 a)	—	—	8,0	8	4,5	2,35	3,63	3,71	3,49	5 b)	—
Mc Lennan	1915	11 e)	22,5 d)	—	—	7,4 c)	—	4,7 f)	—	4,28	3,74	3,96	4,99	—

a) Auch Pawlow; b) Newman; c) Goucher; d) ber. aus der Ionisationstheorie (Richardson und Compton); den gleichen Wert erhielt Holm; e) Bishop fand 7,5 für N und N_2O. f) Foote; bei 11,5 *V* Ionisation.

und einer Hg- oder Zn-Anode bei Spannungen von etwa 5 Volt ein. Erniedrigt man die Spannung, so brennt der Bogen noch bei etwa 3 Volt. Dies Verhalten entspricht nicht der Quantengleichung. Aber die große Dichte der Elektronen und des Dampfes in einem solchen Bogen ändert die Bedingungen, welche für die Gültigkeit der Gleichung erforderlich sind. Unter normalen Bedingungen brennt im Zink- und Cadmiumdampf der Bogen nur bei Spannungen, die unwesentlich größer sind, als die quantengemäßen von 9,4 und 9,0 Volt (Mc Lennan 1919). Nimmt man die Lage der Absorptionsmaxima des Dampfes als maßgebend für die Resonanz an (Mc Lennan 1917), so erhält man z. B. die Linien 10141 (Hg) und 13251 (Ba). Die Grenzfrequenz ist 4937 und 6283; das zugehörige Potential 2,51 und 1,98 Volt. Aus Untersuchungen über die Grenze der Absorptionsserien von Metalldämpfen folgert dagegen Dearle (1918), daß ein Elektron vom Atom z. B. bei Hg sich bereits bei 1,26 Volt loszulösen beginnt. Zu dieser Spannung gehört die stärkste strahlende und absorbierende Linie $\lambda = 10140{,}6$ (der Serie $2{,}5\,S - mP$; $m = 2$). Bei der doppelten Spannung 2,51 Volt, einem $\lambda = 4937$ (dem Grenzwert $2{,}5\,S$ dieser Serie) entsprechend, ist die Loslösung vollständig. Franck (1919) berechnet diese Grenze aber zu 3321 (4937 gehöre zur Serie $2P—2S$). Diese Serie ist eine Koppelungsserie der Serien *A* und *B*, S. 86 (Grenzen 1188 und 1849). Diese 3 Grenzen stehen in engster Beziehung zueinander. Es ist $1/3321 = 1/1188 - 1/1849$. Die Serie 3321 entsteht sekundär (fluoreszierend) bei der Absorption der sehr starken Linien der Serie 1849. Die starke Energieumwandlung führt zu den beobachteten Koppelungsschwingungen und zu den anormalen Bewegungen der Elektronen, die eine Spannung von 1,26 Volt voraussetzt.

Für Ca-, Sr-, Ba-Dampf sind die entsprechenden Serien (Emissionsserien $1{,}5\,S - mP$) bis zu 11 Gliedern auch als Absorptionslinien zu erhalten (Mc Lennan 1918). Die Grenzwerte ($m = \infty$) sind daher bei der Absorption auch die gleichen, wie in der folgenden Zusammenstellung der Versuche Mc Lenanns (S. 86).

[1]) Ähnliche niedrige Spannungen erhält man bei der Aufladung der Metalle bei der Erwärmung (Thermoelektronen; Beobachtungen von Richardson und Langmuir; vgl. van der Bijl, Phys. Review **10**, 546; 1917). Die Werte liegen zwischen 2,4 Volt (Fe) und 5,0 Volt (Pt).

Hughes und Dixon (1917) geben folgende Werte der Potentiale an:

Substanz	H_2	O_2	N_2	Cl_2	Br_2	Hg	HCl	CO	CO_2	NO	CH_4	C_2H_2	C_2H_4	C_2H_6
Volt	10,2	9,2	7,7	8,2	10,0	10,2	9,5	7,2	10,0	9,3	9,5	9,9	9,9	10,0

Stickstoff wird bei 7,5 Volt zur Strahlung angeregt, ohne eine Spur von Ionisation zu zeigen. Bei 9 Volt wird die Strahlung stärker. Zu dieser Spannung gehört eine Welle von 1300 Einheiten. Dieses Licht erregt die Fluoreszenzlinie 3064, mit der bei dieser Spannung der Stickstoff leuchtet. Die Ionisation ist erst von 18 Volt ab bemerkbar (Davies und Goucher 1919). Rentschler hat (1919) mit reinen Gasen ganz andere Werte, als oben angegeben, erhalten, so für Argon das Reson. Pot. 12 Volt, das Ionis. Pot. 17 Volt; bei Neon das Ionis. Pot. 21 Volt (das Res. Pot. fehlt).

Die Grenzlinien, welche bei der Ionisierung der Gase H, He und Hg ausgestrahlt werden, haben Richardson und Bazzoni direkt messen können, obwohl diese in einem Spektralbezirk liegen, in dem nur wenige Beobachtungen vorlagen (Lyman bis 600 AE.). Die Gase wurden durch Thermoelektronen (aus einem glühenden Wo-Draht entwickelt) zum Strahlen angeregt. Die Strahlung wurde im Elektrometer aufgefangen, und die Wellenlänge aus der Geschwindigkeit der Elektronen und dem gemessenen Potential berechnet. Es ergab sich für H 900 AE., für He 420 AE., für Hg 1000—1200 AE. Die Strahlungen waren unabhängig vom Erregungspotential; unter 420 konnten auch bei Steigerung der Geschwindigkeit der Elektronen keine Strahlungen erhalten werden. Nach der Bohrschen Theorie (siehe **130.**, 4[1]) sollten die Spannungen sein 13,6—29,3—10,5 Volt. Diesen Spannungen entsprachen folgende Werte von λ: 909 (H), 422 (He), 1180 (Hg).

---

[1]) Bohr (Phil. Mag. **26**, 857, 1913; Nature, **95**, 7; 1915; siehe **132.**) berechnete die Energie oder Arbeit, um ein Elektron aus dem $m$ten Ring nach dem $n$ten zu überführen, zu $N_0\,(1/m^2 - 1/n^2)$. Die Rydbergsche Konstante N_0 ist $= 13{,}5$ Volt zu berechnen. Dieser Wert entspricht der Erregung der Grenzlinie im Wasserstoff. Zur Berechnung der Spannung für die Erregung des Balmer Spektrums genügt es, $m = 1$, $n = 2$ zu setzen. Man erhält 10,1 Volt. Bishop berechnet noch einen dritten Wert 15,7 Volt. Für He berechnet Bohr 29,3 Volt — dagegen kommt van der Bijl (Phys. Review **10**, 555; 1917) zu 21 Volt, indem er die von Bohr vernachlässigten Moseleyschen Abschirmglieder σ berücksichtigt und andere Austauschvorgänge des Elektrons zwischen den Ringen annimmt. Compton und Benade (Phys. Rev. **11**, 239; 1918) berechneten nach einer neuen Ionisationstheorie ebenfalls 21 Volt. Dieser Wert folgt aus früheren Beobachtungen von Gill (Phil. Mag. **23**, 837; 1912).

Horton und Davies (Proc. Roy. Soc. **95**, 408; 1919) bestimmten unter Vermeidung von Photoeffekten (d. h. der von Hallwachs 1888 entdeckten Lichterregung und Ionisation durch Bestrahlung) das Grenzpotential für die Strahlung zu **20,4** Volt. Das Ionisationspotential wurde zu 25,6 Volt gefunden. Rentschler (Phys. Review **13**, 297; 1919) hält nach seinen Untersuchungen im Standard Bureau alle diese Beobachtungen für fehlerhaft. Er findet bei den direkten Messungen **27** Volt. Im Helium ist ein Reson. Pot. nicht zu bestimmen.

Methoden, bei denen nicht direkt das Potential gemessen wird, stimmen besser mit Bohr überein. Aston (Proc. Roy. Soc. **80**, 45; 1907) maß die Länge des dunklen Raumes im Geißler-Rohr und die Energieänderung, die das Elektron beim Durcheilen dieses Raumes erfährt. Es verliert an der Grenze dieses Raumes seine Energie, wird absorbiert und bringt dann das Gas an der Stelle, an der es absorbiert wird, zum Leuchten. Die verlorene Energie entsprach einer Spannung von 30 Volt. Cuthbertson berechnete die Grenzfrequenz oder Eigenschwingung ν (S. 24) zu $3{,}5 \cdot 10^{31}$ aus der optischen Dispersion des Heliums. Nach der Einsteinschen Gleichung gehört zu diesem ν eine Spannung von 24,4 Volt. Richardson und Bazzonis Untersuchungen über die Grenze des X-Strahlenspektrums im He bestätigen, wie bereits erwähnt, den Bohrschen Wert.

Die Werte von 10,1 Volt und 21 Volt finden sich auch angenähert in der obigen Tabelle der Resonanzpotentiale. Die Spannung entspricht der Arbeit zur Entfernung des ersten Elektrons vom Atom. Helium gibt, wie die Untersuchung

Den Zusammenhang zwischen Grenzwelle λ und Potential bei der Ionisation[1]) zeigt die folgende Tabelle (Mc Lennan 1915—19):

Substanz	Hg	Zn	Cd	Mg	Ca	Sr	Ba	Tl
Volt	10,3[2])	9,2	9,0	7,65	6,1	5,7	5,15	(8,3)
λ[3])	1188	1320	1379	1622	2028	2178	2381	(1472)

In der Spannung 7,5 Volt erscheint im Lichtbogen die Linie 4571 des Mg. Diese gehört zu der Serie, deren Grenzlinie **1626,6** ist. Aus der Spannung berechnet sich nach der Einsteinschen Gleichung der Wert **1622**.

Zum leichteren Verständnis dieser wichtigen Beziehungen seien hier einige der von Mc Lennan im Vakuumspektrographen (1918) bestimmten Werte (in Angströmeinheiten) von Serienspektren, aus denen man die Grundschwingungen der Atome erhält, angeführt:

	Serie A: $1{,}5\,S - mp$ (Einlinienspektrum)			Serie B: $1{,}5\,S - mP$		
m	Hg	Zn	Cd	Hg	Zn	Cd
2	**2536,72**	3075,99	3260,17	1849,6	2139,3	2288,8
3	1435,59	1632,08	1710,58	1402,7	1589,6	1669,3
4	1307,83	1468,90	1537,89	1268,9	1457,6	1526,7
5	1259,31	1408,86	1474,06	1250,6	1377,0	1469,4
Grenze	**1188,0**	**1320,0**	**1378,7**	**1188,0**	**1320,0**	**1378,7**

Jede der Serien erscheint bei einer bestimmten Spannung, die von der Einsteinschen Gleichung abhängt. Die Linien der Serie B entstehen auch bei Absorptionsversuchen. Entsprechend der Deutung über die Entstehung der Spektren, die Bohr gegeben hat, sollten die Linien, die zu $m = 2$ gehören, beim Resonanzpotential R; die Grenzlinien (1,5 S) erst bei den Ionisationspotential J erscheinen. Man kann auch aus den λ-Werten dieser Linien die dazugehörigen Potentiale berechnen. Diese stimmen nach den umfangreichen Untersuchungen im Standard Bureau zu Washington (1918, 1919) durch Tate, Foote u. a. mit den beobachteten innerhalb der Beobachtungsfehler überein.

---

der α-Strahlen des Radiums lehrt (siehe **65.**) 2 Elektronen ab. Zur Entfernung des zweiten ist nach Bohr 83,4 Volt erforderlich. Rau fand 81,3 Volt. Bei diesen Potentialen entstehen auch zwei verschiedene Spektren. Die Pickeringserie des He gehört zur Spannung von 83 Volt. Es kann übrigens nicht überraschen, daß die Bohrsche Berechnung nicht immer zutrifft. Bohr nimmt für die Ionisierung Vorgänge an, wie sie sich tatsächlich nicht so abspielen. Für Wasserstoff-Mole tritt (Davies u. Goucher, Phys. Review **10**, 101; 1917) Ionisierung und Strahlung bei 11 Volt ein, die Strahlung wächst plötzlich bei 13,6 Volt. Ein weiteres Anwachsen ist bei 15,8 Volt (15,7 Volt Bishop) bemerkbar. Über die Vorgänge bei der Spaltung von Molen weiß man nichts Sicheres und man kann daher auch nicht so einfache Verhältnisse wie beim Quecksilber erwarten.

[1]) Die Spannung hängt stark von äußeren Umständen (Erwärmung, Dampfdruck, Bestrahlung) ab, nach Beobachtungen von Tate, Bishop, Wood (für Natrium).

[2]) Den gleichen Wert erhielten Tate (1917), Goucher und Bishop.

[3]) Eine Zusammenstellung der Grenzfrequenzen findet man in Konen (Leuchten der Gase; Brschg. 1913, 146). Aus den angegebenen Werten erhielt man für die Wellenlängen des Mg als kleinste beobachtete Werte: 2516, 2513 und 2512, für Hg 2491, 2261, 2149.

Substanz	Linie $1{,}5\,S - 2p$	Resonanzpotential beob.	Resonanzpotential ber.	Linie $1{,}5\,S$	Ionisationspotential beob.	Ionisationspotential ber.
Li	6707,9	—	1,84	2299,7	—	5,36
Na	5895,9 5890,0	2,12 (±0,06)	2,09 2,09	2412,6	5,13	5,11
K	7699,0 7664,9	1,55	1,60 1,61	2856,7	4,1	4,37
Rb	(7947,6) 7800,3	1,60	(1,55) 1,58	2968,4	4,1	4,15
Cs	(8943,5) 8521,1	1,48	(1,38) 1,45	4184,3	3,9	3,82
Mg	4571,4	2,65	2,60	1621,7	7,75	7,61
Cd	3260,2	3,88	3,79	1378,7	8,92	8,96
Zn	3076,0	4,1	4,02	1320,0	9,5	9,36
Hg	2536,7	4,9	4,88	1188,0	10,35	10,40
Tl	11513,2	1,07	1,07	?	7,3	

Es geben darnach die am meisten hervortretenden Linien, wie bei Na die gelben D-Linien auch die Grundschwingungen an. Für Hg tritt die Ionisation bei **10,4** Volt ein.[1]) Das Franckscke Potential von 4,9 Volt, das so oft bestätigt ist, kann durch Lichtwirkungen (Photoeffekte, wie sie Steubing 1909 zuerst nachwies) auf die Elektroden, sekundär hervorgerufen werden.

Auf die Vorgänge der Ionisierung lassen sich die Gesetze der kinetischen Gastheorie und des unelastischen Stoßes (siehe **31.**, dagegen Lenard **115.**) anwenden. Während des Zusammenstoßes, nach dem das Elektron e in völlige Ruhe kommt, hat es eine mittlere Geschwindigkeit $\bar{v} = \frac{1}{2}\sqrt{\frac{2e}{m} V}$ (V Potential = 4,9 Volt für Hg). In der Zeit, während der der Zusammenstoß stattfindet, legt es dann einen Weg σ von $1{,}4 \cdot 10^{-8}$ cm zurück. Dieser entspricht der molekularen Wirkungssphäre (siehe **30.**). $\sigma \sin \vartheta = \frac{1}{4}\sqrt{\frac{h}{2m\nu}}$ (h die Plancksche Konstante, m die Masse des Elektrons, ν die Grundschwingung). Da bei dem Zusammenstoß verschiedene Schwingungen entstehen, so muß auch ν verschieden sein. Das Elektron legt verschiedene Wege zurück. Das ist nur möglich, wenn in dem Atom verschiedene Elektronenringe voranden sind (siehe **125.** und Lenard **115.**).

---

[1]) Eine strenge Unterscheidung zwischen Resonanz und Ionisationspotential ist nicht möglich (Davies und Goucher: Phys. Review **10**, 101; 1917 und besonders Hebb: Phys. Review **11**, 170; 1918). Bei größerer Dichte des erregenden Elektronenstromes erniedrigen sich die oben angegebenen Ionisationspotentiale so weit, daß die Resonanzpotentiale erreicht werden. Das liegt wahrscheinlich daran, daß in dem dichten Elektronenschwarm auch Elektronen größerer Geschwindigkeit vorkommen, die die Dämpfe ionisieren können und zugleich das Einlinienspektrum erzeugen. Immer bleibt aber die Beziehung zwischen Potential und Wellenlänge bestehen. Ist der Hg-Dampf sehr dicht (mindestens einige mm Druck), ganz frei von fremden Gasen und wird durch die mit Baryt bedeckte Wehneltkathode ein Hauptstrom von 10—20 Amp. geschickt, so kann der Elektronenstrom in dem Dampf bereits bei 4,9 Volt ionisieren und einen Bogen unterhalten. Daß das Leuchten bereits bei 5 Volt eintritt, lehrt die Untersuchung der Schichtung in den Geißlerröhren. Jede Schicht braucht für sich diese Spannung zu ihrer Entstehung. Bei niedriger Elektronendichte sind die Verhältnisse recht verwickelt. Der Hg-Dampf strahlt dann bei 4,9 Volt ohne Ionenbildung. Bei 6,7 Volt steigert sich die Strahlung plötzlich. Es entstehen Linien, die zur Serie B ($\lambda = 1850$) gehören. Dann bleibt die Strahlung unverändert, unabhängig davon, daß bei 10,4 Volt der Dampf ionisiert wird.

Hertz (1913, 1917) zeigte jedoch, daß diese Einstein-Townsendsche Theorie der Stoßionisation (1910) für die Ionisierung der Edelgase sowie für Quecksilberdampf nicht zutreffen kann.[1]) Hier ist der Stoß elastisch. Das Elektron des He verliert nur die geringe Energie, welche nach dem Impulsgesetz an das He-Atom abgegeben werden muß. Bei anderen Gasen tritt ein größerer Energieverlust ein, welcher abhängig ist von der Elektroaffinität der Gase. Die zur Ionisierung erforderliche Spannung kann das Elektron daher erst nach einer Reihe von Zusammenstößen erhalten, da es bei jedem Zusammenstoß wieder Energie ansammelt. Demgemäß steht der Vorgang der Ionisierung in keinem einfachen Zusammenhang mit der Bewegung und Energie der Elektronen. Benade und Compton haben (1918) die Versuche von Hertz in verbesserter Anordnung wiederholt. Sie haben den genau erkennbaren Unterschied des Potentials, bei dem ein plötzliches Anwachsen des Stromes in Gasen eintritt, gegen die bekannte Ionisationsspannung bei Änderung des Gasdruckes und der Entfernung der Elektroden gemessen. Der Energieaustausch zwischen Elektronen und Gasmolen läßt sich bis auf 0,01 % berechnen. Danach erfolgen die Stöße der Elektronen in Helium vollständig elastisch, in Wasserstoff und Sauerstoff sind die Vorgänge verwickelter. Eine strenge Theorie dieser Elektronenstöße läßt sich noch nicht geben, es sind nur mehr oder weniger empirische Gleichungen aufstellbar.

Am weitgehendsten hat Millikan (1916) die Einsteinschen Annahmen (1905) von der quantenhaften Lichtwirkung an Vakuumzellen mit aus K, Na, Li, Rb bestehenden Flächen geprüft. Die Grundgleichung erhielt dabei durch Differentiation die Form: $dV/d\nu = 300\, h/e$. Da M. die Änderung des Entladepotentials mit der Wellenlänge bestimmte, konnte er so leicht mit großer innerer Genauigkeit Werte für das Elementarquantum h erhalten. Der Schlußwert ist $h = 6{,}58 \cdot 10^{-27}$ erg.

Aus ähnlichen Quantenbetrachtungen lassen sich auch, wie zuerst Bohr (siehe **132.**) gezeigt hat, Beziehungen zwischen den Spektrallinien desselben Elementes ableiten. Bohr und Sommerfeld (siehe **133.**) haben das für Wasserstoff und Helium ausgeführt und damit uns einen Einblick in den Bau der Atome, in die Zahl und Lage der Valenzelektronen gewährt. Auch die von Baeyer sowie von Rutherford (1913) aufgefundenen zahlreichen Linien (siehe **124.**) im γ-Strahlenspektrum des RaC, sowie die zugehörigen β-Strahlgruppen des RaB und C stehen in einfachen quantenhaften Beziehungen. Einen neuen Weg, der uns eine Beziehung zwischen dem Quant und der chemischen Energie liefert, hat Heydweiller (1915) eingeschlagen. Ist N die Loschmidtsche Zahl, so kann ein g-Atom irgendeines Ions die Energie $N h \nu$ austauschen. Verbinden sich zwei Ionen (H und OH), so wird bei dieser Verbindung die Summe beider Energien (wegen der verschiedenen Ladung ist es zahlenmäßig die Differenz) freiwerden. Diese wird durch die Verbrennungswärme Q gemessen. Es gilt so die Gleichung

$$\nu_{\mathrm{H}} - \nu_{\mathrm{OH}} = \frac{2JQ}{Nh} = 0{,}29 \cdot 10^{15}/\mathrm{sec},$$

wenn man die Werte der Konstanten einsetzt. Die Grundschwingungen ν der Ionen lassen sich aus optischen Messungen (aus der Lichtbrechung von Alkalien und Säuren) berechnen und zwar ist $\nu_{\mathrm{H}} = 2{,}590$; $\nu_{\mathrm{OH}} = 2{,}298 \cdot 10^{15}$. Die Differenz beträgt $0{,}292 \cdot 10^{15}$. Daher stehen Energiequant,

[1]) Sie ist auch von Stark (Jahrb. Radioakt. **13**, 380; 1916) und J. J. Thomson (Radiations from atom; Engineering **101**, 380; 1916) bestritten worden. Weder kann die Energie ganz übertragen werden, noch ist die Ladung der Elektronen in allen Atomen gleich stark. Nach Lenard (**115.**) sind die Stoßvorgänge nicht richtig erkannt.

Verbrennungswärme und optische Brechung in engen Beziehungen. Die Übereinstimmung der Rechnungen ist ein Beweis für die Richtigkeit der Annahme, daß bei allen Energien ein Quant ausgetauscht wird, sowie daß die Atomhülle durch die Valenzelektronen gebildet wird, die die Träger der chemischen Reaktionen sind (siehe **128.**).

Auf den gleichen Voraussetzungen beruht die (siehe **15.**) von Nernst und Eucken gegebene Erklärung für die solange rätselhafte Änderung der Atomwärme mit der Temperatur. Strahlung und Wärmeaustausch sind eng verwandt. Die falsche Annahme, die bisher bei der Strahlung gemacht wurde, daß der Energieaustausch zwischen ganz ungeordneten Molen stattfindet, führt dazu, daß die Atomwärme konstant = 6 sein müßte. Diese Annahme trifft aber nur für höhere Temperaturen zu. Je tiefer die Temperatur fällt, um so weniger Mole tauschen ihre Valenzelektronen aus. Das lehren uns die Kamerlingh-Onnesschen Beobachtungen (siehe **39.**); das zeigt auch die schnelle Abnahme der Reaktionsgeschwindigkeit mit der Temperatur. So reagiert bei —80° Natrium nicht mehr auf Salzsäure. Bei tiefer Temperatur sind daher bei den meisten Molen die Elektronen an die Kerne festgebunden. Die Bindung ist etwa diejenige der Kristalle, deren Anordnung wir nach Bragg (siehe **26.**) ermitteln können. Bei den Kristallen sind die Elektronen nur in einer bestimmten Richtung und nicht mehr in allen drei Richtungen wie bei Gasen frei verschiebbar. Je tiefer daher die Temperatur fällt, um so weniger Energiequanten $h\nu$ werden durch die zugeführte Energie übertragen, um so weniger Energie wird bei Zusammenstößen von Atomen verbraucht. Die zugeführte Energie dient dann lediglich zur Vermehrung der inneren Energie, also der Temperatur der Atome. Es genügt also eine geringere Wärmemenge, um die gleiche Temperaturerhöhung zu erzielen. Die Atomwärme fällt also.

Allen diesen Untersuchungen liegt eine rein mechanische, korpuskulare Auffassung der verschiedenen Strahlungsformen (Wärme, Licht, Elektrizität) zugrunde, wie sie früher von Newton vertreten wurde. Licht und Wärme sollten aus kleinen Teilchen bestehen, die beim Auftreffen auf die menschlichen Sinne das Gefühl von Licht und Wärme hervorrufen. Von 1800 ab; nach Entdeckung der Interferenzerscheinungen des Lichtes wurde diese Theorie verlassen und die von Huyghens 1680 ausgearbeitete Wellentheorie wurde allein herrschend. Sie erklärt auch allein, daß die Ausbreitungsgeschwindigkeit des Lichtes in Luft größer als die in Wasser; sie macht die Analogie zwischen Lichtwellen und elektrischen Wellen verständlich; sie zeigte, daß die Lichtgeschwindigkeit unabhängig von der Geschwindigkeit der Lichtquelle ist. Seit 1900 aber wurden in einer größeren Zahl, besonders durch Lenard, Beobachtungen gemacht, die mit der Wellentheorie unvereinbar sind. So ergab sich, daß der Photoeffekt, der in der Auslösung von Elektronen besteht, unabhängig von der Lichtmenge ist. Die Photoströme bei der Belichtung entstehen, gleichgültig, wie weit die Lichtquelle entfernt ist. Das gilt auch für die Auslösung von Elektronen durch X- und γ-Strahlen.[1]) Ebenso sind die Erscheinungen, durch welche die Atome als solche nachgewiesen sind, z. B. die Nebelbildung durch einzelne

---

[1]) Millikan: Phys. Rev. **21**, 173; 1913; Nature **101**, 234; 1918.

α-Teilchen (C. T. Wilson, siehe **31.**) nur durch korpuskulare Theorien erklärbar. Andererseits ist diese Theorie nicht in der Lage, die oben erwähnten Erscheinungen zu deuten. Sie kann also die Wellentheorie nicht ersetzen. Die beiden Theorien stehen daher ohne Zusammenhang nebeneinander. Es fehlt bisher jede Möglichkeit, die durch die klassische Elektrodynamik geforderte Kontinuität im Äther für Energieübertragung mit den quantenhaften korpuskularen Vorgängen zu versöhnen. Zweifelhaft ist es, wie diese Übertragung in dem Atom zustande kommen kann. Im wesentlichen sind alle die obigen Vorgänge unabhängig von der Atomart, so die Wärmestrahlung, so die Endstrahlung des weißen oder Bremsspektrums der Röntgenstrahlen. Solche Vorgänge können sich im Innern der Atome, wenn es bei allen Atomen gleichartige Struktur hat, abspielen, eine Auffassung, auf der sich auch die Theorie von Bohr (siehe **130.**) aufbaut.

43. Die Annahme der Atomisierbarkeit aller Energievorgänge und die Schwierigkeit dieser Theorie.

Den bisherigen Betrachtungen lag eine rein sinnliche, der kinetischen Gastheorie entnommene Auffassung der Atome, der Masse und der Energie als fliegende Kugeln zugrunde, die ohne jede Beziehung zu ihrer nächsten Umgebung stehen. Das ist zwar sehr bequem, aber nicht zutreffend. Faraday schloß aus den Induktionserscheinungen (siehe **35.**), aus seinen Untersuchungen über elektrische Leitung und dem Verhalten der Isolatoren, daß von diesen Atomkugeln, über deren Natur wir gar nichts wissen, Kraftlinien ausgehen, die sich zu Kraftfeldern zusammenschließen. Diese wandern mit den Kugeln mit. Die Kugeln unterscheiden sich von dem übrigen Raume dadurch, daß sie einen ausgezeichneten Punkt, einen Knotenpunkt in dem Gewebe der Kraftlinien bilden. Sie sind lediglich ein Kraftzentrum. Die Kraftlinien erstrecken sich zwischen allen diesen Zentren. Die Atome sind danach lediglich Energiezentren, eine Auffassung, die auch schon der Schöpfer der Stöchiometrie J. B. Richter teilte.

Die Faradaysche Auffassung bildet die Brücke zwischen der von den Erfahrungen der exakten Naturwissenschaften geforderten atomistischen Struktur der Materie und der von den Philosophen und von den „energetischen“[1]) Physikern, wie Karsten, Wald, geforderten Kontinuität der Vorgänge. Der Atomismus erscheint schon bei Betrachtung des Himmelsgewölbes, an dem relativ wenige isolierte Sterne im ungeheuer ausgedehnten Raum schweben, als das Naturgemäße. Es bestehen aber, wie von vielen auch die Philosophie beherrschenden Physikern (Fechner, Mach[2]), Stallo, Petzoldt) nachgewiesen ist, unzweifelhaft logische Schwierigkeiten. Diese sind besonders aus den Newtonschen Vorstellungen über Stoff, Kraft, Raum und Zeit entstanden. Newton nimmt diese Begriffe als verschieden, voneinander unabhängig und aus sich selbst heraus gegeben (absolut) an. Quanten- und Elektronentheorie lehren aber, daß Materie und Energie (Stoff und Kraft) ineinander übergehen, wofür schon Crookes die

---

[1]) Diese sehen die Aufgabe der Physik lediglich in der Beschreibung von Energievorgängen.

[2]) Vgl. **23.**

Beeinflussung der Elektronen in den Kathodenstrahlen durch die magnetischen Kräfte als anschauliches Beispiel benutzt hat. Auch die oben geschilderte Beeinflussung der Spektrallinien durch elektrische und magnetische Energie, sowie der Photoeffekt können hier angeführt werden.

Alle vier Grundbegriffe gehen in letzter Linie auf ein subjektives (relatives) Element, die sinnliche Empfindung zurück. In ihr wurzeln alle unsere Erfahrungen und Messungen. Der Raum (das Leere) ist der zur Materie (dem Vollen) von der Empfindung aufgestellte Gegensatz. Der Energie (dem Bewegten) ist als Gegensatz das Unbewegte, Unveränderliche (die Zeit) an die Seite gestellt. Raum und Zeit sind zugleich die Maßstäbe für Materie und Energie. Alle diese Empfindungselemente sind miteinander verknüpft. Über die Wirklichkeit dieser Empfindungskomplexe läßt sich nichts aussagen. Die Atome können danach keine größere Realität beanspruchen als das Kontinuum. Materie (Atome und Elektronen) ist lediglich durch unsere Sinne von dem übrigen Raum unterschieden. Sie bildet, wie Wald sich ausdrückt, eine besondere Phase. Nach Byk kann man diese Unterscheidung mathematisch exakt darstellen, wenn man die Grundeigenschaft des Raumes, sein Krümmungsmaß berücksichtigt. Im äußeren oder euklidischen Raum, im Leeren, gilt der Satz, daß die Summe der Winkel des Dreiecks zwei Rechte beträgt; im Atom oder Atomion und im Elektron ist das nicht der Fall. Dem Atom kommt ein positives, dem Elektron ein negatives Krümmungsmaß zu und dementsprechend ist die Summe der Winkel größer oder kleiner.

44. Scheinbare Masse und der elektrische Ursprung der Masse.

Die Materie, das Atom, ist im Sinne Faradays nichts weiter, als Erzeuger und Träger eines Kraftfeldes. Sie ist unauflösbar mit der in verschiedensten Formen auftretenden Energie verknüpft. Im wesentlichen [1]) ist es elektrische Energie. Bewegte Energien sind bewegte Elektronen. Jedes Elektron hat nur einen begrenzten, „gequantelten" Energievorrat. Die Masse wird sonach nur durch die von ihr ausgehende meßbare Energie nachgewiesen. Diese erscheint nach Newton (siehe **35.**) als Trägheit. Faraday zeigt, daß der Sitz dieser Trägheit und der Kraftfelder der umgebende Raum ist, der mit einem besonderen Medium, dem Äther, gefüllt zu denken ist. An den Stellen, an denen sich die Energiekraftlinien häufen, tritt eine Verdichtung des Äthers ein. An den Stellen, die ein Elektron verläßt, wo die sogenannte positive Ladung vorhanden ist, wird der Äther verdünnt. Es besteht also eine Dichtedifferenz oder Spannung im Äther. Man kann auch sagen, die Materie ist eine Verdichtung oder Spannung im Äther, eine Auffassung, die schon Secchi in seinem vielgelesenen Buch: Von der Einheit der Naturkräfte, vertrat. Jede Verschiebung von Materie, also von Elektronen oder Energie ist daher mit der Verschiebung von Spannungen begleitet. Diese Verschiebung erfordert Arbeit und diese Arbeit ist die mechanische Trägheit. Da demgemäß die Haupteigenschaft der Masse, die Trägheit, nicht von der Masse selbst, sondern von der Umgebung ausgeht,

---

[1]) Mit Ausnahme der Energie der Lage, der Schwerkraft. Einstein (1913) hat jedoch auch in dieses Gebiet Bresche geschlagen (siehe 7.).

so bleibt nichts Reales von ihr übrig.[1]) In Verfolg dieser Auffassung gelangt man zu dem Begriff „scheinbare Masse“. Sie besteht nur aus elektrischer Energie. Diese innige Beziehung zwischen Elektrizität und Masse äußert sich vor allem darin, daß die Grundenergien der Masse, die Schwere und die elektrische Energie eine gemeinsame Konstante, die Lichtgeschwindigkeit, besitzen, worauf Poincaré 1906 (siehe **35.**) hingewiesen hat. Die Masse oder vielmehr ihre Trägheit braucht danach nicht konstant zu sein. In der Tat haben Kaufmann (siehe **35.**) und später noch genauer Bucherer, Hupka, Cl. Schäfer, Proctor, Jones (siehe **40.**, Tabelle I), eine Änderung nachgewiesen, sobald die Geschwindigkeit sich der Lichtgeschwindigkeit nähert. Die gewöhnliche Masse enthält aber Elektronen von viel geringerer Geschwindigkeit, die wahrscheinlich nur imstande sind, die Spannung des Äthers bis zum nächsten Elektron zu beeinflussen. Das Kraftfeld des Atoms erstreckt sich alsdann nicht über das Nachbaratom; die Kraftfelder durchdringen sich nicht und die Gesamtwirkung der Masse ist der Gesamtzahl der Atome proportional. Die Masse ist also auch unabhängig von der Anordnung der Atome. Diese Anordnung ist etwa die eines Käfigs aus Drahtgittern. Die Atome oder Elektronen hat man sich an den Kreuzungspunkten der Drähte zu denken; die Drähte selbst entsprechen den Kraftlinien.

Daß das Kraftfeld des Elektrons sich nur bei sehr hoher Geschwindigkeit über den Raum der Atome erstrecken kann, wird verständlich, wenn man die gegenseitigen Abmessungen in Betracht zieht (siehe **40.**). Die Elektronen sind 100000 mal kleiner als die Wirkungssphären der Atome. Sie sind in Zahl, Größe und Bewegung einem Mückenschwarm in einer Kirche vergleichbar (Becquerel). Überhaupt ist die mittlere Dichte der Materie und Elektronen eine äußerst geringe. Lord Kelvin schätzt die sichtbare Welt auf 1000 Millionen Sonnen. Würde man die in ihnen enthaltene Materie auf den uns erkennbaren Raum verteilen, so würde diese Materie nur etwa $2 \cdot 10^{-23}$ g im ccm enthalten; also nur 10 Wasserstoffatome. Das ist eine Dichte, die sich zu den noch erreichbaren Dichten der Gase bei einer Verdünnung von $1/_{100000}$ mm Hg verhält, wie dieses „Vakuum“ zur Dichte des Bleies. Die Materie ist danach ein Weltsystem im kleinen, eine Milchstraße oder Nebelwolke von Elektronen (Lodge).

Daß die Materie aus elektrischen Kraftzentren oder Atomen, den Elektronen aufgebaut sein kann (siehe **105.**), hat zuerst gelegentlich Wächter (1878) angedeutet. Zu gleicher Zeit aber sprach diese Auffassung Crookes in seinem berühmten Vortrage über die strahlende Materie (1879, S. 38)[2]) mit den prophetischen Worten aus: „Die Elektronen sind das Grenzgebiet, in dem Materie und Kraft ineinander übergehen. Die größten wissenschaftlichen Probleme der Zukunft werden in diesem Grenzlande ihre Lösung finden.“ Zahlreiche Physiker[3]) haben sich ihm und der Lehre von der

[1]) Diese Folgerung hat wohl zuerst klar Clifford (fortnightly Review 1875 — Crookes 1903) ausgesprochen. Man müsse den elektrischen Strom, den jedes Atom erzeugt, der Materie selbst gleichsetzen.

[2]) Auch in dem Vortrag von 1886, Genesis der Elemente; Phil. Transact. **128**, 949; deutsch 1895, S. 31 (2. Aufl.).

[3]) Z. B. Becquerel, Dressel, Guye, de Heen, Larmor, Le Bon, Lodge, Lorentz, H. Poincaré, Righi, Rydberg, G. C. Schmidt, Stark, Strache, W. Wien.

„Dematerialisierung" der Materie angeschlossen. J. J. Thomson hat 1881 (und später W. Wien) versucht, diese Auffassung mathematisch weiter zu entwickeln und die Sätze der klassischen Mechanik elektrodynamisch abzuleiten, nachdem die Lösung des ungelehrten Problems selbst Lord Kelvin nicht gelungen war. 1897 hat Thomson seine Entwicklungen in der Korpuskulartheorie der Materie zusammengefaßt. Er nimmt allerdings zwei Arten von Elektronen an, negative und positive (letztere sind nur an Materie gebunden nachgewiesen). Beide sind von sehr verschiedener Größenordnung.[1]) Wesentlich gestützt wird diese neue Auffassung über die Materie durch die Erscheinungen, welche die Wechselwirkung von Materie und Elektronen beweisen (siehe **42.**), vor allem durch das schon von Faraday vorausgesagte Zeemansche Phänomen (1896) und durch den von J. Stark gelieferten Nachweis (1913), daß auch elektrische Kräfte Spektrallinien, also die Schwingungen von materiellen Atomen beeinflussen.

Auch die Ableitung der Beziehungen zwischen Reichweite und Lebensdauer radioaktiver Atome spricht zugunsten dieser Anschauung (siehe **92.**); ebenso die Vorgänge bei der Absorption der Kathodenstrahlen (siehe **115.**), die Lenard zu seiner Dynamiden-Theorie führten. Unter Dynamiden haben wir Kraftzentren zu verstehen, die imstande sind, die Energie von Kathodenstrahlen, also von Elektronen aufzuzehren. Solche Kraftzentren sind, wie Lenard in seiner großen Arbeit über Kathodenstrahlen[2]) betont, die materiellen Atome beim Zusammenstoß mit Elektronen. Bei der Absorption der Kathodenstrahlen vereinigt sich die elektrische Materie oder Energie mit der gewöhnlichen Materie. Bei der Ionisation von Atomen (Bildung von Atomionen) findet das gleiche statt. Umgekehrt muß sich auch Materie in Energie umwandeln. Dieser Vorgang liegt der Sonnenstrahlung zugrunde. Alle anderen Erklärungen für die Tatsache, daß diese Strahlung unerschöpflich ist (in geologischen Zeiten kann sie sich nicht verändert haben), besonders jede rein mechanische Erklärung, wie sie die Helmholtz-Kelvinsche Hypothese gibt (Ersatz der Strahlungsenergie durch Kontraktion des Sonnenballes), sind mit den Beobachtungen in Widerspruch (Jeans 1919). Schließlich ist es gelungen, materielle Eigenschaften aus rein elektrischen Kräften abzuleiten, und zwar zunächst für einfache Krystalle polarer Substanzen (Salze wie z. B. NaCl; siehe **128.**), von denen man nach der Arrheniusschen elektrolytischen Dissoziationstheorie weiß, daß sie in Ionen zerfallen sind. Unter dieser Voraussetzung lassen sich die elastischen Konstanten berechnen (und zwar zunächst die innere Kohässion, die durch den Koeffizienten der Kompressibilität gemessen wird), aus elektrostatischen Kräften, die von der den Kern des Atomions umgebenden Elektronenschale ausgehen (Born **135.**). Die einzelnen Ionen des Kristalls sind dabei regelmäßig auf die Schnittpunkte der Kristallgitter verteilt (Fig. S. 45).

Diese Auflösung der Kristalle in Ionen folgt auch aus der Art, wie Lichtstrahlen auf Kristalle einwirken. Es lösen (Rubens und Nichols 1897) die Licht-

---

[1]) Wahrscheinlich ist das + Elektron mit dem H-Ion identisch (siehe **46**, **105.**).

[2]) Heidelberger Akad. Abhdl. Nr. 5, 1918 („Quantitatives über Kathodenstrahlen aller Geschwindigkeiten", S. 105). Die Dynamidentheorie ist als Vorläufer der Kerntheorie Rutherfords anzusehen (vgl. **115.**).

strahlen bei Kristallen sogenannte Reststrahlen, d. h. stets ganz bestimmte Schwingungen aus, deren Wellenlänge 100 μ erreichen kann. Sie bringen also den Kristall gewissermaßen zum Tönen. Die Reststrahlung steht in Resonanz zur optischen Welle. Da die letztere als elektrischer Impuls zu betrachten ist, müssen die getroffenen Körper aus elektrischen Resonatoren bestehen, so daß Vorgänge, wie wir sie aus der drahtlosen Telegraphie kennen, möglich werden. Aus dieser Auffassung heraus wird es auch verständlich, daß die X-Strahlen, (sie sind elektrische Impulse von etwa Tausendmal so kleiner Welle als das sichtbare Licht), an den Atomionen der Kristalle interferieren. Die Impulse der X-Strahlung treffen auf die Elektronenringe der Atome, erschüttern sie so, daß von ihnen sekundäre elektrische Wellen ausgehen, die miteinander interferieren, wie Laue zeigte. Aus der Verteilung und Stärke der Interferenzstreifen und -Flecken rings um den Durchstoßungspunkt des X-Strahles läßt sich die Zahl der erschütterten Elektronen der einzelnen Atome berechnen. Diese sind, wie oben angenommen, in einfacher Weise ionisiert (Debye und Scherrer 1918; siehe auch **128.** und **135.**).

45. Ätherwirbel.

Die Materie ist zusammengesetzt aus Elektronen. Aber auch die Elektronen sind keine Urmaterie. Aus den Untersuchungen über die scheinbare Masse (siehe **40.**) folgt, daß die Elektronen kompressibel sind; bei großer Geschwindigkeit nehmen sie die Form von Ellipsoiden an. Man kommt so dazu, anzunehmen, daß auch sie zusammengesetzt sind; sie können als Verdichtungen des Äthers angesehen werden. Diese Verdichtung des Äthers zu Elektronen und dann zu Materie läßt sich am besten veranschaulichen, wenn man ihn als wirbelförmiges Gebilde auffaßt, das am leichtesten in größerem Maßstabe als Rauchring zu erhalten ist. Descartes hat als erster sich einen derartigen Aufbau der Substanz aus Ätherwirbeln vorgestellt; seine Theorie (siehe **22.**) blieb stark in rein sinnlichen Anschauungen stecken. Boscovich (1711—1787) nahm Wirbelatome (1759) an, die mit Trägheit begabt und gegenseitiger Anziehung oder Abstoßung fähig waren. Alle Eigenschaften der Materie sind Folgen des Gleichgewichts dieser Kräfte. Rankine (1849) zog die Wirbelatome zur Erklärung der elastischen Eigenschaften der Materie heran. Die Boscovichschen Wirbel sind verwirklicht in den Wirbelfäden einer nicht zusammendrückbaren Flüssigkeit, deren Theorie von Helmholtz (1858) entwickelt wurde. Vor allem sind die Wirbel unzerstörbar und fähig, sich gegenseitig zu durchdringen, sich zu vereinigen und wieder zu trennen. Lord Kelvin hat dann (1867) auf dieser Grundlage eine mathematische Theorie der Materie versucht zu entwickeln. Viele weitere Versuche sind gemacht worden, aber an den mathematischen Schwierigkeiten ist der Fortschritt gescheitert. Man gelangt daher nur zu qualitativen Folgerungen.

Die Eigenschaften der Wirbel kann man sich am ehesten klar machen, wenn man einen um seine Längsachse rotierenden Kautschukstab ohne Änderung der Rotation sich zu einem Ring zusammengebogen denkt. Die einzelnen Teile behalten ihre Elastizität bei; die ganze Form, der Ring, leistet jeder Verbiegung den größten Widerstand. Die verschiedenen Arten der Materie entstehen durch die mannigfaltigen Verknotungen und Verschlingungen. Diese Vereinigung der Wirbel braucht nicht dauernd zu sein; es kann dafür Materie entstehen und vergehen, z. B. chemische Materie in Elektronen übergehen. Die Energie der Wirbel kann sehr verschieden sein. Sie ist, wie J. J. Thomson (1914) betonte, dafür maßgebend, daß sich die Urwirbel durch die Menge des rotierenden Äthers (den Querschnitt des Wirbels) und durch die Wirbelgeschwindigkeit unterscheiden. Das Produkt beider Größen ist ein Maß für die Energie. Die Geschwindigkeit kann sich sprungweise (quantenhaft) ändern beim Zusammenstoß von zwei Wirbeln, ohne daß sie die Form ändert. De Heen (1913) hat qualitativ das ganze Lehrgebäude der Physik auf Wirbelfäden zurückzuführen versucht. Die Vorgänge bei der Vereinigung der Fäden kann man in den elektrischen Entladungen studieren, die Schwingungen der Fäden in den Spektren. Bjerknes hat gezeigt, daß sich zwei vereinigende Wasserwirbel wie zwei Elektrizitätsmengen verhalten.

Wie diese Wirbel entstehen, braucht nicht erörtert zu werden; sie sind unzerstörbar, daher ewig. Die Aufgabe der Physik ist aber im Sinne Democrits erschöpft, wenn das Veränderliche auf das Ewige zurückgeführt ist.

46. Einiges Materielle über den Äther.

Über den Äther selbst kann man nichts Eindeutiges aussagen. Lodge (in seinem Buch: Der Weltäther, 1911), Ostorne Reynolds, J. J. Thomson machen es wahrscheinlich, daß der Äther mindestens um ein Elektron herum von außerordentlicher Dichte (10000 mal so dicht als Wasser) sein wird. Danach wäre es möglich, daß er mit dem Elektron identisch ist, das als positives Elektron oder H-Ion eine Größe von 10^{-16} cm (siehe **105.**, **117.**) hat, aber ein Gewicht von 10^{-24} g. Den freien Äther faßt Mendeléef ebenfalls als Stoff auf, als gasförmiges Element, unfähig, wie die Gase der Heliumgruppe chemische Verbindungen zu bilden. Er wäre imstande, aus der Atmosphäre der Sterne in den Weltraum zu entweichen. Um dies tun zu können, müßte er, wenn man die Betrachtungen der kinetischen Gastheorie auf ihn anwenden könnte, und wenn man die Größe des größten Sternes berücksichtigt, mindestens eine Geschwindigkeit von 2240 km/sec besitzen. Sein At.-Gew. sollte zwischen $5 \cdot 10^{-11}$ und $1 \cdot 10^{-6}$ liegen, also höchstens $^1/_{50}$ des Elektrons erreichen. Es erscheint aber zweifelhaft, ob man derartige, aus der sinnlichen Erfahrung fließende Betrachtungen auf den Urstoff anwenden darf. Sie führen zu den uns schon bekannten (siehe **43.**) logischen Schwierigkeiten.

Der Äther ist Träger der Eigenschaften, welche die Naturkonstanten: Lichtgeschwindigkeit, Plancksches Elementarquantum, Elementarladung und Masse der Elektronen kennzeichnen (Borelius 1918). Nach den Erfolgen Borns (S. 93.) über den Aufbau der Masse aus Elektronen kann man für ihn eine ähnliche gitterförmige Struktur voraussetzen. Darnach müßten die „Ätheratome" auf die Ecken eines kubischen Raumgitters verteilt werden. Ihre Energie ist der des Wirkungsquantums gleichzusetzen; ihre Masse der der Elektronen. Verläßt ein Ätheratom seinen Platz im Gitter, so entsteht ein „Hohlraum". Dieser Raum erhält dadurch Eigenschaften, die denen des Elektrons gleich sind. Andererseits entsteht an der Stelle, an die das Ätheratom gelangt, eine Verdichtung. Dieser Raum erhält Eigenschaften der Masse, wie wir sie im Korn des Wasserstoffatomes nach Rutherford (siehe **118.**) anzunehmen haben. Der mittlere Radius des Hohlraums, also auch der Radius des Elektrons ergibt sich zu $1{,}5 \cdot 10^{-13}$ cm (siehe dagegen **40.**), ob wir ihn aus den Konstanten des Hohlraumes oder des Kernes berechnen.

Die Dichte des Äthers folgt zu $4{,}8 \cdot 10^{16}$ g im ccm, ist also ungeheuer groß; sie ist aber gerechtfertigt durch die geringe Größe des Kernes (siehe **118.**).

Bei den Berechnungen sind die elektrischen Grundgesetze benutzt. Wir dürfen auch (Born 1919) nicht mehr rein mechanische Betrachtungen auf den Äther anwenden. Bisher verfuhr man allerdings, wie es durch die Entwicklung des Ätherbegriffes bedingt war, anders. Die Idee des Äthers ist entstanden aus den Beobachtungen an kontinuierlich aufgefaßten Massen. Diese führten zu der elastischen Theorie der Gase, Flüssigkeiten und festen Körper und weiter zur Wellentheorie des Lichtes. Durch die Massen breiteten sich mechanische und Äther-(Licht)-Wellen gleichmäßig aus. Eine solche Materie, in der eine solche Ausbreitung möglich wäre, läßt die neue elektrische Theorie der Materie nicht zu und damit verschwindet auch die Möglichkeit eines mechanischen Äthermodullus. Die Grundlage aller Betrachtungen muß das elektrische Feld mit seinen elektrischen und magnetischen Komponenten sein, so wie es Maxwell in seiner elektromagnetischen Lichtheorie durchgeführt hat. In Erweiterung dieser Theorie ist aber vorauszusetzen, daß die Ladungen dieses Feldes an bestimmte Raumpunkte gebunden sind, die wir als Materie bezeichnen.

Literatur zu 32—46.

Allgemeines über die Elektronentheorie: H. A. Lorentz, H. Starke in Kultur der Gegenwart **3** (3), 323, 413; 1915. — Fajans: Umschau **19**, 661, 687; 1915. — H. Abraham und Langevin: Ions, Electrons, Corpuscules (Soc. franç. phys., Collection de Memoirs, 2 Bde., Paris 1905). — Soc. franç. phys.: Les idées modernes sur la matière, Paris 1913 (Langevin, p. 56, Baur, p. 115, Block, p. **148**, Blanc, p. 192). — d'Albe: Infra und Suprawelt (Lpg. 1908). — Arrhenius: Theorie der Chemie (siehe **30.**). — Bädeker: Elektrische Erscheinungen in materiellen Leitern (Brschg. 1911). — Campbell: Moderne Elektrizitätslehre (Dresden 1913). — Greinacher: Radium (Lpg. 1907). — Gehrcke: Strahlen positiver Elekt. (Lpg. 1909). — Himstedt: Elektronen (Freiburg 1909). — Jones: The electrical nature of matter (Electrical Review **47** und **48**, sowie als Buch N.Y. 1906 und 1915). — Le Bon: Entwicklung der Materie. — Lodge: Elektronen (Lpg. 1907). — Millikan: The electron, its isolation and measurement and the determination of some of its properties (Chicago 1917). — L. Poincaré: Moderne Physik (Lpg. 1908). — Righi: [1]) Moderne Theorie der physikal. Erscheinungen (Lpg. 1908, 2. Aufl.). [2]) Struktur der Materie) (Lpg. 1908). — [3]) Strahlende Materie (Lpg. 1909). — Rydberg: Elektronen der ersten Grundstufe (Lund, Berlin 1906). — O. W. Richardson: Electron theory of matter (Cambridge 1914). — G. C. Schmidt: Kathodenstrahlen (Brschg. 1904, 1907). — J. Stark: [1]) Elektr. in Gasen (Lpg. 1902). [2]) Prinzipien der Atomdynamik (3 Teile, Lpg. 1910, 1911, 1915); Teil 3: Die Elektrizität im chemischen Atom. — J. J. Thomson: [1]) Entladung durch Gase (Cambridge 1897, Lpg. 1900). [2]) Durchgang der Elektrizität durch Gase (Lpg. 1906). [3]) Korpuskulartheorie der Materie (Lpg. 1908). [4]) Radiations from atoms (Royal Institution: Engineering **101**, 1916). — Townsend: Theory of ionisation of gazes by collision (London 1910). — W. Wien: Elektronen (Lpg. 1909). — Townsend (Ionisation der Gase); Marx (Flammenleitung), Bestelmeyer (spezif. Ladung), Richardson (Glühelektroden) in Bd. I, IV (1916) und V des Handbuches der Radiologie von Marx (1919, Bd. I noch nicht erschienen).

Zu **32.** Geschichte des Elektrons. W. Kaufmann: Phys. ZS. **3**, 9; 1901; Naturwiss. Rdsch. **16**, 557, 569; 1901. — Faraday: Researches in Electr. § 661—874; 1833—34. — W. Weber: Werke **4**, 250, 279; Lpger. Akad. **10**, 1; 1871. — Maxwell: [1]) Phil. Mag. 1861—62. [2]) Phil. Transact. **155**, 1865. [3]) Lehrbuch der Elektrizität und des Magnetismus (London 1873, 380; deutsch 1883). [4]) Theorie des Lichtes (Lpg. 1891). — v. Helmholtz: [1]) J. Chem. Soc. **39**, 277; 1881. [2]) Werke II, 251; III, 69, 97. — Stoney: [1]) Brit. Assoc. Report. 1874. [2]) Transact. Dubl. Soc. **3**, 51; 1881; **4**, 503; 1891. [3]) Phil. Mag. **11**, 385; 1881. — F. Kuntze: Die Elektronentheorie der Gebr. Graßmann (Vjschr. wiss. Philosoph. Lpg. **33**, 273; 1909). — R. Graßmann: [1]) Die Atomistik (Stettin 1862). [2]) Das Weltleben (Stettin 1881). — Plücker: Pogg. Ann. **103**, 100; **104**, 113; 1858; **107**, 77; 1859; **116**, 45; 1862. — Hittorf: Pogg. Ann. **136**, 1, 213; 1869. — Varley: Proc. Roy. Soc. **19**, 236; 1871. — Goldstein: [1]) Sitzungsber. Berl. Akad. 1876, 284. [2]) Sitzungsber. Wien **74**, 463; 1876. — Crookes: [1]) Chem. News **38**, 279; 1878. [2]) Phil. Mag. **7**, 135, 587; 1879. [3]) Phil. Transact. **170**, 135, 641; 1879. [4]) Strahlende Materie (5. Aufl., Lpg. 1912). — Giese: [1]) Ann. Phys. **17**, 1, 236, 519; 1882. [2]) Ann. Phys. **37**, 576; **38**, 403; 1889. — Schuster: [1]) Proc. Roy. Soc. **37**, 317; 1884. [2]) Proc. Roy. Soc. **47**, 526; 1890. [3]) Ann. Phys. **65**, 877; 1898. — Ebert: Ann. Phys. **49**, 65; 1893. — Richarz: Ann. Phys. **52**, 385; 1894. — Wiechert: Gött. Nachr. 1898, 1.

Zu **33**. O. W. Richardson: [1]) Electron theory 1914, 448. [2]) Proc. Roy. Soc. **91**, 524; 1915; Nature **95**, 416, 468; 1915. [3]) The emission of Electr. from hot bodies (London 1916). [4]) Handbuch der Radiologie IV (Lpg. 1916). — Lenard: Ann. Phys. **51**, 227; 1894. — Fredenhagen: Phys. ZS. **12**, 398; 1911. — Wächter: Ann. Phys. **44**, 127; 1914. — Deslandres: C. R. **124**, 678; 1897. — v. Laue: Jahrb. Radioaktiv. **15**, 208; 1919.

Zu **34** und **35**. Millikan: [1]) Phys. Review **32**, 349; 1911. [2]) Ann. Phys. **50**, 729; 1916. [3]) Phys. Review **8**, 595; 1916. [4]) Chigaco 1917 (siehe Allgemeines). [5]) Phil. Mag. (6) **34**, 1; 1917. — Derieux: Phys. Rev. **11**, 203; 1918. — Joffé: Sitzungsber. Münch. Akad. 1913, 19. — J. J. Thomson: Phil. Mag. **11**, 229; 1881. — C. E. Guye: J. chim. phys. **2**, 549; **3**, 188; 1904—05. — Soddy: Radioakt. (Lpg. 1904, 57). — W. Kaufmann: [1]) Gött. Nachr. 1901, 143; 1903, 90. [2]) Ann. Phys. **19**, 487; 1906. — Abraham: Ann. Phys. **10**, 105; 1903. — H. Poincaré: [1]) Dynamique de l'électron (Paris 1906). [2]) Rend. del circolo matematici (Palermo) **21**, 129; 1906. — Parson: Smithsonian Publicat Bd. 65, Nr. 11. — Michelson: Phys. Soc. London **30**, 1; 1918. — Ehrenhaft: [1]) Sitzungsber. Wien. Akad. **119**, 815; 1910. [2]) Ann. Phys. **49**, 889; 1916. [3]) Phys. ZS. **18**, 352; 1917. [4]) Ann. Phys. **56**, 1; 1918. — Konstantinowsky: [1]) Ann. Phys. **49**, 889; 1916. [2]) Naturwiss. **6**, 431, 448, 473; 1918. — Parankiewicz: [1]) Sitzungsber. Wien. Akad. **127** (IIa), 1249; 1917. [2]) Phys. ZS. **18**, 567; 1917. [3]) Ann. Phys. **53**, 537; 1917. — Laski: [1]) Sitzungsber. Wien. Akad. **126** (IIa), 601, 1916. [2]) Phys. ZS. **19**, 369; 1916. [3]) Ann. Phys. **53**, 1; 1917. — Bär: Ann. Phys. **57**, 161; 1918. — Schidlof, Targonski, Karpowicz: Arch. Scienc. Phys. Genève (4) **41**, 125, 181, 270, 357; 1916; **43**, 217, 295, 389; 1917; **45**, 157; 1918. — Ehrenhaft und Konstantinowsky: Ann. Phys. **58**, 199; 1919. — Parankiewicz: Phys. Zs. **20**, 75; 1919. — Schidlof (und Maliniak): Archiv Genève (4) **46**, 61; 1918; (5) **1**, 1919; Anhang p. 22 (Société Phys.). — Bär: [1]) Archiv Genève (4) **46**, 355; 1918. [2]) Phys. ZS. **18**, 567; 1917. [3]) Ann. Phys. **59**, 393; 1919. — Mc Keehan: Phys. Rev. **8**, 142; 1916. — Silvey: Phys. ZS. **17**, 43; 1916. — Flamm: Phys. ZS. **19**, 11; 1918.

Zu **36**. Ionen in Gasen: I) Durch ultraviolettes Licht. — Hertz: Ann. Phys. **31**, 983; 1887. — Lenard: Ann. Phys. **2**, 359; 1900. — Townsend: Phil. Mag. **3**, 557; 1902. — II) Durch Kathoden- und X-Strahlen — Richarz: Ann. Phys. **50**, 592; 1896. — J. J. Thomson und Rutherford: Phil. Mag. **42**, 392; **43**, 241; **44**, 422; **46**, 528; 1896—98. — Lenard: [1]) Ann. Phys. **63**, 253; 1897. [2]) Sitzungsber. Wien. **108**, 1889. [3]) Ann. Phys. **1**, 486; 1900. III) Durch Stoßionisation — Townsend: [1]) Phil. Mag. **45**, 125; 1898. [2]) Phil. Transact. **193**, 129; 1899. [3]) Phil. Mag. **1**, 198, 630; 1901. [4]) Electricity in gases (Oxford: 1915).

H. Kauffmann: Die Valenzlehre (Stuttg. 1911, 527). — Ramsay: J. Chem. Soc. **93**, 774; 1908. — Abegg und Bodländer: [1]) ZS. anorg. Chem. **20**, 453; 1899. [2]) Siehe **127**.

Zu **37**. Bädeker (siehe allgemeines). — Schenck: Phys. Chemie der Metalle (Halle 1909). — Riecke: [1]) Jahrb. Radioakt. 1906, 241. [2]) Phys. ZS. **10**, 508; 1909. — v. Haßlinger: Sitzungsber. Wien. **115**, 1521; 1907. — Leblanc: ZS. Elchem. Ges. **15**, 261; 1909. — Bird: J. Chem. Soc. **36**, 1382; 1914. — Streintz: Ann. Phys. **44**, 545; 1914. — Bunsen: Lieb. Ann. **31**, **37**, **41**, **46** (1839—43). — v. Baeyer und Villiger: [1]) Ber. Chem. Ges. **35**, 1189, 3013; 1902. [2]) Gesammelte Arbeiten Bd. II, 872, 877; 1905. [3]) Lieb. Ann. **107**, 257; 1859 (Arsonium). — Gomberg: J. Amer. Chem. Soc. **22**, 751; 1900. — Schmidtlein: Das Triphenylmethyl (Stuttg. 1915). — Fry: [1]) J. Amer. Chem. Soc. **37**, 855; 1915. [2]) ZS. phys. Chem. **90**, 458; 1915. — Kraus: J. Chem. Soc. **35**, 1758; **36**, 864; 1913—14.

Zu **38.** Drude: Ann. Phys. **1**, 566; **3**, 370; 1900. — Kamerlingh-Onnes: Communicat. Leiden, Nr. 119, 120b, 122; 1911. [2]) Versl. Akad. Amsterd. **19**, 1201, 1479; **20**, 81; 1911—12. [3]) C. R. **159**, 34; 1914. [4]) Proc. Acad. Amsterd. **17**, 17, 278, 514; 1914. — Wächter: Ann. Phys. **44**, 135; 1914. — Lindeman, Thomson, Richardson: Phil. Mag. **29**, 127; **30**, 192, 295; 1915. — Wereide: Ann. Phys. **55**, 589; 1918. — Benedicks: Jahrb. Radioakt. **13**, 351; 1916.

Zu **39.** Lenard: Sitzungsber. Berl. Akad. 1893, 3 und **26.** — Elster und Geitel: Ann. Phys. **16**, 193; 1882. — Richardson: [1]) Cambr. Phil. Soc. **11**, 286; 1901. [2]) Phil. Transact. **201**, 497; **207**, 1; 1903—1906. [3]) Jahrb. Radioakt. 1904, 300. [4]) Electron Theory 1914. — J. J. Thomson: (Royal Institution) Engineering **105**, 206; 1918. — Schottky: Jahrb. Radioakt. 1915, 147. — Wehnelt: [1]) Sitzungsber. Erlangen **35**, 115; 1903. [2]) Ann. Phys. **14**, 425; 1904. — Aitken: Transact. Roy. Soc. Edinb. **30**, 337; 1881; **35**, 1; 1890. — R. v. Helmholtz und Richarz: Ann. Phys. **27**, 509; 1886; **32**, 1; 1887; **40**, 161; 1890. — Langmuir: Phys. ZS. **15**, 384, 516; 1914. — Norden: [1]) Z. Gasbel. **60**, 17; 1917. [2]) ZS. f. Feinmechanik **25**, 24, 35; 1917. — Lavoisier und Laplace: 1. Abhdl. über die Wärme. [1]) Mem. Acad. Paris 1780. [2]) Oeuvres de Lavoisier II, 283; 1862. [3]) Ostw. Klass., Nr. 40, Lpg. 1892. — Lenard: Ann. Phys. **46**, 582; 1892. — Campbell, Hauser: Jahrb. Radioakt. 1912, 419; 1913, 445. — Mc Lennan und Pound: Phil. Mag. **30**, 491; 1915. — Lorentz: [1]) Ann. Phys. **9**, 641; 1880. [2]) Arch. Néerl. **25**, 1892. [3]) Elektronentheorie Leiden 1895. [4]) Ann. Phys. **63**, 278; 1897. — Zeeman: [1]) Comm. Leiden Nr. 29 und 33; 1896. [2]) Versl. Akad. Amsterd. **5**, 181, 242; 1896. [3]) Phil. Mag. **43**, 226; 1896. [4]) Vhdl. Phys. Ges. **15**, 128; 1896. [5]) Magnetoopt. Untersuchungen (Lpg. 1914). — Voigt: [1]) Magnetooptik (Kultur der Gegenwart (3) **3**, 627; 1915). [2]) Magnetooptik (Lpg. 1908). — Stark: [1]) Jahrb. Radioakt. 1911, 197. [2]) Phys. ZS. **6**, 892; 1905. — Ohlen: [1]) Dissert. Upsala 1914. [2]) Vhdl. Phys. Ges. **20**, 9; 1918. — Wien: Ann. Phys. **65**, 440; 1898. — Perrin: [1]) C. R. **121**, 1130; 1895. [2]) Ann. chim. phys. **17**, 496; 1897.

Zu **40.** Siehe am Schluß der Tabelle bei 40. Außerdem Paschen: Ann. Phys. **50**, 901; 1916. — Wiechert: [1]) Abhdl. phys. Ges. Königsberg **38**, 1; 1897. [2]) Naturw. Rdsch. **12**, 249; 1897. [3]) Gött. Nachr. 1898, 87, 260. — W. Wien: [1]) Vhdl. Phys. Ges. **16**, 165; **17**, 10; 1897—98. [2]) Ann. Phys. **65**, 440; 1898. — Quincke: Vhdl. Phys. Ges. **16**, 421; 1915. — Proctor: Phys. Review **30**, 56; 1910. — Ll. Jones: Phys. Rev. **8**, 52; 1916. — C. E. Guye: Archiv Genève **42**, 286, 353, 491; 1916. — Glitscher: Ann. Phys. **52**, 609; 1917. — Nicholson: Proc. Phys. Soc. London **30**, 1; 1918. — Compton: Phys. Review **11**, 330; 1918. — Webstre: Phys. Rev. **9**, 484; 1917. — Parsons: Smithsonian Miscell. Collections Bd. 65, Nr. 11; 1915. Weiteres über das Magneton Webster: [1]) Proc. Amer. Acad. **50**, 131; 1915. [2]) J. Amer. Chem. Soc. **40**, 375; 1918. — Compton: [1]) Phys. Review **11**, 330; 1918. [2]) J. Wash. Acad. **8**, 1918. — Duane: Science **46**, 347; 1917. — Allen [1]) Nature **102**, 298; 1918. [2]) Proc. Phys. Soc. Lond. **31**, 39; 1919. [3]) Chem. News. **118**, 137; 1919 (allgemeine Besprechung). — Bernoulli: Naturf. Ges. Basel **28**, 553; 1917. — A. H. Compton: Phys. Review **13**, 296; **14**, 20; 1919.

Zu **41.** Lummer: [1]) Vhdl. Phys. Ges. 1899, 215; 1900, 163. [2]) Ann. Phys. **6**, 210; 1910. — Planck: [1]) Ann. Phys. **4**, 553; 1901. [2]) Theorie der Wärmestrahlung (Lpg. 1906 und 1913). Vgl. auch Sommerfeld: Entdeckung der Quanten (Reden zu Plancks 60. Geburtstag, Karlsruhe 1918). — Solvay-Konferenz 1911 (herausgegeben Eucken) in Abhdl. Bunsenges. VII, 1913. — Vorträge über die kinetische Theorie der Materie und Elektrizität (Planck, Debye, Wien; Lpg. 1914). — Reiche: Naturwiss. **6**, 213; 1918. — Valentiner: Grundlagen der Quantentheorie und der Atombau (Brschg. 1914). — Sommerfeld: Vhdl. Phys. Ges. 1911, 1074. — Epstein: Naturwiss. **6**, 230; 1918. — Debye: Vjschr. Naturf. Ges. Zürich **56**, 156; 1911. — W. Wien: Jahrb. Radioakt. 1915, 253. — Lindeman: Nature **95**, 7; 1915. — Wereide: Ann. Phys. **49**, 976; 1916. — Maxwell: siehe **32.** — Priest: Phys. Review **13**, 314; 1919.

Zu **42.** Lenard: Ann. Phys. **63**, 253; 1897; **8**, 169; 1902. — Einstein: Ann. Phys. **17**, 145; 1905. — Millikan: [1]) siehe allgemeines. [2]) Nature **101**, 234, 254; 1918. [3]) Phys. Review **10**, 194; 1917. [4]) J. Franklin Institut **184**, 337; 1917. — Bohr: Phil. Mag. **27**, 506; 1914. — Heydweiller: Ann. Phys. **48**, 682; 1915. — Bernoulli: Vhdl. Phys. Ges. 1916, 309. — Franck und Hertz: [1]) Vhdl. Phys. Ges. 1913, 34;

1914, 437, 512. [2]) Phys. ZS. **17**, 435; 1916. — Hertz: Vhdl. Phys. Ges. **19**, 268; 1917. — Duane und Hunt: Phys. Review. **6**, 166; 1915. — Webster: [1]) Nat. Acad. Baltimore **2**, 93; 1916; **3**, 181; 1917. [2]) Phys. Rev. **7**, 599; 1916. — Rutherford (Barnes, Richardson) Phil. Mag. **30**, 339; 1915. — Hull und Rice: [1]) Phys. Review **7**, 156; 1916. [2]) Proc. Nat. Acad. Baltimore **2**, 265; 1916. [3]) J. Frankl. Inst. **182**, 413; 1916. — Dessauer: Vhdl. Phys. Ges. **19**, 204, 1917; **21**, 168; 1919. — Lilienfeld und Seemann: Phys ZS. **19**, 260; 1918. — Lilienfeld: [1]) Phys. ZS. **19**, 576; 1918. [2]) Vhdl. Phys. Ges. **20**, 159; 1918. — Ledoux-Lebard: C. R. **163**, 754 1916. — A. Muller: [1]) Arch. Scienc. Phys. Genève (4) **46**, 63; 1918. [2]) Phys. ZS. **19**, 490; 1918. — Wagner: [1]) Phys. ZS. **18**, 440; 1917. [2]) Ann. Phys. **57**, 401; 1918. — Rutherford: Phil. Mag. (6) **34**, 159; 1917. — (Einsteinsche Gleichung) Epstein: Naturwiss. **6**, 230; 1918. — Stark und Steubing: Phys. ZS. **10**, 789; 1909. — Lenard: Ann. Phys. **8**, 142; 1902. — O. W. Richardson: Emission of Electricity from hot bodies 1916, 69, 164. — Langmuir: Transact. Amer. Electrical Soc. 1916, 341. — van der Bijl: Phys. Rev. **9**, 173; 1917. — Benade und Compton: Phys. Rev. **11**, 184 1918. — Millikan, Hebb: Phys. Rev. **9**, 371, 378 1917 **11**, 170 1918. — Tate und Foote: [1]) Bull. Bur. Standard 1918. [2]) Phil. Mag. (6) **36**, 64 1918. [3]) J. Washingt. Acad. Scienc. **7**, 517; 1917. [4]) Phys. Rev. **10**, 81; 1917. [5]) Proc. Nat. Acad. Scienc. **4**, 1918. — Lyman: Astrophys. J. **43** 1916. — Wood: Phil. Mag. **34**, 179, 1917. — Hughes und Dixon: Phys. Review **10**, 495, 1917. — Richardson: [1]) (u. Compton) Phil. Mag. **24**, 575, 1912. [2]) (u. Bazzoni) Nature **98**, 596, 1916. [3]) Phil. Mag. **34**, 285, 1917. — Bazzoni: Phil. Mag. **32**, 866, 1916. — Hughes: Phil. Transact. **212**, 205, 1912. — Newman: Phil. Mag. **28**, 753, 1914. — Pawlow: Proc. Roy. Soc. **90**, 398, 1914. — Mc Lennan: [1]) Proc. Roy. Soc. **91**, 485, **92**, 306, 580, 584, 591, 1915—16. [2]) J. Franklin Inst. **181**, 191, 1916. [3]) Phys. Review **10**, 84, 1917. — [4]) Phil. Mag. (6) **36**, 461; 1918. [5]) Proc. Phys. Soc. Lond. **31**, 3; 1919. [6]) (und Young Ainslie) Proc. Roy. Soc. **95**, 370, 316; 1919. Goucher: Phys. Rev. **8**, 567, 1916. — Compton: Phys. Rev. **7**, 4, **8**, 412; 1915—16. — Bishop: Phys. Rev. **9**, 567; **10**, 244; 1917. — Holm: Phys. ZS. **15**, 289; 1914. — F. Mayer: Ann. Phys. **45**, 1; 1914. — Rau: Sitzungsber. Phys. Med. Ges. Würzburg 1914. — Whiddington: Proc. Roy. Soc. **85**, 323; 1911. — Millikan: Phys. Rev. **7**, 18; 1916. — O. v. Baeyer, Hahn, Meitner: Phys. ZS. **14**, 321; 1913. — Rutherford (Richardson, Robinson): Phil. Mag. **26**, 717; **27**, 252; **28**, 305; 1913—14. — Eucken: Ann. Phys. **22**, 180; 1907. — Über die spezif. Wärme: siehe vorher bei **15**.

Weitere Arbeiten zum Ionisationspotential: Franck und Hertz: Phys. ZS. **20**, 133; 1919. — Holtsmark: Phys. ZS. **18**, 429; 1918; **20**, 88; 1919. — Dearle: Proc. Roy. Soc. **92**, 608; 1916; **95**, 280; 1919. — Horton und Davies: Proc. Roy. Soc. **95**, 408; 1918. — Davies und Goucher: Phys. Review **13**, 1; 1919. — Foote und Mohler: [1]) J. Wash. Acad Science **8**, 533; 1918. [2]) Phys. Review **11**, 486; 1918. [3]) Phil. Mag. **37**, 33; 1919. [4]) (u. Rognley) Phys. Rev. **13**, 59, 156; 1919. — Rentschler: Phys. Rev. **13**, 297; 1917. — Megger: Scientif. Papers Bureau Standards Nr. 312. — Wood: Astrophys. J. **43**, 73; 1916. — Hebb: Phys. Review **12**, 482; 1918.

Photoeffekt oder Hallwachseffekt: Hallwachs: Ann. Phys. **34**, 731; 1888.

Zu **43**. Über Faraday: O. Buek in Arch. Philosoph. Abt. 1, **18**, 65, 139; 1905. — Faraday Untersuchungen Bd. II, 260: Bd. III, 484. — J. J. Thomson: Beziehung zwischen Materie und Äther (Phys. ZS. **9**, 543; 1908). — Stark: Elektrizität im chem. Atom (1915). — Strache: Einheit des Weltäthers (1909). — Karsten: Maß und Massen (Lpg. 1869, 313). — Forch: Atomismus oder kontinuierliche Raumerfüllung (Natur und Offenbarung **52**, 136; 1907). — Wald: ZS. Phys. Chem. **18**—**22** (1895—97). — Fechner: Physik und philosoph. Atomlehre (Lpg. 1855, 64). — Clifford: [1]) Ziele des wissenschaftlichen Denkens (München 1896). [2]) Von der Natur der Dinge (Lpg. 1903). — Dennert: Weltbild und Weltanschauung (Hbg. 1908). — Kleinpeter: Erkenntnistheorie der Naturforschung der Gegenwart (Lpg. 1905). — E. König: Kant und die Naturwissenschaft (Brschg. 1907). — F. A. Müller: Das Problem der Kontinuität in Mathematik und Mechanik (Marburg 1886). — Sterne: Alte und neue Weltanschauung (Stuttg. 1889). — Volkmann: Erkenntnistheoretische Grundlagen der Naturwissenschaften (Lpg. 1903). — Stallo: Begriff und Theorien der modernen Physik (3. Aufl. von Mach, Lpg. 1911). — Petzoldt: Chem. Ztg. 1916, 846. — Byk: [1]) Vhdl. Phys. Ges. 1913, 245. [2]) Ann. Phys. **42**, 1417; 1913. — Born: Naturwiss. **7**, 139; 1919. — Lenard: Abhdl. Heidelb. Akad.

Nr. 5; 1918 (Dynamiden siehe Abschnitt III F). — Jeans: Nature **103**, 64; 1919. — Rubens und Nichols: Ann. Phys. **60**, 438; 1897. — Debye: Phys ZS. **19**, 474; 1918.

Zu **44**. Secchi: [1]) Einheit der physik. Kräfte (Mailand 1874; deutsch Lpg. 1876). [2]) Einheit der Naturkräfte (Brschg. 1891). — Wächter: Sitzungsber. Wien **77**, 1; 1878.—Bucherer: Math. Einführung in die Elektronentheorie (Lpg. 1904, 57). — Stark: Sitzungsber. Berl. Akad. 1913, 932. — Arrhenius: Die Vorstellungen vom Weltgebäude (Lpg. 1908). — J. Balfour: Unsere heutige Weltanschauung [1]) Lpg. 1905. [2]) Naturwiss. Rdsch. **19**, 505, 521; 1904.—Becquerel: Jahrb. Radioakt. 1907, 361 (Naturf. Ges. 1905). — Crehore: The mystery of matter and energie. Recent progressus to the structure of matter (N. Y. 1917).— Dressel: Phil. Jahrb. **20**, 289; 1907. — C. Guye: J. chim. phys. **2**, 549; **3**, 188; 1904—05. — de Heen: [1]) La matière, sa naissance sa vie (Paris 1905). [2]) La théorie des electrons et la théorie substantialiste (Mem. Acad. Belg. IV, Heft 2; 1913). — Keller: Urstoff und seine Energie (Lpg. 1896).— Larmor: [1]) Phil. Transact. **185**, 806; 1894. [2]) Äther und Materie (Cambridge 1900). — Lodge: [1]) Moderne Anschauungen über die Materie (1903). [2]) Anschauungen über Elektr. (Lpg. 1907). [3]) Der Weltäther (Brschg. 1911). [4]) Leben und Materie (Berlin 1908). — Loring: Chem. News **116**, 50; 1917. — H. Poincaré: siehe **34**. — G. C. Schmidt: Urmaterie (Chem. ZS. 1902, 177, 209). — Snyder: [1]) Die Weltmaschine (Lpg. 1908). [2]) Weltbild der modernen Naturwissenschaft (Lpg. 1905). — (Royal Institution) Soddy: [1]) Chem. News **117**, 147, 159, 169; 1918. [2]) Nature **99**, 414; 1917.—Strache: Siehe **43**.— J. J. Thomson: [1]) Phil. Mag. **11**, 229; 1881; **44**, 293; 1897. [2]) Elektr. und Materie (Brschg. 1904 bis 1909). [3]) Naturwiss. Rdsch. **25**, 29, 41, 53; 1910. — Wien: Die Möglichkeit einer elektromagnetischen Begründung der Mechanik (Festschrift H. Lorentz: Arch. Néerland **5**, 96; 1900). —

Zu **45**. Maxwell in Encycl. Britannica 1875 (Atom). — Clarke: Mem. Lit. Phil. Soc. Manch. **47**, Nr. 11, 1903 und Science **18**, 513. — Boscovich: Theoria philosoph. naturalis (Wien 1759; Venedig 1763). — J. J. Thomson: On vortex rings (London 1883). — Rankine: [1]) Transact. Roy. Soc. Edinb. **20**, 425; 1852. [2]) Phil. Mag. **10**, 354, 411; 1855. — Preston: Nature **22**, 56; 1880. — Helmholtz: Crelles J. **55**, 25; 1858.— Kelvin: [1]) Proc. Edinb. **6**, 94; 1867; **16**, 693; 1890. [2]) Phil. Mag. **34**, 15; 1867. — C. A. Bjerknes: Hydrodynamische Fernkräfte (Abhdl. von 1863—80, Lpg. 1915). — V. Bjerknes: Die elektrischen Kraftfelder (Brschg. 1909).

Zu **46**. Reynolds: Inversion of ideas as to the structure of the universe (1903). — Mendéléef: [1]) Prometheus Bd. 15, 1903. [2]) An attemph towards a chemical conception of the ether (London 1904). — Borelius: Vhdl. Phys. Ges. **20**, 150; 1918. — Ausführliches über Äthertheorien: Whittaker, a history of the theories of aether and electricity from the age of Descartes (London 1910).

Nachtrag zu **34**. S. 63.

Fürth (Vhdl. Phys. Ges. **21**, 517; 1919) hält die Ergebnisse Millikans und Ehrenhafts für miteinander vereinbar. Die Anwendungen der Quantentheorie, die eine sichere Erklärung der Schärfe der Spektrallinien, des Zeeman-Effektes und der Feinstruktur der Linien ergeben, beruhen auf den Millikanschen Folgerungen der Konstanz von Masse und Ladung des Elektrons. Die negative Elektrizität ist also quantenhaft teilbar. Über die positive Elektrizität wissen wir nichts sicheres. Ist diese nicht so einfach teilbar und gelten die elektrostatischen Grundgesetze, so können, wenn beide Elektrizitäten in einer Ladung, z. B. bei Gasionen, räumlich vereinigt vorhanden sind, Ladungen gemessen werden, die den Ehrenhaftschen entsprechen.

Radioaktive Stoffumwandlung.

47. Aus der Geschichte der Entdeckungen der Radioaktivität.

Die geschilderten physikalischen und chemischen Tatsachen lassen einen engen Zusammenhang und eine Entwicklung aller chemischen Elemente vermuten. Ein Einblick in diese Beziehungen ist erst durch die radioaktive Forschung möglich geworden. Ihr Ausgangspunkt ist die Entdeckung von Röntgen im Dez. 1895. H. Poincaré erhielt von Röntgen einige seiner Aufnahmen, die er am 20. Jan. 1896 der Pariser Akademie vorzeigte. Er sprach dabei die Vermutung aus, die auch andere Gelehrte teilten, daß die Emission der X-Strahlen zusammenhinge mit der Fluoreszenz des Glases, das von den Kathodenstrahlen getroffen wird. Dabei entsteht ein Fluoreszenzfleck, von dem anscheinend die X-Strahlen ausgehen. Man nahm an, daß auch bei Erregung von Fluoreszenz und Phosphoreszenz ohne elektrische Entladung solche durchdringende und photographisch wirksame Strahlen entstehen könnten. H. Becquerel, dessen Vater Edmond wichtige Entdeckungen auf dem Gebiete der Fluoreszenz gemacht hatte, nahm einige von diesem hergestellte große Kristalle von Urankaliumsulfat, die nach Belichtung stark fluoreszieren und befestigt sie auf einer verhüllten photographischen Platte. Das Ganze mußte, da die Fluoreszenz nur sehr geringe Zeit nach der Belichtung anhält, dauernd einer Lichtquelle — dem Sonnenlicht — ausgesetzt werden. Zufällig war aber in den nächsten Tagen (Ende Februar) wenig Sonne. Um die Platten nicht zu verderben, wurden sie entwickelt. Zum Erstaunen Becquerels zeigten sich starke Schwärzungen, die von Fluoreszenzstrahlen nicht herrühren konnten. Sie mußten vom Uran ausgehen und in der Tat trat Schwärzung ein, auch wenn die Platten und Kristalle zusammen lange Zeit im Dunkeln aufbewahrt waren. Die Strahlung erwies sich als unabhängig von äußeren Einwirkungen, wie Temperaturen oder chemischen Reaktionen. Sie war allen Uranverbindungen gemeinsam. Wie X-Strahlen drang sie durch Metalle hindurch, machte die Luft leitend und erregte den Leuchtschirm. Sie war aber durch elektrische und magnetische Felder ablenkbar und ihre Intensität war der Menge des Uranelementes proportional.[1]) Damit scheinbar in Widerspruch stand, wie die 1897 beginnenden Arbeiten des Ehepaares Curie lehrten, daß natürliche Uranmineralien (Uranpechblende, Chalcolit, Autunit) mehr Strahlungsintensität (Aktivität) zeigten, als ihrem Urangehalt entsprach. Künstlicher Autunit dagegen hatte eine mit dem Urangehalt in Übereinstimmung stehende Aktivität. Das war nur möglich, wenn eine besondere, vom Uran verschiedene Substanz, noch außer dem Uran Strahlungen aussenden konnte, also, wie

[1]) Dieses gilt aber nur für reine Uranverbindungen (wie 1906 von McCoy besonders genau festgestellt wurde). Am aktivsten, auf gleiches Gewicht bezogen ist das reine Metall. Das gleiche gilt vom Thorium.

die Curies es nannten, radioaktiv war. Zur Abtrennung dieser Substanz, die nur in geringer Menge vorhanden sein konnte, reichten die gewöhnlichen analytischen Methoden nicht aus. Als Führer, in welchen Teilen der aufgeschlossenen Erze die Substanz steckte, diente die außerordentlich empfindliche Methode der Prüfung der Bestandteile auf ihre Fähigkeit, die Luft elektrisch leitend zu machen. So wurden gleich zwei Substanzen gefunden, die von ihren Entdeckern Radium und Polonium genannt wurden. Crookes gelang die Abscheidung eines andern stark aktiven Elementes, dem UX unmittelbar aus reinen Uransalzen. Dieses UX hatte aber keine konstante Aktivität, sondern verlor sie allmählich. Dagegen wurde das von UX befreite Uran in gleichem Maße wieder aktiv. An diese Beobachtung knüpfte die Zerfalltheorie von Rutherford und Soddy an. Sie zeigten, daß die eine Substanz, das U, dauernd zerfällt und daß sich UX dabei bildet; dieses zerfällt wieder. Es bildet sich so ein Gleichgewicht zwischen den zerfallenden und sich neubildenden Mengen aus. Kurz darauf gelang Ramsay und Soddy der Nachweis, daß bei dem Zerfall Helium entsteht. In der nebenstehenden Tabelle ist eine Übersicht über die historische Entwicklung dieser Entdeckungen und einiger erst im folgenden erwähnten gegeben. Man sieht, wieviel in einem Jahrzehnt durch Zusammenwirken der Forscher der verschiedensten Nationen geleistet ist.

48. Die Isolierung des Ra und Po.

In kurzen Zügen möge diese schwierige Isolierung angedeutet werden. Die Pechblende — es handelt sich stets um Tonnen von Substanz — wurde in Salpetersäure gelöst und in die Lösung Schwefelwasserstoff geleitet. Ur, Th blieben gelöst; Pb, Bi, Cu, As, Sb fielen aus. Dieses Gemenge der Sulfide war stark aktiv. As und Sb wurden in Schwefelammonium aufgelöst; die zurückbleibenden Sulfide mit Salpetersäure gelöst, dann das Blei mit Schwefelsäure gefällt. Die im Filtrat gelösten Cu- und Bi-Mengen ließen sich durch Ammoniak trennen. Der radioaktive Stoff, das Po, blieb beim Wismuth. Aus 2000 kg Pechblende wurden 6 kg Wismutoxychlorid und 1,5 g unreines Po erhalten. Das Radium fand sich zusammen mit Barium in den Rückständen der Uran-Abscheidungen. Marckwald fand bald darauf die Möglichkeit, das Po durch Elektrolyse oder durch Eintauchen eines Bi-Stabes in die weitgehend gereinigten Lösungen anzureichern, wobei sich hauptsächlich Tellur mit etwas Po abscheidet. Auch das Ra läßt sich durch Elektrolyse des Ba-haltigen Gemisches anreichern (Cohn 1904). Einen großen Erfolg erzielte die von dem Braunschweiger Chemiker Giesel[1]) angegebene Methode.

49. Elster und Geitel weisen radioaktive Stoffe in der Luft nach.

Die Erkenntnis, daß die Radioaktivität eine überall auf der Erde verbreitete Erscheinung ist, verdanken wir Elster und Geitel. Sie gingen dabei von ihren Untersuchungen über Entladung und über die Leitfähigkeit der Luft aus. Die Luft besitzt eine meßbare Leitfähigkeit, die aber stark mit

[1]) Einzelheiten über die Ra-Gewinnung siehe Ebler: ZS. angew. Chem. **28** I, 25, 41; 1915; über die Verarbeitung von Carnotit siehe: Parsons, Moore, Lind, Schäfer (Bullet U. S. Bureau Mines Bd. 104; 1915; 124 p.).

Zeittafel der radioaktiven Entdeckungen.

Datum	Forscher	Entdeckung
Anf. Dez. 1895	Röntgen	entdeckt in Würzburg die durchdringende Strahlung der Entladungsröhren.
24. Febr. 1896	H. Becquerel	zeigt, daß von Kristallen des Uran-Kaliumsulfates durchdringende Strahlen mit photographischer Wirkung ausgehen.
7. März 1896	,,	zeigt, daß diese Strahlen die Luft leitend machen und das Elektroskop entladen.
April 1898	G. C. Schmidt	berichtet über die von ihm entdeckten Strahlen des Thoriums.
28. Juli 1898	Das Ehepaar Curie	isoliert einen Träger dieser Strahlen, das Polonium. Einführung des Namens: der Radioaktivität für diese Strahlungen.
26. Dez. 1898	,,	berichtet der Pariser Akademie über das von ihm isolierte Radium.
Jan. 1899	Rutherford	weist nach, daß die Strahlung des Urans aus zwei Arten (α- und β-) Strahlen besteht.
Okt. 1899	Debierne	entdeckt die dritte radioaktive Muttersubstanz, das Aktinium.
Nov. 1899	Das Ehepaar Curie	berichtet über eine veränderliche Strahlung, die induzierte Radioaktivität.
Nov. 1899	Giesel, St. Meyer u. v. Schweidler, Becquerel	gleichzeitige Berichte über die (unabhängig gefundene) Ablenkung der Strahlen durch den Magneten.
Jan. 1900	Rutherford	berichtet über den Träger der sehr schnell veränderlichen induzierten Radioaktivität des Thoriums, die Thorium-Emanation.
Jan. 1900	Dorn	entdeckt die Radium-Emanation.
Mai 1900	Villard	entdeckt die Aussendung von den Röntgenstrahlen ähnlichen (γ-) Strahlen durch radioaktive Stoffe.
Mai 1900	Crookes	berichtet über die erste Umwandlung, die Bildung des UX aus dem Uran.
Sept. 1901	Elster und Geitel	weisen die Emanationen in der atmosphärischen Luft nach.
Nov. 1902	Rutherford und Soddy	stellen die Zerfallstheorie auf und berechnen die Lebensdauer der aktiven Elemente.
Nov. 1902	Giesel	entdeckt die Aktinium-Emanation.
März 1903	Frau Curie	berichtet über die Wärmeentwicklung des Radiums.
Mai 1903	Rutherford	berichtet über die Umwandlungen in der Thoriumreihe.
Juli 1903	Ramsay und Soddy	entdecken die Umwandlung der α-Strahlen in Helium.
Sept. 1904	Bragg	entdeckt, daß jeder α-Strahlung eine besondere Geschwindigkeit und Reichweite zukommt.

meteorologischen Vorgängen wechselt. Woher sie stammt, war unbekannt. Die beiden Forscher untersuchten nun methodisch die Leitfähigkeit der Luft in den verschiedensten Räumen. Es ergab sich, daß die Luft in Kellern und anderen abgeschlossenen Räumen, wie natürlichen Höhlen und verlassenen Bergwerksschächten eine viel größere Leitfähigkeit, als die Luft der freien Atmosphäre besitzt (1901). Diese Leitfähigkeit war durch Ionen bedingt, die denen entsprachen, die durch radioaktive Substanzen in

Luft entstehen. Es war daher wahrscheinlich, daß die Leitfähigkeit der eingeschlossenen Luft von Spuren radioaktiver Substanzen herrührt, die überall im Erdboden verbreitet sein mußten. In abgeschlossenen Räumen konnten sie sich sammeln, so daß hier die Konzentration der Ionen höher als in der freien Atmosphäre werden mußte. Es war wahrscheinlich, daß die Leitfähigkeit der freien Luft ebenfalls durch radioaktive Substanzen hervorgerufen wurde. Und dieser Nachweis gelang. Auf einem in der Luft elektrisch isolierten Draht bildete sich ein den Umwandlungsprodukten des Radiums (oder besser ein der gasförmigen Emanation des Thoriums) gleicher aktiver Niederschlag. Man konnte die aktive Substanz konzentrieren, wenn man den Draht mit einem in Ammoniak getauchten Lappen abwischte und die Flüssigkeit in einer Schale eindampfte. Die Schale erregte Phosphoreszenz und wirkte auf die photographische Platte. In weiterem Verfolg dieser Entdeckung ergab sich, daß besonders Luft, die aus tonigen Gesteinen, aus Verwitterungsprodukten von Feldspat und Glimmer entwich, stark aktiv war. Diese Gesteine enthalten stets Thorium, das ebenfalls, wie G. C. Schmidt und Frau Curie, voneinander unabhängig (1898) gefunden hatten, aktiv ist. Aus diesen entweicht mit der Luft ein aktives Gas, die Thoriumemanation. Besonders ist das der Fall bei sinkendem Luftdruck Bei diesem steigt die Höhlenluft in die Höhe. Diese Untersuchungen gaben den Anlaß, daß in allen Gegenden Erdboden und Gesteine auf Aktivität untersucht wurden. Auch das Meerwasser ist aktiv. Besonders aktiv sind viele heiße Quellen, die wie z. B. die Karlsbader in der Nähe von stark aktiven Ur- und Th-haltigen Gesteinen entspringen.

50. Der Gehalt an radioaktiven Stoffen.

Die aktiven Substanzen sind in hinreichender Ausbeute nur aus reineren Uran- und Thoriumerzen zu gewinnen. Und da diese schon sehr selten sind, der Gehalt an aktiver Substanz sehr gering und schwierig zu isolieren ist, so ist zu erwarten, daß nur wenige Gramm zu gewinnen sind. (An Radium sind es bisher etwa 20 g.) Eine Konzentrierung ist nicht möglich, weil (siehe **62.**) die aktiven Substanzen in geologisch kurzer Zeit vollständig zerfallen und inaktive Substanzen, wie Thoriumblei und Radiumblei bilden. Berndt (1914) berechnet den Gehalt der Erdoberfläche an Radium zwar auf 10000 t und bis zu einer Tiefe von 1 km zu 150000 t. Aber nur an ganz wenigen Stellen sind die aktiveren Gesteine, die allein behandelt werden können, wie die Pechblende, ihr Umwandlungsprodukt Autunit und der Carnotit (1899 entdeckt) verbreitet. Das Pecherz enthält vielfach 40—50 % Uran, der Carnotit dagegen im allgemeinen nur 2 %. Die Hauptbetriebe liegen in Joachimsthal in Böhmen, in Johann-Georgenstadt im sächsischen Erzgebirge und in dem nordamerikanischen Staat Colorado. Die abbauwürdige Menge wird auf eine Ausbeute von nur 500 g geschätzt. Die Herstellungskosten betragen rund 150000 Mark, der Verkaufspreis über $^1/_2$ Million Mark für 1 g Radium.[1])

Nach den Ergebnissen des Wiener radioaktiven Instituts (Haitinger 1908, St. Meyer 1912) konnten aus 25000 kg Pechblende mit 45 % Uran 3,2 g er-

[1]) Chemiker-Ztg. **40**, 253; 1916.

halten werden. Im günstigten Fall ist nach dem Verhältnis von Ra/U bei der Sättigung (auf 1 t U 333 mg Ra — siehe **62.**) 3,7 g zu erwarten. Frau Curie erhielt aus einer Tonne Rückstände von der Uranfabrikation ungefähr 30 kg rohes Radiumbariumsulfat, das erst 30 mal aktiver war, als reines U und das einem sehr langwierigen Reinigungsverfahren unterworfen werden mußte. Aus 10t wurden in Wien 1 g $RaCl_2$ isoliert. Von den anderen aktiven Substanzen ist noch viel weniger im Pecherz vorhanden, z. B. von Polonium auf 15 t 1 mg (Markwald 1902 siehe **58.**), von Thorium (Haitinger, St. Meyer 1912) sind 330 g, von Ionium (Jo) 45 g, von Mesothor 0,03 mg in 10 t Rückstand enthalten.

Mit 1 g Radium[1]) sind im Gleichgewicht 0,006 mg Emanation; 0,000003 mg RaA; 0,00003 mg RaB; 0,00002 mg RaC; 7 mg RaD (Radiumblei); 0,01 mg RaE und 0,2 mg RaF(Po). Die in so geringen Mengen vorhandenen Abkömmlinge des Ra sind um so aktiver; sie haben der Zerfallstheorie (siehe **56.**) entsprechend eine sehr viel kleinere Lebensdauer als das Ra. Von der 4,7 mal zu großen[2]) Aktivität der Pechblende (eine Erscheinung die Frau Curie erst auf das Radium aufmerksam machte, siehe **47.**) kommt (U = 1 gesetzt) auf Jo 0,34; auf Ra 0,450; auf die eben erwähnten Zerfallsprodukte 2,1 (ohne Po); auf Po 0,5; auf Akt 0,3 (Boltwood 1908, siehe **58.**)

51. Die Messungen der Strahlungen und die Empfindlichkeit der Nachweise.

Die eben angeführten Zahlen bewegen sich in einer für den Chemiker ganz ungewohnten Größenordnung. Durch chemische Reaktionen sind so geringe Substanzmengen nicht nachweisbar. Bei radioaktiven Trennungen bedient man sich, wie schon Frau Curie, stets des Elektrometers. Es mißt die Stärke der Leitfähigkeit, welche der Luft durch das zu untersuchende Stoffgemenge erteilt wird. Soddy (1909) konnte so von reinem Ra $2 \cdot 10^{-8}$ mg nachweisen. Von den schneller zerfallenden Substanzen, die viel mehr α-Teilchen aussenden, wie z. B. den Emanationen des Thoriums und Aktiniums genügen, weitaus kleinere Mengen. Dadurch erhielten erst Elster und Geitel die Möglichkeit, die Emanation in der Luft nachzuweisen. Zum Vergleich sei, was Empfindlichkeit in Nachweis von Elementen anlangt, die Methode der positiven Strahlen nach J. J. Thomson (siehe **15.**), die Ablenkung der die Anodenstrahlen bildenden Gasionen im Magnetfeld angeführt. Nach dieser Methode ließ sich Helium in 1 ccm Luft, also $4 \cdot 10^{-6}$ ccm oder 2 Millionstel mg Substanz nachweisen. Ferner läßt sich die Methode der Spektralanalyse vergleichen; nach Bunsen läßt sich 1 Teil Caesium in 6 Millionen Teilen Quellwasser, nach Ramsay 1 Teil Xenon auf 40 Millionen Teile Luft, nachweisen, nach Soddy[3]) ist $2 \cdot 10^{-7}$ mg He zu erkennen.

Die Empfindlichkeit der elektrometrischen Methode erläutert am besten ein von Markwald gegebenes Beispiel. Aus 15 t Pechblende lassen sich 50 kg Wismut und aus diesen 3 mg unreines Polonium gewinnen. Schlägt man diese 3 mg elektrolytisch auf ein Kupferband von der Länge des Äquators nieder, so kann man bereits die Aktivität auf einem Abschnitt von 1 cm

---

[1]) Soddy: Natur des Radiums 1909, 221.
[2]) Nach dem U-Gehalt berechnet.
[3]) Phys. ZS. **10**, 41; 1909.

erkennen. Größere Mengen Po machen die Luft derartig leitend, daß in der Nähe keine elektrische Influenzmaschine mehr in Gang zu halten ist und keine Leidener Flasche mehr Funken erzeugt.

Die elektrometrische Methode wird in zwei Formen angewandt.[1]) Strahlen, die die Luft leitend machen können, läßt man zwischen den Platten eines Kondensators hindurchgehen; dessen eine Platte wird durch eine elektrische Batterie geladen, die andere ist zur Erde abgeleitet. Es wird der maximale Strom zwischen den Platten, der Sättigungsstrom (siehe **36.**) gemessen. Sind die Platten 3—4 cm entfernt und die Spannung 300 Volt, so tritt Sättigung nur ein, wenn Substanzen benutzt werden, die mindestens das 1000fache der Uranaktivität besitzen. Für Substanzen mit kleiner Aktivität mißt man den Ausschlag eines hochempfindlichen (Dolezalekschen) Elektrometers, das durch Zwischenschalten eines großen Flüssigkeitswiderstandes, wie er zuerst von Bronson (1905) benutzt wurde, zur Erde abgeleitet wird. Dabei erhöht man die Wirkung der α-Teilchen, wenn die Strahlen auf eine Ionisationskammer (siehe **54.**) fallen, in der ein mit dem Elektrometer verbundener Draht endet. Das Drahtnetz der Kammer ist aufgeladen. Dadurch erhalten die α-Strahlen eine Beschleunigung (von etwa 20 Volt/cm), die sie befähigt vielmehr Ionen und also einen größeren Strom als gewöhnlich zu erzeugen (Stoßionisation von Townsend, siehe **25.**, **31.**).

Die Leitfähigkeit, die in der Luft vorhanden ist, entspricht einem Strom im Elektrometer von $2 \cdot 10^{-16}$ Amp. Es werden also 17000 Ionen in der Sekunde im Elektrometer entladen. Durch die Stoßionisation kann aber ein α-Teilchen 100000 Ionen erzeugen. Die Empfindlichkeit der Anordnung ist also ausreichend, um einzelne α-Teilchen, also e i n z e l n e A t o m e nachzuweisen (siehe **25.**).

Strahlungen sind in einfachster Weise durch die Erregung der Fluoreszenz zu erkennen. Es eignen sich dazu Mineralien, wie der Diamant, die Sidotblende (ZnS), Scheelit ($CaWO_4$), Willemit (ein Zinksilikat), Kunzit[2]) (1903 von Kunz entdeckt, eine Spodumenvarietät), Sparteit (manganhaltiger Calcit) und die Platincyanüre. α-Strahlen des Radiums wirken am meisten auf die Blende und die Cyanure. Von diesen leuchtet das Bi-Salz rosenrot, Ca und Ba tiefgrün, Na zitronengelb. Durch β- und γ-Strahlen werden Kunzit (hochrot) und Sparteit (tieforange) erregt.

52. α, β und γ-Strahlen.

Die Strahlen des Urans und Radiums hielt man zunächst für einheitlich 1899 entdeckte Rutherford, daß die Intensität der Strahlung abnimmt, wenn sie durch Al-Blättchen hindurchgeht, bei kleiner Dicke wenig, dann aber sehr stark. Bei $^1/_{20}$ mm Gesamtdicke der Blättchen verschwand die Strahlung Bei einer mit Polonium bedeckten Platte genügt es, sie in Papier zu hüllen, um die Leitfähigkeit der Luft (siehe **51.**) zu beseitigen, so daß die Elektrisiermaschine und die Leidener Flasche wieder in Tätigkeit tritt. Die Strahlen, von Rutherford α-Strahlen genannt, sind von den übrigen Strahlen, die

[1]) Über die Methode siehe z. B. Rutherfords Werke 1907 und 1913.

[2]) Li-haltendes Al-Silikat; eine Zusammenstellung aller luminiszierenden Mineralien; St. Meyer: Radioakt. 1916, 187.

die Luft leitend machen, verschieden. Die Kathodenstrahlen gehen durch Metalle mit niedrigem At.-Gew. ungehindert durch (siehe **39.**). Derartigen, den Kathodenstrahlen ähnliche Strahlen (β-Strahlen) sind auch bei aktiven Substanzen, aber seltener vorhanden, z. B. bei Thorium B und Radioaktinium (siehe Tabelle zu **58.**). Die α-Strahlung ist viel intensiver, als die β-Strahlung. Daß sie aber Becquerel und den anderen Beobachtern so lange Zeit entging, lag daran, daß als Strahler zu dicke Substanzschichten angewendet wurden. Diese absorbieren alle aus der Tiefe kommenden α-Strahlen, so daß nur die Oberfläche wirken konnte. Man muß daher radioaktive Substanzen stets in außerordentlich dünner Schicht ausbreiten Eine dritte Strahlenart, die γ-Strahlen, fand Villard 1900 auf, als er einige aktive Präparate mit dicken Bleischirmen umgab. Sie werden erst durch 50 cm Aluminium absorbiert (zur völligen Absorption der β-Strahlen waren 5 mm Aluminium ausreichend). Auch sind die γ-Strahlen nicht magnetisch und elektrisch ablenkbar, wodurch sie den X-Strahlen gleichen. Die β-Strahlen werden, wie zu gleicher Zeit (1899) Becquerel, Giesel, St. Meyer fanden, leicht abgelenkt. Zur Ablenkung der α-Strahlen bedarf man sehr starker Felder. Die Größe dieser Ablenkung, die für die Erkenntnis der radioaktiven Vorgänge von entscheidender Bedeutung war, hat 1903 Rutherford zuerst genau bestimmt. Die γ-Strahlen entstehen (gleich wie die X-Strahlen aus den Kathodenstrahlen beim Auftreffen auf die Antikathoden), wenn β-Strahlen auf feste Körper, vor allem auf Schwermetalle fallen. Zu diesen Substanzen gehören die radioaktiven Atome selbst, so daß β- und γ-Strahlen stets verbunden sind. Dabei entsteht eine homogene Strahlung, wie wir sie auch im sichtbaren Spektrum beobachten. Wir werden sie noch als K- und L-Strahlen kennen lernen (siehe **118.**). Zu diesen Strahlen gehört eine konstante Absorption. Daneben ist eine den gewöhnlichen X-Strahlen, die sich beim Auftreffen der Kathodenstrahlen auf das Glas bilden, entsprechende kontinuierliche (weiße) Strahlung (S. 81) vorhanden. Diese entsteht nach Rutherford (1914) durch den Zusammenstoß der beim radioaktiven Zerfall ausgeschleuderten β-Elektronen des Kerns mit den das Atom umkreisenden Valenzelektronen (siehe **36.**, **124.**).

Die drei Strahlenarten lassen sich für jede der aktiven Substanzen durch die Größe der Absorption (Absorptionskoeffizient, siehe Tabelle **58.**) und das Gesetz der Absorption charakterisieren. α-Strahlen werden durch dünne Metallschichten absorbiert. Da die Absorption von der Zahl der getroffenen Mole abhängt, so können die α-Strahlen in Luft, die sie zugleich ionisieren, erheblich größere Strecken zurücklegen. Doch wird die Geschwindigkeit allmählich geringer und erreicht am Ende der Bahn den kritischen Wert, an dem die Ionisation aufhört. Dieses Ende der Bahn wird die Reichweite (R) genannt (siehe **31.**); sie wird gewöhnlich auf Luft von 760 mm und 15° bezogen.

Anders bei Kathodenstrahlen (Lenard, Kathodenstr. 1918, S. 63) Bei diesen überwiegt, wenigstens bei den kleineren Geschwindigkeiten, die Absorption. Bei einem Zusammenstoß wird die Geschwindigkeit auf einmal vernichtet und das Elektron geht nicht weiter. Die Wahrscheinlichkeit eines solchen Vorganges ist an allen Stellen der Bahn gleich groß; sie ist unabhängig von der Entfernung des Elektrons von der Strahlungsquelle

Es gibt daher im strengen Sinne keine Reichweite. Tatsächlich ist allerdings eine Grenzdicke D_e angebbar, weil schließlich durch die Absorption sich die Zahl der Elektronen so stark vermindert, daß man sie nicht mehr nachweisen kann.

Einer Luftschicht von 1 cm (bei 760 mm Druck) entspricht eine Dicke von nur 0,0059 mm Al; von 0,0047 mm Sn; 0,0027 mm Ag; 0,0021 mm Pt und Pb. Für β- und γ-Strahlen wird meist als Koeffizient $\mu = 0{,}693/D$[1]) angegeben. D ist der Wert der Dicke in cm Luft oder Metall (Al und Pb), die nötig ist, um die Intensität der Strahlen auf die Hälfte herabzusetzen. Für die γ-Strahlen sind, wie bereits erwähnt, sehr große Dicken erforderlich. RaC-Strahlen werden in Luftschichten von 160 m, in Wasser von 16 cm, in Quecksilber von 1,2 cm und in Blei von 1,4 cm ($\mu = 0{,}7$) auf die Hälfte geschwächt (St. Meyer 1915).

Im folgenden ist eine Übersicht[2]) über die verschiedenen Werte der μ und D für die verschiedenen Strahlungen gegeben.

	μ in			D in Luft in cm
	Luft	Al	Pb	
Kathodenstrahlen von $2 \cdot 10^9$ cm/sec .	2280	—	—	—
Kathodenstrahlen von 10^{10} cm/sec .	3,4	7150	—	0,2
α-Strahlen des Urans	—	2740	—	0,43
β-Strahlen des Urans	—	14	122	107
X-Strahlen (hart)	—	—	22	500
γ-Strahlen des Radiums	—	0,1	0,5	15000

Das Bestehen einer **Reichweite** R ist schon von Frau Curie 1900 angenommen worden. Als Konstante ist sie erst 1904 von Bragg (und Klemann) nachgewiesen worden. Er nahm an, daß die α-Strahlen jeder aktiven Substanz ihre besondere Geschwindigkeit[3]) besäßen und daher in verschiedener Entfernung von der Strahlenquelle ihre kritische Geschwindigkeit erreichten. Der Grundversuch ist nach Soddy[4]) sehr einfach zu machen. Eine Flasche mit kugelförmigem Bauch von 20 cm Durchmesser wird mit einer dünnen Schicht von Sidotblende überzogen. Der Hals ist durch einen Kork verschlossen. Durch ein Loch wird ein Stab bis zur Mitte des Bauches herabgesenkt, an dem eine kleine Schale mit 1 mg Ra hängt. Durch ein zweites Loch wird eine Glasröhre gesteckt, die mit der Luftpumpe verbunden ist. Wird der Druck in der Flasche erniedrigt, so fängt bei einem bestimmten Druck die Blende an zu fluoreszieren. Nimmt der Druck zu, so hört das Leuchten auf. Die α-Strahlen erreichen also nur bei einer bestimmten Dicke

[1]) Die Absorption erfolgt, wie bei den Lichtstrahlen, nach dem Gesetz $I_x = I_0 \cdot e^{-\mu x}$. I (Lenard, Kstr. 1918, S. 73, 103) bedeutet die Elektrizitätsmenge oder Elektronenzahl, die in der Sekunde von jedem qcm senkrecht zur Strahlrichtung aufgefangen wird. Für größere Geschwindigkeiten der Elektronen ist μ durch μ/B zu ersetzen. B ist eine Größe, die Lenard Umwegfaktor nennt.

[2]) Nach Curie: Radioakt. 1912 II, 209.

[3]) Diese ist als Maß der (für jedes Radioelement verschiedene) Energie anzusehen, die beim Zerfall eines Atoms frei wird.

[4]) Natur des Radiums 1909, 48.

der Luftschicht die Wand der Flasche. Przibram (1912) hat einen anderen Versuch angegeben. Ein flacher $^1/_2$ cm dicker Kondensator von 7×4 cm Fläche, dessen obere und untere Stirnwand aus Glas und mit Teilung versehen ist, wird mit Salmiaknebeldämpfen gefüllt. An der einen Seitenfläche wird Polonium eingeführt. Blickt man von oben durch die Glaswand auf den Nebel, so sieht man, wenn die vertikalen Kondensatorplatten auf 220 Volt geladen sind, den Nebel sich von der Platte in der Nähe des Po entfernen. Bei einer Entfernung von 3,8—3,9 cm stellt sich eine scharfe Grenze zwischen Nebel und klarer Luft her. Bei Ladung auf 5000 Volt tritt die Bildung der Grenze sofort ein.

53. Die Geschwindigkeit der aktiven Strahlen und die Geigersche Formel.

Die β-Strahlen haben sehr verschiedene Geschwindigkeiten. Für RaB fand Rutherford (siehe **124.**) 16, für RaC sogar 48 Gruppen. Läßt man die Strahlung durch ein passend gerichtetes Magnetfeld hindurchgehen, so zerfällt sie in ebenso viele Strahlenbündel als Geschwindigkeiten vorhanden sind. Da jedes dieser Bündel als geladener elektrischer Leiter einen Kreis um die Richtung der magnetischen Kraft beschreibt, so erhält man ein von der (punktförmigen) Strahlenquelle ausgehendes System von Kreisen. Ist die Luft mit Wasserdampf übersättigt (siehe **31.**), so sind die Strahlen, die auf ihrem Wege Ionen bilden, als feine Nebelstreifen zu erkennen (C. T. Wilson 1913). Die Geschwindigkeit wird wie die der Kathodenstrahlen durch elektrische und magnetische Ablenkung (siehe **40.**) bestimmt. Sie liegt im allgemeinen zwischen 0,3 und 0,99 der Lichtgeschwindigkeit. Die maximale Geschwindigkeit hat Kaufmann zur Ermittlung der scheinbaren Masse benutzt (siehe **44.**). Wie schon aus der größeren Durchdringungsfähigkeit sich ergibt, ist die Geschwindigkeit viel größer als die der Kathodenstrahlen. Die aus den β-Strahlen entstehenden γ-Strahlen sind viel durchdringender als die X-Strahlen. Beide Strahlenarten sind Formen der Lichtstrahlung; ihre Geschwindigkeit ist diejenige des Lichtes.

Die Geschwindigkeit der α-Strahlen liegt zwischen 1,3 und $2{,}3 \cdot 10^9$ cm/sec; ist also nur etwa $^1/_{20}$ der Lichtgeschwindigkeit. Das Maximum von 2,26 hat ThC_4, diejenige Strahlenart, die die größte Reichweite besitzt (11,3 cm — Rutherford und Wood 1916). Die Reichweite ist nach der Braggschen Auffassung bestimmt durch die Geschwindigkeit v. Geiger hat 1910 die Beziehung abgeleitet $v^3 = kR$ (k ist eine Konstante; 1,02). Diese Formel hat sich durch die genauen Untersuchungen von Geiger, Nutall und anderen bei allen Prüfungen bisher bewährt, bei denen die Geschwindigkeiten durch den Durchmesser des magnetischen Ablenkungskreises leicht berechenbar sind. Am genauesten ist v für RaC $= 1{,}922 \cdot 10^9$ cm (Rutherford 1913) bestimmt worden. Nach den Untersuchungen von A. Wood (1915) ist für die vier Arten von ThC-Strahlen (für C_1—C_4) $R = 4{,}95 — 8{,}6 — 10{,}2 — 11{,}3$; sowie $v = 1{,}714 — 2{,}06 — 2{,}18 — 2{,}26$.

Nach der Geigerschen Formel ist $R = 4{,}80$ bezw. $v = 1{,}70$.

Aus der Formel folgt für RaA $v = 1{,}693$; Tumstall (1915) verglich die Ablenkung von RaA und RaC und fand direkt $v = 1{,}690$. Aus der Formel folgt auch, daß die Aktivität $I = k \cdot R^{2/3}$. Mc Coy (1915) hat diese Beziehung geprüft. Er verglich die Aktivität einer Muttersubstanz (Ra, ThX...) mit der ihrer Zerfallsprodukte und berechnete sie aus der Reichweite. Er fand so für Ra 4,09 statt 4,11, für ThX 3,66 und 3,60, für RaTh 1,54 und 1,56, für Ra Akt 4,67 und 4,63. Weiter hat Marsden (1913) die Formel bestätigt durch Vergleich der Geschwindigkeiten mit denen, die sich berechnen, wenn man die Absorption derselben Strahlen und damit die Reichweiten in Metallen (Au, Cu, Al) und in Glimmer mit der Luft vergleicht. Der Endpunkt der Bahn der Strahlen wurde durch Abnahme der Szintillation ermittelt (siehe **54.**).

54. Der Verlauf der Absorption und Ionisation der α-Teilchen längs ihrer Bahn.

Die Reichweite ist nach Bragg ein Maßstab für die Geschwindigkeit nach Boltwood (1906) auch für die Aktivität, für die Fähigkeit der Strahlen zu ionisieren. Bragg benutzt als Empfänger für die Strahlen eine Ionisationskammer (siehe **51.**), bei der durch Stoßionisation die Wirkung der Teilchen verstärkt werden kann. Bei allmählicher Entfernung der Kammer von der Strahlenquelle wird als Reichweite der Punkt festgestellt, bei dem kein Strom mehr durch die Kammer geht. Das tritt bei Po in 4 cm Entfernung der Kammer ein. Schaltet man in den Strahlengang eine 0,1 mm dicke Al-Platte ein, so hört die Wirkung schon in 2 cm auf. Es sind also 0,1 mm Al äquivalent 2 cm Luft. Man kann zur Feststellung des Bahnendes der α-Teile anstatt der Ionisationskammer auch die photographische Platte oder den Fluoreszenzschirm benutzen. Auf dem Schirm beobachtet man ein Aufleuchten einzelner Punkte (Szintillieren, siehe **25.**, **68.**), so bald man sich dem Ende der Bahn nähert, an dem nur noch wenige α-Teile wirken können. Bestimmt man in dem kritischen Gebiet der Bahn die Änderung in der Zahl von Leuchtpunkten mit der Entfernung, wobei man zweckmäßig bei geringem Druck arbeitet, so kann man 0,1 mm Genauigkeit erreichen (Friedemann 1913). Eine größere Genauigkeit ist sowieso nicht möglich, da die Geschwindigkeit der α-Teile nicht null[1]) wird, sondern noch größere Werte behält, die aber zur Ionisierung nicht ausreichen (Geiger 1910; Marsden-Taylor 1913; siehe **53.**). Es besteht eine Streuungszone[2]); die Reichweite zeigt daher auch kleine Schwankungen (Flamm). Die Ausbildung der photographischen Methode verdanken wir besonders Reinganum (1911) und Miehl (1912—1914). Wenn ein α-Strahl streifend auf eine photographische Platte trifft, so sieht man nach der Entwicklung auf der Platte die Bahn als eine punktierte Linie. Die Anordnung der Strahlquelle war so, daß ein Platinplättchen mit Polonium von $^1/_4$ mm Breite in einem Halter vertikal gehalten und die horizontalgelagerte photographische Platte langsam dagegen geschoben wurde. Die Zahl der Punkte ist eine Folge der Stoßionisation der α-Teile. Der Abstand der Punkte und ihre mittlere Länge ist proportional der Zahl der ionisierten Silberteilchen der Platte. Die Zahl und die Länge nimmt mit der Entfernung von dem Platin allmählich ab, entsprechend

[1]) Von dem radioaktiven Präparat werden Teilchen abgerissen, die sich auf der Umgebung ausbreiten; man bemerkt Szintillation auch nach Entfernung der aktiven Masse (Rothsteiner).

[2]) Diese reicht für RaC in Luft von 6,6—7,0 cm, siehe **116.** (Makower); für RaF von 3,1—3,7 cm (Rothsteiner).

der Abnahme des Ionisationsvermögens. Die Streuung am Ende der Bahn beim Erreichen der kritischen Geschwindigkeit ist deutlich zu sehen (siehe **31.**).

Bestimmt man die Änderung der Strahlungsstärke mit wachsender Entfernung der Ionisierungskammer von der Strahlungsquelle, so ist leicht festzustellen, ob die Strahlung einheitlich ist oder von mehreren Substanzen herrührt. Die beifolgende Figur 16 zeigt die Strahlungskurve für Ra, wie sie zuerst Bragg gefunden hat.[1])

Die Kurve besteht aus vier Teilen (geraden Linien), die mit ziemlich scharfen Knicken (hervorgehoben durch punktierte Linien)[2]) aneinander stoßen, die bei 3,5; 4,2; 4,8 und 7,1 cm liegen. Das sind die Reichweiten der vier Umwandlungsprodukte des Ra, deren α-Strahlungen gemessen werden. Die Neigungen der vier Linien (gemessen durch die Tangente) verhalten sich zueinander, wie 66:45:34:16 also wie 4:3:2:1. Das bedeutet, daß der Ionisationsstrom bis zu 3,5 cm 4 mal, bis 4,2 cm 3 mal, bis 4,8 cm 2 mal so stark als im übrigen Teil ist. Es sind also bis 3,5 cm 4 α, dann 3 α, 2 α und schließlich nur noch 1 α-Teil vorhanden, entsprechend der Zahl der Umwandlungsprodukte. Geiger (von 1909 ab) hat die Reichweiten am eingehendsten bestimmt; dabei hat er die Methode von Bragg dadurch verfeinert, daß er die Braggsche Flasche durch eine dünne versilberte Glaskugel ersetzte. Der Druck in der Kugel wurde solange verändert, bis ein plötzlicher Abfall der Ionisationsstromstärke zu erkennen war. Dann erreichten die α-Teilchen nicht mehr die Glaswand.

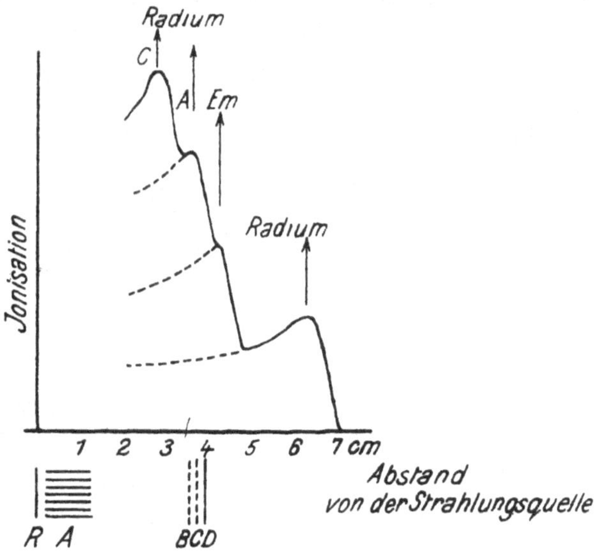

Fig. 16.

Unter der Ionisationskurve (Fig. 16) ist die Anordnung skizziert. *R* ist die mit einer sehr dünnen Schicht aktiver Substanz überzogene strahlende Platte. Unmittelbar vor *R* befindet sich eine Anzahl horizontaler Glasröhren *A*, die alle Teilchen absorbieren, die unter Winkeln die Platte verlassen. Es fällt daher ein paralleles Strahlenbündel auf die Kammer *BCD*. Diese besteht aus *B* (einem von einer Batterie aufgeladenen Drahtnetz), *C* (ein zur Erde abgeleitetes Drahtnetz) und in 2 mm Entfernung *D* (eine mit dem Elektrometer verbundene Platte). Durch die Aufladung des Drahtnetzes werden Ionen verhindert in die eigentliche Kammer *CD* zu treten und die Strommessung zu beeinflussen. Das Ganze ist in einem luftdichten Gehäuse eingeschlossen. Durch Vergleich des Elektrometerausschlages vor und nach Einschaltung eines Kupferschirmes, der die α-Teile absorbiert, kann der Einfluß der β- und γ-Strahlung ermittelt werden.

[1]) Bragg und Klemann: Phil. Mag. **8**, 726, 1904; **10**, 318; 1905.
[2]) Siehe auch Fig. 23, S. 229 bei **115**.

55. Das Wesen der α- und β-Strahlen.

Die β-Strahlen sind schnelle Kathodenstrahlen, wie sich aus ihrer Ablenkung ergibt; sie besitzen die gleiche Durchdringungsfähigkeit und sind negativ geladen, wie zuerst das Ehepaar Curie 1900 nachwies. Ein Metallstück, das in einem Isolator eingebettet ist und von rückwärts durch einen Isolator hindurch mit Ra bestrahlt wird, nimmt negative Ladung an. Becquerel zeigte zu gleicher Zeit, daß die Ablenkung eines β-Teilchens in einer Parabel, wie bei Kathodenstrahlen erfolgt. Den exakten Beweis für die Natur der β-Strahlen verdanken wir den Arbeiten Kaufmanns (siehe **35.**) über die Bestimmung der Masse des Elektrons, die sowohl aus Kathoden- wie aus β-Strahlen abgeleitet werden kann.

Von größter Wichtigkeit für die Deutung des Rätsels der Materie ist die Feststellung der Natur der α-Strahlen geworden, dieser Strahlen, die Jahre lang überhaupt nicht als besondere Strahlen erkannt wurden. 1901 vertrat bereits Strutt, 1902 Crookes die Auffassung, daß die α-Strahlen materielle Teilchen (siehe **44.**, über die Wechselwirkung zwischen Materie und Strahlen) sein müßten. Bewiesen hat dies Rutherford nach der Methode der magnetischen und elektrischen Ablenkung, wobei durch passende Lage des Feldes die vorhandene β-Strahlung so weit abgelenkt wurde, daß sie auf das drehbar aufgestellte Elektroskop, mit dem die Lage des Maximums der Strahlung vor und nach der Ablenkung zu bestimmen war, nicht wirken konnte. Es sind danach die α-Strahlen Atomionen. Das Resultat wurde dann für zahlreiche aktive Substanzen bestätigt. Die magnetische Ablenkung der α-Strahlen ist nach Rutherford sehr viel kleiner als die der β-Strahlen. Ein α-Teilchen des Ra wird in einem Feld von 10000 C.-G.-S., in das es sich senkrecht hineinbewegt, in einem Kreise von 40 cm Radius abgelenkt, die schnellsten β-Strahlen beschreiben in dem gleichen Felde einen Kreis von 5 mm. Daraus folgt, daß — gleiche Ladung der Teile zunächst vorausgesetzt — die Masse sehr verschieden ist. Die Ablenkung erfolgt nach der entgegengesetzten Seite, so daß die α-Teilchen positive Ladung besitzen.

Die α-Strahlen sind ihrer physikalischen Natur nach den Kanalstrahlen (siehe **15.**, **28.**) an die Seite zu stellen. Goldstein hat in Berlin (1886) diese Strahlen entdeckt. Sie entstehen an der Rückseite einer durchlöcherten Kathode. Ist diese mit einem engen Kanal verbunden, so sind sie am Ende des Kanals sichtbar. Genauer hat sie W. Wien (von 1897 ab) in einer großen Reihe von Arbeiten untersucht. Durch die Ablenkungsmethode ergab sich die Ladung als identisch mit der der elektrolytischen Atome nach dem Faradayschen Gesetz. Die Masse der Teilchen ist verschieden und entspricht dem der chemischen Atome. Stark (1905) hat dann diese Resultate durch den Doppler-Effekt der Kanalstrahlen bestätigt. Wenn man quer zur Strahlenrichtung ihre Wellenlänge bestimmt, so ist sie eine andere als wenn man sie in der Strahlenrichtung beobachtet. Die Differenz der Wellenlängen ist auch aus Masse, Geschwindigkeit und Ladung der Teilchen berechenbar und stimmt mit den Beobachtungen überein.

Die Zerfalltheorie und ihr Beweis.

56. Die Theorie Rutherford-Soddys vom atomaren stufenweisen Zerfall der Radioelemente.

Über die Ursache der radioaktiven Strahlung war man lange Zeit völlig im Unklaren. Elster und Geitel sprachen 1899 den Gedanken aus, daß die Atome der Radioelemente instabil wären und sich in stabilere verwandelten. Die Strahlung wäre nur eine Begleiterscheinung der atomaren Umwandlung. Daß es sich um eine solche handelt, geht vor allem daraus hervor, daß die Strahlung unabhängig ist von der Verbindung, in welcher das Radioelement vorhanden ist. Es handelte sich also um etwas fundamental neues, um die Umwandlung chemischer Elemente. Auch Frau Curie trat dieser Auffassung bei. Daß die Atome gespalten werden, geht **auch** daraus hervor, daß in den Strahlen subatomische Bruchstücke, die viel kleiner sind als die Atome (die Elektronen der β-Strahlen), fortgeschleudert werden. Ein Einblick in diese Umwandlung wurde möglich, als man Umwandlungsprodukte untersuchen konnte. Man ersah aber aus den Vorgängen, daß es sich nicht um einen sofortigen Übergang in stabile Produkte handelt, sondern daß ein stufenweiser, schrittweiser Zerfall eintritt, bei dem erst allmählich das stabile Endprodukt erreicht wird. 1900 trennten Crookes und von ihm unabhängig Becquerel durch Zusatz von Ba zu einer Uranlösung und Fällung des Ba durch Schwefelsäure vom Uran eine Substanz, UX genannt, ab, die stark aktiv war, während das Uran inaktiv erschien. (Es behielt aber die damals noch nicht bekannte α-Strahlung.) Nach einigen Monaten kehrte sich das Verhältnis um. UX wurde inaktiv. U wurde aktiv. 1902 fanden Rutherford und Grier das gleiche für das Thorium. Fällt man das Thorium aus der Nitratlösung mit Ammoniak, dampft dann das Filtrat ein, so ist der Rückstand (ThX) 1000 mal aktiver als Th. Aber dieses zerfällt wieder und bildet ein Gas, die Thorium-Emanation.[1]) Dieses Gas hatte Rutherford schon erhalten, als er Luft über Thoroxyd herübergeleitet hatte. Diese Luft zeigte eine erhebliche elektrische Leitfähigkeit. Diese verlor sich aber schnell, während die in der Nähe befindlichen Körper aktiv wurden. Er nahm an, daß beim Zerfall des Th ein Gas, die Emanation entsteht, die vom Luftstrom fortgeführt wird. In gleicher Weise bildet sich, wie schon 1900 Dorn gefunden hatte, aus Radium eine Emanation. Der Abfall der Leitfähigkeit folgt einer Exponentialformel und ist völlig unabhängig von den Versuchsbedingungen. Bei der Ra-Em (Radium-Emanation) ist die Hälfte in 4 Tagen, bei der Th-Em in 70 Sekunden zerfallen. Die bei dem Zerfall der Emanation gebildeten Niederschläge, die früher induzierte Radioaktivität genannt wurden, sind Substanzen, die auch allmählich sich auseinander bilden und von einander getrennt werden können (Th A, B, C). Je mehr die induzierte Aktivität zunimmt, um so mehr nimmt die Emanation ab. Ebenso entspricht die Abnahme der Aktivität des Th X durch Bildung

[1]) Vgl. 71. [2]).

der Emanation, die Wiederzunahme der Aktivität des Th. Die gemessene Strahlung des Th X war stets der ebenfalls bestimmten Menge der gebildeten Em proportional. Damit war nachgewiesen, daß die Strahlung nur eine Begleiterscheinung der Stoffumwandlung ist. Die gewöhnlichen radioaktiven Substanzen erschienen so als Gemenge, die sämtliche Zerfallsprodukte im Gleichgewicht enthalten. Es gehen in ihnen die beiden Prozesse der Bildung und des Zerfalls gleichzeitig vor sich. Die Menge der einzelnen Produkte wird relativ zu den anderen konstant. So z. B. bei Th X; es bildet sich ebenso viel Th X aus Th, als Th X unter Bildung von Em zerfällt.

Das waren die experimentellen Grundlagen der Zerfalltheorie, die Rutherford und Soddy exakt mathematisch formulierten. Die Atome der Radioelemente sind unbeständig. In jeder Sekunde zerfällt ein bestimmter Bruchteil λ (vom Uran etwa ein Atom auf je 10^{16} Atome) mit explosionsartiger Gewalt, die sich in der Ausschleuderung vor allem der α-Teile oder auch von α- und β-Teilen zusammen äußert. Der Rest des Atoms, eine neue Substanz, ist nur um ein α-Teilchen (das ist um einen Betrag von 4; siehe **79.**) leichter. Die neue Radiosubstanz ist von der Muttersubstanz in chemischer und physikalischer Hinsicht völlig verschieden. Jede dieser Substanzen hat, da dauernd ein Bruchteil von ihr zerfällt, nur begrenzte Lebensdauer. Nur schrittweise wird der Endzustand (Radioblei, siehe **62.**) erreicht. Jeder Bildung einer Substanz entspricht der Zerfall einer anderen, so daß beide Prozesse nach gleichen Formeln ablaufen. Im Gleichgewichtszustand lagern sich mehrere solcher Prozesse übereinander. Der relative Betrag jedes der vorhandenen Produkte entspricht im Gleichgewicht der Lebensdauer. Je größer die Zerfallgeschwindigkeit λ, um so kleiner die Lebensdauer L $(1/\lambda)$, die man als die mittlere oder wahrscheinliche der Atome ansehen kann. Ist λ nach obigem Beispiel $= {}^1/_{10^{16}}$ sec, so ist $L = 10^{16}$ sec oder rund $3 \cdot 10^9$ Jahre. Zu jedem Radioelement gehört ein bestimmter Wert von L, so daß jedes Radioelement durch zwei Konstanten (Lebensdauer und Reichweite, siehe **52.**) charakterisiert ist. Das At.-Gew. ist für diese Elemente ohne Bedeutung.

Für alle radioaktiven Prozesse wird der gleiche Verlauf angenommen. Stets ist die Abnahme (dN_t) der aktiven Atome ihrer jeweilig vorhandenen Zahl N_t proportional. Das Verhältnis dN_t/N ist aber $= \lambda$, und ist außerdem proportional der Zeit t. Daher lautet die Grundformel einfach $dN_t/dt = -\lambda t$. Integriert ergibt sich $N_t = N_0 e^{-\lambda t}$, wenn N_0 die Anfangszahl bedeutet. An Stelle von L oder $1/\lambda$ wird meist die Halbwertszeit T angegeben, d. h. die Zeit, in welcher die Hälfte der Atome zerfallen ist. Diese steht in einfacher Beziehung zu L. Für $N_t = N_0/2$, wird $t = T$, Also $\lambda T = \log$ nat 2 — daraus: $T = 0{,}693\ L$.

Der Zerfall wird physikalisch gemessen durch die Aktivität, durch die Strahlungsintensität. Man bestimmt daher die Lebensdauer aus der Abnahme der Aktivität. Nimmt die Zeit in arithmetischer Reihe zu, so fällt die Aktivität in geometrischer Reihe, in der doppelten Beobachtungszeit fällt z. B. die Aktivität auf $^1/_4$.

Gleiche Verhältnisse finden wir auch bei vielen chemischen Reaktionen, z. B. bei der Inversion des Rohrzuckers. Für ihren Verlauf gelten nach Wilhelmy ähnliche Gleichungen. Die Umwandlungsgeschwindigkeit ist der

Zahl der umzuwandelnden Mole proportional. Aber der Zerfall der Radioelemente unterscheidet sich von diesen Reaktionen dadurch, daß er sich nicht durch physikalische oder chemische Kräfte beeinflussen läßt (siehe **80.**).

Auch den stufenweisen Zerfall finden wir bei vielen chemischen und besonders biologischen Umwandlungen.[1]) Es gilt hier der zuerst von W. Ostwald (1897) ausgesprochene Satz, daß der Übergang von einem weniger beständigen nicht zu einem dauernden und beständigeren erfolgt, sondern zu dem nächstliegenden, nur vorübergehend beständigen, der aber mit dem geringeren Verlust von freier Energie erreicht werden kann. Es schiebt sich so zwischen Radium und dem Endzustand, dem Radioblei eine ganze Reihe von mehr oder weniger beständigen Zwischenprodukten ein, z. B. die Emanation, Ra A, B, C, Polonium (siehe Tabelle bei 89.). Jede dieser Stufen ist begleitet von Aussendung von α- und β-Teilchen (G. C. Schmidt 1907).

57. Einige Beispiele für den Verlauf des Zerfalls.

Zunächst möge der erste überhaupt quantitativ untersuchte Zerfall der von Th X, und die gleichzeitige Zunahme der Aktivität des Thorhydroxydes durch Neubildung von Th X (Rutherford und Soddy 1902) hier angeführt werden:

Zeit	0	1	2	3	4	5	6	8	9	10	13	15	17	21	28
Aktivität von ThX	100	117	100	88	72	—	53	—	29½	25,2	15,2	11,1	—	—	—
$Th(OH)_4$	44	37	48	54	62	68	71	78	—	83	—	—	96½	99	100

Die Abnahme von der Zeit 2 zu 6 ist etwa halb so groß als von 6 zu 10; das umgekehrte gilt für die Zunahme. Die Umwandlung des Th X über die Emanation in die induzierte Aktivität Th A, B, C läßt sich rechnerisch genau verfolgen. Von den Umwandlungsstufen kann die der Em vernachlässigt werden, da T für sie nur 54 sec beträgt, ebenso die des Th A von 0,1 sec und die des Th C von 60 min. Es ist also nur notwendig die Gleichung für die Umwandlung Th X $\rightarrow$ Th B und für Th B $\rightarrow$ Th C aufzustellen und übereinanderzulagern, wobei für Th X $T = 4$ Tage und für Th B $T = 11$ Stunden zu setzen ist. Man erhält folgende Tabelle:

Zeit in Tagen	0	0,25	0,5	1	1,5	2	3	4	6	9	13
ber.	1,00	1,09	1,16	1,15	1,11	1,04	0,88	0,75	0,53	0,32	0,16
beob.	1;09	—	—	1,17	—	—	0,88	0,72	0,53	0,30	0,16

Zu beachten ist, daß durch die Berechnung auch das Maximum wiedergegeben wird. In ähnlicher Weise lassen sich alle komplizierteren Fälle, bei denen durch Anwesenheit einer größeren Anzahl von Radioelementen Maxima und Minima in den Strahlungskurven auftreten, auf mehrere unabhängige Umwandlungen für jede der Substanzen zurückführen.

Die kurze Lebensdauer der Thoriumemanation kann man aus den Beobachtungen der Strahlungskurve (bestimmt wurde der durch die Strahlung hervorgerufene Sättigungsstrom I) von Bragg und Klemann (1904) berechnen:

Zeit	0	28	62	118	155	210	272	360 Sek.
I	100	69	51	25	14	6,7	4,1	1,8

[1]) Z. B. bei der Vergärung des Zuckers durch Hefe nach den grundlegenden Arbeiten von Neuberg (Naturwiss. **7**, 685; 1919).

Die Lebensdauer der Radiumemanation (Ra-Em) ist viel größer: $5\,^1/_2$ Tag gegen 77 sec. Es zerfallen also von Ra Em in der Sekunde 1 Teil auf je 500000 Teile, von Th Em dagegen 1 Teil auf 77 Teile. Deswegen ist auch die Aktivität von Th Em um $^{500000}/_{77}$ also etwa 6000 mal größer, als die von Ra Em. Der längeren Lebensdauer entsprechend läßt sich die Ra Em viel leichter in wahrnehmbaren Mengen ansammeln und untersuchen, als die Th Em.

58. Weiteres über Aktivität und Lebensdauer.

Diese einfachen klaren Verhältnisse sind durch eine exakte Untersuchung an Radio-Mineralien aller Art geprüft worden. Boltwood hat (1908, siehe **50.**) die Aktivität aller in der Pechblende enthaltenen Radioelemente ermittelt.[1]) Er erhielt folgende Werte, die mit der Lebensdauer und dem Gehalt zu vergleichen sind (J = Jahre, T = Tage).

Substanz	Uran	Ionium	Radium	Ra Em	Ra A	Ra B	Ra C	Ra F	Aktinium
Aktivität	1	0,44[2])	0,45	0,62	0,54	0,04	0,91	0,46	0,28
Lebensdauer	$4{,}9\cdot 10^9\,J$	$10^5\,J$	1690 J	3,85 T	3 Min.	27 Min.	19 Min.	140 T	30 J
Gehalt .	1 Tonne	19 g	333 mg	0,002 mg	$0{,}0_5 1$ mg	$0{,}0_4 1$ mg	$0{,}0_4 1$ mg	0,1 mg	?

Ra D und E sind nicht besonders ermittelt worden. Der langen Lebensdauer entsprechend sind nur Io und Ra in einiger Menge vorhanden.

Die Berechnung der Lebensdauer ist nicht bloß durch Strahlungsmessungen, sondern auch (in einzelnen Fällen) chemisch analytisch möglich, z. B. beim Radium durch Bestimmung der Emanation. Soddy ermittelte (1904), daß 60 mg Ra Br_2 (30 mg Ra) nach 5,3 Tagen, nach Erreichung des Gleichgewichtes 0,03—0,04 cmm Em enthalten. Der genauere Wert von Rutherford ist 0,019 (1908, umgerechnet 1913), also für 1 g Ra 0,63 cmm (siehe Tabelle bei **136.**, Nr. 17). 1 g Ra nimmt als Gas (At.-Gew. = 226; 1 g-Mol = 22410 ccm, siehe die Tabelle bei **136.**, Nr. 5) den Raum von 99000 cmm ein. In 5,3 Tagen zerfällt also $0{,}63/_{99000}$ des Radiums, in einem Tag also $^1/_{830000}$, in einem Jahre $^1/_{2270}$. Die Lebensdauer L ist also = 2270 J die Halbwertszeit $T = 0{,}693 \cdot 2270$ = rund 1600 J.

Bei dieser Bestimmung ist vorausgesetzt, daß die Emanation vollständig gewonnen werden kann. St. Meyer (1916) weist aber darauf din, daß durch unkontrollierbare Absorption merkliche Mengen Em sich der Beobachtung entziehen. Sicherer sind die Methoden, bei denen T aus der Zahl der in der Sekunde beobachteten Umwandlungen (siehe **68.**) berechnet wird. Vom Ra zerfallen in der Sekunde $N_0 = 3{,}57 \cdot 10^{10}$ Teile. Ein g Ra enthält $n = 60{,}5 \cdot 10^{22}/226 = 268 \cdot 10^{19}$ Atome. Die Umwandlungsgeschwindigkeit λ ist also $= N_0/n$. Daraus folgt $T = 1647$ J. Entsprechend der Beobachtung von St. Meyer (siede **68.**) ergibt sich, daß von Uran $2{,}2 \cdot 10^4$ Teile in der

[1]) Nach St. Meyer (Szber. Wiener Akad. **125** (2a) 191; 1916).

[2]) Die Aktivität der Thormineralien rührt zu 36 % von Mesothor, zu 64 % von ThD her; letzteres ist 5,2 mal aktiver, als Mesothor (Mc Coy und Cartledge; J. Amer. Chem. Soc. **41**, 50; 1919).

Sekunde zerfallen. n für Uran ist $= 60{,}5 \cdot 10^{22}/238{,}2 = 254 \cdot 10^{19}$ Atome.[1]) Daraus folgt T für Uran $= 5{,}0 \cdot 10^{9}$ Jahre. Die Gleichgewichtsbedingung für radioaktive Substanzen fordert, daß $\lambda_1 n_1 = \lambda_2 n_2$ oder $T_2/T_1 = n_2/n_1$. n_2/n_1 folgt für Ra und Ur im Gleichgewicht (siehe **61.**) zu $3{,}3 \cdot 10^{-7}$. T_1 für Uran haben wir eben zu $5{,}0 \cdot 10^{9}$ Jahre gefunden, also T für Ra $= 5{,}0 \cdot 10^{9} \times 3{,}3 \cdot 10^{-7} = 1650$ Jahre. Bei dieser Ableitung ist aber vorausgesetzt, daß Ra der einzige Abkömmling des Ur ist. Es findet aber eine Verzweigung zum U Y und wahrscheinlich weiter zum Aktinium (siehe **74.**) statt, wodurch eine auf 8% (oder 3% nach Untersuchungen im Wiener Radiuminstitut 1919) des Urans geschätzte Menge für die Ra-Bildung in Fortfall kommt. Um soviel würde T zu vergrößern sein.

In der Mehrzahl der Versuche[2]) ist die Lebensdauer des Ra aus der im Ionium (**72.**) enthaltenen Menge Ra berechnet worden. Das Ra wurde ermittelt aus der α-Strahlung der mit dem Ra in Gleichgewicht befindlichen Emanation. Die Werte schwanken stark (1650—1950 Jahre). Da die Versuche sich auf längere Zeiträume erstrecken, ist nicht zu vermeiden, daß unbestimmbare Mengen von Ra oder Em an Glaswandungen festgehalten oder durch Staub fortgeführt werden und sich der Beobachtung entziehen.

St. Meyer und v. Schweidler haben eine ganz andere Methode (1916) angewandt. Sie untersuchten die von Hönigschmidt hergestellten und im Dez. 1908 Ra-freien Thorium-Ionium-Gemische (**79.**) auf die Zunahme des Ra-Gehaltes. Nimmt man T für Ionium $= 10^{5}$ Jahre, für Ra $= 1730$ Jahre, so sollte 1 g Jo nach 1, 2, 5, 8 und 10 Jahren 6,9—13,6—34,0—54,3—67,6 tausendstel mg Ra enthalten. Zur Verfügung standen 2 Präparate von 27,99 und 27,14 mg Jo (zusammen 55,13 mg). Es sind also geringe Mengen Ra zu bestimmen. Diese wurden durch die Zahl der γ-Strahlen, die von ihnen innerhalb eines kleinen Zeitraums (10 Minuten) ausgingen, gemessen. Die Röhrchen aus dünnem Glas mit den Präparaten wurden in Hohlzylinder von 3 mm Wandstärke aus Al eingesetzt und so aufgestellt, daß die nur noch austretende γ-Strahlung auf einen in verschiedener Entfernung befindlichen Empfangsapparat fiel. Dieser war eine kleine Halbkugel aus 0,2 mm dünnem Kupferblech, in derem Zentrum isoliert eine zum Elektrometer führende Elektrode angebracht war. Jeder γ-Strahl bewirkt eine Aufladung eines empfindlichen Fadenelektrometers, einen Stoß. Die Ausschläge sind nach der Methode der Stoßionisation vergrößert. Man konnte die Zahl der Stöße bequem zählen oder auch photographisch registrieren. Die Zahl wurde auf gleiche Entfernung reduziert und verglichen mit der Zahl der Stöße, die eine bekannte reine Ra-Menge, eingeschlossen in gleich dicke Hüllen, hervorbrachte. Im April 1916, also 7,42 Jahre seit Herstellung des Präparates enthielten die 55,1 mg Io $2{,}75 \pm 0{,}09$ tausendstel mg Ra — für 1 g Io umgerechnet, 50 tausendstel mg. Aus dem Verhältnis der Lebensdauern (Ra = 1730 Jahre) würde sich nach den oben angeführten Zahlen 49,5 ergeben.

Die Ergebnisse dieser Untersuchungen sind zugleich ein zwingender Beweis für die Zerfalltheorie und ihre auf die einfachen kinetischen Be-

[1]) $60{,}5 \cdot 10^{22}$ ist die Loschmidtsche Zahl; 238,2 At.-Gew.

[2]) Boltwood 1908; Keetman 1909; St. Meyer und Schweidler 1913; Gleditsch —Boltwood 1916.

dingungen des Stoßes (siehe **31.**, S. 53) aufgebauten Grundgleichungen. Unter Vermeidung einer Reihe von bisher vernachlässigten Fehlerquellen fanden Hess und Lawson in einem Luft—Kohlensäuregemisch aus 268 Einzelreihen mit zusammen 80000 Szintillationen, daß in der Sekunde von 1 g Radium $Z = \mathbf{3{,}72} \cdot (\pm 0{,}02) \times 10^{10}$ Atome zerfallen. Die mittlere Lebensdauer T ist dann $= 0{,}693\, n/Z$ in Sek. Setzt man $n = 268 \cdot 10^{19}$ (abgeleitet aus $N/226 = 60{,}5 \cdot 10^{22}/226$, siehe **136.**, Nr. 13), so ist $T = 1580$ Jahre.

1 g Ra entwickelt nun aber $W = 25{,}2$ Cal oder $2{,}933 \cdot 10^{15}$ erg in der Sekunde. Diese Wärmemenge ist der Betrag der kinetischen Energie, der beim Zerfall den Teilatomen (α-Teilchen mit der Masse $m_0 = 6{,}6 \cdot 10^{-23}$ g gemäß **136.** und dem At.-Gew. $m = 4$ sowie Restatomen mit dem At.-Gew. $M = 222$) zukommt. Es ist $\frac{1}{2} Z\, m_0 v^2 (1 + m/M) = W$. v, die Geschwindigkeit der α-Teilchen, folgt nach der Geigerschen Beziehung (siehe **53.**) aus der Reichweite R. R wird von Hess zu 3,44 cm (nach Reduktion auf unendlich dünne strahlende Schicht) angegeben, $v = 1{,}52 \cdot 10^9$ cm/sec. Setzt man die Werte ein, so berechnet sich Z zu $3{,}78 \cdot 10^{10}$, statt 3,72, wie beobachtet.

Frl. Gleditsch (1915) verglich die Mengen des Ra, die sich in reinen Ioniumlösungen im Laufe eines Jahres bilden, mit der Menge Ra, die in der Lösung von reinen Uranmineralien enthalten sind, die aus gleichen Gewichtsmengen dargestellt worden waren. Aus Io, das aus je 100 g Bröggerit verschiedener Herkunft erhalten war, entwickeln sich 8,58 bzw. $8{,}61 \cdot 10^{-9}$ g Ra im Jahr. In der Lösung der gleichen Menge Mineral waren 2,035 bzw. $2{,}08 \cdot 10^{-5}$ g Ra enthalten. Daraus folgt T = 20350/8,58 oder 20800/8,61; also = 1640 und 1670 Jahre. Rutherford (**136.**, Nr. 13) berechnet T zu 1690 Jahren. Die obigen Untersuchungen von Hess und Lawson (1918) ergaben den Wert **1580**.

Im Laufe des letzten Jahrzehntes sind die Einzelheiten aller radioaktiven Umwandlungen klargelegt worden. Es ist jetzt die stattliche Reihe von 40 Radioelementen[1]) bekannt. Die Lebensdauer (T) und Aktivität ist außerordentlich verschieden;[2]) den langlebigsten Elementen Th ($2 \cdot 10^{10}$ J) und U_1 ($5 \cdot 10^9$ J) stehen Elemente von nur Sekundendauer (Th Em; Th A), ja von Tausendstel Sekunde (Act A, Ra C^1, Act C_2, Th C_2) gegenüber. Diese letzten Elemente sind erst, als man alle Feinheiten der Strahlungskurven zu erklären suchte, aufgefunden worden. In einer Reihe wechseln die Elemente von kurzer und langer Lebensdauer durcheinander. Man vergleiche $U_1 \rightarrow UX_1 \rightarrow UX_2$ (Brevium) $\rightarrow U_2 \rightarrow$ Io — Ra. Die Werte sind $5 \cdot 10^9$ J $\rightarrow$ 24,6 T $\rightarrow$ 1 Min. $\rightarrow 2 \cdot 10^6$ J — 10^5 J $\rightarrow$ 1600 J. Da sich vom Ra alle Elemente bis zum Po und Ra-Blei ableiten lassen, so umfaßt die Ra-Reihe (einschließlich einiger Verzweigungselemente) 16 aktive Elemente. Der Thorium-Reihe gehören 14, der dritten Reihe, der des Aktiniums 9 Elemente an. Die letzte Reihe hängt durch UY mit dem Uran zusammen (siehe **74.**).

[1]) Lise Meitner (1918) hat eine sehr wichtige Lücke ausgefüllt, indem sie die Muttersubstanz des Aktiniums (Protoaktinium) auffand. Nach einer Zeitungsnotiz vom April 1918 aus dem Bullet. Western Metallurgical and Chem. Soc. ist von Heath ein Element vom Atomgewicht 204,6 mit der Lebensdauer von 200—900 J (Wilsonium) isoliert worden.

[2]) Der kleinsten Lebensdauer entspricht die größte Reichweite R (Kirchhof 1919; vgl. **70.**).

Zu 58. Die für die radioaktiven Substanzen charakteristischen Konstanten.

Lebensdauer (Halbwertzeit T), **Reichweite** R in Luft für α-Strahlung in cm, sowie Durchdringungstiefe μ (in cm Aluminium für β- und γ-Strahlung).

Substanz	Werte	gefunden von	
	Uran-Reihe	T	
U_1	$5{,}0 \cdot 10^9$ J	Rutherford[1])	1906
	4,4 (Jahre)	Boltwood[2])	1908
	5,0	Mc Coy[3])	1913
	5,0 u. 5,1	St. Meyer[4])	1913
	4,85	Becker[5])	1915
UX	24,6 } Tage 23,5 }	Soddy[6])	1910
UX_2 (Brev.)	1,15 Min.	Fajans[7])	1913
	1,17	Hahn[8])	1913
U_2	$2 \cdot 10^6$ J	Geiger[9])	1912
	1,2	Becker[5])	1915
UY	1,27	Antonoff[58])	1911
J_0	$7 \cdot 10^4$ J	Soddy[10])	1915
	10	St. Meyer[11])	1916
Ra	1780 J	Rutherford[12])	1908 }
	1690	(berechnet)[13])	1913 }
	1744	Gray[14])	1910
	1730	St. Meyer[4])	1913/16
	1647	Gleditsch[15])	1915
	1580	Lawson[86])	1918
Ra Em	3,88 Tage (T)	Bumstead[16])	1904
	3,86	Sackur[17])	1905
	3,85	Curie[18])	1910
	3,846	Rutherford[19])	1911
Ra A	3,0 Min.	v. Lerch[20])	1906
Ra B	26,8 Min.	„ „	1906
	26	Bronson[21])	1906
Ra C_1 [1])	19,6 Min.	v. Lerch[20])	1906
	19	Bronson[21])	1906
Ra C_2	1,4 Min.	Fajans[22])	1911
Ra C'	(10^{-6} Sek.)	Fajans[23])	1915
Ra D	16,5 J	Antonoff[24])	1910
	15,8	Thaller[25])	1914
Ra E	5 T	Antonoff[24])	1910
	4,85	Thaller[25])	1914
Ra F (Polon)	140 T	Markwald[26])	1905
	135,5	St. Meyer[27])	1905
	140	Curie[28])	1906
	137	St. Meyer[29])	1906
	136 ± 0,5	Regener[30])	1911
	136,5 ± 0,3	v. Schweidler[31])	1912
	135,6	Girard[79])	1913
	Thorium-Reihe	T	
Th	$1{,}8 \cdot 10^{10}$ J	Mc Coy[31])	1913
	1,5	Heimann[32])	1914
	2,2*)	Meitner[85])	1918

Substanz	Werte	gefunden von	
	Thorium-Reihe	T	
$MsTh_1$	5,5 J	Mc Coy[33])	1908
	6,7	Meitner[85])	1918
$MsTh_2$	6,2 St	Mc Coy[33])	1908
RaTh	2,0 J	Blanc[34])	1907
	1,94	Leslie[82])	1912
	1,85	St. Meyer[83])	1916
	1,88	Walter[84])	1917
	1,90	Meitner[85])	1918
ThX	3,65 T	v. Lerch[35])	1905
	3,64	Mc Coy[36])	1913
ThEm	54 Sek	Bronson[37])	1905
	53,3	Ramsay[38])	1905
	54,5	Perkins[39])	1914
	54,5 ± 0,02	Schmidt[81])	1917
ThA	0,14 Sek.	Moseley[40])	1911
ThB	10,64 St.	v. Lerch[35])	1905
	10,6	Mc Coy[36])	1913
ThC_1 [1])	60,4 Min.	v. Lerch[41])	1907
	60,8	Mc Coy[36])	1913
	60,48	v. Lerch[42])	1914
ThC_2	(10^{-11} Sek.)	Fajans[23])	1915
ThD	3,1 Min.	Hahn[43])	1909
ThE	10^6 J	Holmes[44])	1914
	Aktinium-Reihe	T	
Act	20 J	Hahn[91])	1919
RaAct	19,5 T	Hahn[45])	1906
	18,9	Mc Coy[46])	1914
	19	St. Meyer[47 u. 92])	1914
ActX	11,6 T	Mc Coy[48])	1913
	11,4	Hahn[49])	1913
	11,2	St. Meyer[90])	1918
ActEm	3,7 Sek.	Brooks[50])	1904
	3,6	Hahn[51])	1905
	3,9	St. Meyer[27])	1905
	3,92	Perkins[39])	1914
	3,92 ± 0,02	Schmidt[81])	1917
Act A	0,002 Sek.	Moseley[40])	1911
Act B	36 Min.	Bronson[37])	1905
	36,5	Hahn[51])	1905
	36,1	St. Meyer[52])	1905
	36,1	Hess[53])	1907
Act C_1 [1])	2,15 Min.	Geiger[54])	1910
Act C_2	0,005 Sek.	Marsden[55])	1914
Act D	5,1 Min.	Hahn[56])	1908
	4,7 „	Kovarik[57])	1911

[1]) Die C_1-Elemente haben zwei Lebensdauern (siehe **88.**).

*) Für Ra = 1580 J (Lawson[86]), Lebensdauer des Th = $2{,}2 \cdot 10^{10}$ J.

Reichweite *R* für 15° und 760 mm			
Substanz	*R*	gefunden von	
U_1	2,5	Geiger[9])	1912
U_2	2,9	„ „	„
J_0	3,0	„ „	1911
	3,10	St. Meyer[59])	1914
(ber.)	3,06	„ „ [60])	1916
Ra	3,5	Bragg[61])	1905
	3,3	Geiger[9])	1911
	3,44	Hess[86])	1918
RaEm	4,23	Bragg[61])	1905
(ber.)	4,16	Rutherford[62])	1913
	4,33	Curie[18])	1910
Ra A	4,83	Bragg[61])	1905
(ber.)	4,75	Rutherford[62])	1913
Ra C′	7,06	Bragg[61])	1908
(ber.)	6,94	Rutherford[62])	1913
(ber.)	6,94	Taylor[63])	1913
	6,94	Wood[64])	1915
Ra F	3,77	Geiger[9])	1911
	3,84	St. Meyer[59])	1914
	3,86	Lawson[68])	1915
	3,77	Rothsteiner[80])	1916
Th	2,72	Rutherford[62])	1913
	(3,5)	Hahn[65])	1907
RaTh	3,9	Hahn[45])	1906
	3,87	Geiger[9])	1911
Th X	4,3	Rutherford[62])	1913
	4,1	Mc Coy[36]	1913
ThEm	5,5	Hahn[45])	1906

Reichweite *R* für 15° u. 760 mm			
Substanz	*R*	gefunden von	
ThEm	5,0	Barrat[66])	1912
	5,0	Rutherford[62])	1913
Th A	5,7	„ „	„
Th C_1	5,0	Hahn[45])	1906
	4,8	Barrat[66])	1912
	4,95	Wood[64])	1915
Th C_2	8,6	Hahn[45])	1906
	8,6	Wood[64])	1915
Th C_3	10,2	Rutherford[67])	1916
Th C_4	**11,3**	„ „	„
Prot.act.	3,1	Meitner[56a])	1918
Act X	4,4	Rutherford[62])	1913
	4,26	St. Meyer[59])	1914
Act	3,57	„ „	„
Ra act	4,2	Mc Coy[46])	1914
	4,2 } 4,6 }	St. Meyer[59])	1914
ActEm	5,8	Hahn[45])	1906
	5,7	Marsden[55])	1914
	5,57	St. Meyer[59])	1914
Act A	6,55	Hahn[45])	1906
	6,5	Geiger[54])	1910
	6,27	St. Meyer[59])	1914
Act C_1	5,5	Hahn[45])	1906
	5,4	Rutherford[62])	1913
	5,15	St. Meyer[59])	1914
Act C_2	6,4	Marsden[55])	1914

Literatur.

1) (Boltwood) Sill. J. **22**, 1. 2) Sill. J. **25**, 365. 3) Phys. Rev. (2) **1**, 401. 4) Szber. Wien. Akad. **122**, 1085; **125**, 723 (aus der Zahl der α- und γ-Teile von Ra berechnet. 5) Jahrbuch Radioakt. **12**, 1. 6) (u. Russel) Phil. Mag. **19**, 842. 7) (u. Göhring) Phys. ZS. **14**, 877. 8) (u. Meitner) Phys. ZS. **14**, 758. 9) (u. Nutall) Phil. Mag. **22**, 617; **23**, 440. 10) (u. Hitschins) Phil. Mag. **30**, 209. 11) Szber. Wien. **125**, 191. 12) (u. Geiger) Proc. R y. Soc. **81**, 162. 13) Szber. Wien. **122**, 1855. 14) (u. Ramsay) Proc. Chem. Soc. **26**, 25. 15) Sill. J. **41**, 121; vgl. Science **42**, 851 (Boltwood). 16) (u. Wheeler) Sill. J. **17**, 97. 17) Ber. Chem. Ges. **38**, 1754. 18) Radium **7**, 37. 19) Szber. Wien. **120**, 303. 20) Szber. Wien. **115**, 197; Ann. Phys. **20**, 345. 21) Phil. Mag. **11**, 143. 22) Phys. ZS. **12**, 377. 23) Phys. ZS. **16**, 458. 24) Phil. Mag. **19**, 836. 25) Szber. Wien. **123**, 157. 26) Ber. Chem. Ges. **38**, 593. 27) (u. v. Schweidler) Szber. Wien. **114**, 391. 28) Phys. ZS. **7**, 146. 29) (u. v. Schweidler) Szber. Wien. **115**, 63. 30) Vhdl. Phys. Ges. **13**, 1027; Phys. ZS. **13**, 1032. 31) Phys. ZS. **14**, 536. 32) Szber. Wien. **123**, 1369. 33) Amer. Chem. J. **29**, 1709; Phys. ZS. **9**, 246. 34) Phys. ZS. **8**, 321. 35) Szber. Wien. **114**, 553. 36) (u. Viol) Phil. Mag. **25**, 333. 37) Sill. J. **19**, 185. 38) (u. Hahn) 1. Proc. Roy. Soc. **76**, 185; 2. ZS. phys. Chem. **51**, 717. 39) Phil. Mag. **27**, 720. 40) Phil. Mag. **22**, 638. 41) Szber. Wien **116**, 1443. 42) Szber. Wien. **123**, 712. 43) (u. Meitner) Vhdl. Phys. Ges. **11**, 55. 44) (u. Lawson) Szber. Wien. **123**, 1373. 45) Phys. ZS. **7**, 456, 537, 855, 913. 46) (u. Leman) Phys. Rev. **4**, 409. 47) (Hess, Paneth) Szber. Wien. **123**, 1459. 48) (u. Leman) Phys. ZS. **14**, 1280. 49) (u. Rothenbach) Phys. ZS. **14**, 409. 50) Phil. Mag. **8**, 373. 51) (u. Sackur) Ber. Chem. Ges. **38**, 1943. 52) (u. v. Schweidler) Szber. Wien. **114**, 1158; **116**, 1. 53) Szber. Wien. **116**, 1121. 54) (u. Marsden) Phys. ZS. **11**, 7. 55) (u. Perkins) 1. Phil. Mag. **27**, 690; 2. Jahrb. Radioakt. **11**, 211. 56) (u. Meitner) Phys. ZS. **9**, 321, 649,

Die **Absorption** (Durchdringungstiefe) μ der β- und γ-Strahlen in Aluminium in cm^{-1} (Fajans[23]). Ist die Dicke (in cm), welche die Intensität der Strahlung auf die Hälfte bringt $= D$, so ist $\mu = 0{,}693/D$.

	β[1])	γ				β	γ		
UX_1	510	—	Schmidt[69])	1909	Ra C_1	13	0,115	Richardson[77])	1915
a)	—	24	Richardson[70])	1914	Ra C_2	—	0,115		
	—	0,70				313	—	Kovarik[72])	1910
UX_2	16	0,13	Fajans[7])	1913	Ra D	5500	45	v. Bayer[74])	1911
	14	0,14	Richardson[70])	1914	b)	—	0,99	Meitner[78])	1915
UY	300	0,70?	Antonoff[58])	1911		(130)	—	Marsden[55 u. 72])	1914
J_0	—	1080			Ra E	344	—	Schmidt[69])	1909
	—	22,5[2])	Chadwick[76])	1913	c)	43	45	Marsden[55])	1914
	—	0,41			$MsTh_2$	20	26	Hahn[56])	1908
Ra	200	—	Hahn[71])	1909		bis	0,116	Rutherford[78])	1913
	310	—	Marsden[55])	1914		38	0,140	Keetmann[89])	1917
	—	354[2])			RaTh	weich	—	Hahn[56])	1908
	—	16,2	Chadwick[76])	1914		—	0,122	Keetmann[89])	1917
	—	0,27			Th B	110	160		
Ra B[3])	80	230	Kovarik[72])	1910	d)	(150)	32	Kovarik[72])	1910
	13	40				—	0,36		
	—	0,51	Rutherford[73])	1913	Th D	21,5	0,096	Russel[76])	1911
	—	0,57	Kohlrausch[87])	1917	e)	16,3	—	Marsden[55])	1914
	91	—	Marsden[55])	1914	RaAct	140	25	" "	"
	—	0,115	Rutherford[73])	1914		175	0,190	Rutherf.[73])	1913/4
RaC_1[3])	53	—			Act B	weich	120	Hahn[56])	1908
	—	0,124	Wigger[88])	1905		(1000)	31	(Rutherford[73]))	
	—	0,127	Kohlrausch[87])	1917		—	0,45		
	—	0,23			Act D	28,5	0,198	Kovarik[72])	1910

a)—e): Angabe der Geschwindigkeit v_0 der β-Strahlen relativ zur Lichtgeschwindigkeit (vgl. v. Baeyer: Phys. ZS. **12**, 273; 1911) $v_0 = 0{,}92$ (a); 0,31 und 0,37 (b); 0,77 (c); 0,63 (d); 0,93—0,95 (e).

697. [56a]) (Hahn u. Meitner) Phys. ZS. **19**, 208. [57]) Phys. ZS. **12**, 83. [58]) 1. Phil. Mag. **22**, 419; **26**, 332, 1058; 2. Radium **10**, 406. [59]) siehe [47]). [60]) Szber. Wien **125**, 191. [61]) (u. Klemann) 1. Phil. Mag. **10**, 308, 2. Phys. ZS. **7**, 143. [62]) Szber. Wien. **122**, 1855. [63]) Phil. Mag. **26**, 402 (aus RaF = 3,77). [64]) Phil. Mag. **30**, 702. [65]) Ber. Chem. Ges. **40**, 3304. [66]) Radium **9**, 81. [67]) (u. Wood) Phil. Mag. **31**, 379. [68]) Szber. Wien. **124**, 668. [69]) Phys. ZS. **10**, 6. [70]) Phil. Mag. **27**, 252. [71]) (u. Meitner) Phys. ZS. **10**, 741. [72]) Phil. Mag. **20**, 849. [73]) (u. Richardson, Andrade) Phil. Mag **25**, 722; **26**, 332, 937; **27**, 854; **28**, 263. [74]) (u. Hahn) Phys. ZS. **12**, 379. [75]) (u. Meitner) Phys. ZS. **11**, 493. [76]) (u. Soddy) Phil. Mag. **21**, 130; (Russel u. Chadwick) Proc. Roy. Soc. **88**, 214. Phil. Mag. **27**, 112. [77]) Proc. Roy. Soc. **91**, 396. [78]) Phys. ZS. **16**, 272. [79]) Radium **10**, 195. [80]) Szber. Wien. **125**, 1237. [81]) Szber. Wien. **127**, 1065. [82]) Le Radium **8**, 356; **9**, 276. [83]) (u. Paneth) Szber. Wien. **125**, 1253. [84]) Phys. ZS. **18**, 584. [85]) Phys. ZS. **19**, 257. [86]) Szber. Wien. **127**, 405, 468. [87]) 1. Szber. Wien. **126**, 441, 683, 706. 2. Jahrbuch Radioakt. **15**, 64. [88]) Jahrbuch Radioakt. **2**, 391, vgl. [89]). [89]) Ann. Phys. **52**, 709. [90]) (u. Paneth) Szber. Wien **127**, 193. [91]) (u. Meitner) Phys. ZS. **20**, 127.

---

[1]) Für RaB, ThB, RaD vgl. **84**; eine Zusammenstellung siehe St. Meyer: Radioaktivität 266; 1916, S. 266.

[2]) Für Ra 354; 16,3; 0,27 — für Po 585 — für Jo 1090; 22,7; 0,41; Rutherford[73]).

[3]) Kohlrausch (Phys. ZS. **19**, 345; 1918) hat folgende γ-Strahlen isoliert: für RaB die Strahlung $\lambda = 0{,}24 \cdot 10^{-8}$ cm; für RaC die K_1-Strahlung ($\lambda = 0{,}06$?) (vgl. S. 82) und die durch K_1 ausgelöste Wismuthstrahlung K_2 ($\lambda > 0{,}06$).

59. Die Zerfallenergie.

Die Radioelemente strahlen dauernd Energie in scheinbarem Widerspruch zum Satz von der Erhaltung der Energie aus. Sie sind dauernd eine Wärmequelle, wie zuerst von Curie und Laborde (1903) gefunden wurde. 1 g Ra entwickelt im Gleichgewicht mit seinen Zerfallprodukten in der Stunde 135 cal (Rutherford und Robinson 1912, Tabelle **136.**, Nr. 20), und zwar ohne jede wahrnehmbare Veränderung der Substanz im Laufe mehrerer Jahre. 1 g Ra Em gibt während seiner Lebenszeit 10^9 g-cal aus. Könnte man 1 kg Em sammeln, so würde anfangs die Energie 25000 HP erreichen. Die Energie würde aber in 4 Tagen auf den halben Wert sinken und während dieser Zeit 150000 HP entwickeln. Es könnten also wenige kg einen Dampfer über den Ozean treiben. Es ist klar, daß diese Energie ihre Quelle nicht in einer gewöhnlichen chemischen Reaktion haben kann. Diese stammt vielmehr, wie die Zerfalltheorie annimmt, aus dem Atominnern. Diese Atomenergie ist bei den gewöhnlichen Substanzen verborgen. Weder chemische, noch physikalische Kräfte stehen uns zur Zeit zur Verfügung, die imstande wären, durch Zertrümmerung[1]) ihrer Atome diese ungeheuere Energie auszulösen. Nur bei den Radioelementen ist dieser Zerfall, und zwar ohne unser Zutun möglich. Die ausgestrahlte Energie tritt zum Teil als Wärme, zum Teil aber als elektrische Energie gebunden an Elektronen oder Ionen (α-Teile) auf. Dieser Vorgang im Atom ist völlig unabhängig von der Verbindungsform der Radioelemente. Mc Coy (1908) hat diese Unabhängigkeit für die durch den Sättigungsstrom I (in beliebigen Einheiten) gemessene Strahlung bewiesen.

Substanz	Pechblende von Colorado	Pechblende von Böhmen	Pechblende von unbekannter Herkunft	Gummit von Colorado	Carnotit von Colorado
% U	51,1	40,3	61,1	54,7	39,9
I für 1 g U	241	240	244	244	244

Carnotit ist ein 1899 von Friedel entdecktes Mineral von der Zusammensetzung ($2 U_2O_3$, V_2O_5, K_2O, 3 aqua).

60. Der Mechanismus des Atomzerfalls.

Der Mechanismus des Atomzerfalls ist der gleiche, wie der bei jedem Explosivvorgang. Das Geschoß (in unserem Falle α oder β-Teilchen) fliegt heraus mit großer Geschwindigkeit. Der Behälter für das Geschoß (in unserem Falle das Restatom) erhält einen Rückstoß. Diesen Rückstoß,[2]) für welchen die einfachen Stoßgesetze gelten (**31.**), hat zuerst Hahn (1908) genau untersucht (vgl. **73.** u. **76**). Für das Restatom ist zu berücksichtigen, daß es eine elektrische Ladung trägt. Hahn und später Makower und ihre Mitarbeiter konnten zeigen, daß Ra B der Rest von Ra A, Ra D von Ra C ist. Die Masse ihrer Atome ist sehr nahe gleich. Aber die Ablenkung von Ra B und Ra D im magnetischen Felde ist nur halb so groß. Im Ra A und C

[1]) Über Rutherfords 1919 ausgeführte Zerlegung des Stickstoffatomes siehe **104.** S. 202.

[2]) Rutherford (1905).

bewirkt das α-Teilchen durch seine 2 Ladungen (**65.**) die Ablenkung, demgemäß ist das Restatom nur ein Ion mit einer Ladung. Als Ionen können die Restatome auf elektrisch geladenen Körpern gesammelt werden. So setzt sich auf einem in Act Em getauchten Draht Act X als Rest ab. Die Restatome von Ra A gehen durch einen schmalen Schlitz und sammeln sich hinter ihm auf einer Platte. Zu dieser Ausbreitung trägt ihre relativ immer noch große lebendige Kraft viel bei, wodurch ihre Diffusionsgeschwindigkeit stark erhöht wird. Sie können daher selbst an (durch vorgestellte Metallplatten) geschützte Stellen bei gewöhnlicher Temperatur gelangen und dort als „induzierte Ativität" auftreten, wie Rutherford und Brooks 1904 fanden. Verdampfung wirkt hierbei nicht mit, da sie erst bei Rotglut sich verflüchtigen.

61. Die Entdeckung des Ioniums und des konstanten Verhältnisses von Radium zu Uran.

Eine glänzende Bestätigung hat die Zerfalltheorie durch die Entdeckung des Ioniums erhalten. Wenn das Ra sich in den Uranmineralien bildet, so müßte diese Bildung auch in reinen Uransalzen zu beobachten sein. Soddy hat mit einer Reihe von Mitarbeitern seit 1905 die Menge des Ra zu bestimmen gesucht. Das Uran wurde durch Auflösen seines Nitrats in Äther von allen Zerfallsprodukten gereinigt. Die ersten Versuche ergaben überhaupt nichts. Dann wurden gleich 250 g in Behandlung genommen. Nach 600 Tagen war nicht mehr als 10^{-11} g Ra erkennbar. Das ist etwa nur der tausendste Teil der Menge, die sich nach der Zerfalltheorie ergibt, wenn Ra sich aus dem Uran ohne langlebigere Zwischenelemente bildet. Quantitativ verwertbar sind die Ergebnisse von Soddy und Hitchins, die 1915 zum Abschluß kamen. 3 kg wurden vom Tage der Reinigung (4. Juni 1909) ab auf Ra geprüft; es war für je 1 kg Uran im Anfang $3 \cdot 10^{-12}$ g Ra vorhanden.

Datum	26.8.09	9.12.09	3.3.10	24.8.11	31.7.14	2.12.14	17.3.15	4.5.15
Ra (in 10^{-12} g)	40	46	43	56	104	104	117	116

Die Menge wächst etwa mit dem Quadrat der Zeit an. Das ist nur möglich, wenn ein Zwischenglied vorhanden ist, dessen Lebensdauer sich zu etwa 100000 Jahre berechnet. Diese Substanz ist das Ionium. Soddy vermutete sie schon 1905 nach seinen ersten Versuchen. Boltwood (1907/8) hat sie dann isoliert. Sie gleicht vollständig dem Thorium in den Reaktionen. Aus einer Lösung von Carnotit kann man mittels eines Thiosulfates das UX und das Io vom U trennen. Das UX verschwindet bald, es bleibt Io gemischt mit Th zurück. Die Reichweite des Io wurde nach verschiedener Methoden zu 3 cm ermittelt. Keetman und Markwald erhielten aus 500 kg des Uranerzes nach Abtrennung von Ur, Ra, Ba und Pb 30 kg seltene Erden, die stark fluoreszierten. Diese wurden in Schwefelsäure gelöst und durch Zinkhydroxyd gefällt, der Niederschlag gelöst und mit Oxalsäure gefällt, ergab noch 140 g Io gemischt mit Th-Oxalat. Er war 200 mal so aktiv als Ur. Aus ihm entstand unmittelbar Ra. Die Zunahme des Ra mit der Zeit war die folgende:

Zahl der Tage	1	10	22	53	84	164	214
Ra (in 10^{-9} g)	0	0,48	1,92	2,72	3,45	6,75	8,60

Hieraus folgt unmittelbar die Halbwertszeit des Ra zu rund 1800 Jahre.

Weiter folgt aus der Zerfalltheorie, daß sich nach sehr langen Zeiten in Uranmineralien ein Gleichgewicht zwischen Ur und Ra ausbilden muß. Es bildet sich ebensoviel Ra aus dem Ur, als Ra in weitere Elemente zerfällt. Mc Coy wies zuerst 1904 auf diesen Sachverhalt hin. Boltwood bestimmte (1905) den Ur-Gehalt der Mneralien durch chemische Analyse. Zur Bestimmung des Ra wurde das feingepulverte Mineral in einem Glasgefäß aufgelöst und die entwickelte Emanation aufgefangen. Deren Menge, die dem Ra entspricht, wurde aus der Geschwindigkeit berechnet, mit der die Spannung eines aufgeladenen Goldblattelektroskopes abfällt. Für 20 Mineralien (z. B. Pechblende aus Nordkarolina mit 75 % Ur, aus Joachimstal mit 62 %, Gummit aus Nordkarolina mit 65 %, Carnotit mit 23 %, Samarskit mit 10 %, Aeschynit mit 5 % und Xenotim mit 0,7 % aus Norwegen) schwankte das Verhältnis Ra/Ur zwischen 0,215 und 0,228 (in einer beliebigen Einheit). Strutt untersuchte 1905 die gleichen Mineralien, seine Werte schwanken aber von 0,18—0,40. Boltwood und Rutherford (1907) wiederholten die Versuche, wobei sie die Bestimmung der Em verbesserten. Es wurde die Strahlung verglichen mit der eines Minerals, das aus Pechblende von bekannter Menge bestand. Danach enthält 1 kg Ur 0,38 mg Ra. Ein Teil der Mineralien, z. B. Autunit, darf, wie Frl. Gleditsch (1909 und 1911) sowie Markwald (1911) fanden, nicht berücksichtigt werden. Bei diesen ist wegen ihrer lockeren Beschaffenheit eine Auslaugung des Ra nicht ausgeschlossen. Nach ihrem Ausschluß bleiben folgende Werte von Frl. Gleditsch übrig:

Substanz	Pechblende (Joachimstal)	Cleveït (Norwegen)	Bröggerit	Chalcolit (Portugal)	Thorianit (Ceylon)	Pechblende (Cornwall)
% Ur	46,0	54,9	63,9	39,8	17,4	28,7
% Ra × 10^5	1,48	1,78	2,05	1,27	0,66	1,07
Ra/Ur	0,321	0,323	0,322	0,324	0,376	0,374

Markwald und Frl. Heimann untersuchten (1913) 10 Pechblenden, es wurden die γ-Strahlung der Erze und die Em-Menge ermittelt. Verglichen wurde der Spannungsabfall, er betrug im Mittel 124,4 Volt/cm. Die einzelnen Werte sind folgende:

Herkunft	Afrika	Norwegen	Joachimstal	Marienberg	Freiberg	Przibram	Colorado	Cornwall	Bröggerit
% Ur	71,2	66,6 64,4	63,5	41,5	23,7	44,5	60,0	9,0	65,8
Volt	124,3	124,4	124,1	124,5	124,8	124,2	124,4	124,1	124,2

Durch Vergleich mit einer Ra-Normallösung wurde festgestellt, wieviel Ra einem Abfall von 124,4 Volt entspricht. Es ergab sich so, daß auf 1 kg Ur im Erz 0,333 mg Ra kommen (vgl. Tab. **136.**, Nr. 18). Den gleichen Wert fand Lind (1914), aber im Mittel stark abweichende Zahlen. Becker und Jannasch (1915) bestimmten die Ra- bzw. Em-Menge des Minerals auf zwei Wegen, einmal beim Auflösen, das andere Mal durch Erhitzen und Schmelzen. Die Werte für Ra/Ur[1]) sind 0,3383 und 0,3415 mg für 1 kg Ur. Für Carnotite verschiedensten Prozentgehaltes schwankten die Werte zwischen 0,21 und 0,46. Nach der Zerfallstheorie sollte sein:

$$Ra/Ur = T_{Ra}/T_{Ur} \cdot 225{,}95/238{,}17 = 0{,}322 \quad \text{oder} \quad 0{,}331\,.$$

Dabei ist die erste Zahl berechnet aus der Lebensdauer $T_{Ra} = 1647$ Jahre (folgt aus der Zahl und Ladung der α-Teile: Tab. **136.**, Nr. 13), die zweite Zahl aus $T = 1690$ Jahre (Rutherford und Robinson). $T_{Ur} = 4{,}85 \cdot 10^9$ Jahre. 225,95 und 238,17 sind die von Hönigschmidt (siehe **79.**) bestimmten Atomgewichte von Ra und Ur.

62. Radioblei und Thoriumblei, die Endprodukte des Zerfalls, als Maß für das Alter der Mineralien.

In den Mineralien müssen sich die langlebigsten Radioelemente anhäufen. Das ist vor allem das Blei, aber nicht das gewöhnliche Blei vom Atomgewicht 207, auch nicht das RaD, das dem Blei gleicht, aber nur eine kurze Lebensdauer hat, sondern RaG oder Radioblei. Dieses gleicht in seinen Reaktionen dem Blei, hat aber (siehe **86.**) ein merklich anderes Atomgewicht. Auf den ständigen Bleigehalt auch der reinsten Radiomineralien haben Boltword (1904), Rutherford (1905), sowie Gray (1909) aufmerksam gemacht. Die Bleibildung kann man auch bei geringem Gehalt an Radioelementen nachweisen, da die Behrenssche mikrochemische Reaktion (als K, Cu, Pb-Nitrit) sehr empfindlich ist. Es ist so noch $1/10^6$ mg erkennbar (Gray 1913). Außerdem kann man direkt das Entstehen von Blei erkennen. Auf einer Glasröhre, in die man Emanation eingeschlossen hat, sieht man nach 4 Jahren einen dunkeln Anflug von etwa $^1/_{1000}$ mg Gewicht. Debierne (1914) zeigte, daß sich aus Polonium (RaF) Blei bildet. Einige Milligramm reinsten Po, welche im Funkenspektrum die charakteristischen Po-Linien zeigten, wurden 2 Jahre aufbewahrt. Sie waren dann zerfallen, im Spektrum waren die Po-Linien schwach, die Bleilinien stark.

Auf 1 g Uran werden $1{,}27 \cdot 10^{-10}$ g Blei (RaG) im Jahr gebildet.[2]) Da die Umwandlungsgeschwindigkeit des Ur sehr klein ist, so nimmt der Bleigehalt außerordentlich langsam zu. Die Unterschiede werden aber erkennbar, wenn man Mineralien aus verschiedenen geologischen Zeiträumen vergleicht, wie zuerst Boltwood fand. Hier mögen einige Ergebnisse von Holmes (1911) angeführt werden.

---

[1]) Von Mc Coy und Henderson (J. Amer. Chem. Soc. **40**, 1396; 1918) wurde nach ähnlichen Methoden festgestellt, daß das Verhältnis von Mesothor zu Thorium in 6 verschiedenen Thormineralien konstant und $= 0{,}52 \cdot 10^{-7}$ ist. Mesothor ist einer der Hauptstrahler des Th.

[2]) 1 g Uran entwickelt $11 \cdot 10^{-8}$ ccm He $= 1{,}97 \cdot 10^{-11}$ g in einem Jahr. Neben 32 Teilen He entstehen 206 Teile RaG. Wird die Menge von 1 g dauernd erhalten, so ergibt sich, daß 1 g RaG in 7900 Millionen Jahren von 1 g U erzeugt wird. Es müssen also nach dieser Zeit neben 1 g U 1 g RaG vorhanden sein. Das Alter A der Mineralien folgt dann aus dem Verhältnis Pb U einfach $= Pb/U \times 7900 \cdot 10^6$ J. Unter Berücksichtigung der allmählichen Abnahme des U ist genauer statt Pb/U zu setzen. Pb/U + 0,58 Pb. Die Menge des gebildeten Th-Blei beträgt nur 0,384 der entsprechenden Menge des U, es entwickelt 1 g Th $3{,}14 \cdot 10^{-8}$ ccm He oder $4{,}72 \cdot 10^{-11}$ g Pb. Das Alter der Gesteine, die Th enthalten, ist daher aus dem Verhältnis Pb/U + 0,384 Th zu berechnen (Lawson 1917).

Mineral	Thorit	Orangit	Thorit	Homelit	Zirkon
g Ur auf 100 g	10,14	1,244—1,183	0,407	0,244	0,194
g Pb auf 100 g	0,428	0,057—54	0,0196	0,0121	0,0085
Pb/Ur	0,042	0,046—46	0,048	0,049	0,044

Mineral	Pyrochlor	Biotit	Tritonit	Freyalit
g Ur auf 100 g	0,192—0,186	0,160	0,163	0,053
g Pb auf 100 g	0,0120—0,093	0,0069	0,0026	0,0028
Pb/Ur	0,062—50	0,043	0,041	0,053

Die angeführten Mineralien entstammen devonischen und silurischen Gesteinen. Aus dem Bleigehalt berechnet sich ihr Alter auf 340—430 Mill. Jahre.[1]) Für den Thorianit aus Ceylon wurde der Wert für Pb/Ur = 0,20 gefunden, das Alter berechnet sich auf 1600 Mill. Jahre. Dabei ist vorausgesetzt, daß das gesamte Blei Radioblei und kein gewöhnliches Blei ist. Auch der Gehalt an Blei in Thorhaltigen Mineralien ist ein Maß für das Alter der Gesteine. Aus Thor entsteht das Thorümblei (als ThD′ oder ThE bezeichnet, mit dem Atomgewicht 208,0). Die Ergebnisse sind aber viel schwieriger zu deuten, weil neben dem stabilen Blei ein instabiles vom gleichen Atomgewicht entstehen könnte. Aus dem Abkömmling des Th, dem ThC, entstehen zu 35%[2]) Substanzen, die in stabiles Blei übergehen (auf 20 kg Thorit kommen z. B. 150 g). 65% bilden „instabiles" ThD, das gleiches Atomgewicht besitzt. Durch die gemeinsame Arbeit von Soddy, Hönigschmidt, Holmes und Lawson (1917/18) sind diese schwierigen Verhältnisse aufgeklärt. Soddy isolierte aus einem Ceylonthorit (mit 57% Th; 1,03% U

[1]) Einen weiteren Maßstab bildet der Gehalt an Helium (siehe **69.**). Vollständig sicher sind aber diese Bestimmungen nicht; immerhin sind sie wertvoller, als die bisherigen Tastmethoden. Sie setzen voraus, daß die Gesteine in den Jahrmillionen unverändert bleiben; das dürfte aber nur für wenige zutreffen (siehe Shelton, Chem. News **116**, 259; 1917). Man kennt eine große Reihe von Veränderungen in Gesteinen, die sich, abgesehen von der sekundären Umlagerung, schon aus den halbflüssigen Eigenschaften ergeben müssen. Auch ist vorausgesetzt, daß die Konstanten der radioaktiven Umwandlung unverändert bleiben. Das muß aber auch bestritten werden. Nach der Entwicklung des periodischen Systems (C. Schmidt: ZS. anorg. Chem. **103**, 109; 1917; vgl. **121.**) sind die radioaktiven Substanzen die jüngsten Elemente. Die älteren haben schon ihre Radioeigenschaften verloren. Es ist also eine Veränderung der Konstanten möglich.

[2]) Hönigschmidt (Chem. Ztg. **42**, 201; 1918) gibt folgendes Umwandlungsschema:

$$\mathrm{Th\,B} - \mathrm{Th\,C}\left\{\begin{array}{l} \xrightarrow[35\,\%]{\alpha} \mathrm{Th\,C'} \xrightarrow[\beta]{} \mathrm{Th\,D'} \\ \xrightarrow[65\,\%]{\beta} \mathrm{Th\,C''} \xrightarrow[\alpha]{} \mathrm{Th\,D''} \end{array}\right.$$

Th D″ kann in Thallium übergehen (Fajans: Phys. ZS. **14**, 140; 1913; Joly: Nature **99**, 284; 1917). Auf 1 g Th sollten 0,012 g Tl entstehen. Es ist jedoch der Tl-Gehalt (untersucht in 20 kg Thorianit) sehr gering, unter 0,005 %. Wäre ThD instabil, so müßte sein Zerfall von der Aussendung von α-Strahlen begleitet sein. Diese müßten die von Joly entdeckten „Höfe" (siehe weiter unten) hervorrufen. Solche sind aber im Thorianit nicht nachweisbar (Soddy: Nat. **99**, 244; 1917; **102**, 425, 444; 1919).

und 0,4% Pb) das Blei. Nach dem Verhältnis der Lebensdauer sollte das Blei zu 4,5% aus RaG; zu 95,5% aus ThE bestehen.[1]) Es kamen also 0,0062 g Pb auf 1 g Th. Das Lebensalter folgt zu 131 · 100/35 = 375 Mill. Jahre. Eine Ceylonpechblende (72,8% U; 4,65% Tb) mit dem Verhältnis Pb/Ur = 0,064 ergibt ein Alter von 512 Mill. Jahren.[2]) Die Abweichung ist sehr beträchtlich, erklärt sich aber daraus, daß die Thorite im Gegensatz zu den Thorianiten sekundäre Gesteine[3]) sind. Für primäre Mineralien, gefunden auf ihrer Lagerstätte, gibt Lawson folgende Tabelle:

Gestein	Eudidymit	Eukolit	Thorit 1	Zirkon 2	Zirkon 1
U %	0,0090	0,0170	10,14	0,146	0,194
Th %	0,036	0,040	14,20	0,114	0,082
Pb %	0,007	0,0012	0,4279	0,0055	0,0085
Pb/U + 0,384 Th	0,031	0,037	0,028	0,029	0,038

Gestein	Pyrochlor	Ägerin	Zirkon 3	Biotit
U %	0,186	0,025	0,931	0,160
Th %	0,075	0,007	0,141	0,017
Pb %	0,0093	0,0015	0,0370	0,0069
Pb/U + 0,384 Th	0,043	0,054	0,038	0,041

Die Mineralien sind also nahezu gleich alt, etwa 300 Mill. Jahre. Dieser Wert wird auch durch den He-Gehalt bestätigt. Letztere Methode ist bei diesen äußerst kompakten Gesteinen einwandfrei.[3])

63. Helium als Zerfallsprodukt der Radioelemente.

Im Jahre 1868 beobachteten zwei Astronomen, der Franzose Janssen und der Amerikaner Lockyer bei einer Sonnenfinsternis in Indien im Spektrum einer Protuberanz am Rande der Sonne eine helle gelbe Linie (D_3). Sie fiel nicht mit den Na-Linien (D_1 und D_2) zusammen und gehörte keinem irdischen Element an. Frankland nannte diesen Stoff daher Helium (He). Das He besåß noch mehrere Linien und wurde auch auf verschiedenen Sternen aufgefunden. Auf der Erde wurde es erst (der Nachweis von Palmieri 1882 in Fumarolen am Vesuv blieb unbeachtet) nachgewiesen als besonderes chemisches Element von Ramsay. Rayleigh und Ramsay

---

[1]) Auf 1 g Ur entstehen $1/0{,}72 \cdot 10^{10}$ g RaG; auf 57 g Th $57/1{,}9 \cdot 10^{10}$ g Th (vgl. S. 125). Das Verhältnis dieser Zahlen ist etwa wie 4,5 zu 95,5. Dieser Zusammensetzung entspricht das Atomgewicht. Bestimmt wurde es von Honigschmidt zu 207,77. Es berechnet sich zu 207,74 nämlich = 0,955·208 + 0,045·206.

[2]) Das Alter der Gesteine kann man kontrollieren durch die Ausbildung der pleochroitischen Höfe nach Joly. Das sind bis zu 40 μ große dunkle, aus mehreren Ringen bestehende Flecke, die in eisenhaltigen Glimmern um einen einige μ großen radioaktiven Kern von Zirkon allmählich entstehen. Die Flecken rühren her von einer dem photographischen Prozeß ähnlichen Zersetzung der Eisensilikate durch die radioaktive Strahlung (vgl. Lawson: Naturwiss. **5**, 452; 1917; Joly: Nature **99**, 456, 476; Phil. Trans. **217**, 51; 1918).

[3]) Ein Kennzeichen für diese Gesteine (Thorite, Orangite) ist es, daß das Verhältnis Pb/U + 0,384 Th von dem Wert für gleichalterige abweicht, da der Gehalt von RaG in keinem Verhältnis zum U-Gehalt steht. Es gehören zu diesen alle Mineralien, in denen der Th-Gehalt 3 mal so groß wie der U-Gehalt ist. Auch weicht bei diesen die Altersbestimmung aus dem He-Gehalt sehr ab. Bei der Umlagerung der Gesteine ist aus den sich öffnenden Spalten das He z. T. (zu $^2/_3$) entwichen. Bei primären, kompakten Gesteinen bleibt der He-Gehalt unverändert.

hatten 1894 das Argon (Ar) aus der Luft isoliert. Bei dem systematischen Suchen nach weiteren Gasen in der Atmosphäre wurde ihre Aufmerksamkeit auf Angaben Hillebrandts (1891) gelenkt, der festgestellt hatte, daß Ur- und Th-haltige Mineralien bei der Auflösung beträchtliche Mengen Gase abgaben, die für Stickstoff gehalten wurden. Besonders ergiebig waren die Norwegischen Mineralien: Uraninit, Bröggerit, Cleveit. Auf Lockyers Aufforderung untersuchte Ramsay das Gas. Es war weder N noch Ar, sondern He.[1]) Es hat das Atomgewicht 4, ist einatomig, es ist nächst Wasserstoff der leichteste Körper und geht wie Argon keine Verbindungen ein. In der Luft kommen auf 1 Million Liter 4 Liter He. Bei der Aufstellung der Zerfalltheorie (1902) sprachen Rutherford und Soddy den Gedanken aus, daß zwischen dem auffallenden Gehalt von He in Ur und Th-Mineralien, für den jede einleuchtende Erklärung fehlte, und der Radioaktivität, ein enger Zusammenhang bestehen müßte. Der Zusammenhang ist so eng, wie Strutt in einer Reihe von Arbeiten nachwies, daß fast jedes Gestein entsprechend seinem geringfügigen Gehalt an Radioelementen Spuren He enthält. So ergab sich:

ccm He	0,08—0,11	1,1	1,5	2,4
für je 1 g	Pechblende	Äschynit	Samarskit	Gadolinit

ccm He	0,7	0,1	1,6	0,01
für je 1 g	Euxenit	Orangit	Monazit	Carnotit

Die größte Menge (8,9 ccm) enthielt Thorianit.[2]) Wandelt sich der Ur- und Th-Gehalt dieser Substanzen um, so entstehen α-Strahlen, und diese sind es, aus denen das Helium entsteht. Das war schon dadurch wahrscheinlich, daß sich aus elektrischer und magnetischer Ablenkung die Atommasse der α-Teile zu 2 ergeben hatte.

Am 10. Juli 1903 erschien in der Nature (London) eine Mitteilung von Ramsay und Soddy, daß in den aus Radiumlösungen entwickelten Gasen Helium vorhanden ist. Diese Gase bestehen hauptsächlich aus H, O, etwas CO_2 und der Emanation. Nach Entfernung dieser Gase (nach der üblichen Methode der Gasanalyse) und der Em durch Ausfrieren erschien im Spektrum die D_3-Linie.

Die Einrichtung (Fig. 17) war die folgende: *A* und *C* sind 2 kugelförmige Kölbchen von $2^1/_2$ ccm Inhalt. *C* ist beiderseits durch einen Hahn mit kapillarer Bohrung abgeschlossen. Zunächst wurde *A* mit 50 mg trocknen $RaBr_2$ gefüllt, darauf wurde das Ganze luftleergepumpt, Hahn *B* geschlossen, Wasser in *C* eingefüllt, Hahn *D* geschlossen, Hahn *B* geöffnet, so daß das Wasser nach *A* fließen und das Salz lösen konnte. Während der Auflösung entwich Gas (jeden Tag $^1/_2$ ccm) und sammelte sich in *A* und *C* an Nach einigen Wochen wurde der Apparat fest mit

---

[1]) He kommt auch in vielen Erdgasquellen vor, besonders reich sind amerikanische in Texas, Kansas (bei Dexter 1,8 %). Aus diesen hat Cottrell He in technisch verwendbarer Menge (z. B. zur Füllung von Luftschiffen) dargestellt (Nature **103**, 188; 1919; Chem. Metall Engineer. **20**, 104; 1919; Engineering **107**, 574; 1919; The Engineer **127**, 1279; 1919). Quellen, wie die von Wildbad, haben 0,7 %.

[2]) Über die Zusammensetzung dieses Minerals siehe **86**.

einer Quecksilberluftpumpe verbunden, ausgepumpt, das Gas in einen besonderen Behälter durch die Pumpe übergeführt. Dort wurde es mit Sauerstoff erhitzt, dann über Ätznatron mit elektrischen Funken behandelt, der noch vorhandene überschüssige O durch Phosphor entfernt. Der Gasrest wurde in ein kapillares Geissler-Rohr getrieben, das an jedem Ende eingeschmolzene Pt-Drähte enthielt. Das Rohr zeigte beim Durchgang der Entladung das Spektrum des Heliums. Begnügt man sich, das in 4 Tagen angesammelte Gas zu untersuchen, so war noch kein He zu erkennen.

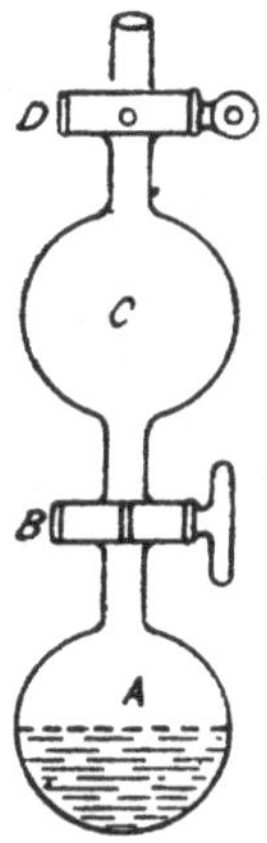

Fig. 17

Am 28. 7. 1903 erschien eine weitere Mitteilung, die den Nachweis brachte, daß He unmittelbar bei dem Zerfall der Emanation entsteht. Die von 50 mg Ra-Salz entwickelte gasförmige Emanation wurde, mit O gemischt, in ein mit flüssiger Luft gekühltes U-Rohr geleitet und dort kondensiert, der O dann mit der Pumpe entfernt, dann mit frischen O gewaschen und wieder ausgepumpt. Das mit dem U-Rohr verbundene Geißlerrohr zeigte nach dem Entfernen der flüssigen Luft kein He-Spektrum, sondern nur Linien, die wahrscheinlich der Emanation zugeschrieben sind. Die Röhre blieb nun 4 Tage (17.—21. 7.) stehen. Dann erschienen an Stelle der Em-Linien die He-Linien und zwar innerhalb dieser Zeit zunächst schwach, dann immer stärker die gelbe Hauptlinie. Am 22. 7. waren auch die grünen, die beiden blauen und die violette zu sehen.

64. Untersuchungen über die Entstehung des Heliums.

Die wichtige Entdeckung von Ramsay wurde im nächsten Jahre bereits von zahlreichen Forschern (z. B. Curie und Dewar, Debierne, Giesel, Indrikson) nachgeprüft und bestätigt. Himstedt und G. Meyer schmolzen das Ra-Salz in ein Quarzrohr ein, erhitzten es dann im Vakuum so stark, bis es sublimierte. Das Salz wurde mit Wasserstoff überspült und das Gas fortgepumpt. Nunmehr wurde das gasfreie Salz in Wasser gelöst und wieder abgepumpt. Nach 6 Wochen hatte sich wieder Gas über dem Salz gesammelt und in diesem war Helium vorhanden.[1]) Auch andere Radioelemente, z. B. Jo, RaD, Po, Act bilden He (Boltwood 1911, Debierne 1914). Ein Act enthaltendes Salz entwickelte etwa $^1/_2$ ccm He im Jahr. 3 Proben von 4 kg von sonstigen Ra-Elementen befreitem Urannitrat (1,85 kg Ur) entwickelten für je 1 g Ur im Jahr $1{,}7—2{,}5 \cdot 10^{-12}$ g He, 1000 t Ur also 2 mg He (Soddy 1908). Aus 350 g Th entsteht He nach 7 Monaten in eben noch erkennbarer Menge ($2 \cdot 10^{-10}$ g). Die genauen Werte (Tab. **136.**, Nr. 15) betrugen für die He-Entwicklung im Jahr für 1 g Jo $4{,}8 \cdot 10^{-4}$ cmm (Boltwood) für Ur $2{,}8 \cdot 10^{-5}$ und für Th $3{,}1 \cdot 10^{-5}$ cmm (Rutherford und Geiger 1910).

65. Die α-Teilchen, ihre Ladung, Masse und ihre Identität mit Helium.

1903 zeigte Rutherford, daß die vom Ra und anderen Radioelementen ausgeschleuderten α-Strahlen aus positiv geladenen Teilen von hoher, aber der Reichweite entsprechend verschiedener Geschwindigkeit (siehe **58.**)

[1]) Von diesem ist 0,01 cmm leicht zu erkennen.

bestehen. Aus dem Wert von e/m, dem Verhältnis der Ladung zur Masse, folgte eine Atommasse m, die bei Annahme eine Ladung, wie sie bei der Elektrolyse erhalten wird, doppelt so groß, als beim Wasserstoff war. Der genaue Wert von e/m für die Ladung der Masseneinheit H bei der Elektrolyse beträgt 9570, für das Atom H 9650 E.M.E. (siehe Tab. **136.**, Nr. 3)., Der Wert von e/m für die Radioelemente sind von Rutherford und seinen Mitarbeitern (Hahn, Robinson) mit immer größerer Genauigkeit nach der Methode der magnetischen Ablenkung bestimmt worden. Für RaA ergab sich zunächst 5,6; RaC 5,07; RaF 5,3; ActB 4,7; ThC $5{,}6 \cdot 10^3$ Einheiten. Die Werte von e/m stimmten also, soweit es die Genauigkeit der Versuche zuläßt, überein. 1913 wurde für RaC[1]) gefunden: 4820 E. M. E. gegenüber $^1/_2 \cdot 9650 = 4825$ bei der Elektrolyse. 1908 bestimmte Rutherford die Ladung e des α-Teilchens. Nach Ablenkung der störenden β-Strahlen durch ein starkes Magnetfeld fiel die reine α-Strahlung auf eine dünne Al-Platte. Diese durchschlug sie und wurde dann auf einer zweiten Platte aufgefangen. Der Strom zwischen beiden Platten wurde gemessen, ebenso die Zahl der α-Teile, die diesen Strom erzeugten. Daraus ergab sich die Ladung e zu $9{,}3 \cdot 10^{-10}$ E. S. E. Es werden also mit jedem α-Teilchen 2 Ladungen ausgeschleudert, da e 4,7 für eine Ladung beträgt (siehe Tab. **40.**). Demgemäß ergibt sich die Atommasse m für eine Ladung e, wie sie der Elektrolyse entspricht, nach der Gleichung $e/m_x = 4820/2 = 2410$. Der Wert von e für 1 g Atom bei der Elektrolyse ist 9650 E. M. E., daraus folgt $m_x = 965/241 = 4{,}004$. Das ist aber die Atommasse des Heliums, die nach direkten Bestimmungen 3,998 beträgt (siehe Tabelle **136.**, Nr. 3 und 4). Es ist demgemäß mit aller wünschenswerten Sicherheit festgestellt, daß die α-Strahlen doppelt geladene He-Atome sind. Verlieren diese Teile durch Zusammenstoß mit anderen Molen, die sie dabei ionisieren, seien es nun Mole von Gasen oder von festen Körpern, ihre Ladung, so erhält man neutrales He, das durch sein Spektrum erkennbar ist.

66. Die Umwandlung der α-Teile in festen Körpern zu Helium.

Rutherford und Royds wiesen (1909) nach, daß die in feste Körper eindringenden α-Teile He sind. Die aus 140 mg Ra stammende RaEm wurde in ein kapillares Glasrohr A (Fig. 18) von $1^1/_2$ cm Länge, dessen Wandungen nur 0,01 mm dick waren, eingeschlossen. Dieser Dicke entspricht eine Luftschicht (siehe **52.**) von etwa 2 cm. Da die Reichweite der aus der Em entstehenden RaC-Strahlen etwa 7 cm beträgt (siehe **58.**), so können die α-Teile noch durch das Glas durchdringen. Sie treten dann in das A umgebende Gefäß T, in dem ein Vakuum erzeugt ist, dadurch daß T mit einem durch flüssige Luft gekühltem Rohr F in Verbindung steht. In T kann man die α-Teile durch die von ihnen erregte Phosphoreszenz erkennen. Diese ist ein Zeichen der Abgabe der Ladung und Umwandlung in neutrales Gas. Das Gas wurde angesammelt und durch ein Quecksilberniveau in dem an T angeschmolzenen Kapillarrohr V zusammengedrängt. Hatte der Versuch 2 Tage gedauert, so war die Menge

[1]) Als Strahlungsquelle wurde ein dünnwandiges Glasrohr mit Em gefüllt benutzt, nach einiger Zeit ist nur eine dünne Schicht RaC noch vorhanden.

bereits so groß, daß bei der Funkenentladung die gelben und grünen He-Linien schwach erschienen, nach 4 Tagen waren sie deutlich sichtbar, nach 6 Tagen bereits war das ganze Linienspektrum zu beobachten. Wurde in das Gefäß *A* des Apparates komprimiertes He eingefüllt, so war dieses Gas nicht imstande das Glas zu durchdringen oder durch das Glas zu diffundieren. In *T* war in diesem Kontrollversuch kein He vorhanden.

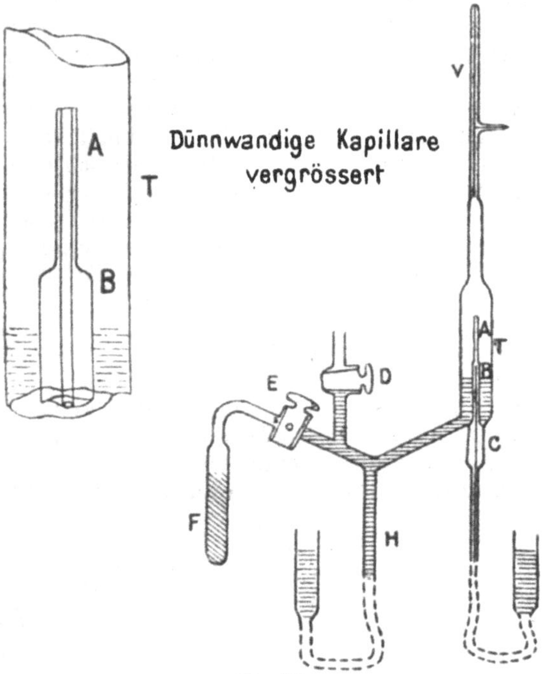

Fig. 18.

Umgibt man das Gefäß *A* mit einem Mantel aus Bleifolien, so bleiben die α-Teile im Blei stecken. Beim Schmelzen des Bleies entweicht dann ein Gas, das als He nachzuweisen ist. Auf gleiche Weise sammelt sich das aus Radioelementen in Mineralien gebildete Helium an.

67. Messung der He-Entwicklung bei radioaktiven Vorgängen.

Dewar brachte (1910) 70 mg reinstes $RaCl_2$ in einen Behälter, der in einem mit Kokusnußkohle gefüllten Gefäß stand. Dieses war verbunden mit einem größeren Gefäß, das ebenfalls mit Nußkohle gefüllt war. Es wurde mit flüssiger Luft gekühlt und absorbierte daher alle Gase, die aus dem ersten Gefäß entwickelt wurden. Das Salz in diesem Gefäß wurde erhitzt, bis alle Gasreste ausgetrieben waren. Darauf wurden beide Gefäße getrennt. Nunmehr wurde das Gefäß mit dem Ra-Salz in flüssiger Luft gekühlt und die sich regelmäßig entwickelnden He-Mengen wurden von der Kohle absorbiert. Die von dem festen Salz zurückgehaltenen und in den Glaswänden durch Umwandlung der α-Teile stecken gebliebenen Gasmengen wurden durch Erhitzen ausgetrieben und ebenfalls durch Kohle absorbiert. In 2 Versuchen von je 40 Tagen Dauer wurde so festgestellt, daß für 1 g Ra und für 1 Tag 0,50 und 0,46 cmm He entstehen. Nach weiteren Versuchen ergab sich im Jahr eine Menge von 169 cmm oder umgerechnet (Rutherford 1913) auf den internationalen Ra-Standard 164 cmm (Tab. **136.**, Nr. 14). Boltwood und Rutherford (1911) schmolzen eine von RaF freie Menge von 192 mg Ra (gemessen durch die γ-Strahlung) in ein Vakuum ein. Die Emanation wurde 83 und 132 Tage lang entwickelt. Das Gas wurde in ein sehr empfindliches nach Art des Mc Leod-Manometers gebautes Volumenometer übergeführt. Der vorhandene H wurde nach Mischung mit O eudiometrisch entfernt, die Em durch flüssige Luft kondensiert; der O durch Phosphor entfernt. So ergab sich in 82 Tagen eine Menge von 6,5; in 132 Tagen von 10,4 cmm He. Unter Berücksichtigung des logarithmischen Verlaufes der Entwicklung des He folgt daraus, daß pro Tag und g Ra 0,0209 und 0,0203 cmm He entstehen, im Jahr also 156 cmm, oder umgerechnet auf das Normalradium 164 cmm; Debierne (1914) fand 160 cmm.

68. Die Zahl der α-Teile und die Berechnung der Menge He und Em, ein Prüfstein für die Zerfalltheorie.

Der eben angegebene Wert läßt sich auf dem schon angedeuteten (siehe **29.**) Wege aus der Zahl der α-Teile berechnen mit einer Übereinstimmung, die eine glänzende Bestätigung der Grundannahmen der Zerfalltheorie bildet. Rutherford und Geiger[1]) benutzten zum Nachweis jedes

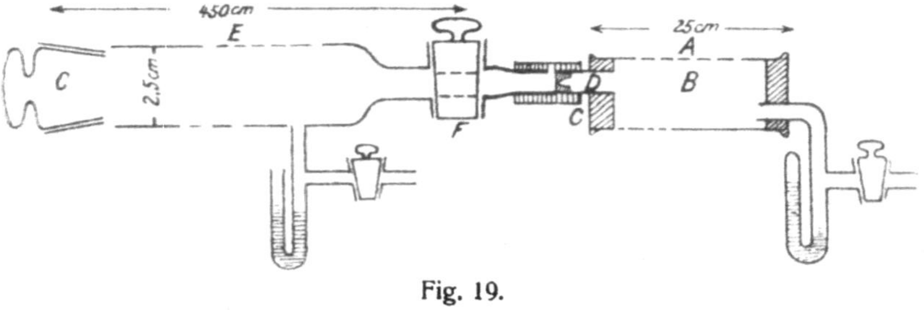

Fig. 19.

einzelnen α-Teilchens die durch Stoßionisation (siehe **25.** u. **51.**) vergrößerte Stromwirkung. Jedes einzelne Teilchen ist durch einen Ausschlag des Elektrometers zu erkennen.

Die Anordnung (Fig. 19) war folgende: Eine dünne Schicht von RaC, aus dem Zerfall der RaEm erhalten, befand sich am Ende eines 450 cm langen, stark evakuierten Glasrohres *E*, dessen anderes Ende durch einen Glashahn *F* mit weiter Bohrung verschlossen war. An diesen schloß sich die metallene halbkugelförmige Ionisationskammer *B* (Fig. 20) an, in der Helium unter einem Druck von 2—5 mm Hg gehalten war. Sie war bei *B* durch ein dünnes Glimmerplättchen abgeschlossen. In dem Zentrum der Kammer war die Auffangelektrode *A* für die einzelnen α-Teile angebracht. Zwischen dieser und der Umgebung bestand eine Spannung von 1320 Volt, durch die die Ionisationsfähigkeit der den Glimmer

[1]) Fig. 19, 1908, die Anordnung ist 1912 verbessert.

in der Richtung des Pfeils durchsetzenden α-Teile erhöht wurde. Die Größe des Glimmerfensters und der Abstand von der Strahlungsquelle war so gewählt daß nur einzelne α-Teile die Elektrode erreichten. Diese war durch einen hohen Widerstand verbunden mit einem Saitengalvanometer. Dessen Ausschläge wurden photographisch registriert. Man konnte etwa 1000 Ausschläge oder ebenso viele α-Teile in der Minute zählen. Geiger (1913) hat bei seinen Arbeiten auf der physik.-techn. Reichsanstalt die Methode vereinfacht. Die α-Teile treten durch eine kleine Öffnung in einen Metallzylinder. In dessen Achse ist isoliert als Elektrode *A* eine Nadel eingesetzt, die sehr gut kegelförmig abgedreht sein muß. Die Anordnung war ähnlich der in Fig. 19. In dieser ist *A* ein Metallzylinder, in dem bei *B* ein isolierter Metalldraht sich befindet, auf dem die Elektronen aufgefangen werden. Der Zylinder kann luftleer gemacht werden. *D* ist ein kurzes Glasrohr, dessen Öffnung ein dünnes Glimmerblatt verschließt. *D* ist durch ein dünnes Gummirohr *C* mit dem Glaszylinder *E* verbunden.

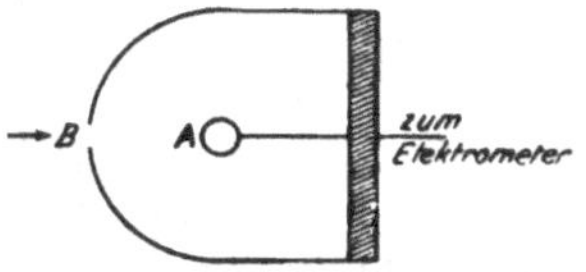

Fig. 20.

Zu erwähnen ist außerdem noch die Methode von Regener. Regener (1908/9) zählte die vom Po ausstrahlenden Teile durch Registrierung der flackernden Lichtpunkte. Dieses Flackern (siehe **25.**) wird, wie man sich leicht überzeugen kann, nur durch α-Teile erregt. Es hört nämlich sofort auf, wenn man die aktive Masse mit einer die α-Teile absorbierenden Schicht bedeckt. Die Teilchen wurden auf einer 0,1 mm dicken möglichst homogenen Platte von Zinkblende oder Diamant aufgefangen.

Rutherford fand, daß 1 g Ra in der Sekunde $N_0 = 3{,}4$ oder (bezogen auf das Ra-Normal) $= 3{,}57 \cdot 10^{10}$ α-Teile aussendet.[1]) Steht das Ra im Gleichgewicht mit seinen, ebenfalls α-Strahlen aussendenden 3 Zerfallsprodukten, wie in Mineralien oder bei den Heliumbestimmungen (siehe **67.**), so ist die Zahl $4 \times 3{,}57 = 1{,}43 \cdot 10^{11}$ α (He)-Atome. Da 1 ccm jedes Gases (**29.**) $2{,}77 \cdot 10^{19}$ mol (bei He ist Mol dem Atom gleich) enthält, so werden also in der Sekunde $\frac{1{,}43 \cdot 10^{11}}{2{,}77 \cdot 10^{19}}$ ccm, im Jahre $365 \cdot 86400$ mal so viel, d. h. **163** cmm entstehen. In gleicher Weise ist die Menge der sich aus Ra bildenden Emanation zu berechnen. Die Zahl *q* der Atome ist im Gleichgewicht $= N_0 L$.[2]) $L = T/0{,}693 = 3{,}85/0{,}693 = 5{,}55$ Tage $= 0{,}0152$ Jahr. $N_0 = 3{,}57 \cdot 10^{10} \cdot 365 \cdot 86400$ (im Jahr). q (in cmm) $= N_0 L / 2{,}77 \cdot 10^{19} = 0{,}618$ cmm. Gefunden wurden folgende Werte (siehe Tab. **136.**, Nr. 17); Debierne (1909) 0,60 — Gray (1909) 0,60 — (umgerechnet auf das Normal-Ra) 0,63. Diese Übereinstimmung zwischen Rechnung und Beobachtung ist zugleich eine Kontrolle für die Lebensdauer und für die Loschmidtsche Zahl *N*.[3])

Aus N_0 für Ra läßt sich auch die Zahl N_0 der vom Uran ausgesandten Teilchen berechnen. Nach **61.** kommen auf 1 g U $3{,}3 \cdot 10^{-7}$ g Ra (mit einer Unsicherheit von 3 %). In der Sekunde werden daher von 1 g Uran, das nach Boltwood (siehe **69.**) stets 2 α-Teilchen zusammen aussendet, $2 \cdot N_0 \cdot 3{,}3 \cdot 10^{-7} = 23600$ Teile emittiert. St. Meyer (1913) fand durch den Versuch 22400. Für Uran im Gleichgewicht mit seinen sämtlichen 6 α-strahlenden Zerfallprodukten[4]), wie es in Mineralien der Fall ist, ergibt sich $8 \cdot N_0 \cdot$

---

[1]) Die unter Vermeidung einiger neuentdeckter Fehlerquellen durchgeführten Versuche von Hess und Lawson (1918) geben den Wert N_0 zu $3{,}72 \cdot 10^{10}$ (siehe **58.**).

[2]) *L* die mittlere Lebensdauer der RaEm (siehe **51.**).

[3]) Debiernes Untersuchung siehe **29.**

[4]) Io, Ra, RaEm, RaA, RaC', RaF.

$3{,}3 \cdot 10^{-7}$ oder 94000 für 1 g und 1 Sekunde. Frl. Heimann fand, daß 1 g Th 3300 Teile, im Gleichgewicht mit seinen 5 α-strahlenden Zerfallprodukten[1]) 20000 Teile aussendet (siehe Tab. **136.**, Nr. 16).

69. Der Helium- und Radiumgehalt der Mineralien und die Zerfalltheorie.

1 g Uran sendet 94000 Teile in der Sekunde aus, das sind im Jahr und für 1 kg Uran 0,111 cmm. Dieser Wert stimmt vollständig überein mit dem von Strutt (siehe **63.**) und Soddy (1908) gefundenen. Letzterer gibt an, daß 1 kg U $2{,}5 \cdot 10^{-9}$ g (das ist 0,111 cmm) He entwickelt. Da sich beim Zerfall ein Atom Ur (AG. 238) in ein Atom He (AG. 4) verwandelt, so zerfällt im Jahr $150 \cdot 10^{-9}$ g U $= 1{,}5 \cdot 10^{-10}$ kg. Diese Zahl stellt also die Umwandlungsgeschwindigkeit (λ) dar, daraus folgt T (die Halbwertszeit) $= 5 \cdot 10^9$ Jahre wieder in Übereinstimmung mit den sonstigen Angaben (siehe **58.**). Kennt man den Heliumgehalt eines Minerals, so folgt daraus unter der Voraussetzung, daß kein He verloren gegangen ist, das Alter der Gesteine. Z. B. Thorianit enthält 8,9 ccm im g. Aus den experimentellen Bestimmungen ergibt sich, daß entsprechend dem Thor-Gehalt pro g und Jahr $2{,}8$—$3{,}7 \cdot 10^{-8}$ ccm He entwickelt werden (siehe Tab. **136.**, Nr. 15). Also braucht die Ansammlung von 8,9 ccm rund 300 Millionen Jahre. Wir kommen zu denselben Größenordnungen, wie bei der Berechnung nach dem Bleigehalt (siehe **62.**).

Bei allen diesen Betrachtungen ist angenommen, daß jedem zerfallenden Atom die Aussendung eines α-Teiles entspricht. Ob das der Fall ist, läßt sich aus der Art, wie die Szintillationen auf einem Leuchtschirm erfolgen, bestimmen. Ihre Zahl schwankt sehr erheblich. Wenn man aber die Beobachtungen lange genug fortsetzt, so daß man einige Tausende beobachtet hat, ergibt sich, daß die Schwankungen den Gesetzen der Wahrscheinlichkeit folgen (siehe **27.**). Eine solche Verteilung ist nur möglich, wenn jedem α-Teil ein Lichtblitz entspricht. Sendet ein Atom mehrere α-Teile aus, so ist eine Gruppenbildung zu bemerken, z. B. beim Uran (Mc Coy 1907, Boltwood, Bronson 1908, Marsden 1911), aber auch bei der ActEm (2 α) und bei der ThEm (4 α-Teile — Geiger 1910). Bringt man eine solche Substanz zwischen zwei sehr wenig von einander entfernte Leuchtschirme und läßt die Lichtblitze von je einem Beobachter registrieren, so ist das Auftreten von paarweisen Lichtblitzen in großer Menge zu erkennen. Die Ursache ist, wie beim Uran (U_1 und U_2), wahrscheinlich in dem gleichzeitigem Zerfall mehrerer Substanzen zu suchen.

Literatur zu 47—69.

Allgemeines über radioaktive Forschungen. Frau Curie: [1]) Dissertation in Ann. chim. Phys. **30**, 99; 1903. [2]) Congres Internat. Physique, Paris **3**, 79; 1900. [3]) Radioaktive Subst. (Brschg. 1904). [4]) Die Radioaktivität (2 Bde., Lpg. 1914). [5]) Die Entdeckung des Radiums (Lpg. 1912). — Rutherford: [1]) Die Radioaktivität (Cambridge 1905, Berlin 1907). [2]) Radioaktive Umwandlungen (Brschg. 1907). [3]) Radioaktive Subst. in Bd. II des Handbuches der Radiologie (Lpg. 1913). — Soddy: [1]) Jahrb. Radioakt. 1906, 1. [2]) Natur des Radiums (Lpg. 1909). [3]) Chemie der Radioelemente (Lpg. 1912—14). [4]) (Royal Instit.) Engineering **99**, 604; 1915. — In Bd. 3 (Abt. 3) der Kultur der Gegenwart (Hbg. 1915): Physik

[1]) RaTh, ThX, Th'Em, ThA, ThC_1.

S. 450 (Kaufmann: Kathodenstrahlen), S. 463 (Gehrcke: α-Strahlen), S. 467 Kaufmann: Röntgenstrahlen), S. 478 (Elster und Geitel: Entdeckungsgeschichte und Grundtatsachen der Radioakt.), S. 479 (St. Meyer und v. Schweidler: radioakt. Strahlungen). — Battelli: Radioakt. (Lpg. 1910). — W. H. Bragg: Studies in Radioactivity (London 1912). — Laborde: Méthode de mesures en radioactivité (Paris 1910). — Greinacher: [1]) Klassifizierung der neuen Strahlen (Brschg. 1908). [2]) Die neuen Strahlen (Stuttg. 1909). — Makower und Geiger: Practical measurements in Radiakt. (London 1912). — Lucas: Radioakt. Stoffe (in Gmelin-Kraut, Bd. 3, Abt. 2, S. 1, Heidelb. 1908). — St. Meyer: [1]) Jahrb. Radioakt. 1909, 387. [2]) (u. v. Schweidler) Die Radioakt. (Lpg. 1916). — Hönigschmidt: Ber. Chem. Ges. **49**, 1835; 1916. — Fajans: Radioaktivität (Brschg. 1919).

Zu **47**. Röntgen: Über eine neue Art von Strahlen, [1]) Phys. Med. Ges. Würzburg 1895, 137; 1896, 11. [2]) Szber. Berl. Akad. 1897, 576. [3]) Ann. Phy. **64**, 1, 12, 18; 1898. — H. Poincaré: Revue generale 30. Jan. 1896. — Becquerel: [1]) C. R. **122**, 420 u. folg., 1896; **123**, 855; **124**, 438; 1897. [2]) Congres Intern. Phys. Paris Bd. 3, 47; 1900. [3]) Recherches sur une propriété nouvelle de la matière, Paris 1903 (aus Bd. 46 der Memoires de l'Institut) — Lodge: Gedenkrede auf Becquerel (in Radioakt. und Kontinuität, Lpg. 1914). — Mc Coy u. Goetsch: J. Amer. Chem. Soc. **28**, 1541, 1555; 1906. — Crookes: Proc. Roy. Soc. **66**, 409; 1900. — Markwald: [1]) Becquerel Strahlen (Berlin 1904). [2]) Ber. Chem. Ges. **41**, 1524; 1908.

Zu **48** und **49**. P. und M. Curie: C. R. **127**, 175, 1215; 1898. — Giesel: Radioakt. Subst. (Stuttg. 1902) — Coehn: Ber. Chem. Ges. **37**, 811; 1904. — Elster und Geitel: [1]) Ann. Phys. **2**, 425; 1900. [2]) Phys. ZS. **2**, 116, 560, 590; **3**, 76; 1901. — G. Blanc: Jahrb. Radioakt. 1909, 502. — G. C. Schmidt: [1]) Ann. Phys. **65**, 141; 1898. [2]) C. R. **126**, 1264; 1898. — Curie: C. R. **126**, 1101; 1898.

Zu **50** und **51**. Haitinger und Ulrich: Szber. Wien. **117**, 619; 1908. — St. Meyer und Hess: Szber. Wien. **121**, 615; 1912. — Boltwood: Sill. J. **25**, 269; 1908. — Berndt: Naturwiss. **2**, 760; 1914. — J. J. Thomson: Posit. Strahlen 1913, S. 123. — Becker und Ramsauer: Radioakt. Meßmethoden und Einheiten (Heidelb. 1914). — Dolezalek: ZS. Instr. **21**, 345; 1901. — Bronson: Sill. J. **19**, 185; 1905. — Kunz und Baskerville: [1]) Sill. J. **16**, 264, 335; 1903. [2]) Science **18**, 769; 1903. [3]) Sill. J. **17**, 79; 1904.

Zu **52** und **53**. Rutherford: [1]) Phil. Mag. **47**, 109; 1899. [2]) Phys. ZS. 1903, 235. — Becquerel, Villard: C. R. **129**, 996, 1205; 1899; **130**, 1010, 1178; 1900. — Giesel: Ann. Phys. **69**, 831; 1899. — St. Meyer und v. Schweidler: Phys. ZS. **1**, 90; 1899. — Rutherford: Phil. Mag. **26**, 717; **28**, 270, 281, 305; 1913/14. — M. Curie: [1]) Congres Intern. Phys. **3**, 102; 1900. [2]) C. R. **130**, 73, 76; 1900. — Bragg und Klemann: Phil. Mag. **8**, 726; 1904. — Przibram: Szber. Wien. **121**, 221; 1912. — C. Wilson: Proc. Roy. Soc. **87**, 277; 1913. — Rutherford und Wood: Phil. Mag. **31**, 379; 1916. — Wood: Phil. Mag. **30**, 702; 1915. — Tumstall und Makower: Phil. Mag. **29**, 259; 1915. — Mc Coy und Leman: Phys. Rev. **6**, 184; 1915. — Geiger: [1]) Proc. Roy. Soc. **83**, 505; 1910. [2]) Phys. ZS. **11**, 676; 1910. [3]) (u. Nutall) Phil. Mag. **22**, 613; **23**, 445; **24**, 653; 1911/12. — Marsden und Taylor: Proc. Roy. Soc. **88**, 443; 1913. — Rutherford: Szber. Wien. **122**, 1855; 1913.

Zu **54**. Boltwood: Phys. ZS. **7**, 489; 1906. — Bragg: [1]) Jahrb. Radioakt. 1905, 4. [2]) Phil. Mag. **10**, 318; **11**, 617, **13**, 333, 507; 1905—07. [3]) Phys. ZS. 1906, 143. [4]) Durchgang der α-, β-, γ-Strahlen durch Materie (Lpg. 1913). — Friedeman: Szber. Wien. **122**, 1269; 1913. — Rothensteiner: Szber. Wien. **125**, 1237; 1916. — Flamm: Elster-Geitel-Festschrift 1915, 601. — Reinganum: Phys. ZS. 1911, 1076. — Miehl: Szber. Wien. **121**, 1431; **123**, 1955; 1913/14. — Geiger: Proc. Roy. Soc. **82**, 489; 1909.

Zu **55**. Curie, Becquerel: C. R. **130**, 647, 809; 1900. — Strutt: Phil. Transact. **196**, 525; 1901. — Crookes: Chem. News **85**, 109; 1902. — Rutherford: [1]) Phys. ZS. **4**, 235; 1902. [2]) Phil. Mag. **5**, 177; 1903. — Goldstein: [1]) Über eine neue Form von elektrostatischer Abstoßung (Berlin 1889; aus Szber. Berl. Akad. 1886, 691). [2]) Ann. Phys. **64**, 38; 1898. — W. Wien: [1]) Vhdl. Phys. Ges. 1897, 165; 1898, 10. [2]) Ann. Phys. **5**, 421; 1901; **8**, 244; **9**, 660; 1902; **13**, 669; 1904. — Stark: Phys. ZS. **6**, 892; 1905. — W. Wien: Kanalstrahlen in Bd. IV des Handbuches der Radiologie (Lpg. 1916).

Zu **56** bis **58.** Elster und Geitel: Ann. Phys. **69**, 87; 1899. — Elster, Brill: Naturf. Ges. in Naturwiss. Rundschau **24**, 545; 1909. — Curie: Revue General Sciences **10**, 41; 1899. — Crookes: Proc. Roy. Soc. **66**, 409; 1900. — Becquerel: C. R. **131**, 137; **133**, 977; 1900/1. — Rutherford und Grier: Phil. Mag. **4**, 315; Phys. ZS. **3**, 385; 1902. — Rutherford und Soddy: [1]) J. chem. Soc. **81**, 321, 837; 1902. [2]) Phil. Mag. **4**, 370, 569, 704; **5**, 441, 576; 1902/3. [3]) ZS. phys. Chem. **42**, 81, 172; 1902. — Soddy, Rutherford: Jahrb. Radioakt. 1906, 1; 1908, 153. — Soddy: [1]) Radioakt. (Lpg. 1904). [2]) Entwicklung der Materie (Lpg. 1904 und 1909). — Ostwald: ZS. phys. Chem. **22**, 306; 1897. — G. C. Schmidt: Jahrb. Radioakt. 1907, 115. — Boltwood: Sill. J. **25**, 269; 1908. — Rutherford: [1]) Phil. Mag. **16**, 311; 1908. [2]) (u. Robinson) Szber. Wien. **122**, 1855; 1913. — St. Meyer und v. Schweidler: Szber. Wien. **125**, 723; 1916. — Gleditsch: Sill. J. **41**, 112; 1916. — Mc Coy (u. Henderson, Cartledge): J. Amer. Chem. Soc. **40**, 1326; 1918; **41**, 50; 1919. — Hess und Lawson, siehe **68**.

Zu **59** und **60.** Curie und Laborde: C. R. **136**, 673; 1903. — Mc Coy: Le Radium **5**, 361; 1908. — Rutherford und Robinson: Szber. Wien. **121**, 1491; 1912. — Friedel: C. R. **128**, 532; 1899. — Hahn: [1]) Phys. ZS. **10**, 81, 697; 1908. [2]) Vhdl. Phys. Ges. 1909, 55. [3]) Jahrb. Radioakt. 1910, 296. — Makower (Russ, Walmsley, Tumstall): [1]) Phil. Mag. **19**, 100; **20**, 875; 1910. [2]) Phys. ZS. **10**, 361; 1909. [3]) Phil. Mag. **29**, 253, 259; **30**, 811; 1915. — Miss Brooks: Nature **70**, 270; 1904. — Rutherford: Radioactivity 1905, § 190 und 227. — Wertenstein: C. R. **161**, 696; 1915.

Zu **61.** Soddy: [1]) Phil. Mag. **9**, 768; 1905. [2]) Phil. Mag. **14**, 272; 1907. [3]) (u. Hitchins) Phil. Mag. **30**, 209; 1915. — Boltwood: [1]) Sill. J. **24**, 370; **25**, 365, 499; 1907/8. [2]) Phys. ZS. 1907, 889. — Markwald und Keetman: [1]) Ber. Chem. Ges. **41**, 49; 1908. [2]) Jahrb. Radioakt. 1909, 265. — Mc Coy: Ber. Chem. Ges. **37**, 2641; 1904. — Boltwood: [1]) Sill. J. **20**, 139; 1905. [2]) (u. Rutherford) Sill. J. **22**, 1; **23**, 78; 1907. [3]) Phys. ZS. 1907, 97. — Strutt: Proc. Roy. Soc. **76**, **88**, 312; 1905. — Gleditsch: [1]) C. R. **148**, 1451; **149**, 269; 1909. [3]) Radium **8**, 256; 1911. — Markwald: [1]) (u. Russell) Jahrb. Radioakt. 1911, 457. [2]) (u. Heimann) Jahrb. Radioakt. 1913, 299. — Lind u. Whithmore: J. Amer. Chem. Soc. **36**, 2066; 1914. — Becker und Jannasch: Jahrb. Radioakt. 1915, 1. — Mc Coy (u. Henderson): J. Amer. Chem. Soc. **40**, 1326; 1918.

Zu **62.** Boltwood: [1]) Sill. J. **18**, 97; 1904. [2]) Phil. Mag. **9**, 599, 615; 1905. [3]) Sill. J. **20**, 23; 1905; **23**, 77; 1907. — Rutherford: Phil. Mag. **10**, 290; 1905. — Gray: [1]) Phil. Mag. **18**, 816; 1909. [2]) Nature **91**, 659; 1913. — Debierne: Ann. de phys. **2**, 428; 1914. — Joly: [1]) Radioactivity and Geology (London 1909). [2]) Nature **99**, 284, 456, 476; 1917. [3]) Phil. Transact. **217**,, 57; 1917. — Holmes und Lawson: [1]) Proc. Roy. Soc. **85**, 254; 1911. [2]) Szber. Wien. **123**, 1373; 1914. [3]) Phil. Mag. **28**, 823; **29**, 673; 1914/15. [4]) The age of the earth (London 1913). [5]) Nature **93**, 110, 479; 1914. [6]) Geol. Magaz. **2**, 60, 102; 1915. [7]) Proc. Geolog. Assoc. **26**, 289; 1915. [8]) Szber. Wien. **126**, 721; 1917. [9]) Naturw. **5**, 429, 452; 1917. — Shelton: Chem. News **116**, 259; 1917. — Soddy: [1]) Nature **98**, 469; 1917. [2]) **99**, 244, 414, 433; 1917; (Royal Institution). [3]) Chem. News **117**, 147, 159, 169; 1918. [4]) (u. Joly) Nature **102**, 425, 444; 1919. — Hönigschmidt: [1]) ZS. Elchem. Ges. **23**, 165; 1917. [2]) Chem. Ztg. **42**, 201; 1918. — St. Meyer: Szber. Wien. Akad. **127**, 1283; 1918; Monatshefte Chemie **40**, 1; 1919.

Zu **63.** Ramsay: [1]) Gase der Atmosphäre (Lpg. 1907). [2]) Edle und radioaktive Gase (Lpg. 1908). — Mugdan, Argon und Helium (Sammlung chem. Vorträge; Stuttg., Bd. 1, 162). — Lockyer, Janssen, Franckland: [1]) C. R. **67**, 839, 949; **68**, 93, 367, 420, 1519; 1869. [2]) Phil. Mag. **37**, 143; **38**, 66; 1869. — Lockyer, Ramsay: [1]) Nature **52**, 7; 1895. [2]) Proc. Roy. Soc. **58**, 65—84; 1895. — Hillebrand: Bull. Geol. Survey Nr. 78, S. 43; 1891. — Ramsay u. Soddy: [1]) Nature **68**, 264, 354; 1903. [2]) Proc. Roy. Soc. **72**, 204; **73**, 346; 1903/4. [3]) Phys. ZS. **1903**, 651. [4]) Dissoziation und Umwandlung (übers. Stark, Brschg. 1903). [5]) Vergangenes und Zukünftiges aus der Chemie (Lpg. 1909, 223). — Strutt: Proc. Roy. Soc. **76**, 88, 313; **80**, 56, 572; **83**, 96, 298; **84**, 194, 388; 1905/11.

Zu **64.** Curie und Dewar: C. R. **138**, 190; 1904. — Debierne: C. R. **141**, 383; 1905. — Giesel: Ber. Chem. Ges. **38**, 2300; 1905. — Indrikson: Phys. ZS. **1905**, 214. — Himstedt und G. Meyer: Ann. Phys. **15**, 184; **17**, 1005; 1904/5. — Boltwood und Rutherford: [1]) Phil. Mag. **22**, 586. [2]) Radium **8**, 106. [3]) Szber. Wien. **120**,

313; 1911. — [4]) Proc. Roy. Soc. **75**, 77. — Rutherford und Geiger: [1]) Proc. Roy. Soc. **81**, 141, 173; 1908. [2]) Phys. ZS. 1909, 1. [3]) Phil. Mag. **20**, 691, 697; 1910.

Zu **65** bis **67**. Rutherford: [1]) Phil. Mag. **5**, 177; Nature **68**, 366; 1903. [2]) (u. Hahn) Phil. Mag. **12**, 348, 371; 1906. [3]) (u. Royds) Phil. Mag. **17**, 281; 1909. [4]) Jahrb. Radioakt. 1907, 1; 1908, 408; 1909,1. [5]) (u. Boltwood) siehe **64**. [6]) (u. Robinson) Phil. Mag. **28**, 305, 552; Szber. Wien. **122**, 1855; 1913. — Dewar: Proc. Roy. Soc. **81**, 280; **83**, 40; 1908/10. — Debierne: Ann. de phys. **2**, 428; 1914.

Zu **68** und **69**. Geiger: [1]) siehe **64**. [2]) Vhdl. Phys. Ges. 1913, 534. — Rutherford: [1]) Phil. Mag. **16**, 300. [2]) Szber. Wien. **117**, 925; 1908. — Regener: [1]) Phys. ZS. 1908, 78, 351. [2]) Szber. Berl. Akad. 1909, 948. — Gray und Ramsay: J. Chem. Soc. **95**, 1074; 1909. — Debierne: C. R. **148**, 1264; 1909. — St. Meyer und Heimann: Szber. Wien. **122**, 1085; **123**, 1369; 1913/14. — Mc Coy und Russ: Phys. Review **24**, 124; 1907. — Boltwood: Sill. J. **25**, 270; 1908. — Bronson: Phil. Mag. **16**, 291; 1908. — Marsden: [1]) (u. Geiger) Phys. ZS. 1910, 7. [2]) (u. Barratt) Phys. Soc. London **23**, 367; 1911. — Hess und Lawson: Szber. Wien **127**, 405, 461, 535, 599; 1918; Archiv Sc. Phys. Genève (4) **46**, 330; 1919.

Die radioaktiven Substanzen als chemische Elemente.

70. Welche Substanzen sind radioaktiv?

Von allen bisher untersuchten chemischen Elementen haben sich nur Ur, Th, K und Rb als radioaktiv erwiesen. Ur und Th sind die eigentlichen Radioelemente. Die Aktivitität von K und Rb, die von Campbell 1905 entdeckt, von Biltz, Bergwitz und vor allem Elster und Geitel untersucht worden ist, ist nur etwa $^1/_{1000}$ derjenigen des Ur. Die Strahlung ist eine β-Strahlung[1]) von der Geschwindigkeit $2 \cdot 10^{10}$ cm/sec, stark absorbierbar und im elektrischen und magnetischen Feld ablenkbar. Wie beim Ur ist die Strahlung der Salze und Mineralien unabhängig von der Art der Verbindung und ihrer Herkunft, sie ist proportional dem Gehalt an aktiven Atomen. α-Strahlung, sowie die Entwicklung einer Emanation fehlt. Indessen scheinen doch ähnliche Umwandlungen vor sich zu gehen, da K-Salze relativ viel He enthalten und beim Bestrahlen mit Kathodenstrahlen nach J. J. Thomson (1913) auch entwickeln. Strutt wies (1907) bereits darauf hin, daß die natürlichen K-Salze viel He enthalten. Das gleiche beobachtet man bei Zirkonmineralien. Bei diesen ist wie beim Ur der He-Gehalt dem Alter der Mineralien proportional (siehe **99.**).

Die Aktivität des Rb ist 10 mal kleiner als die der gleichen Menge Th in dünner Schicht. Bei der Umwandlung mit einer Halbwertszeit T von 10^{11} Jahren muß Strontium entstehen. K hat eine etwa 3 mal schwächere Aktivität; es wandelt sich in Calcium um (T ungefähr $3 \cdot 10^{11}$ Jahre). Diese Umwandlung müßte in Sylvinen nachweisbar sein. Das Ca aus diesem Mineral sollte das At.-Gew. 39,1 wie K haben (Hahn und Rothenbach 1919). K ist auch das erste Element im periodischen System (Kossel 1919), das im Kern Elektronen besitzt (vgl. **124.**). Verlassen diese den Kern, so entstehen β-Strahlen, die die Umwandlung begleiten. Nach den Verschiebungssätzen (vgl. **89.**) sollte die Umwandlung folgende sein:

$$\underset{43}{\mathrm{K}} \xrightarrow[\beta]{} \underset{43}{\mathrm{Ca}} \xrightarrow[\beta]{} \underset{43}{\mathrm{Sc}} \xrightarrow[\alpha]{} \underset{39}{\mathrm{K}} .$$

Danach müßte ein K und Ca mit dem At.-Gew. 43 existieren und Scandium radioaktiv sein.

Die Radioaktivität anderer Elemente ist nicht sicher. St. Meyer (1914) bezweifelt sogar die Möglichkeit; es sind bisher lediglich Elemente mit einem

---

[1]) Die β-Strahlung, bei der die Elektronen 60 % Lichtgeschwindigkeit erreichen, ist mit derjenigen von Ra und vor allem mit der von UX_1 vergleichbar (Hahn und Rothenbach: Phys. ZS. **20**, 194; 1919). Die Absorption μ (gemäß **58.**) hat den Wert 347 cm^{-1} gegen 312 (Ra) und 500 (UX_1).

Maximum des Atomvolumens (siehe **19.**)[1]) als radioaktiv erkannt worden. Indessen ist die Möglichkeit für Elemente, wie Sn, Cu, Zn, Pb, Pt, Al, Ag nicht ausgeschlossen, da eine Reihe dieser Substanzen bei Einwirkung von Kathodenstrahlen etwas He entwickeln (siehe **99.**) und sie auch, allerdings nur eben nachweisbar, strahlen. Es kann sich um α-Strahlen von sehr geringer Geschwindigkeit oder β-Strahlen von großer Absorption handeln, so daß die Umwandlung scheinbar strahlenlos vor sich geht, wie es z. B. bei den Radioelementen Mesothor 1 und Act festgestellt ist (Soddy 1913). Die Strahlung der Metalle erreicht nach Campbell nur den 10^{-12}ten Teil der Aktivität des Ra. Wäre diese Strahlung auf radioaktiven Zerfall der Metallatome und nicht auf Spuren von Radioelementen zurückzuführen, so würde zur Umwandlung von 1 Atom auf 10 Millionen bereits 100 Millionen Jahre erforderlich sein. Ein solches Element ist tatsächlich als unveränderlich anzusehen.

Die Lebensdauer T für die nicht radioaktiven Elemente ist auf 10^{16} bis 10^{18} Jahre zu schätzen. Es besteht nämlich ein einfacher Zusammenhang zwischen T und der Reichweite R. Extrapolart man die Kurve, die $\log T$ als Funktion von $\log R$ darstellt, auf die Reichweite $R =$ Null, so erhält man die angegebenen Werte von T. $R =$ Null bedeutet aber eine Umwandlung, die strahlenlos ist, also nicht wahrnehmbar ist. Für jede radioaktive Strahlung ist dagegen ein von Null verschiedene R vorhanden (Kirchhof, 1919).

71. Die Emanationen als Edelgase.

Die Radioelemente[2]) sind im allgemeinen nur in so geringen Mengen darstellbar, daß sie nicht als Materie, sondern nur durch ihre Strahlungseigenschaften nachzuweisen sind. Zu den Ausnahmen gehören die von Dorn und Rutherford 1900 aufgefundenen Ausströmungen, die Emanationen, so benannt nach dem Vorgang von Boyle (siehe **22.**), der damit Substanzen bezeichnete, die kontinuierlich aus anderen in sehr geringer Menge sich gasförmig entwickeln. Sie können bis zu 0,6 cmm auf 1 g Ra angesammelt werden. Sie wurden entdeckt, als über aktives Material ein Luftstrom geblasen wurde; sie sind also gasförmig und haben alle Eigenschaften von Gasen. Ihre Ausbreitungsfähigkeit erkennt man daran, daß sie auch an Stellen der Strahlungsgefäße hingelangen, die durch Metallschirme vor unmittelbarer Strahlung geschützt sind, und dort ihre Zerfallsprodukte,

---

[1]) Thornton (Phil. Mag. **34**, 70; 1917) leitet aus dem Unterschied im Verlauf der Kurven der Dichte und des Atomvolumens, die beide periodische Funktionen des Atomgewichts sind, das wahre Atomvolumen ab; zugleich erhält er ein Glied, welches proportional der dritten Potenz der Periode ist, der ein Element zugehört (z. B. für Cu die Zahl 3). Dieses Glied ist ein Maß für die Kohäsionskraft, die die einzelnen Elektronenringe der Elemente (siehe **125.**) zusammenhält und verhindert, daß alle Elemente radioaktiv werden.

[2]) Die Radioelemente habe ich nach den Angaben von Fajans bezeichnet. In neuerer Zeit sind mehrfach Bestrebungen aufgetaucht (St. Meyer; C. Schmidt), die Bezeichnung der Elemente folgerichtiger zu gestalten. So schlägt C. Schmidt vor, den mittelalterlichen Ausdruck Emanation zu beseitigen. Die Zugehörigkeit zu den Edelgasen läßt sich durch die gekürzte Bezeichnung: Radon (Ro), Thoron (To), Akton (Ao) oder Radeon, Thoreon, Aktineon (Homologe des Neon; nach Perrin; Ann. de Phys. (9) **11**, 5; 1919) leicht erkennen.

die induzierte Aktivität, ablagern. Sie dringen durch feinste Löcher und Spalte (Curie und Danne 1901). Die Diffusionsgeschwindigkeit ist halb so groß wie die der Kohlensäure (Miß Brooks 1902). Sie lassen sich durch eine Luftpumpe absaugen und weiter in Sammelgefäße bringen; diese Bewegung läßt sich im Dunkeln leicht verfolgen, da die Gase leuchten. Bringt man diese Gase in ein Kapillarmanometer mit geteilter Röhre, in dem man den Druck durch Heben und Senken von Quecksilber ändert, so läßt sich leicht zeigen, daß die Gase dem Boyle-Mariotteschen Gesetz folgen. Es seien hier einige Ergebnisse von Ramsay und Soddy (1903/4) für Emanation, entwickelt aus 150 mg $RaBr_2$, mitgeteilt:

a) unmittelbar nach der Einfüllung der Gase ($t = 18^0$)			b) $1\frac{1}{2}$ Stunden nach der Einfüllung ($t = 17^0$)		
$p = 28,0$ (mm)	$v = 10,08$ (cmm)	$pv = 282$	$p = 18,2$ (mm)	$v = 8,39$ (cmm)	$pv = 153$
36,3	7,36	267	25,0	5,92	148
53,5	5,04	270	42,2	3,54	149
95,5	2,80	267	70,7	2,02	143
235,1	1,11	260	195,7	0,70	138

Physikalisch handelt es sich also um einfache Gase; aber sie verhalten sich doch recht ungewöhnlich. Ungewöhnlich ist, daß sie leuchten (vgl. S. 158), ungewöhnlich, daß sich das Volumen durch Umwandlung schnell vermindert. Nach 25 Tagen füllt das Gas nur noch $^1/_{10}$ cmm in dem geteilten Rohr; es ist nur noch als leuchtender Punkt zu erkennen. Leitet man Emanation enthaltende Luft in ein U-Rohr, das mit Willemitkristallen (siehe **51.**) gefüllt ist und in flüssiger Luft gekühlt ist, so kondensiert sich die Em. Das erkennt man daran, daß die weiter geleitete Luft nicht mehr das Elektrometer entladet. Die Kristalle leuchten im Dunkeln so stark, daß man das Zifferblatt einer Taschenuhr ablesen kann. Auch das Glas des U-Rohres leuchtet an einigen Stellen. Entfernt man die flüssige Luft, so verdampft die Em und das Leuchten hört an den vorher leuchtenden Stellen auf, es verbreitet sich über das ganze Rohr. Man kann so Kondensations- und Verdampfspunkt feststellen (Cameron — Ramsay 1904, Loria 1915). Die ThEm beginnt bei -164^0 C sich zu verflüchtigen, bei -150^0 C ist die Hälfte verflüchtigt, bei -125^0 C der Rest. RaEm ist bei -150^0 C vollständig verflüchtigt; ihr Siedepunkt liegt bei -65^0, der Erstarrungspunkt bei -71^0, die kritische Temperatur bei $104,5^0$ (Rutherford 1909). Auch die Änderung der Dampfspannung mit der Temperatur verläuft, wie bei anderen Gasen (Boyle 1910). Für die Temperaturen -65^0, -78^0, -101^0, -127^0 C betragen die Spannungen 760, 250, 50 und 9 mm. Ferner gilt das Henrysche Gesetz (die Änderung der Löslichkeit mit Druck und Temperatur) auch für die Emanation.

Daß es sich um wohlcharakterisierte Stoffe handelt, geht auch daraus hervor, daß sie ein bestimmtes Spektrum (Ramsay und Collie 1904) besitzen und ein eindeutiges Atomgewicht. Seine Bestimmung — ein Meisterstück physikalischer Beobachtungskunst — ist von Ramsay und Gray (1911) ausgeführt worden. Es wurde ein kleines Volumen RaEm gewogen. Zu den Wägungen wurden eine in ein luftdichtes Gehäuse eingeschlossene

Mikrowage von Steele und Grant benutzt. Ihr Balken war aus Stäben von geschmolzenem Quarz zusammengesetzt; sie hatte nur eine außerordentlich kleine Schneide in der Mitte. Es waren noch Gewichtsunterschiede von ein Millionstel mg[1]) zu erkennen. An dem einen Ende des Balkens hing das feine mit Em gefüllte Röhrchen von bekanntem Raumgehalt an einem sehr dünnen Quarzfaden; seinem Gewicht wurde durch eine Quarzkugel von 20 cmm am anderen Ende nahezu das Gleichgewicht gehalten. Das völlige Gleichgewicht wurde durch eine Änderung des Druckes im Gehäuse herbeigeführt. Nachdem der Druck gemessen war, wurde die Spitze des Röhrchens abgebrochen und die Em durch die Luft ersetzt und wieder das Gleichgewicht durch Änderung des Druckes hergestellt. Die Druckunterschiede (Hg) sind ein Maß für die Gewichtsunterschiede gleicher Volumina der beiden Gase. Es entspricht 1 mm Hg 4×10^{-6} mg. In 5 Versuchen wurde so die Dichte im Verhältnis zur Luft und daraus das Atomgewicht ermittelt. Die Einzelwerte sind 227, 226, 225, 220, 218 (Mittel 223). Nach der Zerfalltheorie entsteht die Em durch Verlust von 1 α-Teilchen (AG. = 4) aus dem Ra. Ra hat das Atomgewicht 226. Also ist das Atomgewicht der Em $= 226 - 4 = 222$. Aus Versuchen über die Diffusionsgeschwindigkeit nach der Bunsenschen Methode im Vergleich zu Luft fand Debierne (1910) das Atomgewicht zu 220. Mit einer verbesserten Einrichtung (1915), bei der Sauerstoff rein und gemischt mit der Emanation durch ein $^1/_{100}$ mm weites Loch in einer Platinplatte diffundierte, ergab sich das Atomgewicht zu 221 ± 2.

Die Dichte beträgt etwa 5. Die RaEm fügt sich mit diesen Werten in die He-Argon-Reihe ein (v. Hevesy 1913):

Substanz[2])	He	Ne	Ar	Kr	Xe	RaEm
At.-Gew.	4,0	20	39,9	82	128	222
Siedepunkt (T = absol. Grade)	4,25°	27,2°	86,9°	121,3°	163,9°	208°
Dichte bei T^0	0,15	1,20	1,21	2,16	3,52	5—6
Kritische Temperatur	5,25°	44,8°	149°	210°	288°	377°
Kritischer Druck (Atm.) . . .	1,2	26,9	48	54	57	—

Auch ihrem chemischen Verhalten nach gleichen die Emanationen den seltenen Gasen. Es ist auf keine Weise gelungen, Verbindungen der Gase herzustellen; selbst die stärksten Reagenzien sind ohne Wirkung. So verändern sich die Gase nicht, wenn sie, mit Sauerstoff gemischt über Alkalien dem elektrischen Funken ausgesetzt, oder wenn sie mit Magnesiumpulver erhitzt werden.

72. Einiges aus der Chemie des Radiums, Poloniums, Ioniums, Mesothoriums und ThX.

Radium ist als Salz (Chlorid oder Bromid) in Mengen bis zu 1 g rein erhalten worden. Es zeigt die gleichen Reaktionen wie Ba; die Beweglichkeit des Ions beträgt 57 statt 56 (beim Ba). Die Salze des Ra (Sulfat, Chlorid, Bromid)

[1]) Eine einfache leichte Balkenwage mit Gehänge und Schalen gestattet noch ein Tausendstel mg zu bestimmen.

[2]) Für He und Ne: Kamerlingh-Onnes in Communicat. Leiden, Nr. 108 (1908); 112 (1908); 124b (1911); 147; 151b (1917); u. Proc. Akad. Amsterdam 18, 515; 1915; 19, 1058; 1917.

sind schwerer löslich, als die des Ba. Sie zersetzen sich allmählich; aus den Chloriden wird Cl abgegeben; es bilden sich zunächst Chlorate, dann Oxyde und Superoxyde. Gleichzeitig wird leicht Wasser absorbiert. Die Trennung vom Ba geschieht durch fraktionierte Kristallisation aus stark salzsaurer Lösung und wird durch Untersuchung des Funkenspektrums kontrolliert, das dem Ba ähnlich ist (Demarçay). Alle Linien im Spektrum sind gegen die des Ba verschoben (Runge, Exner). Curie und Debierne haben 1910 das Ra als Metall dargestellt nach einer für alkalische Erden üblichen Methode. Elektrolysiert man 100 mg $RaCl_2$-Lösung mit 10 g Hg als Elektrode, so erhält man ein Amalgam. Aus diesem wird durch Erhitzen im Wasserstoffstrom das Hg vertrieben. Es bleibt Ra als weißglänzendes Metall zurück, das bei 700° schmilzt und sich erst bei viel höherer Temperatur verflüchtigt. Von der Luft wird es angegriffen, es zersetzt lebhafter wie andere Metalle der alkalischen Erden das Wasser. Das Atomgewicht ist mehrfach bestimmt worden, so vor allem zum erstenmal genau von Frau Curie (1907). Es wurden 3 Proben von 0,4 g aus Alkohol kristallisierten Chlorides untersucht. Aus der Chlorbestimmung folgte das Atomgewicht zu 226,2—226,3—226,5. Ähnliche Werte (226,26 $\pm$ 0,2 von Hönigschmidt korrigiert) erhielten Gray und Ramsay (1909) für ein Chlorid, das im HBr-Strom durch Erhitzen in Bromid verwandelt und dann nach fraktionierter Kristallisation in Chlorid zurückverwandelt worden war. Die Wägungen der nur wenige mg betragenden Substanz und der Chlorsilbermengen geschah auf der oben erwähnten Mikrowage. Die besten Beobachtungen rühren von Hönigschmidt (1911—12) her. Die beiden Reihen, bei der 1 g und 800 mg Chlorid durch oftmalige Kristallisation aus stark salzsaurer Lösung und wiederholte Fällung mit Alkohol von den letzten Spuren Ba gereinigt war, ergaben das Atomgewicht zu 225,95. Das benutzte Material wurde 1912 erneut gereinigt. Es wurde gelöst, das Cl durch Ag gefällt; das in der Lösung vorhandene Nitrat mit HBr eingedampft. Dabei ging es in Bromid über. Die Atomgewichtsbestimmung wurde mit geschmolzenem Salz nach den Methoden und Vorsichtsmaßregeln von Th. W. Richards (siehe **13.**) ausgeführt. Nach jeder Kristallisation aus verdünnter HBr wurde das Atomgewicht von neuem bestimmt. Die Einzelwerte waren (1911 a und b) a) 225,92—96—93—96—97—96, b) 225,95—96—93, c) (1912) 225,90—97—94—98.

In der Reihe 1911a wurde das Verhältnis $RdCl_2$ zu AgCl durch Fällung, in 1911b $RdCl_2$ zu Ag durch nephelometrische Titration ermittelt.

Löst man den aktiven Niederschlag der Ra Em einige Monate nach seinem Entstehen in Schwefelsäure und taucht einen Wismutstab hinein, so geht Bi in Lösung und es schlägt sich Po (RaF, siehe **48.**) nieder. Auch durch Elektrolyse der Lösung des aktiven Niederschlages in $^1/_{10}$ n-Salpetersäure mit Goldelektroden scheidet sich Po ab. Es ist durch Sublimation des Sulfides im Vakuum von Bi zu trennen. Es ist edler als Bi, da seine Zersetzungsspannung 0,57 Volt beträgt (v. Hevesy 1914). Es gehört zur Se—Te-Gruppe. Löst man Po in einem Gemisch von Se- und Te-Chlorid und reduziert mit SO_2, so fällt Po zuletzt aus (Markwald 1905). Hevesy zeigte aber, daß es unedler als Te ist. Löst man das Te in Salzsäure, so wird Zusatz von Hydrazinhydrat das Te zu Metall reduziert; Po bleibt in Lösung. Alle diese Untersuchungen haben sich mit Bruchteilen von mg Po durchführen lassen. Eine Reindarstellung der Substanz ist noch nicht gelungen. Ein Zweifel darüber, daß es neben Bi in der Gruppe VI des Systems steht, ist nicht vorhanden (Markwald 1902). Von allen zerfallenden Radioelementen ist bisher nur Ionium, ein Abkömmling des Urans, in größerer Menge erhalten worden; es läßt sich aus allen radioaktiven Mineralien, allerdings nicht rein, sondern gemengt mit Thor, abscheiden. Auch im käuflichen Uransalz ist es enthalten. Man kann (St. Meyer 1916) annehmen, daß auf 1 kg Ur 6 mg Io kommen. Eine chemische Trennung von Th (Boltwood 1907) ist nicht möglich. Selbst durch fraktionierte Sublimation der Verbindung der Elemente mit Acetylaceton war eine Veränderung des Gemisches, gemessen durch die Aktivität, nicht zu erkennen. Die Verwandtschaft zwischen Io und Th ist größer, als die der seltenen Erden zueinander. Man unterscheidet aber das aktive Io enthaltende vom gewöhnlichen, nur wenig aktiven, Th schon äußerlich durch sein starkes Leuchten im Dunkeln. Es bildet aber keine Emanation, die Reichweite der Strahlen ist sehr gering. Aus einer Lösung von Thormineralien (Carnotit, Thorianit, Monazit), die immer etwas Ur enthalten, kann man durch Natriumthiosulfat ein Gemenge von Io, UX und Th abscheiden;

aus dem das UX bald verschwindet. Keetman (1909) fand Io in dem Niederschlag von seltenen Erden, wenn man Carnotitlösungen mit Flußsäure fällt (30 kg auf 500 kg des Minerals). Löst man ihn in Schwefelsäure, so fällt, wenn man mit Zinkhydroxyd neutralisiert, Io und Th aus.

Zu den aktivsten Radioelementen gehören Mesothorium (MsTh) und Radiothor (RaTh), die vielfach als Ersatz von Ra besonders in der Medizin verwendet werden, die wegen dieser Aktivität nur in winzigen Mengen selbst darstellbar sind. Sie sind die Träger der Aktivität des Th. Rutherford, Ramsay und vor allem Hahn (z. T. seit 1907 gemeinsam mit diesen Forschern), hat die verwickelten Beziehungen dieser Elemente zum Th geklärt. Aus 250 kg des auf Ceylon vorkommenden Thorianits lassen sich schließlich durch fraktionierte Ammoniakfällung 10 mg eines Niederschlages gewinnen, der RaTh enthält. Er leuchtet im Dunkeln, erregt starke Phosphoreszenz und entwickelt eine größere Menge Thoriumemanation. Legt man die Substanz auf einen Leuchtschirm, so kann man die Em mit dem Munde hin und her blasen; ihre Bewegung kann man durch das Leuchten des Schirmes verfolgen. Das MsTh ist in dem aus Ba- und $PbSO_4$ bestehenden Rückstand enthalten, der beim Aufschließen des Monazitsandes in konz. Schwefelsäure entsteht. Durch Kochen mit Soda verwandelt man die Sulfate in Karbonate (Hahn 1911). Man löst sie in HBr und kann durch fraktionierte Kristallisation das MsTh anreichern. Dementsprechend kann man es aus käuflichen Thornitratlösungen gewinnen. Man versetzt 5 g (in 100 ccm Wasser) mit etwas Schwefelsäure, setzt so viel $BaCl_2$ zu, daß 0,1 g $BaSO_4$ niederfällt. Dieser Niederschlag enthält das MsTh (McCoy 1913). Es läßt sich auch durch $FeCl_3$ oder $CaCO_3$ ausfällen. MsTh besteht aus zwei Substanzen. Das sehr wenig strahlende oder strahlenlose (siehe **70.**) $MsTh_1$, mit einer Halbwertszeit von $5^1/_2$ Jahren, geht in das $MsTh_2$ über. Dieses verwandelt sich schnell (Halbwertszeit 6,2 Stunden) unter Aussendung von α- und γ-Strahlen in das α-strahlende ThX bildende RaTh. Wegen dieser kurzen Umwandlungszeit ist seine Aktivität sehr groß. 20 mg mit vielleicht $1^0/_0$ MsTh sind ebenso wirksam, wie 35 mg reines $RaBr_2$ oder 420 kg Thornitrat. Die Aktivität nimmt erst zu, erreicht ein Maximum nach etwa 4 Jahren, nach 10 Jahren ist sie so groß, wie zu Anfang, nach 20 Jahren noch $50^0/_0$. Zunächst werden β- und γ-, erst allmählich, wenn genügend RaTh gebildet, auch α-Strahlen ausgesandt. Die beiden MsTh sind voneinander in ammoniakalischer Lösung trennbar. Bei Zusatz von Al- oder Zirkonchlorid fällt $MsTh_2$ aus; die Lösung, die nur $MsTh_1$ enthält, ist zunächst inaktiv, wird aber in dem Maße, in dem sich $MsTh_2$ neu bildet, wieder aktiv.

Das oben erwähnte ThX, das in seinen Reaktionen wie $MsTh_1$ dem Ba und Ra entspricht, läßt sich auch aus käuflichen Thornitratlösungen unmittelbar gewinnen (Rutherford 1902, Schlundt). Es bleibt in der Lösung zurück, wenn man das Th mit Ammoniak, Pyridin oder Fumarsäure ausfällt; die Fällung wird mehrfach wiederholt. Auch das ThX ist sehr aktiv (es sind in den Präparaten zu gleicher Zeit mindestens 4 α-, 3 β- und 1 γ-Strahlungen vorhanden), $^1/_{30000}$ mg ThX entspricht in seiner Wirkung 1 mg $RaBr_2$. Die Substanz leuchtet stark im Dunkeln, und schon nach 10—15 sec entstehen scharfe Röntgenbilder auf der photographischen Platte. Die Strahlung ist sehr durchdringend (hauptsächlich wegen der großen Reichweite der Th-C-Strahlen) und ruft dadurch außergewöhnliche biologische Wirkungen (Keimung, Beeinflussung von Bakterien) hervor (Böhm 1915).

73. Die durch gleichzeitigen Zerfall (Verzweigung) entstehenden Radioelemente.

Eine große Schwierigkeit bereitete die Deutung von Unregelmäßigkeiten in der Strahlung der aktiven Niederschläge, die mit dem gewöhnlichen stufenweisen Zerfall nicht vereinbar waren. Hahn und Frl. Meitner, sowie Soddy (1909) haben angenommen, daß ein gleichzeitiger Zerfall eintreten könnte. Fajans, Marsden und ihre Mitarbeiter haben seit 1912 diese Verzweigung, die bei sämtlichen C-Körpern der drei aktiven Reihen auftritt, näher durchforscht. Außer dieser Verzweigung ist noch für die Bildung des UY eine Verzweigung anzunehmen (siehe die Tabelle von Fajans bei **89.**). Bestimmt man die Änderungen der Aktivität im Zusammenhang mit der Reichweite, so findet man, daß ThC (= ThC_1) zwei Arten von α-Teilen aussendet, zu 35% solche von 4,8 cm, zu 65% solche zu 8,6 cm.[1]) Die ersteren gehören zu der Umwandlung in ThD; die letzteren zu der in ThE. Diese erfolgt erst durch ein außerordentlich kurzlebiges Zwischenprodukt ThC_2. Die Umwandlung $ThC_1 \rightarrow ThC_2$ ist von β-Strahlung begleitet. Dieser Zerfall des ThC_1 läßt sich durch Messung der Reich- oder Flugweite R und der Masse der entstehenden Rückstoßatome (siehe **60.**) genau verfolgen. Wood (1913) benutzte 2 Methoden. 1. Sammelte er die positiv geladenen Rückstoßatome bei verschiedenem Druck in Luft oder Wasserstoff auf einer elektrisch geladenen Halbkugel (von 28 mm Radius), in deren Mittelpunkt das strahlende ThC sich befand, und maß die Aktivität der Halbkugel. 2. Die β-strahlenden Rückstoßatome wurden so gesammelt, daß sie auf eine verschiebbare Ionisationskammer bei verschiedenem Druck strahlten. Erreichten bei einem Druck von 3,25 mm in Luft die Atome gerade die Halbkugel (legten sie also gerade 28 mm zurück), so war die Reichweite (R) in Luft von 760 mm: $3{,}25/760 \cdot 28 = 0{,}12$ mm. So ergab sich R für ThD = 0,12 mm, für ThC_2 = 0,175 mm (in Luft) = 0,55 und 0,74 mm (in H). Die Verzweigung ist aber noch vielfältiger. Wood und Rutherford fanden (1916), daß ThC_1 noch α-Strahlen (allerdings nur zu $^1/_{10000}$ der Gesamtstrahlung) aussendet von einer Reichweite von 10,2 und 11,3 mm. Es bilden sich also noch zwei andere Radioelemente (ThC_3 und C_4).

74. Aktinium, ein Verzweigungsprodukt des Urans und seine Muttersubstanz.

Alle Radioelemente können von 3 Muttersubstanzen: Ur, Th und Aktinium (Act) abgeleitet werden. Das letztere ist 1899 von Debierne aufgefunden worden. Aus sauren Lösungen von Pechblenderückständen kann durch Ammoniak eine dem Fe oder Ti ähnliche Substanz von großer Aktivität niedergeschlagen werden. Das Radioelement, das nicht rein darzustellen war — es enthält z. B. Io — nannte er Akt. Es erregt, wie Ra, die Phosphoreszenz, wirkt auf die photographische Platte, ionisiert Gase, es entsteht eine induzierte Aktivität, die sich auf einem geladenen Draht sammeln läßt. 1902 zeigte Giesel, daß, wenn man über Ce-, Dy- und La-haltige Rückstände der Pechblende einen Luftstrom bläst, eine von den beiden bekannten Emanationen verschiedene Em (Lebensdauer 3,9 Tage) entwickelt wurde; die Muttersubstanz blieb unbekannt, er nannte sie Emanium. Bei der Herstellung wurde so verfahren, daß die seltenen Erden als Oxalate ausgefällt wurden, nach dem Glühen wurden sie in Salzsäure gelöst und dann mit Ammoniak gefällt. Bei fraktionierter Fällung mit Magnesia bleibt die Muttersubstanz beim La. Eine Trennung ist aber durch fraktionierte Kristallisation der Mg- oder Mn-Doppelsalze möglich. Auch hat die Substanz ein besonderes Phosphoreszenzspektrum. Die Emanation ist sehr aktiv, sie erregt Phosphoreszenz und Szintillation so stark, daß man diese Erscheinung als Vorlesungsversuch zeigen kann. Sie läßt sich, wie Goldstein 1903 nachwies, in flüssiger Luft kondensieren. Mit der Em entstehen auch wieder aktive Niederschläge; ebenso sind, wie beim Ur, von dem Actinium, das sich als identisch mit dem Emanium erwies, besondere Elemente, ActX, RaAct abtrennbar, aus denen sich erst die Em bildet. Die Act-Reihe gleicht den übrigen Reihen fast vollständig[2]), so fällt z. B. die Ionisierungskurve des ActC mit der des RaC_1 zusammen (Marsden). Nur sind die Lebensdauern und Reichweiten ganz verschieden.

Das Act kann aber wohl kaum eine selbständige chemische Substanz sein, es gehört zur Uranreihe. Denn sonst müßte es, wie Th und Ur, in größerer Menge vorkommen. Auch ist seine Menge in den Ur-Mineralien, ähnlich wie Ra, dem Ur-Gehalt proportional (Boltwood 1908 und ausführlicher Fussler 1917[3])). Während aber Ra und seine Produkte (siehe **58.**) eine 3,1 mal so große Aktivität als das

---

[1]) Über die doppelte Lebensdauer (siehe **84.**).

[2]) Die Abweichungen haben St. Meyer und Paneth (Szber. Wien. Akad. **127**, 193; 1918) zusammengestellt.

[3]) St. Meyer und Hess (Szber. Wien 12. 6. 1919; Chemik. Ztg. **43**, 339; 1919) haben diese Konstanz des Verhältnisses Act/Ur für Uranerze verschiedenster

Ur zeigen, kommt auf Act und seine Produkte nur 0,3 oder 0,15 (Fussler) der Aktivität. Die Reichweite der α-Strahlen der Act-Produkte ist jedoch größer, als die des Ra. Rutherford nahm (Radioakt. Subst. S. 523, 1913) an, daß das Act durch einen verzweigten Zerfall einer der Ra-Mutterelemente entstanden und zwar im Mengenverhältnis von 1:12.[1]) Göhring (1915) hat nach der Verzweigungsstelle gesucht. Dabei sind zunächst die chemischen Eigenschaften zu berücksichtigen; Act ist dem La und $MsTh_2$ verwandt. Es ist auch 3wertig, wie v. Hevesy durch Diffusionsversuche fand (siehe **75.**). Aus dem Ra und Io entsteht es nicht entsprechend 6jährigen Versuchen Soddys. Die Umwandlung muß aber relativ schnell vor sich gehen, da die Aktivität des Act bis zum 100000-fachen des Ur zu steigern ist. Aus UX_1 ist die Umwandlung nicht möglich. Dessen Umwandlungsprodukt ist, wie Fajans fand, zunächst das kurzlebige, dem Ta ähnliche Brevium (UX_2). Würde aus diesem, wie Soddy (1913) annahm, Act entstehen, so müßte diese Umwandlung leicht festzustellen sein. Es bleibt danach nur noch das UY von Antonoff (1913, siehe **77.**). Wir hätten dann aber noch ein 5wertiges Zwischenprodukt UZ anzunehmen, damit die Umwandlung den Umwandlungsregeln (siehe **88.**) gehorcht, — also hätten wir: UY[2]) (4wertig) → UZ (5wertig) → Act (3wertig). (Vgl. Tabelle bei **89.**). Dieses 5wertige UZ (jetzt Protactinium, Pa genannt) haben Lise Meitner und Hahn (1918) auf einfachem Wege von den übrigen Radioelementen getrennt. Die Substanz muß isotop dem Brevium und ein Homologes des Tantals sein. Es war also zu erwarten, daß Pr sich aus den U-Rückständen aus Joachimstal durch Behandlung mit Salpetersäure isolieren lassen würde. Es genügt, die Rückstände mit Flußsäure aufzuschließen und nach Zusatz von Tantalsalzen wiederholt mit Salpetersäure zu behandeln. Diese Rückstände gaben eine Strahlung von einer sehr kleinen Reichweite (3,1 cm). Daß die Muttersubstanz des Act vorlag, ließ sich einfach nachweisen; das sich schnell entwickelnde Act bildet weiter die Emanation, die sich im Luftstrom fortleiten und sicher erkennen läßt. Aus 1 kg U-Rückständen isolierte Prof. Giesel 73 mg einer Substanz, die 100mal aktiver war, als das gleiche Gewicht Uran. Die Zunahme der Aktivität erfolgte proportional der Zeit. Das ist charakteristisch für eine Substanz, die eine lange Lebensdauer hat. Soddy bestimmte sie zu 5000 Jahr.[3]) Das Pa ist eins der wichtigsten Radioelemente, da es in wägbarer Menge herstellbar ist und ebenso aktiv, wie Ra ist. Sein Atomgewicht kann 230 oder 234 sein (siehe **79.**). Soddy hat (1918) ebenfalls einen einfachen Weg zu seiner Darstellung angegeben: Übertreiben im Luftstrom mit Tetrachlorkohlenstoff bei Rotglut.

75. Die Wertigkeit und Gruppenzugehörigkeit der Radioelemente als Grundlage für ihre Trennung.

Die chemischen Eigenschaften der Radioelemente sind gänzlich unabhängig von der Umwandlung. Jedes Element ist ein Individuum. Der Stoff vor der Umwandlung ist mit dem nach der Umwandlung vorhandenen in chemischer Hinsicht nicht zu vergleichen. Die Radioaktivität ist ein Vorgang, der lediglich einige wenige Atome der Substanz (Lebensdauer,

---

Herkunft und verschiedensten Alters (Joachimstaler Pecherz, Pecherz aus Morogoro, Bröggerit aus Norwegen, 2 Thorianite aus Ceylon) nachgewiesen. Das Verhältnis Th zum Uran war sehr verschieden (6 bis $6 \cdot 10^{-5}$). Die Menge des Act wurde aus der nach dem Auflösen des Erzes gemessenen ActEmanation abgeleitet, ebenso wie bei dem Nachweis der Bildung des Act aus seinen Muttersubstanzen durch Hahn und Meitner, sowie Soddy.

[1]) Nach Hahn und Meitners (Phys. Zs. **20**, 529; 1919) Versuchen ist das Verhältnis 1:30. Die Konstanten der Act-Reihe von UY ab sind neu zu bestimmen.

[2]) Piccard (Archiv. Scienc. Phys. Genève **44**, 161; 1917) vertritt die Auffassung, daß UY von einem Element mit dem Atomgewicht 238—240 abzuleiten ist, das nicht dem Uran gleich ist (vgl. **79.**).

[3]) Diese Zahl ergab sich nach einer nicht zuverlässigen Methode zur Bestimmung der Emanation (Hahn und Meitner: Phys. ZS. **20**, 127; 1919).

siehe **51.**) betrifft. Die Hauptmenge bleibt davon unberührt und verhält sich daher, wie jeder andere chemische Körper. Nur in einzelnen Fällen (Ra, Io, Protact) war es zunächst möglich, das chemische Verhalten des Radioelementes unmittelbar und unzweideutig festzustellen. Ra steht danach dem Ba, Io dem Th, Protoact dem Tantal nahe. Die übrigen sind in viel zu geringer Menge und niemals rein zu erhalten. Aber trotzdem gelang auch hier die Ermittlung der Gruppenzugehörigkeit im Sinne des periodischen Systems. Zuerst gelang diese Feststellung 1909 Strömholm und Svedberg durch die Bestimmung derjenigen Elemente, welche mit den Radioelementen isomorphe Gemenge bilden (Ba und ThX — La und Act —Th und RaAct). v. Hevesy (1912—13) maß die Diffusionsgeschwindigkeit und daraus folgt die Wertigkeit *n*, die über die Gruppe entscheidet. Die Schlüsse hat dann durch die verschiedensten chemischen Reaktionen Fleck bestätigt. In eine Diffusionspipette wurde eine das zu untersuchende Radioelement enthaltende verdünnte Lösung (z. B. $RaCl_2$ in $^1/_{100}$ n-HCl, ThB in $^1/_{5000}$ n-$PbCl_2$) mit Wasser oder mit der reinen Lösung überschichtet. Dann wurden von Zeit zu Zeit Proben aus verschiedenen Höhen entnommen und der Gehalt an Radioelementen bestimmt. Trotz der außerordentlich geringen Unterschiede in der Konzentration ist das möglich, da die Aktivität der Lösung sehr sicher zu bestimmen ist (siehe **51.**). Ist D die Diffusionsgeschwindigkeit (in qcm/Tag), berechnet aus den Konzentrationsunterschieden, so folgt nach Nernst $D = 0{,}0448/n \times uv/u+v$. u und v sind die Beweglichkeiten der Ionen. In der äußerst verdünnten Lösung kann man $v/u+v = {}^1/_2$ ansetzen, so daß $D = 0{,}0224 \cdot u/n$. Die Beweglichkeit u des radioaktiven Kations läßt sich leicht unmittelbar berechnen, wenn man die Geschwindigkeit mißt, mit der bei bekannter Spannung eine Grenzschicht von radioaktiver Lösung gegen eine andere Lösung durch den elektrischen Strom verschoben wird. Im folgenden sind einige Werte für D und u (in 10^{-5} cm/sec) angegeben.

Substanz	UO_2	Ra	RaD	RaF	ThB	ThX	ThC_1	ActX
D	0,58	0,67	0,65	0,76	0,67	0,66	0,63	0,66
u	—	57	62	69	55	58	54	56
n	2	1,9	2,1	2,0	1,8	2,0	1,9	1,9

Das Schlußergebnis für die nach den 3 Familien geordneten Radioelemente lautet:

I.

Uran	UX_1	Io	Ra	RaF (RaA)	RaD (RaB)	RaE (RaC)
D	0,4	0,33	0,67	0,76	0,65	0,45
n	4	4	2	2	2	3

II.

Thor	Th	ThX ($MsTh_1$)	$MsTh_2$ (Act)	RaTh	ThX	ThA (RaF)	ThB	ThC
D	0,33	0,66	0,46	0,33	0,66	0,76	0,67	0,5
n	4	2	3	4	2	2	2	3

III.

Act	RaTh (RaAct)	ActX
0,46	0,33	0,66
3	4	2

Es sind sowohl reine Radioelemente, als auch vielfach Gemische untersucht worden, bei denen durch die Diffusion keine Scheidung eintritt. Die Angaben beziehen sich auf äußerst verdünnte Lösungen ($^1/_{1000}$ n-Gehalt an Kationen). In stärkerer Konzentration ändert sich mehrfach die Wertigkeit; so werden RaE und ThC 2-wertig (ähnlich ändert auch Fe und Sn die Wertigkeit). — ThB ist wie Pb in gesättigter Lösung (Ion : PbCl) einwertig. Auch durch diese Änderungen wird die Zugehörigkeit zur Gruppe festgelegt. Es gehören demnach zur Gruppe II des Systems Ra, ThX, $MsTh_1$, ActX — zu III (La, Tl) Act, $MsTh_2$, ActD, ThD — zu IVa Th, RaAct, RaTh, Io, UX — zu IVb (Pb) RaD, ActB, ThB, RaB — zu V (Bi) RaE, RaC_1, ThC — zu VIb RaF (Po), RaA, ThA (vgl. die Tabelle zu **89.**).

Die Radioelemente zeigen mit gewissen (Grund-)Elementen übereinstimmende Reaktionen. Von diesen sind sie durch Diffusion nicht zu trennen. Derartige Grundelemente sind Ra, Tl, Pb, Bi, Po. Mit diesen bilden nach einer von Fajans (1913) eingeführten Bezeichnung die Radioelemente eine Plejade. Nach der angegebenen Methode ist diese Zusammengehörigkeit zuerst sicher bestimmt worden. Die Radioelemente sind demgemäß nicht als neue Elemente anzusehen. Im chemischen Sinne neu, d. h. von den bekannten Elementen in sicherer Weise durch Reaktionen und physikalische Eigenschaften (z. B. Spektrum) sicher unterscheidbar sind es nur **5**. Nur diese 5 können einen besonderen Platz im System beanspruchen. Es sind 1. die Emanationsgruppe (höhere Homologe des He, Ne), 2. Ra (in der Ba-Reihe), 3. Po (zur Se—Te-Reihe[1]) gehörend), 4. Act (zur La-Reihe gehörend), 5. das jüngst entdeckte Brevium und das isotope Protactinium (Bv, UX_2, UZ in der Ta-Reihe; siehe **74.** u. **77.**). Die Unterschiede von den Elementen der gleichen Gruppe sind auch hier (man vergleiche z. B. Ba und Ra) nicht sehr charakteristisch.

Kleine Abweichungen gegen das Verhalten der gewöhnlichen Elemente werden dadurch hervorgerufen, daß die Radioelemente nur in so geringer Menge vorhanden sind. So ist eine Fällung nicht möglich, da jede Verbindung, die bei gewöhnlichen Elementen stets als schwer löslich oder unlöslich angesehen wird, in den großen Verdünnungen löslich bleibt. Man fügt daher dem Radioelemente, das man fällen will, ein in größerer Menge zu erhaltendes Glied seiner Plejade oder, wenn man weitere Trennungen und Umwandlungen nicht beeinträchtigen will, ein nicht radioaktives Element seiner Gruppe bei. Letzteres wird niedergeschlagen und der Niederschlag reißt das noch schwerer lösliche Radioelement mit. Auch dadurch entstehen leicht Unterschiede, daß die kleinen Mengen auf ihrer Unterlage viel stärker festgehalten werden, als größere. Es ist das die dem Chemiker vielfach entgegentretende Schwierigkeit, die „letzten Spuren" einer Substanz zu entfernen, eine Schwierigkeit, die z. B. auftritt, wenn man bei Flammenreaktionen einen Platindraht vollständig von Kochsalz befreien muß. Es treten daher bei den Radioelementen, auch wenn sie einer Plejade angehören, merkliche Unterschiede in der Temperatur, bei der sie sich

[1]) Es bildet sich (vgl. S. 158) eine Verbindung H_2Po; diese ist gasförmig (Paneth).

verflüchtigen oder kondensieren, ein, so z. B. bei den Emanationen oder bei den B- und C-Substanzen, RaC, ThC (Loria). Das elektrolytisch niedergeschlagene RaC verflüchtigt sich viel schwieriger, wie das in gleicher Weise behandelte ThC. Es können durch die Verschiedenheit der Menge andere Reaktionen auftreten, z. B. Oxydbildung einer Substanz, während das Isotop noch nicht angegriffen wird — oder es kann der Dampfdruck verschieden sein, wie ja auch ein kleiner Wassertropfen einen anderen Dampfdruck hat, als ein größerer. Es wird daher bei gleicher Energiezufuhr die eine Substanz scheinbar sich schneller verflüchtigen, als die andere. Auch wird das Gas, in dem die Verdampfung oder Kondensation stattfindet, von Einfluß sein. Solche Oberflächenwirkungen dünnster Schichten haben bisher einer genaueren Untersuchung getrotzt. Es ist nicht unwahrscheinlich, daß auch die nichtradioaktiven Substanzen ähnliches zeigen werden, wenn sie in so kleiner Menge untersucht werden.[1]) Man kann sich daher auch nicht wundern über die Unterschiede, die bei der Adsorption, z. B. durch Kohlenpulver (Freundlich), auftreten. In diesem Falle hat man es lediglich mit Oberflächenwirkungen zu tun.

76. Chemische Reaktionen und Reindarstellung der Radioelemente.

Eine Trennung der Elemente ist nach den üblichen Methoden möglich, z. B. auf Grund der verschiedenen Flüchtigkeit durch Erhitzen und Sublimieren; in Lösung: durch fraktionierte Fällung oder Kristallisation, durch Ionenwirkung (Diffusion, Elektrolyse) auf Grund der verschiedenen Lösungstension und Ionenbeweglichkeit. Die Fällung erzielt man im allgemeinen dadurch, daß man so viel eines Gruppenelementes zum Radioelement zufügt, daß auf 100 ccm Lösung 10—50 mg niedergeschlagen werden (Fajans 1915). Beispiele: Ba zu Ra oder $MsTh_1$ in Gegenwart von SO_4; Zr zu $MsTh_2$ in Gegenwart von Cl. Als besondere Reaktion ist zu erwähnen, daß Th und UX zugleich mit Ba bei Anwesenheit von SO_4 gefällt werden und dadurch sich von Uran trennen lassen. Ist ein Radioelement und seine Isotopen nicht in wägbarer Menge vorhanden (z. B. RaTh), so ist es besser, ihm nicht ein Isotop (Th) oder ähnliches Element zuzusetzen, sondern eine Substanz[2]) (Fe), von der es wegen der Schwerlöslichkeit der Verbindung (Hydroxyd) bei der Fällung adsorbiert wird. (Paneth 1914—15.) Das Radioelement wird von den Anionen festgehalten und zwar um so fester, je schwerer löslich die Verbindung des Anions mit dem zugesetzten Metallkation ist (Fajans 1915). Maßgebend ist das Verhalten der Valenzen des Anions.

Eine Methode, die nur auf Radioelemente anwendbar bleibt, ist das Auffangen der beim Zerfall neben He entstehenden Atome, der Rückstoßatome (Hahn 1910). Diese haben eine elektrische Ladung und können auf einem geladenen Draht in reinem Zustande gesammelt werden (siehe **31. 60. 73.**) wie zuerst Rutherford 1900 für die induzierte Radioaktivität der ThorEm fand. So gelingt z. B. die Isolierung von RaB (frei vom RaC) aus RaA, sowie von RaC, von RaD aus RaC (Fajans 1911—12), von ThD aus ThC (Hahn und Meitner 1909). Die Rückstoßmethode hat den Vorzug, daß sie eine Ansammlung der Radioelemente in viel kürzerer Zeit gestattet, als die chemische Trennung, so daß eine viel geringere Menge weiter zerfällt. Die erhaltenen Substanzen sind also reiner.

---

[1]) Fajans und Beer (Ber. Chem. Ges. **46**, 3486; 1913) und Paneth (Jahrb. Radioakt. 1914, **415**) haben bisher keine Unterschiede der chemischen Reaktion bei kleinen Mengen chemischer Elemente gefunden.

[2]) „Nahestehende Substanzen", die Fällungen bewirken, sind z. B. Hg für Pb; Zr- oder Cerisalze für Th. Oxyde oder Sulfate reißen diejenigen Radioelemente mit, deren Oxyde oder Sulfate schwer löslich sind (vgl. St. Meyer, Radioaktiv. 1916, 284).

77. Beispiele für die verschiedenartigen Trennungen.

Die Bestandteile der aktiven Niederschläge der 3 Emanationen (Ra, Th, Act) lassen sich durch Erhitzen voneinander trennen. So verdampft von 600° ab ThB und ist bei 900° verschwunden. ThC verdampft merklich erst von 900° ab und ist bei 1300° verschwunden (Loria). Eine bestimmte Temperatur läßt sich aber nicht angeben, weil die Verdampfung von zufälliger Beschaffenheit der Oberflächen, von denen aus die Substanz verdampft, sowie von Gasresten abhängt. Rutherford (1904; bestätigt von Bronson 1905) fand, daß RaB bei 600° vollständig verdampft ist, da dann die Oberfläche, auf der der aktive Niederschlag sich befand, nicht mehr β-Strahlen abgab. Bei 1000° verschwand die α-Strahlung und damit auch RaC.

Durch Diffusion in wässeriger Lösung lassen sich Po von RaD und RaG — RaD von RaE — Act von ActX trennen (v. Hevesy, Paneth). Wenn man z. B. eine konzentrierte Lösung von Po + RaG (Radioblei) in Salpetersäure in einen Dialysator bringt, der eine Membran aus Pergament oder tierischer Haut enthält, so diffundiert RaG in die Außenlösung, während Po im Innern zurückbleibt. Durch Kapillaranalyse mittels Filtrierpapier lassen sich B- und C-Produkte trennen, wenn sie in kolloidaler Lösung vorhanden sind. Die C-Elemente bleiben auf dem Filter zurück (Godlewski).

Durch elektrochemische Vorgänge lassen sich besonders Po von anderen Elementen, so wie die B- und C-Elemente voneinander scheiden (Hahn 1906, v. Lerch, v. Hevesy). Die dem Bi gleichenden edleren C-Elemente werden bei sehr geringem Potential abgeschieden, bei höherem die dem Pb gleichenden B-Elemente. Sie lassen sich auf kleineren Flächen dann ganz rein darstellen (Meitner). Löst man den aktiven Niederschlag, der aus Emanation von 1 g Ra erzeugt ist, in Salpetersäure und elektrolysiert, so erhält man je nach den Umständen einen dem Pb gleichenden sichtbaren Anflug von $^1/_{200}$ mg von RaD-Metall oder von RaD-Superoxyd (Hevesy und Paneth 1914). Zu den elektrochemischen Vorgängen gehört auch die Trennung durch in die Lösung zweier Substanzen eingetauchte Metalle (Mg, Sn, Cu, Bi und besonders Ni). Die auf einem Platinblech befindlichen Niederschläge werden in Schwefelsäure oder verdünnte Salzsäure gelöst und ein Metallstab in die Lösung gesteckt. Die C-Elemente schlagen sich auf dem Stab nieder; die B-Elemente bleiben in Lösung.

Von chemischen Trennungen seien folgende hervorgehoben: **1.** ThX (der Ba-Gruppe zugehörend) läßt sich von RaTh (wie Th) und den Schwermetallen ThB, C, D trennen, wenn man das Gemisch mit $AlCl_3$ versetzt und Ammoniak, oder Pyridin oder Natriumthiosulfat zufügt. RaTh fällt aus mit dem Al-Niederschlag. Setzt man weiter HgS zu, so kann man nach 3—4 maliger Fällung auch die Schwermetalle entfernen (Mc Coy 1913). **2.** Die Trennung von Act (La), ActX (Ra) und RaAct (Th) nach St. Meyer 1914. Zu einer seltene Erden (La) und die Act-Elemente enthaltenden salzsauren Lösung wird Zirkonnitrat, eine Spur Thorammoniumnitrat und Natriumthiosulfat zugesetzt. Im Niederschlag ist (bei 3 maliger Wiederholung) RaAct enthalten, das durch mehrfache Auflösung des Niederschlages in Salzsäure und Fällung mit dem Thiosulfat und Ammoniak noch zu reinigen ist. Im Filtrat ist Act + ActX enthalten. Durch wiederholte Zugabe von Ammoniak fällt Act aus. Das im Filtrate vorhandene ActX wird durch Na_2CO_3 gefällt. **3.** Einige Trennungsmethoden für die B (Pb) und die C (Bi)-Elemente (v. Lerch, Fleck, Mc Coy): Zu dem in verdünnter Salzsäure gelösten Gemisch werden Pb- (oder Hg-) und Bi-Salze zugefügt. Durch Schwefelsäure oder konzentrierte Salzsäure kann B ausgefällt werden, C bleibt in Lösung. Verdünnt man die Lösung stark mit Wasser, so fällt C mit Wismutoxychlorid aus; B bleibt in Lösung. Ebenso kann man C niederschlagen durch m-Nitrobenzoesäure, durch Pyridin, durch Fumarsäure (Moore) besonders nach Zusatz von $FeCl_3$. Ob in der Fällung das B oder das C-Element vorhanden ist, erkennt man durch Messung der Änderung der Aktivität und Berechnung der Lebensdauer. **4.** UX und UY: Urannitrat wird in Aceton oder Amylalkohol gelöst. Beim Schütteln mit frischem Ferrihydroxyd wird UX (wie Th) adsorbiert (Moore 1906). Die gleiche Reaktion wird beim Schütteln von essigsaurem Uran mit dem Hydroxyd erreicht (Szilard 1909). Das UX in diesem Niederschlag ist aber, wie Antonoff (1911) gezeigt hat, nicht einheitlich. Der Abfall der Strahlung ist ein anderer, je nachdem, ob man es unbedeckt oder mit einem 0,1 mm dicken Al-Blatt oder Zelluloid bedeckt untersucht. Im letzteren Fall berechnet sich aus dem Abfall die normale Lebensdauer von 23½ Tagen. Unbedeckt ist der Abfall im Anfang ein anderer. Es ist eine kurzlebigere Substanz vorhanden, welche β-Strahlen aussendet (UY, zur Th-Gruppe gehörend). Richardson (1914, **58.**) zeigte durch Bedecken des UX mit Al verschiedener Dicke, daß sogar 3 Arten β-Strahlen vom UX ausgehen. Die eine ($\mu = 24$) gehört dem eigentlichen UX (UX_1) an; die zweite ($\mu = 0,70$) wahrscheinlich dem UY, die dritte ($\mu = 0,14$) einer zweiten kurzlebigen Substanz dem von Fajans (1913) entdeckten UX_2 (Brevium genannt). UX_2 ist ein neues Element, ein höheres Homologon des Tantals. Bringt man in eine Lösung des UX-Gemisches ein Tantalsalz, so kann man das UX_2 zusammen mit dem Ta als Kaliumhexatantalat ausfällen. Hahn und Meitner gossen die UX-Lösung durch ein Filter, das einige mg Tantalperoxyd enthielt. Das UX_2 wird dann von dem Peroxyd adsorbiert. Wenn man $PbCl_2$ in dem Gemisch mitauflöst und dann Salzsäure zufügt, bis $PbCl_2$ ausfällt, so enthält dieses ebenfalls das UX_2. Diese Niederschläge verlieren aber in wenigen Minuten ihre Aktivität.

78. Übersicht über einige Reaktionen der Salze der Radioelemente.[1]

1. Ur — löslich in Ammoniumkarbonat; (als Nitrat) in Äther, Aceton — unlöslich in Oxalsäure.

2. UX_1 (wie Th) — löslich in Wasser — unlöslich in Äther, überschüssigem Ammoniumkarbonat, adsorbiert durch Ba, Fe und Tierkohle.

3. Io (Th) — löslich in überschüssigem Ammonoxalat, wird gefällt in saurer Lösung durch Natriumthiosulfat.

4. Ra — wie Ba. Salze aber weniger löslich.

5. RaA (Te) — löslich in starken Säuren, flüchtig bei 900° — siehe im übrigen bei Po (**10.**).

6. RaB (Pb) — wird mit Ba oder Pb gefällt, flüchtig bei etwa 600°.

7. RaC (Bi) — wird in der Lösung durch Metalle (Ni, Cu) gefällt, durch den elektrischen Strom abscheidbar, flüchtig bei etwa 1200°.

8. RaD (Pb) — löslich in heißer Essigsäure; durch Fällung mit Ba von RaE und F trennbar.

9. RaE (Bi) — wie RaC.

10. RaF (Te) — als Sulfat in konzentrierten Säuren unlöslich. Aus saurer Lösung auf Metalle (Bi, Cu, Ag, Pb) abzuscheiden, ebenso durch Elektrolyse — sowie durch $SnCl_2$ reduzierbar.

11. Th — fällbar durch Oxalsäure und durch Ammoniak (vgl. **14.**); in überschüssigem Ammoniak wieder löslich.

12. $MsTh_1$ (Ra) — unlöslich in überschüssigem Ammoniak; löslich in $ZrCl_2$

13. $MsTh_2$ (La) — unlöslich in überschüssigem Ammoniak; unlöslich in $ZrCl_2$

14. RaTh (Th) — fällbar durch Ammoniak, Pyridin, Thiosulfat.

15. ThX (Ra) — löslich in Ammoniak.

16. ThA (Po) — löslich in starken Säuren, flüchtig über 600° — siehe **10.**

17. ThB (Pb) — flüchtig unter 900° — siehe **6.**

18. ThC (Bi) flüchtig von 900—1300° — siehe **7.**

19. ThD (Tl) — durch Schwefelwasserstoff und Tierkohle abscheidbar unedler als ThA—C.

20. Act (La) — in saurer Lösung durch Oxalsäure fällbar; löst sich in überschüssigem Ammoniak.

21. RaAct (Th) — in saurer Lösung durch Thiosulfat fällbar, von Act durch Elektrolyse und fraktionierte Fällung mit Ammoniak trennbar.

22. ActX (Ra) — wird durch Ammoniak nicht gefällt.

23. ActA (Po) — löslich in Ammoniak; flüchtig über 400° — siehe **10.**

24. ActB (Pb) — aus salzsaurer Lösung durch Elektrolyse an der Kathode abscheidbar — über 700° flüchtig.

---

[1]) Vgl. Landolt-Börnstein, Physikalisch-chemische Tabellen 1912, 226.

79. Das Atomgewicht der Radioelemente.

Im vorhergehenden sind bereits für Ra und für die Ra Em die Methoden angegeben, nach denen das Atomgewicht ermittelt ist (siehe **71.** und **72.**). Diese stimmen mit denen für andere chemische Elemente überein. Eine andere Methode, die nur auf die sich umwandelnden Elemente angewendet werden kann, ist die Berechnung aus der beobachteten Rückstoßgeschwindigkeit. Danach (siehe **31.**) ergab sich für RaB ein Wert von 214. Aus RaB entsteht durch Umwandlung unter β-Strahlung RaC. Der Verlust von β-Elektronen ist ohne Einfluß auf das Atomgewicht. Demgemäß sollte RaC auch ein Atomgewicht von 214 besitzen. Die β-Strahlung ist nun aber mit γ-Strahlung verbunden, für die als charakteristische Konstante die Größe der Absorption in Aluminium $\mu = 0{,}115$ (siehe Tabelle bei **58.**) anzunehmen ist. Barkla hat in einer großen Reihe von Arbeiten (1909—11) und später Bragg gefunden, daß alle Elemente ähnliche γ-Strahlungen (sie werden jetzt je nach der Größe der Absorption K- und L-Strahlen genannt) aussenden, die von ganz bestimmter Wellenlänge sind. Durch die Versuche ergab sich, daß die Logarithmen der μ-Werte geordnet nach den Atomgewichten für die verschiedensten Schwermetalle in einer geraden Linie liegen (siehe **118.**). Aus dem Werte von μ für RaC ergibt sich danach ein Atomgewicht von genau 214 (Rutherford 1913). Im allgemeinen genügt es, die Atomgewichte zu berechnen gemäß der Zerfalltheorie, daß bei jeder α-Umwandlung eine Änderung des Atomgewichtes um 4 Einheiten (um ein Heliumatom) eintritt. Diese Regel ist experimentell für die Ra Em (siehe **71.**) bestätigt worden. Sie läßt sich auch leicht für Ra und Io erweisen. Dabei ist eine kleine Korrektion anzubringen. Der beträchtlichen Energieabnahme im Atom beim Zerfall entspricht wegen der Kompressibilität des Atoms (siehe **30.**) eine Dichteabnahme für den Rest, den Swinne (1913) bis zu 0,01 Einheiten für 1 α-Teil veranschlagt. Ra entsteht aus Ur durch 3 α-Umwandlungen. Das Atomgewicht des Ur beträgt (siehe Tabelle **136.** Nr. 12) 238,15. Ra = Ur—3α—0,03 = 238,15—12,01—0,03 = 226,11 statt 225,95. Io entsteht aus Ur durch Verlust von 1α, Ra entsteht aus Io durch Verlust von 2 α-Teilen. Es ist also Io = 238,15—8,0—0,02 oder 230,1 und = 225,95 + 4 + 0,01 oder 230,0. Eine Bestätigung dieses Atomgewichtes folgt aus dem von Hönigschmidt 1916 bestimmten Atomgewicht eines Gemisches von Io und Th zu 231,5. Dieses Gemisch besteht zu 30 % aus Io. Das Atomgewicht des reinen Th ist 232,1.

Für das Act und seine Abkömmlinge fehlt eine direkte Methode, Rutherford (1913) leitet das Atomgewicht ab durch Vergleich der entsprechenden Elemente. RaB und ThB haben Atomgewichte von 214 und 212. Also ist es wahrscheinlich, daß ActB ein Atomgewicht von 210—211 hat. ActB = Act—4He. Daraus folgt Act = 227.[1]) Unter Annahme dieses Wertes bestehen gleiche Regelmäßigkeiten in den Atomgewichten für die Em, die A- und die C-Elemente. Marsden (1913) hat versucht, das Atomgewicht der Act Em aus der Diffusionsgeschwindigkeit zu bestimmen, er berechnete für Act aus seinen Versuchen den Wert 240 ± 5. C. Schmidt (1918) hat

---

[1]) Über eine weitere Methode von Fajans (Zusammenhang mit der Lebensdauer) siehe **84.**

das Atomgewicht des Act direkt aus seiner Stellung im periodischen System (siehe **121.**) abgeleitet. Es gehört zum He-System. In diesem stehen stets die Atomgewichte aufeinander folgender Elemente in homologen Reihen in konstantem Verhältnis. Der anzunehmende Wert ist 1,66 (dieser gilt z. B. für Ba/Ra und Ca/Th). Act folgt dem La; also ist das Atomgewicht das 1,66fache oder 230. Diese Zahl wiederspricht dem Atomgewicht des Act-Pb enthaltenden Ra G; S. 163). Dann ist es aber wahrscheinlich, daß der Stammvater nicht U_2, sondern ein dem Uran isotopes Element vom Atomgewicht 238—240 ist, einer Auffassung, die bereits mehrfach vertreten wurde (Wolfke, Piccard, Wendt, Soddy[1]). Die Beobachtungen von Boltwood (siehe **74.**) über das konstante Verhältnis von Act/Uran in Mineralien werden dadurch nicht entwertet.

80. Über den Unterschied zwischen radioaktivem Zerfall und chemischer Reaktion.

Die Radioelemente erleiden sowohl chemische, wie radioaktive Umsetzungen. Die bei der chemischen Umsetzung entwickelte Energie ist außerordentlich viel kleiner, als die radioaktive. Für letztere hat man einen Anhalt in der Wärmemenge, die Ra dauernd entwickelt (Tabelle **136.** Nr. 20 und **59.**). 1 g Ra entwickelt in der Stunde 132 g cal. Diese Wärmemenge kann jahrhundertelang abgegeben werden. In 1700 Jahren ist noch immer $^1/_2$ g Ra vorhanden. Dagegen verschwindet selbst die Energie, die bei der Verbrennung von Wasserstoff zu Wasser entwickelt wird (69000 g cal für 1 g Mol Wasser). Vergleicht man gleiche Gewichtsmengen, so wird bei der Umwandlung von 1 g Ra 250000 mal so viel Energie entwickelt, als bei der Bildung von 1 g Wasser. Die große Energiemenge[2]) erkennt man an der gewaltigen Geschwindigkeit, die nicht bloß die β-Elektronen, sondern auch die α-Teile erhalten. Diese werden dadurch in den Stand gesetzt, Materie zu durchdringen (siehe **66.**). Ja, auch die schweren Restatome erhalten durch Rückstoß beim Zerfall noch beträchtliche Geschwindigkeiten (siehe **31.**), die diejenige von Gasatomen weit übertreffen. Die dauernde Energieabgabe führt zu einer Art perpetuum mobile (Greinacher 1911). Eine in Paraffin eingebettete Messingplatte steht einem Radiumpräparat gegenüber; sie wird durch die Strahlung allmählich negativ geladen. Diese Ladung wird durch eine isolierte Verbindung zu einem Elektrometer geleitet. Seine drehbare Nadel wird abgelenkt. Dieser Ausschlag wächst langsam an, bis die Nadel einen Kontakt berührt, worauf Entladung erfolgt. Darauf beginnt wieder die Ladung. Solange das Radium Strahlen aussendet, kann diese Bewegung der Elektrometernadel erfolgen.

Die Strahlung und Energieabgabe der Radioelemente ist völlig unabhängig von allen äußeren Einflüssen. Rutherford (1911) hat darüber entscheidende Versuche durchgeführt. 2 Proben von Emanation bzw.

---

[1]) Proc Roy. Soc. **94**, 384; 1918.

[2]) Die große Energiemenge bedingt auch, daß durch die radioaktive Umwandlung (durch die mit ihr verbundenen Fluoreszenz, Licht- und Ionisierungswirkung) wesentlich viel kleinere Stoffmengen erkannt werden können, als es mit den empfindlichsten chemischen und physikalischen Methoden möglich ist (vgl. **51.**).

von durch deren Umwandlung gebildetem RaC strahlen gegeneinander und zwar so, daß jede der γ-Strahlungen eine Ionisationskammer aufladet. Jede der Kammern ist mit einem Quadrantenpaar eines Elektrometers verbunden. Durch passende Widerstände und Abmessungen der Kammern kann man es erreichen, daß die Aufladung der Quadranten gleich ist, so daß kein Ausschlag erfolgt. Diese Abgleichung blieb 100 Tage erhalten. In dieser Zeit war aber die Aktivität jeder der Proben auf den hundert Millionsten Teil gefallen. Die Abgleichung wurde auch nicht gestört, wenn man die eine Probe in flüssige Luft brachte und die andere stark erwärmte, oder wenn man die eine einem starken Druck aussetzte. Kamerlingh Onnes und Frau Curie[1]) haben 1911 die Strahlung von Ra und Po in dem Kältelaboratorium zu Leiden bis zu den tiefsten Temperaturen untersucht. Ein Einfluß der Temperatur war nicht zu finden. Bronson (1906) und besonders H. W. Schmidt (1908) zeigte, daß die Aktivität von Ra Em und der Umwandlungsprodukte sich nicht ändert, wenn man die Proben, in Quarz eingeschlossen, auf 1500° erhitzt. Die Anordnung war so getroffen, daß eine mechanische Verringerung infolge Verflüchtigung oder Diffusion durch die glühenden Quarzwände vermieden war. Kovarik (1914) hat die Aktivität durch die Reichweite bei verschiedenen Temperaturen für Po gemessen. Ist die Reichweite von der Temperatur unabhängig, so muß sie sich nach dem gleichen Gesetz ändern, wie sich die Luftdichte ändert (siehe **52.**). Es ergab sich nun, daß die Reichweite proportional der absoluten Temperatur zunahm, während die Luftdichte nach dem Gay Lussacschen Gesetz proportional der Temperatur abnimmt. Es hängt also der Energieverlust, den die α-Strahlen erleiden, beim Zusammenstoß mit Luftmolen (der durch die Reichweite gemessen wird) lediglich von der Dichte, d. h. von der Zahl der Mole ab, aber nicht von der Temperatur. Durch die Untersuchung einer Änderung einer Strahlung mit der Temperatur kann man in Zweifelsfällen[2]) entscheiden, ob eine Strahlung radioaktiven Ursprungs ist, oder ob sie von Ultravioletten oder Röntgenstrahlungen herrührt, die ähnliche Wirkungen betr. Phosphoreszenz oder Gasionisation auslösen (siehe **47.**).

Durch intensive Kathodenstrahlen, die auf Radioelemente fielen, hat man auch bisher keine Änderung der Umwandlungsgeschwindigkeit[3]) erreicht (Jorissen 1914). J. J. Thomson (in seinem Buch über positive Strahlen 1913) hält eine solche nicht für ausgeschlossen. Bei gewöhnlichen Elementen wenigstens, die mit Kathodenstrahlen behandelt werden, entsteht etwas Helium (siehe **99.**) und diese Entwicklung ist ein Anzeichen für eine Beschleunigung der bei den chemischen Elementen sonst nicht zu erkennenden radioaktiven Umwandlung.

---

[1]) Communic. Leiden, Nr. 135; 1913.

[2]) So bei den Le Bonschen Versuchen (Entwicklung der Materie 1908) über Phosphorwirkung und Strahlung des Chininsulfates; vgl. **101.**

[3]) Die Bedingungen des chemischen Gleichgewichts sind vollständig verschieden von denen des radioaktiven Gleichgewichts. Bei letzteren häufen sich die Umwandlungsprodukte an, proportional der Lebensdauer der Radioelemente und unabhängig von der vorhandenen Menge (vgl. **56.**).

Die Erweiterung der chemischen Grundlagen durch die Isotopen.

81. Die Entdeckung der chemisch untrennbaren „Elemente", der Isotopen.

Boltwood fand 1907, daß sich vom Thorium weder Radiothor noch Ionium trennen lassen. Für Io ist diese Tatsache von Soddy und besonders von dem Schüler Markwalds, Keetman (siehe **61.** u. **72.**), bestätigt worden. Weder durch Natriumthiosulfat noch durch m-Nitrobenzoesäure trat eine Veränderung in dem Gemisch ein, während auf diesem Wege seltene Erden sicher trennbar sind. Auch durch eine sonst äußerst wirksame Trennungsmethode, durch fraktionierte Kristallisation und Destillation des leicht in Chloroform und Alkohol löslichen Acetylacetonats war nichts zu erreichen (Soddy 1912). Ebensowenig war eine hundertmalige fraktionierte Kristallisation und Fällung von wahrnehmbarem Erfolg (Mc Coy). In gleicher Weise wurde von Keetman und von Auer v. Welsbach die Untrennbarkeit von UX_1 und Th erwiesen. Gleiches wurde für das Gemenge von Ra und MsTh, von RaD und Pb (Szilard 1908, Paneth 1913) gezeigt. Die beiden Uranarten (U_1 und U_2) lassen sich ebenfalls nicht trennen (Boltwood 1908).

Läßt man ein Gemenge von Ra, ThX und ActX mit Bariumnitrat oder -chlorid mehrfach auskristallisieren, so bleibt das Verhältnis der 3 Radioelemente in den Kristallen und in der Mutterlauge stets das gleiche. Es versagt also hier die Trennungsmethode, die ebenfalls bei den seltenen Erden[1]) noch anwendbar ist und die darauf beruht, daß ihre Löslichkeit ein wenig verschieden ist. Wie die seltenen Erden verhalten sich nur solche Gemenge von Elementen, die derselben Gruppe angehören, bei denen aber das Atomgewicht sehr verschieden ist, z. B. Ra (oder $MsTh_1$) gemengt mit Ba oder Act mit La. Ob eine Trennung erfolgt, ist trotz der geringen Menge der Radioelemente viel schneller und leichter festzustellen, als bei den seltenen Erden (Soddy 1911). Der Gehalt an Radioelementen läßt sich durch die empfindlichen Methoden der Änderung der Aktivität mit der Zeit und der Reichweite mit der Entfernung prüfen. Bei den seltenen Erden muß man sich auf das Absorptionsspektrum einer Substanz, das aber leicht in Gemischen verdeckt wird[2]), verlassen oder man muß bei jeder Kristallisation das Äquivalentgewicht ermitteln, das sich nur langsam ändert, wenn eine Substanz an Gehalt zunimmt.

---

[1]) Oder bei den einander nahestehenden Elementen Fe, Ni, Co — und den Platinmetallen.

[2]) Die Lage der Absorptionsbande für X-Strahlen ist viel sicherer (Wagner, siehe **119.**).

Auf Veranlassung von Soddy haben Fleck und v. Hevesy (siehe 75.) umfangreiche Untersuchungen über die Trennbarkeit radioaktiver Gemenge durchgeführt. Sie haben die Frage völlig geklärt. Es lassen sich UX_1 und RaAct nicht vom Th; $MsTh_2$, Act, RaA nicht vom Po; — die B-Elemente nicht vom Pb; — die C-Elemente und RaE nicht vom Bi trennen Von den D-Elementen reagieren ThD und ActD wie Tl.

Noch eingehender ist RaD und seine Beziehung zum Pb untersucht worden. Das Pb in Uranmineralien ist stets aktiv (Elster 1899); die Aktivität läßt sich durch chemische Behandlung vorübergehend beseitigen, indem RaE und RaF, die aus RaD sich bilden, entfernt werden. Es bilden sich diese Substanzen von neuem (St. Meyer 1905/06). Das Verhältnis der Menge des RaD im Blei bleibt stets das gleiche. Durch Fällung, Destillation, Elektrolyse im Schmelzfluß, Diffusion, Dialyse ist es nicht zu ändern. Die Prüfung auf die Menge des vorhandenen RaD ist eine indirekte (aus der Menge RaE, die sich allmählich bildet); das Element besitzt keine eigene Strahlung (Paneth 1913).

Die Mehrzahl der Radioelemente ist danach nicht bloß einander und den Elementen Pb, Bi chemisch ähnlich, sondern sie sind sogar chemisch identisch.[1]) Die nächstliegende Annahme, daß diese Elemente höhere Glieder einer Gruppe sind, wie z. B. Ra in der Ca-, RaEm in der Neongruppe, ist ausgeschlossen. Es handelt sich ja um 40 Elemente, die alle Abkömmlinge des Th oder Ur sind und die trotz ihrer chemischen Ähnlichkeit sich, wie wir schon sahen, durch Lebensdauer, Reichweite (für α-Strahlung), Absorptionskoeffizient (für β- und γ-Strahlung) unterscheiden Ihr Atomgewicht muß nach der Zerfalltheorie zwischen dem des Ur (238) und dem des Pb (207), dem Endelement liegen. Für soviel Elemente bietet aber das periodische System keinen Raum. Man kommt über diese Schwierigkeit nicht anders hinweg, als wenn man, wie zuerst Cameron 1909 betonte, einigen Elementen den gleichen Platz[2]), die gleiche Ordnungszahl im System zuweist. Man gelangt so zu einer Ordnung, bei der die chemisch gleichen Elemente, die aus allen 3 Reihen der Radioelemente stammen, den gleichen Platz einnehmen, obwohl ihre Atomgewichte verschieden sind. Fajans (1913) bezeichnet eine solche Gruppe von Elementen als Plejade (siehe 75.), die einzelnen Elemente selbst werden von Soddy Isotope (gleichplätzige) genannt.

Nach den Feststellungen von Fajans haben nur 5 Radioelemente Anspruch auf einen besonderen Platz (siehe bereits 75.) nämlich RaEm (Gruppe O), Ra (Gruppe IIa), Act (IIIa), UX_2—Protoaktinium oder Brevium (Va homolog Ta), Po (VIb). Zu diesen gehören ebenfalls Isotope Die übrigen Elemente sind isotop den gewöhnlichen chemischen Elementen Ur, Th, Pb, Bi, Tl. Demgemäß lassen sich die 40 Elemente in 10 Gruppen unterbringen (siehe Tabelle S. 168).

---

[1]) So zeigen sie auch die gleichen mikrochemischen Reaktionen, z. B. RaD RaG und Pb (R. W. Gray 1913).

[2]) H. Biltz (Ber. Chem. Ges. 35, 562; 1902) hat als erster mit dem Grundsatz gebrochen, daß jeder Platz im natürlichen System nur von einem Element besetzt werden darf. Er hat die verwandten Triaden-Elemente der VIII. Gruppe als ein Element zusammengefaßt.

Isotopen findet man auch, wie zuerst J. J. Thomson nachwies, nach der empfindlichen Methode der Ablenkung der Goldsteinstrahlen im Magnetfelde[1]) (siehe **15.**) unter 2 nicht radioaktiven Elementen: Neon und Metaneon (Atomgewicht 20 und 22).

Das Metaneon wurde entdeckt[2]), als die leichten Rückstände großer Mengen flüssiger Luft nach dieser Methode untersucht wurden. Die Parabel vom Atomgewicht 22 konnte keinem bekannten Stoffe angehören. Sie stand aber in enger Beziehung zum Neon. Sie erschien stark, sobald die Neonlinien bei der Entladung gut sichtbar waren. War Neon wenig vorhanden, so war die Parabel auch nur schwach zu erkennen. Man könnte annehmen, daß es sich um eine Verbindung von $Ne + H_2$ (analog dem Gas $H_3 = H + H_2$, siehe **99.**) handele. Aber bisher ist es nicht gelungen, Ne mit H auf chemischem Wege zu verbinden.

82. Weitere Versuche über die chemische Gleichheit und die gegenseitige Vertretung der Isotopen.

Künstlich hergestellte Gemische lassen sich durch physikalische Eingriffe, durch fraktionierte Kristallisation[3]), Destillation (z. B. Pb + RaD als Tetraphenylverbindungen), Sublimation oder durch elektrochemische Wirkungen nicht trennen. Die Konstanten der Isotopen sind also die gleichen. Daß keine Trennung erfolgen kann, erkennt man an der Unabhängigkeit des Aktivitätsverhältnisses von äußeren Einflüssen. Werden 2 Plattenpaare aus Cu und Ag (I) sowie aus Cu und Pb (II) in eine Lösung von RaA eingesteckt, 2 entsprechende Paare in eine Lösung des Isotopen Po, so scheiden sich auf den 4 Paaren entsprechend der verschiedenen elektrochemischen Spannung der Metallplatte gegen die gelösten Metallionen verschiedene Mengen der gelösten radioaktiven Ionen ab. Es zeigen daher die 8 Platten verschiedene Aktivität (a). Es wurden folgende Werte für a und für ihr Verhältnis ν gefunden:

I) Cu und Ag in $\begin{cases} \text{RaA}: a = 5{,}75 \text{ und } 1{,}35\ (\nu = 2{,}45) \\ \text{Po}\ \ : a = 39{,}2 \text{ und } 18{,}9\ (\nu = 2{,}08) \end{cases}$

II) Cu und Pb in $\begin{cases} \text{RaA}: a = 7{,}84 \text{ und } 4{,}98\ (\nu = 1{,}57) \\ \text{Po}\ \ : a = 50{,}3 \text{ und } 27{,}3\ (\nu = 1{,}84) \end{cases}$

Die absoluten Werte der Aktivität sind stark verschieden, entsprechend der Konzentration und der verschiedenen Aktivität von RaA und Po. Es wird aber stets mehr von dem Radioelement auf dem unedlen Cu, als auf Ag und Pb abgeschieden. Das Verhältnis der Aktivitäten ist das gleiche, das spricht dafür, daß auch die Lösungstension des RaA und Po gegen die 3 Metalle die gleiche ist. Diese Folgerung hat v. Hevesy in

---

[1]) Positive Strahlen 1913, S. 112; Nature **91**, 333; 1913.

[2]) Leducs Versuche (siehe **103.**) sind aber negativ ausgefallen.

[3]) Eine Bleiart (bestehend aus 1 Tl inaktivem und 3 Teilen RaG mit etwas RaB und RaD) wurde von Richards und Hall (1917) als Nitrat 1000 mal fraktioniert kristallisiert und die Endfraktionen gereinigt. Es stimmten aber 10 g der Endkristalle und die übriggebliebene Mutterlauge auf $^6/_{10000}$ überein. Auch die überaus empfindliche β-Aktivität (vgl. die Versuche von Fajans bei **84.**) unterschied sich nicht um 1%. Eine Trennung ist vielleicht erst nach 100000 Kristallisationen möglich. Die Löslichkeit ist auch vollkommen gleich.

einer Reihe von Arbeiten über das chemische und elektrochemische Gleichgewicht von Radioelementen bestätigt.

Man kann annehmen, daß die Unterschiede im Potential von Elektroden, die aus Isotopen bestehen, kleiner als 10^{-6} Volt sind. Das ist für RaD und für RaG erwiesen. Aus der Emanation des Ra entsteht nach längerer Zeit RaD. Die aus 1 g Ra entwickelte Em bildete so viel RaD, daß sich auf dem Glasgefäß, in dem die Em enthalten war, ein sichtbarer Beschlag bildete (vgl. **62.**). Dieser wurde in Salpetersäure gelöst und durch die Lösung Strom durchgeleitet. Je nach den Bedingungen konnte auf einem Platindraht RaD als Metall oder als Superoxyd abgeschieden werden. Es wurde die Spannung dieser Pt-Drähte gegen die Nitratlösung bestimmt. Durch Zufügung von Pb-Ionen änderte sich die Spannung. Diese Änderung folgte aber der Nernstschen Spannnngsformel gleich als ob RaD-Ionen zugefügt worden wären.

Die EMK. der Kette: PbO_2—$Pb(NO_3)_2$ — Normalelektrode — bleibt innerhalb 0,01 V die gleiche, wenn die Bleilösung durch eine äquivalente RaG-Lösung ersetzt wird. Neuere Versuche mit dem von Hönigschmidt dargestellten RaG ergaben für die Kette: RaG—$^1/_{1000}$n-$RaG(NO_3)_2$ — Normalelektrode gegen die gleiche Kette mit Pb lediglich Unterschiede von $^1/_{100}$ Mikrovolt. Schaltet man Superoxydelektroden der beiden Isotopen gegeneinander, so ist die EMK. kleiner als 10 Mikrovolt. Ebenso bleibt die EMK. von 2 Metallelektroden aus den Isotopen unterhalb dieser Größe. Eine solche EMK. entsteht aber bereits, wenn man Elektroden aus 2 verschiedenen Bleiplatten verwendet. Die EMK. von PbO_2 in RaG-Nitrat ist innerhalb der Meßgenauigkeit ebenfalls die gleiche, wie die von PbO_2 in Pb-Nitrat. Ganz anders verhält sich aber Tl, das sonst dem Blei nahesteht. Bei diesem Metall ist eine solche Ionenvertauschung nicht möglich. RaG ist also mit dem Blei viel mehr verwandt als Tl mit Blei. Das gleiche Verhalten wie RaG zum Pb zeigen die Wismutisotopen RaE und ThC gegen Bi.

Die Ionen der Isotopen können also einander elektrochemisch vertreten. Das konnte Klemensiewicz auch durch Untersuchung des Verteilungsgleichgewichtes für RaB und ThB nachweisen. Er löste 1 g Pb in 5 bis 10 ccm Hg; das Amalgam wurde mit angesäuerter $^1/_{10}$n-Bleinitratlösung geschüttelt. In diese Lösung wurde etwas RaEm eingeleitet. Nach einigen Stunden wurde der Rest der Em durch Kochen entfernt. In der Lösung ist RaB entstanden. Das mit der Lösung geschüttelte Amalgam wurde für sich in Salzsäure aufgelöst. In die Lösung wurde eine Ni-Platte eingesenkt. Auf dieser scheidet sich Pb und RaB ab, das durch die Aktivität gemessen wird, die die Platte erhalten hat. Die RaB haltende ursprüngliche Lösung wurde wieder mit einem Amalgam geschüttelt und wieder die Menge des an das Amalgam abgegebenen RaB durch die Aktivität einer Ni-Platte ermittelt. Derartige Ausschüttelungen wurden 10 vorgenommen. Die Aktivität blieb ungeändert, also war auch das Verhältnis der Pb- zu den RaB-Ionen ungeändert. Das gleiche konnte für das durch ThEm entstandene ThB gezeigt werden.

Dieses konstante Mengenverhältnis der Isotopen zueinander führt zu einer bemerkenswerten Methode, um die Löslichkeit schwer löslicher Salze des Pb, Bi, Th zu bestimmen. Die Übereinstimmung der Ergebnisse mit denen anderer Methoden ist dann wieder ein Beweis für die Grundannahme der Untrennbarkeit der Isotopen. Man fügt z. B. zu Bleichlorid eine (durch Aktivitätsmessungen) bestimmte Menge von RaD-Chlorid und fällt das Gemisch mit Chromsäure oder Schwefelwasserstoff. Die Niederschläge enthalten dann auch RaD in gleichem Verhältnis, wie die ursprüngliche Lösung. Schüttelt man diese Niederschläge mit Wasser, so geht Pb und RaD in Lösung. Aus der Aktivitätsmessung des Wassers ergibt sich dann der RaD- und damit der Pb-Gehalt. Die Methode ist noch empfindlicher, wenn man das schneller zerfallende und damit aktivere ThB verwendet. Die Methode ist empfindlicher als jede unmittelbare analytische Bestimmung der gelösten Menge oder als die Änderung der elektrolytischen Leitfähigkeit des Wassers durch Zusätze.

Durch Beimengung von ThC zu Wismutmetall kann der bisher unbekannte Wismutwasserstoff, der nur in geringer Menge entsteht, sichtbar gemacht werden. Zersetzt man das Metallgemenge durch Säuren, so bildet sich die Verbindung, die durch den Gehalt an der entsprechenden radioaktiven ThC-Verbindung schwach leuchtet. Man erkennt so die Stellen, an denen sich das Gas bei Kühlung mit flüssiger Luft niederschlägt, oder wo das Metall durch Erhitzen des Gases sich als Spiegel, wie As oder Sb absetzt. In ähnlicher Weise läßt sich der aus einer Legierung mit Mg beim Zersetzen durch Säuren entstehende Poloniumwasserstoff (S. 147) erkennen. Diese leuchtenden Verbindungen gleichen in ihrem Verhalten den Emanationen (Paneth 1918).

83. Die Spektra der Isotopen.

Das Th-Io-Gemisch (siehe **81.**) unterscheidet sich von reinem Th äußerlich durch starkes Leuchten im Dunkeln. Wie aber von verschiedenen Forschern festgestellt wurde (Exner, Russell, Haschek), haben beide das gleiche Spektrum. Auch das 33 % Io enthaltende Th, von dem Hönigschmidt 130 g erhalten konnte, gab nur Th-Linien. Das von Hönigschmidt dargestellte reinste RaG mit dem Atomgewicht 206 (siehe **86.**) gab nach Haschek und Th. W. Richards innerhalb des Spektralbereiches von 2400—4500 Ångström keine Unterschiede in der Lage der Spektrallinien gegen die von reinem Pb, die die Fehlergrenze von 0,2 Ångström überschritten. Auch im ultravioletten Bezirk ist kein Unterschied nachweisbar. Ebenso zeigt das ThE (Atomgewicht = 208) das gleiche Spektrum, wie Pb (Merton).

Besonders auffallend ist, daß die Isotopen auch die gleichen Barklastrahlen in dem Röntgenspektrum (**siehe 118.**) zeigen. Harkins und Aronberg (1917) haben indessen geringe Unterschiede gefunden.[1]) Es wurden mit einem großen Beugungsgitter die Spektren von RaG-Blei untereinander photographiert. In 17 Versuchen ergab sich eine mittlere Differenz von 0,0043 ÅE., für die Linie 4058 ÅE.

Jedes Element hat ein Spektrum, das sich gemäß seiner Ordnungszahl systematisch von dem seines Nachbarn im periodischen System unterscheidet (*K*- und *L*-Linien siehe **119.**). Die Unterschiede der Wellenlängen sind sehr erheblich und relativ genau bestimmbar; es läßt sich jedes Element auch in Gemengen sicher erkennen. Rutherford und Andrade (1914) verglichen die auf verschiedene Weise erzeugten Röntgenspektren von RaB

[1]) Bestätigt von Merton (Nature **104**, 93; 1919).

und Pb. Die durch den Zerfall von RaEm, eingeschlossen in einer Glasröhre, entstandenen α-, β- und γ-Strahlen durchsetzten einen Bleiblock, der mit einem schmalen Schlitz versehen war, dann ein starkes Magnetfeld und geeignete Absorptionsschirme. Dadurch wurden die den Röntgenstrahlen entsprechenden γ-Strahlen des RaB isoliert. Diese fielen auf eine 9 cm von der Strahlungsquelle entfernte dünne Steinsalz- oder Schwerspatplatte. An dieser wurden sie reflektiert und (nach Laue-Bragg, siehe **26.**) gebeugt an den Kristallschichten als Beugungsgitter. 9 cm entfernt von den Platten befand sich eine drehbare photographische Platte. Nach 24 Stunden wurde die Platte entwickelt. Man erhielt dann eine Reihe von Linien, deren Wellenlänge aus dem Beugungswinkel berechenbar ist. Die Linien waren die gleichen, wie diejenigen, welche ein Bleiblech ausstrahlte, das durch β-Kathodenstrahlen der RaEm getroffen war. Ersetzte man das Bleiblech durch ein Platinblech, so erhielt man ganz andere Linien, nämlich die Linien des Platins. Swinne fand 1916, daß in dem Beugungsspektrum des RaB außer den Pb-Linien noch, wenn auch schwächer, Linien des Bi und Po, hervorgerufen durch deren Isotopen RaC_1 und RaC', enthalten waren (vgl. **119.**). Es entsprechen dem Pb (RaB) die Linien 0,917; 1,055; 1,315 — dem Bi (RaC_1) 1,141 — dem Po (RaC′) 1,100 und 1,286 (in 10^{-8} cm). Einen ausführlichen Vergleich des X-Strahlspektrums von RaB und RaC (Messungen von Rutherford und Andrade) mit den *L*-Linien von Pb und Bi, gemessen von Frimann, gibt Wagner (1917)

gemessen	793	809	838	853	917	953	983	1006	1029	1055
Pb = RaB	792	—	842	–	—	955	983	1008	1023	—
Bi = RaC	794	810	—	—	923	954	—	—	—	1059
gemessen	1100	1141	1175	1196	1219	1266	1286	1315	1349	1365
Pb = RaB	1091	—	1175	1186	—	—	—	—	1348	—
Bi = RaC	—	1144	1171	—	—	—	—	1317	—	—

Siegbahn (1917) hat, wie Harkins, das Spektrum des reinsten RaG (Atomgewicht 206,05) und Blei untereinander photographiert, aber nicht das sichtbare, sondern das *L*- und *M*-Röntgenspektrum im vollständigen Vakuum. Die Abweichung konnte nicht größer sein als $0{,}0005 \cdot 10^{-8}$ cm, auf etwa $1 \cdot 10^{-8}$ cm.[1])

84. Radioaktive Unterschiede der Isotopen.

Lebensdauer sowie die Energie der Strahlen der Isotopen, gemessen durch Reichweite oder durch Absorption, ist wesentlich verschieden, wie aus der Zusammenstellung in der Tabelle **58.** zu erkennen ist. Diese Unterschiede beruhen auf dem Unterschied der positiven Kerne der Radioatome (siehe **124.**). Die Zahl der Elektronen im Kern ist nach der Zerfallstheorie für die Isotopen verschieden und dadurch ist auch die Kraft, die auf ein aus dem Kern entweichendes Elektron ausgeübt wird, eine andere. Die Elektronen erhalten so verschiedene Geschwindigkeit, die durch die Größe μ, den Absorptionskoeffizient (siehe **58.**) gemessen wird. Der Unterschied von μ ist für die drei Gruppen von γ-Strahlen vorhanden, nämlich für die ganz weichen γ-Strahlen, für die *L*-Strahlen und für die, harten Röntgenstrahlen von 100000 Volt Spannung (*K*-Strahlen) entsprechende, γ-Strahlen. Daß

[1]) Die Absorptionsgrenzwellen (**119.**) stimmen auch auf 0,1% überein (Duane)

es sich im zweiten Fall um *L*-Strahlen (siehe **119.**) handelt, ergibt sich aus ihrer Absorption in Pb, Hg, Ur (Richardson 1915).

Radioelement	RaB	ThB	ActB	RaD	Pb
Strahlung	Werte von μ (siehe **58.**) für Al				
β	70	110	—	130	—
weiche γ	230	160	120	—	—
L	40	32	31	45	47
harte γ (K)	0,51	0,36	0,45	0,99	—

Im vorigen Abschnitt sahen wir, daß die Wellenlängen dieser Strahlen für die Isotopen gleich sind. Ihre Energie ist aber keineswegs die gleiche.

Die Verschiedenheit der Lebensdauern (*T*) innerhalb einer Plejade ist eine regelmäßige (Swinne, Fajans). Die Elemente mit kleinerem Atomgewicht haben, wenn sie α-Strahlen aussenden, auch geringere Lebensdauer; bei den β-Strahlen ist der Verlauf ein anderer. Das gilt für die Ra und die Th-Reihe; für die Act-Reihe nur dann, wenn man das Atomgewicht des Act = 227 annimmt (siehe **79.**). Doch bleiben in dieser Reihe noch wesentliche Ausnahmen.

α-Strahler

ActEm	219	3,9 sec	ActX	223	11,5 Tage!
ThEm	220	54 sec	ThX	224	3,7 Tage
RaEm	222	3,85 Tage	Ra	226	1700 Jahre

RaAct	227	19,5 Tage
RaTh	228	2 Jahre
Io	230	10^{6} Jahre
Th	232	$1{,}5 \cdot 10^{10}$ Jahre

β-Strahler

ActD	207	4,7 min	RaD	210	16 Jahre
ThD	208	3,1 min	ActB	211	36 min!
RaC_2	210	1,4 min	ThB	212	10,6 Stund.
			RaB	214	27 min

α-Strahler	RaF	210	136 Tage!
	$ActC_2$	211	0,005 sec!
	ThC_2	212	10^{-11} sec
	RaC'	214	10^{-6} sec
	ActA	215	0,002 sec
	ThA	215	0,14 sec
	RaA	218	3 min

Eine weitere Ausnahme bildet sonst nur noch RaF. Für die C_1-Elemente, die α- und β-Strahlen aussenden, bestehen die gleichen Regelmäßigkeiten. Nur muß man annehmen, daß diese Elemente, die einen doppelten Zerfall erleiden, auch eine doppelte Lebensdauer besitzen. Man kann voraussetzen, daß die Lebensdauer im Verhältnis der Teilung der Massen bei der Verzweigung (siehe **73.**) dieser Elemente stehen. Diese Teilung beträgt $^3/_{9997}$ für RaC_1; $^{35}/_{65}$ für ThC_1 und $^{9985}/_{15}$ für $ActC_1$.

Darnach ergibt sich folgende Reihe:

Element	A.-G.	T für	
		α-Zerfall	β-Zerfall
RaE	210	5 Tage	—
$ActC_1$	211	22 Stunden	2,15 min
ThC_1	212	1,55 „	2,86 Tage
RaC_1	214	19,5 min	45 Tage

Entsprechend dem Zusammenhange (siehe **92.**) zwischen der Lebensdauer und Reichweite (R) ändert sich in einer Plejade das Atomgewicht auch regelmäßig mit R. Ausgenommen ist, wie vorhin, RaF und $ActC_2$.

Substanz	RaA	ThA	ActA	RaC′	ThC_2	$ActC_2$	RaF
A.-G.	218	216	215	214	212	211	210
R in cm	4,8	5,7	6,27	6,94	8,6	6,4	3,85

Die radioaktiven Unterschiede der Isotopen ermöglichen es, die Fälle festzustellen, in denen ein Gemenge vorliegt. Ein Beispiel dafür gibt Fajans (1918). Es gibt eine große Reihe von Bleiarten verschiedenen Volumgewichts (siehe **86.**). Sie können nur aus dem Pb (206,05 = RaG) und dem Pb (207,2 = gewöhnliches Blei) und vielleicht dem Pb (208,0 = Thorblei) zusammengesetzt sein. (Im folgenden kann letzteres vernachlässigt werden, da es sich um Präparate aus Pechblende handelt.) Der Beweis läßt sich führen durch Vergleich der β-Strahlen-Aktivität dieser einige Jahre alten Bleiarten. Diese rührt von RaD her, das noch von der Herstellung her in der Substanz bleibt. Da die Ausgangserze gleichen Alters waren, so gilt die einfache Beziehung, daß der Gehalt an RaG zu dem vom RaD, weiter zu dem an Uran für alle gleich ist (siehe **62.**) = einer Konstante c. Der RaD-Gehalt ist daher ein Maß für den Gehalt an RaG. Ist dem RaG inaktives Blei (Pb) beigemengt, so ist entsprechend dem Gehalt an Pb der Wert von c kleiner. Der Wert (A) von c ist also ein Maß für die Zusammensetzung und läßt sich vergleichen mit der aus dem Werte der Volumgewichte (V.-G.) nach der Mischungsregel errechneten Zusammensetzung (B). Da diese Werte (B/A) übereinstimmen, so ist bewiesen, daß die verschiedenen Bleiarten ein Gemenge sind.

Untersuchte Bleiarten, Volumengewicht	206,40	206,61	206,73
Im März 1918 gemessene β-Aktivität	104,2	65,0	41,7
Reduziert auf den Zeitpunkt der Herstellung. .	122,7	78,4	67
A: berechnete Konstante c als Maß für RaG/Pb	1	0,639	0,55
B: c berechnet aus dem Volumengewicht . . .	0,63	0,46	0,36
B/A:	0,63	0,72	0,65

85. Chemische und physikalische Unterschiede und Trennungsmöglichkeiten der Isotopen.

Der wesentlichste Unterschied ist der Unterschied in der Masse des Atomkernes. Demgemäß ist auch die innere Energie der Isotopen verschieden und alle Eigenschaften, die von der Atommasse oder der inneren Energie abhängen, müssen voneinander abweichen (Fajans). Der Unterschied der Atommasse läßt sich durch die Ablenkung der Isotopen erkennen, wenn sie als Ionen in den Goldsteinschen Anodenstrahlen ein magnetisches Feld durchsetzen. In der Gestalt, die dieser Methode von J. J. Thomson (siehe **15.** und **28.**) gegeben ist, hat Aston (1913) den Unterschied im Atomgewicht von Neon und Metaneon ermittelt.[1] Eine Trennung dieser Isotopen ist natürlich auf diesem Wege nicht möglich. Sie sollte gelingen, wenn auch nicht vollkommen, durch Diffusion oder Zentrifugalwirkung (Soddy). Durch Diffusion in gelöstem Zustande erscheint eine Trennung von ThB und Pb möglich (Fajans).[2] Nur geringfügig können die Unterschiede sein, die in den Schwingungen der verschieden schweren Atome eintreten. Bisher ist nur in einem Fall ein Unterschied in den Spektren entdeckt (siehe **83.**). Möglicherweise könnten sie sich aber in den Reststrahlen, die ein Maß für die Eigenschwingungen der Atome sind (siehe **15.**) stärker bemerkbar machen. Die spezifische Wärme, durch die die Energie der Atome gemessen wird, läßt einen Unterschied erwarten, der für die Bleiisotopen bei 0° etwa $^3/_4$ % betragen würde. Ein solcher Unterschied liegt aber noch innerhalb der Grenze der Genauigkeit, die für derartige Messungen erreichbar ist (Hevesy). Kleine Unterschiede[3] müßten auch die elastischen Eigenschaften, Dampfspannung, Schmelzpunkt, die nach den Entwicklungen der Quantentheorie (Nernst-Debye) mit der inneren Energie und spezifischen Wärme verknüpft sind, aufweisen (Lindemann). Lambert bestimmte den Schmelzpunkt der Chloride von Pb und RaG. Beide schmelzen in der Nähe von 774°; der Unterschied muß weniger als $^1/_2$° betragen; ist also nicht mehr zu messen. Dagegen sind die Dichten im festen Zustande merklich verschieden; das Atomvolumen bleibt aber dasselbe. Wäre es verschieden, so könnte eine Trennung, wie bei den seltenen Erden durch fraktionierte Kristallisation ausgeführt werden. Soddy und Th. W. Richards haben diese Unterschiede mit verschiedenem Material festgestellt. Soddy erhielt aus 20 kg Thorianit aus Ceylon 80 g ThE. Seine Dichte (d $^{20}/_4$) war 11,376, sein Atomgewicht 207,75 (Hönigschmidt, siehe **86.**). Dagegen gab Blei aus Ceylon vom Atomgewicht 207,15 die Dichte 11,346, während Kahlbaum und Roth 1902 für Blei die Dichte 11,342 und 11,347 nach Kompression durch 10000 Atmosphären fanden. Th. W. Richards (1916) fand die Dichte des reinen Bleies = 11,337 bei 19,94°. RaG (austral. Carnotit) vom Atomgewicht 206,34

---

[1]) Aston hat 1919 seine Versuche wiederholt. Er konnte keine Spaltung des Neons erreichen. Neon wurde nach Entfernung von allem Helium 3000mal fraktioniert. Die mittlere Dichte von 7 Proben, auf der Quarzdrahtwage (siehe **71.**) untersucht, war 20,19, und nicht 22, wie für das Metaneon. Die früheren Versuche sind daher zu verwerfen.

[2]) Lachs (Soc. Sciences Varsovie **9**, 670; 1917) konnte U_I und U_{II} nicht durch fraktionierte Diffusion trennen. Diese Methode ist nach den Versuchen von Stern (bei **99.**) am aussichtsreichsten. F. A. Lindeman und Aston haben (1919) die Ausführungsmöglichkeiten der verschiedenen Trennungsmethoden erörtert. Richards und Hall haben (1917) vergeblich versucht, Isotopen durch fraktionierte Kristallisation zu trennen.

[3]) Die Brechungsexponenten von Lösungen der Nitrate des RaG und Pb stimmen innerhalb $^1/_{20000}$ überein, ebenso besteht kein Unterschied in den Thermokräften. Die Brechungsexponenten der festen Nitrate für die *D*-Linien war 1,7815 und 1,7814. (Richards und Schlumb 1918.)

gab die Dichte 11,289, RaG (norweg. Cleveit) vom Atomgewicht 206,09 gab 11,273. Das Atomvolumen berechnet sich in allen 3 Fällen zu 18,28 (Einzelwerte 18,277; 18,279; 18,281).

86. Atomgewicht der Isotopen.

Daß das Atomgewicht von Isotopen, wie es zuerst Soddy ausgesprochen hat, verschieden[1]) ist, läßt sich für Io, RaG und ThE prüfen. Im Jahre 1914 haben eine Reihe von Forschern, die auf dem Gebiete der Atomgewichtsforschung besonders bewandert sind (Th. W. Richards, Hönigschmidt, dann M. Curie, Soddy), größere Mengen dieser Radioelemente dargestellt und ihr Atomgewicht bestimmt im Vergleich zu dem von Pb, Ra, Ur und Th (vgl. Tabelle **136.** Nr. 12). Untersucht wurden vor allem Chloride und Bromide, in denen der Cl- und Br-Gehalt als AgCl oder AgBr und im Verhältnis zum Ag (= 107,870) nach den Erfahrungen des von Richards geleiteten Harvard-Laboratoriums (siehe **13.**) ermittelt wurde. Besonders genau ist das Atomgewicht von Blei, und zwar für die verschiedensten Bleisorten von neuem bestimmt worden. Baxter und Thorvaldsen fanden in 12 Versuchen mit $PbBr_2$ den Wert 207,17, Baxter und Grover in 31 Versuchen mit $PbBr_2$ nach anderer Analysenmethode 207,17, — mit $PbCl_2$ in 17 Versuchen 207,20. Th. W. Richards und Lambert fanden ebenfalls mit $PbCl_2$ 207,14 $\pm$ 0,01; Hönigschmidt bestimmte das Atomgewicht zu 207,16. Hönigschmidt und Frl. Horovitz untersuchten auch das Ur und Th. Uranbromid wurde im Quarzröhrchen erst im Bromdampf, dann im Stickstoffstrom gereinigt und, ohne mit der Luft in Berührung zu kommen, gewogen, sodann gelöst und mit dem Nephelometer der Endpunkt der Cl- oder Br-fällung bestimmt. Uran aus Pechblende gab in 14 Versuchen aus dem Verhältnis UBr_4:AgBr den Wert 238,16; in 9 Versuchen (UBr$_4$:Ag) 238,15. Das Atomgewicht für ein Uran aus dem Uranerz von Morogoro, Ostafrika, also für ein Uran aus ganz anderer geologischer Epoche, betrug 238,14 $\pm$ 0,02. Th wurde nach 2 unabhängigen Methoden aus Monazit rein dargestellt, einmal durch Fällung als Jodat in salpetersaurer Lösung, das andere Mal in Verbindung mit Ammonoxalat. Aus dem reinen Oxyd wurde das Bromid dargestellt und ebenso wie beim Ur behandelt. Eine Untersuchungsreihe ergab (12 Analysen) 232,13; eine zweite genauere (15 Analysen) 232,10. Für Ra beträgt das Atomgewicht 225,95 (siehe **79.**).

Aus den Werten für Th, Ur und Ra läßt sich das Atomgewicht der Radioelemente gemäß **79.** berechnen, und zwar für RaG sowohl aus Uran wie aus Ra. RaG = 238,15 — 8 α — 0,08 = 206,05 und = 225,95 — 5 α — 0,05 = 205,89. Das Thoriumblei, ThE, berechnet sich zu 232,10 — 6 α — 0,06 = 208,04. Das Endprodukt der Act-Reihe, das ActD, ist bisher noch nicht für sich dargestellt worden. Es ist anzunehmen, daß es gemäß dem Verzweigungsverhältnis (siehe **74.**) zu 3 % im RaG enthalten ist.

Während die chemischen Elemente U, Th und Pb ein Atomgewicht

---

[1]) Das Atomgewicht ist wie bei allen übrigen Elementen eine Konstante (siehe **95.**). Ein Gemenge von Isotopen gibt ein anderes Atomgewicht als die Komponenten. In diesem Falle spricht man besser vom Verbindungsgewicht (V.-G.), — vgl. Paneth, ZS. phys. Chem. **92**, 677; 1918.

haben, das von der Beschaffenheit des Ursprungerzes unabhängig[1]) ist, ist das Atomgewicht von Radioblei keine Konstante, wie die folgende Zusammenstellung zeigt. Für RaG enthaltende Bleiarten ist das Atomgewicht oder besser Volumengewicht um so kleiner, aus je aktiveren und aus je reineren Uranerzen das Bleiisotop dargestellt ist.

Übersicht über das **Volumgewicht der Bleiisotopen.** Ag = 107.870.

Beobachter: Th. W. Richards und Lambert (R) — Maurice Curie (C) — Baxter (B) — Hönigschmidt und Horovitz (H) — Soddy und Hyman (S) — Th. W. Richards und Wadsworth (RW), beobachtet 1914—18.

Bleiart enthält	Darstellung		V.-G.
RaG	rein, berechnet aus dem Atomgewicht von Ra	(H)	205,89
	rein, berechnet aus dem Atomgewicht von Ur	(H)	206,05
	aus reinster ostafrikanischer Pechblende . .	(H)	206,03
	aus Bröggerit (Moss, Norwegen).	(H)	206,04
	aus Cleveit (Norwegen).	(RW)	206,085
	aus Bröggerit (Norwegen)	(RW)	206,12
	aus Carnotit (Australien)	(RW)	206,34
RaG + Pb	aus reinsten Kristallen Joachimstaler Pechblende	(H)	206,38
	aus Pechblende von Nordcarolina	(R)	206,40±0,05
	aus Pechblende (Joachimstal), Th-frei . . .	(R)	206,57±0,02
	aus Carnotit (Colorado)	(R)	206,59±0,01
	,, ,, ,, ...	(C)	206,51
	aus Yttrotantalit	(C)	206,69
	aus gewöhnlicher Pechblende	(H)	206,72
	aus Pechblende Ceylon	(C)	206,79
	aus ,, ,, ...	(R)	206,82±0,01
	aus Carnotit (Colorado)	(RW)	207,00
Pb rein	207,14 (R) — 207,18 (B) — 207,16 (H): Mittel =		207,16
Pb + ThE	aus Monazit.	(C)	207,23
	aus Thorianit, berechnet aus der Dichte . .	(S)	207,72
	,, ,, durch Analyse	(H)	207,77
ThE	,, ,, durch vergleichende Titration .	(S)	(208,3)
	aus Thorit	(H)	207,90
	rein, berechnet aus dem Atomgewicht von Th	(H)	208,04

Zu der Tabelle ist zu bemerken, daß die Werte von Curie um 0,15 erhöht sind, da das Atomgewicht von Pb zu 207,01 gefunden wurde, statt 207,16. Soddy bestimmte das Atomgewicht des Thoriumbleies, das von ihm und Frl. Hyman aus Thorianit[2]) gewonnen war, relativ zum Blei. Er stellte das Chlorid her und titierte es mit $AgNO_3$; das gleiche geschah mit Bleichlorid. Es erforderte: 1 g $PbCl_2$ a) 191,64 und b) 192,36 ccm $AgNO_3$-Lösung, — 1 g Thoriumbleichlorid a) 190,70 und b) 191,57 ccm, also a) 0,94, b) 0,89 ccm weniger. Setzt man Pb = 207,1, so folgt ThE = 208,4. Dieser Wert ist zu hoch. Aus der oben (siehe **85.**) angeführten Dichte und dem Atomvolumen des Bleies folgt das Atomgewicht zu 207,72. Hönigschmidt hat

[1]) Auch das irdische Eisen und Nickel hat das gleiche Atomgewicht wie die aus Meteoreisen isolierten Stoffe.

[2]) Zusammensetzung: 61,95 % ThO_2 — 11,91 % SiO_2 — 5,18 % Fe_2O_3 — 4,99 % Ce_2O_3 — 3,92 % ZrO_2 — 0,66 % P_2O_5 — 0,80 % Al_2O_3 — **0,85** % U_3O_8 — 0,40 % CaO — **0,39** % PbO — 7,06 % H_2O. Über den Heliumgehalt siehe **63.**

das Atomgewicht (oder besser V.-G. = Volumengewicht) des von Soddy dargestellten Bleies auch direkt bestimmt und fand 207,77. Aus dem Th, U-, Pb-Gehalt (siehe **62.**), sowie aus den Lebensdauern von Th und U berechnet Soddy für diese Bleiart die Zusammensetzung zu 95,5 % ThE und 4,5 % RaG und daraus das Volumengewicht zu 207,74[1]), wenn das Atomgewicht von RaG = 206,0, von ThE = 208,0 gesetzt wird.

Hönigschmidt (1918) hat das Atomgewicht eines Thoriumbleies ermittelt, das von Fajans (1918) aus norweg. Thorit (30 % Th; 0,45 % U, 0,35 % Pb, einem Mineral, von dem anzunehmen ist, daß es auf primärer Lagerstätte gefunden ist) dargestellt ist. Es ergab sich zu 207,90. Bei Berücksichtigung des RaG-Gehaltes sollte man 207,97—208,00[2]) erhalten. Von Hönigschmidt ist auch das Atomgewicht des Ioniums, gemischt mit Th, untersucht worden. Es wurde das **83.** erwähnte Gemisch nach denselben 2 Methoden, wie Th von anderen Erden befreit und analysiert. Das Oxyd ist weiß, wie Th, hat dasselbe Spektrum, leuchtet aber im Dunkeln. Das Atomgewicht war 231,49 gegen 232,10 des Th.

87. Löslichkeit und Dichte der Lösungen von Isotopen.

Die molekulare Löslichkeit der Isotopen ist gleich (vgl. Richards Versuche bei **82.**), denn sonst müßte, wie bei den seltenen Erden, eine Trennung durch fraktionierte Kristallisation möglich sein. Die gesättigten Lösungen enthalten also im gleichen Volumen die gleiche Anzahl Mole. Da aber das Gewicht der Mole verschieden ist, muß die Dichte der Lösungen verschieden sein. Fajans, Fischler und Lambert haben die Dichte gesättigter Lösungen der Nitrate von Pb und RaG, dessen Atomgewicht von Lambert im Richardsschen Laboratorium bestimmt worden war, untersucht. Sie fanden bei 24,45° (die Temperatur war auf 0,007° konstant) die Dichte für

a) Pb	(8 Bestimmungen)	= 1,444499 ± 0,000013	(A.-G. = 207,15)
b) RaG	(7 Bestimmungen)	= 1,443587 ± 0,000016	(A.-G. = 206,59)
c) RaG	(11 Bestimmungen)	= 1,443586 ± 0,000015	(A.-G. = 206,57)

Die Lösungen wurden dann analysiert. Es ergab sich, daß die Lösung a) 22,7515—12—20—30—26 (Mittel 22,7520), — Lösung b) 22,7389, 88, 84 (Mittel 22,7386) g Metall in 100 g Lösung enthielt. Daraus ergibt sich die molekulare Löslichkeit (Anzahl Mole in 100 ccm) zu 0,1587 und 0,1589. Aus dem Gehalt von 0,1588 berechnet sich ein Gewichtsunterschied auf

---

[1]) Hönigschmidt (ZS. Elchem. **23**, 165; 1917) berechnet die Zusammensetzung des Bleies auf Grund der Lebensdauer von Th und U zu 94,5 % Th-Blei und 5,5 % RaG. Das ergibt 207,87 als Volumengewicht. Da aber der Thorit, aus dem das Blei dargestellt wurde, sekundären Ursprungs ist, so kann man die Zusammensetzung nicht unzweideutig angeben. Es ist nicht ausgeschlossen, daß bei der Umlagerung des Gesteins (ursprünglich Uraninit) von primärer zu sekundärer Lagerstätte, gerade etwas U und daher RaG verschwunden ist (vgl. **62.**). Es sind daher Abweichungen zwischen beobachtetem und berechnetem Volumengewicht möglich. Solche Fälle gibt Hönigschmidt (1918) an. Th-Blei aus einem Thorianit mit 18 % U gab beob. 206,84; ber. 207,48 — ein Mineral mit 12 % U, 12 % Th und 2,34 Pb ergab 207,21, eins mit 3,11 % Pb dagegen einen niedrigeren Wert 206,91.

[2]) Fajans (1918) weist darauf hin, daß diese kleine Abweichung auf Instabilität des ThE hindeutet. Sie würde sich erklären, wenn die Halbwertzeit $1{,}7 \cdot 10^8$ Jahre betrüge.

100 ccm zu 0,1588 (207,15 — 206,59) = 89 mg, — aus der Dichte dagegen = 144,4499 — 144,3587 g = 91 mg. Umgekehrt kann man aus dem Dichtenunterschied das Atomgewicht x berechnen nach der Gleichung 0,159 (207,15 — x) = 0,091 g. Daraus x = 207,15 — 0,57 = 206,58.

Richards und Schlumb fanden 1918 für die Löslichkeit von RaG (a) (Atomgewicht 206,41) und von Pb (b) bei 25,02° folgende Werte: In 100 g Lösung sind a) 37,342, b) 37,280 g Salz enthalten. Daraus berechnet sich die Löslichkeit in 1000 g Wasser zu a) 1,7993 und zu b) 1,7991 Mole.

88. Die Verschiebungsregeln von Soddy-Fajans und die Gruppen des periodischen Systems.

Schon die ersten Feststellungen über die Umwandlung der Radioelemente deuteten auf Regelmäßigkeiten hin. Es mußte eine einfache Gruppenverschiebung eingetreten sein. So ging z. B. das 2-wertige Ra in die 0-wertige Emanation, oder das 4 wertige Ionium in das 2 wertige Ra über. Aber erst nachdem in mühseliger Kleinarbeit der Zusammenhang der Umwandlungsreihen vollständig erforscht war, traten die regelmäßigen Beziehungen scharf hervor. Sie wurden Anfang 1913 fast gleichzeitig von 4 Forschern (Soddy[1]), Fajans[2]), v. Hevesy, Russell) aufgefunden. Bezüglich der α-Umwandlung bestand Einverständnis. Die Regeln über die β-Umwandlung widersprachen sich; es bedurfte erst weiterer Untersuchungen, ehe die Regel, die Soddy und Fajans abgeleitet hatten, vollständig bestätigt wurde.

Die Regeln lauten: 1. Bei jeder Umwandlung findet eine Verschiebung in derselben Horizontalen des periodischen Systems statt. 2. Bei jeder mit α-Strahlung verbundenen Umwandlung nimmt die Ordnungszahl (siehe **17.** und **19.**) um 2 Einheiten ab, während das Atomgewicht durch Verlust eines α-Teilchens um 4 abnimmt. Das umgewandelte Atom, das Restatom, gehört einer um 2 verminderten Gruppe des Systems an. 3. Bei jeder mit β- oder γ-Strahlung verbundenen Umwandlung steigt die Ordnungszahl um eine Einheit, während das Gewicht des Atoms durch Verlust des β-Elektrons ungeändert bleibt. Das neue Element gehört einer um 1 erhöhten Gruppe des Systems an. Die β-Umwandlung verläuft daher ganz anders als die α-Umwandlung. An der Hand dieses Leitfadens war es erst Fleck und Hevesy möglich, die Wertigkeit und Gruppenzugehörigkeit der Radioelemente (siehe **75.**) zu prüfen. Diese Prüfung bestätigte ausnahmslos die Verschiebungsregeln, so z. B. für die Umwandlung der A → B → C-Elemente. Die Verschiebung durch β-Strahlung zeigte stets eine Erhöhung der Ordnungszahl, während Russell noch eine Erniedrigung für möglich gehalten hatte. Die Voraussetzung für diese Regeln ist die, daß die Umwandlung stets eine eindeutige ist. Das ist auch der Fall. Jede Umwandlung ist entweder von α- oder von β-Strahlung begleitet. Nur bei den Verzweigungsstellen der C-Elemente treten gleichzeitig α- und β-Strahlen auf. Doch bilden sich hier gleichzeitig 2 Elemente.

---

[1]) 28. Febr. 1913 in der Nature.

[2]) Am 7. Jan. 1913 Vortrag in der Chemischen Gesellschaft Karlsruhe; die Arbeit, Phys. ZS. **14**, 138, ist am 31. Dezember 1912 eingegangen.

Wie Soddy betonte, entscheiden diese Regeln auch über die Zahl und Art der Gruppen, in welche das periodische System zu teilen ist. Die Gruppe 0, die der inaktiven Gase, und die Gruppe VIII, die der Fe- und Pt-Metalle sind als Übergangsgruppen zwischen Gruppe I und VII aufzu fassen. Gleichzeitig ergibt sich, daß der Übergang, nur dann ein regelmäßiger ist, wenn man diese Gruppen, wie auch alle übrigen in 2 Untergruppen a und b zerlegt. Das System besteht also aus $2 \times 8 = 16$ Untergruppen. So gehören z. B. die Alkalimetalle zu Ia, die einwertigen Schwermetalle Cu, Ag, Au zu Ib. Der Übergang von den Elementen des größten Gegensatzes, den Halogenen (Cl, VIIb) zu den Alkalimetallen (Ia) wird durch die inaktiven Gase (0 oder VIIIa) vermittelt, z. B. Cl → Ar → K. Den Übergang der einander nahestehenden Metalle der Gruppen VIIa und Ib bilden die beiden verwandten Metalle der Gruppe VIIIb (siehe **121.**). So ist z. B. der Übergang Mn → Fe → Cu (VIIa → VIIIb → Ib). Der Übergang ist ein stetiger. Das tritt sofort hervor, wenn man das System, wie es vielfach schon geschehen ist, räumlich darstellt, z. B. als Spirale (siehe **121.**).

89. Die Bestätigung der Verschiebungsregeln.

Das System der Radioelemente, wie es sich gemäß der Verschiebungsregeln gestaltet, ist in der beifolgenden Tabelle, S. 169, die nach den Angaben von Fajans aufgestellt ist, enthalten. Durch die Regeln ist das System abgeschlossen, da es von dem Ursprung der Reihen, vom Ur und Th bis zu den Endprodukten, den Bleiisotopen ohne Lücke reicht. Änderungen von Belang sind nicht mehr nötig geworden. Die früher vorhandenen Unklarheiten über den Gang der Umwandlung sind restlos beseitigt. Die nach den Regeln vorausgesagten Lücken sind durch Auffindung der Zwischenelemente ausgefüllt worden.

Als Wichtigstes ergibt sich, daß die Umwandlungen in den 3 Reihen der Radioelemente, abgeleitet von Ur, Th und Act gleich sind. Das hatte schon v. Lerch (1906) betont. Es deuten darauf die 3 Emanationen, die 3 induzierten Aktivitäten, die aus 3 Elementen, A, B und C bestehen. Die Analogie für die B- und C-Elemente bewies 1912 v. Hevesy durch Messung des elektrochemischen Potentials in neutraler Lösung. Bei geringer Spannung scheiden sich stets die edleren C-Elemente ab. Steigt dann die Spannung, so entstehen Mischungen. Bei —0,6 Volt stehen in allen 3 Reihen die B- und C-Elemente im Gleichgewicht.

Wie man aus der Tabelle sieht, sind die Reihen vom Io, RaTh und RaAct ab ganz gleich, sowohl bezüglich der Ordnungszahl N, wie der Art der Umwandlung, wie auch in der Gruppenzugehörigkeit der Elemente. Abweichungen traten nur ganz zum Schluß auf. Aber hier sind die Umwandlungen wegen der Langlebigkeit der Endprodukte noch nicht sicher bekannt. Ebenso für den Anfang, so sind besonders bezüglich des Überganges vom Act zum Ur (siehe **74.**) die Untersuchungen noch nicht abgeschlossen.

Von den durch die Regeln erforderlich gewordenen Untersuchungen möge zunächst die über die Eigenschaften des RaA erwähnt werden. RaA hat nur eine kurze Lebensdauer (3 Min.). Seine Gruppenzugehörigkeit war deswegen nicht leicht zu ermitteln. Es konnte nur zum Hg (II), Bi (V),

Zu **81.** Übersicht über die zu derselben Gruppe **(Plejade)** gehörenden radioaktiven Elemente und ihre Atomgewichte (A.-G.).

A.-G.	Gruppe 0 = VIII	Gruppe IIa	Gruppe IIb	Gruppe IIIa	Gruppe IIIb	Gruppe IVa	Gruppe IVb	Gruppe Va	Gruppe Vb	Gruppe VIa	Gruppe VIb	A.-G.
200	—	—	**Hg**	—	—	—	—	**Ta**	—	—	—	200
204	—	—	—	—	**Tl**	—	—	—	—	—	—	204
206	—	—	—	—	—	—	RaG	—	—	—	—	206
207	—	—	—	—	ActD	—	**Pb**, $ActD_2$	—	—	—	—	207
208	—	—	—	—	ThD	—	ThE	—	**Bi**	—	—	208
210	—	—	—	—	RaC_2	—	RaD	—	RaE	—	**RaF** (Po)	210
(211)	—	—	—	—	—	—	ActB	—	$ActC_1$	—	$ActC_2$	(211)
212	—	—	—	—	—	—	ThB	—	ThC_1	—	ThC_2	212
214	—	—	—	—	—	—	RaB	—	RaC_1,	—	RaC′	214
(215)	—	—	—	—	—	—	—	—	—	—	ActA	(215)
216	—	—	—	—	—	—	—	—	—	—	ThA	216
218	—	—	—	—	—	—	—	—	—	—	RaA	218
	Die Emanationen											
(219)	Act Em	—	—	—	—	—	—	—	—	—	—	(219)
220	Th Em	—	—	—	—	—	—	—	—	—	—	220
222	**Ra Em**	—	—	—	—	—	—	—	—	—	—	222
(223)	—	ActX	—	—	—	—	—	—	—	—	—	(223)
224	—	ThX	—	—	—	—	—	—	—	—	—	224
226	—	**Ra**	—	—	—	—	—	—	—	—	—	226
(227)	—	—	—	**Act**	—	RaAct	—	—	—	—	—	(227)
228	—	$MsTh_1$	—	$MsTh_2$	—	RaTh	—	—	—	—	—	228
230	—	—	—	—	—	Io, UY	—	UZ?	—	—	—	230
232	—	—	—	—	—	**Th**	—	—	—	—	—	232
234	—	—	—	—	—	UX_1	—	UX_2	—	U_2	—	234
238	—	—	—	—	—	—	—	(= Bv)	—	**U_1**	—	238

Bemerkung: Das Atomgewicht des Actiniums ist auf 227 angenommen (vgl. Hahn und Meitner: Phys. ZS. 20, 532; 1919); die langlebigsten Elemente einer Plejade sind fett gedruckt. Die Elemente einer Plejade sind chemisch nicht zu trennen.

Zu 89. Übersicht über die **Verschiebungsregeln.**

Die bei den radioaktiven Umwandlungen eintretenden Veränderungen in den Ordnungszahlen (*N*, siehe **121.**) und in den Gruppen des periodischen Systems (Fajans, Ph. ZS. **16**, 458; 1915.

Element	*N*	strahlt beim Übergang	gehört zur Gruppe	Element	*N*	strahlt beim Übergang	gehört zur Gruppe	Element	*N*	strahlt beim Übergang	gehört zur Gruppe
Uran-Radium-Reihe				Thorium-Reihe (Th)				Actinium-Reihe (Act)[6]			
U_1	92	α	VIa	Th	90	α	IVa	U_2[7])	92	α	VIa
UX_1	90	β	IVa	$MesoTh_1$	88	β	IIa	UY	90	β	IVa
UX_2[1])	91	β	Va	$MesoTh_2$	89	β	IIIa	Pa (Protact)	91	α	Va
U_2	92	α?	VIa	RaTh	90	α	IVa	Act	89	β	IIIa
UY[7])	90	α	IVa	ThX	88	α	IIa	RaAct	90	α	IVa
Ionium	90	α	IVa	ThEm	86	α	0	ActX	88	α	IIa
Ra	88	α	IIa	ThA	84	α	VIb	ActEm	86	α	0
RaEm	86	α	0	ThB	82	β	IVb	ActA	84	α	VIb
RaA	84	α	VIb	ThC_1	83	β, α	Vb	ActB	82	β	IVb
RaB	82	β	IVb	ThD	81		IIIb	$ActC_1$	83	β, α	Vb
RaC_1	83	β, α	Vb	ThC_2	84	α	(VIb)	ActD	81		IIIb
RaC_2	(81)		(IIIb)	ThE[4])	82	β?	IVb	$ActC_2$	84	α	(VIb)
RaC′	(84)	α	(VIb)	Bi?	83		IIIb	$ActD_2$[5])	82		(IVb)
RaD	82	β	IVb								
RaE	83	β	Vb								
RaF[2])	84	α	VIb								
RaG[3])	82		IVb								

[1]) = Brevium, [2]) = Polonium, [3]) = Radiumblei, [4]) = Thoriumblei, [5]) = Actiniumblei, [6]) in der Actinium-Reihe können für *N* wahrscheinliche Werte angegeben werden. [7]) Der Übergang von der Uranreihe durch UY zum Actinium ist nunmehr (S. 145) erwiesen. Hat Act das Atomgewicht 230 (Schmidt 1917), so kann es von einem dem U_1 isotopen Uran abstammen (Piccard, Wolfke, **74.**).

Bemerkung: Das tiefer stehende Element ist der Abkömmling des darüber stehenden. Die Regelmäßigkeit des Überganges wird nur durch die Verzweigungen der C-Produkte gestört. Beim ThC sind **4** Verzweigungsprodukte vorhanden. Ein weiteres Verzweigungsprodukt ist das UY.

Te (VI) gehören. Durch entsprechende Fällungen war das zu prüfen. RaA ließ sich in phosphorsaurer Lösung von Hg trennen nach Zusatz von Bi, von Bi nach Zusatz von Te; aber eine Trennung von Te war nicht mehr auszuführen. Es gehört also zu VI. Es mußte dann gemäß den Regeln aus einem Element der Gruppe VIII oder 0 entstehen. Das ist auch der Fall, es ist das Umwandlungsprodukt der RaEm.

ThD wurde lange als das Analogen zu RaD angesehen. Fleck zeigte, daß es dem RaC_2 entspricht. Fleck und Beer bestätigten auch die Annahme von Fajans über die Umwandlung für RaE, RaAct und ActD. Nach der Annahme von Russell wurde ActD von ActB abgeleitet. v. Hevesy zeigte, daß ActD und RaE 3wertig sind. RaE ist dem Bi isotop, da Zusatz von Bi-Ionen die Spannung einer RaE-Elektrode ebenso beeinflußt, wie es RaE-Ionen tun würden; ebenso ergab sich ActD dem Tl isotop. Beer bestätigte diese Eigenschaften und zeigte, daß sich ActD von $ActC_1$ ableitet.

Wenn die β-Regel richtig war, mußten im Anfang der Reihen 2 Elemente übersehen worden sein, und zwar zwischen MsTh (II) und RaTh (IV), und zwischen UX (IV) und U_2 (VI). In beiden Fällen war die Umwandlung von β-Strahlung begleitet. Es fehlte im ersten Falle ein Element der Gruppe III. Das ist das $MsTh_2$. Wir haben dann folgende Umwandlung

$$\underset{88}{MsTh_1}\,(II) \xrightarrow[\beta]{} \underset{89}{MsTh_2}\,(III) \xrightarrow[\beta]{} \underset{90}{RaTh}\,(IV)\,.$$

Das Uran besteht, wie Boltwood 1907 feststellte, aus 2 voneinander nicht trennbaren Elementen, U_1 und U_2 (VI). Zwischen beiden steht ein Element,

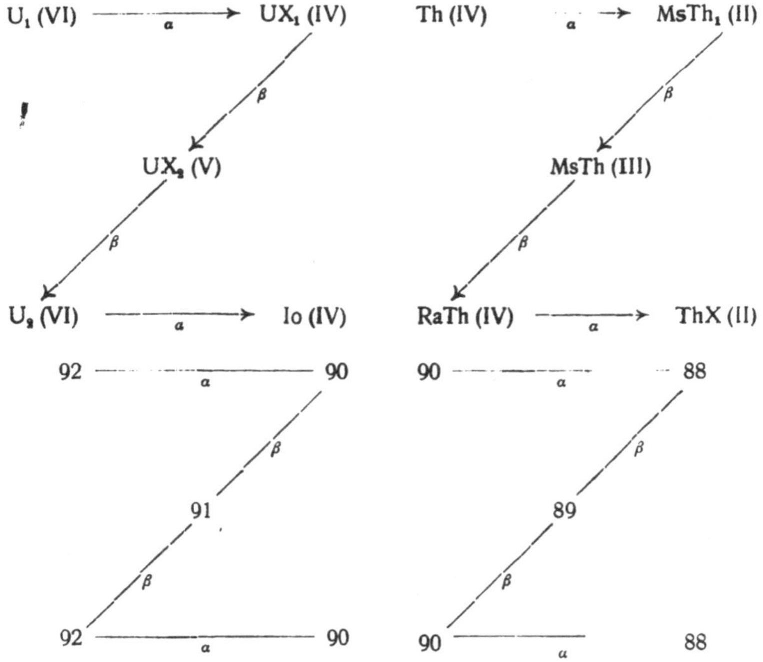

das bereits 1900 entdeckte UX. Dieses gehört zu IV. Die Umwandlung UX $\longrightarrow$ U_2 ist von β-Strahlung begleitet. Es war hier ein Element einzuschalten UX_2 und die Umwandlung mußte lauten

$$\underset{90}{UX_1}\,(IV) \xrightarrow[\beta]{} \underset{91}{UX_2}\,(V) \xrightarrow[\beta]{} \underset{92}{U_2}\,(VI)\,.$$

UX_2 wurde von Fajans und Göhring aufgefunden, und als besonderes Element (Brevium) von sehr kurzer Lebensdauer erkannt, das zur Tantalgruppe gehört (siehe **75.**). Es ist das langgesuchte, von Mendeléef bereits vorausgesagte Ekatantal. Der Befund von Fajans wurde von Hahn und Frl. Meitner, sowie von Fleck bestätigt. Durch die Auffindung dieser Elemente $MsTh_2$ und Brevium werden die Anfangsumwandlungen von Th und Ur einander gleich; es wird dadurch auch die Sonderbarkeit, daß 2 Isotope (U_1 und U_2 sowie Th und RaTh) dicht aufeinander folgen, verständlich; diese Folge wiederholt sich überdies (UX_1 und Io, sowie $MsTh_1$ und ThX).

Hervorzuheben ist auch die Entwirrung der Umwandlungen an den Verzweigungsstellen, vor allem durch Sicherstellung der außerordentlich kurzlebigen Elemente RaC′, ThC_2 und $ActC_2$. Diese müssen zu VI gehören. Sie entstehen aus C_1-Elementen (V) durch β-Umwandlung. Ihre Tochterelemente sind die viel untersuchten Bleiisotope RaD, ThE und $ActD_2$. Es ergab sich, daß diese Elemente aber auch über die Elemente RaC_2, ThD und ActD[1]) durch α-Umwandlung entstehen. Beide Umwandlungen stehen in vollem Einklang mit den Regeln. Wir haben z. B.

$$RaC_1\,(V) \xrightarrow[\beta]{} RaC'\,(VI) \xrightarrow[\alpha]{} RaD\,(IV)$$

oder

$$RaC_1\,(V) \xrightarrow[\alpha]{} RaC_2\,(III) \xrightarrow[\beta]{} RaD\,(IV),$$

für die Ordnungszahlen $83 \xrightarrow[\beta]{} 84 \xrightarrow[\alpha]{} 82$ oder $83 \xrightarrow[\alpha]{} 81 \xrightarrow[\beta]{} 82$.

90. Der Begriff des chemischen Elementes und die Radiochemie.

Die radioaktive Forschung hat 2 neue Erfahrungen gebracht. 1. Es gibt chemische Elemente, die sich selbst verändern. Einige ihrer Atome zerfallen und bilden beim Zerfall neue chemische Elemente. 2. Es gibt chemische Elemente (Isotopen), die gleiche chemische Eigenschaften haben und die, wenn sie gemischt sind, nicht mehr voneinander zu trennen sind. Ihre physikalischen Eigenschaften sind verschieden, so vor allem die Atommasse. Außerdem zerfallen die Atome der Isotopen in verschiedener Weise.

Die erste Tatsache, die Veränderlichkeit und Teilbarkeit der Atome, ist mit dem bisherigen Begriff des chemischen Elementes noch vereinbar. Dieser ist, wie er sich seit Boyle (siehe **6.**) entwickelt hat, rein empirisch. Wie stets (z. B. von Wislicenus 1877) betont, ist er davon unabhängig, ob es gelingt, die Elemente zu verwandeln. Die Frage, ob die Elemente veränderlich und teilbar sind, ist nach den zahllosen Fehlschlägen der Alchemie als Hemmschuh der empirischen Forschung beiseite geschoben

---

[1]) Die Bezeichnung dieser Elemente entspricht nicht mehr diesen Tatsachen. Es ist daher schon mehrfach eine neue Bezeichnung vorgeschlagen (siehe **71.**).

worden. Man erkannte, wie es sich auch als richtig erwies, daß die Elemente sich durch menschliche Einwirkung nicht verändern lassen.

Wenn wir uns überlegen, was der Begriff eines chemischen Elementes, z. B. des Kupfers, wesentlich bedeutet, so erkennen wir, daß Kupfer einen Stoff vorstellt mit bestimmten, zusammen nur ihm zukommenden physikalischen und chemischen Eigenschaften. Er ist rot, besitzt bestimmte Konstanten für Wärme- und Elektrizitätsleitung, für Härte und Dichte, reagiert mit Salpetersäure, Chlor, Schwefelsäure, bildet Salze von blauer Farbe, färbt Flammen und hat ein besonderes Spektrum. Der Begriff Cu faßt alle diese Eigenschaften kurz zusammen. Eine Substanz, die diese Eigenschaften zeigt, ist Kupfer. Die physikalischen Eigenschaften kennzeichnen nicht ein Element. Es gibt eine große Reihe von chemischen Stoffen, die zum Teil oder völlig die gleichen chemischen Eigenschaften aufweisen, die aber physikalisch sich nicht im geringsten gleichen, das sind die allotropen Modifikationen der Elemente. Solche Allotropie zeigt z. B. der Kohlenstoff (Diamant, Graphit; amorphe Kohle) oder das Selen, dessen eine Form die Elektrizität gut, dessen andere Form nicht leitet (siehe **94.**).

Man beschränkte bisher den Elementbegriff (Gibbs) auf chemische Eigenschaften. Nur das chemische Verhalten entschied darüber, ob ein Stoff ein Element ist. Mit Boyle sagte man: Ein Element ist der letzte, isolierbare, durch chemisch-analytische Maßnahmen nicht weiter zerlegbare oder teilbare Bestandteil der Stoffe. Oder auch: Element ist ein Stoff, der bei allen chemischen Reaktionen erhalten bleibt und auf chemischem Wege aus einer Verbindung wieder zurückgewonnen werden kann. Der Nichtteilbarkeit durch chemische Vorgänge steht die natürliche, von selbst eintretende Teilbarkeit durch die Radioaktivität und die natürliche, auf mechanischem Wege mögliche physikalische Teilbarkeit gegenüber. Bei der mechanischen Teilung entstehen stets Teile gleicher chemischer Beschaffenheit.

Die Ableitung der Elemente lediglich aus ihrem chemischen Verhalten finden wir bei Lavoisier (1787). Für Lavoisier gilt als Element jede Substanz, die mit Hilfe der bekannten chemischen Mittel nicht weiter zerlegt werden kann. Nach Dalton (1808) sind Elemente solche Körper, die mit den uns zu Gebote stehenden Kräften nicht ineinander übergeführt werden können. Er schloß sich dabei an Newton (principia II, 23) an. Dieser erklärte, daß die Elemente etwas Gegebenes wären. Ihre Erzeugung wäre Gott vorbehalten, also der menschlichen Einwirkung entzogen. Und gerade diese Auffassung wird durch die Radioaktivität der Elemente bestätigt, die bei allen äußeren Einwirkungen unverändert bleiben (siehe **80.**).

Von den Auffassungen anderer Forscher mögen die von Dumas, Ostwald und Arrhenius angeführt werden. Nach Dumas (1859) hat ein Element folgende Eigenschaften: 1. Es widersteht chemischen Kräften. 2. Physikalischen Kräften. 3. Es kann sich, ohne an Gewicht zu verlieren, mit einfachen Körpern verbinden. Nach Ostwald (1904)[1]) besteht der Unterschied

[1]) Auch in den Grundlinien der anorganischen Chemie, 3. Aufl. 1912, S. 92; S. 822, 829: Die Radioelemente sind Ausnahmen von dem Satze der Unverwandelbarkeit der Elemente.

zwischen Element und Verbindung lediglich darin, daß es bei den Elementen bisher praktisch unmöglich war, sie zu zerlegen in Teile, die geringeres Gewicht haben, als sie selbst. Elemente sind nach Arrhenius (1906) chemische Individuen, welche unter allen äußeren Bedingungen physikalischer und chemischer Einwirkung die gleiche Zusammensetzung behalten. Mendeléef (1871) betont, daß vielfach der Begriff eines einfachen Körpers mit dem des Elementes verwechselt wird. „Der einfache Körper ist etwas Materielles mit physikalischen Eigenschaften und chemischer Reaktionsfähigkeit Begabtes. Dem Begriff vom einfachen Körper entspricht das Molekül aus einem (Hg, Cd) oder mehreren Atomen bestehend (S_2, S_6, C_2, H_2, Cl_2, P_4). Dasselbe kann in isomeren oder polymeren Modifikationen auftreten und unterscheidet sich vom zusammengesetzten Körper nur durch Gleichartigkeit seiner Teile. Dagegen sind als Elemente diejenigen Bestandteile der einfachen oder zusammengesetzten Körper zu bezeichnen, welche das physikalische und chemische Verhalten derselben bedingen. Dem Element entspricht der Begriff Atom. So ist Kohlenstoff ein Element, aber Kohle, Graphit und Diamant sind einfache Körper."

Der frühere Standpunkt, nach welchem die chemisch-analytischen Ergebnisse für die Feststellung eines Elementes allein maßgebend sein sollen, ist durch die Entdeckung der Isotopen stark erschüttert[1]) worden. Eine Reihe von Chemikern ist daher dazu übergegangen, die Boylesche Definition vom Element (siehe **6.**) ganz zu verwerfen.[2]) Isotopen sind Substanzen, die sich in chemischer Hinsicht (im weitesten Sinne des Wortes, einschließlich elektrochemischer und spektroskopischer Eigenschaften) nicht unterscheiden. Ihr Unterschied wird durch die Eigenschaften der Masse (Dichte, molekulare Löslichkeit, Atomgewicht) und der Radioaktivität (Geschwindigkeit und Reichweite der Strahlen, Lebensdauer) bedingt. Sie lassen sich daher nicht durch qualitative chemische Methoden, wohl aber grundsätzlich durch physikalische trennen. Im Gemisch sind die Bestandteile durch physikalische[3]) oder quantitve chemische Untersuchungen erkennbar.[4])

---

[1]) Siehe die Erörterungen zwischen Fajans, Paneth, v. Hevesy, Hönigschmidt, Wegscheider, Remy und Soddy (1919).

[2]) Paneth (1917) :Ein Reinelement ist ein Stoff, dessen sämtliche Atome gleich sind, ein chemisches Element ist ein Stoff, dessen sämtliche Atome gleiche Kernladung besitzen. — Hönigschmidt (1916): Grundstoffe, die einmal gemischt, durch kein chemisches Verfahren wieder getrennt werden können, gelten als ein und dasselbe Element; weisen sie Unterschiede auf, so gelten sie als Arten desselben Elementes.

[3]) Fraktionierte Diffusion im Gaszustande, Zentrifugierung, Aufladung im Kanalstrahlenbündel — ähnliche Methoden sind zur Trennung der seltenen Erden (z. B. fraktionierte Kristallisation und Fällung; Erwärmung im elektrischen Ofen) und der Edelgase (fraktionierte Destillation und Verflüssigung) angewendet worden — vgl. auch **98.** (Crookes und die seltenen Erden). Bei einer ganzen Reihe von Stoffen (Cs, Rb, Tl, In, He, Ga) ging der Nachweis auf physikalischem Wege (durch Spektralanalyse) der chemischen Isolierung voran, ohne daß man an dem elemtentaren Charakter der Stoffe zweifelte. Ra wurde erst durch seine Strahlung erkannt, ehe man es chemisch darstellte. Das gleiche gilt für die Emanationen, die lediglich durch physikalische Methoden von anderen Elementen zu trennen sind.

[4]) Vgl. **84.**, Nachweis von Fajans, daß die Bleiarten von 206—207 ein Gemenge sind. Auch die in das chemisch-analytische Gebiet fallende Feststellung, ob z. B.

Boyle definiert[1]) ein Element als einen Stoff, der auf keine Weise in einfachere Bestandteile zerlegt werden kann. Seit Aufstellung dieser Definition war es der Hauptzweck der praktischen chemischen Arbeit die Ermittelung der gemeinsamen Bestandteile der verschiedenen Stoffe, die Zurückführung aller in der Natur vorkommenden Stoffe auf eine kleine Anzahl von unterscheidbaren Bestandteilen (Elementen). Diesem Zweck ist die Definition angepaßt. Sie sieht als fundamentales Merkmal der Elemente ihre Unzerlegbarkeit an. Eine Entscheidung darüber, ob ein Bestandteil als Element anzusehen ist, ist erst dann erbracht, wenn man den Stoff mit allen zur Verfügung stehenden Methoden ohne Erfolg versucht hat, zu zerlegen. Dann ist der Stoff ein Element, das aus nicht voneinander unterschedibaren Teilen besteht. Beschränkt man die Methoden der Zerlegung auf chemisch-analytische Methoden in engen Sinne, so müßte man ein Gemenge von Isotopen (z. B. ein künstliches „Mischelement" aus gleichen Teilen von RaG und ThE, das sich von inaktivem Blei vom Atomgewicht 207,1 nicht unterscheidet) als Element ansehen und müßte die Schaffung von Elementen für möglich halten. Das ist aber durchaus nicht nötig.[2]) Den Methoden zur Feststellung der Bestandteile eines Gemenges sind keine Beschränkungen auferlegt.[3]) Man ist so bereits bei den seltenen Erden und seltenen Gasen verfahren, ohne in Zweifel zu geraten, ob die auf rein physikalischem Wege erhaltenen Stoffe als besondere Elemente[4]) anzusehen wären. Grundsätzlich braucht man daher die Definition nicht aufzugeben. Fajans hält es indessen wegen einiger weniger wichtigen Punkte[5]) für zweckmäßig, die Definition 1. abzuändern, indem man sagt, daß Element ein

---

eine Lösung von Th rein ist oder noch ThB, RaB enthält, ist nur auf radioaktivem Wege ausführbar.

[1]) Diese Definition hat Boyle selbst nicht wörtlich aufgestellt. Sie ist erst nach Lavoisier in die chemischen Lehrbücher gekommen. Sie entspricht aber dem Sinne nach den ziemlich weitschweifigen Ausführungen, die Boyle an verschiedenen Stellen seiner Werke macht (Paneth 1918).

[2]) Und führt logisch zu einer Entwertung des Begriffes des Grundstoffes. Stoffe, die nicht in allen Eigenschaften übereinstimmen, können nicht der gleiche Stoff sein. Ähnlich müßte man Verbindungen, die sich nur durch eine einzige Eigenschaft unterscheiden, wie es links- und rechtsdrehende Weinsäure ist, als gleiche chemische Körper ansehen. Gemenge von Isotopen sind den Lösungen vergleichbar.

[3]) Zur Trennung von Elementen (auch von Isotopen) sind radioaktive Methoden in Verbindung mit chemischen Reaktionen benutzbar. Ein kennzeichnendes Beispiel (Soddy 1919) ist die Trennung des RaTh von dem isotopen Th (Hahn und Ramsay). Bei der fraktionierten Kristallisation zur Trennung des Ra von Ba nach dem Aufschließen von Thorianit zeigte sich, daß die beiden Ra-freien Endfraktionen neben Th noch 2 neue Substanzen (RaTh und Mesothorium genannt) enthalten mußten. RaTh ist chemisch von Th nicht trennbar. Die Trennung gelang über einen Umweg. Von Th ist das Mesothor leicht trennbar. Aus diesem bildete sich durch radioaktive Umwandlung dann das RaTh von selbst (frei von Th).

[4]) Vgl. Anm. 3 auf S. 173.

[5]) Das „Können" reicht zurzeit vielfach nicht aus, Stoffe analytisch oder physikalisch zu zerlegen, die man für ein Gemisch hält oder nach radioaktiven Untersuchungen halten muß, z. B. Uran oder die Bleiarten (siehe **84.**). Auch muß man mit der Möglichkeit rechnen, daß viele der heutigen „Elemente" sich als Gemenge von Isotopen erweisen könnten (siehe **103.**). Die Allotropien (siehe **94.**) bilden keine Schwierigkeit, denn diese Formen lassen sich durch quantitative chemische Untersuchungen (Überführung in eine Verbindung gleicher Zusammen-

Körper ist, der nicht weiter zerlegt ist (statt zerlegt werden kann[1]); 2. hinzuzufügen: und nicht als ein Gemisch von anderen Körpern erkannt worden ist. Diese Abänderungen hielt man aber auch früher nicht für nötig, obwohl die Sachlage in den Jahren, als die Frage der seltenen Erden nicht geklärt war, ähnlich lag.

Auch vom Standpunkt von Dalton (siehe **28.** und **41.**) sind Isotopen verschiedene Elemente, und ein Gemenge von ihnen ist kein einheitliches Element. Es sind in einem solchen Gemenge mehrere Atomarten.[2]) Diese haben verschiedene Masse und verschiedenen inneren Bau, der sie befähigt in verschiedener Art zu zerfallen. Das Daltonsche Merkmal für ein Element, daß es ein Stoff sein muß, der aus gleichen Atomen besteht, läßt sich nach der Methode der positiven Strahlen von J. J. Thomson streng prüfen. Man könnte dieses Merkmal der Definition des Elementes hinzufügen und danach ein Element als einen Stoff bezeichnen, der aus einheitlichen Atomen aufgebaut ist und nicht weiter zerlegbar ist.

Jedenfalls erfordert das Vorhandensein der Isotopen die Schaffung eines dem Element übergeordneten Begriffs, nämlich den des Elementtypus[3]) (z. B. des Bleitypus für die Bleiarten). Der Typus umfaßt nur die gemeinsamen Eigenschaften, also in erster Linie die rein chemischen (analytischen) und eine große Reihe von physikalischen. Durch die Aufstellung eines solchen Begriffes nähern wir uns dem Elementbegriff von Aristoteles (siehe **3.**). Die 92 Stellen des periodischen Systems entsprechen ebenso vielen Typen. Von diesen sind 77 durch je ein, 9 durch 2—7 Elemente vertreten. 6 Typen fehlen noch. Im ganzen sind 120 bekannt, von denen 39 nicht vollkommen stabil sind. Für 2 Elemente K und Rb fehlen Beweise für ihren Zerfall.

91. Ist die Annahme gleicher Atome mit dem Zerfall der Radioelemente vereinbar?

Die obige Annahme von Dalton, daß im Element die Atome gleich sind, trifft anscheinend bei den Radioelementen nicht zu. Bei ihnen zerfallen einige Atome, während die Hauptmasse unverändert bleibt. Wären alle Atome gleich, so müßten alle zu gleicher Zeit zerfallen. Aber die Daltonsche Annahme ist streng genommen nicht richtig. Wir müssen sie aber so deuten, wie wir alle unsere Beobachtungen und Messungen zu deuten haben, nämlich als Ergebnis einer statistischen Durchschnittserfahrung an einer großen Zahl von Atomen. Wir können niemals irgendeine Konstante eines einzelnen

---

setzung) als gleiche Substanzen erkennen. Fajans hält es allerdings für nötig, der Definition der Elemente noch hinzuzufügen: Elementare Stoffe, die mit anderen Elementen gleiche Verbindungen geben, sind allotrope Formen der Elemente.

[1]) Das ist eine sprachliche, aber keine inhaltliche Abänderung. Hat doch Ostwald bereits 1899 (Grundriß der allgemeinen Chemie, S. 12) den Begriff des Elementes als den eines unzerlegten und nicht als den eines unzerlegbaren Stoffes angegeben. Das Wort unzerlegt entspricht hier dem, was oben unterscheidbar genannt wurde. Die Zahl der Elemente war bei den Chemikern stets die Zahl der tatsächlich unzerlegten und daher nicht weiter unterscheidbaren Stoffe (Fajans 1918).

[2]) Die mehrfach zerfallenden C-Körper (siehe **73.**) bestehen aus einheitlichen Atomen.

[3]) Typographisch durch fette Buchstaben zu unterscheiden, z. B. **Pb**; die Art durch Beifügung des Atomgewichts über dem Elementzeichen, z. B. $\overset{206}{\mathbf{Pb}}$.

Atoms bestimmen, wenn wir auch die Bewegung und Bahn einzelner Atome verfolgen können. So lehrt uns die kinetische Gastheorie (siehe **27.**), daß die Moleküle recht verschiedene Geschwindigkeit besitzen, aber wir messen trotzdem eine konstante Molekulargeschwindigkeit. Ebenso können wir schließen, daß alle Atome in ihren Eigenschaften um einen Mittelwert schwanken, z. B. in der Strahlung (siehe die Ausführungen über das Plancksche Wirkungsquantum, **42.**). Es kann daher mit Soddy (1904) und Debierne (1915) angenommen werden, daß auch die gemessene Lebensdauer der Radioelemente nur eine durchschnittliche ist. Es gibt Atome mit großer und solche mit kleiner Lebensdauer; ihr Unterschied beruht dann darauf, daß die Gruppierung der Elektronen im Atom eine verschiedene sein kann (siehe **92.**). Nur bei einigen Atomen wird die Gruppierung eine solche sein, daß eine kritische Lage erreicht wird, die unter Mitwirkung (Strahlung) der Nachbaratome eine Sprengung des Atoms bedingt.

Genauere Angaben über den Grund des Zerfalls einzelner Atome lassen sich nicht geben. Überhaupt ist die Erscheinung nur schwer zu verstehen. Hier versagen alle Vergleiche mit dem Verhalten der Gasmole. Bei diesen ist die innere Energie oder Temperatur erheblich verschieden, außerdem ändert sie sich mit der äußeren Temperatur. Würde das gleiche für die Radioatome gelten, so könnte man leicht verstehen, daß einige Atome mit höherer innerer Temperatur zerfallen unter Abgabe des Energieüberschusses. Aber die Radioatome verhalten sich ganz anders. Ihr Zerfall ist durch physikalische Energiebewegungen wie Wärmebewegung, nicht zu beeinflussen. Außerdem ist es rätselhaft, warum der Zerfall so selten ist. Debierne weist darauf hin, daß ein Atom der RaEm während seiner mittleren Lebensdauer 4000 Zusammenstöße mit α-Teilen erleidet. Bei einer solchen Zahl von Stößen wird jedes einatomige Mol, z. B. das des He oder Hg zersprengt. Es geht unter Verlust von Elektronen in den Ionenzustand über. Es muß also ein grundsätzlicher Unterschied in der Ionenspaltung und in dem radioaktiven Zerfall bestehen. Im ersteren Falle stammen die Elektronen aus den äußeren, den Atomkern (siehe **39.**) umgebenden Ringen, die Valenzelektronen werden losgerissen. Die radioaktiven Vorgänge spielen sich dagegen im Kern ab (siehe **124.**). Der Kern enthält, wie wir noch sehen werden (siehe **119.**) aber mindestens so viel positive Elektronen, als der Ordnungszahl des Atoms entspricht. Da beim Zerfall auch negative β-Elektronen abgegeben werden, so muß der Kern auch diese enthalten. Es handelt sich also stets um ein Gleichgewicht zahlreicher Elektronen, das bei bestimmten Lagen der Elektronen gestört werden kann, wenn diese Lage mit einer nach der Quantentheorie anzunehmenden unstetigen Energiezufuhr zusammentrifft. Die Bedingungen für ein solches Zusammentreffen dürften aber sich nur selten erfüllen. Je mehr Elektronen vorhanden sind, um so eher ist eine kritische Lage, die dann zur Explosion des Atoms führt, möglich. Auf diese Weise wird es auch verständlich, daß gerade die Elemente mit höchster Elektronenzahl radioaktiv sind. Ein Ausgleich der kritischen Lagen ist für eine gewisse Zahl von Fällen ausgeschlossen; er hängt davon ab, ob sich die Energie ausgleicht. Wir haben aber gesehen, daß nach den Erfahrungen bei der Strahlung auch die Energie nicht gleichmäßig verteilt ist (siehe **41.**). Unregelmäßige Vorgänge sehen wir auch im Makrokosmos, so z. B. in den Bewegungen der Kometen, in dem Aufleuchten der neuen Sterne. Sie lehren uns, daß ein Ausgleich von Unregelmäßigkeiten auch in den längsten Zeiträumen und bei relativ viel weniger Körpern, als sie im Mikrokosmos des Atoms vorhanden sind, nicht zu erwarten ist. Ebensowenig, wie im Weltall, kann man beim Atom mit einer gleichmäßigen Verteilung der es zusammensetzenden Elektronen rechnen.

92. Die kritische Lage im Radioatom und die Reichweite.

Die Zahl der kritischen Lagen läßt sich aus der Geigerschen Beziehung zwischen Reichweite (siehe **53.**) R und Lebensdauer bzw. Umwandlungsgeschwindigkeit λ (**56.**) ableiten. Sie ist annähernd gleich der Ordnungszahl, d.h. der Zahl der Ladungen des Kerns. Geiger und Nutall haben die Gleichung empirisch gefunden, daß $\log \lambda = A + B \log R$ ist. A und B sind Konstanten; für alle drei radioaktiven Reihen liegen die $\log \lambda$, als Funktion von $\log R$ dargestellt, auf einer geraden Linie. Dieses Ergebnis läßt sich auch, wie Lindemann (1915) zeigte, theoretisch ableiten nach den Grundsätzen der statistischen Mechanik und der Quantentheorie. Eine kritische Lage des Atoms ist vorhanden, wenn N von den im Kern kreisenden Elektronen innerhalb einer bestimmten kurzen Zeit τ in die gleiche Lage kommen. Ist ν die Zahl der Schwingungen, die alle diese Elektronen in der Sekunde ausführen, so ist $\tau\nu$ der Bruchteil der in der Zeit τ zurückgelegten Schwingung. Die Zeitdauer, in der die N voneinander unabhängigen Elektronen zusammentreffen können, ist nach den Wahrscheinlichkeitsbetrachtungen der statistischen Mechanik $(\tau\nu)^N$. Wir sind berechtigt, diese Zeit der Zerfallszeit gleichzusetzen. Daraus folgt $\log \lambda = N \log \tau + N \log \nu$. Ein Zerfall tritt nur ein, wenn mindestens das Minimum, das Energiequant $E = h\nu$ freiwerden kann. Aus der von Geiger experimentell gefundenen Gleichung zwischen der Geschwindigkeit der beim Zerfall entweichenden α-Teile und ihrer Reichweite, folgt $E = k \cdot R^{2/3}$ (siehe **53.**); also $\log \nu =$ einer Konstante $+ \,^2/_3 \log R$. Nach Einsetzung dieser Werte erhält man: $\log \lambda = a \cdot N$[1] $+ \,^2/_3 N \log R$. Es ist also $B = \,^2/_3 N$. Aus den Neigungen B der Geraden für $\log \lambda$ läßt sich N berechnen. Lindemann fand $N = 80$. St. Meyer berechnete etwas genauer und fand:

$$\log \lambda \quad \text{a)} = -37{,}7 + 53{,}9 \log R \text{ (für Ur)},$$
$$\text{b)} = -34{,}7 + 51{,}5 \log R \text{ (für Th)},$$
$$\text{c)} = -37 \quad + 47{,}1 \log R \text{ (für Act)}.$$

Daraus folgt $N = 81$ für die Uranreihe, $= 77$ für die Thoriumreihe und $= 71$ für die Aktiniumreihe. Danach ist der Zerfall für die Uranreihe am schwierigsten; es müssen mehr Elektronen zusammenwirken, um das Atom zu sprengen. Die Zahl entspricht nahezu der Ordnungszahl, die für die 3 Reihen zwischen 82 und 92 liegen.

93. Die Grenzen des Gesetzes der Erhaltung der Masse.

Die oben gegebene Ableitung der Geigerschen Regel setzt voraus, daß der Atomkern lediglich aus Elektronen besteht. Und diese Voraussetzung ist durch die Beobachtungsergebnisse als berechtigt erwiesen.

---

[1] a eine Größe, die vom Radius r des Kernes abhängt. Setzt man die Werte ein, so ergibt sich r von der Größe 10^{-13}.

Die Erfahrung lehrt also, daß die Masse rein elektromagnetischen Ursprungs ist (siehe **44.**). Daraus folgt aber, daß das Gesetz der Erhaltung der Masse nicht streng gelten kann. Zwar hat Landolt (siehe **11.**) keine meßbaren Änderungen der Masse beim Entstehen chemischer Energie finden können. Das liegt aber daran, daß diese Änderungen kleiner sind, als die mögliche Beobachtungsgenauigkeit (Harkins 1915, auch Comstock 1908). Bei der Vereinigung von Atomen verringert sich die Energie. Die austretende Energie E wird ausgestrahlt. Jedes Verschwinden von Energie ist von Massenverlust ΔM begleitet, da die Träger der Energie Elektronen sind. Einstein zeigte (1905), daß einfach $E = \Delta M \times v^2$ zu setzen ist. v ist die Geschwindigkeit der Träger der Energie, die sich mit Lichtgeschwindigkeit ($3 \cdot 10^{10}$ cm) ausbreiten. ΔM ist in g, E in Erg zu messen. Als Beispiel möge der Massenverlust bei der Entstehung von 1 g-Mol Wasser aus H und O berechnet werden. Es werden 69000 g-Cal entwickelt; das sind $2{,}9 \cdot 10^{12}$ erg.

$$\Delta M = \frac{2{,}9 \cdot 10^{12}}{9 \cdot 10^{20}} = 3 \cdot 10^{-9}\,\mathrm{g}.$$

Bei radioaktiven Vorgängen ist dagegen der Massenverlust viel größer und direkt durch die Heliumentwicklung zu messen. Er beträgt für 1 g Ur nach Umwandlung bis zu RaF 0,06 g oder 0,02 % (Swinne). Planck berechnet, daß 1 g Ra im Jahr 0,012 mg verliert.

94. Isotopie und allotrope Formen der Elemente.

Die Schwierigkeiten, die der Auffassung der Isotopen als Elemente entgegenstehen, sind mit denen zu vergleichen, die schon bisher aus dem Bestehen der allotropen Formen erwuchsen — so nannte 1841 Berzelius die verschiedenen Formen der Elemente, die äußerlich und durch ihre physikalischen Konstanten wesentlich verschieden sind. Alle diese Formen der einfachen Körper sind, auch wenn sie verschieden reagieren, auf dieselben Grundstoffe zurückzuführen. Wenn man die Elemente vergasen kann, so verschwinden die Unterschiede im festen und zum Teil flüssigen Zustand, und man erkennt, daß man es mit dem gleichen Element zu tun hat. Die Unterschiede sind weitaus größer, als die der Isotopen (die sich stets chemisch und elektrochemisch gleichen und die gleiche Ordnungszahl besitzen), so bestehen Unterschiede in Härte, Kristallform, Elastizität, Dichte, Schmelzpunkt, spezifische Wärme, elektrische Leitfähigkeit, Wärmeleitfähigkeit. Am augenfälligsten und längsten bekannt ist das Verhalten des Kohlenstoffs. Amorphe Kohle (bzw. Graphit) und Diamant sind geradezu entgegengesetzte Pole.[1]) Allotrope Formen zeigen ganze Gruppen des periodischen Systems, so z. B. in der C-Gruppe noch Si, Ti, Sn, Pb, — ferner S, Se, Te—P, As, Sb, Bi—Zn, Cd—Fe, Co, Ni. Ob man die kolloidalen Formen von Ag, Cu und von den Platinmetallen hinzurechnen soll, ist zweifelhaft.

Die verschiedenen Formen lassen sich am besten durch ihre innere Energie, deren Maß die Verbrennungswärme Q ist, charakterisieren. Q be-

---

[1]) Nach dem Laueschen Interferenzspektrum sind die Valenzen ganz verschieden verteilt (siehe Debye bei **26.** S. 46).

trägt für 1 g Atom (12 g) Diamant 94,3 cal; für die gleiche Menge amorphen C 97,6 cal. Bei den Metallen bestehen gleiche Unterschiede, die besonders Cohen in einer großen Reihe von Arbeiten untersucht hat. Am interessantesten ist das graue Zinn[1]), das sogar entgegengesetzte magnetische Eigenschaften, als weißes Zinn zeigte. Sehr genau untersucht ist der Schwefel. Die Löslichkeiten von rhombischer und monoklinen S verhalten sich bei 0° wie 1:1,4, die Dichten betragen 2,06 und 1,96; die spezifischen Wärmen 0,173 und 0,181, die Schmelzpunkte 113° und 119°.

Für unsere Betrachtungen scheiden alle die Fälle aus, in denen die Allotropie auf verschiedenem Mol-Gewicht beruht, so gibt es neben dem H_2O noch $(H_2O)_2$ oder $(H_2O)_3$ Mole, durch deren Nebeneinandervorkommen sich die verschiedenen Eisarten erklären lassen, so auch das Ozon (O_3) und der aktive Stickstoff[2]) von Strutt (N_3). Ferner scheiden Isomeriefälle aus. Mole mit einer größeren Anzahl Atome sind verschiedener Anordnung fähig. Solche Isomerien kommen auch bei anorganischen Körpern vor; z. B. bei HgJ_2, vielleicht auch beim P und As. Es bleiben aber eine Reihe von Fällen übrig, wo derartige Erklärungen versagen müssen, da es sich um einatomige Mole handelt (z. B. bei den Metallen Sn, Cd) oder um Doppelmole S_2. Derartige Fälle hat bereits Naquet (1860) auf Verschiedenheiten des Atombaues desselben Elementes zurückgeführt. Bei der Ähnlichkeit dieser Fälle mit den Isotopen könnte man ein Gemenge solcher allotropen Formen, z. B. von α- und β-Schwefel, Eisen, Cadmium oder Zinn als isotopes Gemenge ansehen. Wie bei den Isotopen bestehen stabile und labile (leicht umwandelbare) Formen nebeneinander, z. B. Sb-Metall und explosives Sb.

Gegen die Isotopen ist aber ein wesentlicher Unterschied vorhanden.[3]) Die Allotropen lassen sich durch einfache physikalische Vorgänge, meist durch Erwärmung, durch Bestrahlung (z. B. beim Selen) oder durch geringe Mengen von Zusätzen[4]) ineinander umwandeln. Bei den Isotopen fehlen alle Übergänge von einer Form zur andern. Die Unterschiede müssen daher in verschiedenen Teilen des Atoms zu suchen sein, nämlich im Kern oder den umgebenden Elektronen oder Valenzringen. Wie die Leichtigkeit der Ionenbildung bei polaren Verbindungen zeigt (siehe **36.**), sind

[1]) Auch Blei bildet ein graues Allotrope (Creighton 1915); es entsteht bei der Elektrolyse oder durch Eintauchen von Blei in salpetersaure Lösung von Bleiacetat.

[2]) Trautz (ZS. Elchem. Ges. **25**, 297; 1919) hat den Beweis gegeben, daß der aktive Stickstoff die Zusammensetzung N_3 hat. Er entsteht, wenn eine Entladung durch ganz reinen N geht und ist am Nachleuchten zu erkennen. Nach Entfernung aus der Entladungsbahn kann man ihn leicht zur Reaktion bringen. Man muß aber beachten, daß er nur innerhalb bestimmter Temperaturgrenzen beständig ist. Außerhalb dieser Grenzen tritt sofort Umlagerung zu neutralem N_2 ein. — Über H_3, den aktiven Wasserstoff, siehe **99.**

[3]) St. Meyer (Radioakt. 1916, 435) vergleicht die allotropen Phosphorformen mit dem verzweigten Zerfall (siehe **73.**). Dieser tritt an den Stellen ein, wo ein Wechsel zwischen der III. und V. Gruppe möglich ist. Das sind aber Stellen des periodischen Systems, an denen, wie bei N, P, As und ähnlichen Elementen sich sprunghafte Änderungen im Atomvolumen zeigen und sowohl leicht Valenzwechsel als auch allotrope Formen erwartet werden können.

[4]) Zn, Al, Fe sind edle Metalle: Spuren von Hg verwandeln sie in Metalle, die Wasser zersetzen. Spuren von Jod wandeln gelben in roten P um (Le Bon: Entwicklung der Materie 1909, 184, 284).

die Valenzelektronen leicht austauschbar. Es dürften daher die Unterschiede der einfachen Körper auf Unterschiede in der Gruppierung[1]) oder in der Bahnform der Valenzelektronen, in der Stärke der verschiedenen Valenzen (Haupt- und Nebenvalenzen) oder in der Zahl der Elektronenringe (siehe **126.**) beruhen. Bei den Isotopen ist der Bau der Kerne verschieden (siehe **124.**).

95. Die verminderte Bedeutung des Atomgewichts.

Durch die Entdeckung der Isotopen ist zwar der physikalische Begriff des Atomgewichts und seine praktische Anwendung nicht geändert, aber er hat seine Bedeutung zur Charakterisierung der Elemente verloren, wie zuerst 1906 Rydberg und dann besonders Hönigschmidt (1916) hervorgehoben hat (vgl. **121.**). Wir kennen jetzt Elemente von gleichen chemischen Eigenschaften und verschiedenem Atomgewicht; andererseits gehören Elemente von gleichem Atomgewicht verschiedenen chemischen Gruppen an, wie die B- und C-Radioelemente.[2]) Zwischen Ur und Tl und am Platz des Neon gibt es wie wir sahen eine Reihe von Elementen, die sich chemisch, elektrochemisch, spektralanalytisch gar nicht unterscheiden, so in der Bleiplejade und in der Thoriumplejade. Die Atomgewichte ändern sich aber von 206—214 und von 227—234. Wir müssen unter diesen Umständen die Auffassung von Berzelius über den Zusammenhang von Atomgewichten und chemischen Eigenschaften (siehe **14.**) erneut prüfen. Durch die Zerfalltheorie ist dieser Zusammenhang gelöst. Denn diese nimmt an, daß ein Atom, z. B. von Ur und Th (siehe **89.**), zerfällt, α- und β-Teile verliert, neue Elemente bildet und daß aus diesen durch weiteren Verlust von α- und β-Teilen neue Elemente hervorgehen mit den ursprünglichen Eigenschaften. Diese Theorie hat ihre volle Bestätigung durch den Erfolg der Verschiebungsregeln gefunden. Wir können also nicht mehr sagen, daß zu einem einzigen Atomgewicht ein bestimmtes Element gehört.

Aber die Umkehrung, daß jedes Element ein bestimmtes Atomgewicht hat, gilt und kann weiter gelten. Es ist klar, daß die ganze Analyse auf dieser Annahme beruht. Sie ist das Beharrende in den wechselnden Eigenschaften der Elemente; sie sichert die Eindeutigkeit der Analysen. Doch schon regt sich auch hier der Zweifel. Können nicht auch die übrigen chemischen Elemente isotope Gemenge sein? Das läßt sich noch nicht entscheiden. Zunächst ist zu prüfen, ob das Atomgewicht der Elemente, je nach ihrer Herkunft etwas verschieden ist.[3]) Ebenso gut, wie das Blei aus Thorium und aus Uranmineralien verschiedenes Atomgewicht besitzt, kann ein Unterschied für andere Elemente vorhanden sein. Bei Th und Ur hat Hönigschmidt (siehe **86.**) allerdings keine Unterschiede nachgewiesen. Crookes[4]) betrachtet das Atomgewicht überhaupt nur als einen statistischen

[1]) Das ergibt sich sicher für den Kohlenstoff; siehe oben und bei **26.** (Debye); ferner für Zinn (Bijl 1919; vgl. S. 184).

[2]) Es gibt vielleicht Elemente mit gleichem Atomgewicht, die Isotopen sind, sich also chemisch nicht unterscheiden. Wohl aber sind Lebensdauer und Strahlung verschieden, (z. B. beim Uran (siehe **89.**), beim Thoriumblei (siehe **62.**), — vgl. Kohlweier, ZS. phys. Chem. **92**, 685; 1918.

[3]) Das war schon vor über 100 Jahren die Auffassung von J. B. Richter.

[4]) Genesis der Elemente (1895, S. 25).

Mittelwert. Das Atomgewicht sollte von Atom zu Atom, wie die Molekulargeschwindigkeit schwanken. Diese Schwankung kann allerdings nicht groß sein. Denn sonst könnte man nicht nach der Thomsonschen Methode scharfe Parabeln (siehe **28.**) erhalten.

Das Atomgewicht ist als eine Konstante anzusehen, deren Ermittelung in erster Linie praktischen Zwecken der Analyse zu dienen hat. Für die Erforschung des Wesens der Elemente ist das Atomgewicht von geringerer Bedeutung. Da tritt an seine Stelle die Ordnungszahl im periodischen System (siehe **17.**). Diese ist gleich der Größe der Ladung des Atomkernes (siehe **122.**).

Literatur zu 70 bis 95.

Allgemeines. Curie: Radioakt. 1912, Bd. II, 295f. — Rutherford: Radioakt. 1913, 383f. — Soddy: [1]) Chemie der Radioelemente (1912—14). [2]) (Royal Institution) Engineering **99**, 604; 1915. [3]) J. Chem. Soc. **115**, 1; 1919. — Fleck: J. Röntgen Soc. **11**, 53; 1915. — Fajans: [1]) Phys. ZS. 1915, 456—486. [2]) Radioaktivität und die neueste Entwicklung der Lehre von den Elementen (Brschg. 1919). — Henrich: Chemie und chemische Technologie radioaktiver Stoffe (Berlin 1918).

Zu **70.** Campbell: [1]) Jahrb. Radioakt. 1905, 434. [2]) (u. Wood) Cambr. Proceed. 1906, 14. — Elster und Geitel: Jahrb. Radioakt. 1913, 338. — Bergwitz: Phys. ZS. 1913, 655. — Biltz und Marcus: ZS. anorg. Chem. **81**, 369; 1913. — J. J. Thomson: Strahlen posit. Elektr. 1913. — Rutherford: Radioakt. 1907, 548. — Curie: Radioakt. 1912, II, 536. — Soddy: Jahrb. Radioakt. 1913, 188. — St. Meyer: Szber. Wien **124**, 257; 1914. — Hahn und Rothenbach: Phys. ZS. **20**, 194; 1919. — Kossel: Phys. ZS. **20**, 265; 1919. — Kirchhof: ZS. phys. Chem. **93**, 619; 1919.

Zu **71.** Ramsay: [1]) Vergangenes und Zukünftiges aus der Chemie (Lpg. 1909, 226). [2]) (u. Collie) Jahrb. Radioakt. 1903, 127; C. R. **138**, 1388; ZS. phys. Chem. **47**, 490; **48**, 682; Phys. ZS. **5**, 349; Proc. Roy. Soc. **73**, 470; 1904. [3]) (u. Cameron) Jahrb. Radioakt. 1907, 253; J. Chem. Soc. **91**, 1266; 1907. [4]) (u. Gray) Proc. Roy. Soc. **84**, 537; J. Chem. Soc. **95**, 1073; 1909; ZS. phys. Chem. **70**, 116; 1910; Jahrb. Radioakt. 1911, 5. — Steele und Grant: Proc. Roy. Soc. **82**, 580; 1909. — Rutherford: [1]) Phys. ZS. **3**, 210; J. Chem. Soc. **81**, 321; 1902. [2]) (u. Miß Brooks) Phil. Mag. **4**, 1; 1902; Transact. Roy. Soc. Canada **7**, 21; 1901. [3]) (u. Soddy) Phil. Mag. **5**, 561; Philosoph. Transactions **204**, 169; 1903/04. [4]) Phil. Mag. **17**, 723; 1909. — Dorn: [1]) Abhdl. Naturf. Ges. Halle **22**, 155. — [2]) Die Emanationen (Stuttg. 1900). — C. Schmidt: ZS. anorg. Chem. **103**, 114; 1918. — Lt. Meyer: [1]) Phys. ZS. **19**, 31; 1918. [2]) ZS. Elchem. Ges. **24**, 36; 1918. — Boyle: Phil. Mag. **20**, 955; 1910. — Curie: Radioakt 1911, I, 255, 307. — Loria: Szber. Wien **124**, 829; 1915. — v. Hevesy: Jahrb. Radioakt. 1913, 198. — Curie und Danne: C. R. **133**, 776, 931; **135**, 857; 1901/02. — Debierne: [1]) C. R. **150**, 1740; 1910. [2]) Ann. de Phys. **3**, 62; 1915. — Kamerlingh Onnes (u. Crommelin): Proc Akad. Wet. Amsterd. **19**, 1058; 1917; Communications Leiden Nr. 147, p. 53; Nr. 151 b.

Zu **72.** Curie und Debierne: [1]) Le Radium 1907, 349; C. R. **145**, 422; 1907; Jahrb. Radioakt. 1909, 38. [2]) C. R. **151**, 523; 1910. — Gray und Ramsay: Jahrb. Radioakt. 1912, 489. — Hönigschmidt: Szber. Wien **120**, 1617; **121**, 1973; 1911/12. — Marckwald: [1]) Ber. Chem. Ges. **38**, 591; 1905. [2]) Phys. ZS. **4**, 51; 1902. — v. Hevesy und Paneth: Szber. Wien **123**, 1619; 1914. — Boltwood: [1]) Phys. ZS. 1907, 884. [2]) Sill. J. **24**, 370; **25**, 365, 499; 1907/08. — Keetman: Jahrb. Radioakt. 1909, 265. — St. Meyer: Szber. Wien **125**, 191; 1916. — Rutherford und Soddy: ZS. phys Chem. **42**, 81, 174, 1902. — Hahn: [1]) ZS. phys. Chem. **51**, 717; 1905. [2]) Jahrb. Radioakt. 1905, 233. [3]) Ber. Chem. Ges. **40**, 1462, 3304; 1907. [4]) Phys. ZS. **8**, 277; **9**, 246, 392; **12**, 148; 1907/11. — Schlundt und Moore: J. phys. Chem. **9**, 682; 1905. — Böhm: Chemik.-Ztg. 1915, 895. — Mc Coy und Viol: Phil. Mag. **25**, 333; 1913. — Demarçay: C. R. **127**, 1218; **129**, 116; **131**, 258; 1900. — Runge und Precht: [1]) Ann. Phys. **10**, 655; **12**, 407; 1903. [2]) Szber. Berl. Akad. 1904, 417. — Exner und Haschek: Wellenlängentafeln (Wien 1902; 1914).

Zu **73.** Hahn und Meitner: Phys. ZS. 1908, 697; 1909, 741. — Soddy: Phil. Mag. **18**, 739; 1909. — Fajans, Makower, Marsden, Barratt: [1]) Phys. ZS. 1912, 193, 699. [2]) Phil. Mag. **23**, 292; **26**, 354; **27**, 690; 1912/13. [3]) Proc. Roy. Soc. **87**, 17; 1912. [4]) Jahrb. Radioakt. 1914, 211. — Wood: Phil. Mag. **26**, 586; 1913; **31**, 379; 1916.

Zu **74.** Debierne: C. R. **129**, 593; **130**, 906; **131**, 333; 1899/1901. — Giesel: Ber. Chem. Ges. **35**, 3608; **36**, 342; **37**, 3965; **38**, 775; 1902/05 (Jahrb. Radioakt. 1904, 395). — Goldstein: Phys. Ges. 1903, 392. — Godlewski: Jahrb. Radioakt. 1906, 134. — Boltwood: Sill. J. **25**, 269; 1908. — Fussler: Phys. Review **9**, **142**; 1917. — v. Hevesy: Phys. ZS. 1913, 1202. — Marsden und Perkins: [1]) Phil. Mag. **27**, 690; 1914. [2]) Jahrb. Radioakt. 1914, 211. — Göhring: Phys. ZS. **15**, 642; 1915. — Frau Curie: Radium **8**, 353; 1911. — Soddy: [1]) Jahrb. Radioakt. 1913, 188. [2]) Phil. Mag. **27**, 215; 1914. [3]) (Cranston) Proc. Roy. Soc. **94**, 384; 1918 und Nature **100**, 498; 1918; Chem. News **117**, 105. — Auer: Szber. Wien **119**, 1; 1910. — Hahn und Meitner: [1]) Phys. ZS. **15**, 136; 1914. [2]) Phys. ZS. **19**, 108; 1918. [3]) Naturwiss. **6**, 324; 1918. [4]) ZS. Elchem. Ges. **24**, 169; 1918. [5]) Phys. ZS. **20**, 127, 529; 1919. [6]) Ber. Chem. Ges. **52**, 1812; 1919. — St. Meyer u. Hess: Chem.-Ztg. **43**, 539; 1919.

Zu **75.** Soddy: Radioakt. 1904, 162. — Fleck: J. Chem. Soc. **103**, 381, 1052; 1913. — v. Hevesy und Putnowsky: [1]) Phys. ZS. 1913, 49, 63, 1202. [2]) Phil. Mag. **23**, 628; **25**, 390; **27**, 586; 1912/14. — Strömholm: ZS. anorg. Chem. **61**, 318; **63**, 197; 1909. — Fajans und Beer: Ber. Chem. Ges. **46**, 3486; 1913. — Paneth: Jahrb. Radioakt. 1914, 415. — Loria: [1]) Phys. ZS. 1916, 6. [2]) Szber. Wien **124**, 829, 1077; 1915. — Freundlich: Phys. ZS. 1914, 537. — Lawson: Szber. Wien **124**, 509; 1915.

Zu **76.** Soddy: Chemie der Radioelemente (Lpzg. 1912/14). — Hahn und Meitner: [1]) Phys. ZS. 1909, 321. [2]) Jahrb. Radioakt. 1910, 296. — Fajans: [1]) (u. Makower) Phys. ZS. 1911, 369 und Phil. Mag. **23**, 292; 1912. [2]) (u. Richter) Ber. Chem. Ges. **48**, 700; 1915. — Paneth: [1]) Jahrb. Radioakt. 1913, 451. [2]) (u. Horovitz Szber. Wien **123**, 1819; 1914. [3]) ZS. phys. Chem. **89**, 513; 1915. [4]) Phys. ZS. 1915, 929. — v. Hevesy: siehe **75**. — Cameron: Radiochemistry (London 1910). — Rutherford: [1]) Phil. Mag. **49**, 161; 1900. [2]) Phys. ZS. 1900, 347.

Zu **77.** Rutherford: [1]) Phil. Mag. **8**, 636; 1904. [2]) Philosoph. Transactions **204**, 169; 1904. [3]) Radioakt. Umwandlungen 1907, 122, 409. [4]) (u. Richardson, Marsden, Wood) Phil. Mag. **26**, 947; 1913. — Soddy: Entwicklung der Materie 1904, 49. — Loria: Szber. Wien **124**, 574; 1915. — Paneth: Szber. Wien **121**, 2193; 1913. — v. Lerch: [1]) Szber. Wien **114**, 533; **115**, 197; 1905/06. [2]) Ann. Phys. **20**, 345; 1906. — Hahn: [1]) Phys. ZS. 1906, 557, 855. [2]) Ber. Chem. Ges. 1906, 1605. — Bronson: Sill. J. **20**, 60; 1905. — v. Hevesy: [1]) Phil. Mag. **23**, 628; 1912. [2]) Phys. ZS. **13**, 715; **14**, 1202; 1913. — Paneth: Ber. Chem. Ges. 1914, 2784. — St. Meyer: [1]) Jahrb. Radioakt. 1909, 381. [2]) (Hess, Paneth) Szber. Wien **123**, 1459; 1914. — Mc Coy und Viol: Phil. Mag. **25**, 333; 1913. — Moore und Schmidt: Phil. Mag. **12**, 393; 1906. — Szilard: C. R. **149**, 113; 1909. — Antonoff: Phil. Mag. **22**, 419; 1911; **26**, 1058; 1913. — Fajans und Göhring: Phys. ZS. 1913, 877. — Fleck: Phil. Mag. **26**, 528; 1913. — Meitner: Phys. ZS. 1912, 623; 1913, 758. — Godlewski: Anzeiger Wien. Akad. 1915, 246.

Zu **79.** Barkla: [1]) Phil. Mag. **17**, 739; 1909; **22**, 396; 1911. [2]) Phys. ZS. **10**, 928; **11**, 262; 1909/10. — Rutherford: Radioakt. Subst. 1913, 551. — Russ und Makower: Phil. Mag. **20**, 875; 1910. — Swinne: Phys. ZS. 1913, 145. — Hönigschmidt und Horovitz: [1]) Szber. Wien **125**, 149; 1916. [2]) Chemik.-Ztg. 1915, 806; 1916, 489. — Fajans: Phys. ZS. 1915, 458. — C. Schmidt: ZS. anorg. Chemie **103**, 104, 1918. — Hahn und Meitner: Phys. ZS. **19**, 217; 1918. — Piccard: Arch. Scienc. Phys. **44**, 161; 1917. — Wendt: Science **47**, 443; 1918.

Zu **80.** Rutherford: [1]) Jahrb. Radioakt. 1904, 103. [2]) Radioakt. 1907, 337. [3]) Szker. Wien **120**, 303; 1911. — Ramsay: ZS. phys. Chem. **48**, 682; 1904. — Greinacher: Phys. ZS. 1911, 398. — Kovarik: Radium **12**, 69; 1914. — H. W. Schmidt und Czermak: [1]) Vhdl. Phys. Ges. 1908, 675. [2]) Phys. ZS. 1908, 113, 816. [3]) ZS. angew. Chem. **21**, 2114; 1908. — Bronson: [1]) Phil. Mag. **11**, 143; 1906. [2]) Proc. Roy. Soc. **78**, 494; 1906. — Jorissen und Vollgreff: ZS. phys. Chem. **89**, 151; 1914. — Soddy: [1]) Die Entwicklung der Materie (Lpg. 1904, 19 — aus Proc. Mem. Manchester Lit. Phil. Soc. Bd. 48). [2]) J. Chem. Soc. **115**, 1; 1919.

Zu **81—90.** v. Hevesy und Paneth: [1]) Szber. Wien **123**, 1909; 1914. [2]) Phys. ZS. 1914, 797. [3]) Ber. Chem. Ges. **47**, 2784; 1914. — Fajans: [1]) Vhdl. Phys. Ges. 1913, 240. [2]) Naturwiss. 1914, 429, 463.

Zu **81.** Boltwood: Sill. J. **24**, 99, 370; **25**, 269, 365; 1907/08. — Keetman und Marckwald: [1]) siehe **61.** [2]) Ber. Chem. Ges. 1908, 49; 1910, 20. — Auer: [1]) Szber. Wien 1910, 1041. [2]) ZS. anorg. Chem. **69**, 353; 1911. — Soddy: [1]) J. Chem. Soc. **99**, 721; 1911. [2]) Chemie der Radioelemente Bd. 1, 128; Bd. 2, 69. — Mc Coy und Ross: J. Amer. Soc. **29**, 1709; 1907. — Szilard: C. R. **146**, 116; 1908. — St. Meyer und v. Schweidler: Szber. Wien 1905, 389, 1195; 1906, 63, 697. — Paneth und v. Hevesy: Szber. Wien **122**, 993; 1913. — Cameron: [1]) Nature **82**, 67; 1909. [2]) Radiochemistry 1910, 141. — R. W. Gray: Nature **91**, 659; 1913.

Zu **82** und **83.** v. Hevesy und Paneth: [1]) Phys. ZS. 1915, 45, 97. [2]) Ber. Chem. Ges. **47**, 2784; 1914. [3]) Szber. Wien **122**, 993, 1037; **123**, 1619, 1909; **124**, 381; 1913/15. [4]) ZS. phys. Chem. **89**, 303; 1915. — Klemensiewicz: C. R. **158**, 1889; 1914. — Exner und Haschek: Szber. Wien **121**, 1075, 2119; **123**, 2424; **125**, 183; 1912/15. — Th. W. Richards (u. Hall): [1]) Proc. Nat. Acad. Wash. **3**, Nr. 5. [2]) J. Amer. Chem. Soc. **39**, 531; 1917. [3]) Chem. News **115**, 281, 294; 1917. — Russell und Rossi: Proc. Roy. Soc. **87**, 478; 1912. — Merton: Nature **94**, 662; 1915. — Rutherford und Andrade: Phil. Mag. **27**, 854; **28**, 263; 1914. — Swinne: Phys. ZS. 1916, 483. — Th. W. Richards: J. Amer. Chem. Soc. **38**, 1658, 2613; 1916. — Friman: Lunds Arskrift. 1916, Nr. 9, S. 45. — Wagner: Phys. ZS. **18**, 432; 1917. — Siegbahn (u. Stenström): [1]) Phys. ZS. **18**, 547; 1917. [2]) Naturwiss. **5**, 528; 1917. — Paneth: Szber. Wien. Akad. **127**, 1729; 1918. — Harkins und Aronberg: Proc. Nat. Acad. **3**, 700; 1917. — Aronberg: Astrophys. J. **47**, 96; 1918. — Merton: Nature **104**, 93; 1919. — Duane u. Shimidzu: Proc. Nat. Acad. **5**, 198; 1919.

Zu **84** und **85.** Richardson: Proc. Roy. Soc. **91**, 396; 1915. — Carruthers: Nature **96**, 565; 1915. — Swinne: Phys. ZS. 1913, 142. — Fajans: [1]) Phys. ZS. 1914, 935. [2]) Elster-Festschrift 1915, 623. — F. W. Aston: Brit. Assoc. Report. 1913, 403. — Soddy: Chemie der Radioelemente 1914, 18, 64. — v. Hevesy: Phys. ZS. 1913, 1209. — Lindeman: Nature **95**, 7, 1915. — Soddy: Nature **94**, 615; 1915. — Th. W. Richards (und Wadsworth): [1]) Proc. Nat. Acad. Scienc. **2**, 505, 694; 1916. [2]) J. Amer. Soc. Chem. **38**, 221, 1658, 2613; 1916. [3]) (u. Hall) J. Amer. Chem. Soc. **39**, 531; 1917. [4]) (u. Schlumb) J. Amer. Chem. Soc. **40**, 1403; 1918. [5]) Science **49**, 1; 1919. [6]) Nature **103**, 74, 93; 1919. — Lindeman und Aston: Phil. Mag. **27**, 523; 1919. — Stern und Vollmer: Ann. Phys. **59**, 225; 1919. — Fajans: [1]) Chemiker-Ztg. **42**, 188; 1918. [2]) ZS. Elchem. Ges. **24**, 163; 1918.

Zu **86** und **87.** Th. W. Richards und Lambert: [1]) J. Amer. Chem. Soc. **36**, 1329; 1914. [2]) C. R. **159**, 248; 1914. [3]) ZS. anorg. Chem. **88**, 429; 1914. [4]) (Lambert) Dissert. Karlsruhe1 915. [5]) siehe **84.** — Soddy (und Hyman): [1]) Nature **94**, 615; 1915. [2]) J. Chem. Soc. **105**, 1402; 1914. [3]) (u. Holmes) Nature **99**, 244; 1917. [4]) (Roy. Institution) Nature **99**, 433; 1917. — Maurice Curie: C. R. **158**, 1676. 1914. — Hönigschmidt und Horovitz: [1]) Szber. Wien **123**, 1635, 2407; **124**, 1094; **125**, 149, 179; 1914/16. [2]) Chemik.-Ztg. 1915, 806; 1916, 489; 1917, 33. [3]) ZS. Elchem. Ges. **22**, 18; 1916; **23**, 165; 1917. [4]) Chemik-Ztg. **42**, 201; 1918. — Hönigschmidt: ZS. Elchem. Ges. **25**, 91; 1919. — Holmes und Lawson: [1]) Szber. Wien **133**, 1573; 1914. [2]) Phil. Mag. **28**, 823; **29**, 673; 1915. — Fajans: [1]) Phys. ZS. 1914, 935; 1915, 45, 478. [2]) Szber. Heidelb. Akad. Bd. 12, Nr. 11; 1914. [3]) Chemik.-Ztg. 1914, 967. [4]) (u. Fischler, Lambert) ZS. anorg. Chem. **95**, 284, 297; 1916. [5]) Szber. Heidelb. Akad. A, 3 Abldg. 1918. — Baxter: Thorvaldsen, Grover: J. Amer. Chem. Soc. **37**, 1027; 1915. — Clarke: [1]) Proc. Nat. Acad. **4**, 181; 1918. [2]) Chem. News **117**, 370; 1918.

Zu **88** und **89.** v. Lerch: [1]) Jahrb. Radioakt. 1905, 470. [2]) Ann. Phys. **20**, 345; 1906. — Soddy: Chemie der Radioelemente 1912, 61. — v. Hevesy: [1]) Phil. Mag. **23**, 628; 1912. [2]) Phys. ZS. 1912, 672; 1913, 49. [3]) Szber. Wien **122**, 1037; **123**, 1909; 1913/14. — Fajans: [1]) Habilitationsschrift Karlsruhe 1912, 64. [2]) Radium 1912, 239. [3]) Phys. ZS. 1913, 131, 136. [4]) (u. Göhring) Phys. ZS. 1913, 877; 1915, 469. [5]) Szber. Heidelb. Akad. 1914, Nr. 11. [6]) (u. Beer) Ber. Chem. Ges. **46**, 3480; 1914. [7]) Radium 1913, 171; 1914, 123. — Russell, Soddy: [1]) Chem. News **107**, 49, 97; 1913. [2]) Jahrb. Radioakt. 1913, 188. — Fleck: [1]) Chem. News

107, 68; 1913. [2]) Phil. Mag. **26**, 528; 1913. — Hahn und Meitner: Phys. ZS. 1913, 758.

Zu **90.** Wislicenus: Grundeigenschaften der Materie (Rektoratsrede, Bonn 1877). — Lavoisier: Nomenclature chimique 1787, S. 16 (Oeuvres II, 623 — übers. Hermbstädt 1803, S. 12). — Dalton: [1]) Neues System der chem. Elemente 1808, Bd. 1, S. 3. [2]) Vorlesung in der Royal Institution vom 30. I. 1810 (in Roswe-Harden, Ursprung der Atomtheorie 1898, S. 104, 115). — Muir: The alchemical essence (London 1894, S. 31). — Dumas: Ann. chim. phys. **55**, 129; 1859. — Ostwald: J. Chem. Soc. **85**, 520; 1904. — Arrhenius: Theorie der Chemie 1906, S. 35. — Mendeléef: Lieb. Ann. Suppl. Bd. VIII, 1871, S. 133. — Hönigschmidt: (Vortrag) Ber. Chem. Ges. **49**, 1860; 1915. — Fajans: [1]) Phys. ZS. 1914, 935. [2]) (u. Lambert) ZS. anorg. Chem. **95**, 335; 1915. [3]) Jahrb. Radioakt. **14**, 314; **15**, 101; 1917/18. [4]) Naturw. **6**, 751; 1918. — Paneth: [1]) ZS. phys. Chem. **91**, 171; 1916. [2]) ZS. phys. Chem. **93**, 86; 1918. [3]) Naturw. **6**, 646; 1918. — Wegscheider: ZS. phys. Chem. **92**, 741; 1918. — Remy: Naturw. **6**, 525; 1918. — v. Hevesy: Phys. ZS. 1915, **45**. J. J. Thomson: Posit. Strahlen 1913, S. 67. — Soddy: J. Chem. Soc. **115**, 10; 1919.

Zu **91. 92. 93.** Dalton: Neues System der chem. Philosophie 1808, Bd. 1, 161. — Soddy: Radioakt. 1904, 131, 185. — Debierne: Ann. de phys. **4**, 323; 1915. — Lindeman: Phil. Mag. **30**, 560; 1915. — St. Meyer: Szber. Wien **125**, 201; 1916. — Harkins und Wilson: [1]) J. Amer. Chem. Soc. **37**, 1367, 1383; 1915. [2]) ZS. anorg. Chem. **95**, 1, 20; 1915. — Einstein: Ann. Phys. **18**, 639; 1905. — Comstock: [1]) J. Amer. Chem. Soc. **30**, 683. [2]) Phil. Mag. **15**, 1; 1908. — Swinne: Phys. ZS. 1913, 145. — Planck: Ann. Phys. **26**, 32; 1908.

Zu **94** und **95.** Berzelius: Jahresber. Chemie **20** (2), 13; 1841. — Naquet: De l'allotropie et de l'isomérie (Paris 1860). — D. Berthelot: De l'allotropie des corps simples (Paris 1894). — Bamberger: Vorträge Ver. Verbr. Naturw. Wien **48**, 422; 1908. — J. Meyer: Sammlung chem. Vorträge **15**, 42; 1910 (Stuttg.). — E. Cohen: ZS. phys. Chem. **47**, 1; **50**, 291; **52**, 129; **68**, 214; **71**, 301; **85**, 419. **87**, 431 (1904—14). — Strutt: Proc. Roy. Soc. **91**, 303; 1915. — Creighton: J. Amer. Chem. Soc. **37**, 2064; 1915. — Hönigschmidt: Ber. Chem. Ges. **49**, 1835 (1860); 1916. — Rydberg: Elektron, der erste Grundstoff (Berlin, Lund 1906). — Bijl u. Kolkmeyer: Proc. Akad. Amsterdam **21**, 405, 494, 501; 1919.

Nachtrag (zu S. 179/180):

Das graue **Zinn** ist 4-wertig; nach den Untersuchungen mit X-Strahlen sind die Atome, sowie beim Diamant die C-Atome angeordnet (der Elementarwürfel hat eine Länge von $6{,}5 \cdot 10^{-8}$ cm). Das weiße Zinn ist 2-wertig; in der tetragonalen Anordnung wechseln Schichten, in denen die Atome auf Quadrate von 5,8 und $4{,}1 \cdot 10^{-8}$ cm Seitenlänge verteilt sind.

Radiochemie und die alchemischen Probleme. Ursubstanz, Bausteine der Elemente und Elementumwandlung.

96. Die Zusammensetzung der Elemente abgeleitet aus dem A.-G.

Die Erfahrungen der radioaktiven Forschung lehren uns, daß es chemische Elemente gibt, die teilbar sind. Da sich die Radioelemente chemisch nicht von den übrigen Elementen unterscheiden, da sie sich in das periodische System einreihen lassen, so ist es sehr wahrscheinlich, daß auch andere Elemente teilbar sind, ineinander übergehen können und gemeinsame Bestandteile (Urstoffe) enthalten. Die Auffassung von der Zusammensetzung der Elemente ist wohl allgemein von Physikern und Chemikern vertreten worden.[1]) H. Kopp sagt (1864) über dieses Thema: „Niemand kann behaupten, daß die jetzt von den Chemikern anerkannten Elemente absolut einfache Materien seien. Man muß die Möglichkeit zugestehen, daß sie zu noch einfacheren Körpern zerlegt werden. Inwiefern ein Körper als ein Element zu betrachten sei, ist etwas Relatives, sofern es abhängig ist von der Ausbildung der Hilfsmittel der Zerlegung, über welche die praktische Chemie verfügt und von der Zuverlässigkeit der Schlußfolgerungen, welche die theoretische Chemie geben kann."

Wenn ein Zerfall eintritt, so müssen die Elemente nach den Erfahrungen auf dem Gebiete der Radioaktivität in enger Beziehung zueinander stehen. Die nächstliegende Beziehung ist die zum Atomgewicht. Nach vorstehendem hat zwar das Atomgewicht seine volle Bedeutung als charakteristische Konstante eines Elementes verloren, da man ja nicht weiß, ob ein Element einheitlich oder ein Isotopengemenge ist. Aber es bleibt das Atomgewicht doch ein brauchbarer Wegweiser. Für die Elemente mit niedrigem Atomgewicht liegen überdies bisher keine Gründe vor, die das Atomgewicht als Zufallswert erscheinen ließen (siehe **102.**).

Rydberg, der die Grundlagen für die regelmäßige Anordnung der Spektrallinien untersuchte, hat sich seit 1886 auch mit den Beziehungen der Atomgewichte zueinander beschäftigt. Aus der 1897 gegebenen folgenden Zusammenstellung für die mittleren Differenzen Δ der Atomgewichte für um 10 Stellen im periodischen System auseinanderliegende Elemente ersieht man, daß die Δ wenig schwanken.[2])

---

[1]) Die Theorie der Zerlegung der Elemente ist vertreten worden von R. Boyle — dann sind zu nennen: Ampère, M. Berthelot, Cauchy, Crookes, Dalton, Davy, Dumas, Faraday, Fechner, Graham, Kayser, Kopp, Liebig, Lockyer, L. Meyer, Ostwald, Stokes, W. Weber, Wundt.

[2]) Größere Regelmäßigkeit findet man, wenn man das Verhältnis der Atomgewichte untersucht (C. Schmidt, siehe **123.**).

von	Al—Li	Vd—Al	As—Vd	Mo—Ge	Sb—Nb	Ce—Er	Bi—Ta
Δ	2,01	2,41	2,38	2,38	2,61	2,75	2,52

Harkins berechnet für die Elemente:

von	1—10 (Ne)	10—20 (Ca)	20—30 (Zn)	30—40 (Zr)
Δ	2,00	2,01	2,25	2,25

von	40—50 (Sn)	50—60 (Nd)	70—79 (Au)	79—92 (Ur)
Δ	2,84	2,25	2,80	3,20

Die Unregelmäßigkeiten in den einzelnen Abständen heben sich also überwiegend auf. Man kann nachweisen, daß eine solche Verteilung nicht zufällig ist. Die Wahrscheinlichkeit für zufällige Verteilung ist außerordentlich gering (vgl. **102.**).

Dividiert man die Werte der Atomgewichte durch 4 und vergleicht die Bruchteile, so sieht man, daß vorkommen:

Bruchteile von	,0	,1	,2	,3	,4	,5	,6	,7	,8	,9
unter den ersten 25 . .	11	0	2	0	0	1	0	9	1	1
bei den folgenden 57. .	9	7	3	6	2	3	6	11	6	4
bei allen 82 Elementen .	20	7	5	6	2	4	6	20	7	5

Wir bemerken also Häufungsstellen für die Bruchteile ,0 und ,7. Ist daher M eine ganze Zahl, so ist die Mehrzahl der Atomgewichte von der Form $4M$ und $4M + 4 \cdot 0{,}7$ oder $= 4M + 3$ oder $= 4M - 1$. Je genauer wir die Atomgewichte bestimmen, desto kleiner und systematischer werden die Abweichungen von ganzen Zahlen[1]), so z. B. ergeben Th jetzt 232,15 (232,8), Ur 238,2 (239,4). Ostwald[2]) erblickt in dem systematischen Gang der Atomgewichte einen Hauptgrund dafür, daß die Elemente Kondensationszustände einer Urmaterie seien. Die Kondensation selbst spielt sich außerhalb der uns bekannten chemischen Vorgänge ab.

97. Die Entwicklung der Elemente nach ihren Spektren.

Lockyer ist durch seine umfangreichen Beobachtungen über die Spektren der Elemente zu gleichen Schlußfolgerungen gelangt. Kayser hat diese Schlüsse in seinem Handbuch der Spektroskopi als berechtigt nachgewiesen. Die Spektren der Elemente ändern sich erheblich mit der Temperatur der Strahlungsquelle. Dumas[3]), einer der eifrigsten Verfechter der Proutschen Hypothese, sah darin einen Beweis für die Dissoziation der Elemente und Lockyer ist dieser Auffassung beigetreten. Als Merkzeichen der Änderung ist das Auftreten der langen verstärkten (*enhanced*) Linien anzusehen (1873 entdeckt). Beobachtet man das Spektrum einer Substanz, das im Lichtbogen erzeugt ist, durch einen Schlitz, so sind die Linien nicht gleich lang; sie ändern sich mit der Stelle des Bogens, den man betrachtet. Lang sind nur die Linien, die sowohl im Kern des Bogens, wie in der umgebenden Lichthülle enthalten sind. Nur im Kern vorhandene Linien sind kürzer. Die langen Linien gehören Serien an, die bei höherer Temperatur auftreten,

[1]) Das gleiche gilt für Y, Ar; He, N und andere Elemente, siehe **103.**
[2]) Lehrbuch der physikal. Chemie. 2. Aufl. 1891, Bd. I.
[3]) 1873 Brief an Lockyer; vgl. The Chemistry of the sun, 1887, p. 203.

also im Bogen, bei dem auch die Lichthülle stärker zum Leuchten gebracht ist. Die kurzen Linien verschwinden bei weiter steigender Temperatur. Eine solche Steigerung erreicht man im Induktionsfunken, besonders wenn dieser durch Einschaltung von Leidener Flaschen in dem Induktionskreis verstärkt wird.

Die Gestirne haben überwiegend eine viel höhere Temperatur als die irdischen Strahlungsquellen. Man erkennt ihre Temperatur an ihrer Lichtstärke und Farbe. Ihr Spektrum ist wesentlich einfacher, als das der gewöhnlichen Elemente. Man kann unterscheiden:

a) weiße Gassterne	1. γ Argo; δ, η, ε, $\varkappa$ im Orion, ζ Puppis		enthält Protowasserstoff
	2. β Crucis, ζ Tauri, Algol	,,	Helium
b) weiße Protometallsterne	α Cygni, Sirius, Polarstern, Procyon	,,	leichte Metalle
c) gelbe Metallsterne	Sonne, Arctur	,,	viele Schwermetalle
d) rote Kohlenstoffsterne	Antares, 19 Piscium	,,	Verbindungen

In den heißesten Sternen ($T \sim 20000^0$; besonders ζ Puppis) überwiegt eine Serie Linien, wie Pickering auf der Sternwarte der Harvard-Universität 1897 fand. Kayser schrieb sie dem Wasserstoff in einem besonderen Zustand (Protowasserstoff) zu.[1]) Nach den Untersuchungen v. Evans und Fowler (1912/15) gehört diese Serie dem Helium an. Merton (1915) konnte die Linien auch im Laboratorium bei Funkenentladung unter sehr geringem Druck in einem Gemisch von H und He erhalten.[2]) Bei Abnahme der Temperatur erscheint dann zunächst das gewöhnliche He-Spektrum; es verschwindet aber wieder bei weiterer Abnahme der Temperatur. Die Metalle treten erst bei Sternen von viel tieferer Temperatur auf und zwar zunächst mit Serien, die einer V o r s t u f e, den P r o t o m e t a l l e n, zugeschrieben werden. Es bilden sich nicht zuerst die Metalle mit niedrigstem Atomgewicht. Mg und Ca erscheinen vor Na. Metalloide werden erst in Sternen niedriger Temperatur (unter 6000⁰, Sonnentemperatur) aufgefunden. Die Kohlenstoffsterne (mit vielleicht 3—4000⁰) haben, wie die Nebelflecke Spektren mit Banden; sie enthalten also bereits chemische Verbindungen, z. B. Kohlenwasserstoffe.

Ganz ungezwungen ergibt sich aus den Beobachtungen über Sternspektren, daß sich die Elemente bei allmählicher Abkühlung aus wenigen Urstoffen s t u f e n w e i s e bilden, ein Aufbau, wie ihn bereits Schopenhauer als den einzig logisch möglichen voraussagte. „Die Elemente mit niedrigem Atomgewicht bildeten sich als erster Anschlag des Grundakkordes der Welt.“

98. Chemisch-physikalische Gründe für die Zusammensetzung der Elemente.

Dumas, dessen Mitwirkung an den Grundlagen der Chemie bei **14.** erwähnt ist, verglich die Elemente mit den homologen Reihen der organischen Chemie, z. B. den Kohlenwasserstoffen. Auch bei diesen sind die

---

[1]) Hauptlinie 4686.

[2]) Das Atomgewicht dieser leuchtenden Gase, bestimmt nach der **101.** beschriebenen Methode, ergab sich nur zu 0,1. Die Methode ist nicht einwandfrei, siehe Anmerk. 1 S. 195.

Dichteänderungen und die Abänderungen anderer physikalischer Konstanten nicht eine lineare Funktion des Atom- oder Molekulargewichtes. Man kann daher aus den einzelnen Zahlen nicht unzweideutig auf den Aufbau schließen. Es ist vielmehr das ganze Verhalten der Stoffe miteinander zu vergleichen. Dann erscheinen besonders die Triaden, z. B. S, Se, Te—As, Sb, Bi so verwandt, wie die homologen Stoffe. Ramsay (1909) erkennt diese Ähnlichkeit auch daran, daß die Reihen der Elemente ebenso wie die Homologen nicht beliebig weit sich fortsetzen. Homologe mit allzu viel verketteten C-Atomen sind unbeständig. Ebenso gibt es keine Elemente mit höherem Atomgewicht als 240. Alle diese Eigenschaften finden ihren Ausdruck im periodischen System, dessen Bestehen daher als Beweis für den innigen Zusammenhang und die Zusammensetzung der Elemente gelten kann.

Wir sehen vielfach, daß Eigenschaften, die für die Elemente als charakteristisch gelten, auch von zusammengesetzten Gruppen gezeigt werden. So die Eigenschaften der Metalle, daß sie den Strom leiten, so die der Fällung durch Schwefelwasserstoff oder Schwefelammonium. Außer den bereits bei **37.** erwähnten Gruppen (Ammonium, Sulfonium, Phosphonium, Arsonium), die sich wie ein Alkalimetall verhalten, dann Cyan, das sich wie Cl verhält, sei noch das von V. Meyer entdeckte Jodonium $[(C_6H_5)_2\,JOH]$ erwähnt, das, wie Thallium, lösliche und fällbare Verbindungen bildet.

Auch der bei **30.** erwähnte Nachweis, daß die Atome kompressibel sind, läßt nur den Schluß zu, daß die Atome teilbar sind. Wir kennen ferner eine große Reihe Substanzen, deren Mole einatomig sind, z. B. bei gewöhnlicher Temperatur die Metalle und die Edelgase (siehe **15.**), sowie bei höherer Temperatur die Halogene. Alle diese Atome können wir ionisieren, also zerlegen in ein Elektron und ein Atomion (siehe **36.**). Diese Spaltung ist möglich durch Bestrahlung (siehe **42.**) oder durch Erhitzung (siehe **33.**). Besonders leicht erhält man Ionen bei den Metallen, in Lösungen im festen Zustand und im gasförmigen (in den farbigen Flammen). Der komplizierte Bau der Spektren ist ebenfalls ein Zeichen von einer Zerlegung der Atome.

Crookes („Genesis der Elemente") glaubt eine solche Zerlegung auch nachweisen zu können.

Bei Fraktionierung der Samarium- und Yttererde wurden Fraktionen erhalten, die einheitlich waren, sich weder durch Löslichkeit , noch Atomgewicht, noch gewöhnliches Spektrum unterschieden. Trotzdem zeigten sie, wenn man sie starken Kathodenstrahlen im Vakuum aussetzte und sie dann nachleuchteten, ein verschiedenes Phosphoreszenzspektrum. Crookes sprach daraufhin die Ansicht aus, daß die Erden aus Unterteilen (Metaelementen) sich aufbauten. Nach unseren jetzigen Erfahrungen würden sich die Versuche so deuten lassen, daß die Erden aus Isotopen bestehen. Für Neon ist ein solches Metaelement im Metaneon (siehe **81.**) vielleicht vorhanden. Auch für Hg ist eine Zerlegung in 2 Elemente, vom Atomgewicht 199 und 203 (siehe **103.**) wahrscheinlich. Das Vorhandensein von einatomigen Allotropen spricht auch für die Teilbarkeit der Elemente (siehe **94.**).

Schließlich sei auf die Arbeiten von Le Bon[1]) hingewiesen. Er hat über die Aufspaltung der Stoffe zahlreiche Versuche angestellt, die aber (nach Campbell und Lodge) nicht einwandfrei sind. Le Bon fand, daß, wenn Glimmlichtentladung bei einer Elektrisiermaschine hervorgerufen wird, von Substanzen, die auf einer Spitze oder Fläche ausgebreitet sind, die dem Glimmlicht ausgesetzt ist, Strahlungen ausgehen. Diese sollen den radioaktiven Strahlungen entsprechen. Castelot hat, gestützt auf solche Versuche, auch die Erscheinung der Od-Strahlung, die vom lebenden Körper ausgeht, auf die Spaltung von Elementen zurückzuführen gesucht. Wir kommen aber mit solchen Versuchen und ihrer Deutung auf ein recht dunkles Gebiet, auf dem sich physiologische und psychologische Wirkungen mit magisch-mystischen Vorstellungen kreuzen, die der exakten Wissenschaft verschlossen sind.

99. Gewöhnliche Elemente als Radioelemente. Wasserstoff- und Heliumbildung.

An der Teilbarkeit der Elemente ist nicht zu zweifeln. Wie geht aber die Teilung vor sich? J. J. Thomson hat mit den verschiedensten Elementen Versuche angestellt[2]); man kann danach annehmen, daß in den Fällen, in welchen ein Zerfall eintritt, er ähnlich, wie bei den Radioelementen verläuft. Aus einer halbkugeligen Kathode in einem Glasgefäß traten Kathodenstrahlen aus, die sich in einem Brennpunkt vereinigten. In diesem befand sich die zu untersuchende Substanz, die durch die Bestrahlung 5—6 Stunden lang zur Rotglut erhitzt werden konnte. Die Gase[3]) wurden in ein zweites mit dem ersten durch einen Hahn verbundenes Gefäß[4]) übergeführt, in dem sie nach der Ablenkungsmethode (siehe **15.**) als Anodenstrahlen im magnetischen Felde analysiert wurden. Durch die Bestrahlung wird bei vielen Substanzen ein Gasgemisch von Helium, von einem Gase X (vom Atomgewicht 3) und von Neon entwickelt; bei der Mehrzahl der Elemente (Ni, Fe, Cu, Pb, Zn) erschöpft sich die Gasmenge nach wiederholter Bestrahlung. Löst man diese Substanzen in Säuren, so läßt sich durch die Bestrahlung nur selten He, X_3 gar nicht mehr entwickeln. Auch bei anderen elektrischen Entladungen, z. B. bei Bogenentladung mit Eisenelektroden in Stickstoff von 3 cm Druck, oder an einer Wehnelt-Kathode entstehen diese Gase. Es genügt auch eine bloße Erhitzung der Kathode, um das Gas entweichen zu lassen. In Tantalglühlampen bildet sich das gleiche Gasgemisch; das Gas X wird vom Tantal leicht absorbiert. Ferner ist es bei rein chemischen Vorgängen bemerkt worden, wenn z. B. Mg-Draht verbrannt wird.

---

[1]) Entwicklung der Materie, Lpg. 1908 (vgl. **80.** und **101.**). Vielleicht handelt es sich nur um K- oder L-Strahlungen (siehe **118.**), die von den Substanzen durch das Glimmlicht, wie durch X-Strahlen ausgelöst werden könnten.

[2]) Positive Strahlen, 1913, S. 24, 114, 122. — Nature **90**, 645; **91**, 333; 1913 (Vortrag vor der Royal Institution).

[3]) Auch die durch Funken- oder Bogenentladung entstehenden Gase konnten in dieser Kammer gesammelt werden.

[4]) Die Gasmenge ist stets gering. Durch besondere Kontrollversuche wurde gezeigt, daß die Entstehung der Gase nicht auf Radioelemente oder eingedrungene Luft oder andere Verunreinigungen zurückzuführen ist.

Zu den Substanzen, die dauernd He entwickeln, gehören die Elemente K, Rb (die schon als radioaktiv bekannt sind), die anderen Alkalimetalle, ferner Ag, und ihre Verbindungen. So gab $AgNO_3$ He ab. Wurde das Ag durch Salzsäure als AgCl gefällt so gab der Niederschlag auch wieder He. Die Beziehung dieser Substanzen und einiger anderer Elemente Be, Zr zum He hatte schon früher Strutt (1907/08) erkannt. Er fand, daß K-, Be-, Zr-Mineralien ungewöhnlich viel He enthalten. Wie bei den radioaktiven Substanzen ist der Gehalt an He in Zirkonmineralien ihrem Alter proportional.

Das Gas *X* wird am meisten von solchen Substanzen abgegeben, die Wasserstoff im Atom oder Mol enthalten, so von Ätzkali, während Jodkalium nach dem Auflösen und Eindampfen kein *X* mehr nach der Bestrahlung abgibt. Ätzkali kann das Gas nicht bloß durch Bestrahlung, sondern auch viele Monate lang beim Erhitzen entwickeln. Das Gas ist nicht etwa in den Substanzen gelöst, sondern bildet sich erst durch die Behandlung. Stellt man z. B. Salmiak her aus gasförmigem Ammoniak und gasförmiger Salzsäure in Räumen, die vorher von anderen Gasen befreit waren, so ist kein *X* nachweisbar. Erst nach der Bestrahlung entsteht es.

Das Gas *X* steht dem Wasserstoff nahe, da es wie dieser unter dem Einfluß der elektrischen Entladung von Quecksilber und Sauerstoff, sowie auch von erhitztem Kupferoxyd gebunden wird. Dempster (1916) analysierte das Gas, das aus Wehnelt-Kathoden bei 800 Volt Spannung und bei Drucken von 0,01 mm und darunter erhalten war, nach der Ablenkungsmethode. Er fand außer *X* noch ein- und zweiatomigen H (H als H-Ion, H_2). Bei 0,01 mm Druck entstand durch die Entladung wesentlich *X* neben etwas H_2 und wenig H. Sank der Druck auf 0,002 mm, so entstand nur noch H_2. (N. Bohr [Meddel, Nobelinstitut **5**, Nr. 28; 1919] faßt das Gas H_3 als Analogon des Ozons auf. Der Bau ist ähnlich dem des H-Moles — siehe **134.**) Die Ionenbildung trat zurück, weil bei geringerem Druck während der Entladung der Zusammenstoß von Elektronen mit den H-Molen weniger häufig ist. Nimmt man an, daß $X = H_2 + H$, so fällt dann die Möglichkeit zur Bildung des Gases fort. Bei noch niedrigerem Druck (0,0005 mm) ist H und *X* kaum noch nachweisbar. Das Verhältnis der Menge von *X* zu H bleibt konstant; das bestätigt wieder die Annahme von der Bildung des Gases aus H und H_2.

Diese Bildung ist also eine Zerlegung[1]) von H-Atomen. Das entstehende H-Ion ist stark aktiv (es befindet sich im statu nascendi). Es entspricht wahrscheinlich dem Protowasserstoff (siehe **101.**).

---

[1]) Nicht zu entscheiden ist, ob die Gase von Anfang an vorhanden sind, oder ob sie sich erst während der Versuche bilden. Elektrolytisch entwickelter Wasserstoff ist eine einheitliche Substanz (Versuche von O. Stern und Vollmer, 1919). Er wurde zu Wasser verbrannt; dem brennenden H entgegen strömte durch ein Gas durchlassendes Tonrohr Wasserdampf. Sind die entstehenden Dämpfe nicht einheitlich, so werden sie sich durch fraktionierte Diffusion durch das Tonrohr hindurch zum Teil scheiden. Es müßte dann das innerhalb und außerhalb des Rohres kondensierte Wasser eine verschiedene Dichte haben. Dir Unterschiede gegen reinstes Wasser waren aber kleiner als 0,000001 der Dichte. Die Empfindlichkeit der Methode wäre an sich genügend, um Zerlegungen herbeizuführen, wie Kontrollversuche mit Gemischen von Wasserstoff und Sauerstoff zeigten.

Gleichzeitig ist aber He vorhanden. Es bildet sich auch aus Neon in Entladungsröhren, in denen die Kathodenstrahlen auf feste Stoffe aufprallen. Eine K—Na-Legierung, die in Quarzröhren der Wirkung des Sonnenlichtes oder des ultravioletten Lichtes ausgesetzt ist, gibt ebenfalls He ab.

Marsden gelang (1915) auch der Nachweis, daß bei radioaktiven Vorgängen Wasserstoff entsteht. Ein dünnes Bündel von α-Strahlen, erzeugt von RaC (aus dem Zerfall der RaEm), fiel in trockener Luft auf eine $10\,\mu$ dicke Wachsschicht. Die α-Teile zersprengten das Wachsmol und machten aktiven H[1]) frei. Auf diese Vorgänge können in erster Näherung die einfachen Stoßgesetze angewendet werden (siehe **31.**). Die He-Atome geben ihre Energie und Ladung an die viermal leichteren H-Atome ab, dadurch erlangen diese neuen α-Teile eine 1,6fache Geschwindigkeit und legen daher größere Strecken als die α-Teile zurück. Im übrigen verhalten sich die aus H bestehenden α-Strahlen genau so wie die He-Teile. Sie erregen, wie diese den Zinksulfidschirm und werden auch so zerstreut. Nur durch die Reichweite (über 7 cm) erkennt man, ob die Träger des α-Teilchens H oder He sind. Es zeigte sich, daß die Zahl der H-Strahlen größer war, als diejenige, die sich aus der Umwandlung von He in H berechnete. Es mußte also die Strahlungsquelle selbst H aussenden. Diese H-Strahlen gingen z. B. von einem auf 150° erhitzten auf Nickel niedergeschlagenen RaC aus, aber nur im Betrage von $^1/_{100\,000}$ der α-Strahlung des He. Kontrollversuche schlossen die Möglichkeit aus, daß diese H-Menge etwa beim Zusammenprall von He-Teilen mit Wasserdampf oder aus im Nickel okkludiertem H entstanden war.

Physikalisch glichen diese H-Teile völlig den H-Ionen im Gaszustand, die entstehen, wenn Wasserstoffmole durch radioaktive oder ultraviolette Strahlen gespalten werden.

Frau Bose (1916) konnte die Bahnen dieses Radiowasserstoffes photographieren; die Verteilung dieser Bahnen entsprach den theoretischen Voraussetzungen (siehe **31.**).

Rutherford hat mit Marsden u. Kaye (1919) weiter untersucht,[2]) wie sich die Vorgänge, bei denen die schnellen H-Strahlen entstehen, abspielen. Es haben sich dabei wesentliche Unterschiede gegen die α-Strahlung ergeben. Zunächst bestätigte es sich, daß beim Durchgang durch 1 ccm Wasserstoffgas (= 10000 Mole bei 0° und 760 mm Druck) von 100000 α-Teilchen nur eines ein H-Teilchen in Bewegung bringt. Es führt also **nur**

---

[1]) Duane (1916) erhielt bei Bestrahlung von ganz reinem Wasserstoff aktiven H, der S und P angreift unter Entstehen von Wasser.

[2]) Die Anordnung war eine recht einfache. Ein viereckiger Metallkasten mit 2 Hähnen (um den Druck und die Gasfüllung zu ändern) war auf der einen Stirnseite durch Spiegelglas, auf der anderen durch eine Metallplatte geschlossen, die einen Schlitz von 1 cm Länge und 3 mm Breite besaß. Dieser Schlitz wurde durch eine dünnere Platte aus Silber bedeckt, deren Dicke so bemessen war, daß sie die α-Teilchen so, wie eine Luftschicht von 5 cm hemmte. Die Strahlungsquelle (RaC) befand sich 18 cm entfernt von dem Schlitz. In 1—2 mm Entfernung (außerhalb des Kastens) war ein Zinksulfidschirm aufgestellt. Auf diesem wurden die von den auftreffenden H-Teilchen erregten Lichtfünkchen mit einem Mikroskop beobachtet und gezählt. Durch ein magnetisches Feld wurden etwaige β-Strahlen abgelenkt.

ein Zusammenstoß unter 10^9 Zusammenstößen zur Bildung dieser H-Teilchen. Diese sind H-Ionen (positive Elektronen; wie Messungen nach den Methoden ergaben, die zur Bestimmung[1]) von e/m — siehe **40.** — angewandt werden). Sie bewegen sich in der gleichen Richtung[2]), wie die α-Teilchen. Beide Geschwindigkeiten sind gleich; die Reichweite aber die vierfache der α-Teilchen (= 28 cm). Daß die Geschwindigkeit gleich wird, läßt sich durch keine Stoßtheorie erklären, selbst wenn man quantenmäßige Energieverteilung voraussetzt. Die einfachen Stoßgesetze gelten in keinem Falle, da man einmal die Zahl der Zusammenstöße (trotz ihrer relativ kleinen Zahl) doch noch beträchtlich größer findet, als sie sein sollte. Ferner ist die komplizierte Zusammensetzung der stoßenden α-Teile (sie bestehen aus 4 H-Kernen und 2 Elektronen) zu berücksichtigen. Diese Kerne können nicht größer sein, als der Durchmesser des freien Elektrons ($4 \cdot 10^{-13}$ cm). Der Zusammenstoß findet nur statt, wenn sich die stoßenden Kerne auf einem außerordentlich kleinen Abstand (der Abstand darf höchstens $2{,}4 \cdot 10^{-13}$ cm betragen) nähern. In dieser Entfernung wirken die beiden Kerne aufeinander mit einer Kraft von 5 kg. Unter diesen Umständen sind die Gesetze[3]) der punktförmigen Ladung nicht mehr gültig. Die beiden Atomsysteme müssen deformiert werden. Wunderbar ist aber, daß sie trotzdem noch erhalten bleiben.

100. Die Verschiebungsregeln bei den chemischen Elementen.

Die Zersetzungsvorgänge bei den chemischen Elementen sind demgemäß denen der Radioelemente vergleichbar. Man kann aber auch zeigen, daß die Verschiebungsregeln, die für die Radioelemente gelten, in einer großen Reihe von Fällen für Elemente von niedrigem Atomgewicht[4]) zutreffen. So unterscheiden sich verwandte Elemente vielfach im Atomgewicht um durch 4 teilbare Werte, d. h. um α-Teilchen. Andererseits haben aufeinanderfolgende Elemente gerader und ungerader Ordnungszahl mittlere Differenzen von 4 (Harkins, Collins). Wir finden so:

für gerade Elemente:	O—C 4,00	Ne—O 4,20	Mg—Ne 4,12	Si—Mg 4,0	S—Si 3,8	Ar—S 2·3,9	Ti—Ca 2·4,0	Cr—Ti 3,9

für ungerade Elemente:	B—Li 4,06	Na—F 4,00	Al—Na 4,10	P—Al 3,94	Mn—Vd 3,93	
für verwandte Elemente[5]) gerade Reihe	Ne—He 4,05	Ar—Ne 3,98	Mg—Be 3,8	Ca—Mg 3,94	Si—C 4,08	S—O 4,01
ungerade Reihe	Na—Li 4,01	K—Na 4,01	Ca—Mg 3,94	Se—Al 4,25	Al—B 4,02	P—N 4,25

Man sieht daraus klar, daß die Zahl 4 bei den leichten Elementen eine wesentliche Rolle spielt und zwar überwiegend bei den geraden Ele-

[1]) Die Teilchen werden nicht um große Winkel abgelenkt, wie es beim Zusammenstoß von α-Teilchen mit schwereren Metallatomen eintritt (siehe **117.**). Sie gehen in Richtung der α-Teilchen weiter.

[2]) e/m = 10000 E.M.S. statt 9570 gefunden.

[3]) Man muß die Ansätze benutzen, die Born (siehe **135.**) für die Anziehung der Kristallatome gegeben hat.

[4]) Vgl. Rutherford: Phil. Mag. **12**, 365; 1906; Jahrb. Radioakt. 1907, 1.

[5]) $^1/_4$, bei Ar—Ne $^1/_5$ der Differenz der Atomgewichte.

menten. Danach erscheinen diese leichten Elemente geradezu als Homologe des Heliums. Die α-Verschiebungsregel ist also anwendbar. Die bei **96.** erwähnten, von Rydberg angegebenen Regelmäßigkeiten lehren, daß auch bei den schwereren Elementen, wenn auch nicht so ausgeprägt, die Atomgewichte sich Vielfachen von 4 nähern.

Van den Broek hat geprüft, ob auch die β-Verschiebungsregel zutrifft. Aufeinanderfolgende Elemente, die sich nicht oder wenig im Atomgewicht unterscheiden, gibt es nur wenige, z. B. Ca und Ar — Ni und Co. Man kann aber annehmen, daß der Zusammenhang derselbe sei, wie in den radioaktiven Reihen. Bei diesen sind 4α- und 2β-Strahler unter 6 folgenden Elementen. Diese 6 haben eine Atomgewichtsdifferenz von $4\alpha = 16$; im Mittel würde also eine Differenz $^{16}/_{6} = 2{,}7$ zu erwarten sein, wenn die gewöhnlichen Elemente Radioreihen bilden. Das trifft, wie wir bei **96.** sahen, bei den schwereren Elementen annähernd zu. Etwas sicheres ist aber aus diesen stark schwankenden Differenzen nicht zu folgern. Nehmen wir an, es wären unter 8 Elementen 5α- und 3β-Strahler, so wäre die mittlere Differenz $20/8 = 2{,}5$. Die großen Perioden umfassen 18 Elemente; hier könnten z. B. 6α- und 2β-Strahler (8 Elemente) die kleine, und 6α- und 4β-Strahler (10 Elemente) die große Untergruppe bilden, mit den mittleren Differenzen von 3,0 und 2,4.

Fajans (1915) hat darauf hingewiesen, daß innerhalb der Plejaden bei den α-Strahler die Elemente mit niedrigsten Atomgewichten die größte Lebensdauer haben. Faßt man die Gruppen des periodischen Systems als Plejaden auf, so trifft dann auch zu, daß die Elemente mit niedrigsten Atomgewichten die widerstandsfähigsten sind. Ein Maß für die Lebensdauer ist, wie wir bei den Uranmineralien sahen, der Prozentgehalt an dem fraglichen Element. Clarke (1911) hat nun festgestellt, daß im Durchschnitt die Elemente mit niedrigstem Atomgewicht am häufigsten[1]) auf der Erde vorkommen (siehe **104.**). Wir sahen bei **97.**, daß sie auch bei den höchsten Temperaturen weniger zersetzlich sind.

101. Der stufenweise Aufbau und die Protoelemente.

Der Auf- oder Abbau der Elemente ist ein radiochemischer Vorgang; er läßt sich durch chemische oder physikalische Mittel[2]) vorläufig nicht hervorrufen (siehe **80.**). Sicher ist nur, daß er stufenweise erfolgt. Das entspricht einem allgemeinen Grundsatz (siehe **56.**), der auch bei den allotropen Verwandlungen gilt, die als Elementenumwandlungen aufgefaßt werden können. Es bildet sich nicht die stabilste Form (in diesem Fall der Urstoff), sondern Zwischenformen.

M. Berthelot[3]) schließt aus dem periodischen Gesetz und aus den Regelmäßigkeiten des Atomgewichtes, daß solche Zwischenelemente Wasser-

[1]) Auf die Elemente bis N = 29 entfallen in den Meteoriten 99,99 %, in den festen Erdgesteinen 99,85 %, in den Gesteinen der Sandsteinsphäre 99,95 %. 86 % der Gesteine der Erdrinde und 97 % bei den Meteoriten entfallen auf die geraden Elemente.

[2]) Die J. J. Thomsonschen Versuche (siehe **99.**) lassen sich nicht so deuten. Vielleicht gelingt die Zerlegung in dem 6000° heißen elektrischen Bogen, den Lummer 1914 erhalten hat.

[3]) Origines de l'alchemie 1885, p. 288.

stoff und Bruchteile des Wasserstoffs seien. Diese entständen aber neben ein oder mehreren Restatomen ,die mit den gewöhnlichen Elementen identisch sein könnten, — eine Prophezeiung, die durch die Radiochemie bestätigt wurde. Crookes hatte 1879 und noch eingehender in seiner Genesis der Elemente (1887) die gleichen Ansichten über die Spaltung oder Dematerialisation der Stoffe geäußert. Die Elemente müssen so gut wie die Himmelskörper und die Arten der Lebewesen eine stetige Entwicklung erfahren haben. Le Bon hat diese Zwischenstufen zwischen Urstoff und den irdischen Elementen als Emanation bezeichnet. Die bei seinen Versuchen mit der Elektrisiermaschine (siehe **98.**) entstehenden Emanationen konnten, wie die α-Teile es tun, Hindernisse durchdringen. Es ist jedoch nicht sicher (siehe **80.**), ob nicht ultrarote oder ultraviolette Strahlungen entstanden, die z. T. Metallschirme, Hartgummi oder schwarzes Papier durchdringen[1]) und die ebenfalls Ionisation erregen. Findet eine Spitzenentladung in Flüssigkeiten statt, so erhält man die Metalle als Kolloide. Diese allotrope Form faßt Le Bon als eine der Zwischenstufen auf.

Als weitere solche Stufen sind nach vielfach geäußerten Annahmen[2]) die von Lockyer und dann weiter von Pickering und Huggins auf den Sternen aufgefundenen, von irdischen Elementen durch ihr Spektrum sich unterscheidenden, Elemente anzusehen. Sie werden als Protoelemente bezeichnet (siehe **97.**). Ob man die Protometalle, deren Spektrum auch im heißesten Induktionsfunken erscheint, als Elementstufen auffassen kann, ist zweifelhaft. Wichtiger sind noch die Elemente, die als Protowasserstoff, Asturium (Archonium), Nebulium und Coronium bezeichnet werden.

Man findet sie in den heißesten Sternen, in der Sonnenkorona und in den Nebelflecken. Von diesen Elementen ist bisher durch irdische Mittel[3]) Protowasserstoff herstellbar (vgl. **99.**); er ist wahrscheinlich, aber nicht ein Spaltstück des H, sondern des He (siehe **97.** u. **114.**). Das in den Nebeln vorkommende Archonium hat ein Atomgewicht von 2,9. Es liegt die Vermutung nahe, daß es das Gas X ist, das aus Protowasserstoff (dem H-Ion entsprechend) und H-Molen sich bildet (siehe **99.**). Es ist nach allem richtiger[4]), die Protoelemente als Crookessche Metaelemente anzusehen, wie sie z. B. bei der Fraktionierung des Y und Sm erhalten werden (siehe **98.**) und die jetzt besser als Isotope bezeichnet werden.

Das Atomgewicht läßt sich aus Interferenzbeobachtungen mit einiger Sicherheit bestimmen. Bourget, Fabry, Buisson ließen das spektralzerlegte Licht der Sterne in einem Spiegelteleskop durch ein System von schwach versilberten planparallelen Platten hindurchgehen. Es entstanden Interferenzstreifen und zwar in der Form der Haidinger Ringe. Vergrößert man den Abstand der Platten und damit den Gangunterschied der interferierenden Lichtbündel, so verschwindet je nach der Breite der Linie früher

---

[1]) Entwicklung der Materie, S. 131.

[2]) A. E. und A. C. Jessup (1908), Morosoff (1908), Nicholson (von 1911 ab in zahlreichen Arbeiten), Fajans (1913).

[3]) Nach Angaben in Science (**50**, 71; 1919) beobachteten bereits vor Jahren Liveing und Dewar im Helium bestimmter Quellen unbekannte Linien. Diese gehören nach Cady und Mc Farland dem Coronium an.

[4]) Lockyer: Inorganic evolution 1900, S. 53.

oder später die Ringfigur. Die Breite der Linien ist aber ein Maßstab für die Unterschiede in den Geschwindigkeiten der Mole, die in den Elementen strahlen.

Nach der kinetischen Gastheorie (Rayleigh 1889, Schönrock 1906) hängt dieser Unterschied eng mit dem Atomgewicht (M) des strahlenden Atoms zusammen. Ist die Grenze in Wellenlängen, bei der die Interferenz verschwindet[1] N, K eine Konstante ($= 1{,}22 \cdot 10^6$), so ist $N = K\sqrt{M/T}$. Bei der Linie $H\gamma$ wurde bei 4 mm die Interferenzfigur ausgelöscht, also bei $N = 10000$. Für das Archonium bei etwas über 5,6 mm, $N = 16500$. Für die grüne Nebellinie war $N = 11000$. Für die gleiche Lichtquelle, bei der T, die Temperatur unverändert bleibt, kann man aus der Formel ohne weiteres ableiten, daß $M_1/M_2 = N_1^2/N_2^2$. Für $H\gamma$ ist $M = 1$. Also folgt für Archonium $M = 16500^2/10000^2 = 2{,}7$. Als Schlußwerte sind angegeben für Protowasserstoff $M = \mathbf{0{,}082}$[2]; für Nebulium 1,31; für Coronium 2,1, für Archonium 2,9.

Für Nebulium hat Nicholson (1918) den Wert von $M = 1{,}31$ noch auf anderem Wege erhalten. Die Schwingungen eines einzigen Elektronenringes mit dem einfachen Kern der Protoelemente sind theoretisch berechenbar. Vergleicht man das berechnete Spektrum mit den beobachteten, so erhält man das Verhältnis der Atommassen $m/M = 0{,}000415$. Setzt man die Masse des Elektrons m ein, so ergibt sich $M = 1{,}31$.

Nach Nicholson sind diese Elemente vollständig abweichend von den Erdelementen.[3] Ihr Atom betrachtet er als eine Art Mikronebel. Um einen Kern rotieren in einem ebenen Ring die Valenzelektronen. Dieser Ring kann etwa wie eine angeschlagene Metallplatte schwingen, entweder als Ganzes senkrecht zu seiner Ebene oder in Hälften, in Dritteln usw. Jeder dieser Schwingungsformen entspricht eine Linie. Aus der Grundschwingung, die von der Zahl n der Valenzelektronen e abhängt, läßt sich das Verhältnis der Masse des Kerns zur Masse des Ringes und, da die Masse der Elektronen bekannt ist, die Masse des Kerns, also das Atomgewicht berechnen. Er findet im ganzen 6 Elemente:

Element	Protowasserstoff	unbekannt	Protohelium in Nova Persei	Nebulium	Coronium	Archonium
n	1 e	2 e	3 e	4 e	5 e	6 e
M	0,082	0,327	0,763	1,31	2,1	2,9
Verhältnis der M	1^2	2^2	3^2	4^2	5^2	6^2

[1] Die Methode ist durchaus nicht einwandfrei. Sie setzt voraus, daß die Linien breit, aber einheitlich sind. Bestehen sie aus mehreren Linien, die eng nebeneinander stehen, so ist aus dem Gangunterschied, bei dem die Interferenzen verschwinden, der Abstand der Linien zu berechnen (Pulfrich: ZS. Instr. 1893, S. 408 und Nagaoka: Proc. Math. Phys. Soc. **8**, 237; 1915). Bei He versagt die Methode (Merton 1915). Das Atomgewicht ist nur = 0,1 zu berechnen (siehe **97.**).

[2] Identisch mit Mertons Wert 0,1 (siehe **97.**).

[3] Es ist gemäß den Fowlerschen Untersuchungen (Royal Institution. Engineering **101**, 342; 1916) über das ganz verschiedene Aussehen von Spektren des H und He unter äußeren Umständen durchaus nicht ausgeschlossen, daß es sich nur um irdische Elemente handelt (siehe **114.**).

Fajans hält Helium für eine Verbindung von Nebulium und Archonium (1,3 + 2,9 = 4,2). Morosoff hat in einem Vortrag bereits 1908 (Dresden 1910) Schemata angegeben, nach denen aus Protoelementen die irdischen Elemente sich bilden könnten. Er gibt dem Proto-H das Atomgewicht 1 ($\overline{H}$), Proto-He ($\overline{He}$) 2 und dem Archonium *Z* das Atomgewicht 4 mit 8 Valenzen. Zunächst entstehen Protoelemente[1]), z. B. Protofluor = Z + 7 $\overline{He}$ (Atomgewicht = 4 + 7·2 = 18) — die noch freie Valenz von Z wird durch 1 $\overline{H}$ gesättigt (Atomgewicht = 19); es entsteht das chemische Element Fluor. Ebenso Na: Proto-Na = 2 Z + 7 $\overline{He}$ = 22 (die beiden Z sind durch doppelte Bindung verkuppelt); Proto-Na + $\overline{H}$ = Na.

102. Das Problem des Urstoffes nach Prout.

Über den Anteil der Protoelemente an dem Aufbau der Stoffe läßt sich nichts Sicheres sagen. Man kommt auch ohne sie aus, wenn man den Aufbau erörtert.[2]) Es ist außerdem nicht ausgeschlossen, daß sie tatsächlich irdische Elemente sind, deren Strahlung unter den anderen physikalischen Bedingungen der Sonnensysteme wesentlich verändert ist. Viel näher liegt es, von den 2 Elementen, die in unserer Sonnenatmosphäre in größter Menge vorhanden sind, dem H und He auszugehen.

Die Rolle des H ist zuerst von dem englischen Arzt Prout (1815), einem überzeugten Anhänger Daltons (siehe **16.**) erkannt worden. Er folgert aus den Werten der damals bekannten Atomgewichte, daß die Elemente Vielfache des H seien. Wenn H = 1 gesetzt wird, mußten die Atomgewichte durch ganze Zahlen darstellbar sein. Jedes Atom sollte daher aus einer Anzahl H-Atome bestehen. Eine beträchtliche Zahl von Atomgewichten entsprach auch diesen Forderungen. Es waren das z. B. die Elemente O, N, C, S, die für die organische Chemie von besonderer Bedeutung sind. Die Hauptförderer der organischen Chemie, Liebig und Dumas, traten denn auch auf die Seite von Prout, besonders da ihre eigenen Bestimmungen[3]) mit der Proutschen Hypothese übereintrafen. Der Voraussetzung entsprach aber nicht das Atomgewicht des Chlors. Gegen Prout wandte sich Berzelius, zu dessen Lebensaufgabe die Ermittelung der Atomgewichte gehörte. Es wurde immer klarer, daß die Hypothese in vielen Fällen versagte, besonders, nachdem Stas in langjähriger Arbeit[4]) mit einer erst in neuester Zeit von Th. W. Richards übertroffenen Genauigkeit die Werte der Atomgewichte viel sicherer bestimmt hatte. In der ursprünglichen Form konnte die Hypothese, bei der die Atomgewichte von Ca = 20, Na = 24, Fe = 28, Zr = 32, Cl = 36, K = 40 gesetzt wurden, nicht richtig sein. Dagegen sprachen die Erfahrungen des Dulong-Petitschen Gesetzes.

[1]) Ähnlich behandeln E. und C. Jessup die Entstehung aus den vier Urelementen (H, He, Protobor, Protoberyll). Hackh (synthetisches System, Hbg. 1914) nimmt als Grundstoffe den Wasserstoff und das Coronium an (Atomgewicht = 0,5 nach den ersten Bestimmungen von Nicholson).

[2]) Vgl. Rydberg (1906) und Harkins (1915).

[3]) Liebig fand C = 12,06, Dumas N = 14,06, O = 15,98 (H = 1).

[4]) Abgeschlossen 1867 — siehe Ostwald: Lehrbuch der allgemeinen Chemie **1**, S. 29, 1885.

Die innere Energie der Atome soll eine Konstante sein. Setzt man nach Prout voraus, daß die Atome aus unabhängigen, dem Atomgewicht proportionalen Atomteilen bestehen, dann müßte die spezifische Wärme der Atome ausnahmslos konstant sein, und zwar vor allem bei den Elementen mit niedrigem Atomgewicht, bei denen die Hypothese zutrifft. Aber gerade bei diesen Elementen bestehen die meisten Ausnahmen (siehe **15.**). Auch die aus der Quantentheorie abgeleitete „wahre Temperatur" $\beta\nu$ der Körper steht nicht in einfachem Zusammenhange mit dem Atomgewicht.[1] Lindeman zeigte 1910, daß $\beta\nu$ auch noch abhängt von der Temperatur des Schmelzpunktes und dem spezifischen Volumen.

103. Der berechtigte Kern der Proutschen Hypothese.

Schon bald nach Feststellung der ersten genauen Werte der Atomgewichte fiel es auf, daß die Elemente mit niedrigem Atomgewicht von ganzen Zahlen außerordentlich viel weniger abweichen, als zu erwarten ist, wenn diese Zahlen Zufalls werte sind (Mallet 1881, 1893). Die in neuerer Zeit bestimmten Atomgewichte zeigen in einer Reihe von Fällen, z. B. Y, Ar, He, immer größere Annäherungen[2] an ganze Zahlen (Scott 1917). So fand Richards für 6 im Zusammenhang bestimmte Atomgewichte Werte, die nur wenig von ganzen Zahlen abwichen: 1,0075(H), 12,007 (C), 14,009 (N), 23,050 (Na), 32,065 (S), 79,955 (Br), 39,10 (K). Besonders der Wert von N nähert sich sehr genau einer ganzen Zahl; er beträgt 14,000 (Scott), 14,006 (Lord Rayleigh), 14,003 (Leduc), 14,002 (Wh. Gray). Setzt man Ag = 108, so erhält man für Cl fast genau $35\frac{1}{2}$ (35,499), für Br 80,009, für J 127,058, also auch eine überaus genaue Erfüllung der Proutschen Annahme. Strutt (1901) berechnete nach Laplace, wie groß die Wahrscheinlichkeit W sein kann, daß die kleinen Abweichungen der am besten bestimmten Elemente von ganzen Zahlen ein reiner Zufall seien. Es ergab sich W zu $\frac{1}{1000}$. Nach den mathematischen Grundlagen haben wir daher mehr Grund, an die Gültigkeit der Proutschen Annahme zu glauben, als an manche als vollkommen sicher angenommene historische Tatsache. Auf andere Weise hat v. Mieses (1918) die ungleichmäßige Verteilung der Reste geprüft und übersichtlich dargestellt. Man kann die Reste einfach auf einen Kreis verteilen, dessen Umfang man = 1 setzt. Es häufen sich dann die Reste auf dem Kreise an bestimmten Stellen und die mittlere Häufungsstelle, ihr Schwerpunkt, läßt sich leicht berechnen. Er fällt auf den Wert 0,06. Beschränkt man sich auf solche Atomgewichte, deren Fehler unter $\pm$ 0,1 liegt, so kommt man auf den Wert 0,03 als wahrscheinlichste Abweichung der Atomgewichte von ganzen Zahlen. Die Wahrscheinlichkeit dafür, daß diese Abweichung zufällig ist, ist nur $\frac{1}{9}$.

Die Atomgewichte sind im Mittel ganze Vielfache von Zahlen M, von der Form $4M$ und $4M - 1$ (siehe **96.**, **100.**). Auch sehen wir, daß die Verschiebungsregeln, nach denen viele Elemente sich um eine ganze Zahl (4) im Atomgewicht unterscheiden, gelten. Diese Regeln treffen um so mehr zu, je geringer das Atomgewicht oder die Ordnungszahl des Elements

[1] Das ergibt sich aus den von Günther 1916 bestimmten Werten, siehe **15**.

[2] Die von Hicks (1919, siehe S. 32) berechneten Atomgewichte der Edelgase liegen ganzen Zahlen sehr nahe; für Th und Ur siehe **96**.

ist. Zwei Umstände können bei den Elementen Abweichungen hervorrufen. Es braucht die Voraussetzung der Einheitlichkeit nicht zuzutreffen, die Elemente können aus Isotopen bestehen, also Gemenge sein. Und dann muß eine Wirkung berücksichtigt werden, die immer dann vorhanden ist, wenn die Energie schneller, der Lichtgeschwindigkeit nahekommender Elektronen zu berechnen ist. Es ist die Masse (siehe **44.**) aus Elektronen aufgebaut. Diese erzeugen im umgebenden Medium bei ihrer Bewegung einen Widerstand, der als träge Masse gemessen wird. Die von dieser Masse ausgehende Wirkung des Atomgewichts ist daher nicht einfach proportional der Zahl der wirkenden Elektronen, d. h. der Ordnungszahl (siehe **122.**). Selbst bei einem Atom, wie dem Wasserstoff, der nur ein bewegliches Elektron enthält, ist ein solcher Widerstand oder eine Massenvergrößerung zu berechnen (Sommerfeld 1916).

Hat das um den Kern umlaufende Elektron eine Geschwindigkeit ($\beta = v/c$) über $^1/_{10}$ der Lichtgeschwindigkeit, dann ist seine Masse nicht m_0, sondern $m_0/\sqrt{1-\beta^2}$. Dadurch wird die Bahn verändert; sie erreicht eine Grenzlage, wenn die scheinbare Masse des Elektrons zu $\alpha = \frac{2\pi e^2}{hc}$ (e = Ladung des Elektrons, h = Plancksches Wirkungsquantum, c = Lichtgeschwindigkeit) angewachsen ist (siehe **120.**). α folgt zu $^7/_{1000}$ statt zu $^1/_{1844}$ (Tabelle **136.**).

Bei der Berechnung des Atomgewichts der Radioelemente (siehe **79.**) ist diese Massenänderung berücksichtigt worden; sie ist schon merklich bei dem Übergang naheliegender Elemente; kann also bei dem Aufbau der Elemente aus Urstoffen mit geringem Atomgewicht erhebliche Abweichungen von ganzen Vielfachen der Atomgewichte dieser Urstoffe zur Folge haben (siehe **93.**). Jedenfalls können Abweichungen im Betrage von 0,1—0,2 von ganzen Zahlen[1]) ohne weiteres auf derartigen scheinbaren Massen beruhen. Gleiche Ursachen können auch die Unregelmäßigkeiten hervorrufen, die man in den homologen Reihen der organischen Chemie beobachtet, bei denen eine Änderung um je eine CH_2-Gruppe nicht gleichmäßig die Konstanten beeinflussen kann.

Die Abweichungen sind, wie Harkins fand, prozentisch von gleichem Betrage.

Für diesen Betrag, den Packungseffekt[2]) p der Elektronen, ist H = 1,000 als Einheit zu nehmen. Für N ist dann z. B. das Atomgewicht = 13,90; das Proutsche Atomgewicht = 14; $p = 14 - 13,90 = 0,10$ auf 13,9 umgerechnet = 0,70 %. So ergab sich für He (3,97), B (10,91), C (11,91), O (15,88), F (18,85), Na (22,82) stets der gleiche Wert p = 0,77 %.[3])

[1]) Wenzel (J. prakt. Chem. **98**, 155; 1918) macht darauf aufmerksam, daß diese Abweichungen in den kleinen Perioden eine periodische Funktion der Ordnungszahl ist. Diese Abweichungen sind vergleichbar denen, die bei Verbindungen der organischen Chemie durch mehrfache Bindungen eintreten. Diese Auffassung führt zur Zerlegung der chemischen Energie des H-Atoms in mehrere Valenzmassen (siehe **135.**).

[2]) 1909 hat Palladino in einer besonderen Schrift dargestellt, wie man die Elementaratome aus Ur-Teilen unter Berücksichtigung der Kontraktion bei der Schichtung oder Packung rein geometrisch aufbauen kann.

[3]) Für O = 16 ist H = 1,0077 (siehe Tabelle zu **121.**). Den Versuch einer theoretischen Berechnung des Packungseffektes machte Nicholson: Proc. Phys.

Der Mittelwert der ersten 27 Elemente für p ist auch $= 0{,}77\,\%$. Nur Li weicht stark ab (1,62%). Außerdem haben Be, Mg, Si und Chlor ein positives p. Das Atomgewicht ist also größer als das Proutsche Atomgewicht.

Im allgemeinen findet also beim Aufbau aus H-Atomen eine gleiche Kontraktion von 0,77% statt. Sie ist verursacht durch die Einwirkung der positiven Elektronen des Kerns auf die ihnen außerordentlich nahe liegenden negativen (β-)Elektronen, die ebenfalls nach den radioaktiven Vorgängen (van der Broek, siehe **122.**) in dem Kern vorhanden sind. Da die Packwirkung p auch für Sauerstoff im gleichen Betrage vorhanden ist, so werden die auf Sauerstoff bezogenen Atomgewichte für Elemente mit gleichem p von ganzen Zahlen wenig abweichen.

Fehrle (1918) entwickelt einfache mathematische Beziehungen zwischen den Atomgewichten aus der Voraussetzung, daß alle Atome aus gleichen Grundatomen bestehen, daß in den Molen aller Elemente diese Grundatome gleiche Winkelgeschwindigkeit besitzen und daß sie in einem Kreise um eine gemeinschaftliche Achse rotieren. Zwischen zwei Atomgewichten (A_1 und A_2) ergeben sich Beziehungen von der Form $A_2 = A_1 \sqrt[3]{(N_2/N_1)^2}$ (N_1 und N_2 sind ganze Zahlen). So erhält man z. B. folgende Reihe:

$$\mathrm{Cr} = 3\mathrm{O}\sqrt[3]{(9/8)^2}\,; \qquad \mathrm{Mn} = 2\mathrm{O}\sqrt[3]{(2\cdot 9/8)^2}\,; \qquad 2\mathrm{Cl} = 5\mathrm{O}\sqrt[3]{(5/6)^2}\,;$$

$$\mathrm{Si} = 2\mathrm{O}\sqrt[3]{(5/6)^2}\,; \qquad \mathrm{Mg} = \mathrm{O}\sqrt[3]{(15/8)^2}\,.$$

Die mangelnde Übereinstimmung bei den schwereren und einem Teil der leichteren Elemente mit den Proutschen Atomgewichten kann ihren Grund auch darin haben, daß diese Elemente isotope Gemenge sind. Schon Strömholm und Svedberg (1909), die zum ersten Male sicher feststellten, daß es Elemente gäbe, die den gleichen chemischen Charakter besitzen und den gleichen Platz im System einnehmen, kommen zu dem Schluß, daß dieses Verhalten nicht bloß Radioelemente zeigen dürfen. Die Isotopie kann nicht bloß auf wenige Stellen des Systems beschränkt bleiben.[1]) Danach ist zu erwarten, daß die gefundenen Atomgewichte Mittelwerte sind, wenn stets 2 Elemente gemischt vorkommen. Ob es nicht noch mehr sind, etwa drei nach Analogie der 3 Radioreihen, läßt sich nicht entscheiden (Fajans). Isotopen können sich, da auch das X-Spektrum, das in den innersten Ringen entsteht, gleich ist, nur im Kern unterscheiden. Es ist ein solcher Kern anzunehmen, der entsprechend den Isomerieerscheinungen der organischen Chemie Stellungsverschiedenheiten der wirksamen Elektronen zuläßt (vgl. **124.**). Derartige Schemata hat z. B. Oddo (1914) angegeben.

Nicht radioaktive Isotope sind bisher nur von J. J. Thomson und

---

Soc. **27**, 217; 1915. Es läßt sich leicht zeigen (Harkins), daß die Packung der Elektronen im Kern nicht sehr dicht ist. Nimmt man z. B. den einfachsten Kern aus einem negativen und einem positiven Elektron bestehend an, die beide einen Radius R haben. Ist ihr Abstand d, so erhält man für die Massenverminderung $\Delta M/M = 3\,R/d$.

[1]) Vgl. Soddy: Chemie der Radiumelemente, Bd. 1, 15; Bd. 2, 60; ferner Jahrb. Radioaktiv. 1913, 188. — Fajans: [1]) Ber. Chem. Ges. **46**, 422; 1913. [2]) Vhdl. Phys. Ges. 1913, 247.

Aston aufgefunden[1]) worden, und zwar das Neon und Metaneon (siehe **81.**, **85.**). Aber auch bei Quecksilber ist die Isotopie wahrscheinlich. Bei der Untersuchung der Ablenkung der positiv geladenen Hg-Atome im magnetischen Felde wurden 8 Gruppen von Atomen getrennt erhalten. Die beobachteten Werte des Atomgewichts dieser Gruppen lassen sich auch berechnen, wenn man das beobachtete Atomgewicht des Hg (200,54) $= {}^{8}/_{13} \cdot 199 + {}^{5}/_{13} \cdot 203$ setzt, wenn das Hg also aus Isotopen vom Atomgewicht 199 und 203 besteht (Loring 1915).

beobachtete A.-G.	200	102	66,3	50,4	39,8	33,7	28,6
berechnete A.-G.	199	203/2	199/3	203/4	199/5	203/6	199/7
	199	101,5	66,3	50,7	39,8	33,8	28,4

Das Hg vom Atomgewicht 199 würde zu den ungeraden Elementen gehören, da sein Atom mit 1, 3, 5 und 7 Ladungen (die gemessene Ablenkung ist proportional dem Atomgewicht und der Anzahl der Ladungen) behaftet sein kann. Das Hg vom Atomgewicht 203 würde der geraden Reihe angehören.

Diesem Beispiel entsprechend hat Loring noch eine Reihe anderer systematisch möglicher Zerlegungen angegeben, von denen einige hier mitgeteilt werden:

Element	Cl	Mn	Fe	Ni
neue Elemente	35 und 40[2])	54 und 55	55 und 56	55 und 59
Zusammensetzung	$^{1}/_{11}(10 \cdot 35 + 1 \cdot 40)$	$(10 \cdot 55 + 1 \cdot 54)$	$(10 \cdot 56 + 1 \cdot 55)$	$(10 \cdot 59 + 1 \cdot 55)$
A.-G. ber.	35,45	54,9	55,9	58,6
A.-G. beob.	35,46	54,93	55,84	58,68

Element	Ru	Rh	Pd
neue Elemente	99 und 102	100 und 103	104 und 107
Zusammensetzung	$(10 \cdot 102 + 1 \cdot 99)$	$(10 \cdot 103 + 1 \cdot 100)$	$(10 \cdot 107 + 1 \cdot 104)$
A.-G. ber.	101,72	102,72	106,72
A.-G. beob.	101,7	102,9	106,7

Das Atomgewicht des Jod ist $= {}^{1}/_{13}(1 \cdot 126 + 12 \cdot 127)$. Das Atomgewicht des Silbers (107,88) läßt sich darstellen in der Form ${}^{1}/_{9}(7 \cdot 107 + 2 \cdot 111)$; das des Goldes in der Form ${}^{1}/_{10}(7 \cdot 196 + 3 \cdot 200)$. Ag hat also $107 + 111 = 218$ Elektronen, Au $196 + 200 = 396$ Elektronen. Diese Atomgewichte sind so angenommen, daß die Proutsche Regel gilt, daß sie ganze Vielfache des Wasserstoffes sind.

[1]) Leduc hat 1918 die Versuche von Aston nachgemacht; er erhielt kein Metaneon. Von dem zerlegten Gasgemisch enthielt der eine Teil He, der andere etwas N; auch Aston selbst (1919) konnte bei neuen Versuchen die Zerlegung nicht bestätigen (vgl. **85.**).

[2]) Soddy (Nature **99**, 433; 1917) nimmt an, daß Chlor aus den Isotopen vom Atomgewicht 34 und 36 bestehe. J. J. Thomson (Engineering **105**, 344; 1918; Royal Institution) hat jedoch nach der Kanalstrahlenmethode gezeigt, daß Chlor einheitlich ist. Ebenso ist N einheitlich und gibt das Atomgewicht 14,01.

104. Wasserstoff und Helium als Bausteine der Elemente

Nach der Proutschen Annahme ist der Wasserstoff in erster Linie als Baustein der Elemente anzusehen. Allerdings ist es zweifelhaft, ob es H in der uns bekannten Form vom Atomgewicht 1 ist oder nicht eine mögliche Zerfallsform, wie der Protowasserstoff. Schon Dumas hatte wegen der sich der Annahme nicht fügenden Elemente Mg und Cl die Ansicht geäußert, daß auch Bruchteile ($H/_4$) Bauelemente sein können. Die Abweichungen einer Reihe von Elementen von ganzen Zahlen ist so groß, daß sie durch die bei der Vereinigung von Uratomen zu chemischen Atomen zu erwartende Gewichtsänderung nicht erklärt werden kann.

Daß H zu den Bausteinen gehört, ergibt sich aus den Untersuchungen von Lockyer über die Sternspektra; es ergibt sich auch aus den Erfahrungen von Boltwood (1905), daß H neben He in vielen Mineralien, vor allem in denen, die seltene Erden und Radioelemente enthalten, vorkommt. Ferner spricht dafür die bereits angeführte Tatsache, daß aus vielen Substanzen durch Bestrahlung mit Kathodenstrahlen neben He das Gas vom Atomgewicht 3 entwickelt wird, das sich als eine Verbindung von aktivem Wasserstoff (H-Ion) mit molekularem Wasserstoff erwiesen hat. H_3 ist auch ein Gas, das auf heißen Sternen nachweisbar ist. Gehört H zu den Bausteinen, so muß es auch beim radioaktiven Zerfall entwickelt werden. Diesen Nachweis führte Marsden und Lantsberry im Rutherfordschen Laboratorium 1915 (siehe **99.**). Die Menge ist zwar nur gering ($^1/_{100000}$ der α-Teile), aber sie fehlt niemals, wie die photographischen Aufnahmen der Bahnen der aktiven Strahlen durch Frau Bose gelehrt haben.

Es ist also sehr wahrscheinlich, daß ein Baustein der Wasserstoff ist. Ein zweiter muß nach den radioaktiven Untersuchungen das Helium sein. Daß Helium, wie man zunächst annahm, allein der Grundstoff sei, kann nicht zutreffen. Wenn auch die Zahl 4 im System der Elemente eine so hervorragende Rolle spielt, so ist doch nicht zu vergessen, daß es Elemente gibt, die sich dieser Beziehung nicht fügen, z. B. Lithium mit dem Atomgewicht 7. Auch die Differenz von Ur und Th = 6 spricht dagegen. Derartige Zahlen deuten vielmehr darauf hin, daß es zwei Stoffe sind, aus denen sich die Elemente ableiten. Dafür spricht der Rydbergsche Nachweis (siehe **96.**, **100.**)[1]) von dem Bestehen der zwei Elementenreihen, der geraden (die Gruppen 0, 2, 4, 6, 8 umfassend) und der ungeraden (1, 3, 5, 7). Die geraden Elemente sind miteinander durch radioaktive Beziehungen verknüpft; das gleiche trifft für die ungeraden zu. Der Übergang von einer der Reihen zu der zweiten ist viel seltener zu erwarten.

Lockyer hat sich dieser Auffassung angeschlossen und nimmt[2]) ebenfalls H und He auf Grund seiner Erfahrungen über Spektren der Elemente als wahrscheinlichste Grundstoffe an.

Harkins hat ein einfaches Schema für die Zusammensetzung der Elemente mit niedrigem Atomgewicht angegeben:

---

[1]) H. Wilde (Proc. Mem. Manchester 1918, S. 61) macht auf seine Arbeit (C. R. **127**, 613; 1898 aufmerksam, nach der in den geraden Reihen stets einfache Beziehungen der Atomgewichte vorkommen. Te muß genau = 128 sein. Diese Beziehungen zu klären hat Wilde bereits seit 1878 versucht.

[2]) Inorganic Evolution 1900, S. 166.

1. ungerade Elemente	Li	B	N	F	Na	Al	P	Cl	K	Sc	Vd	Mn	
	He + H_3	2He + H_3	3He + 2$\overline{H}$	4He + H_3	5He + H_3	6He + H_3	7He + H_3	8He + H_3	9He + H_3	11He + 1$\overline{H}$[1]	12He + H_3	13He + H_3	
2. gerade Elemente	Be	C	O	Ne	Mg	Si	S	Ar	Ca	Ti	Cr	Fe	Co
	2He + $\overline{H}$	3He	4He	5He (20H)[2]	6He	7He	8He	10He	10He	12He	13He	14He	14He + H_3

Der Wasserstoff ist im allgemeinen als H_3 anzunehmen; nur in einigen Fällen ist man genötigt, ihn als Protowasserstoff ($\overline{H}$, H-Ion, H-Kern, Wasserstoff in statu nascendi, siehe **99.**, **101.**) anzunehmen. Auffallend ist, daß Ar und Ca die gleiche Zusammensetzung gegeben wird. Ihre Atomgewichte sind aber fast gleich. Ob hier ein Fall vorliegt, wie bei den B- und C-Radioelementen, ist noch zweifelhaft. Diese haben auch gleiches Atomgewicht, aber sie haben verschiedene Eigenschaften. Indessen stehen diese Elemente in enger Beziehung, da sie sich durch β-Umwandlung auseinander bilden.

Die geraden Elemente haben durchschnittlich die einfachere Zusammensetzung.[3] Es ist daher anzunehmen, daß sie sich leichter bilden und auch widerstandsfähiger sind. Das trifft beides auch zu. Denn in den heißen Sternen werden die geraden Elemente häufiger beobachtet. Die geraden Elemente (Harkins 1917, siehe **100.**) überwiegen auf der Erde und in den Meteoriten. An ungeraden Elementen enthielt z. B. ein Meteor höchstens $1^1/_2$ %. In der Steinschicht der Erde sind 7—10 mal mehr gerade als ungerade Elemente vorhanden. Unter den Radioelementen haben die ungeraden die kürzere Lebensdauer oder fehlen überhaupt. Die Intensität der radioaktiven Strahlung ist für die geraden Elemente größer als für die ungeraden.[4]

Die Zerlegung von Stickstoffatomen in Wasserstoff und Helium durch Rutherford (1919).

Am 6. Juni 1919 berichtete Rutherford in der Royal Institution zu London über die Vorgänge beim Zusammenstoß von α-Teilchen mit Gasmolen. Seine Versuche führten zwingend zu dem Schluß, daß durch α-Teilchen das Stickstoffatom zerlegt werden kann. Dieses Aufsehen erregende Ergebnis wurde in vielen Tageszeitungen mitgeteilt und ist dadurch in der ganzen Welt bekannt geworden. Zugleich wurden in dem Juni-Heft des Philosophical Magazine die Versuche eingehender beschrieben. Sie knüpfen an diejenigen von Marsden (1915, bei **99**) über das Entstehen

[1] Hönigschmidt: ZS. Elchem. Ges. **25**, 91; 1919.

[2] Leduc (1918) hat das Atomgewicht des Neon zu 20,15 = genau 20 H bestimmt.

[3] Die Atomgewichte der geraden Elemente haben einen gemeinsamen Teilfaktor: $^4/_{13}$ — der Teilfaktor bei den ungeraden ist viel kleiner und unsicherer; so läßt sich z. B. das Atomgewicht des Silbers = 387 n, das des Jods = 413 n setzen (Bilecki: ZS. anorg. Chemie **98**, 86; 1916).

[4] Die durchschnittliche Zahl der Isotopen beträgt in der geraden Reihe der Radioelemente 5, in der ungeraden 3; in der geraden überwiegen die α-Strahler (Norris 1917).

schneller Wasserstoffteilchen an und sind in der gleichen Anordnung durchgeführt. Bei Entfernungen bis etwa 7 cm waren die gewöhnlichen α-Teilchen überwiegend. Dann änderte sich die Erscheinung. Von 7 bis 9 cm fiel die Zahl der leuchtenden Teilchen in reinem Sauerstoff, Stickstoff, Kohlensäure und Luft allmählich. Die Träger des Leuchtens waren, wie sich auch aus ihrem Verhalten gegen eingeschaltete Absorptionsschirme nachweisen ließ, beschleunigte[1]) C-, N- oder O-Atome. In größerer Entfernung als 9 cm verschwinden diese Teilchen. Bis 28 cm sind in Sauerstoff u. Kohlensäure nur die Marsdenschen Teilchen vorhanden. Aber in Luft und vor allem in einem trocknen Stickstoff steigt die Zahl der Lichtblitze erheblich an; sie ist 1,25mal so groß, als in Wasserstoff. Die Zahl ist proportional dem Druck des Stickstoffes, also der Zahl der N-Mole. Nach den bekannten megnetischen und elektrischen Ablenkungsmethoden (S. 73) wurde der Wert e/m der Teilchen bestimmt. Zur großen Überraschung stellt es sich heraus, daß es nicht N-, sondern H-Teilchen waren, die das Leuchten erregten.

Wie sind diese Vorgänge möglich? Es ist ausgeschlossen, daß die leichten He-Atome die schweren N-Atome in schnelle Bewegung versetzen können. Es muß eine Zertrümmerung der N-Atome vorausgehen und durch die freiwerdende Energie werden die Trümmer mit großer Geschwindigkeit fortgeschleudert. Diese Trümmer sind Wasserstoff und Helium, und wir haben entsprechend dem Harkinsschen Schema[2]) (S. 202) die Reaktion: $N \rightarrow 2\,H + 3\,He$. Kohlenstoff- und Sauerstoffatome enthalten nach diesem Schema keine H-Teile; diese Elemente sind daher auch nicht, wie der Versuch zeigte, durch α-Teilchen zerlegbar.

Die Zertrümmerung ist aber ein außerordentlich seltener Vorgang. Sie tritt nur bei einem Zusammenstoß auf 10^{10} Zusammenstöße ein. Dabei nähern sich die Teilchen auf $3 \cdot 10^{-13}$ cm. Der Durchmesser des zerfallenden N-Kernes berechnet sich zu etwa 10^{-12} cm.

105. Wasserstoff, Helium und die Entwicklung von Elektronen.

Helium selbst kann auf den Wasserstoff zurückgeführt werden und braucht kein selbständiger Urstoff zu sein. Dafür spricht, daß das Element in den allerheißesten Sternen nicht nachweisbar ist. Es muß aber außerordentlich widerstandsfähig sein.

Der Grund dafür kann die gewaltige Energiemenge (E) sein, die entsteht, wenn es sich aus 4 H-Atomen bildet. 4 H-Atome wiegen 4,0312; ein He-Atom nur 4,0000. Die Differenz der Massen (ΔM) ist nach der Einsteinschen Beziehung (siehe **93.**) ein Maß für die Energie. $E = \Delta M \cdot v^2 = 0{,}0312 \cdot 9 \cdot 10^{20} = 3 \cdot 10^{19}$ erg.

---

[1]) Aus den Stoßgesetzen folgt für die Reichweite R' der beschleunigten Gasionen (mit der Masse M') $R' = R M' \left(\frac{2M}{M+M'}\right)^3$ — M und R sind die entsprechenden Größen der α-Teilchen. Es ergibt sich $R' = 1{,}3\,R$ für N und $= 1{,}1\,R$ für O. Die beschleunigten Teilchen kann man auch auf den Wilsonschen Photographien sehen (S. 54).

[2]) Schon 1914 hat Collins (worauf er 1919 aufmerksam macht) in einer Arbeit im Nobelinstitut eine solche Beziehung aus den relativen Werten des Volumens des N-, H- und C-Atoms in Verbindungen abgeleitet.

Bei dieser Berechnung ist das H-Atom oder besser das H-Ion wie ein einziges Elektron angesehen worden. Diese Voraussetzung trifft zu. Denn das H-Atom hat als Ion die Eigenschaften eines Elektrons, nur hat es die entgegengesetzte Ladung. Daß es das positive Elektron[1]) ist, folgt aus seinen Abmessungen. Diese läßt sich aus der Rutherfordschen Theorie der Zerstreuung von α-Strahlen von Atomen (siehe **117.**), die durch Geiger und Marsden bestätigt ist, berechnen. Marsdens Versuche (1915, siehe **99.**) über die Zahl der um große Winkel zerstreuten (abgelenkten) α-Wasserstoffstrahlen ergaben, daß der Kern des H-Atoms unter 10^{-13} cm groß ist. Er hat also noch nicht die Größe des Elektrons, hat aber wegen seiner so viel gewaltigeren „Masse" (1844 fach) eine viel größere Rotationsgeschwindigkeit.

Demgemäß können wir als einen Urstoff das positive Elektron (das H-Atom oder H-Ion) ansehen. Dem positiven Urstoff wird im Atom das Gleichgewicht durch das negative Elektron gehalten. Die Auffassung, daß die beiden Elektronenarten den Urstoff, das Prothyl (siehe **3.**) bilden, haben Physiker und Chemiker[2]) schon lange zur Erklärung der Beziehungen zwischen den Energieformen (besonders der Strahlung) und der Materie vertreten (vgl. **44.**). Die Strahlung entsteht, so äußerte sich Davy schon 1809, durch Austritt eines sehr feinen Stoffes aus der Materie. Dieser Stoff wird sich, wie ein Gas, mit außerordentlicher Geschwindigkeit im freien Raum bewegen. Faraday (1816) hat diese Idee des qualitätslosen Stoffes als Träger der Strahlung weiter verfolgt; er nannte ihn die strahlende Materie. Er nahm an, daß jeder Stoff die strahlende Materie durch einen der Verdampfung ähnlichen Vorgang abspalten könne; sie wäre das, was Boyle (siehe **22.**) eine Emanation nannte. Die Emanation sei eine Art abgeschwächter Materie. Der strahlende Zustand der Materie sei ebenso weit vom gasförmigen entfernt, wie der gasförmige vom flüssigen. Mit der gewöhnlichen Materie habe aber die Emanation die mechanischen Eigenschaften (Schwere, Masse oder Trägheit, Beweglichkeit) gemein.

Das Suchen nach dieser Emanation ist lange Zeit erfolglos geblieben. Fusinieris zahlreiche Versuche in Padua (um 1845) sind nicht einwandfrei. Erst Crookes (1879) hatte mehr Erfolg. Es hat sich gezeigt, daß Metalle und Metalloxyde[3]) bei hoher Temperatur unter Einwirkung des elektrischen Stromes in den Kathodenstrahlen oder im Funken Elektronen oder strahlende Materie abspalten. Diese Spaltung, bei der das Metall ionisiert wird, läßt sich durch den Verlauf der Zerstäubung der Metalle, besonders Silber, im Vakuum nachweisen. Die Zerlegung erfolgt wie bei der Elektrolyse; die Ag-Ionen setzen sich in der Nähe der Kathode ab (Crookes 1891). Auch die Stromleitung bei gewöhnlicher Temperatur beruht auf der Abspaltung und Bewegung der Elektronen (siehe **37.**) und zwar sowohl die Leitung in einatomigen (siehe **15.**) Metallen, wie die Vorgänge bei der Elektrolyse. Ohne

[1]) Rutherford: Nature **92**, 546; Phil. Mag. **27**, 488; 1914, es folgt auch aus den Beobachtungen von Nutall (siehe **116.**), daß H nur eine Ladung im Kern enthält.

[2]) W. Weber, die Gebr. Grassmann, Fechner (zugleich Philosoph und Psycholog) — am klarsten Crookes (Genesis der Elemente, S. 31): das Prothyl ist mit dem Helmholtzschen Elektron identisch.

[3]) Am besten erhält man die Elektronen durch die Wehneltröhre (1903, siehe **39.**).

Strom werden im Vakuum durch die Wärme Elektronen abgespalten (Richardson, siehe **44.**). Hertz fand (1887), daß das ultraviolette Licht aus den Metallen Elektronen loslöst (Photostrom, siehe **42.**).

Durch chemische Kräfte werden ebenfalls Elektronen frei. Allerdings sind die Versuche auszuscheiden, bei denen die durch die Reaktionen entstehenden Gase Flüssigkeitsschichten durchsetzen. Man kann dann nicht unterscheiden, ob die elektrische Ladung der Gase durch die eigentliche Reaktion oder durch die Reibung der Gase beim Perlen durch die Flüssigkeit zustande kommt. Es sind daher die Versuche von Lavoisier und Laplace nicht beweisend (siehe **39.**). Ebenso nicht die Versuche von Buff (1851) über die Ladung des Phosphordampfes bei der Oxydation. Schenck wies 1914 nach, daß es sich hier um Ionen und nicht um freie Elektronen handelt. Es entsteht zunächst Phosphorsesquioxyd, dieses setzt sich mit Spuren von Wasserdampf zu einem Gas um, das sich bei —180° kondensieren läßt. Bei —80° entweicht aus dem verflüssigten Gas bereits soviel Dampf, daß Luft, die bei dieser Temperatur darüber geblasen wird, merklich leitet. Frei von diesen Fehlerquellen sind die Versuche von Just und Haber (1909 bis 1914). Zuerst fanden sie, daß die langsame Oxydation von Li-Amalgam, von Na und von der flüssigen Legierung von gleichen Atomen Na und K durch stark verdünnte wasserfreie Gase unter Abgabe von Elektronen geschieht.

Die (später noch vereinfachte) Anordnung (Fig. 21) war die folgende. Aus dem Reservoir *J* wird durch Überdruck bei *K* in dem luftleer gepumpten Apparat durch den Hahn *W* und durch die von *W* bis *A* reichende Silberkapillare *G*, die zu untersuchende Legierung zum Aufsteigen und tropfenweisen Überfließen gebracht. An der Kapillarspitze *A* kommt der Tropfen in Berührung mit dem nach dem Auspumpen aus einem Glasröhrchen *O* (im Gefäß *N* durch Zertrümmerung mit einem fallenden Magneten *P*) entwickelten Gas, z. B. Phosgen. Die entstandene Elektronenladung wird an die von *A* einige Millimeter entfernte isolierte Silberplatte *B* und von dort zum Elektrometer abgegeben. *B* ist umgeben von einem zur Erde abgeleiteten Pt oder Messingdrahtnetz *C*. Die Ag-Kapillare kann durch die Klemmschraube *H* auf ein bestimmtes Potential (z. B. $22^1/_2$ Volt) aufgeladen werden. Die Größe der Ladung und der Wert e/m ist durch dieses Potential und zugleich durch die Ablenkung der Elektronen mittels Ringspulen (bei *T*) bestimmbar. Das Ganze war vor Licht geschützt.

Reiner stark verdünnter H und N waren ohne Wirkung. Mischt man jedoch den Gasen geringe Mengen Wasserdampf, Salzsäure, Jod, Sauerstoff, Phosphorgas oder Thionylchlorid bei, so traten Elektronen aus, während sich die vorher rein metallische blanke Oberfläche der Legierung mit einer dünnen, Interferenzfarben zeigenden Oxydhaut bedeckt. Cu, Ag, Al reagieren mit Salzsäure und Jod ebenfalls unter Abgabe von Elektronen; die Einwirkung steigt mit der Temperatur; sie ist bei 200° schon deutlich nachzuweisen, bei einer Temperatur, bei der sonst die Metalle von selbst noch keine Elektronen abgeben. Die Reaktion beschleunigt also den Richardsonschen thermischen Zerfall, ebenso beschleunigt sie den Zerfall durch das Licht, den Photoeffekt, wie man besonders für die Reaktion von Thionylchlorid mit der K-, Na-Legierung nachweisen kann. Die Elektronen, die sich auf ein Volt aufladen, haben nur in diesem Falle eine so große Geschwindigkeit, daß auch ohne eine Beschleunigung durch eine an das Drahtnetz angelegte Spannung, durch diese rein chemische Reaktion Elektronen frei werden. Bei anderen Reaktionen hat man eine besondere Spannung nötig, um merkliche Elektronenmengen in das Elektrometer zu treiben. Daß es sich um Elektronen handelt, wurde durch Messung der Ablenkung, also Bestimmung ihrer Masse, bewiesen.

Bei Reaktionen, bei denen die Temperaturen viel höher sind, also bei Verbrennungen und bei Explosionen, ist der Zerfall der Metalle ein viel stärkerer. Die erhaltenen Verbrennungsgase besitzen daher eine merkliche Leitfähigkeit. Doch ist hier die Bildung von Ionen nicht ausgeschlossen, so daß man nicht entscheiden kann, ob die Leitfähigkeit nur von Ionen oder von Elektronen herrührt.

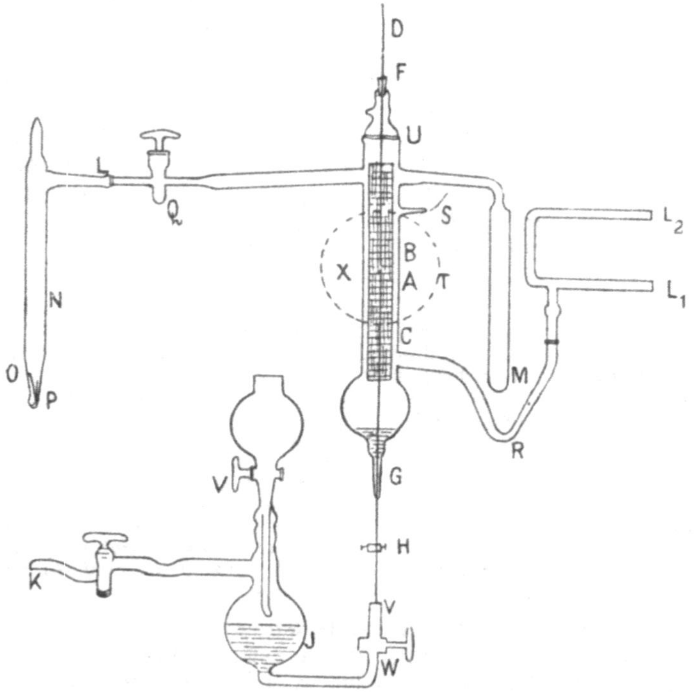

Fig. 21.

An der chemischen Energie sind die Elektronen beteiligt. Man kann aber einen Schritt weiter gehen und alle chemischen Reaktionen als Elektronenaustausch auffassen.[1]) Nur selten, wie bei den radiochemischen Vorgängen und den Just-Haberschen Reaktionen ist aber die Energie so stark, daß die Elektronen oder Valenzladungen von den Kernen der Atome nicht mehr festgehalten werden und als Emanationen frei werden — damit den Crookesschen „Traum" (1903) von dem freien Urstoff erfüllend.

Auch viele physiologische und psychologische Wirkungen hat man

[1]) Vgl. die Auffassung von Lothar Meyer (die Atome und ihre Eigenschaften 1896, S. 124).

auf Elektronen und Emanationen zurückgeführt, wie z. B. die Od-Erscheinungen (siehe **98.**) und andere mehr oder weniger in die Metaphysik hinüberführenden Vorgänge.[1])

Die Elektronen erscheinen somit als Urbestandteile des Stoffes, sowie als Träger aller Energiearten. Kraft und Stoff können wir als zwei verschiedene Formen des Seins ansehen. Die Materie zerlegt sich fortdauernd und ihre Zerlegungsprodukte nehmen wir als Licht, Wärme, elektrische Strahlung und physiologischen Reiz wahr.

Mendeléef (1903) setzt den Urstoff dem Weltäther gleich, da er auch der Träger der Anziehung, also der wichtigsten Energieform ist. Als Bestandteil des Stoffes kann man ihn auch als chemisches Element, als „Newtonium" betrachten. Das Atomgewicht dieses Elementes sollte viel kleiner sein, als das Atomgewicht des Wasserstoffes, aber auch viel kleiner als das des Elektrons. Die Betrachtungen der kinetischen Gastheorie, aus denen die bei **46.** angegebenen Werte abgeleitet wurden, sind aber nicht zutreffend, da ja das Elektron, das mit der größtmöglichen Geschwindigkeit, mit der Lichtgeschwindigkeit, sich bewegt, nur ein Atomgewicht von $^1/_{1840}$ hat.

106. Die Entscheidung über die Materia prima.

Wir sind nunmehr einem der Ziele der Forschung näher gerückt. Die von Aristoteles (siehe **3.**) aufgeworfene Frage nach der Materia prima, die soviel Unheil in der Chemie angerichtet, ist mit Erfolg durch die radiochemischen Untersuchungen gewissermaßen nebenbei beantwortet worden. Die Frage des Urstoffes war schließlich von der Chemie als unfruchtbar angesehen worden und der Urstoff wurde nur ehrenhalber in den Lehrbüchern noch behandelt. Die Philosophie blieb aber stets auf dem Standpunkt der griechischen Denker von der Notwendigkeit eines Urstoffes. Auch die Gegner des Aristoteles, Demokrit und Leucipp, denen wir die Atomtheorie verdanken, gingen von diesem Urstoff aus, dessen Natur näher zu untersuchen aber eine unnütze Forderung wäre. Der Urstoff sei das Ewige, und das Ziel der Wissenschaft nur das Veränderliche. Vom Urstoff kann man nur sagen, daß seine Atome qualitätslos seien, sich aber in Gestalt, Größe und Bewegung unterscheiden. Durch diese Quantitätsunterschiede entstehen die verschiedenen Stoffe. Diese Elemententheorie, für die auch der klarste Kopf des Mittelalters, Roger Baco[2]), eingetreten ist, ist im wesentlichen eine logische Forderung. Sie steckt der Wissenschaft das Ziel, zu versuchen, alle Unterschiede der Qualität auf solche der Quantität zurückzuführen und sie dadurch der Messung zugänglich zu machen.

Dieses Ziel schwebt Descartes (in seinen Principiis philosophiae II, 23) vor, ebenso Leibniz (Monadenlehre). Robert Boyle, zugleich Philosoph und Chemiker, behielt stets den Gedanken der Urmaterie im Auge. Auch er, der Entdecker der chemischen Elemente, läßt ihre Qualitätsunterschiede durch Aneinanderlagern kleinster Teile des Urstoffs zustande kommen.

[1]) Castelot: La science alchimique, p. 280.
[2]) In seiner Schrift De arte chymicorum.

Aber über das Programm selbst ist eigentlich niemand hinweggekommen. Den ersten exakten Versuch eines Aufbauer des Stoffes können wir in Descartes' Wirbelatomen erblicken (siehe **45.**). Boscovich hat der Atomgruppierung bestimmte Anziehungsgesetze zugrunde gelegt. Ein Weiterkommen auf diesem Wege unter Benutzung rein mechanischer Grundsätze dürfte aber nicht möglich sein, da wir die wirklichen Anziehungsgesetze der Atome und Elektronen nicht kennen (siehe aber **135.**). Vermutlich gilt nicht das Newtonsche Anziehungsgesetz (Strache); die Innenräume der Atome sind als Räume von verschiedenem Krümmungsmaß anzusehen (Byk, **43.**). Philosophen[1]) und Physiker[2]) haben sich daher im wesentlichen auf qualitative Betrachtungen über die Beziehung zwischen Urstoff (Elektronen) und Materie beschränkt. Nur in einzelnen Fällen ist versucht worden, auf Grund von hart umstrittenen Voraussetzungen, die in dem Boden der Planckschen Quantentheorie wurzeln (Bohr, Born **130.**, **135.**), diese Beziehungen zuverlässiger festzustellen, so daß eine Prüfung durch den Versuch erfolgen kann.

107. Die Voraussetzungen für die Umwandlung der Elemente.

Der Vorgang der Zerlegung der Elemente gehört zu den radiochemischen Zerlegungen und beansprucht die gleiche Energie. Diese Energie stammt aus dem inneren Atom, dem Atomkern.[3]) Gegen die innere Atomenergie ist die Energie, die bei der Verbindung der Atome zu einem Mol frei wird, verschwindend klein (siehe **59.**). Aus der Wärmeentwicklung des Radiums kann man berechnen, daß die Energie von 1 g Ra der Verbrennungswärme von 500 kg Kohle oder der Bildungswärme von 70 kg Wasser entspricht. 1 ccm Emanation enthält $3^1/_2$ millionenmal mehr Energie als 1 ccm Knallgas. Aus 1 kg Uranoxyd kann so viel Energie frei werden, als aus 300 Tonnen Steinkohle — aber erst im Laufe von 5000 Millionen Jahren.

Stark hat schon 1902 betont, daß die Geschwindigkeit der α-Teile bis zu 10 % der Lichtgeschwindigkeit ansteigt, im Mittel erreicht sie 6 %. Im Vergleich zur mittleren Molekulargeschwindigkeit läßt sich berechnen, daß die kinetische Energie eines zerfallenden Atoms 200000 mal größer ist, als die Energie eines Moles. Harkins berechnet (siehe **105.**) die Bildungswärme des He aus H zu $3 \cdot 10^{19}$ erg $= 7 \cdot 10^{11}$ g-cal. Nimmt man an (mit J. J. Thomson), daß Cl durch Kondensation von 9 He-Atomen (= 36) entstanden ist, und daß bei dieser Kondensation sich die Masse des Atoms durch Verlust von 0,5 g Elektronen von 36 auf 35,5 (= dem Atomgewicht) vermindert hat, so gelangt man zu einem Energieverlust von $2{,}25 \cdot 10^{20}$ erg für das g-Atom. Dieser muß dem Atom wieder zugeführt werden, wenn es gespalten werden soll.

Derartige Vorgänge können sich in der Natur von selbst abspielen, aber in so langer Zeit, daß Massenänderungen nicht nachgewiesen werden können. Grundsätzlich kann auch nicht bestritten werden, daß eine Bildung der Edelmetalle möglich ist (Soddy 1906). Könnten wir die Zeitdauer der radioaktiven Umwandlung abkürzen oder die Energiemenge auf die Zerfalls-

---

[1]) Cornelius, Spencer, Stallo, Wundt.
[2]) J. Stark: Valenzlehre (1915).
[3]) Das folgt aus der nach den Stoßgesetzen (siehe **31.**) berechneten Ablenkung oder Zerstreuung der α-Teile (siehe **117.**).

energie steigern, so könnten wir auch alle Umwandlungen nach Belieben herbeiführen. Bei einer Verkürzung der Zeitdauer des radioaktiven Zerfalls könnte so viel Energie frei werden, daß, wie man bereits am Ra sieht, daneben selbst eine Umwandlung von Blei in Gold nebensächlich sein würde und der Energiegewinn als die Hauptsache erscheinen müßte. Die Möglichkeit einer solchen Umwandlung ist vorhanden, da Gold nach seinem Atomgewicht 197,2 (Isotope 196 und 200, siehe **103.**) in radioaktivem Zusammenhang mit Quecksilber (Isotope 199 und 203) und Blei (206 und 208) stehen kann.

Ob in der Natur eine solche Umwandlung stattfindet, ließe sich entscheiden, sobald man das Verhältnis Blei zu Gold in Mineralien prüft (Himstedt 1909). Ist das Verhältnis konstant (wie es für Blei zu Uran zutrifft), so stehen diese Metalle in enger Beziehung.

Radioaktive Vorgänge zu beeinflussen, ist bisher nicht gelungen. Man kann daher nur prüfen, ob man die gewaltige Konzentration der Energie erreichen kann. In elektrischem Maße gemessen, müßte man den Atomen Spannungen von über 1 Million Volt zuführen, um den Zusammenhalt der Elektronen im Atomkern zu sprengen. Derartige Spannungen sind bisher nicht erhalten worden.

Welche Spannungen bei radioaktiven Vorgängen vorkommen, ist von Moseley (1913) geprüft worden. Im Zentrum einer kugelförmigen Entladungsröhre (Fig. 22) von 1 l Inhalt, wurde eine kleine Kugel *B* aus dünnem Glas, die mit RaEm gefüllt war und nur β-Strahlen durchließ, angebracht. Die kleine Kugel wurde von einem Glasstab *R* von 0,8mm getragen. Würde die große Kugel auf das äußerst Mögliche unter Kühlung von Kokosnußkohle durch flüssige Luft in *A* mit einer Gaedepumpe (siehe **27.**) leergepumpt, so erreichte die kleine Kugel in wenigen Minuten durch Selbstaufladung ein Potential von 160000 Volt. Dieses wurde gemessen durch den Zug auf eine Al-Scheibe *E*, die an einer Quarzfeder hing. (Die Durchbiegung der Feder ist dem Zug und damit dem Potential proportional.) Das Potential fiel aber sehr schnell, da die Isolierung nicht stand hielt. Es wechselte so unaufhörlich Ladung und Entladung.

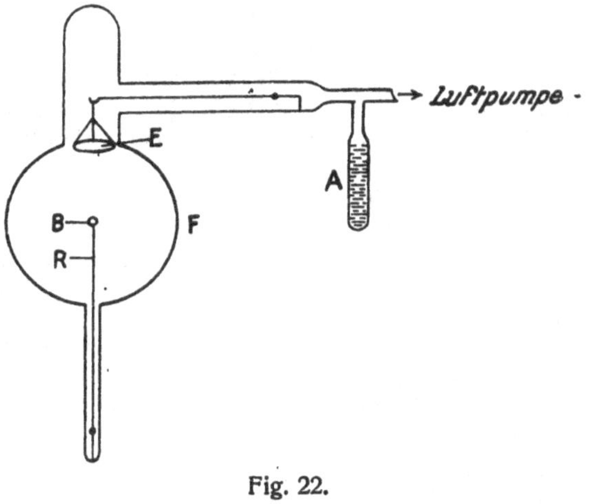

Fig. 22.

Rutherford (1915)[1]) berechnet, daß ein He-Ion bei 4 Millionen Volt Spannung die Eigenschaft der α-Strahlen des RaC erlangen würde. Um ein Elektron aus RaB mit 98% Lichtgeschwindigkeit auszuschleudern, sind 2 Millionen Volt erforderlich. Die K-Strahlung des RaB ($0{,}137 \cdot 10^{-8}$ cm Wellenlänge) erfordert 400000 Volt. Bei der durchdringendsten Röntgenstrahlung,

[1]) Phil. Mag. **30**, 339, 356; 1915.

die man mit den Cooligderöhren erreicht (K-Strahlen des Wo, siehe **119.**), werden die β-Elektronen mit Spannungen bis zu 245000 Volt (siehe **42.**, **124.**) ausgeschleudert. Es bedarf also noch einer Steigerung um das Zehnfache, um radioaktive Erscheinungen künstlich hervorzurufen.

Rutherford (Phil. Mag. (6) **34**, 159; 1917) hat die Ablenkung der β-Strahlen im magnetischen Spektrum (vgl. **124.**; Anm. 7 S. 270) für die RaC-Strahlen benutzt, um die Ablenkungsspannung zu ermitteln; für die 11 Gruppen dieser Strahlung fand er Werte von 180000 bis 2,1 Millionen Volt. Diese Größe folgt auch aus dem Einsteinschen Gesetz, wenn man die Wellenlänge der durchdringendsten RaC-Strahlung zu 0,02 AE ansetzt. Dessauer (1917, 1919, vgl. S. 82) erreichte mit 256 KV erst Wellen, die etwa der K-Strahlung des RaB entsprachen. Für diese Strahlung ist die Absorption μ in Al 0,24. Da die Absorption μ für RaC 0,115 beträgt, folgt bei Gültigkeit der Einsteinschen Gleichung eine Erzeugungsspannung für RaC von 500 KV.

108. Einige Wege für die Umwandlung.

Die gesamte Energie, die eine Umwandlung erfordert, ist nach unseren jetzigen Hilfsmitteln nicht zu beschaffen.[1]) Eine Steigerung der Mittel, wie sie seinerzeit Davy beim elektrischen Strom gelang und durch die es möglich wurde, die Alkalien zu zerlegen, ist jetzt kaum noch zu erwarten. J. J. Thomson[2]) glaubt aber, daß schon geringere Energiemengen, als oben angegeben, ausreichen würden. Es ist vorauszusetzen, daß bei allen chemischen Elementen Radioumwandlungen stattfinden. Wir merken aber nichts von ihnen, weil die Elektronen und α-Teile, die bei dieser Umwandlung entstehen, zu geringe Geschwindigkeit besitzen. Diese reicht nicht aus, daß die Elektronen und α-Teile (Helium, Wasserstoff) die Anziehungssphäre des Atoms verlassen.

Führen wir aber so viel elektrische Energie zu, daß diese Teile beschleunigt werden, so daß sie aus dem Atom austreten, so erkennen wir, ob und wieviel von einem Element umgewandelt ist. Die Energie für eine solche Zusatzspannung steht uns schon zur Verfügung.

J. J. Thomson bediente sich konzentrierter Kathodenstrahlen im hohen Vakuum, die in einem Brennpunkt sich vereinigten, in dem sich die Substanz befand. Auf diesem Wege wurden die radioaktiven Produkte H, He (siehe **99.**) entfernt. Die ersten derartigen Versuche rühren von Piazzi Smith (1889) her. Dieser fand, daß in Entladungsröhren eingeschlossenes Chlor- oder Jodgas vollständig im Laufe der Jahre verschwand und dafür Wasserstoff vorgefunden wurde. Es ist zweifelhaft, ob diese Erscheinung als Umwandlung zu deuten ist. Versuche in dieser Richtung waren bisher sonst stets negativ, so z. B. von Jorissen und Vollgreff (1915). Diese zeigten, daß Uranoxyd durch Kathodenstrahlung nicht zu zerlegen ist, ebensowenig kann Bi in Tl umgewandelt werden, obwohl diese in radioaktivem Zusammenhang stehen.

---

[1]) In der Natur finden wir eine solche Energiequelle in der atmosphärischen Entladung, im Blitz.

[2]) Positive Strahlen, S. 122.

In Betracht kommt dann die Verdampfung im Induktionsfunken, dessen Temperatur durch Leidener Flaschen erheblich gesteigert werden kann. Hier hat schon Lockyer eine Zerlegung für möglich gehalten, da sich das Spektrum erheblich ändert (siehe **97.** und S. 221[3)]). Die Entwicklung der drahtlosen Telegraphie hat die Erzeugung dieser Funken erheblich verbessert. Die tönenden Funken enthalten so viel Energie, daß die von ihnen ausgehenden Wellen den Erdball umkreisen können.

Lummer hat (1914) gezeigt, daß ein elektrischer Bogen auch unter höherem Druck brennen kann; dabei steigt die Temperatur so, daß nahezu Sonnentemperaturen (6000°) erhalten werden. Eine solche Temperatur begünstigt auch den Zerfall der Atome.

Ramsay[1)] hat die Zerfallsenergie der Radioelemente als Zusatzenergie benutzt, um den Zerfall anderer Elemente einzuleiten. Auch ist es nicht ausgeschlossen, daß diese Energie, wenn sie von anderen Atomen, z. B. O aufgenommen wird, gewissermaßen als Katalysator oder Ferment wirkt beim Aufbau von Atomen, z. B. von Neon aus O und He. Ein solcher Aufbau scheint auch bei der Entladung starker Kathodenstrahlen möglich zu sein. Denn bei dieser Entladung bildet sich in den Gasen H in statu nascendi (als Protowasserstoff, siehe **99.**), der so aktiv ist, daß er sich mit einem H-Mol zu H_3 verbindet und He von solcher Geschwindigkeit, daß es Glas durchdringen kann. Es sind also die chemisch gleich günstigen Bedingungen, wie in den heißen Sternen, für den Aufbau von Elementen vorhanden.

109. Versuche Ramsays über den Aufbau des Neons.

In ihren ersten Versuchen (1908) füllten Ramsay und Cameron ein Quarzgefäß mit Wasser und leiteten Ra Em (Niton) ein. Das Gefäß wurde dann abgeschlossen und die durch Wasserzersetzung entwickelten Gase analysiert. Sie bestanden aus H, O, N und etwas CO_2. Nach Absorption der Hauptmasse durch Holzkohle, die mit flüssiger Luft gekühlt war, blieb ein Rückstand. Dieser bestand aus He und Ne. Doch war nicht ausgeschlossen, daß diese Gase aus eingedrungener Luft bestanden. Neue Versuche wurden im August 1910 begonnen. Thoriumnitrat wurde in 5 ccm reinstem Wasser gelöst; etwas Niton wurde zugesetzt und dann die entwickelten Gase und das Niton abgepumpt. Das wurde viermal wiederholt. Dann wurde 0,1028 cmm Niton zugesetzt und das Gefäß auf das Sorgfältigste zugeschmolzen. Nach 2 Jahren wurde wieder geöffnet und die Gase absorbiert. Es hätten, da jeder cmm Niton 3 cmm He bildete, 0,3084 cmm He sich bilden müssen unter der Annahme, daß das Gas nicht in das Glas eingedrungen wäre.

Die gläsernen Absorptionsgefäße, mit denen das Versuchsgefäß verbunden wurde, waren vorher mit Sauerstoff durchgespült worden, wobei die Lufthaut vom Glas entfernt wurde. Die CO_2 wurde mit geschmolzenem, etwas feuchtem Kalihydrat absorbiert, dann durch beigemischten O und durch Explosion der vorhandene H entfernt. Der Rückstand von N und O wurde in ein mit Holzkohle gefülltes Gefäß geleitet, das durch flüssige Luft abgekühlt wurde.

Dieses Gefäß war vorher durch siedenden Schwefeldampf erhitzt worden und gleichzeitig luftleer gepumpt worden, eine Maßnahme, die nötig war, um alle Luft aus den Wandungen und aus der Kohle zu entfernen. Die Gase blieben $^1/_2$ Stunde in Verbindung mit der Kohle. Dann wurde das Gefäß durch einen Hahn abgeschlossen gegen die übrigen Absorptionsgefäße und in Verbindung gesetzt mit einem Quecksilbermanometer. Durch Heben des Quecksilbers wurde der Gasrest in ein kalibriertes Kapillarrohr, das eine Platinelektrode enthielt, übergeführt und gemessen. Im Mittel von 4 Messungen ergab sich eine Menge von

1) Mit Cameron und Usher, siehe **109.** u. flg.

0,485 cmm. Wurde dann eine elektrische Entladung durch das Rohr geschickt, so erschien ein Spektrum, in dem H nur sehr schwach, He stark und Ne außerordentlich stark sichtbar war. Nach den Untersuchungen von Collie über die Spektren von Gemischen von He und Ne läßt sich schätzen, daß das Ne $^1/_3$—$^1/_4$ der He-Menge betrug. Man findet also rund 0,15 cmm Ne. Nach den eingefüllten Mengen Em sollte das He 0,31 cmm betragen, also 0,48—0,31 = 0,17 cmm Ne vorhanden sein. Würde das Neon auch nur zum Teil (0,05 cmm) aus der Luft stammen, so müßte bereits 4 ccm Luft eingedrungen sein.

Zur Kontrolle wurden die in der Holzkohle absorbierten Gase durch Erhitzen in Schwefeldampf ausgetrieben, dann mit reinem O gewaschen und in ein Rohr aus Quarz übergetrieben, das in einem eisernen Schiffchen etwas Li-Metall enthielt. Das Metall, das vorher durch Erhitzen im Vakuum von Gasen befreit war, absorbierte O und N. Es blieb nur ein ganz schwacher Rückstand, der das Argonspektrum zeigte. Der entsprechende Luftgehalt berechnet sich zu einem Betrage von weit unter 0,1 ccm. Luft konnte danach nur in ganz unwesentlicher Menge die Ursache der gefundenen Neonmenge sein. Weiter wurde der Hauptversuch ohne Emanation wiederholt, nachdem eine Menge von 0,5 ccm Luft in den Apparat eingeschlossen war. Der Unterschied der so gebildeten Menge gegen die oben dargestellte ist sehr erheblich.

Ramsay schließt danach, daß bei der radioaktiven Umwandlung, also in statu nascendi befindliches He imstande ist, sich mit dem durch die Wasserzersetzung ebenfalls aktivierten O zu Ne zu verbinden. Wir haben also als erste Reaktion für den Aufbau der Elemente die Gleichung He + O = Ne (4 + 16 = 20).

Auch in der Natur spielt sich der gleiche Vorgang ab. Die mit stark radioaktiven Schichten durchsetzten 50° warmen Quellen von Bath sondern erhebliche Gasmengen ab. In 24 Stunden gibt eine Quelle 5 cbm. 1 l des Gases besteht aus 36 ccm CO_2 und rund 964 ccm N und Ar; freier O ist wenig, H gar nicht vorhanden. Das Gas ist stark radioaktiv. Das in ihm enthaltene Niton steht im Gleichgewicht mit 33,65 mg Ra auf 1 Million Liter; d. h. 1 Million Liter Gas enthält $^1/_{3000}$ mg Niton. 1 Million Liter Quellwasser enthält 0,139 mg Niton. In 1 Liter Gas wären 7,263 ccm Argon, 2,334 ccm Neon und 0,297 ccm He enthalten. Atmosphärische Luft enthält aber im Liter 9,32 ccm Argon, 0,124 cmm Neon und 0,00408 cmm He. Die Verhältnisse sind $^{7,263}/_{932}$ = 0,78 für Argon, 188 für Neon, 73 für Helium.

110. Die Bildung von Neon in Glasröhren.

Ramsay und Collie untersuchten (1913) das Glas von vier lange gebrauchten Röntgenröhren. Das Glas wurde zerbrochen, zerkleinert und in einer Verbrennungsröhre wiederholt mit O gewaschen, um die Lufthaut völlig zu entfernen. Beim Erhitzen der Röhre auf helle Rotglut wurde ein Gas erhalten, das zum größten Teil durch abgekühlte Holzkohle absorbiert wurde. Der Rest wurde in einem Kapillarrohr auf sein Spektrum untersucht. Es wurde He mit etwas Ne gefunden. Das gleiche Gas gab bestrahlte Glaswolle ab. Diese Versuche deutet J. J. Thomson[1]) nach seinen Untersuchungen über die He-Entwicklung bei der Bestrahlung so, daß diese Gase, wie in vielen anderen Körpern, gelöst sind und durch die Strahlen zum Entweichen gebracht werden. Sie können allerdings durch radioaktiven Zerfall entstanden sein.

Collie und Patterson (1913) haben in Fortsetzung dieser Versuche Fluorkalzium (in Form von isländischem Flußspat oder als frisch gefällten reinen Niederschlag) Kathodenstrahlen ausgesetzt. Die Oberfläche wurde unter Bildung von metallischem Ca purpurrot. Fluorsilizium, O und CO entwichen. Von Zeit zu Zeit wurde O zugeleitet und wieder abgepumpt. Viermal wurden die Gase entfernt. Die nach einigen Tagen bei der fünften Bestrahlung entstandenen Gase wurden, wie oben, kondensiert, absorbiert. Der Rest war Neon ohne He.

Die Ursache der Neonbildung war recht rätselhaft, schließlich kamen sie zu der Auffassung, daß H unter dem geringen Druck der Entladung an der Neonbildung stark beteiligt ist. Ganz reiner H aus Barythydrat, entwickelt durch Elektrolyse, wurde 11 Stunden lang bei geringem Druck Entladungen ausgesetzt. Vor

[1]) Positive Strahlen, 1913, S. 123.

Eindringen von Luft war die Entladungsröhre durch Einschließen in eine zweite Röhre geschützt, die auch mit einem Gas (He) gefüllt wurde. 30 ccm H wurden so behandelt, sie enthielten Ne in einer Menge, die der von 2 ccm Luft vergleichbar war. Nun wurde in die äußere Kammer 1 ccm reiner O gebracht, dieser wurde dann abgepumpt und durch ihn Funken durchschlagen gelassen. Nach der Absorption der gewöhnlichen Gase blieb He und Neon zurück. Wurde nun nochmals O in das Außengefäß gebracht und durch das Innere Funken durchgehen gelassen, so enthält der O außen nur noch Neon. Die Versuche wurden so gedeutet, daß sich bei der Funkenentladung H in statu nascendi bildet (Protowasserstoff, der ja sehr aktiv ist, siehe **99.**). Dieser verwandelt sich in He; das He durchdringt wie das radioaktive α-Teilchen das Glas und verbindet sich mit dem O zu Neon. Dieser Durchgang des He ist an dem Glase leicht nachzuweisen. Das Glas läßt, unter dem Mikroskop betrachtet, eine Menge von Gasblasen in seinem Innern erkennen.

Negative Versuche anderer Forscher.

Rutherford und Royds (1908), Egerton, Strutt, Debierne haben die Versuche (siehe **109.** und **110.**) wiederholt, haben aber die Ergebnisse nicht bestätigen können. Rutherford hält es doch für möglich, daß das Neon aus der Luft stammt. Schon $^1/_{10}$ ccm Luft läßt nach Absorption der gewöhnlichen Gase in gekühlter Holzkohle einen Rest der deutlich das Ne-Spektrum gibt; mit $^1/_5$ ccm Luft ist das Spektrum des Ne stark glänzend, trotzdem nur ein Milliontel ccm vorhanden ist. Auch durch großen He-Überschuß wird das Spektrum nicht beeinflußt. Im einzelnen wurde folgendes gefunden:

1. Das bei der Zersetzung des Wassers durch Niton gebildete Gas enthielt kein Ne. Das Wasser war vor der Behandlung mit Niton in einem Kolben von 4 ccm zum Gefrieren gebracht und der Kolben luftleer gemacht; dann aber wurde die Em von 0,16 g Ra 3 Tage lang wirken gelassen. 4 ccm Gas entstanden, diese enthielten H und He. Es wurde der Versuch 5 mal wiederholt.
2. H, der aus metallischem Na durch Einwirken auf Ätznatron gebildet war, wurde etwas O, aus $KMnO_4$ entwickelt, beigefügt. 0,1 ccm des Gases wurde von 2—3 Amp. durchsetzt. Es war weder He noch Ne nachzuweisen. Ebensowenig war die Bestrahlung mit Ra-Strahlen auf 10—20 Liter Knallgas wirksam.
3. He ist zwar im Flußspat enthalten. Erhitzt man den bestrahlten Spat im Knallgasgebläse, so entfärbt er sich. Wird er nun von neuem bestrahlt, so gibt er kein He mehr ab — noch weniger Ne.
4. Quecksilberdampf und andere Gase, die in einer Quarzquecksilberlampe tagelang starken Entladungen von 2—20 Amp. ausgesetzt waren, zeigten keine Spur von Umwandlung.

111. Neue Versuche von Collie, Patterson und Masson (1914).

Es wurde sorgfältigst auf Entfernung aller Luftspuren geachtet. Um subjektive Beeinflussungen auszuschließen, beobachtete jeder Forscher für sich mit einem etwas anders gearbeiteten Apparat. Alle Entladungsröhren waren von einem Vakuumrohr umgeben. Die übereinstimmenden Versuchsergebnisse sind folgende:

1. Eine Entladungsröhre, die Al enthielt, gab bei 6 Füllungen mit H zunächst negative Resultate. 3 folgende Füllungen mit O fielen auch negativ aus. Wurde dann aber H zugeleitet, so zeigte sich Ne in einer Menge, die $^1/_{10}$—$^1/_5$ ccm Luft entsprach. Da aber Stickstoff in dieser Menge fehlte, so konnte das Ne nicht aus der Luft stammen. Bei Anwesenheit von Cu, Pb, Li und besonders Pd und Na in der Entladungsröhre wurde ebenfalls Ne gefunden. He war meist nur in Spuren vorhanden.
2. Die Bestrahlung im Vakuum durch Kathodenstrahlen liefert in Übereinstimmung mit J. J. Thomson (siehe **99.**) bei Pb, Ur, KJ, RbCl, Cs_2CO_3 hauptsächlich He, Neon nur in Spuren.
3. Ältere Quarzquecksilberlampen enthalten, besonders wenn sie Tantalanoden besitzen, He und Ne. Lampen mit Hg-Elektroden geben nach 12—30 stündiger Entladung etwa 0,001 ccm He mit Spuren von Ne. Dieses He konnte nicht etwa dadurch in die Lampe gekommen sein, daß Luft durch die erwärmten Wände in die Lampe eingedrungen war. Die He-Bildung trat nämlich auch auf, wenn die Wände gekühlt waren.
4. Besondere Versuche zeigten, daß weder Durchgang von Luft durch die verschiedenen Materialien, aus denen sich die Entladungsröhren zusammensetzen, noch auch in diesen okkludierte Gasspuren für das Entstehen von He und Ne verantwortlich sind.

Die Ursache der Bildung dieser Gase wird nicht weiter erörtert. Es bleibt daher noch etwas zweifelhaft, ob sie noch der Meinung von Ramsay sind, daß aus $\overline{H}$ (S. 203) sich He bildet und daß dieses He im Entstehen sich mit O verbindet zu Neon.

Es kann auch die Erklärung von J. J. Thomson ausreichen, wonach diese Bestrahlung die im Laufe der Zeit gebildeten radioaktiven Zersetzungsprodukte nur hervorlockt, deren Entweichen bis dahin wegen ihrer geringen Energie nicht möglich war.

Die schon bei **99.** erwähnten Versuche von J. J. Thomson (1913) zeigen, daß ein Zusammenhang zwischen Neon, He und H_3 bzw. $\overline{H}$ besteht. Die Gase traten auf, wenn eine Bogenentladung zwischen Eisenelektroden bei 3 cm Druck eine Stunde lang unterhalten wurde, ebenso bei einem Versuche am nächsten Tage. Wurde dann aber Sauerstoff eingeleitet, so verschwanden sie und kamen auch bei Einleiten von Wasserstoff nicht mehr zum Vorschein. Der Vorrat war erschöpft. Wurden ungebrauchte Elektroden eingesetzt, so erhielt man die Gase wieder. Neon erscheint in den Gasen nur, wenn die Spannung genügend hoch, wenn die Induktionsspule zur Entladung verwendet wird. Bei einer Wehneltkathode, die mit 220 Volt betrieben wurde, war nur H_3 und He nachzuweisen.

Neon trat auf bei Bestrahlung von Al, Fe, Ni, Ni_2O_3, Zn, Cu Meteoriten, ferner bei Pb und Pt. Die Umstände, unter denen die Gase bei Pb und Pt verschwinden und wieder hervorgerufen werden, sind eine Hauptstütze für die obige Annahme, daß die Gase in den Metallen schon vorhanden sind. Bei He und H_3 kann man allerdings noch die Versuche so deuten, daß sie durch Bestrahlung aus den Atomen abgespalten werden. Bei Neon gelang das aber nicht.

112. Ramsays Versuche über den Abbau von Elementen innerhalb derselben Gruppe.

Noch mehr umstritten sind die Versuche Ramsays zusammen mit Cameron und Usher aus den Jahren 1907—09. Die Emanation zersetzt das Wasser — ein Vorgang, der leicht verständlich ist, da bei dem radioaktiven Zerfall β-Elektronen (also ein elektrischer Strom) das Wasser durchsetzt. Ramsay behauptet nun, daß, wenn Kationen im Wasser gelöst sind, die Zerfallsenergie zur Spaltung einiger Kationen neben der Wasserzersetzung ausreicht. War 0,27 g Cu als Sulfat gelöst, so fand man 0,00017 mg Lithium. Parallele Versuche mit äquivalenten Mengen Ag waren negativ. In den zur Familie des Kohlenstoffs gehörenden Elementen Si, Ti, Zr, Th und Pb wurde durch die Emanation eine Verwandlung in C, der als CO_2 auftrat, bewirkt. Es wurden in einem halben Jahre Mengen von 0,1—3 mg C erhalten. Untersucht wurden Lösungen von (300 g) Thoriumnitrat, von H_2SiF_6, $Ti(SO_4)_2$, $Zr(NO_3)_4$, $Pb(ClO_3)_2$. Aus der Luft konnten die Gase nicht stammen, da kein Stickstoff in ihnen enthalten war. Neben CO_2 war He (aus der Umwandlung der Emanation stammend) vorhanden.

Die Versuche, die in anderen Laboratorien, besonders in dem von Frau Curie (Frl. Gleditsch, Herchfinkel), von Hartley, Perman ausgeführt wurden, haben diese Ergebnisse nicht bestätigt. Es zeigte sich, daß Cu Spuren von Li enthielt, ebenso das destillierte Wasser und das Gas, mit dem die Lösungen in Berührung kamen. Beim Arbeiten mit Quarzgeräten, mit Platin- und Goldschalen war von einer Verwandlung des Cu in Li nichts zu merken. Nach Versuchen von Mc Coy ist allerdings Li und Cu in Radiomineralien vorhanden; es besteht aber kein Zusammenhang zwischen Li, Cu und Ra. So kann ein Cu-freies Mineral Li enthalten und umgekehrt. Herchfinkel zeigte, daß die Emanation alle organischen Substanzen (Fett und Staub) zu Kohlensäure verbrennt. In parallelen Versuchen konnte ein Zusatz von 0,1 ccm CO_2 nachgewiesen werden. Wenn bei Thoriumnitratlösungen diese Spuren von organischer Substanz vermieden werden, wird auch keine CO_2 erhalten. In einem Versuch, der 12 Tage dauerte, wurden aus 125 g Thorsalz bei Anwesenheit von 0,1 g Ra 1 ccm CO_2 erhalten; die gleiche Menge lieferte (ohne Ra) zum Th-Salz zugesetztes Kaliumpermanganat. Ramsay hat 1911 aber darauf hingewiesen, daß bei seinen Versuchen derartige Fehler durch organische Substanzen vermieden waren. Das Thorsalz wurde zur Rotglut erhitzt und dann in Salpetersäure gelöst und unter Ausschluß von Staub umkristallisiert. Die Emanation (aus 0,6 g $RaBr_2$) wurde mit Ätzkali gereinigt und kam nicht in Berührung mit gefetteten Hähnen oder Kautschukschläuchen. Parallelversuche mit Ba-, Hg-, Ag-Salzen gaben keine oder nur winzige Spuren von CO_2.

113. Angebliche Elementenumwandlung in neuerer Zeit.

Die radiochemischen Erfahrungen im Verein mit den vorstehenden Versuchen lehren, daß von den Elementen sich nur ein kleiner Bruchteil der Masse umwandeln kann. Es ist daher anzunehmen, daß alle Umwandlungen in wägbarer Menge auf Täuschungen beruhen, entstanden aus fehlerhaften analytischen Methoden oder unkritischen Beobachtungen. Derartige, zur Alchemie zu rechnende Versuche haben seit Ende des 18. Jahrhunderts, nach der eigenartigen Gründung der hermetischen Gesellschaft durch den Arzt Dr. Kortum, keinen großen Resonanzboden mehr in Deutschland gefunden. In Paris aber hat die okkulte Chemie oder Hyperchemie zahlreiche Jünger gefunden. Sie steht in enger Berührung mit allen metaphysischen Lehren und Afterwissenschaften, mit Theosophie, Magie, Okkultismus, Kabbalistik, Astrologie. Es besteht seit 1895 eine Gesellschaft für sie, mit einer eigenen Zeitschrift (Redakteur Castelot, siehe **105.**). Sie unterstützte die Herausgabe der alchemistischen Schriften des Mittelalters durch A. Poisson. Zu diesem Kreis[1]) gehörte der Dichter Strindberg, der sich viel mit Chemie beschäftigte und in einer Reihe von Schriften (1894—97)[2]) sich zur Stoffumwandlung nach alchemischem Muster bekannte. Er glaubte durch Einwirkung von Ammoniak auf Eisenlösungen Niederschläge erhalten zu können, die sich in Gold umwandelten. In seinem Nachlaß haben sich in der Tat auf Glasplatten[3]) goldglänzende Überzüge gefunden. Die Pariser Gesellschaft scheint vor allem in den Spuren Tifferreaus zu wandeln. Dieser legte 1854 der französischen Akademie eine Reihe von Arbeiten über die Elementenumwandlung vor. Chevreul und Dumas lehnten es ab, über diese Arbeiten zu berichten, da sie nichts über die Arbeitsmethode enthielten. Auch wurden die Versuche ohne jeden Erfolg auf der Pariser Münze nachgeprüft.

Noch 1889 hat Tiffereau in der französischen Naturforscherversammlung mexikanisches Gold vorgezeigt, das aus Silber entstanden sein sollte. Das Gold enthielt keine Spur Silber mehr.

Tiffereau ging von der Proutschen Hypothese aus, nach der die Elemente aus Wasserstoff aufgebaut sind. Dieser Aufbau könne aber nur stattfinden, wenn ein anderes Element als Ferment vorhanden ist, das den Wasserstoff aktiv macht.[4]) Tiffereau hielt den Stickstoff, der ja vielfach elementähnliche Gruppen bildet (CN, NH_4), für ein solches Ferment. So soll sich bei der Auflösung von Ag in Salpetersäure unter bestimmten Konzentrationsbedingungen und besonders bei Gegenwart von konzentrierter Schwefelsäure auch Gold bilden.[5])

In Deutschland werden ähnliche Bestrebungen nur in der Theosophischen Gesellschaft und von der ihrem Kreise nahestehenden neuen metaphysischen Rundschau gefördert. In einem Aufsatz von van Werth[6]) findet man die Angabe, daß F. Maack 1901[7]), gestützt auf das nach magischen Grundsätzen aufgebaute, in 11 Gruppen geteilte System der chemischen Elemente (Sebaldscher Ring 1896), die Ramsayschen Umwandlungen vorausgesagt hat.

Wissenschaftlich tätige Männer haben nur selten an das Gelingen der Umwandlungen auf rein chemischem Wege geglaubt. Am meisten Aufsehen hat Fittica (1901) durch seine Behauptung erregt, daß er Phosphor durch Bor in Schwefel verwandeln könne. P sollte danach eine Verbindung von N, S und H sein $= N_2SH_2$. Nach **104.** ist $P = 7He + H_3$; $S = 8He$; $N = 3He + 2\bar{H}$. Es besteht danach kein Zusammenhang, wie ihn Fittica annahm. Ebenso irrig waren die Ergebnisse von Gross (1897—98).

Viel Aufsehen haben die Mitteilungen von Emmens[8]) (1897) über das Argentaurum erregt. Vier mexikanische Dollars wurden in 2 Teile zerlegt. Der eine Teil wurde auf der Münze in New York auf Gold untersucht; es wurde weniger

---

[1]) Ein Hauptmitglied dieser Gesellschaft war der vor kurzem in Paris als Oberstabsarzt verstorbene Dr. Encousse, dessen alchemische und okkultistische Schriften unter dem Namen Pappus erschienen sind; der auch als Wunderdoktor am Zarenhofe in Petersburg bekannt geworden ist.

[2]) Eine Schrift trägt auf dem Widmungsblatt den Namen von Swedenborg.

[3]) Eine Platte war in einem Umschlage eingewickelt mit der Aufschrift: Auf diesem Glas sitzt Gold, aus Eisenvitriol, chromsaurem Kali, Ammoniak und Cyankalium (Tiffereaus aktiver N!) hergestellt. Weitere Einzelheiten siehe W. Bein, Stein der Weisen (Lpg. 1916, S. 130).

[4]) Eine solche Form des Wasserstoffes hat J. J. Thomson als Ursache der Bildung von H_3 aufgefunden (siehe **99.**).

[5]) Vgl. Kiesewetter: Die Geheimwissenschaften, Bd. II, 234 (Lpg. 1895).

[6]) Neue metaphysische Rundschau **14**, 241; 1907.

[7]) In der Zeitschrift für Xenologie.

[8]) Nature **56**, 452; 1897.

als $^1/_{10000}$ gefunden. Der andere Teil wurde weiter in dem Laboratorium von Emmens behandelt. Nach der Behandlung wurde dieser Teil des Metalles auch auf der Münze untersucht; er enthielt nunmehr Gold. Emmens sagt, daß durch die Behandlung das bereits im Keim vorhandene Gold freigemacht ist. Crookes hat ein Muster des Argentaurums im Spektroskop geprüft; er fand, daß neben Gold nur wenig Silber und Kupfer vorhanden war. Über die „Behandlungsmethode" ist nichts mitgeteilt.

Literatur zu 96—113.

Allgemeines. M. Berthelot: Origines de l'alchemie, Paris 1885, 288. — R. Boyle: Sceptical Chemist (Ausgabe von 1680 und 1694, p. 15, 37, 63). — Cameron: Radiochemistry (London 1910). — Castelot: La science alchemique (Paris 1904). — Crookes: [1]) Strahlende Materie (Vortrag 22. VIII. 1879 — 5. Aufl. Lpg. 1912). [2]) Genesis der Elemente (Vortrag Brit. Assoc. 1886 und 18. II. 1887 in der Royal Institution; Brschg. 1888 und 1895). [3]) Philosoph. Transactions **128**, 949; 1887. [4]) Chem. News **55**, 83, 95; 1887. [5]) Internat. Chemiker-Kongreß Berlin 1903, I, 86. [6]) ZS. Naturw. **76**, 292; 1904. — Fechner: Physik.-chem. Atomlehre (Lpg. 1855, 2. Aufl. 1864). — Flamm: Ver. Verbr. Naturw. Wien **56**, 1; 1916. — Graham: Phil. Mag. **27**, 81; 1864. — Harkins (Wilson, Hall): [1]) J. Amer. Chem. Soc. **37**, 1367, 1383; **38**, 169; 1915/16. [2]) ZS. anorg. Chem. **95**, 1, 20; **97**, 175; 1915/16. [3]) Proc. Amer. Akad. Boston 1916, 216. — Kayser: Handbuch der Spektroskopie Bd. II, 256; 1902. — Kopp: Lieb. Ann. Suppl.-Bd. 3, 337; 1864. — Le Bon: Entwicklung der Materie (Lpg. 1909). — Lockyer: [1]) Chemistry of the sun (London 1887). [2]) Proc. Roy. Soc. **60**, 471; **61**, 148; 1887. [3]) Inorganic evolution as studied by spectrum analysis (London 1900). — L. Meyer: Die Atome und ihre Eigenschaften (Breslau 1896, 124). — Paneth: Über die Elemente und den Atombegriff (ZS. phys. Chem. **91**, 171; 1915). — Rudorf: Periodisches System (Hbg. 1904). — Rydberg: [1]) Bihang Hdl. Vetenskap Stockholm Akad. Bd. 11; 1886; Bd. 14, 1897. [2]) ZS. anorg. Chem. **14**, 66; 1897. [3]) Elektron der erste Grundstoff (Lund, Berlin 1906). [4]) Univers. Acta Lund Bd. 9, Nr. 18; 1913. [5]) J. phys. Chem. (Guye) **12**, 585; 1914. — J. J. Thomson: Positive Strahlen (Oxford 1913). — Weissenberger: Ver. Verbr. Naturw. Wien **56**, 353; 1916.

Zu **96.** und **97.** Mallet: Phil. Transact. **171**, 1003; 1881. — Strutt: [1]) Phil. Mag. (6) **1**, 311; 1901. [2]) Proc. Roy. Soc. **80**, 56, 572; **81**, 278; 1907/08. — Lockyer: [1]) Phil. Transact. **163**, 253, 639; 1873. [2]) Proc. Roy. Soc. **22**, 380; 1874. [3]) C. R. **76**, 1399; **77**, 1397, 1355 (Dumas); 1873. — Dumas: [1]) C. R. **47**, 1026. [2]) Lieb. Ann. **108**, 324; 1858. — E. C. Pickering: (Harvard Observat.) Astronom. Nachrichten **142**, 399; 1897. — Kayser: Astrophys. J. **5**, 92, 95; 1897. — Rydberg: Astrophys. J. **7**, 233; 1899. — Evans: Phil. Mag. **29**, 283; 1915. — Fowler: [1]) Roy. Astron. Soc. Notices Bd. 73; 1913. [2]) Phil. Transact. **214**, 225; 1914. [3]) Proc. Roy. Soc. **90**, 426; 1915. [4]) Engineering **101**, 342; 1916. — Merton: Proc. Roy. Soc. **91**, 382, 498; 1915. — Merton und Nicholson: Phil. Transact. **217**, 51; 1918. — Stark: Phys. Ges. **16**, 468; 1914. — Schopenhauer: Parerga § 74 (Werke Bd. 6, 105; 1874).

Zu **98.** und **99.** Ramsay: Vergangenes und Zukünftiges aus der Chemie (Lpg. 1909, 216). — Campbell: Jahrb. Radioakt. 1905, 434. — Lodge: Entwicklung der Materie 1914, 70. — J. J. Thomson (Vortrag Royal Institution): [1]) Nature **91**, 331; 1913. [2]) Naturwiss. **1**, 1039; 1913. [3]) Phys. ZS. 1913, 1302. — Dempster: Phil. Mag. **31**, 439; 1916. — Marsden und Lantsberry, Mc Lennan und Mercer: Phil. Mag. **30**, 240, 676; 1915. — Rutherford, Marsden siehe **104**. — D. Bose: Phys. ZS. 1916, 388. — Duane und Wendt: Phys. Review **7**, 689; 1916. — Bohr: Meddel, Nobelinstitut **5**, Nr. 28; 1919. — Stern und Vollmer: Ann. Phys. **59**, 225; 1919.

Zu **100.** und **101.** Harkins: [1]) Phil. Mag. **30**, 723; 1915. [2]) J. Amer. Chem. Soc. **37**, 1367; **39**, 856; 1915/17. [3]) Science **46**, 419, 443; 1918.—Chwolson: Bullet. Acad. Petersb. 1915, 1841. — Collins: Chem. News **107**, 99; **108**, 235; **109**, 26; 1913/14. — Fajans: Vhdl. Phys. Ges. 1914, 258; 1915, 30. — A. C. und A. E. Jessup: Phil. Mag. **15**, 21; 1908. — Nicholson: [1]) Roy. Astronom Soc. Notices Bd. 72—74, 1911/14 (besonders **74**, 204, 486). [2]) C. R. **158**, 1322; 1914. [3]) Roy. Astronom Soc. **78**, 349; 1918. — Morosoff: Evolution der Elemente (Vortrag 9. I. 1908 — Dresden

40, 241; 1914. [3]) C. R. 158, 1018; 1914. [4]) (Stark) Jahrb. Radioakt. 1915, 369. — Schönrock: Ann. Phys. 10, 995; 1906. — Merton: Proc. Roy. Soc. 91, 382; 1915. — 1910). — Bourget, Fabry, Buisson: [1]) J. de phys. 2, 492; 1912. [2]) Astroph. J. Nagaoka: Proc. Math. Phys. Tokyo 8, 231; 1915. — Michelson: Phil. Mag. 31, 338; 1891; 34, 280, 1892. — Pulfrich: ZS. Instr. 1893, 408. — Lummer: Verflüssigung der Kohle und Herstellung der Sonnentemp. (Sammlung Vieweg, Nr. 9, Brschg. 1914. — Cady und Mc Farland: The composition of natural gas; Kansas University Geological Survey 1918, 264 (Science, N. Y. 50, 71; 1918).

Zu 102. Prout: Thomsons Annal Philosoph. 6, 321—330; 7, 111—113; 1815/16. — Kopp: Geschichte der Chemie Bd. II, 391. — Ostwald: Handbuch der allg. Chemie Bd. I, 126; 1891. — Liebig (u. Redtenbacher): [1]) Lieb. Ann. 38, 113; 1841. [2]) J. prakt. Chem. 24, 451; 1841. — Dumas (u. Boussignault): [1]) C. R. 1841, 1005. [2]) Ann. Chim. Phys. 8, 189; 1843. — Berzelius: Lehrb. d. Chemie (5. Aufl.) Bd. 3, 1173. — Stas: Über chem. Proportionen (1867). — Scheringa: Chem. Weekblad 15, 221; 1918.

Zu 103. Mallet: Phil. Transact. 17, 1003; 1881; Chem. News 67, 20; 1893. — v. Mieses: Phys. ZS. 19, 490; 1918. — Strutt: siehe 96. — Scott: J. Chem. Soc. 111, 288; 1917. — Comstock: J. Amer. Chem. Soc. 30, 683; 1908. — Sommerfeld: Ann. Phys. 51, 3; 1916. — Strömholm und Svedberg: ZS. anorg. Chem. 63, 197; 1907. — Oddo: ZS. anorg. Chem. 87, 283; 1914. — Loring: [1]) Chem. News in Bd. 109 bis 111 (1914/15). [2]) Studies in valency (London 1916). — Fajans: [1]) Ber. Chem. Ges. 46, 422; 1913. [2]) Vhdl. Phys. Ges. 1913, 247. — Soddy: [1]) Jahrb. Radioakt. 1913, 188. [2]) Chemie der Radioelemente I, 15; II, 60. — Fehrle: Phys. ZS. 19, 281; 1918. — J. J. Thomson: Engineering 105, 344; 1918. — Nicholson: Proc. Phys. Soc. Lond. 27, 217; 1915. — Leduc: Ann. de phys. (9) 9, 25; 1918. — Harkins, siehe allgemeines. — Hicks: Chem. News 118, 70; 1919. — Palladino: Du poids absolu des corps élèmentaires et dépendance de leur propriétés du poids absoln et de la forme (Genua, 1909). — Wenzel: [1]) Monatshefte Chemie 38, 367; 1917. [2]) J. prakt. Chem. 98, 155; 1918.

Zu 104. und 105. Boltwood: Sill. J. 20, 253; 1905. — Marsden, Mc Lennan, Bose: siehe 98. — Egerton: J. Chem. Soc. 95, 238; 1909. — Rutherford: Phil. Mag. 27, 448; 1914. — Geiger, Marsden: [1]) Proc. Roy. Soc. 82, 495; 1909. [2]) Phil. Mag. 25, 604; 1913. — Harkins: siehe 100. — Davy 1809 (siehe Crookes 1879).—Faraday: Lettres and Life, Bd. 1, 308 (B. Jones). — Fusinieri: Padua 1844, 46, 47.— Hertz: Ann. Phys. 31, 983; 1887. — Buff: Lieb. Ann. 80, 1; 1857. — Schenck: Ber. Chem. Ges. 47, 2601; 1914. — Haber und Just: [1]) Ann. Phys. 30, 411; 1909. [2]) ZS. Elchem. Ges. 16, 275; 1910. [3]) Ann. Phys. 36, 308; 1911. [4]) Phys. ZS. 12, 1035; 1911. [5]) Vhdl. Karlsruhe Phys. Ges. 1911, 215. [6]) ZS. Elchem. Ges. 20, 483; 1914. — Mendeléef 1903/04, siehe 46. — Norris: J. Amer. Chem. Soc. 39, 1617; 1917. — Hönigschmidt: ZS. Elchem. Ges. 25, 91; 1919. — Bilecki: ZS. anorg. Chem. 98, 86; 1916. — Rutherford, Marsden, Kaye: [1]) Phil. Mag. 37, 537, 562, 571, 581; 1918. [2]) (Royal Institution) Engineering 107, 793; 1919. — [1]) Fajans: Naturwiss. 7, 729; 1919. [2]) Radioaktivität S. 95 (Brschg. 1919). — Collins: Chem. News. 119, 29; 1919.

Zu 106. Descartes: Principia Philosophiae II, 23. — Strache: Einheit der Materie und des Weltäthers 1909. — Wundt: Theorie der Materie 1875. — Stallo: Begriff und Theorien der modernen Physik 1901/15. — G. Schilling und Cornelius: siehe 21. — Cornelius: Grundzüge der Molekularphysik (1866). — Boscovich: Theoria philosophiae naturalis 1763, p. 41, § 92.

Zu 107. und 108. Stark: Leitfähigkeit der Gase 1902, 27. — Soddy: [1]) Jahrb. Radioakt. 1906, 23, 247. [2]) Natur des Radiums (Lpg. 1909, p. 91). — Moseley: Proc. Roy. Soc. 98, 471; 1913. — Himstedt: Elektronen und die Konstitution der Materie (Vortrag 1909, p. 39). — Piazzi, Smith: Nature 40, 584; 1889. — J. J. Thomson: Atomic theory, 1914, p. 17. — Jorissen und Vollgreff: ZS. phys. Chem. 89, 151; 90, 557; 1915. — Lummer: Verflüssigung der Kohle siehe 101. — Rutherford: Nature 95, 167, 494; 1915.

Zu 109.—111. Ramsay: [1]) (u. Cameron) J. Chem. Soc. 91, 1593; 93, 966, 993; 1907/08. [2]) Phys. ZS. 1907, 521. [3]) (u. Cameron) J. Chem. Soc. 101, 1367, 1370; 1912. [4]) (u. Collie) Nature 89, 502; 90. 653; 1913. — J. J. Thomson: Nature 90, 643; 1913. — Collie, Patterson und Masson: [1]) Nature 90, 653; 1913. [2]) J. Chem. Soc.

103, 419; 1913. [3]) Proc. Roy. Soc. **91**, 30; 1914. — Rutherford und Royds: Phil. Mag. **16**, 812; 1908. — Strutt, Egerton: Proc. Roy. Soc. **89**, 499; **91**, 180; 1913/14. — Debierne: Ann. de phys. **2**, 433; 1914.

Zu **112**. Ramsay: [1]) Die edlen und radioaktiven Gase (Vortrag, Lpg. 1908, p. 33). [2]) ZS. angew. Chem. **20**, 1297; 1907. [3]) Was ist ein Element (in: Vergangenes und Zukünftiges in der Chemie 1909, S. 189). [4]) Archiv Sciences Phys. Genève. **25**, 329; 1908. [5]) Jahrb. Radioakt. 1908, 239. [6]) (u. Usher) J. Chem. Soc. **95**, 624; 1909. [7]) (u. Usher) Ber. Chem. Ges. **42**, 2930; 1909. [8]) (u. Cameron) siehe **109**. [9]) Elements and Electrons (London 1912). — W. Ostwald: Transmutation der Elemente: Chemik.-Ztg. 1907, 735. — Curie und Gleditsch: [1]) C. R. **145**, 1148; **146**, 331; **147**, 345; 1907/08. [2]) Radium 1908, 225. [3]) Radioaktiv. Bd. II, 271. — Herchfinkel, Ramsay: C. R. **153**, 255, 373; 1911. — Ramsay: Nature **87**, 271; 1911. — Hartley: Ann. Chim. Phys. **16**, 127; 1909. — Perman: Chem. News **98**, 256; 1908. — Mc Coy: Nature **77**, 79; 1907.

Zu **113**. E. Schultze: Das letzte Aufflackern der Alchemie, die hermetische Gesellschaft 1796—1819 (Lpg. 1897). — Fittica: Chemik. Ztg. 1901, 261. — Gross: Elektrochem. ZS. **4**, 1, 112; **5**, 48; 1897/98. — de Vèze: La transmutation des métaux, l'argentaurum (Paris 1902). — Ramsay: Vergangenes und Zukünftiges aus der Chemie (Lpg. 1909, S. 50). — Castelot: La science alchemique (Paris 1904). — Tiffereau: [1]) Archiv Pharmaz. **76**, 76; 1853. [2]) Die Golderzeugung auf künstlichem Wege (Berlin 1855). [3]) L'art de faire l'or. La transmutation du fer, du cuivre et de l'argent en or (Paris 1854, 2. Aufl. 1856, neue Ausgabe 1889 von Lermina). — A. Poisson: Collection d'ouvrages relatives aux sciences hermétiques (Bibliothèque Chacornac, Paris 1890). — Bibliothèque Rosecrucienne (Chacornac) 2 Serien von 1897 ab. — Papus (Encausse) [1]) La pierre philosophale; preuves irrefutables de son existence (Paris 1889). [2]) Traité élementaire de sciences occultes (Paris 1887). — Strindberg: [1]) Chimie unitaire (Paris 1895). [2]) Synthèse de l'or (in der ZS. für Hyperchimie 1896. [3]) Le jardin des plantes. (Paris 1896). [4]) Lettres sur la chimie (im Antibarbarus, Berlin 1894 und Hyperchimie 1897). — Baur: Strindberg und die Alchemie (Österr. Chemiker-Ztg. 1912, 150). — Annie Besant und Leadbeater: Okkulte Chemie mit Beiträgen über Forschungen in der okkulten Chemie von Joh. von Massen (übersetzt R. Lange in Theosophische Biblioth. Lpg. 1909, 2. Aufl. von Karl Gruhn 1917). — Wagemann: Künstliches Gold, ein Verfahren zur Umwandlung der Stoffe (1902). — de Mailly: Höhere Medizin (Berlin 1908). — Surya: Triumph der Alchemie, die Umwandlung der Elemente (Lpg. 1908). — B. Wiedenmann: Alchemie und Lebenselexir (Osiris-Bücher, 1907). — E. Hitchcook: Swendenborg; a hermetic philosopher (New York 1858). — Holgen: Chem. Weekblad **14**, 400; 1917. — Tiffereau: Assoc. Franc. Advancement des Scienses **18**, (I), 279; 1889.

Die Forschungen über den Atombau.

114. Optik und Atombau.

Die radioaktiven und zahlreiche der betrachteten physikalischen und chemischen Erscheinungen lehren, daß die chemischen Elemente zusammengesetzt sind und aus Elektronen bestehen. Besonders sprechen die außerordentlich verwickelten Spektralerscheinungen für die Zusammengesetztheit der Elemente. Rowland schloß aus den Strahlungsvorgängen, daß das Aussenden der Strahlung mit dem Anschlagen verschiedener Seiten auf einem Klavier vergleichbar sei. Den schwingenden Seiten entsprechen die schwingenden Elektronen im Atom. Durch lichtelektrische, strömungselektrische, thermische und chemische Einwirkung können Elektronen, die Träger der chemischen Valenz sind, vom Atom abgespalten werden. Über die Art der Gruppierung der Elektronen geben diese Erscheinungen keinen Aufschluß, ebensowenig die Erwägungen über das, was man von Isotopen und allotropen Formen der Elemente weiß. Man kann aus allem lediglich folgern, daß die Atome zusammengesetzt sein müssen; daß daher verschiedene Gruppierungen der Unteratome möglich sind, die, wie aus der organischen Chemie bekannt, zu verschiedenen Körpern führen können.

In den Bau des Atoms einzudringen, gestatten einige elektrische Erscheinungen und Strahlungsvorgänge. Strahlungen beruhen auf Schwinungen von Elektronen im Atom (siehe **39.**). Man kann annehmen, daß diese Elektronen um die Hauptmasse des Atoms rotieren, und daß die Strahlung bei der Wiedervereinigung[1]) von abgeschleuderten Elektronen mit dem Atomrest, dem Atomion, zustande kommt. Die dabei freiwerdende Energie[2]) setzt des Atom in Schwingungen (von der Schwingungszahl ν). Das ist das Ergebnis der Untersuchungen über den durch ultraviolettes Licht erregten Photostrom und die Resonanzstrahlungen, die besonders Franck und Hertz (siehe **42.**) durchgeführt haben. Für die Abspaltung der Elektronen gilt die von Einstein angegebene Gleichung[3]) $eV = \frac{1}{2} mv^2 = h\nu$. Hierin bedeutet e, m Ladung und Masse des Elektrons, das sich mit der Geschwindigkeit v bewegt. V ist das elektrische Potential, durch welches das Elektron vom Atom abgerissen wird.

Weiteren Aufschluß über den Strahlungsvorgang gibt das Zeemansche Phänomen (siehe **39.**). Z. wies nach, daß die homogenen Strahlungen der

---

[1]) Daß Strahlungen bestimmter Schwingung eine Folge der Vereinigung von Elektronen mit Ionen sind, lehren die Untersuchungen Righis über die Ursache der Schichtung des Glimmlichts und ihre Veränderung in Kathodenstrahlröhren.

[2]) Sie ist gequantelt, d. h. ein Vielfaches des Elementarquantums h (siehe **42.**).

[3]) Über die Grenzen der Gültigkeit dieser Gleichung siehe ebenfalls **42.**

Atome, die Spektrallinien, in starken elektromagnetischen Feldern sich verändern. Die Strahlungen zerfallen in mehrere Linien, die symmetrisch zur ursprünglichen Linie liegen. Der Abstand der Linien ist eine Funktion des Magnetfeldes. Zu dieser Untersuchung wurde Z. geführt durch die Annahme, die man sich über das Licht und das Atom gebildet hatte. Das Licht ist ein elektromagnetischer Vorgang, der vom Atom ausgeht. Das schwingende Elektron ruft in seiner Umgebung elektromagnetische, periodisch wechselnde Störungen hervor, die sich als Wellen im Raum fortpflanzen und als Spektralstrahlung unseren Sinnen wahrnehmbar sind. Aus diesen Annahmen läßt sich der Einfluß eines bestimmten Feldes auf die Wellenlänge berechnen, wenn das Atom aus einem Kern und aus um den Kern schwingende Elektronen mit der Ladung e und der Masse m besteht (siehe **117.**). Durch das Feld wird die Kraft zwischen denjenigen Elektronen und ihren Kernen verstärkt, für welche die magnetische Kraft senkrecht auf den Kraftlinien und auf der Bewegungsrichtung der Elektronen steht. Die Schwingungszahl dieser Atome nimmt zu. Die Schwingungszahl der entgegengesetzt rotierenden verringert sich. Schon in einem Felde von 1500 Gauss sieht man in einem Interferometer die Verdoppelung der D-Linien. Genauere Messungen führten zur Berechnung der spezifischen Ladung der Elektronen (e/m; siehe Tabelle **40.**). Die erhaltenen Werte stimmen mit denen anderer Methoden gut überein, ein Beweis für die Richtigkeit der Grundannahmen. Im weiteren Fortgang dieser Untersuchungen ergaben sich außerordentliche Verschiedenheiten im Verhalten der einzelnen Spektrallinien. Daraus kann man schließen, daß eine größere Anzahl Elektronen an den Lichtschwingungen beteiligt[1]) sind. Bisher sind aber diese sehr verwickelten Vorgänge noch nicht einheitlich gedeutet.

Die Beziehungen zwischen dem Kern und den Elektronen sind aus den Regeln, die für den Zusammenhang[2]) der Spektrallinien gefunden sind, abzuleiten. 1885 entdeckte Balmer, daß die Linien beim Wasserstoff, die in mehrere Serien[3]) zerfallen, sich sehr einfach aus einer Grundlinie berechnen lassen. Es gilt für eine Serie die Gleichung $\lambda = 1/\nu = k \cdot m^2/m^2 - 4$.

---

[1]) Stark: Elektrizität im chemischen Atom, 1915, S. 24.

[2]) Ausführliche Angaben über die Entstehung, Bezeichnung und Gesetzmäßigkeit der Spektren sind in dem Buch von H. Konen (Das Leuchten der Gase und Dämpfe — Sammlung Wissenschaft Bd. 49, Brwschg 1913, z. B. p. 102 über die Bezeichnung der Serien) zu finden.

[3]) Außer den Balmerschen Linien treten 1. die von Ritz (nach dem von ihm entdeckten Kombinationsprinzip) 1908 berechneten, 2. die von Paschen (1908/11) aufgefundenen ultraroten, 3. die von Schumann und Lyman (1906/09, 15) gefundene ultraviolette Serie (mit den Linien von der Wellenlänge 972,5—1025,7—1215,6 AE) auf. Die Spektralserien werden nach dem Vorgange von Rydberg eingeteilt in die gewöhnliche (P), die scharfe (S) und die diffuse (D)-Serie. Man unterscheidet ferner Serien, die im Lichtbogen und solche, die im Funken neu oder verstärkt erscheinen und doppelt soviel Linien enthalten. Die beiden Arten unterscheiden sich so stark, wie die Spektren verschiedener Elemente (Fowler: Phil. Transact. **214**, 225; 1914). Sommerfeld und Kossel haben (1919) darauf hingewiesen, daß das Funkenspektrum eines Elementes mit dem Bogenspektrum des im periodischen System ihm nahestehenden Elementes zusammenhängt (vgl. **127.**).

m, die Laufzahl, ist zuerst $= 3$ und dann fortlaufend $= 4, 5, 6$[1]) zu setzen. *k* ist $= 3646{,}13$ AE (eine Ångströmeinheit $= 10^{-7}$ mm).

m	3	4	5	6	7	8	9	10
$\lambda_{beob.}$	6563,1	4860,9	4341,0	4102,3	3970,4	3889,2	3835,6	3798,05
$\lambda_{ber.}$	3,1	1,5	0,6	1,9	0,2	9,2	5,5	,04
m	11	12	13	14	15	16	17	18
$\lambda_{beob.}$	3770,78	3750,25	3734,54	22,04	12,14	03,96	3697,22	91,71
$\lambda_{ber.}$	,77	,30	,51	,08	,11	4,00	,29	,70
m	19	20	21	22	23	24	25	26
$\lambda_{beob.}$	87,05	82,93	79,48	76,43	73,84	71,53	3769,52	67,70
$\lambda_{ber.}$	6,97	,95	,49	,50	,90	,48	60	,82
m	27	28	29	30	31			∞
$\lambda_{beob.}$	66,15	64,71	63,40	62,14	61,16	. . .		3646,13
$\lambda_{ber.}$	,24	,82	,54	,40	,35			—

Rydberg ersetzte in der Balmerschen Formel λ durch $10^8/\nu$ (ν die Anzahl Wellen auf 1 cm) und k durch $4 \cdot 10^8/N_0$. Daraus ergab sich zunächst $\nu = N_0\,(^1/_4 - 1/m^2)$. R. zeigte nun, daß N_0[2]) nicht bloß für den Wasserstoff, sondern auch für viele andere Stoffe einen nur wenig abweichenden Wert gibt. Die allgemeinste Form der Rydbergschen Gleichung, in der die Schwingungszahlen als Differenzen von 2 „Termen" auftreten, lautet nach Ritz

$$\nu = N_0 \left\{\frac{1}{(1+p)^2} - \frac{1}{(m+d)^2}\right\};$$

für $p = 1$ und $d = 0$ ergibt sich die Balmersche Gleichung.

Es ist auch $\nu = N_0\left(\frac{1}{\tau_1^2} - \frac{1}{\tau_2^2}\right)$. Für τ_1 und τ_2 sind stets Werte von ganzen Zahlen einzusetzen. Es sind aber die Zahlen so zu wählen, daß $\tau_2 > \tau_1$ ist. τ_2 ist die eigentliche Laufzahl; τ_1 erhält nur wenige Werte. Je nach der Serie, ist der Wert verschieden zu nehmen.

Die verschiedenen Serien[3]) des Wasserstoffs erhält man durch Kombination der verschiedenen Terme (Ritz, Harkins) wenn man setzt:

$\tau_1 = 2$; $\tau_2 = 3, 4$ (Balmer) — $\tau_1 = 3$; $\tau_2 = 4, 5$ (Paschen).

[1]) Im Laboratorium erreicht man eine Linienzahl $m = 10$; bei Gegenwart von Helium in großem Überschuß unter 40 mm Druck erscheinen weitere Linien, 20 Linien beobachtet man in den gewöhnlichen Sternen; 28 in der Chromosphäre, 34 in den heißesten Sternen (vgl. Mitchell und Fowler: Engineering **101**, 342; 1916; Merton und Nicholson: Phil. Transact. **217**, 237; 1918; Nature **103**, 118, 495; 1919). Durch Änderung der Versuchsbedingungen (Entladung bei sehr niedrigem Druck und Einschalten eines Kondensators) kann man die Intensitätsverteilung im Helium-Spektrum so ändern (Verstärkung der Linien 4388, 4472, 5015), daß dasselbe dem Spektrum der Nebel im Weltenraum ähnlich wird (Nicholson: Nature **103**, 495; 1919; Merton und Nicholson: Proc. Roy. Soc. **95**, 112; 1919.

[2]) Vgl. Tabelle bei **136.**, Nr. 8, über die Rydbergsche Konstante.

[3]) Die gewöhnlich beobachtete Balmerserie, zu der die Linien $H\alpha$, $H\beta$ gehören, ist als die scharfe (*S*)-Serie aufzufassen. Bei Beobachtung der Linien mit den feinsten Auflösungsmitteln (Lummer-Gehrckesche Platte) sieht man, daß diese *H*-Linien aus scharfen Hauptlinien mit sehr vielen Nebenlinien (in Abständen bis zu 0,001 AE) bestehen (Merton und Nicholson: Phil. Transact. **217**, 237; 1918; Nature **103**, 495; 1919).

Außerdem sind Linien vorhanden, für die $\tau_1 = 0$ und $\tau_1 = 1$ zu setzen ist die z. T. der Lyman-Schumannserie angehören.

N_0 folgte zu 109704 (Evans). Curtis (1914) hielt es für nötig, die Korrektionsgröße d ($= 0{,}0_5 69$) zu berücksichtigen. Allen (1915) hat theoretisch[1]) eine solche Formel abgeleitet (mit einem Korrektionsglied $B = dm^2$). Die Genauigkeit[2]), die erreicht wird, ersieht man aus der folgenden Tabelle.

Linie	m	ν	N_0				$\lambda_{beob.}$	$\lambda_{ber.}$
			Balmer	Curtis	Allen	Ishiwara	Ishiwara	
α	3	15233,281	109679,62	79,23	79,29	78,06	6564,574	75
β	4	20564,880	,36	,23	,30	,01	4862,659	57
γ	5	23032,644	,26	,20	,24	,00	4341,664	62
δ	6	24373,165	,24	,23	,25	,04	4102,873	73
ε	7	25181,458	,34	,22	,25	,07	3971,176	77
ζ	8	25706,075	,25	,24	,25	,10	3890,131	33

Die Heliumlinien lassen sich durch eine sehr ähnliche Formel als Differenz von zwei Ritzschen Termen darstellen

$$\nu = 109750\left(\frac{1}{\varrho_1^2} - \frac{1}{\varrho_2^2}\right), \qquad \varrho_1 = \frac{\tau_1}{2}, \qquad \varrho_2 = \frac{\tau_2}{2}.$$

τ_1 erhält die Werte 3 oder 4, τ_2 läuft von 4,6 . . . oder von 5,7 . . . .

Dabei sind die von Pickering auf dem Stern ζ-Puppis entdeckten (Hauptlinie 4688) und von Kayser und Rydberg dem Wasserstoff zuge-

[1]) Diese Formel fußt auf der Magnetonentheorie des Atoms (siehe **129.**). Ishiwara (Proc. Math. Phys. Soc. Tokyo **8**, 173; 1915) zeigte, daß die Voraussetzungen für diese Theorie nicht nötig sind. Von einem der Bohrschen Theorie ähnlichen, aber strengeren Standpunkt aus, gelangt er zu einer der Allenschen ähnlichen Formel, die aber das Sommerfeldsche Relativitäsglied (siehe **103.** und **120.** u. S. 224 oben) enthält. Die Formel stellt die Beobachtungen sehr gut dar.

[2]) Curtis gibt nach Berücksichtigung einiger Fehlerquellen neuerdings (Proc. Roy. Soc. **96**, 146; 1919) folgende Schlußwerte von λ (berechnet für den optischen Schwerpunkt der Linien):

m	λ in Luft		λ	ν	$B = \frac{4m^2\nu}{m^2-4}$
	beob.	ber.	im Vakuum		
3	6562,793	93	6564,6022	15233,216	109679,155
4	4861,326	27	4862,6797	20564,793	8,896
5	4340,467	66	4341,6830	23032,543	8,776
6	4101,738	38	4102,8915	24373,055	8,748
7	3970,075	75	3971,1940	25181,343	8,738
8	3889,051	52	3890,1489	25705,957	8,750

Die berechneten λ ($=10^8/\nu$) sind nach der Formel erhalten:

$$\nu = N/(2+p)^2 - N/(m+\mu)^2 .$$

Dabei hat N den Wert 109678,278; p ist $= -0{,}0_5 383$; $\mu = +0{,}0_5 210$. Der Grenzwert der λ für $m = \infty$, folgt zu 3645,98. Die Balmersche Formel ergibt keine Konstante (siehe die Reihe der B). Dagegen kann man aber auch ohne eines der Zusatzglieder p oder μ auskommen. Es folgt dann $N = 109678{,}725$ (für $p = 0$) und $= 109678{,}10$ (für $\mu = 0$). Die theoretische Formel von Sommerfeld, welche die scheinbare Masse des Elektrons berücksichtigt (vgl. Anm. 1 oben), ist weniger genau; sie gibt $N = 109677{,}58$.

schriebenen Linien dem Helium zugeteilt worden (Fowler, siehe **101.**). Es ist allerdings zweifelhaft, welchem Stoff sie zugehören,[1]) da Merton sie erhielt, als er durch ein Gemisch von H und He unter geringem Druck elektrische Entladungen durchgehen ließ (siehe **97.**).

Paschen und Sommerfeld (1916) zeigten, daß die Korrektionsgröße d (nach Curtis) begründet ist. Sie ist ein Relativitätsglied, bedingt dadurch, daß die Bahnen der Elektronen um den Kern Ellipsen sind (siehe **133.**). Die Elektronen stehen dem Kern in einer bestimmten Zahl von Lagen näher und erfahren dadurch einen (elektrischen) Massenzuwachs. Die Korrektion geht in N_0 ein. Es wurde berechnet N_0 (für H) $= 109677{,}69$, (für Helium in gleicher Weise) $= 109722{,}14$.[2])

Für die übrigen Elemente lassen sich nicht so einfache Formeln aufstellen. Es sind aber nach umfangreichen Rechnungen von Hicks Regelmäßigkeiten[3]) vorhanden; vorallem ist zu erwähnen, daß die N_0 entsprechende Hauptschwingung in Beziehung steht zum Quadrat der Atomgewichte der untersuchten Stoffe. Die Gemeinsamkeit einer solchen Zahl N_0 läßt

[1]) Die Linie 4688 gehört zur P-Serie; die Linie 4686 (Protowasserstoff, siehe **97.**), die in den Sternen vom Wolf-Rayet-Typus und in einigen Nebeln vorhanden ist, gehört ebenso wie eine wichtige Linie 3203 zu einer anderen Serie. Diese 3 Linien sind die Hauptlinien von 3 Serien von „verstärkten" Linien. Sie entstehen, indem 2 Elektronen von He abgegeben und eins wieder zurückgeholt wird. Dieses kann man in Funken erreichen, bei denen die erforderliche hohe Ionisationsspannung (siehe **42.**) zu erhalten ist. Im Bogen ist nur ein Elektron abzutrennen. Außer Fowler, Merton (1915/17) erhielt auch Evans (1915) und Stark (1914) die Linien in Röhren, in denen nach Möglichkeit aller Wasserstoff entfernt war. Das gewöhnliche Spektrum in Geisslerröhren läßt sich aber nicht durch die Balmersche Formel wiedergeben. Stark (Ann. Phys. **56**, **585**; 1918) zeigt, daß das positive einwertige He-Ion 12 Serien ausstrahlen kann, die sich in 2 Systeme von je 6 (je 2 S-, P-, D-Serien, scharfe = S, diffuse = D, halbscharfe = P) zusammenfassen lassen. Innerhalb jedes Systems kommen 3 Hauptserien und 3 Nebenserien mit derselben Endzahl vor. Je eine Haupt- und je eine Nebenserie haben gleiche Laufzahl. Die Fowlersche Serie wird vom zweiwertigen He-Atomion ausgestrahlt. Über die Berechnung des 6-Serienspektrums siehe Landé (Phys. ZS. **20**, 231; 1919).

[2]) Aus beiden folgt nach Bohr ein gemeinsames N_∞ (siehe **132.**).

[3]) Z. B. bestehen für die Alkalien 4 verschiedene Typen, die sich in die Rydbergsche Form der Differenz von 2 Termen bringen lassen, nämlich

$$N\left(\frac{1}{m^2} - \frac{1}{\left(n - \frac{1}{2}\right)^2}\right) - N\left(\frac{1}{m^2} - \frac{1}{n^2}\right) - N\left(\frac{1}{\left(m + \frac{1}{2}\right)^2} - \frac{1}{n^2}\right)$$
$$- N\left(\frac{1}{\left(m + \frac{1}{2}\right)^2} - \frac{1}{\left(n + \frac{1}{2}\right)^2}\right).$$

Von Ritz ist für verschiedene Elemente eine Formel

$$\nu = \nu_L - \frac{N}{[(n + p) + \omega(\nu_0 - \nu)]^2}$$

entwickelt worden, die sich nach Bloch (C. R. **168**, 1271; 1919) aus den Bohrschen Vorstellungen über den Atombau erklären läßt. Über eine genaue Berechnung des Li-Spektrums durch Sommerfeld siehe **130.** zu Nr. 5, S. 297 und Tank bei **133.**

In jüngster Zeit ist es (Paschen: Ann. Phys. **60**, 405; 1919) noch gelungen, das Neon-Spektrum in bestimmte Serien zu zerlegen. Die Rydbergsche Konstante N hat bei diesem Element den Wert 109694,8.

darauf schließen, daß die Strahlung von den gleichen schwingenden Gebilden, d. h. von den Elektronen herrührt.[1])

Auch für die Bandenspektren bestehen Regelmäßigkeiten. He liefert, wie Curtis und Goldstein (1913) unabhängig voneinander fanden, wenn eine Entladung unter höherem Druck und in weiten Gefäßen stattfindet, 2 Serien von Banden (der *P*-Serie im Linienspektrum entsprechend), eine mit doppelten Banden (der *D*-Serie entsprechend). Die Wellenlängen der Kanten lassen sich in Formeln zusammenfassen, die der Balmerschen gleich sind.[2]) Kilchling (1916) leitete, vom Rutherfordschen Atommodell ausgehend, nach der Methode von Nicholson für die Protoelemente (siehe **101.**) Formeln ab für die Bandenspektren, bei denen auch 2 Laufzahlen, wie in der Rydbergformel vorkommen; die eine Laufzahl ändert sich mit der Serie. Er prüfte diese Formeln an Jod, Toluol, Cyan, Stickstoff.

Die Beobachtungen an **Röntgenspektren** führen ebenfalls zur Unterscheidung eines Kernes im Atom von einer Elektronenwolke (Soddy 1919).

Alle radioaktiven Bleiarten, z. B. RaB und RaG, geben das gleiche optische und das gleiche Röntgenspektrum (vgl. **83** u. **118**), obgleich diese Isotopen ganz verschiedene Atommasse und ganz verschiedene radioaktive Konstanten haben. Diese Verschiedenheit, die durch äußere Eingriffe nicht beeinflußbar ist, muß in dem Kern ihren Sitz haben (vgl. **125**). Dieser Kern muß von einer gleich gebauten Elektronenwolke umgeben sein, die bei gleicher Anregung in gleicher Weise zum Schwingen zu bringen ist.

Die Schwingungsdauer ν kommt in den Serienformeln nur in der ersten Potenz vor. Daraus folgt eine erhebliche Einschränkung der möglichen Annahmen über den Atombau. Solche Schwingungen kann nur ein Gebilde ausführen, in dem den elastischen Kräften ähnliche Kräfte auftreten können. Nehmen wir mit Zeeman und Rutherford ein Atommodell[3]) an, in dem eine Anzahl Elektronen im innigen Verband (in Ringform) um einen kleinen positiven Kern, der die eigentliche Atommasse enthält, rotiert, so gilt für jedes einzelne Elektron die Coulombsche Gleichung für die Anziehung A vom Elektron zum Kern. Es ist $A \sim {}^1/r^2$ (r = Entfernung: Kern—Elektron). Aber die Gesamtanziehung G der Ringe zum Kern ergibt sich $\sim r$ (gemäß den Sätzen der Potentialtheorie). Eine solche Kraft ist ähnlich der Kraft, die ein Pendel, das um r aus seiner Ruhelage entfernt ist, in Bewegung und in Schwingungen setzt. Das gleiche Kraftgesetz finden wir bei den elastischen Schwingungen, die tönende Körper ausführen. Werden

---

[1]) Die positiven Atomionen des H strahlen diese 3 Spektralserien und auch die Ritzschen Serien aus; auf Grund dieser Auffassung kam Stark (Phys. ZS. **6**, 892; 1905 und Ann. Phys. **52**, 251; 1917) zur Entdeckung des Doppler-Effektes an Kanalstrahlen, den die Linien $H\alpha$, $H\beta$, $H\gamma$ gleichmäßig zeigen. Diese 3 Linien erscheinen auch zugleich in der geschichteten positiven Säule der Geisslerröhren. Das neutrale H-Atom und H-Mol gibt das Schumannsche Bandenspektrum, das gewöhnliche Bandenspektrum rührt von positiv geladenem H-Mol her. Beim Übergang des geladenen in das neutrale Mol erscheint ein kontinuierliches Spektrum.

[2]) Fowler, Merton und am genauesten Nicholson (1915). Ferner Deslandres (1919) für die Spektren von N, O und C.

[3]) Über die Zulässigkeit des Modells gemäß den Absorptions- und Streuungsmessungen von α-, β- und γ-Strahlen siehe **130.**

aber Schwingungen der Elektronen durch eine zurücktreibende Kraft $\sim 1/r^2$ erregt, so erhält man Schwingungen, die stets r^2 enthalten (Rayleigh, Jeans 1906). Ein solcher Fall liegt vor bei Schwingungen, die durch elektromagnetische Strahlung nach den Maxwellschen Gesetzen elektrisch geladene Körper (Oszillatoren) ausführen. Die gewöhnlichen Feldgleichungen sind daher auf schwingende Atome nicht anwendbar. Wie Bohr (siehe **130.**) gezeigt hat, gelten für die Kräfte und Energien dieser schwingenden Atome Plancksche Quantengleichungen.[1])

115. Hemmung und Streuung von α- und β-Strahlen. Durchdringbarkeit der Atome.

Bei allen physikalischen Erscheinungen ist bisher die Undurchdringbarkeit des Atoms vorausgesetzt worden. Diese Annahme liegt den Formeln der kinetischen Gastheorie zugrunde, die die Zusammenstöße der Mole richtig darstellen. Diese Formeln gelten aber auch für einatomige Mole. Für diese muß weiter die Annahme zutreffen, von der die Theorie Gebrauch macht, daß die Atome elastisch sind. Für diese Annahme sprechen die umfangreichen Untersuchungen Th. W. Richards und Traubes (siehe **30.**) über die Kompressibilität der Atome. Diese Eigenschaft steht in engem Zusammenhang mit den mechanischen Eigenschaften der Atome, Härte Ausdehnung durch die Wärme, Oberflächenspannung, Kovolumen (Konstante der Zustandsgleichung der Gase nach van der Waals). Das Verhalten der Körper in elastischer Hinsicht, wie es durch diese Eigenschaften charakterisiert ist, läßt sich nur verstehen, wenn man das Atom als unstarr ansieht. Wenn das der Fall ist, muß es aber auch durchdringbar sein. Dafür spricht, daß ein Gas wie He bei höherer Temperatur feste Körper (Glas, Quarz) zu durchdringen vermag.

Daß das Atom durchdrungen werden kann, also zusammengesetzt sein muß, ist erst gewiß geworden, als die Durchquerung[2]) von ultravioletten, α-, β- und γ-Strahlen durch Atome untersucht wurde; das sind Vorgänge, die auf Zusammenstößen von Elektronen und schnellen Atomen mit Gasmolen und Atomen fester Körper beruhen. Durch Versuche Lenards (1903) ergab sich, daß Elektronen von mindestens $1/3$ Lichtgeschwindigkeit ohne Hemmung durch ein Atom hindurchgehen. Die Anordnung war die folgende: Von einer Bogenlampe fielen ultraviolette Strahlen auf eine Metallplatte, die auf verschiedenes Potential V geladen werden konnte. Aus dieser Platte entwichen dabei β-(Kathodenstrahl-)Elektronen verschiedenster Geschwindigkeit v. Diese durchsetzten die zu untersuchenden Gase und fielen dann auf ein Elektrometer. Sein Ausschlag war ein Maß für die prozentische Absorption k der β-Elektronen durch die Gase.

---

[1]) Bisher ist nur ein Atommodell gefunden worden, das zu den richtigen Schwingungen führt, aber doch auf den gewöhnlichen elektromagnetischen Kraftgleichungen beruht. Es ist das von Ritz (Ann. Phys. **25**, 660; 1908) angegebene, das das Atom als magnetischen Dipol auffaßt (siehe **129.**). Aber die Streuung von α- und β-Strahlen ist mit magnetischen Kräften unvereinbar (Nicholson: J. Chem. Soc. **115**, **855**; 1919).

[2]) Bei dieser Durchquerung erleiden die Elektronen entweder einen Geschwindigkeitsverlust oder werden abgelenkt oder werden absorbiert oder machen andere Elektronen sekundär frei.

V in Volt	Entsprechende Geschwindigkeit in Bruchteilen der Lichtgeschwindigkeit	k in 1 cm Gas von 1 mm Druck			
		Wasserstoff	Luft	Argon	Kohlensäure
6	$^1/_{270}$	44	30	28	34
30	$^1/_{120}$	14,6	27	26	32
100	$^1/_{70}$	6,01	21	20	28
1000	$^1/_{20}$	1,20	3,9	4,2	7
4000	$^1/_{10}$	0,19	0,85	1,3	2
30000	$^1/_3$	0,0062	0,0050	—	0,0067
β-Strahlen des Ra	$^1/_1$	$0{,}0_6 6$	$0{,}0_5 9$	$0{,}0_6 1$	$0{,}0_4 1$

Man sieht aus der Tabelle, daß die Absorption der langsamen Elektronen von der Natur des Gases abhängt.

Bei graphischer Darstellung erkennt man, daß der Unterschied von k mit steigender Geschwindigkeit für die verschiedenen Gase sich immer mehr verkleinert. Über $^1/_{10}$ Lichtgeschwindigkeit ist, wie schon 1895 von Lenard gefunden wurde, die Absorption oder optisch gesprochen die Trübung der Gase durch eindringende Elektronen unabhängig vom Aggregatzustand und der chemischen Beschaffenheit und nur noch eine Funktion der Dichte, also der durchsetzten Masse. Genügend schnelle Elektronen können viele Tausende von Atomen durchsetzen, ohne daß sich ihre Geschwindigkeit nach Größe und Richtung merklich änderte. Nur ein sehr kleiner Teil wird zerstreut.

Die Vorgänge bei diesem Durchdringen sind bisher meist als einfache Stoßvorgänge (nach J. J. Thomson und Townsend, vgl. S. 43, 53, 88) aufgefaßt worden. Lenard weist in seiner großen Arbeit (1918)[1]) mit Nachdruck darauf hin, daß der Vorgang ein anderer ist und daß die Stoßionisation auf die Erscheinungen beim Zusammenstoß von Atomen mit α-Teilen zu beschränken ist. Beim Zusammentreffen von Elektronen mit einem Atom sind 3 Fälle möglich: 1. Absorption[2]), 2. sekundäre Strahlung und Ionisation, 3. Lichtemission. Welcher Fall eintritt, hängt ab von der Geschwindigkeit des Elektrons und von der relativen Größe des Energie umsetzenden Querschnitts des Atoms zum Gesamtquerschnitt (von der Stärke der „Atomdynamide"). Ein langsames Elektron verliert beim Zusammenstoß seine Energie völlig und wird absorbiert. Wächst die Geschwindigkeit, so ist eine Durchquerung des Atoms sowohl ohne als mit Geschwindigkeitsverlust und zugleich mit Ionisation möglich. (Während man bisher im letzteren Fall stets annahm, daß das Elektron dabei seine Geschwindigkeit ganz verliert.) Die Ionisation erklärt sich in der Weise, daß das stoßende Elektron ein anderes sekundäres Elektron aus dem Atomverband auslöst. Dieses zweite hat nur geringe Geschwindigkeit und wird bald von einem Atom absorbiert, das dadurch ionisiert ist. Das primäre Elektron setzt seinen Weg fort mit etwas geringerer Geschwindigkeit und löst wieder ein sekundäres, ionenbildendes Elektron aus. So durchquert das primäre Elektron Tausende von Atomen (Anm. 6, S. 228), bis seine Geschwindigkeit zu gering geworden ist. Man kann diese Erscheinung beobachten, ähnlich wie zuerst C. T. Wilson in seinen Nebelphotographien (S. 54) für α-Strahlung zeigte. Die Spannung, bei der die Ionisation eintritt, ist daher in keiner einfachen Beziehung zur Stoßgeschwindigkeit, ein Punkt, der in den Untersuchungen von Hertz u. a. (siehe S. 88) nicht genügend beachtet ist.

---

[1]) Quantitatives über Kathodenstrahlen, Heidelberg 1918, S. 63, 73, 105, 107, 135, 139, 165, 182.

[2]) Absorption ist die Reduktion der ursprünglichen Strahlgeschwindigkeit nach Richtung und Größe zu ungeordneter Bewegung von molekularer Größenordnung.

Aus diesen Betrachtungen folgt, daß die Absorption nur bei mittlerer Geschwindigkeit v der Kathodenstrahlen der Masse proportional ist; (in Gasen wie H, und He, treten Abweichungen auf). Für größere v ($= 0{,}87\,c$; $c =$ Lichtgeschwindigkeit) steigt die wahre Absorption[1] α/ϱ ($\varrho =$ Dichte) langsam mit dem Atomgewicht, z. B. für Al (Atomgewicht 27) = 7; Cu (64) = 9,8; Sn (119) = 11; Pt (195) = 13,6. Die primären Elektronen können sekundär außer ionenbildenden Elektronen auch Photoelektronen (vg. S. 80) auslösen, die zu Phosphoreszenzerscheinungen Anlaß geben. Bei großer Geschwindigkeit hält sich das Elektron zu kurze Zeit im Atominnern auf; es bleibt in seinen Eigenschaften unverändert. Sekundärstrahlung mit Ionisation ist daher auch bei bestimmten Geschwindigkeiten v (nämlich von $v = 0{,}024\,c$ bis zu $0{,}05\,c$) am günstigsten. Bei diesem v geben 60 % der Durchquerungen Absorption des primären Elektrons; 40 % Auslösung von ionenerzeugenden Elektronen. Bei größerem v beginnen die Durchquerungen ohne Einwirkung merklich zu überwiegen.

Dieser Verlauf der Erscheinungen ist nur möglich, wenn man annimmt, daß das Atom aus einer (unbekannten) Zahl von negativen und positiven Quanten[2]) (Dynamiden) aufgebaut ist, die beide in sehr kleinen Räumen konzentriert sind. Das Volumen des Atoms wird gerade von den Kraftfeldern dieser Elektrizitätsatome ausgefüllt. Das Gleichgewicht in einem solchen System kann nur erhalten bleiben durch rotierende Bewegungen, und zwar kreist[3]) das negative Quant um das positive. Daß die Ladungen räumlich sehr konzentriert sein müssen, folgt daraus, daß auch bei schnellsten Elektronen noch Absorptionen vorkommen. Das ist nur möglich, wenn räumlich sehr starke elektrische Kräfte im Atom vorhanden sind.

Diese Auffassung wird noch gestützt durch die wenigen einwandfreien[4]) Versuche über die Diffusion (Streuung) der β-Elektronen, bei denen sich die mittlere Ablenkung φ_m (des Kathodenstrahlenbündels bestimmen läßt. So fand Crowther (1911), daß β-Strahlen von $v = 2{,}4$—$2{,}9 \cdot 10^{10}$ cm/sec (also fast von Lichtgeschwindigkeit) durch Al-Folien verschiedener Dicken und durch andere Platten von Körpern sehr verschiedenem Atomgewichts (A) — untersucht wurden Kohle und Metalle bis zum Atomgewicht des Platins — regelmäßig abgelenkt werden. Es ist φ_m mit genügender Annäherung $= A \dfrac{\sqrt{d}}{m\,v^2}$. d ist die Dicke der Schicht. Lenards Versuche über die Grenzdicken von Schichten verschiedener Gase[5]), durch die keine größeren Ablenkungen als etwa 10° eintreten, zeigen ebenfalls, daß die Durchlässigkeit für Elektronen von der Masse (oder Dicke der Schicht) und von dem Atomgewicht in einfacher Weise abhängt.

Zu einem eindeutigen Atommodell führen aber diese Versuche nicht, da man über die Verteilung der Atomfelder im Atom aus ihnen nichts schließen kann.

Die Lenardschen Ergebnisse wurden von Bragg und Klemann (seit 1904) für α-Strahlen[6]) bestätigt und erweitert. Beifolgende Figur 23 zeigt

---

[1]) Über diese Größe siehe S. 107; die von H. W. Schmidt (Phys. ZS. **11**, 262; 1910) angegebenen Zahlen sind unter Berücksichtigung des „Umwegfaktors" verbessert.

[2]) Diese Ausführungen sind die Vorläufer der Rutherfordschen Kerntheorie (siehe **117.**; vgl. S. 93). Sie finden sich in der Arbeit: Ann. Phys. **12**, 743; 1903 und in dem Vortrag über Kathodenstrahlen (Lpg. 1903). Lenard nimmt die Dynamiden als voneinander unabhängig an. Rutherford vereinigt die positiven zu einer einzigen zentralen Ladung.

[3]) Auf diese elementaren Kreisströme lassen sich die Weißschen Magnetonen (S. 75) zurückführen.

[4]) Lenard: Kathodenstrahlen, S. 122, 204, 242 (vgl. Seeliger: Jahrb. Radioaktiv. **16**, 19; 1919.

[5]) Luft, C_2H_5Br, $CHCl_3$, CH_3J.

[6]) Ein α-Teil durchdringt auf jeden ccm Luft 50000 Atome (Flamm: Über den Bau der Atome, Wien 1916), ein β-Teil 8400 Atome auf jeden Zentimeter Gas (vgl. **31.**, S. 53 und **33.** S. 61).

die Ionisationskurve, die von Ra Em in Luft nach Einschalten verschieden dünner Metallfolien aufgenommen wurde. Die Kurve erstreckt sich bis zum Ende der Ionisation, bis zur Reichweite. Durch Einschalten der Folien ändert sich die Gestalt der Kurve, welche die Änderung der Ionisation mit wachsender Entfernung von der Strahlungsquelle angibt, in keiner Weise. Nur werden sämtliche Ordinaten um einen für jede Folie konstanten Betrag, der sich in der Figur als bestimmet Luftstrecke d in cm ablesen läßt, kleiner. Man kann für jede Substanz eine Dicke d angeben, welche die gleiche Hemmung bewirkt, wie die eingeschaltete Folie. Im folgenden sind einige Ergebnisse aufgeführt (Bragg 1905):

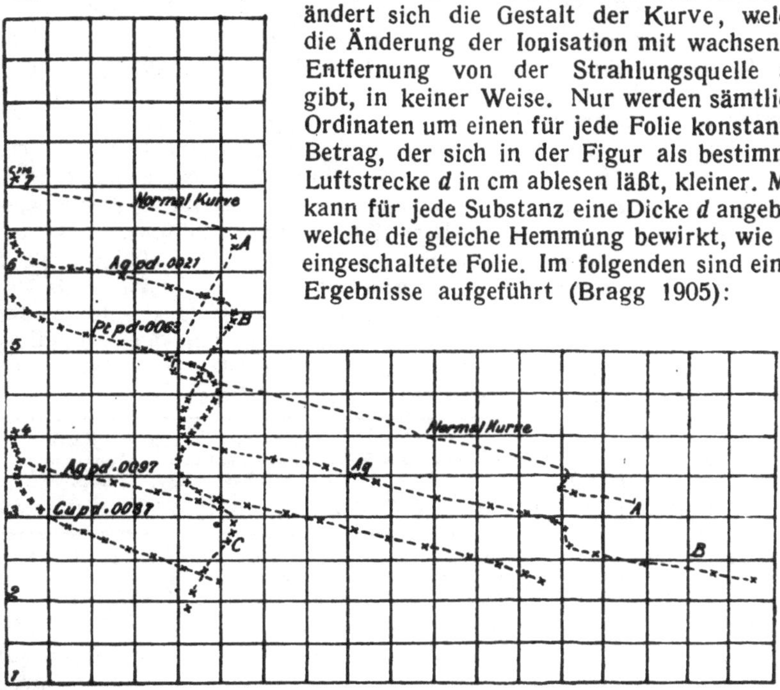

Fig. 23.

I	II[a)]	III[b)]	IV[c)]	V = IV/III
Element	Luft = 1			
Au	0,01210	3,05	14,2	4,65
Pt	0,00633	3,29	14,0	4,25
Sn	0,00510	2,41	10,85	4,50
Ag	0,00967	2,41	10,4	4,30
Cu	0,00873	1,78	7,96	4,45
Al	0,00258	1,23	5,15	4,20

a) Produkt aus Schichtdicke mit der Dichte, also die Masse der Folie für die Flächeneinheit.

b) Die Hemmung der Masseneinheit der Folie im Vergleich zur Luft.

c) Wurzel aus dem Atomgewicht (A).

Die Beobachtungen ergaben zunächst, daß die α-Teilchen durch die Folien, die sich in der Nähe der Strahlquelle befanden, nicht zerstreut werden. Wäre Streuung vorhanden, so müßte sich die Zahl der von den α-Teilen getroffenen Atome und damit die Zahl der gebildeten Ionen, also die Form der Kurve ändern. Das ist aber nicht der Fall. Auch kann das α-

Teilchen nicht die schweren Atome der Folie beiseite schieben. Würden Vorgänge eintreten, wie sie beim Zusammenstoß der Mole nach der kinetischen Gastheorie möglich sind, so würde sich stets die Ionisation ändern. Das α-Teilchen schlägt also keine Zickzackwege ein, sondern geht geradeaus. Das ist nur möglich, wenn es durch das Atom ohne Hindernis durchfliegt.[1]) Bei einem solchen Durchbruch wird die Geschwindigkeit etwas vermindert, wie man aus der Stärke der Ionisation erkennt. An dieser Verminderung[2]) nehmen alle α-Teile gleichmäßig teil.

Sodann sehen wir, daß die Hemmung eng mit der Atommasse zusammenhängt. Da diese Masse andererseits kein Hindernis bildet, keine große Ablenkung hervorruft, so muß sie auf einem kleinen Raum zu einem Atomkern zusammengedrängt sein. Dieser Kern muß sich im Innern des Atoms befinden. Das Hemmungsvermögen einer Verbindung stellt sich als die Summe der Hemmungen s der einzelnen Atome dar; es ist unabhängig von der Art der Verbindung, sowie von dem Aggregatzustand. So fand Bragg die Hemmung für Methylbromid zu 2,03; aus den Hemmungskonstanten der einzelnen Atome berechnet sich 2,09.

Für die einzelnen s findet Bragg folgende Werte.

Substanz	H	C	N	O	Al	S	Cl	Fe	Ni
s	2,4	8,5	9,4	10,5	14,9	17,6	17,8	22,9	24,4
$s\sqrt{A}$	2,40	2,46	2,51	2,62	2,87	3,12	2,99	3,07	3,19

Substanz	Cu	Br	Ag	Sn	J	Pt	Au	Pb
s	24,6	26,0	32,8	35,6	34,4	41,4	42,2	42,7
$s\sqrt{A}$	3,09	2,91	3,16	3,26	3,07	2,97	3,01	2,98

s, dividiert durch die Wurzel aus dem Atomgewicht, ist in Bestätigung der obigen Zahlen eine Konstante. Unter Anwendung dieser Zahlen wurde s für eine weitere Reihe von Verbindungen (CO_2, CO, C_2H_2, C_2H_4, C_2H_6, CH_4) berechnet. Die Beobachtungen weichen von den berechneten Zahlen um weniger als 1% ab.

116. Die gemischte Streuung (Rutherford und Geiger).

Die normale Ionisationskurve ist von Geiger (1909) genauer als von Bragg festgestellt worden; siehe Figur 24. Die Kurve bricht nicht, wie man erwarten müßte, am Ende, an der Reichweite plötzlich ab. Es ist noch über einen merklichen Bereich von B ab Ionisation zu beobachten.[3])

[1]) Über das Eindringen von Anodenstrahlen des H und He, siehe **26.**

[2]) Unregelmäßigkeiten treten erst am Ende der Kurve auf (Geiger siehe **116.**).

[3]) Makower (Phil. Mag. **32**, 226; 1916) fand, daß die Szintillationsmethode zu genaueu Messungen am Ende der Reichweite nicht genügt. Er ließ einen Draht mit RaC auf eine ihm parallele, im Abstand 6,2 cm befindliche Platte strahlen; zwischen Platte und Draht befanden sich zwei dicke Messingplatten, die eine Höhlung von 1 mm Weite für die Strahlung frei ließen. Die Platte wurde dadurch auch noch an Punkten getroffen, die über 7 cm von dem Draht entfernt waren. Die Ionisation wurde durch die Zahl der Silberkörner gemessen, welche durch die RaC-Strahlen auf der Platte reduziert wurden. Es zeigte sich, daß die Abnahme der Ionisation nicht, wie es auf der Geigerschen Kurve (siehe **54.**) folgt, bei 6,2 cm beginnt, sondern erst bei 6,6 linear abfällt bis 7,0 cm.

In diesem Abschnitt der Kurve haben die α-Teile erheblich an Geschwindigkeit verloren (43 %). Viele Teilchen werden dadurch zerstreut, wobei sie Zickzackwege zurücklegen und sich ihre Geschwindigkeit noch weiter vermindert, sodaß die Ionisationsfähigkeit aufhört. Nur diejenigen Teilchen, die nicht bei der Zerstreuung längere Wege zurücklegen, ionisieren weiter. Der Abfall der Ionisationskurve ist somit ein Maß für die Streuung.

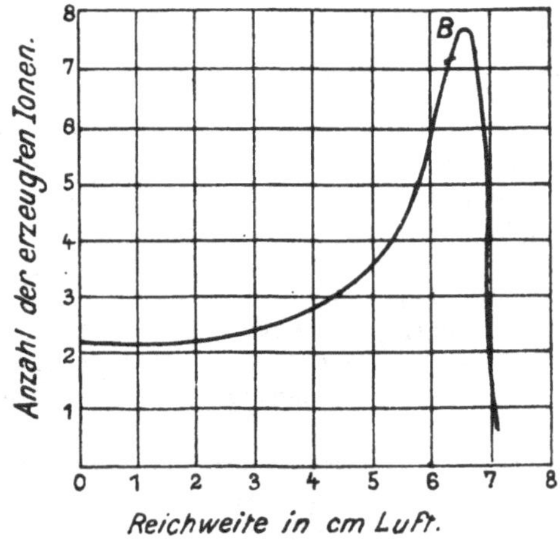

Fig. 24.

Geiger hat die Vorgänge bei dieser Streuung (von ihm gemischte Streuung oder Ablenkung genannt) in allen Einzelheiten klar gelegt. Zur Messung der Streuung wurde die Szintillation (siehe 25.) beobachtet, die von jedem α-Teilchen ausgeht. Es wurde die Zahl und Lage der Lichtblitze in bezug auf den Mittelpunkt der Strahlung auf dem Leuchtschirm beobachtet. Figur 25 zeigt die Anordnung. Durch Heben des Quecksilberniveaus bei *B* wird RaEm in einem Röhrchen bei *A* konzentriert. Auf den Wänden schlägt sich durch ihre Umwandlung RaC nieder. Die α-Strahlung des RaC durchsetzt den Hahn *H* und gelangt in ein $1^1/_2$ m langes, luftleeres Rohr, in dem sich ein Schlitz *D* von 0,1 mm befindet, und fällt dann auf den

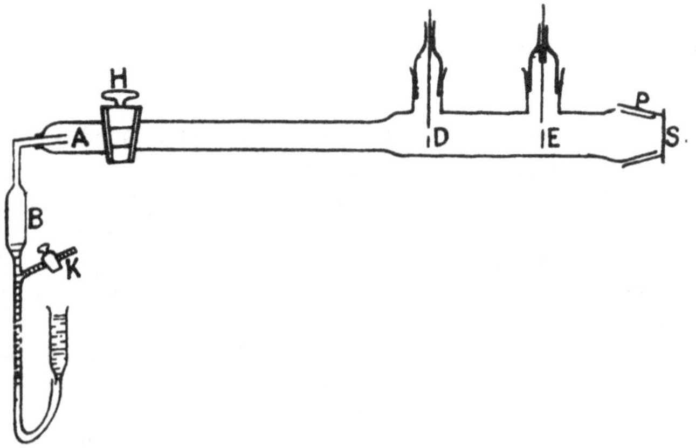

Fig. 25.

Leuchtschirm *S*, auf dem ein unscharfer Fleck entsteht. Dieser wird mit einem Mikroskop betrachtet. Schaltet man Metallfolien verschiedener Dicke bei *D* oder *E* ein, so erweitert sich je nach der Dicke des Schirms der Fleck (er ist durch ein Magnetfeld von 10000 Gauss zu einer scharfen Lichtlinie ausgezogen). Die Erweiterung kommt dadurch zustande, daß zahlreiche Teilchen außerhalb der Lichtlinie aufblitzen.

Bestimmt man die Zahl und Ablenkung der α-Teile (im Winkelmaß) und trägt die Werte graphisch auf, so findet man den mittleren oder wahrscheinlichsten Winkel δ, um den die Teile abgelenkt werden. Für 100 aufeinander gelegte Goldfolien, die die Reichweite auf die Hälfte herabsetzen, betrug die Streuung erst 7°. Sie wächst, wenn man die Folien, wie sich aus der Ionisationskurve ergibt, näher an das Bahnende heranbringt. Geiger gibt folgende Werte für δ und für eine Folie an, deren Hemmungsvermögen 1 cm Luft entspricht: Au 2,1° ($\delta/\sqrt{A} = 0{,}15$); Sn 1,5° (0,14); Ag 1,5° (0,14); Cu 1,1° (0,14); Al 0,6° (0,12). Auch hier besteht ein einfacher Zusammenhang mit der Atommasse (A). Der Kern wirft die α-Teile proportional der Wurzel aus seiner Masse aus ihrer Bahn. Auf den Zusammenstoß des Kerns mit den α-Teilchen sind die Gesetze der kinetischen Gastheorie wieder anwendbar.

Rutherford und Nutall (1913) bestätigten Geigers Schlüsse. Vergleicht man die Drucke p in verschiedenen Gasen, welche die α-Strahlung gerade auf die Hälfte herabsetzen, so erhält man unter Anwendung der für die Hemmung geltenden Addivitätsregel folgende Werte für die Elemente:

Substanz	O_2+N_2	H	He	C aus CH_4	N	O aus CO_2	S aus H_2S
p in cm	5,32	46,3	26,2	13,32	—	5,00	3,36
δ relativ	1,00	0,0176 [1]	0,064	0,40	0,48	0,53 [1]	1,61
δ ber [2]	1,00	0,0190	0,057	0,40	0,53	0,69	2,58

δ ist berechnet unter der Annahme, daß es proportional $n(n+1)$ ist, wo n die Ordnungszahl bedeutet. Es zeigt sich, daß die mittlere Ablenkung, soweit es die große Unsicherheit der Versuche zuläßt, von n, also nach van den Broek (siehe **122.**) von der Zahl der im Kern vorhandenen Elektronen abhängt.

117. Die Einzelstreuung und das Rutherfordsche Atommodell. [3]

Rutherford, Geiger und Marsden fanden, als sie auf einem Schirm durch eine Strahlungsquelle (ein Röhrchen von 1 mm Durchmesser, eingebettet in einem Bleiklotz mit Schlitz) Szintillation erregten, daß einige Teilchen um große Winkel abgelenkt wurden, wenn zwischen Klotz und Schirm am Ende der Reichweite eine Metallfolie eingeschaltet wurde. Der Bleiklotz war umgeben von einem luftleeren drehbaren Gehäuse, das auch den Schirm enthielt, auf den ein Mikroskop eingestellt war. Etwa $^1/_{8000}$ aller Teilchen wurde um große Winkel abgelenkt. Durch eine Goldfolie von 0,4 μ Dicke (= 1,6 mm Luft) wurde 1 Teil auf 20000 um mehr als 90° abgelenkt, also zurückgeworfen. Wie ist eine solche Ablenkung zu erklären? Rutherford nimmt einen Kern im Atom an, der positiv geladen ist und mindestens so viele positive Elektronen enthält, als seiner

---

[1]) Bezogen auf ein Atom.

[2]) Die Werte der δ lassen sich angeben in der Form $n(n+1) = 1\cdot 2$ (H); $2\cdot 3$ (He); $6\cdot 7$ (C); $7\cdot 8$ (N); $8\cdot 9$ (O); $16\cdot 17$ (S) — n die Ordnungszahl.

[3]) Phil. Mag. **21**, 669; 1911 und Vortrag der Royal Instit. 6. VI. 1919, Engineering **107**, 793; 1919.

Ordnungszahl entspricht.[1]) Dieser ist umgeben, wie wir schon oben annehmen mußten von einer Elektronenwolke in Ringform. Die Ringe erstrecken sich auf Durchmesser von 10^{-8} cm, wie sie für das Atom gefunden wurden (siehe **30.**).

Die Vorgänge bei dieser Ablenkung oder Streuung veranschaulicht die folgende Figur 26.

Das α-Teilchen wird von P nach P abgelenkt in einer Hyperbel, wie etwa ein Komet von der Sonne. Das Zentrum des ablenkenden Atoms befindet sich (als fest angenommen) in S, dem äußeren Fokus der Hyperbel. Der Ablenkungswinkel φ_0 (oder $\pi - 2\varphi$) hängt von dem Parameter p (SN) ab und der Größe $b = 2\,NeE/mv^2$. Es ist $\cot \varphi_0/2 = 2\,p/b$. φ_0 wird 90°, wenn $b = 2\,p$. Die Zahl y der α-Teile, welche um φ_0 abgelenkt wird, ist $= ntb^2Q/R$; $R = 16r\sin^4 \varphi_0/2$. Ne die Ladung des Kerns; m, E, v Masse, Ladung und Geschwindigkeit der α-Teile; n Anzahl der Atome in der Vol-Einheit, mit denen das α-Teilchen zusammenstoßen kann. t Dicke der durchstrahlten Schicht. Es ist also y proportional N^2 und proportional der Zahl der Zusammenstöße, d. h. $\sim 1/\sqrt{A}$, also zusammen $\sim A^{3/2}$; es soll also sein $y/A^{3/2} = \text{Const.}$ Auch der Zusammenhang von φ mit der Zahl Z der abgelenkten Teile entspricht der Theorie.

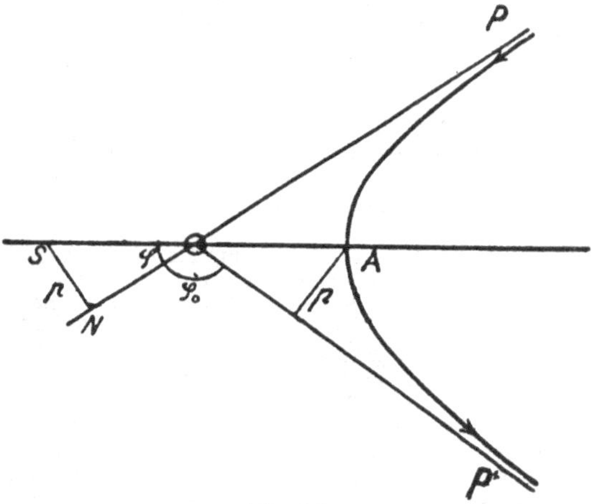

Fig. 26.

	Element	Pb	Au	Pt	Sn	Ag	Cu	Fe	Al
1.	y	62	67	63	34	27	14,5	10,2	3,4
	A	207	197	195	119	108	64	56	27
	Const.[2])	208	242	232	226	241	225	250	243

2.						
φ	150°	135°	120°	105°	75°	60°
Z	6,95	8,35	9,5	14,6	41,9	101
$Z \sin^4 \varphi/2$	6,0	6,1	5,3	5,8	5,8	6,3

---

[1]) Es sind auch negative Elektronen im Kern vorhanden; van den Broek, siehe **124.** Daher ist die einfache Annahme, wie sie Rutherford macht, daß die Kerne punktförmige Energiezentren sind, nur in erster Annäherung zulässig.

[2]) Nach den ersten Beobachtungen von Geiger und Marsden (Proc. Roy. Soc. **82**, 496; 1909). Die Beobachtungen von 1913, bei denen ungefähr 1000 Szintillationen ausgezählt wurden, ergaben die Streuung oder Ablenkung, bezogen auf die gleiche Luftstrecke proportional A^2, wenn die experimentell bestimmten Absorptionen der Folien eingesetzt werden. Es bleibt ein kleiner systematischer Gang. Dieser läßt sich fortschaffen, wenn man statt dem Atomgewicht A die Ordnungszahl N einführt (van der Broek: Nature **92**, 372; 1913). Die Konstante C (y/N^2) beträgt für Cu 18,5; Ag 18,4; Sn 19,0; Pt 18,6; Au 18,4. Untersucht wurden α-Teilchen von 1—5,5 cm Reichweite; mittlere Geschwindigkeit betrug $2 \cdot 10^9$ cm/sec.

Diese Streuungsvorgänge kann man nach der Rutherfordschen Auffassung auch unmittelbar erkennen, wenn man die Bahn der α-Teilchen nach der Wilsonschen Methode (siehe **31.**) photographiert. Gehen von einer Nadelspitze, die mit radioaktiver Substanz belegt ist, α-Strahlen aus, so zeigt die Photographie eine Menge von scharfen Linien, die plötzlich abbrechen, weil die Reichweite erreicht ist. Aber eine Reihe der Bahnen weist scharfe Knicke auf. Es sind diejenigen, bei denen ein α-Teil durch Zusammenstoß mit dem in dem Apparat befindlichen Gasatomen aus seiner Bahn geschleudert ist.

In Rutherfords Atommodell sind folgende Annahmen enthalten. 1. Das Atom besitzt einen kleinen[1]) stark positiv geladenen Kern. 2. Dieser ist umgeben von einer Elektronenwolke, deren Ladung in einfacher Beziehung zum Atomgewicht oder zur Ordnungszahl steht. 3. Die Größe des Kerns ist von der Ordnung 10^{-13} cm [2]) (die Elektronenwolke erstreckt sich auf 10^{-8} cm). 4. Zwischen den Kraftfeldern der einzelnen Elektronen und des Kerns gilt das Coulombsche Gesetz (vgl. Born bei **135.**).

Sind nun diese Annahmen auf sichere Versuche gestützt? Diese Frage

---

[1]) Er muß sehr klein sein, damit die Dichte seiner Ladung genügend groß wird, um die α-Teilchen, die sich mit der Lichtgeschwindigkeit vergleichbaren Geschwindigkeiten bewegen, ablenken zu können. Die Energie von einigen 30 g der α-Teilchen ist vergleichbar der von 10000 Tonnen Eisen, die 1 km weit in der Sekunde fortgeschleudert werden (Rutherford 1919).

[2]) Diese Zahl wird durch die entscheidenden Versuche Rutherford über die Zertrümmerung des N-Atoms in ihrer Größenordnung sicher (siehe **104.**). Auch die Versuche von Marsden mit α-Wasserstoffstrahlen (siehe **105.**) zeigen daß der Atomkern (beim Wasserstoff) von der Ordnung 10^{-13} cm ist. Darwin berechnet (1914) aus diesen Versuchen, daß sich die zusammenstoßenden H- und He-Kerne auf mindestens $1{,}7 \cdot 10^{-13}$ cm nähern müssen. Diese Größe ist gleich der Summe der Kernradien von H + He. Aus der Zahl der kritischen Lagen (siehe **92.**), die den radioaktiven Zerfall bedingen, folgerte Lindeman (Phil. Mag. **30**, 560; 1915) die Kerngröße zu $4 \cdot 10^{-13}$ cm. Doch muß der Kern größer sein, da er stets Elektronen (siehe **122.** und **124.**) enthält und diese haben bereits die angegebene Größe (siehe S. 75 und auch Nicholson: J. Chem. Soc. **115**, 855; 1919). Es ist noch nicht klar, wie man diese Schwierigkeit überwinden kann. Zu sehr viel kleineren Kernen gelangt man nach folgender Erwägung (Nicholson 1911): Ist der Wasserstoffkern identisch mit dem positiven Elektron (siehe **105.**), so muß er dieselbe Ladung, wie das negative Elektron tragen. Seine Masse ist aber 2000mal so groß, als die des Elektrons. Sein Radius a, d. h. die noch merkbare Wirkung des Kraftfeldes, ist zu berechnen nach der Formel $a = {}^2/_3\, e^2/m_0$; a muß dann 2000 mal kleiner sein als bei den Elektronen, also von der Ordnung 10^{-16} cm. Harkins und Wilson haben diese Abmessungen bestätigt. Sie gingen aus von dem Packungseffekt von 0,8 % (siehe **103.**) beim Entstehen der chemischen Elemente aus H und He. Dieser Effekt läßt sich auf scheinbare Massenänderungen Δm zurückführen, auf die die Einsteinsche Gleichung (siehe **93.**) anwendbar ist. Es ergibt sich $\Delta m = 3R/2a$. Ist R Radius des Kerns und $2a$ Abstand der Elektronen vom Kern, so folgt für $\Delta m = {}^8/_{1000}$, $2a = 400\,R$. Der Radius des Kerns ist also erheblich kleiner als die Weite der Bahn der dem Kern nächsten Elektronen. Perrin hat (1914) darauf hingewiesen, daß man auch aus Beobachtungen über die spezifische Wärme zu der Annahme von Atomkernen gelangt, die viel kleiner sind, als die Atomradien. Das einatomige Mol des Argons behält die spezifische Wärme von 3—3000° bei. Es kann also keine Energie durch Drehbewegungen verzehrt werden. Auf Grund der Ableitungen der Quantentheorie über die spezifische Wärme muß ein solches nicht drehbares Atom ein Trägheitsmoment $< 2 \cdot 10^{-42}$ haben (vgl. **134.**). Das ist nur möglich, wenn der Durchmesser $< 6 \cdot 10^{-10}$ cm beträgt, wenn die träge Masse in einem Zentralkern vereinigt ist.

kann bejaht werden.[1]) Die entscheidenden Versuche[2]) sind die oben besprochenen von Geiger und Marsden, sowie von Marsden, Kaye und Darwin (siehe **99.**) über die Wasserstoffstrahlen. Durch Körperatome vom Gewicht A werden Elektronen im Mittel um bestimmte große Winkel φ abgelenkt und diese Ablenkung erfolgt nach der Formel[3])

$$\Phi = dv^{-4} A^{3/2} \times \cos\varphi/_2 \,/\, \sin^3\varphi/_2$$

(Φ ist die Zahl der Elektronen, die um die einzelnen Winkel φ abgelenkt werden). Daß diese Zahl der Dicke d der Schicht, die die Teilchen durchsetzen, proportional ist, ist nur möglich, wenn in jedem gleich dicken Teil der Schicht gleichviel ablenkende Kraftzentren (Kerne) vorhanden sind und jedes Elektron einmal abgelenkt wird.

Die Bedeutung der Proportionalität von Φ mit $A^{3/2}$ wird klar, wenn man die Formel mit der genauen Formel $\Phi = N^2 e^2 E^2 v^{-4}/m^2 \times \cos\varphi/2 \sin^3\varphi/2$ vergleicht. Wie schon oben hervorgehoben, muß dann sein $A^{3/2} \sim N^2 E^2$ (N = Anzahl der Atome in der Volumeneinheit für äquivalente Schicht; E = Kernladungszahl). Da $N^2 \sim 1/\sqrt{A}$, so folgt $E \sim A$, und genau $E = A/2$.[4]) Die so berechnete Rutherfordzahl[5]) ist also ein Maß für die Kernladung. Durch die Übereinstimmung der nach den obigen Annahmen streng ableitbaren Formeln mit den Beobachtungen wird auch die Annahme über die Kerngröße sicher, ebenso diejenige von der Gültigkeit des Coulombschen Gesetzes für Atomfelder.

Schwer begreiflich ist nur, daß bei diesen Zusammenstößen die Kerne der zusammenstoßenden Atome nicht zertrümmert werden. Diese Sprengung des Atoms ist außerordentlich selten, das hat Rutherford vor kurzem für die Zertrümmerung von Stickstoffatomen nachgewiesen (siehe **104.**).

---

[1]) Seeliger: Jahrb. Radioakt. **16**, 19—63; 1919, besonders S. 27 und 47/48.

[2]) Gut bestätigt werden die sämtlichen Rutherfordschen Annahmen und Formeln durch die Bestimmungen von Lawson und Hess (Szber. Wiener Akad. **127**, 599; 1918) über die „Reflexion" von α-Teilchen. In einer 4 m langen engen Glasröhre befand sich an einem Ende ein radioaktives (RaC-) Präparat bekannter Stärke. Ihm gegenüber am anderen Ende verschiebbar Metall- oder Glasplatten. Es konnten nun die von dem anderen Ende zurückkehrenden α-Teilchen aufgefangen und ihre Zahl bestimmt werden. Bei Entfernungen bis zu 1 m kehrten keine Teilchen zurück. In einer Entfernung von 1,5—2,5 m eine konstante Menge von 60%, dann fällt die Zahl ab. In dem Abschnitt, in dem die Zahl konstant war, wurden $1{,}5 \cdot 10^4$ in der Minute gezählt. Nach der Rutherfordschen Formel berechnete sich $1{,}6 \cdot 10^4$.

[3]) Die Kerne bewegen sich ebenfalls. Diese Mitbewegung ist durch ein besonderes Korrektionsglied zu berücksichtigen (Darwin). Die Kerne dürfen bei der Berechnung nicht als punktförmig angesehen werden.

[4]) Blake und Duane (Phys. Rev. **10**, 697; 1917) berechnen E doppelt so hoch. Wir haben nach Moseley—Sommerfeld (siehe **119.** S. 252) $\nu/N_0 = (N - 3{,}5)^2$ N_0 (die Rydbergsche Zahl) nach Bohr $= \frac{2\pi^2 e^4 m}{h^3}$. Andererseits findet Sanford (Phys. Rev. **9**, 383; 1917) daraus, daß die Schwingungsfrequenzen mit den Umlaufsfrequenzen der Elektronen übereinstimmen, die Ladung E der Kerns $E = \sqrt{\frac{2h^3\nu}{\pi^2 e^2 m}}$. Nach Eliminierung von ν wird $E = 2e(N - 3{,}5)$. Die Kernladung ist also gleich der doppelten reduzierten oder geschirmten Ordnungszahl.

[5]) Diese R-Zahl gibt durch Vergleich mit der kleineren Moseleyschen Ordnungszahl Aufschluß über die Zahl der Kernelektronen (siehe **124.**).

118. Die Hemmung und Streuung der Röntgenstrahlen an Atomen (Barkla).

Von großer Bedeutung für die Erforschung des Atombaues sind die Untersuchungen über die Absorption von X-Strahlen.

Bereits Röntgen fand, daß die X-Strahlen beim Zusammenstoß mit materiellen Teilen eine sekundäre Strahlung hervorrufen. Diese kommt in 2 verschiedenen Formen vor. Es ist eine diffuse (zerstreute und reflektierte) Strahlung nachweisbar, die der entspricht, die in trüben Medien das Licht und die auch die α-Strahlung hervorruft. Die zweite Form ist die einer homogenen Strahlung, die zuerst Walter 1896 beobachtete, die dann Barkla seit 1905 genauer untersuchte. 1908 fand er zusammen mit Sadler den grundsätzlichen Unterschied gegen die diffuse Strahlung in der Art der Absorption, 1909 konnte er die Homogenität der Strahlung und ihre Ähnlichkeit mit Lichtschwingungen nachweisen. Er nannte diese Strahlung die charakteristische X-Strahlung.[1]) Daß die Strahlen Lichtstrahlen sind, läßt sich nach der von Laue (1912) aufgefundenen Methode nachweisen. Die Strahlen zeigen Beugung und Interferenz an einem Gitter. Als Gitter werden die regelmäßig angeordneten Kristallatome benutzt (siehe **26.**). Aus diesen Beobachtungen berechnen sich Wellenlängen, die rund 1000mal kleiner sind, als die durch Schwingungen des ganzen Atoms entstehenden Lichtwellen. Solche Wellen können nur auf Schwingungen des viel kleineren Kernes oder der ihm nahen Elektronen zurückgeführt werden.

Absorption und Streuung der diffusen Strahlung.

Bei diffuser Strahlung (Barkla 1906, Crowther 1907) ist die Schwächung s der primären und die relative Intensität J der abgebeugten sekundären Strahlung eine Wirkung jedes einzelnen Atoms. Für Verbindungen kann man J additiv[2]) aus den Werten berechnen, die für die Elemente einzeln sich ergeben. s ist, wie bei der Streuung der α-Strahlen, unabhängig von dem Zustand der Atome. Alle diese Erscheinungen sprechen, wie bei den α- und β-Strahlen, auch für ein Eindringen der Strahlung in das Atom.

Die Werte von J berechneten sich für H zu 1,7 (Atomgewicht = 1), He 4,5 (4), C 12 (12,0), N 14 (14,0), O 16 (16,0), S 45 (32). Setzt man Luft = 1, so wird J für NH_3 0,66 gefunden (ber.: 0,66), für N_2O 1,53 (1,53), für Ameisensäure 2,74 (2,72). Weitere Schlüsse aus den Werten von J sind nicht mög-

---

[1]) Auch Fluoreszenzstrahlung. G. Jäger (Ver. Verbr. Naturwiss. Wien 1916) gibt eine anschauliche Erklärung für die Umwandlung der inhomogenen primären X-Strahlen in die homogenen sekundären durch ein akustisches Beispiel. Die primären entsprechen einem Geräusch, die homogenen einem Ton. Entsteht ein Geräusch z. B. durch Zusammenschlagen von 2 Steinen und reflektiert dies Geräusch an einem Gitter (einem Lattenzaun), an dem man mit den Steinen schnell vorbeiläuft, so hört man einen Ton. Die reflektierten Geräuschwellen gelangen in gleichmäßigen Zeitabschnitten an unser Ohr.

[2]) Das Gesetz der Additivität gilt auch für die Absorption der homogenen X-Strahlen (Moore, 1915). Die Zahl der Elektronen, die von C- oder O-Atomen bei der Bestrahlung mit X-Strahlen losgelöst werden, ist unabhängig davon, ob das Atom frei oder mit anderen verbunden ist.

lich zu ziehen, da die Beobachtungen zu ungenau sind, wie man aus dem Vergleich von Crowthers und Barklas Beobachtungen erkennen kann.[1])

Diese Lücke haben die Untersuchungen Aurèns (1917, 19) ausgefüllt. Es wurde für eine große Reihe von Elementen und Verbindungen die Absorption σ/ϱ (ϱ Dichte) im Vergleich mit der von Wasser (unter gleichen Bedingungen bestimmt). Es wurde festgestellt, welche Schicht Wasser die gleiche Ionisation hervorruft, wie eine bekannte Schicht der Substanz. σ/ϱ ist in Verbindungen der Zahl der getroffenen Atome proportional. Die Werte von σ/ϱ folgen aufeinander, wie die Ordnungszahlen[2]). Die Werte der σ/ϱ einer Verbindung setzen sich streng additiv aus den σ/ϱ der einzelnen Elemente zusammen. Die Atomabsorption a hat die Form $CN^4 \lambda^{5/2}$[3]) (N = Ordnungszahl).

Die Absorption wurde aus 4 Reihen (I—IV) ermittelt, bei denen 4 Al-Filter verschiedener Dicke (I = 1,12, II = 2,50, III = 5,00, IV = 10,0 mm) benutzt wurden. Aus den Werten für die Absorption in Kupfer (Normalsubstanz) ergeben sich nach den Barklaschen Formeln für den Zusammenhang von Absorption und Wellenlänge λ folgende Werte von λ: 0,38, 0,36, 0,34 und $0,30 \cdot 10^{-8}$ cm. Zu jeder Reihe gehört eine bestimmte Wellenlänge. Als Beispiel für die Genauigkeit, mit der das Gesetz von der Additivität der Absorption in Verbindungen zutrifft[4]),

---

[1]) Barkla (Jahrb. Radioaktiv. 1908, 246) gibt an für CS_2 1,18 (1,075 Crowther); CO_2 1,45 und 1,54 (1,53 Cr); SO_2 2,11 (2,14 Cr); NH_3 0,59 (0,66 Cr); N_2 0,97 (0,97 Cr); O_2 1,11 (1,12 Cr); N_2O 1,53 (1,53 Cr) — He 0,14 (0,16 Cr).

[2]) Schon die ersten Beobachtungen von Benoist (1901) lassen die starke Abhängigkeit der Absorption von der Ordnungszahl erkennen. Benoist untersuchte die Durchlässigkeit der Elemente für primäre X-Strahlen und fand, daß sie unabhängig von dem Zustand der Elemente ist und ihr Wert nur von der Stellung des Elementes im periodischen System abhängt. Im folgenden sind die Mengen angegeben (in 0,1 g), welche von einem Element gleich durchlässig sind (die Elemente sind dabei als Prismen von 1 qcm Basis anzunehmen).

Li	Be	Ce	N	O	F	Na	Mg	Al	Si	P	S	Cl
115	91	72	52	44	36	28	25	21	16	13,5	11,3	9
K	Ca	Cr	Ni	As	Ba	Ce	La	Zr	Mo	Ag	In	Ur
7	6	4	3	1,7	1,45	1,45	1,43	1,35	1,3	1,2	1,1	0,8

Die Durchlässigkeit fällt stark ab; sie ist aber auch für die schweren Elemente genau genug zu bestimmen, um die Stellung der Elemente im System zu kontrollieren (siehe **119.**).

[3]) Andere Beobachter (vgl. S. 81) geben statt $\lambda^{5/2}$: $\lambda^{2,8}$ oder λ^3 an. Die ersten Beobachtungen von Bragg und von Owen (Proc. Roy. Soc. **86**, 426; 1912) geben $\lambda^{5/2}$; die späteren (Proc. Roy. Soc. **94**, 339; 1918); ebenso die von Hull und Rice, Barkla und White (Phil. Mag. **34**, 276; 1917) λ^3. Williams (Proc. Roy. Soc. **94**, 567; 1918) findet für Wellen von $0,43—0,63 \cdot 10^{-8}$ cm, daß die wahre Absorption σ/ϱ proportional $\lambda^{5/2}$ für Cu und λ^3 für Al ist. Glockers Formel für die Absorption der charakteristischen Strahlung lautet: $\sigma/\varrho = 0,0004\, N^{3,14} \lambda^{2,8}$ bzw. $0,0195\, N^{3,14} \lambda^{2,8}$, je nachdem die Absorption in Elementen mit einer Ordnungszahl kleiner oder größer als das des Strahlers erfolgt (siehe auch **119.**, Anm. S. 243). Die Aurènsche Beziehung ergibt sich aus der Verbindung der beiden Ergebnisse, daß σ/ϱ 1. proportional λ^3; 2. proportional CN^3 ist. Die Atomabsorption a erhält man, wenn man σ/ϱ mit der Ordnungszahl N multipliziert, daher ist $a = CN^4 \lambda^3$.

[4]) σ/ϱ ist streng additiv auch für die härteste X-Strahlung; das ist die K_1 und K_2-Strahlung des Radiums C (F. W. Kohlrausch, 1918). Auch den leichten Elementen kommt eine bestimmte Atomabsorption zu. Es seien hier einige Werte von σ/ϱ für Verbindungen und für die beiden K-Strahlenarten angeführt: Äther 0,057—0,084; Terpentin 0,052—0,11; Wasser 0,055—0,10; Glyzerin 0,054—0,095; Chloroform 0,043—0,102.

sei die Bestimmung der Absorption σ/ϱ für den Sauerstoff mitgeteilt. (Als Absorption ist dabei das Verhältnis der Energie eines X-Strahls beim Auftreffen anzusehen, zu der übrigbleibenden Energie nach dem Durchgang durch eine Fläche, von der je 1 Atom auf jedem qcm liegt [Owen 1918]).

Substanz	I		II		III		IV	
Methylformiat	2,90	0,87	2,95	0,87	2,98	0,83	3,05	0,81
Paraldehyd	2,03		2,08		2,15		2,24	
Propionsäure	3,47	0,88	3,58	0,83	3,62	0,74	3,76	0,75
Allylakohol	2,59		2,75		2,78		3,01	
Propionsäure	3,47	0,88	3,58	0,87	3,62	0,84	3,76	0,88
Aceton	2,59		2,71		2,88		2,88	
Benzylakohol	4,58	0,92	4,77	0,92	5,02	0,94	5,28	0,86
Toluol	3,66		3,85		4,08		4,42	
Mittel σ/ϱ für Sauerstoff:		0,90		0,88		0,89		0,81

(Diese Tabelle der beobachteten Werte von σ/ϱ für die angegebenen Verbindungen ist ein Auszug aus den Beobachtungen. Wie man sieht, ändert sich σ/ϱ in den 4 Reihen etwas mit der Wellenlänge.) Auf ähnliche Weise ergaben sich für den Kohlenstoff in aliphatischen Verbindungen Werte von 0,44—0,48; für zyklische (aromatische) Substanzen und Graphit ist der Wert höher (0,6), wiederum ein Beweis, daß die C-Atome in beiden Gruppen verschiedene Konstitutionen haben (vgl. **17.** S. 46 und **128.**). Die Atomkonstanten haben (nach der ersten Bestimmung 1917) folgende Werte:

H	C	N	O	Na	Mg	Al	Si	P	S	Cl	K
0,05	0,46	0,63	0,9	1,9	3,5	3,9	4,1	5,7	7,8	9,5	11,1
Ca	Cr	Mn	Fe	Co	Ni	Cu	Zn	As	Br	Sr	Mo
14,4	24,1	41,4	45,5	53,9	59,4	65,1	75,4	128	154	173	244
Ag	Cd	Sn	J	Ba	Ce	Wo	Pt	Hg	Pb	Bi	U
300	301	311	315	334	327	308(?)	529	547	569	677	1320

Dabei ist aber die Streuung[1]) τ/ϱ, welche bei Atomen von niedrigem Gewichte die Werte ändert, noch nicht berücksichtigt. Es ist $\sigma/\varrho = \sigma'/\varrho + \tau/\varrho$. σ'/ϱ ist der Wert der Absorption, den man beobachten würde, wenn die absorbierende Al-Schicht unendlich dünn wäre.

Bisher war die Streuung nur ungefähr bekannt. Man nahm für sie Werte von 0,1—0,2 an.[2]) Aurèn zeigte, wie genau sie aus den Beobachtungen abgeleitet werden kann. Er findet σ/ϱ für Kupfer (für die 4 Al-Folien) zu 78,9, 67,8, 57,6, 48,4; für Wasserstoff zu 0,052, 0,061, 0,078, 0,094 (abgeleitet, wie oben für Sauerstoff aus Verbindungen). Setzt man jeden Wert für Cu = 100, so ergibt sich der relative Wert $q_H = 0{,}067$, 0,090, 0,136, 0,195. Dieser Wert q_H ist aber lediglich als Streuung anzusehen, da in Wasserstoff keine Absorption, während in Kupfer keine meßbare Streuung vorhanden ist. Die Werte von q_H lassen sich auch einfach berechnen aus der Beziehung $q = \frac{0{,}678}{\sigma/\varrho}$. Für σ/ϱ sind die aus der Barklaschen Formel für die Abhängigkeit der Absorption σ/ϱ für Kupfer von der Wellenlänge (in unserem Falle für $0{,}30—0{,}38 \cdot 10^{-8}$ cm) folgenden Werte einzusetzen. Man erhält so $q_{ber.} = 0{,}095$, 0,115, 0,139, 0,182 (die Abweichungen von q_H liegen innerhalb der Beobachtungsfehler). Die Massenstreuung τ/ϱ folgt danach für Wasserstoff zu $63{,}5 \cdot 0{,}678/100 = 0{,}432$ (63,5 Atomgewicht des Kupfers). Die Streuung q_e für die übrigen Elemente kann man aus den relativen Werten von σ/ϱ (der Wert von σ/ϱ für Cu wird als Einheit genommen) durch Probieren ableiten. Derjenige Wert ist angegeben bei dem das korrigierte σ/ϱ sich am besten als eine Konstante $\cdot \lambda^3$

[1]) Über den Zusammenhang von Streuung und Verteilung der Elektronen im Atom, siehe **127.**

[2]) Hull und Rice (Proc. Nat. Acad. **2**, 265; 1916): 0,12.

darstellen läßt (siehe Anm. 3, S. 237). Es zeigt sich dann, daß q_e in einfacher Beziehung zu dem Wert für Wasserstoff steht. Es ist $q_e = p\, q_H$; p ist eine ganze Zahl, die nach Aurèn die wirksame Valenzzahl (siehe **125.**) des Atoms bedeutet.[1]) So ist für Li $p = 3$, Be $= 4$, B $= 5$. Man kann nachträglich dann die Korrektur für die Streuung viel einfacher durchführen.

Tabelle der Werte von τ/ϱ (Streuung):

Elemente	H	Li	Be	B	C	N	O	F	Na
N	1	3	4	5	6	7	8	9	11
p	1	3	4	5	4	7	4	5	7
τ/ϱ	0,432	0,187	0,190	0,196	0,194	0,216	0,108	0,114	0,132

Elemente	Mg	Al	Si	P	S	Cl	K	Ca
N	12	13	14	15	16	17	19	20
p	4	5	4	7	4	5	7	4
τ/ϱ	0,071	0,080	0,061	0,097	0,052	0,061	0,077	0,043

Die τ/ϱ-Werte lassen sich nach der Barklaschen Formel $\tau/\varrho = 0{,}205\, p/N$ darstellen. (Aber darin bedeutet p etwas ganz anderes; nämlich nicht die Gesamtzahl der Elektronen) im Atom, sondern nur, wie oben, die Zahl der beugenden Valenzelektronen.)

Die von Aurèn erhaltenen Schlußwerte[2]) für die wahre Absorption σ/ϱ sind folgende:

---

[1]) Die Werte von Aurèn sind in Übereinstimmung mit Beobachtungen von Soddy und Russell, von Ishino, von Glocker. Nach diesen Feststellungen sind die Schlußfolgerungen, welche A. H. Compton (Phys. Review **13**, 296; **14**, 20, 247; 1919) aus der Streuung für die Größe des Elektrons zieht (vgl. S. 75 und **122.**), hinfällig. Unter Benutzung der Thomsonschen Auffassung von der Streuung müßte für ein punktförmiges Elektron sein $\tau/\varrho = 8\pi/3 \times p e^4/m^2 C^4$ (für ein ausgedehntes Elektron kommt ein Korrektionsfaktor hinzu. p wurde hier $= N$ (Ordnungszahl) gesetzt, wie man nach den Beobachtungen von Barkla und Dunlop (Phil. Mag. **31**, 122; 1916), Soddy (Phil. Mag. **19**, 725; 1910) annahm. τ/ϱ berechnete sich für $p = 13$ (Al) zu 0,64. Beobachtet ist aber 0,12. Der Unterschied wird auf die Ausdehnung A des Elektrons zurückgeführt. Aus dem Verhältnis der beiden τ/ϱ-Werte unter Berücksichtigung der Wellenlänge λ, für welche die Absorption untersucht wurde, wird von Compton A zu $1{,}9 \cdot 10^{-10}$ berechnet.

Barkla fand für die Streuung τ für 1 ccm eines Gases von der Dichte ϱ und dem Atomgewicht A $\tau/\varrho = 0{,}2$; die Atomstreuung ζ folgt daraus (Debye 1918) $= \tau/\varrho \cdot A \cdot m_H$ (m_H = Masse des H-Atoms) $= 0{,}2\, A m_H$. A ist proportional N. Aber diese Feststellung von Barkla steht (scheinbar) in Widerspruch mit den Beobachtungen von Bragg (siehe **115.**). Diese sind so angeordnet, daß die Amplitude der Streustrahlung gemessen wurde. Es wurde die Amplitude der von den Atomen gestreuten Wellen, die der Zahl der zerstreuenden oder beugenden Elektronen proportional sein soll, dem Atomgewicht oder der Ordnungszahl proportional gefunden. Die Atomstreuung ζ ist dann nahezu proportional A^2 (vgl. Geiger **117.** für die Streuung der α-Teilchen). Der Unterschied zwischen Bragg und Barkla ist durch die physikalischen Bedingungen unter denen die Beugung erfolgte, bedingt. Bei immer kleiner werdenden Öffnungs oder Glanzwinkeln für die Beugungsstrahlung gehen die Barklaschen Werte in die Braggschen über.

[2]) Diese Werte stehen auch in Übereinstimmung mit Werten anderer Forscher, z. B. Bragg, sobald man berücksichtigt, daß früher stets die totale Absorption (einschließlich der Streuung) gemessen wurde. Owen (Proc. Roy. Soc. **94**, 310; 1918) zeigt, wie man rechnen muß. Auch Owens eigne Beobachtungen (Absorption der homogenen Strahlung von der Länge $0{,}586 \cdot 10^{-8}$ cm in Zn, Cu, Ni, Fe, Al, Mg, Wasser, Filtrierpapier) führen, je nachdem man die Streuung berücksichtigt, zu den Konstanten von Aurèn oder von Bragg. Auf einem anderen Wege haben Dessauer und Back (1919) die Streuung bestimmt. Bei 170 Kilovolt Spannung an einer Röntgenröhre wurde die charakteristische Bleistrahlung von $\lambda = 0{,}15$ Ångström erregt. Die totale Absorption σ in Al der Strahlung gab den Wert 0,320;

Element	H	Li	Be	B	C	N	O	F	Na	Mg	Al
σ/ϱ	0,00	0,10	0,20	0,25	0,33	0,52	0,91	1,50	2,24	2,95	4,87
Element	**Si**	**P**	**S**	**Cl**	**K**	**Ca**	**V**	**Cr**	**Mn**	**Fe**	**Co**
σ/ϱ	7,03	7,37	9,87	12,7	18,5	25,7	44,9	52,4	60,9	69,3	83,1
Element	**Ni**	**Cu**	**Zn**	**As**	**Br**	**Rb**	**Sr**	**Mo**	**Rh**	**Pd**	**Ag**
σ/ϱ	92,5	100	114	166	203	265	285	371	445	493	527

σ/ϱ ist eine eindeutige Funktion der Ordnungszahl. Zu beachten ist, daß Co vor Ni steht, wie es nach der Ordnungszahl sein muß.

Absorption der charakteristischen Strahlung.

Fallen primäre X-Strahlen auf Elemente mit einem Atomgewicht höher als Schwefel, so entstehen der Spektralstrahlung ähnliche Strahlungen. Diese zerfallen in mehrere Gruppen (*K*, *L*, *M*-Strahlen). Jede Gruppe besteht aus einer eng begrenzten Zahl von Linien. Das Spektrum ist für alle Elemente das gleiche. Je höher das Atomgewicht eines Elementes, um so kürzere Wellen sendet es aus. Homogene Strahlen eines Elementes erregen in einem anderen Elemente dessen charakteristische Strahlung, aber nur dann, wenn das erste Element die durchdringenderen Strahlen, also kürzere Wellen aussendet.[1])

K- und *L*-Strahlen unterscheiden sich in ihrer Absorptionsfähigkeit[2]) (μ) in Aluminium oder Blei (Dichte ϱ). Die *L*-Strahlen werden viel stärker absorbiert als die *K*-Strahlen und diese wieder stärker als die noch wenig bekannten *H*- und *J*-Strahlen. Es besteht ein enger Zusammenhang mit dem Atomgewicht oder der Ordnungszahl. Im folgenden sind die Werte von μ/ϱ für Al angegeben, die Barkla (1911) für *K*- und *L*-Strahlen der verschiedenen Elemente erhalten hat, zugleich auch die Werte *D* in 0,01 cm, das ist diejenige Dicke, durch welche die Absorption auf die Hälfte herabsetzt wird (Siegbahn 1917).

K-Strahlung	Al	Ca	Cr	Mn	**Fe**	**Co**	**Ni**	Cu	Zn	As	Se
μ/ϱ:	580	435	135	100	89	72	59	48	39,4	22,5	18,9
D:	0,04	0,05	0,19	0,26	0,29	0,36	0,43	0,54	0,65	1,14	1,39
	Br	Rb	Sr	Mo	Rh	Ag	Sn	Sb	J	Ba	Ce
μ/ϱ:	16,3	13,7	9,4	4,8	3,1	2,5	1,57	1,21	0,92	0,8	0,6
D:	1,57	2,35	2,7	5,3	8,2	10,3	16,4	21,2	28	32	43
L-Strahlung	Ag	Sb	J	Ba	W	Pt	Au	Pb	Bi	Th	U
μ/ϱ:	700	435	306	224	30	22,2	216	17,4	16,1	8,0	7,5
D:	0,04	0,06	0,09	0,12	0,86	1,16	1,19	1,48	1,6	3,2	3,4

Bei diesen Bestimmungen sind die verschiedenen nahe liegenden Linien nicht auseinandergehalten worden. Die Unterschiede der Absorption sind aber schon merklich (Bragg 1914).

für Ag	0,86[3])	(0,491)[4]);	Cd	1,00	(0,508);	Rh	1,22	(0,537).
	1,20	(0,554)		1,41	(0,576)		1,57	(0,615)

---

aus dem Zusammenhang zwischen λ und σ berechnet sich die wahre Absorption σ' zu 0,195. Der Unterschied $(\sigma - \sigma') = 0{,}125$ ist der Wert der Streuung in Al; ähnlich berechnet sich für die Streuung der Wo-Strahlung der Wert 0,176. Danach ist $\tau/\varrho = 0{,}046$ für Wo und 0,065 für Al.

[1]) Diese Regel entspricht dem Gesetz von Stokes über die Erregung der Fluoreszenz.

[2]) Für die Absorption dieser Strahlen gilt wie für gewöhnliches Licht die Formel: $J = J_0 e^{-\mu x}$. J_0 ist die Intensität des auffallenden, J die des durchgegangenen Lichtes.

[3]) Werte von μ/ϱ für Absorption in Al.

[4]) Werte der Wellenlängen λ der *L*-Linien in 10^{-8} cm.

Bragg fand ferner, daß die Absorptionen (μ/ϱ) dieser 6 Strahlungen für die verschiedenen Metalle in Beziehungen stehen, die von der Ordnungszahl abhängen.[1]) Nimmt man den Logarithmus der μ/ϱ und bildet die Differenzen zwischen diesen Zahlen für 2 Metalle, so ist diese Differenz Δ konstant, z. B.

für Fe—Al: 1,180—1,209—1,162—1,193—1,181—1,181;
für Ni—Fe: 0,121—0,109—0,106—0,110—0,116—0,113.

Diese Differenz Δ ist $= 4 \log N_1/N_2$, wo N_1 und N_2 die Ordnungszahlen der beiden Metalle sind, z. B. für Fe = 26 und Al = 13 ist $\Delta = 4 \log {}^{26}/_{13} = 1{,}204$.

Metalle	Fe–Al	Ni–Fe	Cu–Ni	Zn–Cu	Pd–Zn	Ag–Pd	Sn–Ag	Pt–Sn	Au–Pt
Δ beob.	1,183	0,112	0,069	0,053[2])	(—0,126)	0,036	0,123	0,760	0,023
Δ ber.	1,204	0,128	0,060	0,060	0,743	0,036	0,108	0,760	0,024

Es ist also die Absorption proportional N^4.

Die Unterschiede der μ/ϱ sind erheblich auch für nahestehende Elemente, z. B. für Fe, **Co**, **Ni**, deren Reihenfolge im System daher ganz sicher angegeben werden kann. Auch ist die Absorption unabhängig von der Art der Bindung der Atome. Sie setzt sich additiv[3]) aus der jedem Atom einzeln zukommenden Absorption zusammen. Das ist wieder ein Beweis dafür, daß die Strahlung in das Atom eindringt und zunächst nur den Kern und nicht die Elektronenringe erschüttert.

Die härtesten Strahlen sind die homogenen Strahlen des C und des S (Laub: Ann. Phys. **46**, 807; 1915). Ihr μ/ϱ beträgt 0,37 und 0,21. Die Strahlung wird durch 1 mm Al nur um 10 %, durch 3 mm um 15 % geschwächt. Diese Strahlen sollen zu einer besonderen Gruppe, der ***I*-Strahlung** gehören. Siegbahn (Naturwiss. **5**, 528; 1917) hat jedoch keine Spur von dieser Strahlung gefunden, die auch nicht recht in die Auffassung von den Elektronenringen paßt (Sommerfeld 1918). Sie soll indessen nach Barkla (1916, 1918, Bakerian Lecture) außer für C und S auch für N und Al zu erhalten sein. Ihre Absorption haben Barkla und White (Phil. Mag. **34**, 270; 1917) untersucht, indem sie nämlich systematisch im Gebiet von Wellen der Größe 0,15 bis $0{,}5 \cdot 10^{-8}$ cm Absorptionen in Cu, Al, Wasser, Papier, Paraffin, Wachs maßen. Unabhängig von der Erregung der Primärstrahlung, zeigten sich Knicke an unveränderlichen Stellen der Absorptionskurve. Diese Knicke deuten die *I*-Strahlung an, so für das C-Atom bei $0{,}42 \cdot 10^{-8}$ cm (von Williams: Proc. Roy. Soc. **94**, 567; 1918, bestätigt), für O bei 0,39, für Al bei 0,37. Ein Schüler Barklas (Owen: Proc. Roy. Soc. **94**, 512, 1918) fand solche selektive Absorption an einem Karborundkristall für die Welle $0{,}493 \cdot 10^{-8}$ cm (J_β-Serie des Si); für O bei 0,519, für C bei 0,559. Nach Ledoux (1919) kommen 3 % der Eigenstrahlung des Al auf die *I*-Strahlung, deren Länge zu $0{,}361 \cdot 10^{-8}$ cm gefunden. Das Element Bor hat zwischen 0,2 und $1{,}0 \cdot 10^{-8}$ cm keine solche Eigenstrahlung.

Solche durchdring nde Strahlung, die die *K*-Strahlung übertrifft, bemerkte Kaye bereits 1908 für Al, das von bei 30000 Volt ausgehender Primärstrahlung getroffen wurde; Rawlinson (1914) fand das gleiche bei 50000 Volt für Ni ($\mu/\varrho = 6{,}9$)

Noch durchdringender sind von radioaktiven Elementen ausgehende Eigenstrahlung n ($\lambda = 0{,}07$ und $0{,}10 \cdot 10^{-8}$ cm; **H-Strahlen**). Für diese ist μ/ϱ (in Al) sehr klein, nämlich = 0,076 (Ishino 1917). Für RaB (vgl. **84.**) gibt Rutherford (1915) folgende Werte von μ/ϱ (in Blei) an: 1,5 ($\lambda = 0{,}137$), 6 (0,164), 46 ($\lambda = 0{,}196$, $\mu/\varrho = 0{,}51$ in Al). Zum Vergleich seien die Werte für die Wo-Strahlung, eine der härtesten *K*-Strahlungen angegeben: μ/ϱ (in Blei) = 23 (für $\lambda = 0{,}172$) und = 36 ($\lambda = 0{,}191$, entsprechend 0,45 in Al).

---

[1]) Anwendung dieser Regel auf radioaktive Stoffe (siehe **79.**).

[2]) In der Nähe der Resonanzstrahlung treten Unregelmäßigkeiten auf.

[3]) Zuerst von Chapman (1911) bewiesen, z. B. für Brom in Äthylbromid und in dem Hydrat der Bromwasserstoffsäure — dann von Moore (1915) für eine größere Zahl von Verbindungen (z. B. NO_2, CO_2, NH_3, CS_2, CCl_4, HCl). Die Einzelabsorption eines Elementes ist proportional der vierten Potenz des Atomgewichtes.

Duane (mit Shimizu, 1919) hat die Strahlung einer mit 70000 Volt betriebenen X-Strahlröhre, die eine Aluminiumantikathode enthielt, untersucht. Diese gab einen kontinuierlichen Wellenbereich von $0{,}18—1{,}26 \cdot 10^{-8}$ cm. Von der charakteristischen *l*-Strahlung des Al bei 0,37 war nichts zu bemerken.

Die härtesten Strahlungen von RaB und RaC sind neuerdings von F. W. Kohlrausch (1918)[1]) unter Berücksichtigung einer Reihe von Fehlerquellen untersucht worden. Es sind 3 Strahlungsgruppen nachweisbar: 1. Die K_1-Strahlung (Ursprung unbekannt), 2. die K_2-Strahlung; das ist die charakteristische Strahlung, welche bei der Absorption von K_1 in dem RaC ausgelöst wird, 3. die weiche K_3-Strahlung, Strahlung des RaB. Für die Absorption μ/ϱ sind folgende Werte ermittelt:

	in H_2O	in Al	in Cu	in Pb
für K_1	0,055	0,047	0,044	0,047
K_2	0,100	0,085	0,079	0,132
K_3	—	0,21	—	0,41

Einen Anhalt, welche Wellenlängen diesen Strahlen zukommen, geben Versuche von Rutherford, Barkla, Hull und Rice (vgl. Siegbahn **119.**, S. 249, Anm. 1) über den Zusammenhang von Absorption und Wellenlänge.

		in H_2O	in Al	in Cu	in Pb
Zu λ[2]) = $0{,}063 \cdot 10^{-8}$ cm	gehört Absorption μ/ϱ	—	—	—	0,75
0,068		—	0,085	—	1,05
0,145		—	0,153	0,71	(1,50)
0,175		0,19	0,210	0,103	(1,35)

Demgemäß müssen die λ der K_1- und K_2-Strahlung viel kleiner[3]) als $0{,}06 \cdot 10^{-8}$ cm sein. Mit Rücksicht auf die vielen Fehlerquellen sind alle diese Angaben nur als Schätzungen[4]) anzusehen. Die kleinste bisher einigermaßen sichere Wellenlänge (berechnet nicht aus Absorptionen, sondern aus der Einsteinschen Gleichung) beträgt 0,057.[5])

Schlägt man RaC auf verschiedene Metalle *m* nieder, so dringen die β-Strahlen des RaC in die Metalle ein und erregen die *L*-Strahlung der betreffenden Metalle, wie sich aus der Übereinstimmung der μ/ϱ dieser Strahlung mit der durch primäre Strahlung erzeugten *K*- oder *L*-Strahlung (Barkla) ergibt:

m	Co	Ni	Cu	Zn	As	Se	Br	Mo	Ag
Rutherford	72,6	58,5	47,5	39,8	23,0	19,3	16,7	4,8	2,5
Barkla[6])	71,6	59,1	47,7	39,4	22,5	18,9	16,4	4,7	2,5

m	Sn	Ba	Pt	Au	Pb	Bi	Th	Ur
Rutherford	1,6	0,9	22,8	21,4	17,0	16,4	8,5	7,8
Barkla	1,6	0,8	22,2	21,6	17,4	16,1	8,0	7,5

Wird log μ/ϱ als Funktion der Ordnungszahl *N* aufgezeichnet, so erhält man nahezu eine gerade Linie.[7]) Es ist $\log \mu/\varrho = a - \beta \log N$. (Owen 1912, Laub 1914.) Owen fand $a = 5$ für die Absorption in leichten Gasen. Laub zerlegte die Elemente in mehrere Gruppen. Es ist für Fe—Se $\beta = 6$, Br—Sn $\beta = 6{,}5$,

---

[1]) Phys. ZS. **19**, 345; 1918.

[2]) Im Spektrum einer Platin—Iridiumlegierung ist die Grenze der Strahlung $0{,}073 \cdot 10^{-8}$ cm.

[3]) Rutherford (Phil. Mag. **34**, 159; 1917) berechnet sie zu 0,02.

[4]) Vgl. Lilienfeld: Phys. ZS. **19**, 263; 1918 und Wagner (Jahrbuch Radioaktiv. **16**, 190; 1919, zusammenfassende Darstellung über das kontinuierliche Röntgenspektrum).

[5]) Dessauer und Back, S. 82.

[6]) Barkla und Chapman (1912).

[7]) Es scheint auch dieses Gesetz für die *H*- und *J*-Strahlung zu gelten (Ishino 1917); ebenso wie für die durchdringenden *K*-Strahlen des Wo und Ur. In diesen Fällen besteht ein Unterschied gegen die direkt (durch die Beugung an Kristallen) ermittelten Wellenlängen.

Sb—Ce $\beta = 7$. Laub bestimmte einige μ/ϱ neu und fand in hinreichender Übereinstimmung mit Barkla für Fe 87,8 ($\alpha = 1386$), Cu 47,6 (1415), Zn 37,0 (1347).

Siegbahn (1914) hat darauf hingewiesen, daß diese Beziehung daraus folgt, daß[1]) $\mu/\varrho = c \cdot \lambda^3$ ist. λ bedeutet die Wellenlänge der K- und L-Strahlen (siehe **119.**) und ist $= c'/(N - 1)^2$ (Moseleysche Gleichung) zu setzen.

---

119. Die Wellenlänge der charakteristischen Strahlung und die Ordnungszahl der Elemente (Moseley).

Die Barklasche Strahlung ist die charakteristische Eigenschaft des Atoms. Sie ist die e i n z i g e Eigenschaft, die sich als nicht periodische, unstetige[2]) und einfache Funktion der Ordnungszahl N mit großer Sicherheit bestimmen läßt. Sie ist brauchbarer als die Absorptions- und Hemmungskonstanten der Elemente für die verschiedenen durchdringenden Strahlungen, die ebenfalls eng mit N zusammenhängen. Ihre Bedeutung hat Moseley (1913/14) erkannt. Seine Hauptaufgabe war die Ermittlung genauer Wellenlängen, eine Aufgabe, die dadurch erleichtert wurde, daß der Laueschen Methode (siehe **26.** und **30.**) durch Bragg, de Broglie u. a. eine einfachere Form gegeben war. Als Kristallgitter verwendet wurden Steinsalz, Sylvin, Gips, Kalzit, Ferrocyankalium. Die an den Platten reflektierten Strahlen wurden um etwa 10^0 abgebeugt. Als Rutherford γ-Strahlen des RaB an dünnem Steinsalz reflektieren ließ, erhielt er neben den um $10—12^0$ abgelenkten K-Strahlen noch einige Linien, die nur um 43′, 1^0 und $1{,}7^0$ abgelenkt waren. Die Wellenlänge dieser H-Strahlen ist höchstens 0,07 AE (10^{-7} mm) groß, also 50000mal kleiner als die sichtbare Strahlung.

Die zu untersuchenden Substanzen (reine Metalle, Gemische oder Verbindungen) wurden von Moseley in einer Kathodenstrahlröhre auf einer Schiene verschiebbar angebracht. Die Kathodenstrahlen erregten bei Auftreffen auf die Substanzen die charakteristische Strahlung. Diese durchsetzte einen Schlitz und eine die Röhre abschließende Al-Folie oder Goldschlägerhaut von 0,02 mm. Der Strahl fiel dann in etwa 10 cm Entfernung auf das Kristallgitter, das auf einem Spektrometertisch sich drehen ließ.

Die gebeugte Strahlung wurde auf einer in gleicher Entfernung vom Gitter wie die Strahlquelle, befindliche drehbare photographische Platte aufgefangen. Als Gitterkonstante des NaCl wurde die Braggsche Zahl $2{,}814 \cdot 10^{-8}$ benutzt (siehe **26.**); für das Ferrocyankalium der dreifache

---

[1]) Miller (1916) findet genauer $\mu/\varrho = 19{,}4 \cdot \lambda^{2{,}77}$. Er macht aber darauf aufmerksam, daß von anderen Beobachtern (Rutherford, Bragg, Duane, Siegbahn) Werte für den Exponenten gefunden worden sind, die zwischen 2,5 und 3 liegen. Dessauer (Vhdl. Phys. Ges. **19**, 204; 1917) zeigt, daß man bei der Berechnung der Wellenlänge λ aus der Absorption (μ in Al) keine großen Fehler begeht. Es ist $\mu = k\lambda^{5/2}$; $k = 31 \cdot 10^{20}$ sowohl für die $K\alpha$-Strahlung des Ag, wie für die RaC-Strahlung ($\mu = 0{,}115$; $\lambda = 0{,}137 \cdot 10^{-8}$ cm). Genauer ist die Berechnung aus der Grenzspannung, zu der eine bestimmte Grenze des kontinuierlichen X-Spektrums gehört (siehe **42.**). Die Konstante k ist eine Funktion der Ordnungszahl N und zwar erleidet diese Funktion einen Sprung, sobald die absorbierten Wellen λ den Wellen λ_A der charakteristischen Strahlung des Absorbens gleich werden. Es ist (Glocker, Phys. ZS. **19**, 71; 1918) für $\lambda > \lambda_A$ $k = 0{,}0004\, N^{3{,}14}$; für $\lambda < \lambda_A$ $k = 0{,}0195\, N^{2{,}58}$.

[2]) Wie die Balmersche Funktion im sichtbaren Gebiet der Strahlung.

Betrag $8{,}454 \cdot 10^{-8}$ (richtiger 8,408, S. 51). Ausgemessen wurden 2 K-Linien (α, β) und 4 L-Linien ($\alpha, \beta, \varphi, \gamma$).

Die Resultate waren folgende für die Linie (K_α und L_α):

	N	$\lambda \cdot 10^8$ cm	Q_K		N	$\lambda \cdot 10^8$ cm	Q_L
Al	13	8,364	12,05	Zr	40	6,091	32,8
Si	14	7,142	13,04	Nb	41	5,749	33,8
Cl	17	4,750	16,00	Mo	42	5,423	34,8
K	19	3,759	17,98	Rn	44	4,861	36,7
Ca	20	3,368	19,00	Rh	45	4,627	37,7
Ti	22	2,758	20,99	Pd	46	4,385	38,7
Vd	23	2,519	21,96	Ag	47	4,170	39,6
Cr	24	2,301	22,98	Sn	50	3,619	42,6
Mn	25	2,111	23,99	Sb	51	3,458	43,6
Fe	26	1,946	24,99	La	57	2,676	49,5
Co	27	1,798	26,00	Ce	58	2,567	50,6
Ni	28	1,662	27,04	Pr	59	2,471	51,5
Cu	29	1,549	28,01	Nd	60	2,382	52,5
Zn	30	1,445	29,01	Sm	62	2,208	54,5
Y	39	0,838	38,1	Eu	63	2,130	55,5
Zr	40	0,794	39,1	Gd	64	2,057	56,5
Nb	41	0,750	40,2	Dy	66	1,914	58,6
Mo	42	0,721	41,2	Er	68	1,790	60,6
Ru	44	0,638	43,6	Ta	73	1,525	65,6
Pd	46	0,584	45,6	W	74	1,486	66,5
Ag	47	0,560	46,6	Os	76	1,397	68,5
				Ir	77	1,354	69,6
				Pt	78	1,316	70,6
				Au	79	1,287	71,4

Q_K und Q_L sind (vgl. E in der Bohrschen Theorie S. 302) folgende Größen:

$$Q_K = \sqrt{\frac{4}{3} \cdot \frac{\nu}{N_0}} \quad \text{und} \quad Q_L = \sqrt{\frac{36}{5} \cdot \frac{\nu}{N_0}} \,.$$

ν die Schwingungszahl ist $= 10^8/\lambda$. N_0 ist die Rydbergsche Zahl (109800 in den entsprechenden Einheiten); die Faktoren $^3/_4$ und $^5/_{36}$ sind Balmersche Glieder:

$$\left(\frac{1}{1^2} - \frac{1}{2^2}\right) \quad \text{und} \quad \left(\frac{1}{2^2} - \frac{1}{3^2}\right).$$

Die geschirmten Kernladungszahlen Q_K und Q_L (vgl. S. 235, 258, 301) haben die Werte:

$$Q_K = N - 1 \quad \text{und} \quad Q_L = N - 7{,}4 \,.$$

Wellenlänge und Ordnungszahl hängen also sehr einfach zusammen.

Van den Broek (1914) berechnet eine Konstante, C. Es ist

$$\sqrt{\frac{\nu}{N_0}} = C\,(N - 7).$$

C hat den Wert 0,37 (oder nahezu $\sqrt{^5/_{36}}$).

	Zr (40)	Nb (41)	Mo (42)	Ru (44)	Rh (45)
$\sqrt{\nu/N_0} =$	33·0,3708	34·0,3704	35·0,3705	37·0,3702	38·0,3696
	Pd (46)	Ag (47)	Sn (50)	Sb (51)	Ho (66)
$\sqrt{\nu/N_0} =$	39·0,3697	40·0,3697	43·0,3691	44·0,3690	59·0,3690
	Er (68)	Ta (73)	Os (76)	Ir (77)	Pb (78)
$\sqrt{\nu/N_0} =$	61·0,3700	66·0,3705	69·0,3703	70·0,3707	71·0,3707

Moseley und Siegbahn haben für ganz leichte Elemente weder *K*- noch *L*-Linien beobachten können. Millikan (1917) sowie Kunz (1918) haben aber darauf hingewiesen, daß sich für Wasserstoff wenigstens die Grenzwellenlänge der Linien berechnen läßt. Nach Moseley ist $\lambda/\lambda_1 = N_1^2/N^2$; λ_1 ist $= 0{,}177$ für Wolframstrahlung ($N_1 = 74$). Daraus folgt $\lambda = 98\,\mu\mu$ für $N = 1$ (Wasserstoff). Lyman sowie Richardson und Bazzoni (siehe **42.**, S. 85 und S. 221 Anmerk. 3) fanden die Grenzstrahlung zu $90\,\mu\mu$. Danach ist die von Lyman entdeckte *H*-Serie die *K*-Strahlung des Wasserstoffs. Die *L*-Strahlung ist dann die Balmerserie (Grenzfrequenz $365\,\mu\mu$, siehe **114.**). Die *M*-Serie ist die von Paschen gefundene. Die Moseleyschen Gesetzmäßigkeiten gelten also im Bereich des ganzen periodischen Systems (von 1—92), also für Schwingungen, die sich von $1^2 : 92^2$, also wie 1 zu 10000 verhalten.

Die Gleichsetzung der bekannten Strahlungen des Wasserstoffs mit *K*- und *L*-Strahlung ist im Grunde nichts weiter, als eine Anwendung der Kosselschen Grundsätze (S. 253, 257) über die Vorgänge bei *K*- und *L*-Strahlen.

Die Moseleyschen Untersuchungen sind von Malmer (1915) und Siegbahn und Friman (1914/18) und in verbesserter Anordnung weiter geführt worden. Dabei sind die verschiedenen Liniengruppen genau festgelegt worden. Malmer fand, daß merkliche Abweichungen von der geraden Linie für die Beziehungen der *Q*-Werte zu den *N*-Werten an einigen Stellen vorhanden sind, wenn man das gesamte System der Elemente berücksichtigt. Auf kleineren Strecken überschreiten die Abweichungen von der geraden Linie, wie man sich leicht durch Bilden der Differenzen der $\sqrt{\nu}$-Werte überzeugen kann, nicht die Fehlergrenze. Das zeigen die folgenden Ergebnisse von Siegbahn:

	λ [1]	$\sqrt{\nu}$	N		λ	$\sqrt{\nu}$	N
Na	11,951	0,289	11	Cu	1,543	0,805	29
Mg	9,915	0,318	12	Zn	1,437	0,834	30
Al	8,360	0,346	13	Ga [2]	1,341	0,864	31
Si	7,131	0,374	14	Ge	1,261	0,891	32
P	6,168	0,403	15	As	1,174	0,923	33
S	5,360	0,432	16	Se	1,109	0,950	34
Cl	4,712	0,461	17	Br	1,040	0,981	35
K	3,738	0,517	19	Rb	0,926	1,039	37
Ca	3,359	0,546	20	Sr	0,876	1,068	38
Sc	3,032	0,574	21	Y	0,840	1,091	39
Ti	2,746	0,603	22	Zr	0,793	1,123	40
Vd	2,502	0,632	23	Nb	0,754	1,152	41
Cr	2,288	0,661	24	Mo	0,714	1,183	42
Mn	2,097	0,691	25	Rh	0,619	1,271	45
Fe	1,932	0,720	26	Pd	0,590	1,302	46
Co	1,785	0,748	27	Ag	0,567	1,328	47
Ni	1,657	0,777	28	Cs	0,402	1,577	55

Einheit von $\sqrt{\nu}$: $10^4\,\mathrm{cm}^{-1}$, Einheit von λ: 10^{-8} cm.

---

[1] Für die α_2-Linie der *K*-Strahlung, die auch oben von Moseley untersucht ist.

[2] Uhler, Dershaw, Compton: Phys. Review **10**, 650; **11**, 244, 430; **12**, 39; 1917/18; umgerechnet auf Kalzit = 3,02904.

Siegbahn (1916) gibt außerdem einige Werte für die $K\alpha_1$-Linie der Elemente von Mo bis Nd an.

Element	Mo	Ru	Rh	Pd	Ag	Cd	In	Sn	Sb
$\lambda \cdot 10^8$ cm	0,710	645	615	586	562	538	510	487	468
Element	Te	I	Cs	Ba	La	Ce	Pr	Nd	
$\lambda \cdot 10^8$ cm	456	437	398	388	372	355	342	330	

Siegbahn hat (1919) seine Methoden so vervollkommnet (durch Vakuumspektrograph, Präzisionsteilkreise, metallische Röntgenröhre, die 50 milliamp. Strom 12 Stunden lang aushält, Anwendung mehrerer Gitter und Beugungsspektren), daß λ bis auf $^1/_{10000}$ meßbar ist. So erhielt er für eine Cu-Linie Werte, die trotz wiederholten Zusammenbaues der ganzen Einrichtung nur von 1537,21—1537,52 schwankten. Seine Resultate sind folgende: (Einheit von λ: 10^{-11} cm).

	Cl	K	Ca	Se	Cr
λ für K_{α_1}	4718,70	3733,86	3351,86	3025,26	2285,17
λ für K_{β_1}	—	3447,37	3084,89	2774,54	2981,44

	Fe	Co	Ni	Cu
λ für K_{α_1}	1932,39	1785,24	1654,67	1537,36
λ für K_{β_1}	1753,97	1617,58	—	1389,53

Man erkennt daraus, daß seine früheren Angaben (obige Tabelle) um 0,005 etwa falsch sind.

Im folgenden sind Wellenlängen für K-Linien, die den Schwermetallen angehören, angegeben. Bei einer Spannung von 75000 Volt erhielt de Broglie für Bi ($N = 83$) die Absorptionslinie (siehe weiter unten) $0{,}13 \cdot 10^{-8}$ cm; für Pb (= RaB) 0,17. Für Wolfram berechnete Rutherford (siehe **42.**, S. 82; 140000 Volt Erregungsspannung) 0,172. Diese Linie und die anderen K-Linien des Wolframs sind jetzt mehrfach gemessen:

Ledoux-Lebard	Hull u. Rice	de Broglie	Dershaw	Siegbahn
0,2128	0,212	—	0,2124	0,2135
0,2053	0,208	0,203	0,2076	0,2089
0,1826	0,185	—	0,1834	9,1844
0,1768	—	0,177	0,1784	0,1794

Diese Werte (besonders die von Dershaw und Siegbahn) stimmen sehr gut überein. Die Genauigkeit ist bereits trotz der Schwierigkeiten der Untersuchung recht groß. Das gleiche gilt für die 19 L-Linien des Wo (Messungen von Siegbahn, Compton, Dershaw, Overn).

Lilienfeld (1917) gibt für *Pt*- und *Ir*-Linien Werte zwischen 0,16 und 0,20 an. Die kürzeste Linie fand Ledoux für Uran zu $\mathbf{0{,}109} \cdot 10^{-8}$ cm.[1])

Für L_{α_1}-Linien sei die von Siegbahn (nach Beobachtungen von Friman 1917) zusammengestellte Tabelle hier mitgeteilt (sie weicht nicht erheblich

---

[1]) Fallen Wellen von $0{,}057 \cdot 10^{-8}$ cm (Dessauer und Back, S. 82) aus einer Röntgenröhre auf uranhaltige Substanzen, so wird die Uranstrahlung erregt. Sie wurde auf einer photographischen Platte aufgenommen. Nach der Ausmessung ergab sich im Vergleich zu den Wo-Linien die Länge zu 0,105—0,15 AE.

von der Moseleyschen ab; die Genauigkeit der Zahlen, die vielfach mit 2 Kristallgittern gemessen wurden, beträgt etwa 0,002).

Element	Zn	As	Br	Rb	Sr	Y	Zr	Nb	Mo	Ru	Rh	Pd
$\lambda \cdot 10^8$	12,346	9,701	8,391	7,335	6,879	6,464	6,083	5,724	5,403	4,845	4,596	4,365
Element	Ag	Cd	In	Sn	Sb	Te	I	Cs	Ba	La	Ce	Pr
$\lambda \cdot 10^8$	4,146	3,949	3,766	3,594	3,434	3,290	3,146	2,981	2,776	2,665	2,563	2,462
Element	Nd	Sm	Eu	Gd	Tb	Dy	Ho	Er	Ad	Cp	Ta	Wo[1]
$\lambda \cdot 10^8$	2,369	2,200	2,121	2,043	1,973	1,907	1,843	1,783	1,670	1,619	1,518	1,471
Element	Os	Ir	Pt	Au	Hg	Tl	Pb	Bi	Po	Ra	Th	U
$\lambda \cdot 10^8$	1,388	1,350	1,313	1,271	1,240	1,205	1,175	1,144	1,109	1,010	0,957	0,911

Aus diesen Zahlen ergibt sich folgende Tafel der $\sqrt{\nu}$-Werte, die sich um etwa 0,012 für je eine Ordnungszahl verändern:

Element	Zn	As	Br	Rb	Sr	Y	Zr	Nb	Mo	Ru	Rh	Pd	Ag
$\sqrt{\nu}$	285	321	345	369	381	393	406	418	430	454	467	479	491
N	30	33	35	37	38	39	40	41	42	44	45	46	47
Δ		12	12	12	12	12	13	12	12	12	13	12	12

Element	Cd	In	Sn	Sb	Te	I	Cs	Ba	La	Ce	Pr	Nd
$\sqrt{\nu}$	503	515	528	540	551	564	588	600	613	625	637	650
N	48	49	50	51	52	53	55	56	57	58	59	60
Δ	12	12	13	12	11	13	12	12	13	12	12	13

Element	Ta	W	Os	Ir	Pt	Au	Hg	Tl	Pb	Bi	Po	Ra	Th	U
$\sqrt{\nu}$	812	825	849	861	873	887	898	911	923	935	950	995	1022	1048
N	73	74	76	77	78	79	80	81	82	83	84	88	90	92
Δ	13	13	12	12	12	14	11	13	12	12	15	11	13	13

Eine neue Linienreihe, die Siegbahn auffand[2]), die l-Reihe enthält folgende λ-Werte für die Schwermetalle:

	W	Ir	Pt	Au	Tl	Pb	Bi	Th	U
$\lambda \cdot 10^8$	1,672	1,540	1,499	1,457	1,385	1,348	1,317	1,117	1,066
$\sqrt{\nu}$	77,3	80,6	81,7	82,8	85,0	86,1	87,1	94,6	96,9
N	74	77	78	79	81	82	83	90	92
Δ für 1 N		1,1	1,1	1,1	1,1	1,1	1,0	1,1	1,1

Es ergaben sich Ordnungszahlen N, welche den für die radioaktiven Verschiebungsregeln angenommenen gleich sind.

Je weiter die Untersuchungen fortschritten, um so mehr trat die Ähnlichkeit der Spektren aller Elemente hervor. Zur Erläuterung dieser charakteristischen Eigenschaft der X-Spektren sind hier zwei Zeichnungen (Fig. 27 und 28) von Siegbahn (1917) wiedergegeben, die nebeneinander die K- und L-Spektren für die Elemente As, Se, Br, Rb, Sr, Nb, Rh sowie für Au, Tl, Pb, Bi enthalten.

---

[1]) Weitere Werte: 1,4735 (Siegbahn 1919), 1,4722 (Dershaw), 1,4731 (Overn), 1,4736 (Compton).

[2]) Jahrb. Radioakt. **13**, 325; 1916.

Besonders zu erwähnen sind einige Untersuchungen, die sich noch besonders mit der Festlegung der Ordnungszahlen von Th, Ur und den radioaktiven Substanzen, sowie der Elemente mit zweifelhafter Stellung Te — Jo und der seltenen Erden befassen. Für die Elemente Fe, Co, Ni ist schon nach den auch im vorigen Abschnitt angeführten Zahlen die Reihenfolge gesichert.

Mit den seltenen Erden wußte man bisher nicht viel anzufangen. Man kannte 14 Elemente. Eine Verteilung auf die Gruppen ist ausgeschlossen. Wohl aber besteht ein Unterschied, das ist die Löslichkeit der Oxalate. Stellt man diese als Funktion der Ordnungszahl dar[1]), so erhält man eine regelmäßige Kurve, die erkennen läßt, daß nur 2 Lücken bei 61 und 72 vorhanden sind. Siegbahn leitete (1916) aus den an reinsten (von Auer v. Welsbach hergestellten) Substanzen gefundenen Werten für die Linie $L\alpha_1$ folgende Werte für $\sqrt{\nu}$ ab.

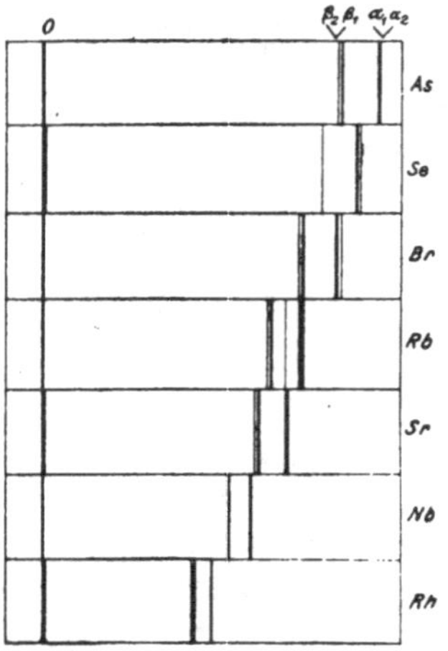

Fig. 27.

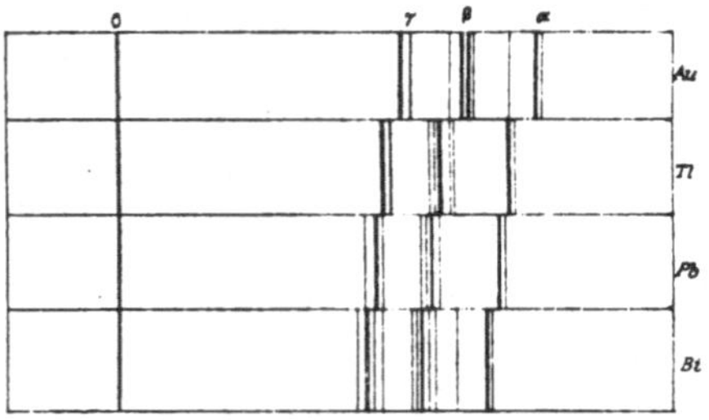

Fig. 28.

Element	Pr	Nd	Sm	Eu	Gd	Tb
N	59	60	62	63	64	65
$\lambda \cdot 10^8$	2,462	2,369	2,200	2,121	2,043	1,973
$\sqrt{\nu} \cdot 10^{-4}$	0,637	0,650	0,674	0,687	0,700	0,712

Element	Dy	Ho	Er	Tu I	Ad	Cp	Ta
N	66	67	68	69	70	71	73
$\lambda \cdot 10^8$	1,907	1,843	1,783	—	1,670	1,619	1,518
$\sqrt{\nu} \cdot 10^{-4}$	0,724	0,737	0,749	—	0,774	0,786	0,812

Die Differenzen der $\sqrt{\nu}$ betragen 0,012—13 für je ein N.

Für Jod und Tellur und die benachbarten Elemente ist (Linie K_{β_1}) $\sqrt{\nu}$:

Cd (48) 1,450, In (49) 1,485, Sn (50) 1,521, Sb (51) 1,551,
Te (52) 1,573, J (53) 1,606, Ba (56) 1,707.

---

[1]) Emma Bodländer (Dissert. Berlin 1915): Es lösen sich in 100 g $^1/_1$ n. Schwefelsäure bei 25° von La 0,273, Ce 0,183, Pr 0,135, Nd 0,117, Sm 0,087, Gd 0,102, Dp 0,140, Er 0,195, Yb 0,142 g (vgl. Fajans: Phys. ZS. 1915, 484).

Die radioaktiven Elemente werden ebenfalls zu homogener Strahlung erregt (Siegbahn 1916). Es entstehen $L(\alpha_1)$-Strahlen, die sich in die Reihe der übrigen Elemente einfügen. Es ist $\sqrt{\nu} = 0{,}950$ (Po); 0,995 (Ra); 1,022 (Th); 1,048 (U). Diese Zahlen sind in Übereinstimmung mit den Werten 84 und 88 der Ordnungszahlen für Po und Ra. Für RaB haben Rutherford und Andrade die von selbst entstehende L-Strahlung untersucht (vgl. **79.** und **83.**). Die Empfindlichkeit der Methode war so groß, daß eine Änderung der Ordnungszahl N um eine Einheit die Beugungswinkel der Strahlen um $^1/_2{}^0$ ändert. Für RaB ergeben sich die gleichen Linien wie für Pb. Außerdem waren Strahlungen des RaC_1 und RaC' vorhanden, die identisch mit denen von Bi und Po waren. Die von den Radioelementen von selbst ausgehenden γ-[1]) Strahlen gehören auch zur homogenen Strahlung.[2]) Man hat im wesentlichen bisher nur ihre Absorption genauer untersucht (siehe Tabelle bei **58.**). Es handelt sich wahrscheinlich um 3 Strahlungsgruppen (vgl. **84.** und F. W. Kohlrausch **118.**).

Van den Broek (1914/15) hat die Ordnungszahl N, welche den Isotopen zukommt, durch eine empirisch gefundene Regel kontrolliert. Es gilt:

$$\lg \text{nat} \frac{\lambda^2_{Th}}{\lambda_{Ra} \cdot \lambda_{Act}} = \frac{3}{2}(N - 82) .$$

Man kann, wenn der N-Wert des gesuchten Elementes und λ (Lebensdauer) von Radioelementen aus den anderen beiden Reihen eingesetzt wird, das λ des Elementes der dritten Reihe mit dem gleichen N berechnen.[3]) Es ergibt sich also (vgl. die Angaben S. 160/1):

Io 10^5 J (10^5) — RaTh einige Monate (64 T, 2 J, S. 160) — RaAct 19,5 T (19)
RaEm 3,86 T (3,4) — ThEm 53 sec (55) — ActEm 3,9 sec (3,5)
RaA 3 min (3) — ThA 0,14 sec (0,14) — ActA 0,002 sec (0,002)
RaC 45 T (43) — ThC 2,87 St (2,84) — ActC 2 min (2)

Wesentlich erweitert ist der Umfang der homogenen X-Strahlung durch die Auffindung der M-Strahlen, die Siegbahn wegen ihrer großen Absorption nur in einem Vakuumspektrographen erhielt. Es ist eine Gruppe von Linien, bei denen wieder $\sqrt{\nu}$ linear von der Ordnungszahl abhängt. Sie entstanden nur bei den schwersten Metallen. Der Gang von ν bestätigt wieder den Wert der N, so z. B.:

$\lambda \cdot 10^8$	U	Th	Bi	Pb	Tl	Au	$\sqrt{\nu}$	U	Th	Bi	Pb	Tl	Au
M_α	3,905	4,139	5,117	5,303	5,479	5,838	M_α	506	492	442	434	427	414
M_β	3,715	3,941	4,903	5,095	5,256	5,623	M_β	519	504	452	443	436	422

Aus den neuesten Beobachtungen von Stenström (1918) läßt sich die Gültigkeit der Moseleyschen Beziehung von $\sqrt{\nu}$ zur Ordnungszahl für die M-Strahlen noch genauer ableiten:

---

[1]) Die Wellenlängen der RaB-Strahlen, die zum Teil zu den H-, zum Teil zu den K-Strahlen gehören, sind nach Siegbahn (1916) folgende: **0,072**, **0,099**, 0,116, 0,137, 0,159, **0,169**, 0,196, 0,242, 0,262, 0,296, 0,324, 0,393, $0{,}428 \cdot 10^{-8}$ cm. Die RaC-Strahlen müssen noch viel kleiner sein (siehe **118.**, S. 242).

[2]) Sie haben eine konstante Absorption μ (Rutherford und Richardson 1914, siehe Tabelle bei **58.** und **84.**). Über die Vorgänge bei diesen Strahlen siehe **124.**, die Erklärung nach Epstein siehe **133.**

[3]) Die berechneten λ stehen neben den beobachteten in Klammer.

Element	·U	·Th	·Bi	·Pb	·Tl	·Au	·Pt	·Ir
N	92	90	83	82	81	79	78	77
$\lambda \cdot 10^8$ für α_1	3,919	4,131	5,125	5,302	5,471	5,847	6,058	6,276
„ „ β_1	3,721	3,934	4,917	5,088	5,249	5,628	5,841	6,059
$10^{-4} \cdot \sqrt{\nu}\,(\alpha_1)$	5,052	4,920	4,417	4,343	4,275	4,136	4,063	3,992
Δ		66	72	74	68	70	73	71
$10^{-4} \cdot \sqrt{\nu}\,(\beta_1)$	5,184	5,042	4,510	4,433	4,365	4,215	4,138	4,063
Δ		71	76	77	68	75	77	75

Element	·Os	·W	·Ta	·Cp	·Ad	·Er	·Ho	·Dy
N	76	74	73	71	70	68	67	66
$\lambda \cdot 10^8$ für α_1	6,508	7,007	7,272	7,856	8,162	8,813	9,168	9,556
„ „ β_1	6,281	6,778	7,046	7,625	7,934	8,603	8,973	9,358
$10^{-4} \cdot \sqrt{\nu}\,(\alpha_1)$	3,920	3,778	3,708	3,568	3,500	3,368	3,303	3,235
Δ	72	71	70	70	68	66	65	68
$10^{-4} \cdot \sqrt{\nu}\,(\beta_1)$	3,990	3,841	3,767	3,621	3,550	3,409	3,338	3,269
Δ	73	75	74	73	71	71	71	69

Das gleiche gilt für die $M\gamma$-Linie, die für 7 Elemente bekannt ist. Die M-Linien sind sehr diffus und bestehen wahrscheinlich aus mehreren Komponenten. Die Moseleysche Beziehung wird für diese noch genauer zutreffen. Als M-Strahlung des Wasserstoffs ist die von Paschen entdeckte Serie anzusehen (Millikan 1917, siehe oben S. 245).

Cabrera hat für die M-Strahlung (1915) eine der Moseleyschen ähnliche Gleichung gefunden: $\nu = 1{,}39 \cdot 10^{14}\,(N - 21{,}8)^2$. Er gibt folgende Werte an[1]):

Substanz (N)	Pd (46)	Ce (58)	Eu (63)	Ta (73)	Pt (78)	Au (79)	RaB (82)
$\nu \cdot 10^{-15}$ beob. (ber.)	82 (81)	182 (189)	236 (245)	365 (364)	440 (438)	455 (452)	505 (501)

Duane fand mit einigen Mitarbeitern in letzter Zeit eine Reihe wichtiger Beziehungen der Ordnungszahl eines Elementes zu der Lage der Grenzstrahlung und der Energie der Elektronen, die bei verschieden starker Erregung der charakteristischen Strahlung beobachtet werden. Elemente mit höherem N-Wert wirken unter gleichen Umständen (gleichem Erregungspotential V) stärker ionisierend[2]); die Energie ihrer Elektronen[3]) ist also größer. Hierfür einige Zahlen, die den Zusammenhang von dem Ionisationsstrom (in relativem Maß) mit V erkennen lassen:

V in Volt	Fe (26)	Co (27)	Ni (28)	Cu (29)
19140	110	114	120	124
21430	336	344	375	386
24120	492	502	532	544
27300	732	762	790	812
30100	981	1021	1061	1088
32400	1210	1251	1275	1327

Auch hier sieht man wieder, daß Co die kleinere Ordnungszahl haben muß als Ni. Ulrey (1918) hat ähnliche Beziehungen der Gesamtstrahlung (S) und der Intensität (M) sowie der Lage des Strahlungsmaximums mit der Ordnungszahl nachgewiesen.

1) ν für M_α ber. aus $L_\gamma - L_\alpha$ gemäß Kosselscher Regel.

2) Aus der Kombination der Einsteinschen Gleichung $eV = h\nu$ (V = Grenzpotential) und der Moseleyschen Gleichung nach der ν proportional N^2, folgt $V_1/V_2 = N_1^2/N_2^2$. Das stimmt z. B. für Mo (V = 19,2 Kilovolt, N = 42) und Pd (V = 24, N = 46); siehe Wooten (Phys. Review **13**, 71; 1919).

3) $\frac{1}{2} m v^2$, v die Geschwindigkeit der Elektronen; es ist v eine einfache lineare Funktion von N. $v = v_0\,(N - 1{,}5)$; für v gilt außerdem die Einsteinsche Gleichung.

Element	Pb	Wo	Pd	Mo	Ni	Cr
N	78	74	46	42	28	24
S	100	90	60	54	46	35
M	100	90	59	50	44	34

Durch Wagner und de Broglie (1916) sind die Moseleyschen Regeln auch auf die Absorptionslinien ausgedehnt worden, die entstehen, wenn eine weiße (diffuse, Brems-) X-Strahlung einer Wo-Röhre von anderen Elementen absorbiert wird. Die Randkanten[1]) der Absorptionsstreifen, die den K- und L-Linien entsprechen, haben eine Lage, die charakteristisch ist für die Elemente. Stets folgen sich die Elemente, also auch Te und J wie die Ordnungszahlen. Wagners Ergebnisse für die K-Grenze sind folgende ($N_0 = 109800$):

Element	·Fe	·Ni	·Cu	·Br	·Pd	·Ag	·Cd	·Sn
$\lambda \cdot 10^8$	1,759	1,502	1,386	0,926	0,513	0,490	0,468	0,425
$3{,}5 + \sqrt{\nu/N_0}$	26,3	28,2	29,2	34,9	45,7	46,7	47,7	49,8
N	26	28	29	35	46	47	48	50

Element	·Sb	·**Te**	·**J**	·Ba	·Ce	·Nd	·Ho
$\lambda \cdot 10^8$	0,405	0,383	0,369	0,331	0,298	0,282	0,227
$3{,}5 + \sqrt{\nu/N_0}$	51,0	52,3	53,4	56,0	58,9	60,4	66,9
N	51	52	53	56	58	60	67

Es gilt also eine der Moseleyschen Gleichung entsprechende über einen großen Bereich des periodischen Systems: Es ist $\sqrt{\nu/N_0} = N - 3{,}5$ (wir haben wieder mit einer „abgeschirmten" Ordnungszahl zu rechnen).

Außer diesen Messungen seien hier diejenigen von de Broglie (1916, korrigiert), Blake und Duane (1917) und von Siegbahn und Jönsson (1919) angeführt. (Angaben der λ in 10^{-8} cm.)

Element	N	Broglie	Blake	Siegbahn	Element	N	Broglie	Blake	Siegbahn
Br*)	35	0,917	0,9179	—	Ba	56	0,327	0,3307	0,3306
Rb	37	0,812	0,8143	—	La	57	0,313	0,3188	0,3186
Sr	38	0,767	0,7696	—	Ce	58	0,300	0,3073	0,3064
Y	39	—	0,7255	—	Pr	59	—	—	0,2946
Zr	40	0,684	0,6872	—	Nd	60	—	—	0,2835
Nb	41	0,648	0,6503	—	Sm	62	—	—	9,2636
Mo	42	0,614	0,6180	—	Eu	63	—	—	0,2543
Ru	44	—	0,5584	—	Gd	64	—	—	0,2456
Rh**)	45	—	0,5324	—	Dy	66	—	—	0,2294
Pd	46	0,505	0,5075	—	Ho	67[2])	—	—	0,2214
Ag*)	47	0,482	0,4850	—	Pt	78	0,152	—	0,1578
Cd	48	0,460	0,4632	0,4628	Au	79	0,149	—	0,1524
In	49	—	0,4434	—	Hg	80	0,146	—	0,1479
Sn	50	0,421	0,4242	0,4231	Tl	81	0,142	—	0,1427
Sb	51	0,401	0,4065	—	Pb	82	0,138	—	0,1385
Te	52	0,385	0,3896	0,3877	Bi	83	0,133	—	0,1346
J**)	53	0,369	0,3727	0,3715	Th	90	(0,100)	—	0,1127
Cs	55	—	0,3444	0,3436	U	92	—	—	**0,1048**

*) Dershaw (1918) 0,9159 und 0,4832. **) Duane und Hu (1918) 0,5330 und 0,3737.

[1]) Die Bandkante ist in Absorptionsstreifen auflösbar (Stenström 1919).

[2]) Tu (69): 0,208; Yb (70): $0{,}201_5$; Lu (71): 0,195 nach de Broglie (1920).

Die Uran-Strahlung von 0,1 Angström-Einheiten ist die kleinste bisher unmittelbar gemessene Wellenlänge. Die Übereinstimmung der nach verschiedenen Methoden[1]) gewonnenen Zahlen ist recht gut.

Wie bei den Emissionsspektren unterscheiden sich die Werte von $\sqrt{\nu} = \sqrt{1/\lambda}$ für aufeinanderfolgende, um eine Einheit steigende Ordnungszahlen um eine Konstante $\Delta = 0{,}057$.

Element	Br	Zr	Mo	Pd	Cd	Sn	Sb	J	Ba	Ce
N	35	40	42	46	48	50	51	53	56	58
$\sqrt{\nu}$	1,808	2,090	2,204	2,432	2,546	2,660	2,717	2,838	3,012	3,127
Δ	56	57	57	57	57	57	60	58	57	

Die Moseleysche Beziehung[2]) $\sqrt{\nu_0 N_0} = N - 3{,}5$ ist mit einer Genauigkeit von mindestens $^1/_2\,^0/_0$ erfüllt; die Abweichungen von der geraden Linie bei der Darstellung von $\sqrt{\nu}$ als Funktion von N sind viel kleiner, als bei den Emissionslinien; sie werden erst merklich für die Schwermetalle (Duane und Shimizu, 1919).

Nach Versuchen von de Broglie, Duane und Shimizu ist eine der Bandkanten der Gruppe der 4 K-Linien der Emission zugeordnet. Die L-Linien der Emission hat man in 3 Reihen zu zerlegen, jede Reihe ist einer Absorptionskante zugeordnet.[3]) Die K-Grenze fällt nicht genau mit der Linie K_γ zusammen (Duane und Hu für Rh; Grenze 0,5330, $K_\gamma = 0{,}5342$).

Für Isotopen findet man die gleichen Grenzen. Duane (mit Shimizu 1919) hat die Strahlung einer Coolidge-Röhre mit Molybdänantikathode bei 50000 Volt an einem Calcitkristall reflektieren und dann in gewöhnlichem Blei und Radioblei absorbieren lassen. Für die 3 L-Grenzen fanden sich folgende Werte der Welle ($\lambda \cdot 10^8$ cm):

Pb (At.-Gew. = 207,20):	0,9485	0,8128	0,7806
RaPb (At.-Gew. = 206,08):	0,9489	0,8129	0,7810

120. Die Ordnungszahlen der Elemente, abgeleitet aus den Beziehungen der verschiedenen Gruppen von homogenen X-Strahlen zueinander (Sommerfeld 1916).

Die K-Gruppe umfaßt 4 starke Linien, die L-Gruppe mindestens 13 Linien (Wo: 19 Linien), die in 4 Gruppen zerfallen; von der M-Gruppe sind bisher 5 Linien bekannt. Zu den 4 K-Linien lassen sich entsprechende

---

[1]) Änderung des Ionisationsstromes beim Durchgang der Strahlung durch die Lösung des betreffenden Elementes und direkte Aufnahme des Absorptionsspektrums.

[2]) Nach Duane und Shimizu (1919) ist auch die Einsteinsche Gleichung für das Grenzpotential (siehe **42.**, S. 81) für die angegebenen λ bzw. ν aller Elemente erfüllt. Es ist $h\nu = {}^1/_2\, m v^2 / \sqrt{1 - v^2/c^2}$. v ist die Elektronengeschwindigkeit zur Erregung der X-Strahlen. Auch für jede der Bandkanten ist die Gleichung $eV = h\nu$ erfüllt. — Eine Zusammenstellung dieser Untersuchungen, die zur genauen Bestimmung von h (vgl. **136.**) führen, gibt Wagner (Jahrb. Radioakt. **16**, 190; 1919).

[3]) Über diese Beziehungen siehe S. 253. Alle Linien einer Gruppe erscheinen zu gleicher Zeit bei einem Potenial; die Zugehörigkeit einer Linie zur Gruppe ist dadurch gesichert.

Linien in der L- und M-Strahlung feststellen. Aus dem Energieverhältnis der Strahlung, die quantenhaft erfolgt, läßt sich ableiten (Wagner), daß $K_A/L_A = L_A/M_A = M_A/N_A$. Ist die Frequenz ν einer Linie der K-Serie $1{,}7 \cdot 10^8$, so ist für die zugehörige Linie der L-Serie $\nu = 0{,}22 \cdot 10^8$, für die M-Serie $0{,}03 \cdot 10^8$, für die N-Serie $0{,}004 \cdot 10^8$. Die N-Serie ist noch unbekannt. Setzt man die Reihen fort, so käme man zu einer O-Serie von einer Wellenlänge von 160 $\mu\mu$, also schon in den Bereich der bekannten ultravioletten Strahlung. Zwischen den Frequenzen bestehen (nach Kossel, 1914)[1]) noch weitere einfache Beziehungen:

$$K_A = K_\alpha + L_{A_1} \qquad K_\beta = K_\alpha + L_\alpha \qquad K_\gamma = K_\alpha + L_\gamma.$$

Wagner prüfte diese Gleichungen an Pd-Linien:

	K	L
α	1,708	0,2280
β	1,912	0,2399
γ	1,950	0,2546
A_1	1,950	0,2611

K_A (1,950) = 1,708 + 0,261 = 1,969
K_β (1,912) = 1,708 + 0,228 = 1,936
K_γ (1,950) = 1,708 + 0,255 = 1,963

Eine weitere Prüfung der Kosselschen Gleichungen[2]) hat Friman durchgeführt (Angaben in Wellenzahlen ν):

Strahler	K_{β_1}	$K_{\alpha_2}+L_{\alpha_1}$	$K_{\alpha_1}+L_{\alpha_2}$	K_{β_2}	$K_{\alpha_2}+L_{\beta_2}$	$K_{\alpha_1}+L_{\beta_1}$
Ag	1,996	2,003	2,019	2,038	2,032	2,033
In	2,208	2,208	2,226	(2,273)	2,242	2,243
Sb	2,404	2,410	2,427	2,451	2,450	2,447

Man sieht, daß die Kosselschen Gleichungen nur Näherungen sind und auch nur sein können[3]). Sicherer scheinen die von Duane (und Shimizu) gefundenen ähnlichen Beziehungen der 4 verschiedenen Bandkanten, die bei der Absorption erscheinen, zu den Emissionslinien zu sein. Als Beispiel seien die ν-Werte der Wo-Strahlung angegeben:

Absorption			Emission
K-Bande $\nu = 1{,}680$			
L_1- ,, $\nu_1 = 0{,}2438$		$\nu - \nu_1 = 1{,}436$	$K\alpha_1 = 1{,}436$
L_2- ,, $\nu_2 = 0{,}2773$		$\nu - \nu_2 = 1{,}403$	$\alpha_2 = 1{,}405$
L_3- ,, $\nu_3 = 0{,}2922$		$\nu - \nu_3 = 1{,}388$	$\alpha_3 = 1{,}40?$

[1]) Nach Millikan (Phys. Review **9**, 378; 1917) gelten die Kosselschen Gleichungen für das ultraviolette Spektrum.

[2]) Sommerfeld (Phys. ZS. **19**, 298; 1918) zeigt, daß diese Gleichungen wegen der Abschirmungswirkung der verschiedenen Ringe gegeneinander und der relativistischen Bewegungen der einzelnen strahlenden Elektronen nur in erster Annäherung gelten können.

Die von Duane gefundenen Beziehungen zwischen Emissionslinie und Absorptionsgrenze lassen sich erweitern und geben eine einfache Erklärung dafür, daß die Kosselsche Regel versagt. (Kossel: ZS. Physik. **1**, 119; 1920). Stenström hat vor kurzem in der Absorptionsgrenze eine Reihe von Absorptionslinien aufgefunden. Der Abstand zweier dieser Linien ist gleich der Abweichung Δ ($\Delta = K_\beta - K_\alpha - L_\alpha$; gemessen in Frequenzen).

[3]) Vegard sowie Smekal haben gezeigt (Phys. ZS. **20**, 121; 1919; Vhdl. Phys. Ges. **21**, 149; 1919), daß die Abweichungen mit der Ordnungszahl der Elemente stark zunehmen. Sie sind mit den bisherigen Annahmen über die Verteilung der Elektronen auf die verschiedenen Ringe (siehe **125.**) nicht vereinbar.

Zuverlässiger sind die Ableitungen über die Abstände der Linien in den verschiedenen Gruppen. Kossel (1916) berechnet aus den Bestimmungen von Moseley (1913) und Malmer (1915) folgende Beziehungen für die Frequenzunterschiede:

$\Delta\nu \cdot 10^{-6}$ von	$K_\beta - K_\alpha$	8,4 (Mo)	12 (Pd)	18 (Sb)	28 (La)	39 (Ce)	45 (Nd)
Doppellinien:	$L_\beta - L_\alpha$	8,4	12	19	31	34	40

Wie man aus den Beobachtungen von Friman (1916) ohne weiteres entnehmen kann, sind die Differenzen $\Delta\lambda$ der Wellen λ (Einheit $\lambda \cdot 10^{12}$ cm) für zusammengehörige Linien[1]) der L-Serie gleich und unabhängig von dem chemischen Element. Wir haben für $\Delta\lambda$ folgende Werte:

Element	U	Th	Bi	Pb	Tl	Hg	Au	Pt	Ir	Os	W	Ta	Cp
Ordnungszahl	92	90	83	82	81	80	79	78	77	76	74	73	71
für I	202	203	203	203	203	202	203	203	206	204	203	205	208
II	141	143	144	141	142	146	143	143	144	146	146	146	144
III	38	39	40	40	38	—	43	44	38	38	38	39	38

Element	Ad	Er	Ho	Dy	Tb	Gd	Eu	Sm	Nd	Pr	Ce	La	Ba
Ordnungszahl	70	68	67	66	65	64	63	62	60	59	58	57	56
für I	207	208	208	207	208	210	213	210	212	213	214	213	217
II	147	147	153	152	151	147	148	159	161	162	160	161	162
III	39	39	37	38	39	40	35	—	39	—	42	39	38

Element	Cs	J	Te	Sb	Sn	In	Cd	Ag	Pd	Rh	Ru	Mo	Nb
Ordnungszahl	55	53	52	51	50	49	48	47	46	45	44	42	41
für I	215	221	225	221	223	224	226	227	232	—	223	235	238
II	164	167	169	172	173	175	183	183	183	—	—	—	—
III	39	38	37	35	37	—	37	37	41	—	—	—	—

Die Frequenzen der Doppellinien sind also unabhängig von der chemischen Gruppe, zu der sie gehören. Die gleichen Verhältnisse gelten auch für die gewöhnlichen Spektrallinien. Extrapoliert man auf den Wasserstoff, so erhält man den richtigen Abstand $\Delta\nu_H$. Sommerfeld (1916) leitet aus den Formeln S. 256 hierfür die einfache Gleichung[2]) ab: $\Delta\nu = \Delta\nu_H (N - l)^4$. l ist genau 3,5; $\Delta\nu_H = 0{,}363$ (nach Beobachtungen im sichtbaren Gebiet; die Gleichung ist erfüllt, wenn man die bekannten Werte der K-Linien und von N benutzt, wie das folgende zeigt: (Die Konstanz der $\Delta\nu_H$ ist nach den Berechnungen von Wagner (1917) eine überraschend gute, trotzdem sich $\Delta\nu$ im K-Dublett von $8 \cdot 10^4$ bis $3 \cdot 10^7$ ändert.)

N	$\Delta\nu$	$\Delta\nu_H$	N	$\Delta\nu$	$\Delta\nu_H$	N	$\Delta\nu$	$\Delta\nu$
24	$0{,}77 \cdot 10^5$	0,43	50	$1{,}83 \cdot 10^6$	0,39	76	$1{,}22 \cdot 10^7$	0,44
29	1,68	0,40	55	2,76	0,39	78	1,37	0,45
30	1,54	0,39	60	4,08	0,40	80	1,47	0,45
35	4,64	0,47	63	5,21	0,42	82	1,74	0,46
40	8,00	0,45	68	7,31	0,42	83	1,85	0,46
45	$1{,}05 \cdot 10^6$	0,35	71	8,98	0,43	90	2,74	0,49
47	1,57	0,44	73	$1{,}01 \cdot 10^7$	0,44	92	3,05	0,50

[1]) I: $\alpha_2 - \beta_1$ ($\alpha' - \beta$ bezeichnet nach Sommerfeld), II: $\beta_2 - \gamma_1$ ($\gamma - \delta$), III: $\beta_4 - \beta_2$ ($\nu - \gamma$).

[2]) Die genaue Formel (unter Berücksichtigung des relativen Einflusses der Elektronenbewegung lautet (S. 256)

$$\Delta\nu = \Delta\nu_H (N - 3{,}5)^4 \cdot \left\{1 + \frac{5}{2}\alpha^2 \frac{(N-3{,}5)^2}{2^2} + \frac{53}{8}\frac{(N-3{,}5)^4}{2^4}\right\}.$$

Eine weitere Bestätigung gibt de Broglie (1919) für die *K*-Linien des *Rh* ($N = 45$) und Siegbahn (1919) für die *K*-Linien des *Cu* ($N = 29$). Die Differenz $\Delta\nu$ für die α_2 gegen die α_1-Linie beträgt $1{,}16 \cdot 10^6$. Es wird daher

$$\Delta\nu_H = \frac{1{,}16 \cdot 10^6}{N - 3{,}5)^4 (1 + \varepsilon)} = 0{,}369 \text{ für } \varepsilon = 0{,}057; \text{ für Cu } (\varepsilon = 0{,}023) = 0{,}370.$$

ε bedeutet das relativistische Korrektionsglied von Sommerfeld (siehe Anmerkung 1, S. 256).

Unter den 9 *L*-Linien der einen Gruppe sind 4 Doppellinien vorhanden (unterschieden durch die Bezeichnung α_1, α_2, β_1, β_2, β_4, β_5, γ_1, γ_2). Zwischen diesen bestehen die Beziehungen:

$$\nu_{\beta_1} + \nu_{\beta_2} = \nu_{\alpha_2} + \nu_{\gamma_1}, \quad \text{sowie} \quad \nu_{\beta_4} + \nu_{\beta_5} = \nu_{\alpha_1} + \nu_{\gamma_2}.$$

Diese Summen der Frequenzen ändern sich sehr stark mit der Ordnungszahl. Sommerfeld[1]) gibt z. B. folgende Werte:

	U	Th	Bi	Pb	Tl	Hg	Au	Pt
$\nu_{\beta_1} + \nu_{\beta_2}$	2,712	2,560	2,101	2,035	1,982	1,913	1,864	1,801
$\nu_{\alpha_2} + \nu_{\gamma_1}$	2,711	2,561	2,101	2,030	1,980	1,915	1,864	1,799

	Ir	Os	W	Ta	Cp	Ad	Er
$\nu_{\beta_1} + \nu_{\beta_2}$	1,750	1,695	1,586	1,535	1,435	1,386	1,291
$\nu_{\alpha_2} + \nu_{\gamma_1}$	1,747	1,696	1,590	1,534	1,432	1,383	1,289

Aus diesen Zahlen erkennt man, wie genau die ν bestimmt sind. Die Ordnungszahlen sind durch sie — auch für so schwierig herzustellende Substanzen, wie die seltenen Erden — eindeutig bestimmt. Eine weitere Eigenschaft dieser 4 Doppellinien ist die, daß ihr Abstand (bestimmt durch die Differenz der ν; $\Delta\nu$) gleich ist, und daß dieser Abstand sich regelmäßig mit der Ordnungszahl N[2]) ändert. Die Werte $\Delta\nu/N_0$[3]) sind folgende[4]):

U	92	278,4	276,5	Ir	77	119,7	117,2	Nd	60	37,3	38,5
		270,3				119,7		Pr	59	34,8	35,6
Th	90	249,4	250,1	Os	76	111,4	111,7	Ce	58	32,2	32,1
Bi	83	169,0	167,9	W	74	97,7	98,0	La	57	29,5	29,6
		168,7	166,3	Ta	73	92,5	91,0	Ba	56	27,6	27,3
Pb	82	158,8	155,4	Cp	71	81,9	78,4	Cs	55	25,2	25,3
		159,3		Ad	70	76,2	79,5	I	53	21,8	21,4
Tl	81	151,4	149,1	Er	68	66,7	64,7	Te	52	20,2	19,7
		152,9	147,1	Ho	67	62,2	62,8	Sb	51	18,2	18,2
Hg	80	140,4	142,4	Dy	66	57.6	58,1	Sn	50	16,7	16,6
Au	79	133,6	132,8	Tb	65	53,9	53,5	In	49	15,2	15,1
		135,9	134,4	Gd	64	50,6	48,2	Cd	48	13,9	14,3
Pt	78	124,9	123,6	Eu	63	47,5	44,8	Ag	47	12,7	12,8
		125,9	126,7	Sm	62	43,3	44,6	Pd	46	11,7	11,5

Sommerfeld hat diese Regelmäßigkeiten theoretisch abgeleitet vom Standpunkt der Bohrschen Anschauungen über das Entstehen der Strah-

[1]) Ann. Phys. **51**, 133; 1916.
[2]) *Z* bei Sommerfeld.
[3]) N_0 = Rydbergsche Zahl.
[4]) Bei einer großen Reihe von Elementen sind nur 2 Doppellinien bekannt.

lung (siehe **130.**). Es ergibt sich zugleich, daß, wie schon Malmer betonte, die Moseleysche Gleichung nur eine Näherung ist. In der Gleichung müssen die Schwingungen noch mit einem Korrektionsfaktor[1]) multipliziert werden, der der scheinbaren Massenänderung Rechnung srägt, die das strahlende Elektron bei seiner Bewegung erfährt (siehe **35.**). Diese Massenänderungen treten auf, weil die Bahnen der Elektronen keine Kreise, sondern im allgemeinen Ellipsen sind und sich daher das Elektron dem Kern mehr oder weniger nähert, sobald das Elektron eine Geschwindigkeit hat, die der Lichtgeschwindigkeit nahe kommt.

Die Moseleyschen Gleichungen kann man schreiben:

$$\nu_K = \frac{N_0}{1^2}(Z-1)^2 - \frac{N_0}{2^2}(Z-1)^2,$$

also als Differenz von 2 Ritzschen Termen (siehe **114.**), und entsprechend besteht auch die Schwingung ν_L aus 2 Gliedern; ebenso jede andere Spektralschwingung, wie es aus dem sichtbaren Gebiete schon bekannt ist. Allgemein ist bei Zerlegung in 2 Glieder zu setzen:

für $K_\alpha \div \nu = K - L$; für $K_{\alpha'} \div \nu = K - L'$; für $K_\beta \div \nu = K - M$,

für $L_\alpha \div \nu = L - M$; für $L_\beta \div \nu = L' - M$.

$$K = N_0 \frac{(Z-k)^2}{a^2} \qquad L = N_0 \frac{(Z-l)^2}{b^2} \cdot \qquad M = N_0 \frac{(Z-m)^2}{c^2}.$$

Z die Ordnungszahl oder Zahl der wirksamen Elektronen. k, l, m; a, b, c ganze Zahlen. Das Korrektionsglied[1]) hängt von der Größe α^2 ab. α ergibt sich nach der Planck-Bohrschen Annahme, daß bei jeder Strahlung das Energiequantum $h\nu$ vom Elektron ausgesandt wird, zu $2\pi e^2/ch$ (c Lichtgeschwindigkeit, e Ladung des Elektrons). Nach Einsetzung der Werte wird $\alpha^2 = 5{,}30 \cdot 10^{-5}$. Die genauere Formel für $\Delta\nu/N_0$ lautet:

$$\frac{\Delta\nu}{N_0} = \alpha^2 \frac{(Z-l)^4}{b^4}\left\{1 + \frac{5}{2}\alpha^2 \frac{(Z-l)^2}{b^2} + \frac{53}{8}\alpha^4 \frac{(Z-l)^4}{b^4}\right\}.$$

Mit einigen Vereinfachungen kann man aus den verbesserten Werten:

$$K = N_0 \frac{(Z-k)^2}{1^2}\left\{1 + \frac{\alpha^2}{4}\frac{(Z-k)^2}{1^2}\right\}$$
$$L = N_0 \frac{(Z-l)^2}{2^2}\left\{1 + \frac{\alpha^2}{4}\frac{(Z-l)^2}{2^2}\right\} \qquad L' = N_0 \frac{(Z-l)^2}{2^2}\left\{1 + \frac{5}{4}\alpha^2 \frac{(Z-l)^2}{2^2}\right\}.$$

---

[1]) Relativitätsglied α genannt (vgl. **103.**, **114.**, Ishiwara). α ist nach Allen (Proc. Phys. Soc. **27**, 425; 1915) $= {}^1/_{16}\,\pi^2 \cdot \sqrt[3]{15/\pi^2}$; ferner ist e (die Ladung des Elektrons) $= 9\alpha^2 \cdot 10^{-6}$; $e/m = \alpha^2 \cdot 10^{22}$ (vgl. **136.**). Die Sommerfeldschen Ableitungen für die Feinstruktur der Spektrallinien werden durch diese Größe α charakterisiert. Sie beruht auf dem Begriff der scheinbaren Masse (siehe **35.**). Dieser Begriff selbst wurzelt in der von Einstein aufgestellten **Relativitätstheorie**. Die Beobachtungen am Atom geben somit dieser Theorie ihre physikalische Stütze. Die Beobachtungen im Weltenraum (Mercurperihel, Ablenkung der Sternstrahlung durch die Sonne) sichern sie astronomisch. Die alte (Newtonsche) Anschauung versagt auf beiden Gebieten. Die Feinstruktur der Linien (der Abstand der Doppellinien) berechnet sich um $^1/_5$ zu klein (vgl. Sommerfeld: Atombau, S. 198, 320, 336, 370 und besonders 376).

$\Delta\nu = K_\alpha - K_{\alpha'} = L_\beta - L_\alpha = L' - L = N_0\, \alpha^2 (Z - l)^4/2^4$ ableiten also für jedes Element gleich einer Konstanten, wie es zuerst Kossel fand.

Diese einfache Beziehung ist, wenn auch ungenauer für den Abstand $\Delta\nu$ (in Frequenzen) von 2 Randkanten (L_1 und L_2) in der Absorption vorhanden (de Broglie 1919). Die Beobachtungen von Wagner und Duane sind in diese Angaben einbezogen.

Element	W	Pt	Au	Fl	Pb	Bi	Ra
λL_1	1,217	1,069	1,038	0,979	0,945	0,921	0,802
	1,230	1,072	1,042	—	0,949	—	—
λL_2	1,083	0,930	0,898	0,840	0,811	0,786	0,670
	1,080	0,934	0,914	—	0,813	—	—
$\Delta\nu$ beob	102	139	151	163	175	186	245
	113	138	134		176		
ber	105	134	142	159	168	178	234

Auch im M-Spektrum gelten die Regeln für die Abstände von Doppellinien und zwar gleicherweise für Absorption (Beobachtungen von Stenström 1919) und für Emission. Sommerfeld zeigt (ZS. Physik. **1**, 135; 1920), daß die Frequenzunterschiede $\Delta\nu$ für mehrere Gruppen ($M_\beta - M_{\alpha'}$; und $G_2 - G_1$; G: Absorptionsgrenze) gleich sind. Er findet:

für Th	$M_\beta - M_\alpha = 133{,}5$;	$M_\beta - M_{\alpha'} = 143{,}3$,	$G_2 - G_1 = 142$
Ur	120,6	128,8	128

Für **Wasserstoff** ist $Z = 1$ und $l = 0$; also $\Delta\nu = N_0\, \alpha^2/16 = 0{,}363$. Der Versuch ergab 0,32 (Michelson für H_α) und 0,31 (Fabry, Buisson), umgerechnet auf die zusammengehörigen Linien[1]) 0,35 und 0,32[2]). Es erscheinen demgemäß die K- und L-Spektren als vergrößerte H-Spektren, soweit sie aus einfachen Termen, in denen keine peripheren Elektronen störend wirken, zusammengesetzt sind.

Durch Umformung erhält man aus den obigen Formeln:

$$\frac{(Z-l)^2}{b^2} = \left\{\frac{1}{\alpha}\sqrt{\frac{\Delta\nu}{N_0}} - \frac{5}{4}\,\frac{\Delta\nu}{N_0}\right\}\left(1 + \frac{19}{32}\,\alpha^2\,\frac{\Delta\nu}{N_0}\right) \text{ und } \frac{L}{N_0} = \frac{(Z-l)^2}{b^2} + \frac{1}{4}\,\frac{\Delta\nu}{N_0}.$$

[1]) Vermehrt um $^8/_{81}$ (Sommerfeld: Ann. Phys. **51**, 76; 1916).

[2]) Paschen (Ann. Phys. **50**, 901) berechnet aus seinen Messungen an Helium $\Delta\nu = 0{,}3645$. Meissner findet 0,29. Ishiwara (1915; siehe **130.**, S. 294, Anm. 1) findet Übereinstimmung seiner Theorie mit den Werten von Erochin (1914). — Nagaoka (Lond. Phys. Soc. 1917) hat auch die Feinstruktur der Spektra des Cd und Hg in enge Beziehung zu diesen Theorien bringen können. In Wellenlängen ergibt sich der Abstand zu 0,132 AE. für die H_α-Dubletts; Nicholson fand 0,14; Fabry-Buisson 0,132; Erochin 0,137; Ishiwara 0,136; Meissner 0,124; Merton für H_α und H_β (Proc. Roy. Soc. **93**, 27; 1917, und Phil. Transact. **217**, 237; 1918) 0,132 und 0,033 (vgl. Epstein, Naturwiss. **6**, 237; 1918). Eine strengere Ableitung dieser Beziehungen unter Benutzung der Schwarzschildschen Grundgleichungen über bedingte periodische Bewegungen nach Art des Ellipsenvereines (siehe **133.**) hat Debye (Nachr. Akad. Göttingen 1916, 161) gegeben. Ishiwara (Proc. Math. Phys. Soc. Tokyo **8**, 540; 1916) gelangt zu den experimentell bestimmten Abständen der H-Doppellinien ($H_\alpha = 0{,}316$, $H_\beta = 0{,}352$, $H_\gamma = 0{,}360$) unter Annahme eines ganz anderen Atommodells, wie Sommerfeld. Sein Modell besteht aus einem sehr kleinen +- und einem größeren —-Elektron. Das durch den Umlauf des +-Elektrons um den Kern erzeugte magnetische Moment wirkt auf das in großer Entfernung den Kern umkreisende —-Elektron, wie ein äußeres magnetisches Feld. Es tritt dann, wie beim Zeemanschen Phänomen Aufspaltung der Linien ein.

Man kann aus den $\Delta\nu/N_0$ (S. 255) nach diesen Gleichungen erst $(Z-l)/b$ und dann L/N_0 berechnen. Es ergibt sich folgende Reihe:

Element	U	Th	Bi	Pb	Tl	Hg	Au	Pt	Ir	Os	W	Ta
$(Z-l)/b$	44,3	43,3	39,2	39,2	38,8	38,3	37,8	37,2	36,8	36,3	35,2	34,7
L/N_0	2014	1924	1619	1570	1540	1494	1458	1410	1379	1341	1261	1224

Element	Cp	Ad	Er	Ho	Dy	Tb	Gd	Eu	Sm	Nd	Pr	Ce
$(Z-l)/b$	33,7	33,2	32,2	31,8	31,2	30,7	30,1	29,7	29,3	28,3	27,8	27,2
L/N_0	1151	1120	1048	1024	987	953	915	889	867	807	780	747

Element	La	Ba	Cs	I	Te	Sb	Sn	In	Cd	Ag	Pd
$(Z-l)/b$	26,7	26,2	25,7	24,7	24,3	23,7	23,2	22,7	22,3	21,8	21,3
L/N_0	718	693	666	616	594	568	544	521	502	478	456

Die aus den $\Delta\nu/N_0$ berechneten Werte von $(Z-l)/b$ als Funktion von Z aufgetragen liegen ausnahmlos und mit großer Genauigkeit auf einer geraden Linie. Die Sicherheit ist viel größer, als bei Moseley. Die Größe b ergibt sich in Übereinstimmung mit Moseley zu 2,00; l, die **Abschirmung** (vgl. S. 235 und S. 227 bei **125.**), zu 3,5.

Um zu den Moseleyschen Gleichungen zu gelangen, ist Z als Funktion von K zu berechnen. Aus den obigen Formeln folgt

$$\frac{(Z-k)^2}{a^2} = \frac{K}{N_0}\left(1 - \frac{a^2 K}{4 N_0}\right).$$

K folgt einfach aus den beobachteten Werten der ν für die K_α-Linien und den oben erhaltenen Werten von L; es ist $\nu_K = K - L$.

Element	Cs	Rh	Nb	Sr	Rb	Br	Se	As	Ge
Z	55	45	41	38	37	35	34	33	32
ν/N_0	2291	1483	1217	1047	989	881	826	779	725
$(Z-k)/a$	53,3	43,2	39,2	36,4	35,3	33,4	32,3	31,4	30,3

Element	Zn	Cu	Ni	Co	Fe	Mn	Cr	Al
Z	30	29	28	27	26	25	24	13
ν/N_0	636	592	552	512	473	436	399	109
$(Z-k)/a$	28,4	27,4	26,4	25,5	24,4	23,4	22,4	11,5

Die Differenz der Z- und $Z-k/a$-Werte ist als Konstante anzusehen; Mittel = 1,64 ($^5/_3$); Maximum 1,8; Minimum 1,5. Aus der charakteristischen Strahlung ν läßt sich also Z eindeutig berechnen, k folgt für $a = 1$ zu 1,64. Nach Einsetzung der Werte folgt für die K_α-Linie:

$$\nu = N_0 (Z-k)^2 \{1 + 0{,}000013\, Z^2\} - N_0/_4 (Z - {}^7/_2)^2 \{1 + 0{,}00003\, Z^2\}.$$

Diese Gleichung ist von der Form der Balmer-Rydbergschen für die Linien des H und He (siehe **114.**). Man kann letztere auf die Form bringen:

$$\nu = N_0 Z^2/m_1^2 - N_0/_4 Z^2/m_2^2 \quad (Z = 1 \text{ für H}, \ Z = 2 \text{ für He}).$$

Zum Vergleich mit der Moseleyschen Gleichung gelangt man, wenn man in der ersten Gleichung für ν die Korrektionsglieder fortläßt und k auf $^7/_4 = l/2$ erhöht. Nach Auflösung der Klammern folgt: $\nu = {}^3/_4 N_0 (Z^2 - {}^{19}/_9 Z)$. Die Moseleysche Gleichung lautet, wenn man den Wert für Q_K einsetzt $\nu = {}^3/_4 N_0 (Z^2 - 2Z + 1)$. Für Z größer als 18 liegt der Unterschied unter 1%.

Es sind so nach einer ganzen Reihe voneinander unabhängigen Methoden die Ordnungszahlen aller Elemente mit einer über alle Erwartungen großen Sicherheit festgestellt.

---

121. Das endgültige periodische System[1]) und die Entwicklung der Elemente.

Eine Hauptaufgabe der Chemie, ein von Willkür freies System der Elemente (Rydberg 1906) aufzustellen, ist gelöst[2]). Die Lösung ist in der folgenden Tabelle enthalten. Nur noch 6 Elemente sind unbekannt. Aber das Fehlen dieser Elemente läßt sich ohne Schwierigkeit erkennen. Die Differenzen in den charakteristischen Schwingungszahlen verraten uns die Lücken.

Von den Ordnungszahlen hängen als unabhängige Variable alle Eigenschaften der Elemente, auch das Atomgewicht ab. Dieses tritt in zweite Linie und kann grundsätzlich nicht mehr Interesse als etwa die Dichte beanspruchen (siehe **95.**)[3]). Allerdings bleibt es diejenige Konstante, die für die praktische Ausübung der Chemie am wichtigsten ist.

Auf rein chemischen Wege konnte diese Aufgabe nicht oder höchstens mit unsicheren Annahmen bewältigt werden. Rydberg war allerdings der Lösung schon sehr nahe gekommen. 1906 stellte er ein System auf mit 96; 1914 mit 94 Ordnungszahlen. Die Hauptschwierigkeit zu der richtigen Zahl von 92 zu kommen lag darin, daß die Zahl der seltenen Erden nicht genau bekannt ist und daß man nicht wußte, ob die Protoelemente (siehe **101.**) wirkliche Elemente sind, die in das System hineingehören. Rydberg nahm sie in das System auf und Curt Schmidt (siehe weiter unten) bestätigte das aus chemischen Gründen. Die Ordnungszahlen von Li und den folgenden Elementen zwingen jedoch dazu, H und He die Zahlen 1 und 2 beizulegen, so daß zwischen diesen Elementen kein Platz mehr frei bleibt. Auch führen die Betrachtungen über die Spektren der Elemente H und He[4]) zu diesen Zahlen.

So lange man sich auf rein chemische Erfahrungen stützte, war auch die Gruppeneinteilung und die Periodenumgrenzung der Elemente nicht sicher. Die ursprüngliche Mendeléefsche Einteilung (siehe **18.**) war nicht zu halten, nachdem die nullte Gruppe, die der Edelgase, entdeckt war.

---

[1]) Ostwald (ZS. phys. Chem. **93**, 636; 1919) macht darauf aufmerksam, daß die Geschichte des periodischen Systems mit J. B. Richter, dem Schöpfer der Stöchiometrie (siehe **12.**, S. 18) beginnen muß. Dieser hat sowohl den Grundgedanken der Reihenanordnung der Elemente nach der Größe des Verbindungsgewichtes ausgesprochen, als auch den besonderen Mendeléefschen Gedanken, daß bei der Reihenanordnung noch fehlende Glieder als noch zu entdeckende Elemente zu betrachten seien und daß ihre Eigenschaften sich aus den der bekannten Elemente voraussagen ließen.

[2]) Vgl. den Nachruf auf Moseley (gefallen an den Dardanellen) von Fajans (Naturwiss. **4**, 381; 1916) und von Rutherford (Nature **96**, 33; 1915).

[3]) Es darf daher nicht auffallen, daß an 3 Stellen des Systems (bei den Elementen Ar—K, Co—Ni, Te—J) die Reihenfolge der Atomgewichte nicht gewahrt ist.

[4]) Bohr, Sommerfeld (siehe **132.**).

Zu **121.** Das endgültige[1]) periodische System der Elemente gemäß

Gruppe → ↓ Nummer der Periode	einzelstehend	0	VIII (Triaden)	Ia	Ib	IIa	IIb
I	1 H (1,008)[2])	2 He [8]) (4,00)		3 Li (6,94)		4 Be (9,1)	
II		10 Ne[2, 8]) (20,0)		11 Na (23,00)		12 Mg (24,32)	
III A		18 Ar[4]) 39,94)		19 K (39,10)		20 Ca (40,07)	
III B			26 Fe; 27 Co; 28 Ni (55,84; 58,97; 58,68)		29 Cu (63,57)		30 Zn (65,39)
IV A		36 Kr (82,92)		37 Rb (85,45)		38 Sr (87,63)	
IV B			44 Ru; 45 Rh; 46 Pd (101,7; 102,9; 106,7)		47 Ag[1]) (107,87)		48 Cd (112,4)
V A und seltene Erden		54 Xe (130,2)		55 Cs (132,81)		56 Ba (137,37)	
seltene Erden und V A		64 Gd — 157,3	65 Tb — 66 Dy — 159,2 162,5[7])	67 Ho — 163,5	68 Er — 167,7		69 Tu I — 168,5
V B			76 Os; 77 Ir; 78 Pt (190,9; 193,1 195,2)		79 Au (197,2)		80 Hg (200,6)
VI A		86 Ra-Em [8]) (222,0)		87 — —		88 Ra (226,0)	

[1]) Die At.-Gew. sind verbessert nach den Angaben von Guye und Moles: J. chim. phys. **14**, 450; 1916; **15**, 58, 360, 440; 1917; **16**, 49, 56, 62, 350; 1918. Werte von Richards für C: 11,996—12,001 — S: 32,048—32,056. Für Jod ist der Wert von Guichard (Ann. de Chim. **7**, 47; 1917) angegeben; Baxter (1910) fand 126,913. Die für die Luftadsorption verbesserten Grundwerte sind nach Guye: 107,87 (Ag); 35,461 (Cl); 79,925 (Br). In einer weiteren Arbeit (J. chim. phys. **17**, 183; 1919) hat Guye nach Anbringung einer Reihe von Korrektionen aus den Bestimmungen für HBr von Moles (79,923) und von Reiman (79,915, H = 1,0077) im Mittel Br = $79{,}919_4$ abgeleitet. Aus der Dichte von 1 l HBr-Gas bei 0° und unter verschiedenem Druck folgt Br = 79,919. Im Mittel also 79,920. Aus dem Wert von Ag = 107,876 würde aber Br = 79,913 folgen. Der Wert von Ag ist nicht ganz genau. Aus Cl = **35,461**, Br = **79,920**, I = **126,915**, folgt umgekehrt Ag = 107,871—107,869—107,862, Mittel Ag = **107,867**. Van Laar (siehe unter Anm. 2) findet Cl zu 35,458 (aus HCl) zu 35,461 (aus CH_3Cl); Br = 79,922 (aus HBr); für C (vgl. hierzu S. 21) ergaben sich folgende Werte: 12,000 (aus CO_2); 12,003 (CO); 12,002 (CH_4); 12,003 ([CH_3]O) — für S 32,074 (aus H_2S); 32,046 (aus SO_2). Über die Veränderlichkeit der internationalen Tabelle siehe: Renard, J. chim. phys. **15**, 541; 1917.

[2]) Genauer 1,00773 (Burt und Edgar: Phil. Transact. **216**, 393; 1916). Über die Einzelwerte siehe **13**. Die Bezugsdichte von O ist genau = 1,42905 gefunden, z. B. von Germann in Genf. Unter Benutzung dieser O-Dichte, sowie des Normalvolumens eines g-Mol eines Gases zu 22415,6 ccm und der Abweichungen vom Boyleschen Gesetz findet van Laar (J. chim. phys. **17**, 266; 1919) für H = 1,00770. Weiter für *N* direkt 14,008; 14,004 (aus NO); 14,000 (aus NH_3).

[3]) Stickstoff = 14,0 ± 0,01 von J. J. Thomson aus hunderten von Photographien nach der Methode der Anodenstrahlen (Engineering **105**, 344; 1918) abgeleitet.

…ren Ordnungszahlen (1—92) nebst dem zugehörigen Atomgewicht.

IIIa	IVa	Va	VIa	VIIa
IIIb	IVb	Vb	VIb	VIIb
5 B (11,0)	6 C (12,005)[1]	7 N[2, 3] (14,01)	8 O (16,00)	9 F (19,04)
13 Al (27,1)	14 Si (28,3)	15 P (31,04)	16 S[1] (32,06)	17 Cl[1] (35,46)
21 Sc[5] (45,10)	22 Ti (48,1)	23 V (51,0)	24 Cr (52,0)	25 Mn (54,93)
31 Ga (69,9)	32 Ge (72,5)	33 As (74,96)	34 Se (79,2)	35 Br[1] (79,92)
39 Y (88,9)	40 Zr[6] (90,6)	41 Nb (93,1)	42 Mo (96,03)	43 — —
49 In 114,8)	50 Sn (118,70)	51 Sb (120,2)	52 Te (127,5)	53 J[1] (126,915)
57 La 139,0 — 58 Ce 140,25	— 59 Pr 140,9	— 60 Nd 144,26	— 61 —	— 62 Sm 150,4 — 63 Eu 152,0
70 Yb (Ad) — 71 Lu (Cp) — 72 173,54 175,0 —		73 Ta (181,5)	74 W (184,0)	75 — —
81 Tl (204,0)	82 Pb (207,15)	83 Bi (208,0)	84 Po (210,0)	85 — —
89 Act) (230?)	90 Th (232,15)	91 Protact (234?)	92 U (238,2)	

[4]) 39,91 (Leduc: Ann. de phys. (9) **9**, 25; 1918); 39, 945 (H. Schultze: Ann. Phys. **48**, 269; 1915); 39,95 (van Laar, siehe Anm. 2) — früher 39,88.

[5]) Hönigschmidt: ZS. Elchem. Ges. **25**, 91; 1919.

[6]) Venable und Bell (J. Amer. Chem. Soc. **39**, 1598; 1917) finden 91,56.

[7]) Engle (J. Amer. Chem. Soc. **39**, 53; 1917) gibt 164,2 an; dagegen (J. Amer. Chem. Soc. **40**, 598; 1918, zusammen mit Hopkins) 162,5.

[8]) Über Atomgewichtsbestimmungen der Edelgase siehe S. 32; für He siehe auch **136.**, Anh. 1, Nr. 4. Van Laar (siehe Anm. 2) findet He = 4,000, Ne = 20,18, Ar = 39,95, Kr = 82,90.

Einige weitere Werte: B = 10,90 und F = 19,005 (Smith und van Hooge), Ga = 70,1 (Richards und Craig), Y = 89,3 (Kremers und Hopkins).

F. W. Aston (Nature **104**, 334; 1919) teilte vor kurzem mit, daß er mit der verfeinerten positiven Strahlmethode (Phil. Mag. **38**, 707; 1919; vgl. S. 26) sicher erwiesen hat, daß **Neon aus 2 Isotopen besteht**, vom At.-Gew. **20,00** und **22,00** (vgl. S. 200), — **ebenso Chlor, Quecksilber** (Nachtrag S. 341).

Bemerkungen. a) Es sind noch 6 Lücken vorhanden, nämlich an den Stellen 43, 61, 72, 75, 85, 87 — 5 radioaktive Elemente (Po, Ra Em, Ra, Act, Protact) sind im System untergebracht. b) Von den Isotopen ist nur das führende Element (oder besser der Elementtypus, siehe **90.**) in die Tafel aufgenommen. An der Stelle des Blei fehlen daher RaG (206,0) und ThE (208,0); an Stelle des Th das Ionium (vgl. **86.** und **95.**). c) Die seltenen Erden (57—72) unterbrechen das System; sie gehören keiner bestimmten Gruppe an, ebenso der Wasserstoff. d) Die verwandten Elemente stehen in vertikalen Reihen untereinander, z. B. Cu, Ag, Au — C, Si, Ti — N, P, As, Sb, Bi — Zn, Cd, Hg — Ga, In, Tl. Nur in der VIII. Gruppe stehen verwandte Elemente nebeneinander. e) Abkürzungsverzeichnis am Schluß.

Gerade diese Entdeckung war für die Klärung dieser Fragen von Wichtigkeit. Diese Elemente bilden, wie Crookes und Rydberg betonten, die Eckpfeiler[1]) des Systems, man muß bei allen systematischen Untersuchungen von ihnen ausgehen. Sie begrenzen die Gruppen; das wird auch aus den Verschiebungsregeln klar (siehe **88.**). Diese haben uns dann gelehrt, daß die VIII. Gruppe, die aus 3 Triaden besteht, als Untergruppe den Edelgasen anzugliedern ist[2]). Diese Triaden fallen aus dem System heraus; es sind immer 3 Elemente, die trotz wachsender Ordnungszahl einander außerordentlich ähnlich bleiben, während sonst folgende Elemente sich chemisch bezüglich Valenz und chemischer Verwandtschaft merklich unterscheiden. Eine noch größere Unterbrechung des Systems bildet die zahlreiche Gruppe der seltenen Erden. Diese haben keine ausgesprochene Valenz und sind sich chemisch außerordentlich ähnlich.[3]) Aber ihre Schwingungszahlen sind deutlich voneinander verschieden.

Das System ist daher durchaus nicht symmetrisch gebaut. Auch die Länge der Perioden ist sehr verschieden. Harkins (1915) hat aber darauf hingewiesen, daß die Länge der Perioden gesetzmäßig sich ändert. Sie umfassen 2, 8, 18 und 32 Ordnungszahlen, d. h. $2 \cdot 1^2 - 2 \cdot 2^2 - 2 \cdot 3^2 - 2 \cdot 4^2$ Elemente.[4]) Die letzte Periode, die $2 \cdot 5^2 = 50$ Elemente fassen sollte, ist unvollständig (32 Elemente), weil offenbar Elemente über $Z = 92$ nicht stabil sind.

Die regelmäßigen Beziehungen des Systems treten bei einer graphischen oder schematischen Darstellung in einer Ebene nicht hervor; der durch die in gleichmäßigem Schritt wachsenden Ordnungszahlen bedingte Zusammenhang der Elemente läßt sich nicht erkennen. Es ist daher eine räumliche Darstellung (siehe **17.**) vorzuziehen, die auch die chemischen Beziehungen der Elemente, besonders die der Nebengruppen zu den Hauptgruppen wiedergibt.[5])

Harkins hat das System in die Form (Figur 29) einer räumlichen, doppelt gewickelten zylindrischen Schneckenlinie gebracht. Die Leitlinie der Zylinder bilden 2 sich von innen berührende Kreise. In annähernd gleichen Bogenabständen liegen auf den beiden Basiskreisen je 8 Punkte, über denen vertikal

---

[1]) Reynolds und Crookes (1886; siehe **17.**) haben bei der Darstellung des periodischen Systems als räumliche Spirale Übergangsglieder zwischen den komplementären Gruppen I und VII vorausgesagt. Deren Atomgewicht hat Reynolds ungefähr, J. J. Thomson (ZS. anorg. Chem. **9**, 283; 1895) genauer zu 4, 20, 36, 84, 132 und 212 vorausgesagt. Tatsächlich werden diese Werte genau von den inaktiven Gasen, einschließlich der Ra Em erfüllt. Crookes (Proc. Roy. Soc. **63**, 408; 1898 und ZS. anorg. Chem. **18**, 72) hat dann als Platz für diese Elemente den Einschnürungspunkt einer Spirale mit achtförmigem Querschnitt angegeben.

[2]) Abegg (ZS. anorg. Chem. **39**, 368; 1904 und Ber. Chem. Ges. **38**, 1386; 1905) hat zuerst diese Metalle zusammen mit den inaktiven Gasen als Zwischenglieder in die VIII. Gruppe gebracht.

[3]) In der Baurschen graphischen Darstellung des log des Atomvolumens als Funktion des Atomgewichts (siehe **126.**) tritt die anormale Stellung der seltenen Erden deutlich hervor.

[4]) Vgl. die Auffassungen von Langmuir (siehe **135.**).

[5]) Emerson (J. Amer. Chem. **45**, 160; 1911) hat ganz ausführlich den Vorteil dieser Darstellung nachgewiesen.

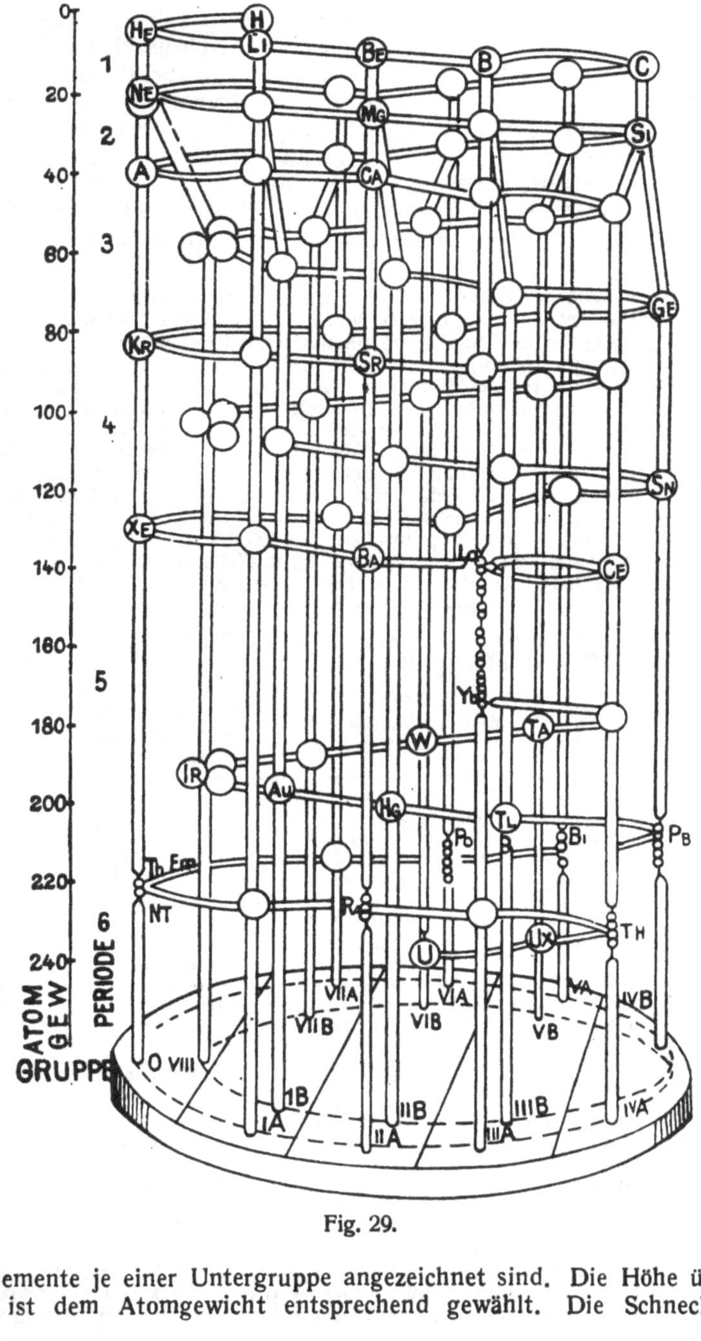

Fig. 29.

die Elemente je einer Untergruppe angezeichnet sind. Die Höhe über der Basis ist dem Atomgewicht entsprechend gewählt. Die Schneckenlinie läuft abwechselnd auf dem einen oder dem anderen Zylinder. Die seltenen Erden bilden eine besondere Abzweigung, eine Nebenschleife, die radioaktiven Isotopen sind senkrecht übereinander angebracht. Die maximale Valenz findet man, wenn man bei der nullten Gruppe anfängt zu zählen. Im Sinne des Uhrzeigers fortschreitend erhält man wachsende negative Valenzen; im umgekehrten Sinne wachsende positive Valenzen. 4 senkrecht zur Basis gelegte Ebenen teilen das System in 5 Teile. Jeder Teil enthält die komplementären Elemente, d. h. die Elemente mit entgegengesetzten chemischen Eigenschaften, deren Valenzen sich zu 8 ergänzen (siehe **17.**).

In dieser Darstellung treten einige der Störungen und Unterbrechungen in der Periodizität des Systems bereits hervor. Von diesen sind oben angeführt 1. die Stellung des H; 2. die Triaden der magnetischen Elemente der VIII. Gruppe; 3. die (ebenfalls magnetischen) seltenen Erden. Außerdem sind die Nebel- oder Protoelemente zwischen H und He nicht unterzubringen; ferner führt die doppelte Periodizität der A- und B-Reihe dazu, anzunehmen, daß Metalle wie Zn, Cu, Ag den Alkalimetallen und den alkalischen Erden ähnlich seien; Mangan dem Chlor nahestehen sollte. Das einfache Gesetz oder Prinzip der Periodizität, das den Beziehungen der Elemente zueinander zugrunde liegen sollte, wird dadurch stark verwischt. Man kann aber diese Schwierigkeiten beseitigen (Curt Schmidt 1917, 18) wenn man annimmt, daß das System in vier verschiedene Teile zerfällt, die für sich dem gewöhnlichen Gesetz gehorchen und voneinander unabhängig sind. Es sind zu unterscheiden das H, das He, das Fe und das seltene Erd-System. Die folgende Übersicht läßt die Verschiedenheiten der Systeme erkennen.

Eigenschaft	Primäres (H)-System	sekundäres (He)-System	tertiäres (Fe)-System	quartäres (Erdmetall)-System
Natur der Glieder	Metalle und Metalloide	Metalle und Metalloide	Metalle, mit zum Teil metalloidem Anklang	Metalle
chemische Eigenschaften	nicht zu unterscheiden, ob metallische oder metalloide Eigenschaften überwiegen	scharf ausgeprägt, starke Gegensätze, schroffe Übergänge	weniger scharf ausgeprägt, keine Gegensätze, sanfte Übergänge	gleichartige stetige Übergänge
Valenz	?	bestimmt und gesetzmäßig abgestuft	schwankend und unregelmäßig abgestuft	konstant
elektrische Natur	sowohl elektropositiv wie elektronegativ	mehr positive Elemente	überwiegend positive	nur positive Elemente
Affinitätsverhältnisse	—	Verbindungen	Legierungen	feste Lösungen
Mittelgruppe	neutrale Zwischenkörper (Odling)	nullwertige Edelgase	Triplets von Edelmetallen	dreiwertige Metalle

Wasserstoff hat sowohl Metall- wie Metalloid-Eigenschaften. Er gehört danach einem früheren Entwicklungsstadium der Materie an, wie bereits Odling (1861) annahm. Das gilt noch für mehrere Elemente, die wir aus den Sternspektren kennen (siehe **101.**).

Die doppelte Periodizität verschwindet, wenn man das He- und das Fe-System nicht ineinander, sondern übereinander (räumlich) anordnet. Durch Projektion des Fe- in das He-System erhält man die Mendeléefsche Anordnung wieder.

Die Ähnlichkeit beider Systeme erkennt man, wenn man die Valenzen der Elemente einer Reihe nebeneinander stellt:

He-System	Gruppe	(Nb)	(Eo)	(Ef)	He	Li	Be	B	C
	Normalvalenz	− 3	− 2	− 1	0	+ 1	+ 2	+ 3	+ 4
	Kontravalenz	+ 5	+ 6	+ 7	± 8	− 7	− 6	− 5	− 4
Fe-System	Gruppe	V	Cr	Mn	Fe, Co, Ni	Cu	Zn	Ga	Ge
	Normalvalenz	+ 5	+ 6	+ 7	± 8	− 7	− 6	− 5	− 4
	Kontravalenz	− 3	− 2	− 1	0	+ 1	+ 2	+ 3	+ 4

Bei den polar so stark ausgeprägten Metallen des Fe-Systems sind für die Bildung der Verbindungen die Kontravalenzen maßgebend; die Verbindungen mit dem Maximum an Normalvalenz sind, wie es auch Abegg als charakteristisch betonte, stets sehr unbeständig. Umgekehrt steht es mit dem He-System. Auch hier fehlen nicht Anzeichen für Verbindungen, bei denen sich die Kontravalenzen betätigen, sogar beim He (Bildung von He_3; J. J. Thomson: Phil. Mag. **21**, 225; 1911 — vgl. **111.**). Die Symmetrie der Anordnung erfordert die Einschiebung von 3 Nebelelementen (siehe **101.**) mit den Atomgewichten 1,31 oder 1,63 (Nb = Nebulium); 2,36 (Ekasauerstoff); 2,95 (Ekafluor oder Archonium). Nb ist der Stammvater des Stickstoffs, Eo der des Sauerstoffs. Nb muß, da es die ganzen Nebel erfüllt, der Urmaterie näher stehen als Ef (das nur in einem kleinen Teil der Nebel-, sowie in der Sonnenkorona nachweisbar ist) und daher ein geringeres Atomgewicht haben.

Die beiden Systeme He (I) und Fe (II) unterscheiden sich stark durch die Werte des Verhältnisses der Atomgewichte von zwei aufeinander folgenden Gliedern der gleichen Reihe, z. B.:

I As/Sb 1,60 Se/Te 1,61 Br/J 1,59 Kr/X 1,57 Rb/Cs 1,55 Sr/Ba 1,57
Y/La 1,56 Zr/Ce 1,55

II Nb/Ta 1,94 Mo/W 1,92 Ru/Os 1,88 Rh/Ir 1,88 Pd/Pt 1,83 Ag/Au 1,83
Cd/Hg 1,78 In/Te 1,78 Sn/Pb 1,74

Die zusammengehörenden Glieder eines Systems haben gleiche Werte, so daß sich noch unbekannte Atomgewichte von Elementen, deren Ordnungszahl bekannt ist, sicher berechnen lassen (z. B. Act).

Daß die seltenen Erden mit den übrigen Metallen nicht verwandt sind, läßt sich aus ihrem chemischen Verhalten (R. Vogel, 1918) schließen. Ce-Metall z. B. verbindet sich unter starker Wärmeentwicklung mit fast allen Metallen; bildet mit ihnen keine Mischkristalle, wie es verwandte Substanzen sonst tun. Es verhält sich also wie ein Metalloid den Metallen gegenüber. Die Erden bilden 3 Gruppen zu je 5 Elementen (J. R. Meyer, 1914).

Durch die Auffassung, daß sich vom Urstoffe verschiedene Verzweigungen gebildet haben, die voneinander unabhängig sind, verschwindet auch die Notwendigkeit für die Annahme, daß sich die Elemente in Reihenfolge ihrer Atomgewichte auseinander gebildet haben und daß das Atomgewichte regelmäßig zunehmen muß. Schmidt glaubt, daß aus einander nur die Glieder einer homologen Reihe, also die Elemente in einer vertikalen Reihe des Systems entstehen. Danach sind die Elemente Th und U die jüngsten Elemente. Bei diesen sind noch „unzweckmäßige" Elektronengruppierungen vorhanden. Diese verschwinden allmählich unter Abgabe der radioaktiven Strahlungen. Die älteren Elemente haben bis auf K und Rb ihre Radioaktivität eingebüßt. Mit diesen Vorstellungen sind auch die Feststellungen von F. W. Clarke (1890), daß nur 9 Elemente 98 %[1]) der Erdrinde bilden, leicht zu vereinen. Diese gehören stets verschiedenen vertikalen Reihen, aber nicht derselben Horizontale an. Es zeigt sich, daß die Homologen dieser Elemente, sowohl die vorhergehenden, wie die folgenden, nur geringe Häufigkeit haben (so C gegen Si, S gegen O). Das erklärt sich so, daß die Kondensation die beim untersten Homologen beginnt, bereits über das unterste Glied weggeschritten, das nächst höhere noch nicht erreicht hat. Die unteren Elemente

[1]) O = 49,98, Si = 25,30, Al = 7,26, Fe = 5,03, Ca = 3,51 Mg = 2,50, Na = 2,28, K = 2,23, H = 0,94 % (vgl. S. 193, 202).

sind schon selten geworden, am meisten die Nebelelemente, wie der Ekasauerstoff und das Nebulium, die auf Erden nicht mehr vorkommen, da sie sich vollständig in O und N verwandelt haben. Daraus, daß die Kondensation noch nicht weiter fortgeschritten ist, erkennt man, daß dieser Prozeß so langsam verläuft, daß selbst geologische Zeiträume dagegen kurz sind.

122. Ordnungszahl und Zahl der Kernelektronen.

Unter der Ordnungszahl N ist zunächst nur eine reine Zahl zu verstehen. Sie hat aber eine wichtige physikalische Bedeutung. Die Emission und Absorption von α, β, γ und Röntgenstrahlen der verschiedenen Elemente ist eine Funktion von N. Setzt man die den Elementen zukommenden Werte von N ein, so erhält man die Werte dieser Eigenschaften. Die einfachste Erklärung für diesen Zusammenhang ist die Annahme, daß N die Zahl der positiven Ladungen des Atomkernes, ausgedrückt in ganzen vielfachen des Elektrizitätsatomes e oder kurz die Kernladungszahl[1]) bedeutet Dabei ist das Rutherfordsche Atommodell vorausgesetzt. Im neutralen Atom sind daher die N positiven Elektronen des Kernes von der gleichen Zahl negativer β-Elektronen umgeben. Einer Verschiebung um eine Stelle des periodischen Systems entspricht eine Veränderung der Kernladungen um eine Einheit. Diese Auffassung hat eine große Wahrscheinlichkeit für sich. Allerdings ist es nicht ausgeschlossen, daß die Zahl der vorhandenen Elektronen im Atom noch größer ist; nur wirkt der Überschuß bei den meisten physikalischen Erscheinungen nicht mit, wohl aber merkt man die Zahl der Elektronen bei der Dichte (Atomgewicht) und anderen Massenwirkungen.

Für den Wasserstoff ($N = 1$) ergibt sich, daß der Atomkern aus einem positiven Elektron besteht, um das ein β-Elektron schwingt. Die Masse des letzteren ist gegen die rund 1800 mal schwerere Kernmasse zu vernachlässigen (siehe **105.**). Die Masse der Elektronen wäre demgemäß sehr verschieden, einen Schluß, den J. J. Thomson (1914) und Stark (1916) für nicht gerechtfertigt halten. Von vornherein sollte man annehmen, daß die Massen der beiden Elektrizitätsarten gleich wären, so daß der Kern aus 1800 Atomen bestehen müßte.

Für den engen Zusammenhang zwischen wirksamer Elektronenzahl und Ordnungszahl N sprechen vor allem die Verschiebungssätze bei der radioaktiven Umwandlung (siehe **88.**). N nimmt um den Betrag 2 ab, wenn aus dem Kern ein 2 Elektronen enthaltendes He-(α)Teilchen entweicht. Es ändert sich N um genau so viel wie die Zahl der Kernladungen. Bei einer β-Umwandlung verliert der Kern eine negative Ladung. Das ist für die Gesamtladung gleichbedeutend mit Vermehrung der Kernladung um eine Einheit. Bei einer β-Umwandlung hat daher das Restatom ein um eine Einheit höheres N, wie es auch die Erfahrung lehrt. Wenn die Verschiebungssätze durch das ganze System gelten (siehe **103.**), so kommt man auch wieder zu der Annahme, daß H ein, He zwei Kernelektronen enthält.

Auch die Streuungserscheinungen lassen sich zur Berechnung der Zahl der Kernelektronen benutzen. Doch ist in diesem Falle nicht sicher, ob es sich nicht etwa um Elektronen, die nahe dem Kern und nicht im Kern sind, handelt. Bei **29.** sahen wir, daß man aus der Streuung (Dispersion) des Lichtes an den Luftmolen die Zahl der wirkenden Mole in der Volumeneinheit (Loschmidtsche

---

[1]) Auch Nicholson und Fajans haben die Notwendigkeit einer derartigen Annahme betont.

Zahl) berechnen kann. Die gleichen Betrachtungen gelten für die Streuung von α- und γ-Strahlen an den Kernelektronen.[1]) Barkla (1912 und 1916) und Crowther (siehe **118.**) fanden, daß die in das Atom eindringenden γ-Strahlen eine Streuung aufweisen, die dem Atomgewicht des Kernatoms[2]) proportional ist. Man kann daraus schließen, daß, wenn jedes Elektron unabhängig vom anderen die Strahlung beugt, der Kern der untersuchten Elemente von niedrigem Atomgewicht eine Anzahl Elektronen enthielt, die dem Atomgewicht proportional ist. Darwin (1912) untersuchte den Zusammenstoß von α-Teilchen mit den Kernelektronen. Eine Anzahl der α-Teilchen wird absorbiert. Aus diesem Vorgang läßt sich bestimmen, wie ihre Geschwindigkeit abgenommen hat. Das α-Teilchen macht bei der Absorption eine Anzahl Kernelektronen frei. Deren freie Weglänge ist aber begrenzt. Sie können den Bereich des Atoms nicht verlassen. Wäre das der Fall, so müßten durch α-Teilchen beim Zusammenstoß[3]) Atome radioaktiv zerlegt werden. Die Rechnung ist nach den Stoßgesetzen der kinetischen Gastheorie ausführbar. Sie ergibt, daß, wenn der Atomradius Werte von 10^{-8} cm besitzt (siehe **30.**), die Zahl der Elektronen mit denen das α-Teilchen zusammenstößt, etwa dem halben Atomgewicht gleichzusetzen ist.[4])

Die β-Elektronen sind als Kathodenstrahlen imstande dem Kern nahestehende Elektronen unter Erregung von Strahlung in Schwingung zu versetzen. Sie geben ihre Energie vollständig ab. Strahlung tritt aber erst ein, wenn ein Energiequant ($h\nu$ — h: das Elementarquantum) aufgenommen und weiter an die den Kern umgebenden Ringe abgegeben ist. Es gelten dieselben kinetischen Gleichungen, die für die ultraviolette Bestrahlung und den Photostrom (siehe **42.** und **114.**) aufgestellt sind. Whiddington (1911) fand, daß es eines bestimmten kleinsten Potentials V_0 bedarf, um den β-Elektronen (von der Masse m und der Ladung e) die Geschwindigkeit v zu verleihen, die den Kern bis zur Aussendung homogener X-Strahlen erregt.[5]) Es gilt eine Gleichung von der Form $eV = {}^1/_2\, mv^2 = h\nu$.[6]) Da ν von der Ordnungszahl N (Moseley) abhängt, so hängt auch die ausgetauschte Elektronenenergie von N ab. Diese ist wegen der atomistischen Struktur der Elektrizität oder der Zahl der bewegten Elektronen gleich. Wir erhalten so wieder die Annahme, daß N auch die Zahl der Kernelektronen bedeutet, bestätigt.

Die Anordnung war bei diesen Versuchen die folgende: die Kathodenstrahlen welche die homogenen X-Strahlen erregen sollten, durchsetzten das magnetische Feld H eines Solenoides und wurden dadurch in Strahlen verschiedener Geschwindigkeit zerlegt (magnetisches Spektrum). Es wurde nun beobachtet, welche Kathodenstrahlen gerade die Strahlung auslösen. Die Geschwindigkeit v dieser Strahlen wurde aus dem Radius r des Ableitungskreises berechnet (es ist $v = Hr\,e/m$). Die Ergebnisse sind folgende:

---

[1]) Vgl. Compton—Darwin (siehe **125.**).

[2]) Oder besser der Ordnungszahl proportional ist (Barkla: Engineering **101**, 558; 1916; vgl. **118.**, S. 239, Anm. 1). J. J. Thomson berechnet die Streuwirkung zu ${}^8/_3 \pi N e^4/m$. Für H stimmt das nur, wenn man $N = 1$ setzt, aber nicht, wenn $N = A/_2$, also ${}^1/_2$ ist. Die Ableitung von Barkla ist nur eine erste Annäherung (J. J. Thomson: Engineering **105**, 234; 1918. Compton (Phys. Rev. **9**, 29; 1916) benutzt die Streuung, um die Verteilung der Elektronen zu berechnen. Jedoch sind die Schlüsse nach den Untersuchungen von Auren (siehe **118.**) wohl kaum haltbar.

[3]) Siehe die Versuche Ramsays und vor allem die zuverlässigen neuesten Rutherfords (siehe **104.**).

[4]) Siehe auch die Versuche von Geiger und Marsden (1913) bei **116.**

[5]) Diese Gleichung gilt streng nur für die Grenze (Kante) des erregten „weißen" Lichtes (bei der Emission und Absorption, siehe **42.**). Die Spektrallinien bedürfen im allgemeinen viel höherer Spannung. Die gefundene Spannung ist gleichmäßig um 40 % zu hoch.

[6]) $e = 1{,}59 \cdot 10^{-20}$ EMS. — $m = 8{,}9 \cdot 10^{-28}$ g — c (Lichtgeschwindigkeit) $= 3 \cdot 10^{10}$ cm — $h = 6{,}55 \cdot 10^{-27}$.

Element	Atomgewicht	N	V_0 beob. in Volt	$v_{beob.}$ in 10^9 cm	Absorption[2] k der Strahlung λ	λ in 10^{-8} cm	h[3]$_{ber.} = v \cdot \lambda \cdot e$	$N_{ber.}$	$v/N-1 \cdot 10^8$
Al	27,0	13	2200[1]	2,80[1]	580	8,346	9,7	13,3	(2,33)
Cr	52,0	24	7320	5,09	136	2,301	9,1	23,0	2,21
Fe	56,0	26	9600	5,83	88,5	1,946	9,9	26,7	2,33
Ni	58,6	28	10750	6,17	59,1	1,662	9,5	28,1	2,28
Cu	63,3	29	11080	6,26	47,7	1,549	9,1	28,5	2,24
Zn	65,1	30	11280	6,32	39,4	1,442	8,8	28,8	2,18
Se	78,9	34[4]	15400	7,38	18,9	—	—	33,5	2,24
						Mittel	$9,35 \cdot 10^{-27}$		2,26

h ergibt sich um 9,35/6,58, um 1,4 zu groß. Es sind daher auch die V um das 1,4 fache zu groß, die v sind daher um das 1,2 fache zu groß. Nun ist $\nu = {}^3/_4 N_0 (N-1)^2$ ($N_0 = 3{,}29 \cdot 10^{15}$ Rydbergsche Zahl). Also ist (nach Einsetzung der Werte für h, m, N_0)

$$N - 1 = v \sqrt{\frac{2m}{3} \frac{1}{N_0 h}} = 5{,}24\, v\,.$$

Unter Berücksichtigung des zu großen v wird $N_{ber.} = 1 + 4{,}4\, v$. Die so berechneten N weichen bis zu einer Einheit von dem richtigen N ab.

123. Die Elektronen im H- und He-Kern.

Aus den Untersuchungen über das radioaktive Gleichgewicht und aus den Verschiebungssätzen folgt, daß He als α-Teilchen 2 freie Ladungen besitzt, denen durch 2 Elektronen im Kern das Gleichgewicht gehalten werden muß. Da aber das Atomgewicht des He = 4 ist, so besteht der Kern aus 4 +-Elektronen. Die zwei fehlenden —-Elektronen müssen ebenfalls im Kern stecken. Der Kern enthält also 4 +- und 2 —-Elektronen; die Wirkung dieser Ladungen ist gleich der von 2 +-Elektronen, entsprechend der Ordnungszahl 2. Das H-Atom besteht, wie oben angegeben, lediglich aus einem positiven Elektron (siehe **105.**) und einem um das Kernelektron schwingenden Elektron. Dieses ist außerordentlich leicht abgebbar[5]), so daß bei vielen Reaktionen in gelöstem und Gaszustande die freien H-Ionen nachweisbar sind. Im H-Mol sind 2 positive und 2 negative Elektronen vorhanden. Diese Zahl läßt sich (Drude 1904, Erfle 1907, Cuthbertson 1909) aus der Dispersion des Lichtes berechnen, die, wie jede Beugungserscheinung, die Zahl der wirksamen Teile zu berechnen gestattet. Auch die oben er-

---

[1]) Verbessert: 2200 statt 1200 Volt.

[2]) Absorption μ/ϱ in qcm/g.

[3]) $h = eV/\nu = eV\lambda$. $V = V_0 \cdot 10^8/c$. (Übergang von Volt zu C.G.S.-Einheiten) also $h = V_0 \lambda \cdot 5{,}3 \cdot 10^{-31}$.

[4]) Laub (1915) gibt für die Pt-Linie ($N = 78$) $\lambda = 0{,}45 \cdot 10^{-8}$, $V_0 = 65000$ Volt, $v = 27000$ Volt, die Absorption $k = 7{,}2$ an.

[5]) Zur Loslösung durch ultraviolettes Licht sind erforderlich für die beiden Elektronen nur 17 Volt gegen 80 Volt für He (siehe **42.** und Frank-Knipping 1919). Die Loslösung von einem Elektron erfordert bei H 13,52 Volt; bei He 4 × 13,52 = 54,08. Da Ionisierung unter Fortnahme beider Elektronen bei 79,5 ± 0,3 Volt eintritt, so ist Ionisierung unter Abgabe nur eines Elektrons bei 25,4 Volt (= 79,5—54,1 Volt) zu erwarten. Der Versuch ergab 25,4 ± 0,3 Volt (vgl. Nachtrag S. 338).

wähnte Beugung der α-Teilchen (Darwin, Marsden) führt zu der gleichen Zahl. Bohr (1913) verglich die Abnahme der Geschwindigkeit Δv von 2 verschieden schnellen α-Teilen in Wasserstoff unter Annahme der einfachen Stoßgesetze: Die α-Teile hatten eine Geschwindigkeit V von 1,35 und $1,75 \cdot 10^9$ cm in der Sekunde. Δv war $= 4,9 \cdot 10^7$ beob (5,4 ber) und $= 2,6 \cdot 10^7$ beob (2,7 ber). Bei der Berechnung war die Zahl der getroffenen Elektronen im H-Mol gleich 2 angenommen. Gegen diese einfache Konstitution[1]) des H-Atoms hat J. J. Thomson (1914) die Vielgestaltigkeit der Spektralschwingungen ins Feld geführt. Doch ist diese Schwierigkeit von Sommerfeld (siehe **133.**) im wesentlichen überwunden worden.

124. Die verschiedenen Elektronengattungen und ihre Verteilung im Atom (van den Broek 1913).

Das Helium hat 2 Kernelektronen (Nuclearelektronen). Auch für die übrigen Elemente hat man im Kern β-Elektronen anzunehmen. Durch die Kernladungszahl N ist nur die Stellung des Atoms im System der Elemente festgelegt. Aber diese Zahl sagt nichts aus über die Gesamtzahl der im Kern vorhandenen +- und —Elektronen, die beim He 6 beträgt. Für diese Zahl geben die Verschiebungsregeln einen Anhalt. Zwischen den Anfangs- und Endelementen des radioaktiven Zerfalls U und Pb ($N = 92$ und 82; $\Delta N = 10$) liegen 8 α und 6 β, zwischen Th und Bi ($N = 90$ und 83; $\Delta N = 7$) 6 α und 5 β Umwandlungen. Es ist also $\Delta N = 10 = 2 \cdot 8 - 1 \cdot 6$; ferner ist $\Delta N = 7 = 2 \cdot 6 - 1 \cdot 5$. Da die radioaktiven Vorzüge im Kern vor sich gehen (siehe **91.**), so liegt es nahe anzunehmen, daß die in den Zerfallsreihen in Bewegung gesetzten 6 bzw. 5 β-Elektronen auch aus dem Kern stammen. Die Zahl dieser β-Elektronen und damit die Gesamtzahl der Elektronen kann bei gleicher Ordnungszahl verschieden sein. Diese Verschiedenheit macht die Existenz von Isotopen begreiflich. Die Radioaktivität dieser Substanzen kann wegen dieses Unterschiedes auch verschieden sein. Dagegen ist anzunehmen, weil ihre Kernladung gleich ist, daß die Gruppierung der übrigen Elektronen, die den Kern umgeben, die gleiche ist. Von dieser Gruppierung hängen die physikalischen und chemischen Eigenschaften ab. Da sie gleich ist, so sind auch diese Eigenschaften gleich.[2]) U_1 verliert 1 α- und 2 β-Elektronen und geht in das isotope U_2 über; den gleichen Verlust erleidet Th beim Übergang in das isotope RaTh (siehe **89.**). Es muß also die Gesamtzahl der Kernelektronen sich vermindert haben, die arithmetische Summe, die ein Maß für die Ordnungszahl ist, bleibt unverändert.[3]) Da die Masse der Kerne bei Isotopen Unterschiede bis zu 8 aufweist, muß man annehmen, daß 8 +-Elektronen (H-Ionen) in einem Kern mehr vorhanden sein können, als im andern. Diese werden noch durch 8 β-Elektronen kompensiert. Es kann daher die Gesamtzahl um 16 voneinander verschieden sein. Daß die Zahl der Nuclearelektronen größer als 2 sein kann, geht auch daraus hervor, daß das Rückstoßatom nach Verlust eines α-Teiles nicht neutral ist, sondern noch positive Ladung hat.

---

[1]) Stabilität der Atome und Coulombsches Gesetz, siehe J. J. Thomson bei **125.**
[2]) Bohr, Hevesy, Paneth.
[3]) Eine Auffassung, die von Rutherford, Soddy, Bohr vertreten wird.

Das ist nur möglich, wenn mit dem α-Teilchen mindestens 3 β-Elektronen aus dem Kern entwichen sind.

Wir haben zu unterscheiden Kernelektronen, Elektronen, die den Kern umgeben, und Valenzelektronen. Man erkennt die Eigenschaften dieser Gattungen an der verschiedenen Energie, die erforderlich ist, sie loszulösen. Die Loslösung der Valenzelektronen wird durch ultraviolettes Licht bewirkt (**42.**) unter Potentialen, die für H 12 Volt, für Hg 5 Volt, für He aber 20 Volt (für ein Elektron) betragen.[1]) Bei dieser Loslösung geraten die Elektronen in Schwingungen, die den sichtbaren Lichtschwingungen angehören. Die *K*- und *L*-Strahlen stammen von Elektronen, die viel näher dem Kern stehen, als die Valenzelektronen. Zu ihrer Loslösung sind, wie die Whiddingtonschen Beobachtungen und die verschiedenartigen Beugungserscheinungen ergeben, Potentiale von mindestens 2000 Volt erforderlich; die härtesten *K*-Strahlen des Wolframs, die von Coolidgeröhren ausgehen, brauchen 140000 Volt zu ihrer Erregung. Diese Verschiedenheit führt ungezwungen zu der Auffassung, daß die Elektronen in mehreren Ringen[2]) (*K*, *L*, . . . Ring) um den Kern angeordnet sind; die inneren Ringe halten die Elektronen viel fester als die äußeren. Die Kernelektronen sind nur bei dem radioaktiven Zerfall, also bei einer Spannung von mindestens 1 Million Volt loszulösen (siehe **107.**).

Van den Broek hat den Versuch gemacht, einigen Aufschluß über die Zahl der Elektronen in den verschiedenen Gruppen zu erhalten. Die Gesamtzahl der + -Elektronen nimmt er gleich dem halben abgerundeten (Proutschen) Atomgewicht. Die Zahl der Elektronen im Kern *R* ist = der Differenz dieser Zahl gegen die Ordnungszahl *N*.[3]) Von dieser Zahl kommen 5—6 (bei den radioaktiven Elementen) auf die festgebundenen, die beim Zerfall frei werden. Die übrigen *R'*, bis zu 23, können zwar das Atom nicht verlassen. Sie werden aber durch Strahlungen, die in das Atom eindringen, aus dem Kern vertrieben und können ihrerseits wieder die entsprechende Zahl *Q* von Elektronen aus den umgebenden Ringen verdrängen.[4]) Bei dieser Bewegung entstehen β-Strahlungen[5]) von verschiedener Geschwindigkeit (von 0,3 bis zur vollen Lichtgeschwindigkeit). Es sind das die Strahlungen, die 1913[6]) aufgefunden worden sind. Beim radioaktiven Zerfall beobachtet man für RaB 16, für RaC 48 Gruppen (siehe **53.**), die man im magnetischen Feld leicht trennen und durch die Nebelmethode sichtbar machen kann (C. T. R. Wilson 1913). Die Energie jeder dieser Schwingungen läßt sich berechnen; sie ist ein vielfaches von $h\nu$ oder steht in einfachem Zusammenhang mit dem Elementarquantum.[7]) Die

[1]) Franck und Hertz (1913, siehe **42.** u. S. 339), vgl. J. J. Thomson bei **125.**

[2]) Die Notwendigkeit dieser sehr stabilen Ringe folgert Kilchling (1916, siehe **114.**) aus dem Auftreten von Serien in den Bandenspektren.

[3]) In der noch von 1913 stammenden Tabelle ist $N = 96$ für U in Übereinstimmung mit Rydberg gesetzt.

[4]) Rutherford 1915 auch Vortrag vor (Royal Institution: Radiations from exploding atoms; Engineering **99**, 657; 1915).

[5]) Es bilden sich auch γ-Strahlen. Das oder die durch äußere Ursachen von innen nach außen geschleuderten Elektronen werden wieder zurückgeholt. Bei dieser Bewegung gerät der innere Ring in Schwingungen oder γ-Strahlungen. Kehren mehrere Elektronen zurück, so entstehen unabhängige γ-Strahlungen.

[6]) Von v. Baeyer, Hahn und Frl. Meitner entdeckt.

[7]) Nach Rutherford 1915; I = v, die relative Geschwindigkeit der β-Strahlen, II Energie E in 10^{13} erg, III E in Teilen von h, $h = 1{,}285 \cdot 10^{13}$ erg, IV nächste ganze Zahl:

I	0,750	868	917	946	951	959	964	969	972	978
II	2,59	5,16	7,68	10,31	11,49	12,82	14,09	15,42	16,71	17,96
III	2,01	4,01	5,98	8,02	8,94	9,97	10,96	12,00	13,00	13,97
IV	2	4	6	8	9	10	11	12	13	14

Summe dieser Einzelenergien, die gesamte β- und γ-Strahlung beim radioaktiven Zerfall hat einen erheblichen Anteil an der Zerfallsenergie (Rutherford 1914).

Die γ-Strahlung (Wellenlänge λ) des RaB läßt sich (van der Broek 1914) als ganzes Vielfaches p einer Konstante $c = 0{,}3465$ darstellen.[1] Es besteht die Beziehung $\sqrt{\frac{1}{\lambda \cdot N_0}} = cp$ (N_0 = Rydbergsche Konstante).

$\lambda \cdot 10^8$ cm	0,793	0,809	0,838	0,853	0,917	0,953	0,982	1,006	1,029	1,055	1,074
p	98	97	95	94	91	90	88	87	86	85	84

$\lambda \cdot 10^8$ cm	1,100	1,141	1,175	1,196	1,219	1,266	1,286	1,315	1,349	1,365
p	83	81	80	79	79	77	77	76	75	74

Die Q-Elektronen, welche diese zu den homogenen X-Strahlen gehörenden Schwingungen geben, sind für Isotope gleich, da diese ein gleiches X-Strahlenspektrum liefern (siehe **83.**). Die reduzierte Kernelektronenzahl R' läßt sich als Funktion einer Zahl P darstellen: es ist $R' = C_0 P^2$ ($C_0 = 0{,}00468$). Aus P folgt $Q = N - P$. P selbst hat die Form $8r + p$ (r die Periode, der das Element angehört, p die Valenzzahl). Van der Broek berechnet so folgendes Schema:

Element	C	Mg	Ar	Cr	Zn	Kr	Mo	Cd	Xe	Nd	W	Pb	Bi	Th	U
Proutsche At.-Gew. (A)	12	24	40	52	65	82	96	112	130	144	184	207	208	232	238
$A/_2$	6	12	20	26	33	41	48	56	65	72	92	103	104	116	119
N	6	12	18	24	30	36	42	48	54	60	74	82	83	90	92
also R	0	0	2	2	3	5	6	8	11	12	18	21	21	26	27
R'	0	0	2	2	3	5	6	8	11	12	14	17	17	22	23
P	4	10	16	22	26	32	38	42	48	52	54	60	61	68	70
$N - P$	2	2	2	2	4	4	4	6	6	8	20	22	22	22	22

$A/_2 = P + Q + R, \quad P + Q = N.$

Mit P erhält man konstante Werte für die verschiedensten Elemente (Al—Bi) und zwar für die prozentische Reflexion π der β-Strahlen radioaktiver Substanzen, z. B. für ActD.

Element	Al	Fe	Ni	Cu	Zn	Ag	Sn	Pt	Au	Pb	Bi
π %	38	47	48	52	53	63	70	78	79	80	81
$\pi \sqrt{P}$	(11,5)	9,6	9,8	10,4	10,3	9,9	10,5	10,4	10,4	10,3	10,4

Der Maximalwert von $A/_2 = 119$ entspricht der Zahl der Atomarten (Kirchhof 1919). Die Zahl der Elementtypen (N) ist nur 92. Es müssen danach viele Isotopen vorhanden sein, auch unter den nicht radioaktiven Elementen (so bei Ca $A/_2 = 20$ und 22, Ga = 33 und 35, Se = 38 und 40, Ru = 50 und 52, Sn = 58 und 60, Te = 62 und 64, Pb = 102 und 104, U = 118 und 120). Diese Zahlen ergeben sich daraus, daß ihre Mittelwerte die Gleichung $(A/_2)^2 \lambda_L = 1{,}255 \cdot 10^{-4}$ erhalten müssen, die für die übrigen Elemente gilt. Die Werte von R und damit von Q ändern sich für diese Elemente entsprechend.

Die Gleichung $(A/_2)^2 \lambda_L$ = einer Konstante ist analog der Moseleyschen Gleichung $(N - 1)^2 \lambda_K = 1200$. ($\lambda_K$ und λ_L sind dabei die Wellenlängen der Hauptlinien im K- und L-Spektrum, vgl. S. 247.)

Wieweit die neue Beziehung erfüllt ist, erkennt man an einigen Beispielen:

Element	Zn	Ga	Ge	As	Se	Ag	Ru	Ta	W	Pt	Tl	Pb	U
$\lambda \cdot 10^{-8}$	12,35	10,20	9,55	9,10	8,70	4,17	3,62	1,525	1,475	1,316	1,220	1,179	0,919
$A/_2$	32	35	36	37	39	55	59	91	92	98	101	103	119
$A/_2 \cdot \lambda$	1264	1249	1238	1246	1253	1261	1260	1263	1248	1264	1245	1250	1255

Zu dem gleichen Schlusse über die Zahl der Isotopen ist Stewart (1917) gekommen, indem er die Abweichungen der Atomgewichte von ganzen Zahlen

[1]) Über die theoretische Ableitung siehe Epstein bei **133**, vgl. auch **119.**

oder, das Verhältnis von *N* zu *A* als Funktion des Atomgewichtes selbst (es sind dabei die Elemente in die geraden und die ungeraden Reihen, wie es Harkins tat, zu trennen) darstellte.

In den Kernen, besonders der Elemente mit den Werten $A = 23, 37, 49, 59$, sind die Elektronen in verschiedener Verteilung denkbar und hier sind am ehesten Isotope zu erwarten. Bei diesen *A*-Werten ändert sich die Elektronenzahl im Kern sprungweise und zugleich ist die Abweichung des Atomgewichtes von ganzen Zahlen größer.

Man hat demgemäß 3 Gruppen von Elektronen: 1. Die Kernelektronen, deren Existenz aus den Verschiebungsregeln und den Isotopen (siehe **94.**) folgt; 2. die Innenelektronen[1]), auf deren Existenz die homogenen X-Strahlen und β-Strahlgruppen beruhen, und die unabhängig sind von der Bindung der Atome; 3. die Außenelektronen oder Valenzelektronen, die leicht abgebbar sind, deren Anordnung störbar ist durch die Nähe anderer ringfremder Atome, und die die Ursache sind der chemischen konstitutiven Eigenschaften (Affinität, Kohäsion, innerer Reibung, Ionenbildung). Sie erregen die Spektralschwingungen. Für diese Eigenschaften sind allerdings nicht die Valenzelektronen allein, sondern auch ein Teil der Innenringe maßgebend. Gemäß dem periodischen System haben ganze Reihen von Elementen mit gleicher Valenz ähnliche Eigenschaften; diese unterscheiden sich durch die Ordnungszahl. Die Ähnlichkeit kann nur möglich sein, wenn dann der Bau der äußeren Ringe ein gleicher ist.

Die Zahl der Elektronen in dem Außenringe der Valenzelektronen wird eine bestimmte Zahl 8 nicht überschreiten können, ohne daß der Ring instabil wird. Diese Zahl läßt sich wieder durch die Beugungsmethode ermitteln (siehe **127.** u. S. 239). Erfle (1907) berechnete die Reflexion im ultravioletten Licht, die durch die Streuung[2]) an den Elektronen des Valenzringes zustande kommt, nach der Drudeschen Elektronentheorie. Er fand ebenfalls das Maximum von 8 Elektronen.

Der Verlust von Valenzelektronen hat eine ganz andere Wirkung als der von Kernelektronen. Verliert z. B. das 6wertige Uran ($N = 92$) 2 Valenzelektronen, so geht es in das 4wertige Uranoatom über; verliert es 2 β-Elektronen, so entsteht das ebenfalls 4wertige Thoriumatom. Aber beide Atome sind einander chemisch nicht gleich.[3]) An den Valenzerscheinungen können sich die Innenelektronen nicht beteiligen, da ihre Kraftlinien nicht aus der Atomfläche hervorzutreten vermögen. Anderseits können die Valenzelektronen nicht bei den homogenen X-Strahlen mitwirken, da die Schwingungen viel kleiner sind, als sie der Valenzring, der das Atom begrenzt, erregen kann. Schwingungen des ganzen Atoms werden nur solche sein, welche den Lichtschwingungen nahe liegen.

---

[1]) Vgl. Stark: Elementare Strahlung, 1911, S. 103, 156, bei der Erörterung des Zeemanschen Phänomens.

[2]) Bei dieser Streuung wird ein Metallatom ionisiert und es entstehen auch chemische Wirkungen, die lediglich durch die Valenzelektronen bedingt sein können (siehe **42.**).

[3]) Vgl. Soddy: Chemie der Radioelemente, 1915, S. 73 und Fleck (1914). Fällt man ein Gemisch von Urano- und Thorsalzen durch Fluorkalium in der Kälte unter einem Überdruck von luftfreier Kohlensäure (zur Vermeidung der Oxydation der Uranosalze), so fällt nur das Th aus.

125. Anordnung der Elektronen in Ringen (Bohr).

Über die Einzelheiten des Baues der Kerne ist zurzeit nichts Sicheres bekannt. Nur durch die radioaktiven Erscheinungen erhält man Einblick in die Zusammensetzung der Kerne; das ist daher nur bei wenigen Substanzen möglich. Debierne (1915) macht darauf aufmerksam, daß die Gruppierung in den Radioatomen keine symmetrische sein kann. Denn sonst wäre nicht zu verstehen, wie kritische Lagen eintreten könnten, die die Voraussetzung für den Zerfall bilden (vgl. Lindemann **92.**).

Etwas mehr läßt sich sagen über die Anordnung der zahlreichen den Kern umgebenden Elektronen. Daß sie eine Reihe von Ringen bilden müssen, ist schon oben hervorgehoben worden. Aus dem Zeemanschen Phänomen (siehe **114.**), den Versuchen von Einstein-Haas und Barnett (1915) über die Entstehung magnetischer Kräfte durch kleinste rotierende Teilchen folgt, daß im Atom, unabhängig davon, ob es strahlt oder nicht, stets Elektronen e vorhanden sind, die in Kreisen um einen Kern (Ladung E) sich bewegen. Wir können annehmen, daß die Bewegung eine Frequenz ν besitzt, die der beobachteten X-Strahlung entspricht. In einem solchen System herrscht Gleichgewicht, wenn die Coulombsche Anziehungskraft zwischen den Ladungen e und E gleich ist der Zentrifugalkraft des Elektrons e. Es ergibt sich einfach (siehe **131.**) $eE/a^2 = 4\pi^2 m a \nu^2$ (a: Radius des Kreises des Elektrons). Für 2 Substanzen mit den Ladungen E_1 und E_2, den Radien a_1 und a_2, den Frequenzen ν_1 und ν_2 ist dann $\nu_1^2/\nu_2^2 = E_1 a_2^3/E_2 a_1^3$. Nach den Moseleyschen Regeln ist $\nu_2/\nu_1 = E_2^2/E_1^2$. Daraus folgt $E_1/E_2 = a_2/a_1$, d. h. die Radien der Bahnen verhalten sich für verschiedene Atome bei gleicher Art der Strahlung umgekehrt wie die Kernladungen. Die engen Beziehungen zwischen K- und L-Strahlung lassen den Schluß zu, daß der K-Strahlungskreis von dem L-Kreis umgeben ist. Aus dem Verhältnis der Frequenzen (1 : 8) folgt, daß der Radius der L-Bahn etwa $8^{2/3}$ oder 4mal so groß ist, wie der der K-Bahn.[1] Die Ringe können verschiedene Form haben; es gibt Kreise oder Ellipsen. Die Bahndurchmesser müssen bestimmten Quantenbedingungen genügen, wodurch ihre Zahl sehr eingeschränkt wird.[2] Über die Zahl der Elektronen, die im Höchstfall einen stabilen Ring bilden können, ist eine sichere Entscheidung noch nicht zu treffen. Abgesehen von dem äußersten, dem Valenzring, kann man die Frage nur theoretisch lösen. Dabei kann man nicht das Rutherfordsche Atommodell zugrunde legen — dieses führt bei Anwendung der üblichen elektrodynamischen Grundlagen nicht zu stabilen Anordnungen. Zur Rechnung ist (Rayleigh 1906, Föppl 1914) das von Lord Kelvin (1902) und J. J. Thomson (1904) benutzte Modell des Atoms verwendet worden, bei dem die mathematischen Schwierigkeiten der Rechnung noch zu überwinden sind. Bei diesem Modell bewegen sich die Elektronenringe innerhalb einer positiv geladenen sich über den Atombereich erstreckenden Hülle. Föppl untersuchte die Stabilität von Ringen, die auf einer gemeinsamen Achse übereinander liegen. Jeder der Ringe kann bis zu 8 Elektronen enthalten. Tritt ein weiteres Elektron hinzu, so entsteht ein neuer Ring. In einer Ebene lassen sich nicht mehr als 5 Elek-

[1]) Siehe dagegen Langmuir (bei **135.**).

[2]) Siehe die Bohrsche Theorie (Sommerfeld, Planck bei **133.**).

tronen stabil anordnen. Das kann durch den Versuch experimentell gezeigt werden, indem man die von einem elektrischen Feld umgebenen rotierenden Elektronen als kleine Kreisströme ansieht und sie daher durch kleine Magnete ersetzt. Mayer (1879) befestigte kleine Magnetnadeln auf Korkstücke und ließ sie auf Wasser schwimmen. Über ihnen befand sich ein starker Magnetstab. Die Korke mit den Magneten wurden alle zur Mitte hingezogen, stießen sich aber untereinander ab, 5 bildeten einen Ring um den großen Magnet. Mehr als 5 bildeten 2 Ringe. Ähnliche Gruppen erhält man mit eisernen Kugeln, die auf Quecksilber schwimmen, oder mit länglichen hohlen, vorn und hinten geschlossenen Messingzylindern, die auf Wasser schwimmen und über denen ein auf hohes elektrisches Potential geladener Körper angebracht ist. Die Zahl der Körper in einem allein stehenden Ring überschreitet niemals 5.[1])

Die Zahl der Elektronen im Ring kann sich ändern durch Strahlung; durch Emission oder Absorption von α-, β-, γ- und X-Strahlen. Nach Bohr (1913) ist die Strahlung lediglich die Begleiterscheinung des Übertritts eines Elektrons von einem Ring zum andern. Dabei wird stets mindestens ein Energiequant h übergeführt; in der Sekunde $h\nu$, wenn ν die Schwingungszahl bedeutet. Diese Annahme ließ sich prüfen durch Messung des Energieaustausches bei K-, L- und γ-Strahlen. Sommerfeld und Epstein (vgl. **133.**) haben Energiemenge und Zahl der Schwingungen in Übereinstimmung mit dieser Bohrschen Quantentheorie gefunden. Es sind nur soviel Schwingungen vorhanden als mit den Grundannahmen dieser Theorie vereinbar sind. Die Verteilung der Schwingungen auf die verschiedenen gequantelten Bahnen ist eine eindeutige. Harkins (1915) folgert aus den verschiedenen Serien im Linienspektrum, daß beim Wasserstoff 4 verschiedene Anfangsbahnen vorhanden sind. Diese Serien sind durch die Werte des τ_1 in der Rydbergschen Formelgekennzeichnet. $\nu = N_0(1/\tau_1^2 - 1/\tau_2^2)$. $\tau_1 = 0$; die Laufzahl, τ_2 beginnt mit 2; $\tau_1 = 1$, $\tau_2 = 3$ — $\tau_1 = 2$, $\tau_2 = 4$ — das sind die gewöhnlichen Serien. $\tau_1 = 3$, $\tau_2 = 5$: Ritz-Paschenserien (S. 222).

St. Meyer (1915) hat den Versuch gemacht, die Ringstruktur aus der Änderung des Atomvolumens mit der Ordnungszahl abzuleiten (siehe **19.**). Die Kurve, welche diese Änderung wiedergibt, zeigt an einigen Punkten starke Richtungswechsel (graphische Darstellung Fig. 30; S. 281). Diese stehen in Zusammenhang mit der Bildung neuer Ringe. Die Ringbildung ist eine besondere Form der radioaktiven Vorgänge. Diese setzen sich durch das ganze System fort (siehe **100.**), so daß man die radioaktiven Erfahrungen auf die übrigen Elemente übertragen kann. Man beobachtet nun, daß für die Radioelemente die Lebensdauer mit steigendem Atomvolumen abnimmt. Das kann man darauf zurückführen, daß, wenn aus dem Kern ein α-Teilchen austritt, die zentrale Anziehungskraft des Kerns auf die Elektronenringe nachläßt. Die Ringe werden sich erweitern, das Atomvolumen wächst.

Die periodischen Veränderungen des Atomvolumens lassen aber noch weitere Beziehungen der Elektronenringe zueinander erkennen. Vor allem wird wahrscheinlich, daß die Schwankungen des Atomvolumens ihre Ursache in einem abgeänderten Coulombschen Kraftgesetz zwischen den in Ringen angeordneten

[1]) J. J. Thomson: Korpuskulartheorie 1908, S. 109.

Elektronen haben. Wenn[1]) man die Gültigkeit des einfachen Kraftgesetzes Ee/r^2 annimmt, ist es rätselhaft, wie ein Atom, das nach dem Muster des Bohrschen aus Elektronenringen aufgebaut ist, solange es nicht strahlt, stabil sein kann. Die Ringe müßten ineinander stürzen. Wie die Messungen mit Laueschen Interferenzen an Kristallgittern zeigen, haben wir sehr stabile Verhältnisse (Born 1918). Es ist aus Gitterkonstanten und Mol-Vol. ein bestimmter Atomabstand a zu berechnen. Dabei ist die Verteilung der Ringe im NaCl folgende: Der negative Ring des Na berührt schon fast den des Cl. Die übrigen Na-Ringe haben von dem Cl-Kern, und die Cl-Ringe von dem Na-Kern größeren Abstand. Es ist also die Abstoßung zwischen den negativen Ringen von Cl und Na durch die Anziehung zwischen den Kernen und Ringen überwunden. Das setzt ein Kraftgesetz von der Form $e^2/r^2 — a^2e^2/r^4$ voraus. Es herrscht Gleichgewicht, wenn $r = a$, d. h. gleich dem Atomabstand ist. a ist etwa 3—4mal so groß wie der Radius der verschiedenen Atome. Aus der Größe von a ist auch die Arbeit zu berechnen, die die beiden Atome zu ihrer Annäherung verbrauchen. Diese erweist sich gleich mit der Wärmeentwicklung für: $Na^+ + Cl^- = NaCl$. J. J. Thomson (1918, vgl. **129.**) hat das Kraftgesetz in der Form $ee^1/r^2 — C/r^3$ angesetzt. Aus dieser Form folgt, daß eine größere Anzahl von positiven Ladungen, wie sie im Kern vorhanden sind, im Gleichgewicht mit einer kleinen Zahl negativer Ladungen sein können (z. B. 150+ mit 20—). Bei mehrwertigen Valenzringen wird die Abstoßung verhältnismäßig kleiner sein als bei einwertigen. Das Atomvolumen wird daher bei den mehrwertigen auch kleiner sein. Bildet sich durch Hinzutritt von Elektronen ein neuer Ring, so wird die Kernladung stärker abgeschirmt; die elektrische Kraft, die die Ringe zusammenhält, wird geringer, das Atomvolumen wächst. Solche Übergänge beobachtet man zwischen den Edelgasen und den Alkalimetallen.

Aus dem abgeänderten Coulombschen Gesetz ergibt sich für den Abstand d der Elektronen des Heliums vom Kern $^7/_4\, e^2/h^2$. Aus der spezifischen Induktion des Gases, die ein Maß für die Arbeit ist, die erforderlich ist, um eine +-Ladung dem Atom bis auf den Atomabstand zu nähern, läßt sich d zu $1/3 \cdot 10^{-8}$ cm berechnen. Sobald man d kennt, ist es möglich, auch die Energie zu berechnen, welche nötig ist, um ein Elektron vom He-Atom loszulösen, also das Ionisationspotential (siehe **42.**, **124.**). Es ergibt sich ein Wert von 24 Volt statt 20 Volt; ferner für das H-Atom 11 Volt. Während das H-Atom bei Annahme des Bohrschen Modells, solange das Coulombsche Gesetz gilt, nicht stabil ist, gelangt man durch die verbesserte Form des Gesetzes zu einer stabilen Verteilung. Die 4 Ladungen im H-Atom bilden einen Rhombus mit einem Winkel von 60°.

In sehr einfacher Weise hat Sommerfeld (Atombau, S. 98) eine Beziehung zwischen der Größe der Elektronenbahnen und dem Atomvolumen (AV.) hergestellt. Wir wiesen oben darauf hin, daß nach Bohr die Radien der Elektronenbahnen sich umgekehrt, wie die Kernladungen Z verhalten. Für die verschiedenen Bahnen ist Z keine Konstante, nur für die innerste Bahn ist $Z =$ der Ordnungszahl; für die weiter außen gelegeneren wird Z immer kleiner, da die inneren Elektronenringe die Kernladung abschirmen. An der äußersten Bahn wirkt als Ladung Z nur noch die Wertigkeit des Atoms. Aber mehrere Wertigkeitselektronen schwächen sich auch noch gegenseitig und diese Schwächung berechnet sich sehr einfach aus den Abschirmgliedern s_i (S. **278**). Für die Alkalien ist das wahre Z in der äußersten Bahn = 1; für die Erdalkalien $= 2 — s_2 = 1{,}75$ usw.; für 8wertige Elemente wird $Z = 8 — s_8$. Die Z-Werte sind daher der Reihe nach = 1; 1,75; 2,42; 3,04; 3,6; 4,2; 4,7; 5,2 zu setzen. Diesen Größen sollen die AV. umgekehrt proportional sein. Setzt man das AV. für ein Alkalimetall = 1, so soll das AV. des im System folgenden Erdalkalimetalles $^1/_{1,75}$ oder 0,57, für das nächste dreiwertige Element $^1/_{2,42}$ oder 0,41, für das nächste vierwertige Element $^1/_{3,04}$ oder 0,33 betragen. Beobachtet sind folgende relative AV.-Werte:

für	Mg	0,57 —	Ca	0,57 —	Sr	0,61 —	Ba	0,51
,,	Al	0,42 —	Y	0,42 —	La	0,32		
,,	Si	0,51 —	Ti	0,23 —	Zr	0,25 —	Ce	0,29

[1]) Man kommt nach Born (siehe **135.**) mit dem Coulombschen Gesetz aus; auch die Rutherfordsche bewährte Grundformel (siehe **117.**) beruht auf ihm.

Auch[1]) aus der homogenen X-Strahlung erhält man Anhaltspunkte für die Ringverteilung. Es ist anzunehmen, daß die *K*-Strahlen vom innersten Ring, die *L*-Strahlen vom nächsten Ring ausgehen. Darauf folgen *M*-, die hypothetischen *N*- und schließlich *O*-Strahlen, die bereits mit den Lichtstrahlen zusammenfallen. Die Strahlung ist, wie es Bohr annimmt, in diesen Fällen an den Übergang des Elektrons von einem Ring zum andern verknüpft, einer Auffassung, die in Einklang steht mit den Messungen Rutherfords (1915, siehe **124.**) über die Energieentwicklung bei den zahlreichen β- und γ-strahlenden Gruppen des RaB und RaC. Der gleiche Schluß ist zu ziehen aus der Tatsache, daß die *K*- und *L*-Schwingungen sich als Differenz von 2 Gliedern[2]) darstellen lassen, deren jede für sich mit der Ordnungszahl in gleicher Weise wie beim Wasserstoff in der Rydbergschen Gleichung zusammenhängt (siehe **120.**), so für $K_\alpha = K-L$; $K_\beta = K-M$; $L_\alpha = L-M$. Man erhält die richtigen Schwingungen (Doppellinien in der X-Strahlung und beim Wasserstoff), wenn man ebenfalls annimmt, daß diese Schwingungen durch Springen der Elektronen von einem Ring zum andern entstehen. Für die *K*-Strahlen (innerster Ring, härteste Strahlen) beträgt die Spannung, um das Elektron in Bewegung zu setzen, 170000 Volt; für den äußersten Ring (den Valenzring, *O*-Strahlen) nach Franck-Hertz (siehe S. 270) rund 20 Volt. Die Ringschwingungen und Energien stehen in enger Beziehung; es ist (Wagner, **120.**) $K_A/L_A = L_A/M_A$. Da die Energie proportional $h\nu$ ist, so gilt dieselbe Gleichung auch für die Energie. Diese nimmt von innen nach außen in geometrischer Reihe ab. Die *L*-Strahlung ist nur 0,07% so stark, wie die *K*-Strahlung; ebenso verhält sich die *M*- zur *L*-Strahlung (Barkla 1915).

Da die *K*- und *L*-Ringe Schwingungen geben, die den gleichen Gesetzen gehorchen, nach denen das einfache Elektron des Wasserstoffs schwingt, so ist es wahrscheinlich, daß jedes der Ringelektronen unbeeinflußt vom anderen schwingt.[3]) Das folgt aus den Messungen von Wagner. X-Strahlen werden von den verschiedenen Elementen absorbiert und diese Absorption ergibt einen Absorptionsstreifen. Jedem Element entspricht eine bestimmte Grenzwellenlänge (äußerste Kante dieses Streifens, S. 251). Aus dieser Grenze läßt sich berechnen, wie weit sich das Elektron vom Kern eines Elementes entfernen kann, bis es völlig absorbiert wird. Vergleicht man diese Entfernung mit dem durch die Laufzahl τ_1 festgelegten Radius der Bahnen, wie er sich nach der Balmerschen Gleichung ergibt, so findet man, daß

---

[1]) Sonst noch durch die Abstufung in der Stärke der Beugungsspektren verschiedener Ordnung bei der Reflexion von X-Strahlen an Kristallgittern (Barkla, Nature **95**, 344; 1915; und Compton bei **126.**).

[2]) Ritzsche Termen. Die Termen sind ein Maß für die Energie, die das Elektron auf der betreffenden Bahn (*K*-, *L*- oder *M*-Bahn) besitzt. Es ist z. B. $\nu_{K_\alpha} = \nu_0 (K-L)$. ν_0 ist die Grenzfrequenz, $h\nu_0 K$ die Energie auf der *K*-Bahn (Wagner: Phys. Zs. **18**, 491; 1917). Streng gilt das nur für solche Termen, die zu inneren Bahnen gehören. Bei dem Erreichen der *M*- und *N*-Bahn treten Energieänderungen ein, sobald das strahlende Elektron dazwischenliegende Elektronenringe oder Elektronenwolken passieren muß. Daher sind auch die *L*-Terme, sowie die Terme der Alkalien, nicht wasserstoffähnlich (Sommerfeld 1916).

[3]) Sommerfeld: Ann. Phys. **51**, 164; 1916. Wagner: Ann. Phys. **46**, 868; **49**, 646; 1915.

diese Grenze stets größer als 2 Radien ist. Die Glieder *K* und *L* (siehe **120.**), aus denen die *K*- und *L*-Strahlung entsteht, haben die Laufzahlen 1 und 2. Die *K*- und *L*-Bahnen erreichen daher nicht das Gebiet, in dem die Absorption beginnt. Die Strahlung geht daher ungestört nach den Gesetzen für die Wasserstoffstrahlung vor sich.

Die Zahl der Ringe ist sonach sicher anzugeben.[1]) Aber auch für die Verteilung der Elektronen auf die Ringe selbst hat man nunmehr sichere Anhaltspunkte. Im folgenden halte ich mich an die Darlegungen[2]) von Sommerfeld und Kroo (1918). Diese fußen lediglich auf den Erfahrungen an X-Spektren, da die chemischen Eigenschaften, die periodische Funktionen der Ordnungszahl sind, exakte Berechnungen nicht zulassen. Zunächst hat man die Tatsache, daß die K_β-Linie (sie entsteht beim Übergang eines Elektrons vom *M*- zum *K*-Ring) bei Na fehlt und erst beim Mg nachweisbar ist. Die K_γ-Linie (sie entsteht beim Übergang vom *N*- zum *K*-Ring) fehlt bei K und tritt erst bei Ca auf. Danach ist es wahrscheinlich, daß das Mg einen *M*-, das Ca noch einen *N*-Ring enthält. Doch muß man die Bildung dieser Ringe bereits bei Na bzw. K voraussetzen. Indessen ist bei diesen Elementen der Ring nicht frei, da er, der nur aus einem Valenzelektron bestehen kann, wie wir später sehen werden, mit dem Cl-Ring zu einem 8-Ring verkuppelt ist.

Die Elektronen von Elementen von niederer Ordnungszahl als Na müssen daher auf 2 Ringen, auf dem *K*- und *L*-Ring, verteilt sein. Diese Ringe müssen also stets eine größere Anzahl Elektronen enthalten. Das ergibt sich auch aus der Art der Abhängigkeit der *L*-Schwingungen von der Kern- oder Ordnungszahl (siehe **120.**). Die Formel, welche diese Abhängigkeit darstellt, läßt sich nur so deuten, daß die Größe *b* (= 3,5) den

---

[1]) Die äußerste Wellenlänge, die man bei der Absorption von X-Strahlen erhält, entspricht der Wellenlänge von K_γ bei der Emission (nach Moseley), d. h. dem Übergang eines Elektrons vom *K*-Ring zum vierten (*N*-) Ring (vgl. **133.**). Nach Wagner (Szber. Münch. Akad. 1916, 31) deutet diese Erscheinung darauf hin, daß höchstens 4 Ringe (vgl. S. 321) im Atom vorhanden sind (außer dem Valenzring?). Bei leichteren Elementen (Al) fällt die Absorptionslinie mit K_β zusammen, es sind nur 3 Ringe vorhanden.

[2]) Der Strahlungsvorgang ist nach Bohr-Sommerfeld der, daß das Elektron zwischen *K*- und *L*-Ring hin und her wandert. Aber besonders Debye (dem sich Vegard, Reiche, Epstein anschlossen) hat zur Erklärung der großen Herabsetzung oder Abschirmung der Kernladung um den Betrag 3,5 (S. 258) angenommen, daß den Kern ein einquantiger Ring von 3 Elektronen umgibt. Aus diesem Ring wird durch den Absorptionsvorgang ein Elektron losgelöst und es rotiert weiter auf einer weiter außen liegenden zweiquantigen Bahn, die nicht mit der *L*-Bahn identisch ist. Der gesprengte *K*-Ring gruppiert sich um und zieht sich zusammen. Bei der Rückkehr des Systems aus diesem in den ursprünglichen Zustand wird K_α emittiert. In ähnlicher Weise hat Vegard für die Emission der L_α-Linie angenommen, daß das strahlende Elektron auf einer besonderen (dreiquantigen) Bahn rotiert. Indessen führen diese Annahmen zu Ergebnissen, die nicht in allen Punkten mit den Tatsachen übereinstimmen. Sommerfeld ist auf anderem Wege, bei dem die ursprünglichen Annahmen des Strahlungsvorganges beibehalten werden, zur Lösung dieser Schwierigkeiten gekommen (siehe **133.**, Gruppierung der Bahnen in einem Ellipsenverein). Immerhin sind alle diese Annahmen noch als bloße Versuche anzusehen. Auch sind die experimentellen Unterlagen (Absorptionsgrenze, Doppellinien) noch der Ergänzung bedürftig. So zerfällt nach Stenström (1919) die Grenze in einzelne Absorptionsstreifen.

Betrag bedeutet, um den die Wirksamkeit der Kernladung geschwächt ist. Diese beträchtliche Schwächung[1]) ist nur möglich, wenn die *K*- und besonders die *L*-Ringe eine größere Anzahl Elektronen enthalten.

Eine genaue Berechnung der Schwächung oder Schirmwirkung ist zunächst nur durchführbar für eine Anordnung der Elektronen, wie sie bei der Ausstrahlung der $K\alpha_1$-Linien vorhanden ist. Für die Berechnung wird angenommen, daß eine unbekannte Anzahl Elektronen, nämlich k den *K*-Ring und l den *L*-Ring besetzt. Die Elektronen auf der *L*-Bahn sind dabei so verteilt, daß sie ein regelmäßiges Vieleck bilden, jedes der Elektronen beschreibt für sich eine Ellipse, alle Ellipsen stehen in einem einfachen Zusammenhang (Ellipsenverein, siehe **133.**). In einer solchen Anordnung ist die Energieänderung ΔW beim Übergang eines Elektrons von der *K*-Bahn zu einer *L*-Ellipse streng[2]) (auch unter Berücksichtigung des Einflusses der Elektronengeschwindigkeit, der durch die Relativitätsglieder gegeben ist) berechenbar. Die beobachteten Frequenzen ν der $K\alpha_1$-Strahlung hängen mit ΔW durch die Beziehung $\Delta W = \nu h$ zusammen. Man vergleicht nun nicht direkt die ΔW, sondern die aus den Frequenzen ν abgeleitete Größe $\Delta = \nu/N - {}^3/_4\, Z^2$ (Z die Ordnungszahl, N die Rydbergsche Konstante = 109740) mit den berechneten Δ. Die Berechnung der Energieänderungen führt zu einer Darstellung von Δ als zusammengesetzt aus einzelnen Gliedern, die die gesuchten Zahlen k und l als Faktoren enthalten und im übrigen abhängig sind von Z, dem Relativitätsfaktor α und den Schirmgliedern σ_k und σ_l. Die beobachteten Werte von Δ sind (mit 10 multipliziert) für $Z = 11$ 145; für $Z = 12$ 161; für $Z = 13$ 177.

Man setzt nun der Reihe nach passende ganze Zahlen für k und l in die theoretische Formel für Δ ein und erhält so eine Vergleichstafel von der Form:

Z	Δ beob.	Δ ber. für $k = 3$, $l = 7$	$k = 3$, $l = 8$	$k = 3$, $l = 9$
11	145	160	144	128
12	161	178	161	145
13	177	196	178	161

Schon aus diesen wenigen Zahlen erkennt man, daß die Übereinstimmung zwischen Rechnung und Beobachtung für $k = 3$ und $l = 8$ am besten zu erreichen ist. Wir haben demgemäß nach Ablauf der Strahlung einen einquantigen *K*-Ring, der aus 3 Elektronen besteht, und einen zweiquantigen *L*-Ring, der 8 Elektronen[3]) umfaßt. Im normalen Zustand hat der *K*-

---

[1]) Für die Berechnung der Schwächung sind die Moseley-Bohrschen Glieder

$$\sigma_n = \frac{1}{4} \sum_{\sigma=1}^{n-1}{}' \frac{1}{\sin 2\pi\sigma/n}$$

maßgebend (vgl. **130.**, Nr. 5, und **131.**). n ist die Zahl der Elektronen auf einem Ringe, die auf gleichen Winkelabstand verteilt sind.

[2]) Sommerfeld gibt (Phys. Zs. **19**, 305; 1918) für einige Elemente: Mg, Br, Sn, W die einzelnen Glieder der Berechnung an, danach sind die Werte für die gegenseitige Ringwirkung gegen die übrigen Größen zu vernachlässigen.

[3]) Die übrigen Ringe sind auch zweiquantig (siehe **135.** u. S. **283**, Born).

Ring 2; der L-Ring 9 Elektronen. Die folgende Tabelle zeigt, daß die Δ für die Elemente von $Z=11$ bis $Z=60$ so weit übereinstimmen, als man besonders mit Rücksicht auf die Unsicherheit der Frequenzen ν überhaupt nur erwarten kann. Von $Z=40$ ab sind merkliche Abweichungen zu erkennen.

Z	11	12	13	14	15	16	17	19	20	21	22	23	24	25	26
$10 \cdot \Delta$ beob.	145	161	177	192	210	220	233	267	284	294	307	319	330	333	344
$10 \cdot \Delta$ ber.	144	161	178	192	207	223	238	268	282	295	308	320	332	342	352
Z	27	28	29	30	32	33	34	35	37	38	39	40	41	42	44
$10 \cdot \Delta$ beob.	351	367	386	391	431!	379	416!	383	384	368	500	440	440	400	390
$10 \cdot \Delta$ ber	361	369	375	381	388	389	388	386	377	368	360	340	330	310	270
Z	45	46	47	48	49	50	51	54	55	56	57	58	59	60	
Δ beob.	37	33	35	34	14	4	4	22	−21	3	−13	−44	−53	−61	
Δ ber.	24	21	18	14	10	5	1	−10	−23	−31	−49	−47	−56	−66	

Die neuesten Messungen von Siegbahn (1919) geben noch einen vollkommeneren Anschluß an die Krooschen Formeln.[1]) Dafür einige Beispiele für verschiedene Elemente:

Ordnungszahl	17	19	20	21	24	26	27	28	29	30
ν/N beob.	192,73	243,76	271,60	300,99	398,55	471,49	510,34	550,80	592,85	636,54
ν/N ber.	193,12	244,06	271,86	301,22	398,70	471,58	510,29	550,73	592,75	636,42
Abweichg. i. %	−0,2	−0,1	−0,1	−0,1	−0,03	−0,02	+0,01	+0,01	+0,02	+0,02

Noch wenig sicheres läßt sich über die Lage der Ringe zum Kern aussagen. Es stehen sich da 2 Annahmen gegenüber, die von Bohr, nach der die Ringe in einer Ebene um den Kern als Brennpunkt sich bewegen, und die von Nicholson (1911, 1914), nach der die Ringe in verschiedenen Ebenen um eine gemeinsame, durch den Kern gehende Achse sich drehen.[2]) Auf das Bohrsche System sind die gewöhnlichen Gesetze der Elektrodynamik nicht anwendbar. Denn nach diesem ist ein solches System überhaupt nicht stabil und existenzfähig. Aber aus den neuesten scharfsinnigen theoretischen Entwicklungen[3]) folgt, daß das Bohrsche System eine geeignete Grundlage gibt, um die Wasserstoff-, K- und L-Strahlungen vollständig und eindeutig darzustellen (siehe **133.**).

[1]) Diesen und ähnlichen Formeln lagen folgende Annahmen über den Vorgang der Entstehung von X-Strahlen zugrunde (Smekal 1919, Vegard 1919): ein Elektron wird 1. aus dem K-Ring entfernt, wird dann 2. in einem anderen Ring absorbiert, 3. an seiner Stelle kehrt ein Elektron in den K-Ring zurück, wobei die Lichtemission stattfindet. Klarheit fehlt bisher darüber (vgl. Smekal 1919), welche Lage der Absorptionsring hat, ob er mit einem der (primären) Ringe identisch ist, auf dem sich Elektronen bereits bewegen, oder ob das Elektron auf einer leeren durch besondere Quantenbedingungen ausgezeichneten Bahn festgehalten wird (Debye 1917). Je nach den Annahmen kommt man zu verschiedenen Berechnungen, die für die K_α-Linien richtige Werte liefern, die aber meist versagen bei anderen Linien. Das ist dadurch z. T. verursacht, daß die gegenseitige Beeinflussung (Störung) der einzelnen Ringe nur mit Annäherung berücksichtigt werden kann. Auch besteht keine Sicherheit, welche Energie oder Quantenzahl den Ringen zukommt.

[2]) Sommerfeld (Phys. ZS. **19**, 298; 1918) hielt es für wahrscheinlich, daß die K-, L-, M-Ringe in 3 Ebenen senkrecht zueinander stehen. In dieser Anordnung besitzt das Atom die kleinste innere Energie. Auch Born (Szber. Berl. Akad. 1918, 1048) gelangt zu einer gekreuzten Stellung der Ringe.

[3]) Sommerfeld, Planck, Epstein, Debye ferner Bohr selbst (1920).

126. Elektronenringe der einzelnen Elemente.

Im folgenden sind aus einigen neueren Arbeiten die Ergebnisse über die Ringverteilung und Ringform mitgeteilt.[1]) Wir stehen hier noch ganz am Anfang der Entwicklung und strenge Rechnungen sind noch kaum möglich, so daß man je nach dem Ausgangspunkt der Betrachtungen merklich verschiedene Resultate erhält.

Nicholsons Ringe umfassen höchstens 8 Elektronen; für diese parallelen Ringe gelten die gewöhnlichen, nicht die Quantengleichungen. Die verschiedenen Serien der Strahlungen entstehen, wenn die Ringe zur Hälfte oder in Dritteln und in Vierteln schwingen, wie eine angeschlagene elastische Platte, wenn sie einen bestimmten Ton gibt. Ein neuer Ring bildet sich am Ende jeder Nebenreihe, indem 2 Ringe zu je 4 Elektronen mit einem 8-Ring sich zu 2 symmetrisch zum Kern gelegenen 8-Ringen umgruppieren. Die Gruppierung erkennt man aus der folgenden Tabelle.

Geltungsbereich der Ringanordnung I	Ringanordnung[a)] II	Summe[b)] III	Zahl der Valenzelektronen IV	III und IV = N	Ringformel
He—F	1·1	2	—	2	1_2
Ne—Cl	1·8·1	10	—	10	$1_2\,8$
Ar—Ni	4·1·8·1·4·	18	—	18	$4_2\,1_2\,8$
Cu—Br	1·8·1·8·1·8·1	28	1	29	$1_4\,8_3$
Kr—Pd	4·1·8·1·8·1·8·1·4	36	—	36	$4_2\,1_4\,8_3$
Ag—J	1·8·1·8·1·8·1·8·1·8·1	46	1	47	$1_6\,8_5$
Xe—Ce	4·1·8·1·8·1·8·1·8·1·8·1·4	54	—	54	$4_2\,1_6\,8_5$
Ta—Pt	4·1·8·1·16·8·16·1·8·1·4	68	5	73	$4_2\,1_4\,8_3\,16_2$
Au—Bi	1·8·1·8·1·16·8·16·1·8·1·8·1	78	1	79	$1_6\,8_5\,16_2$
Nt—Ur	4·1·8·1·8·1·16·8·16·1·8·1·8·1·4	86	—	86	$4_2\,1_6\,8_5\,16_2$

a) Vgl. van der Broek: Elster-Festschrift 1915, 428.
b) Summe der Elektronen für das Element mit niedrigster Ordnungszahl N.

Von den Ringen verändert sich innerhalb einer Gruppe nur ein Ring, der Valenzring, der von 1 bis 8 anwachsen kann. Die 16-Ringe sind als Doppel-8-Ringe aufzufassen.

Folgende Ringanordnung ist für die ersten 17 Elemente (die unterste Zahl bedeutet die Zahl der Valenzelektronen) möglich (St. Meyer 1915):

N	2	3	4	5	6		7			8		9	10	11	12	13	14		15			16		17
Ringe	2	2	2	2	2	2	4	2	2	4	2	4	8	8	8	8	8	8	8	8	8	8	8	8
	0	1	2	3	4	2	3	2	5	2	2	4	2	2	2	2	2	2	4	2	2	4	2	4
						2		3		2	4	1	0	1	2	3	4	2	3	2	5	2	2	4
																		2		3		2	4	1

Bei den Elementen 6 (C), 7 (N), 14 (Si), 15 (P), 16 (S) sind Gruppierungen möglich, die die mehrfache Valenz erklären. Bei N und P ist die Zahl der Ringe nach der Wertigkeit verschieden. Es ist nicht ausgeschlossen, daß die allotropen Formen (siehe **94.**) auf diesen Unterschied in der Ringzahl zurückzuführen sind. Kossel (1916) nimmt ebenfalls an, daß die Zahl der Valenzen eindeutig durch die Abeggsche Theorie (siehe **127.**) und die Beziehungen der Dispersion des Lichtes zur Valenz (Erfle-Drude) bestimmt ist, ferner, daß die inneren Ringe der Atome bei verwandten Elementen ähnlich gebaut sind. Die Verteilung ist der obigen

1) Langmuir (siehe **135.**) nimmt eine grundsätzlich andere Verteilung an. — Die Zahl der Ringe soll nicht größer als 5 sein (S. 277).

sehr ähnlich. Für die Elemente von P (15) ab sei sie mitgeteilt: P 2, 8, 5 — S 2, 8, 6 — Cl 2, 8, 7 — Ar 2, 8, 8, 0 — K 2, 8, 8, 1 — Ca 2, 8, 8, 2 — Sc 2, 8, 8, 3 — Ti 2, 8, 8, 4 — Vd 2, 8, 8, 5 — Cr 2, 8, 8, 6 — Mn 2, 8, 8, 7.

St. Meyer stützt sich bei der Gruppenverteilung auf die bei **19.** mitgeteilten Werte des Atomvolumens (AV. in Abhängigkeit von *N*). Die Maxima und Minima spiegeln sich in der Verteilung der Valenzelektronen wieder. Eine graphische Darstellung (Fig. 30) nach Baur (1911), bei der der Logarithmus AV. als Funktion vom At.-Gew. dargestellt ist, lässt nicht bloß die Maxima und Minima erkennen, sondern es tritt auch die Verwandtschaft und die Gruppierung der Elemente deutlich hervor. Nur die seltenen Erden nehmen eine Sonderstellung ein.

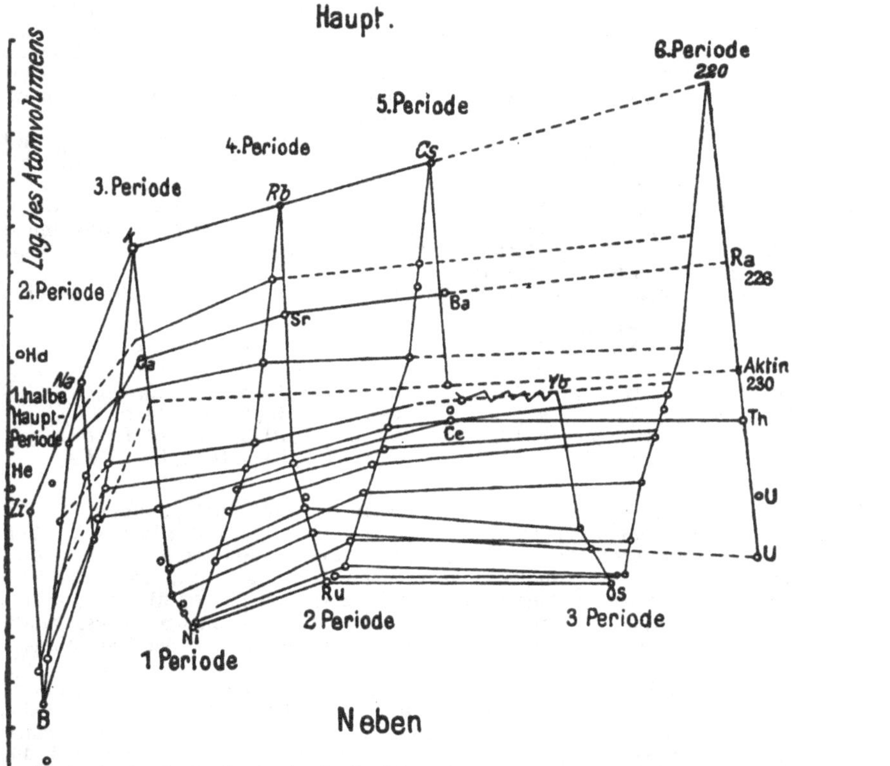

Fig. 30.

Bärwald (1919) gelangt auf Grund der Kosselschen Ringhypothese zu einer einfachen Erklärung der Eigentümlichkeiten der Atomvolumenkurven. Seine Betrachtungen beruhen auf 3 Annahmen: 1. Die Hebung der Kurven entspricht der Neubildung von Ringen; 2. diese Hebung beginnt aber schon vor Vollendung des neuen Ringes; 3. bleibt die Ringzahl konstant, so bewirkt die mit der Ordnungszahl steigende Kernladung durch die Verstärkung des Kernfeldes eine Verminderung des Atomvolumens und also eine Senkung der Kurve.

Zu 1. Die größte Hebung liegt hinter den Edelgasen vor den Alkalien — bei diesen bildet sich ein neuer Ring. Ein Anstieg hinter den Elementen Ni, Pd, Pt beruht auf Spaltung des Ringes mit 18 Elektronen (in den großen Perioden)[1]) in 10 + 8 —. Dieser Anstieg ist nur gering, weil die Energieänderung des Systems bei dieser Neubildung relativ klein ist.

Zu 2. Der Anstieg hinter C und Si. Bei diesen Elementen beginnt ein Valenzwechsel (vgl. Aurèn **127.**). — Die Nebenvalenzen treten hervor; das Atomfeld ändert sich. Ein ähnlicher Valenzwechsel ist bei den Elementen As, Sb, Bi vorhanden. Auch dieser ist in der Kurve erkennbar.

Zu 3. ist charakteristisch der starke Abfall von den Alkalien zu den alkalischen Erden.

Nach der Atomvolumenkurve ist folgende Zerlegung in einquantige Ringe (*R*) wahrscheinlich: He: 1 *R* zu 2 Elektronen — bei Ne kommt ein *R* zu 8 hinzu — bei Ar noch ein Ring zu 8 — bei Kr ein vierter Ring zu 18, bei X ein fünfter Ring zu 18, bei der Emanation ein sechster Ring zu 18. Die einquantigen Ringe zu 18 sind als Doppelringe aufzufassen. Die Gesamtenergie verteilt sich auf einen Ring zu 10 und einen zu 8, die eng zusammenhängen. Bei der Emanation kommen noch die 14 Elektronen außerhalb der Hauptringe hinzu, die auf die Durchbrechung des Systems durch die seltenen Erden zurückzuführen sind.

Vegard (1917) hat aus den X-Spektren[2]) die wahrscheinliche Bildung und Besetzung der verschiedenen Elektronenringe der Elemente abzuleiten gesucht. Dabei ist für die Bildung eines neuen Ringes die Anordnung im periodischen System maßgebend. Homologe Elemente sollen auch eine gleiche Ringanordnung besitzen. Für die Gruppierung ist weiter maßgebend, daß der vollbesetzte *K*-Ring (nach Debye) 3, der *L*-Ring (nach Rechnungen Vegards, die denen von Sommerfeld-Kroo gleichen) 7 Elektronen enthält.

Die von Vegard angegebene Verteilung sei an einigen Beispielen gezeigt:

He	2	Ne	3, 7	La	3, 7, 8, 10, 8, 10, 8 — 3
Li	2, 1	Na	3, 7, 1	Ce	3, 7, 8, 10, 8, 10, 8 — 4
Be	2, 2	Ar	3, 7, 8	Pr	3, 7, 8, 10, 8, 10, 8, 1, 4
B	2, 3	K	3, 7, 8, 1	Cp	3, 7, 8, 10, 8, 10, 8, 13, 4
C	2, 4	Ni	3, 7, 8, 10	Ta	3, 7, 8, 10, 8, 10, 8, 14, 5
N	2, 5	Cu	3, 7, 8, 10, 1	Au	3, 7, 8, 10, 8, 10, 8, 14, 10, 1
O	2, 6	Kr	3, 7, 8, 10, 8	U	3, 7, 8, 10, 8, 10, 8, 14, 10, 8, 6
F	2, 7				

Die Triaden Fe, Co, Ni — Ru, Rh, Pd — Cs, Ir, Pt sind gleich gebildet; nur die äußeren Ringe sind etwas verschieden, sie enthalten 8, 9 und 10 Elektronen. Die seltenen Erden unterscheiden sich von den anderen Elementen dadurch, daß die neuen Elektronen, die gemäß der wachsenden Ordnungszahl in die Ringe eintreten, sich in den inneren Ringen sammeln.[3]) Erst vom Ta nimmt die Ringzahl wieder zu und die neuen Elektronen bilden äußere Elektronenringe. Diese neuen Elektronen beeinflussen die inneren Elektronenringe insoweit, als der Durchmesser und die Energie dieser Ringe etwas verändert wird.

Born und Landé haben in einer Arbeit (1918), die sich auf die Bohr-Sommerfeldschen Annahmen und Gleichungen stützt, die Gitterkonstante einer Reihe von Kristallen berechnet und mit den beobachteten Werten, die aus der Dichte der Kristalle (vgl. S. 315) folgen, verglichen. Die Berechnungen bestätigen auch die Anschauung von St. Meyer, daß durch neu hinzutretende Ringe die innern Ringe verkleinert werden, das Atomvolumen in einer vertikalen Reihe des Systems relativ also weniger anwächst. Bei der Berechnung ist nur der innerste Ring als

[1]) Die seltenen Erden sind bei diesen Betrachtungen stets fortzulassen.

[2]) Born (Vhdl. Phys. Ges. **21**, 383; 1919) hält die Verteilung der Elektronen, wie sie z. B. Kossel aus chemischen Gründen vorgenommen hat, für eindeutiger, die X-Spektren lassen nicht einmal für *K*-, *L*- und *M*-Ringe (das sind die 3 innersten) sichere Berechnungen zu. Außerdem berücksichtigt die Vegardsche Verteilung die Stabilität des Achterringes nicht genügend. Besonders widerspricht dem die errechnete Besetzung des *M*-Ringes mit 12 Elektronen. Vegard (Phys. Ges. **20**, 97; 1919) vertritt jetzt die Ansicht, daß diese Besetzung allmählich und stufenweise erfolgt.

[3]) Auch bei vielen anderen Elementen sind innere Valenzelektronen vorhanden (doppelte Valenzschale; Ladenburg, **127.**).

einquantig, die übrigen als zweiquantig angenommen. Im Maximum sind 7 Ringe vorhanden; der innerste Ring enthält $p = 2$ Elektronen, die folgenden $p = 8, 8, 10, 8, 10, 8$ Elektronen. Für die Ringradien a_1 bis a_5 sind die Werte aus einer einfachen Formel abgeleitet. Born gibt die Werte relativ zum innersten Ring des H-Atoms $a_0 = 0{,}528 \cdot 10^{-8}$ cm (dieser ist absolut berechenbar, da $a_0 = h^2/4\pi^2 e^2 m$). Für

K:	$p_1 = 2;\ a_1 = 0{,}0534$	$p_2 = 8;\ a_2 = 0{,}278$	$p_3 = 8;\ a_3 = 0{,}754$
Cl:	$a_1 = 0{,}0598$	$a_2 = 0{,}325$	$a_3 = 1{,}097$
Rb:	$a_1 = 0{,}0272$	$a_2 = 0{,}124$	$a_3 = 0{,}176$
	$p_4 = 10;\ a_4 = 0{,}312$	$p_5 = 8;\ a_5 = 0{,}846$	

Stellt man die Absorptionen σ/ϱ (Aurèn **118.**, S. 240) als Funktion von N dar, so erkennt man, daß die Kurve in eine Reihe von Abschnitten zerfällt; von Abschnitt zu Abschnitt ist ein Sprung in den σ/ϱ-Werten zu bemerken. Aus den Kurven läßt sich ablesen, wieviel Elektronen (c) als Außen- oder Valenzelektronen anzusehen sind (sie zerfallen gemäß den Streuungsbeobachtungen [siehe 239] vielfach in 2 Gruppen) und wieviel ($N - c$) die Innenringe besetzen. Die Verteilung weicht von denen der übrigen Forscher sehr ab:

Element . .	H	He	Li[1]	Be	B	C	N	O	F	Ne	Na	Mg	Al
Ringbesetzung	0,1	0,2	0,3	0,4	0,5	0,2+4	0,7	4,4	4,5	4,6	4,7	8,4	8,5

Element . .	Si	P	S	Cl	Ar	K	Ca	Si	Ti	V
Ringbesetzung	8,2+4	8,7	12,4	12,5	12,6	12,7	16,4	16,5	16,2+4	16,7

Die Elemente von Cr bis Ni enthalten 18, die von Cu bis Rh 24 Innenelektronen.

Compton (1917) hat die Änderung der Intensität der verschiedenen X-Linien in den einzelnen Beugungsspektren beobachtet und aus ihnen durch Ausgestaltung

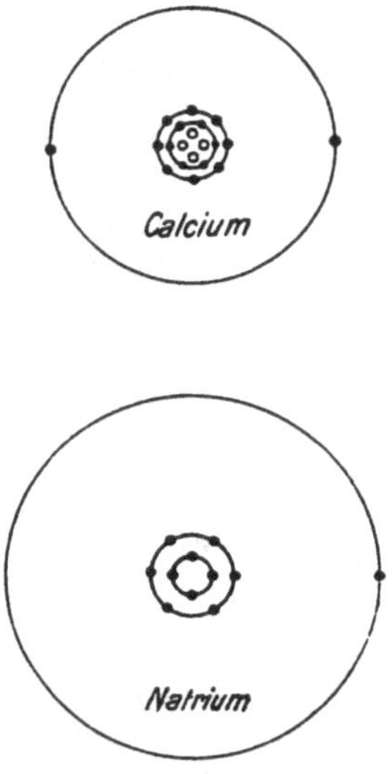

Fig. 31.

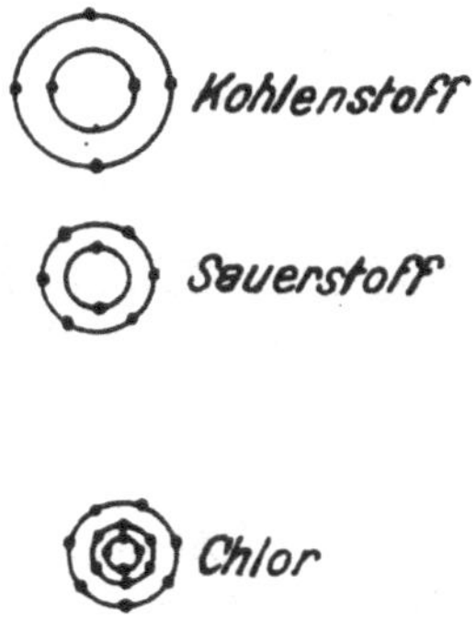

Fig. 32.

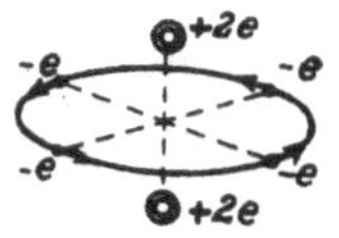

Fig. 33.

der Darwin-Braggschen Theorie (1915) der Beugung von Elektronen an Atomen berechnet, wie in verschiedenen Kristallen die Elektronenringe verteilt sein müssen. Dabei ist das Bohrsche Modell als gültig angenommen. Doch sind die Winkelmomente der einzelnen Ringe nicht als gleich anzunehmen. Einige der Atome seien im relativen Maß in Figur 31 und 32 hier wiedergegeben. Calcium besteht

[1]) Für Li folgt eine Teilung der Valenzen in 2 + 1 nach Bohr, Hartmann, Sommerfeld (siehe **130.** zu 5, S. 297).

(von innen nach außen) aus Ringen mit 4, 6, 8, 2 Elektronen; Chlor aus 4, 6, 7; Sauerstoff aus 2, 6; Kohlenstoff aus 2, 4; Natrium aus Ringen mit 4, 6, 1 Elektronen. Die Größe der äußeren Kreise entspricht dem Atomradius. Der Cl-Ring des NaCl hat einen Durchmesser von $0{,}89 \cdot 10^{-8}$ cm, besitzt das $^3/_2$fache Winkelmoment des Na-Atoms. Der Ring mit dem Valenzelektron des Na hat nur die Hälfte des normalen Winkelmoments. Auf diese Weise kann das Valenzelektron des Na mit dem Cl-Ring zu einem äußeren Ring von 8 Elektronen verschmelzen (S. 287). Der dem Cl-Ring von $0{,}9 \cdot 10^{-8}$ cm nächste (unverschmolzene) Na-Ring hat nur einen Radius a von $0{,}36 \cdot 10^{-8}$ cm. Der Abstand der Atomzentren beträgt $2{,}8 \cdot 10^{-8}$ cm, das freie Na aber hat einen Durchmesser von $1{,}86 \cdot 10^{-8}$ cm. Für Ca findet man a zu 0,97, für C = 0,56, für O = $0{,}41 \cdot 10^{-8}$ cm.

Als Resultat ähnlicher Betrachtungen gibt Sommerfeld (1917) eine Beschreibung des Sauerstoffmols, das 16 +- und 16 --Elektronen enthält. Jedes der beiden O-Atome, die im Mol vereinigt sind, gibt unter Ionenbildung entsprechend der doppelten Valenz von O 2 Elektronen ab. Diese Ionen sind in der Abbildung (Fig. 33) durch einen Kern mit Hülle angedeutet. Jeder Kern ist 8fach geladen, um ihn kreisen (als feiner Ring) 6 Elektronen. Die 4 Valenzelektronen laufen in gleichem Abstand in einem Kreis in der Symmetrieebene (Mitte zwischen beiden Kernen) um die Verbindungslinie der Kerne als Achse.

127. Ähnlichkeit, Valenzbestimmung und Maximalvalenz der chemischen Elemente.

Die Elektronenringe der Elemente in den gleichen Horizontalreihen des periodischen Systems werden als gleich angenommen. Die Elemente unterscheiden sich außer durch den Kernbau (dessen Unterschiede z. B. nach dem Harkinsschen Schema (siehe **104.**) wegen der radioaktiven Unterschiede der Isotopen beträchtlich sein müssen) durch die Zahl der Elektronen im Valenzring.

Die Gleichheit dieser Ringe kann man nachweisen, wenn man Funken und Bogenspektren von Nachbarelementen vergleicht (Kossel und Sommerfeld 1919). Die Emission eines Flammen- oder Bogenspektrums (B.S.) ist möglich, sobald das Atom ein Elektron verloren hat. Das sogenannte Funkenspektrum (F.S.), das ganz andere Beschaffenheit hat, ist als Strahlung des ionisierten Atoms aufzufassen. Dieses verliert erst noch ein Elektron (e), bei der Wiedervereinigung emittiert das Ion die Funkenlinien. Durch den Verlust von 2 e wird der Atomrest dem Rest eines Elementes ähnlich, das nur 1 e verloren hat, das also im periodischen System die nächst kleinere Ordnungszahl hat. Demgemäß sollten die

F.S.[1] a) der Alkalien entsprechen dem B.S. der Edelgase,
b) ,, alkalischen Erden ,, ,, ,, Alkalien,
c) ,, Aluminiumgruppe ,, ,, ,, alkalischen Erden

Die beiden Spektrengruppen a) haben in der Tat keine in einfache Serien zu ordnende Linie, die Spektren unter b) sind durch Dublets, die unter c) durch Triplets gekennzeichnet. Nur sind die Abstände der Linien und die Lage der Linien systematisch verschieden. Die F.S. sind gewissermaßen in eine andere Farbenoktave transponiert. Die Seriengleichungen der F.S. haben auch, dem Übergang von e in $2e$ entsprechend, den Faktor $4N$[1]) statt N bei den B.S.

Für die Zahl der Valenzelektronen ist zunächst der größte Wert einzusetzen. Dieser ergibt sich nach Abeggs Elektroaffinitätslehre (1899, 1904). Man hat von den valenzlosen Elementen, den Eckpfeilern des Systems auszugehen. Diese sind reaktionslos, träge, weil ihr wirksamer Ring gesättigt ist. Er ist unfähig eines weiteren Austausches. Der Ring enthält 8 Elektronen (beim Neon). Alle übrigen Atome streben nach dem gleichen Sättigungsgrad. Das benachbarte Element mit höherer Ordnungszahl (Na) hat ein Elektron mehr. Es ist positiv einwertig,

---

[1]) Die F.S. der Alkalien hat Goldstein durch Kathodenbestrahlung erhalten (Vhdl. Phys. Ges. **9**, 321; 1907). Formeln mit $4N$ hat Paschen für die Fowler- und Pickeringserien des Heliums, Lorenser (Diss. Tübingen 1913) für andere F.S. aufgestellt. Das F.S. des Al (Lyman: Astrophys. J. **35**, 341; 1911) ist den B.S. des Mg, das F.S. des Sc und Y (Exner) dem des Ca und Sr ähnlich.

das nächste hat einen Außenring mit 2 +-Elektronen und so fort bis zu 7 +-Elektronen (Cl). Diese Ladungen können aber dadurch zustande kommen, daß der Valenzring von 8 Elektronen 1, 2 bis 7 Elektronen verliert. Es entsprechen sich so stets negative und positive Valenzen. Man erhält das Schema:

Gruppe	0 VIII	I	II	III	IV	V	VI	VII	0 VIII
z. B.	He	Li	Be	B	C	N	O	F	Ne
abgebbare Valenzen.	0	1	2	3	4	5	6	7	0
aufnehmbare Valenzen	0	7	6	5	4	3	2	1	0

Dementsprechend sind gesättigte nicht mehr weiter, wie die Edelgase reaktionsfähige Verbindungen, Substanzen wie

$NaCl$, $MgCl_2$, $AlCl_3$, $SiCl_4$, PCl_5, SF_6, Na_2O, MgO, Al_2O_3, SiO_2, P_2O_5, SO_3, Cl_2O_7.

Die algebraische Summe der Valenzen ist überwiegend = 8 (siehe **18.**). Ein Element betätigt im allgemeinen nur eine Art von Valenzen (Hauptvalenz). Die übrigen (die schwächeren Nebenvalenzen) werden bei der Bildung komplexer Verbindungen (Doppelsalze, zusammengesetzte Radikale, Hydrate, Ammoniakadditionsprodukte nach Werner) betätigt.[1]) Die Maximalzahl von 8 Valenzladungen hat J. J. Thomson bei der Untersuchung des Quecksilberdampfes im magnetischen Felde messen können (siehe **103.**). Eine weitere Kontrolle über die Valenzen, die den Elementen zukommen, ergibt die Konstante der Dispersion des Lichtes, die nach Drude—Erfle durch Beugung an den Atomhüllen der Valenzelektronen zustande kommt (siehe **123.**). Auch aus den Werten van der Broek für P ($= 8r \pm p$) läßt sich der Valenzwert kontrollieren (siehe **124.**). Z. B. ist für Cr $P = 22$, $r = 3$, $p = -2$ oder $r = 2$; $p = +6$. Ferner folgt aus dem Satz, daß positive und negative Valenzen zusammen 8 ergaben, daß in gesättigten (das sind die meisten organischen und anorganischen) Verbindungen die Summe der Hauptvalenzen der Atome 8 sein muß, so ist $p = 8$ für H_2O (2 + 6) ,NH_3 (5 + 3), HCl (1 + 7), indem man die negativen Valenzen durch die Nebenvalenzwerte ersetzt.

Dieses einfache regelmäßige Ansteigen der Haupt- und Abnahmen der Nebenvalenzen ist aber unvereinbar mit den zahlenmäßigen Ergebnissen der Untersuchung über die Streuung von X-Strahlen an Atomen (Aurèn 1919, vgl. **118.**). Es müssen bei vielen Elementen einige äußere Elektronen fester an die inneren Ringe gebunden sein, als die übrigen. Die übrigen sind maßgebend für die gewöhnliche Valenz des Elementes. Aurèn erhielt folgende Reihe:

Element:	Li	Be	B	C	N	O	F	Na	Mg	Al	Si	P	S	Cl	K	Ca	. . .	Cu
	3	4	5	**4**	7	**4**	5	7	4	5	**4**	7	**4**	5	7	4		5

Kirchhof (1919) verwirft auch das Schema Abeggs. Besonders ist bei den Elementen der großen (18) Perioden die Summe der Valenzen größer als 8 und es bilden die Valenzen Gruppen. Es beträgt die Summe der Valenzen

8 für {Fe, Ru}, 9 für {Co, Rh}, 10 für {Ni, Pd}, 12 für {Cu, Ag}.

	Für die Elemente	Ta	W	Os	Ir	Pt	Au
ergibt sich folgende	Zerlegung der Valenzen	3,2	4,2	5,2	6,2	6,2	6,1

Von den Valenzen sind ein oder zwei so beweglich, wie bei den Alkalien und alkalischen Erden, und die Verbindungen ähneln denen dieser Elemente. Bei Ti und Zr haben wir 4 Haupt- und 6 Nebenvalenzen, bei Gd und Nb 2 und 7 (z. B. in der Verbindung K_2NbOF_5), bei Cr, Mo, W 4 und 6, bei Fe, Co, Ni 2, 3 oder 4 Haupt-, 6 Nebenvalenzen.

---

[1]) Chlor ist negativ einwertig in HCl und positiv siebenwertig in der Gruppe Cl_2O_7 ($KClO_4$).

Bei Ga, In, Ge und Sn können 2 Elektronen aus einem inneren in den äußeren Valenzring übertreten. Die Verteilung kann bei Ga und In zwischen 6,3 und 8,1, bei Ge und Sn 6,4 und 8,2 wechseln. Dadurch können bei Ga und In einwertige Verbindungen auftreten, die denen des Tl, bei Ge und Sn zweiwertige, die denen des Pb gleichen. Wir haben also bei den Elementen nicht eine so feste Verteilung der Elektronen, wie sie Abegg und Bohr (siehe **130.**) annimmt. Es können Valenzelektronen zu inneren Ringen gehören.[1]) Dadurch erklärt sich auch die leichte Bildung von komplexen Verbindungen bei den Metallen der Fe—Pt-Gruppen.

Auch andere chemische Gründe sprechen für **Teilung der Valenzen.** In den großen Perioden IIIA und IVA (K, Ca, Ti ... Ni und Rb, Sr, Y ... Pd) steigen die Wertigkeiten oder Valenzen nicht gleichmäßig an. Von Ti und von Y ab ändern sich die chemischen Eigenschaften nicht merklich (Ladenburg 1919), ebenso wie wir es bei den seltenen Erden beobachten. Besonders auffällig ist diese Erscheinung bei den Triaden. Für die obigen beiden Gruppen und die seltenen Erden — diese 3 enthalten übrigens sämtliche magnetische Elemente — ist daher der Valenzring zu teilen, wie es bereits Vigard (1917) für die Erden vorschlug. Die eigentlichen (freien) Valenzen sind nur 2—3 an Zahl. Die übrigen sind der nächsten Elektronenschale zugeordnet. Die Zahl der Elektronen dieser Schale kann bis zu **10** (in Übereinstimmung mit den Ansichten Langmuirs, siehe **135.**) ansteigen. Für die Elektronen dieser Schale ist eine größere Bewegungsfreiheit als für die dem Kern näherliegenden Elektronen, anzunehmen; sie werden im Sinne Starks[2]) als gelockerte Elektronen anzusprechen sein, die sich unter geeigneten Bedingungen an chemische Reaktionen beteiligen können.

Sie sind daher die Ursachen der wechselnden Valenz.

Da aber die Besetzung der Ringe sich stetig ändert, ist auch für die diamagnetischen Elemente der Gruppen IIIB und IVB (Cu, Ag usw.) eine Besetzung der zweiten Schale mit 10 Elektronen[3]) anzusetzen. Aber im Gegensatz zu den Elementen der IIIA und IVA-Gruppe sind diese Elektronen fest an ihre Bahn gekettet.

Demgemäß kann man folgendes Schema für sie voraussetzen:

I								II
1,10	2,10	3,10	4,10	5,10	6,10	7,10	8,10	
Cu[3])	Zn	Ga	Ge	As	Se	Br	Kr	8, 8, 2
Ag	Cd	In	Sn	Sb	Te	I	X	10,8+8,8,2

I: Zahl der Elektronen in der ersten und zweiten Schale.
II: Zahl der Elektronen in den inneren (K, L, M...) Schalen.

Die Valenzen der ersten Schale können, wie wir oben sehen, in 2 Gruppen zerfallen.

128. Die Elektronen im Valenzring und der Dualismus von Berzelius.

Berzelius (1812) und nach ihm Davy (1826) haben die Ansicht verfochten, daß die Valenz elektrischen Ursprunges sei. Aber da die organischen Verbindungen ihrem Schema sich nicht fügten, kam die Theorie in Mißkredit. Erst Helmholtz (Faraday—Rede, siehe **32.**, S. 57) trat wieder für sie ein. Jetzt haben wir bereits eine stattliche Reihe von Forschern (Stark—Ruggli 1911—15, J. J. Thomson 1914 — vgl. **129.** — Lewis, Langmuir[4]), Friend, Kossel, Teudt, Lacomblé), die sich

[1]) Eine Folgerung, zu der auch Teudt (ZS. anorg. Chem. **106**, 189; 1919) zur Erklärung der Eigentümlichkeiten der 12 außerhalb der eigentlichen Perioden stehenden Metalle: Fe, Ni, Co, Cu—Ru, Rh, Pd, Ag—Os, Ir, Pt, Au gelangt. Bei diesen ist der metallische Charakter besonders ausgeprägt, und das ist wesentlich durch den leichten Austritt von Elektronen aus inneren Ringen bedingt.

[2]) J. Stark, Phys. ZS. Bd. 9, S. 87; 1908.

[3]) Für Cu nur 9 im innern und 2 im äußeren Valenzring.

[4]) Über die anschauliche und erfolgreiche Theorie von Langmuir siehe **135.** Bernoulli (vgl. S. **292**, **299** und S. 318, auf der seine Annahmen angedeutet sind)

hat mit der Aufstellung elektrischer Valenztheorien abgequält haben, die allen chemischen Verbindungen und Reaktionen gerecht werden sollen. Die Schwierigkeiten liegen in der Bemessung der Stärke und Verteilung der Valenzen. Man hat sich im allgemeinen mit einfachen geometrischen Skizzen begnügen müssen, durch die die Richtung, aber nicht die Stärke der Valenzen angegeben wird. Ein quantitativer Ausbau der Valenzlehre ist wohl nur auf dem rechnerischen Wege möglich, den zuerst Born (1918, siehe **135.**) beschritten hat.

Der Sitz der Valenz oder Wertigkeit ist der Valenzring, der die Atomhülle bildet. Ihn darf man sich nicht nach mechanischen Grundsätzen als eine starre Figur[1]) vorstellen, als eine feste Bahn, auf der gleichmäßig verteilt die Elektronen sich bewegen. Dagegen spricht schon, daß die Elektronen Energiezentren sind und bei ihrer Bewegung starke elektrische Felder mit sich führen. Eine gleichmäßige Verteilung im Kraftfelde (gemessen durch die Dichtigkeit der Faradayschen Kraftröhren, siehe **35.**) ist nicht zu erwarten, vor allem nicht bei Substanzen, bei denen nur wenige Valenzelektronen wirken. Auch ist die Quantenbedingung für den Energieaustausch ($h\nu$) im Valenzring als gültig vorauszusetzen und diese schließt eine gleichmäßige Energieverteilung aus. Diese ist ferner nur möglich bei unverzerrter Bahn (Kreis oder Ellipse) der Elektronen. Eine solche Bahnform ist bei isolierten Atomen wahrscheinlich, wie sie bei physikalischen Vorgängen (Strahlung) angenommen werden. Beim Aufeinanderwirken zahlreicher Atome in chemischen Vorgängen wirken die Valenzelektronen der verschiedenen Elemente aufeinander ein.

Wie schon Berzelius 1812 zur Erklärung der chemischen Proportionen und der chemischen Verwandtschaft) annahm, beruht die Bildung einer Verbindung auf elektrochemischen Vorgängen. Diese kann man sich nach Kossel (1916) am einfachsten so vorstellen, daß die Valenzringe[2]) von 2 Atomen unter Abgabe des Elektrons aus einem Ring in den andern zusammenfließen[3]) und sich zu einem Ring (oder Schale) von 8 Elektronen verketten.[4]) Diese Ringe werden aber nicht dauernd von den Elektronen desselben Atoms gebildet, sondern es können die Atome wechseln, so daß die Verkettung sich periodisch bildet und wieder löst (Arsem 1914, Lewis 1916). Bei Kristallen bildet durch diesen Austausch, der bewirkt, daß kein Atom von einem bestimmten anderen gebunden wird, der ganze Kristall ein einziges Molekül (Langmuir 1916).

Ein gutes Beispiel dafür, daß die Valenzen sich gegenseitig so sättigen, daß Schalen von 8 Elektronen, wie bei den Edelgasen entstehen, bildet die Verbindung SF_6 (Kirchhof 1919). F hat 7 Elektronen und zieht mit großer Energie, wie die folgende Untersuchung von Debye und Scherrer zeigt, ein Elektron zur Vervollständigung der Schale heran; die 6 F-Atome ziehen 6 Elektronen heran. Diese kann das S-Atom abgeben. Dieses wird dadurch in symmetrischer Lage von den Atomen gehalten. Die Verbindung ist so stabil und reaktionsträge, daß sie ein chemisches Verhalten wie ein Edelgas oder wie Benzol zeigt.

---

gezeigt, daß zwischen den Grundschwingungen der Atome, den Valenzladungen und der austauschbaren Energie der Valenzelektronen einfache Beziehungen bestehen. Diese Energie ist durch die Wärmetönung bei chemischen Reaktionen meßbar. Die Übereinstimmung der gemessenen und beobachteten Energiegrößen ist ein weiterer Beweis für die Richtigkeit der Annahme von der elektrischen Natur der Valenz.

[1]) Stark hat eindringlich vor rein mechanischen Vorstellungen gewarnt. H. Kauffmann (Naturwiss. **5**, 23; 1917): „Die Valenzlehre zieht gute qualitative Anregung aus der Elektronentheorie. Die Vorstellungen sind allerdings zu unbestimmt, als daß man Einzelheiten feststellen kann."

[2]) Oder räumlich vorgestellt: Valenzglocke (Schale) oder Valenzkubus (Lewis 1916, siehe **135.**).

[3]) So kann z. B. das Na-Atom ein Elektron abgeben, das Cl-Atom fügt es in seinem Valenzring von 7 Elektronen ein. Es bildet sich ein gemeinsam rotierender Ring; der Komplex von Na + Cl kann weiter keine Elektronen aufnehmen; er ist gesättigt (Kossel).

[4]) Die Kraftfelder der Hüllen der sich verbindenden Atome werden sich berühren und meist durchdringen.

Ein Element wie Ca muß 2 Elektronen verlieren (ist also zweiwertig), damit sein äußerer Ring aus 8 Elektronen besteht. In dieser Form wird es dem Argon ähnlich. Das K wird bei Abgabe eines Elektrons (im Funkenspektrum besteht es nur in Ionenform), auch dem Argon ähnlich.[1])

Die polare Spaltung und die Verkettung der Valenzringe (vgl. aber Born S. 318) wird durch Versuche von Debye und Scherrer (1918, vgl. S. 94) an regulären Kristallen gestützt. Debye hat nämlich die Zahl der Elektronen, die in einem Salz auf die einzelnen Atome kommen, bestimmt und dabei ergibt sich, daß der positive Bestandteil (z. B. Li) ein Elektron an den negativen Teil abgibt. Diese Zahl läßt sich gemäß den Theorien über die Beugung von X-Strahlen an Atomen (siehe **118.**) ermitteln, und zwar eindeutig, wenn der Beugungs- oder Glanzwinkel des beugenden Systems (in unserem Falle den Elektronenringen der Atome eines Salzkristalles) sehr klein ist. Dieser Winkel ist in den verschiedenen beugenden Gitterebenen der Kristalle verschieden. Bei Kristallen des regulären Systems ist ein Maß für den Winkel die Summe der Indizes, die den verschiedenen Elementen zukommen. Debye maß nun die Intesität der Beugungslinien, die bei photographischer Aufnahme der Beugungsstrahlung an den verschiedenen Flächen entstanden. Er berechnete dann diese Intensität als Funktion der Quadrate der Indizes und extrapolierte auf die Summe Null (entsprechend einem verschwindend kleinen Glanzwinkel). Es ist nun zu unterscheiden zwischen der Beugung an Flächen, deren Indexsumme eine gerade ist, und der Beugung an Flächen, bei denen diese Summe ungerade ist. Für die erste ist für den Grenzfall (Summe der Quadrate der Indizes = Null) zu erwarten, daß die Intensität der Beugung proportional der Summe der Elektronen in den Salzatomen; für die zweite (ungerade Indexsumme) proportional der Differenz der Elektronenzahl ist. Der Versuch ergibt nun das Verhältnis der Grenzintensitäten für LiF, d. h. für das Verhältnis der Elektronenzahl $F + Li/F - Li$ den Wert 1,52.

Nun hat Li die Elektronen- oder Ordnungszahl 3, F die Zahl 9. Zu dem Verhältnis 1,52 gelangt man aber nur, wenn man dem Li die Zahl 2 und dem F die Zahl 10 zuerteilt, da $10 + 2/10 - 2 = 1{,}5$ ist. Also muß Li ein Elektron an das F abgegeben haben. Es ist daher der ganze **Kristall in Ionen zerfallen** (vgl. die Berechnungen von Born und Bernoulli bei **135.** und S. 23).

Daß die Valenzen elektrischen Ursprungs sind[2]) und daß ihre Minimalenergie zu $h\nu$ anzunehmen ist, hat Heydweiller (1915) experimentell bewiesen (siehe **42.**). Er fand, daß die nach der Drudeschen Theorie aus optischen Messungen berechnete Valenzenergie von Atomen einer Verbindung (z. B. H und O) gleich war der thermochemisch ermittelten Bildungsenergie der Verbindung (H_2O).

Nach den Erfahrungen an chemischen Reaktionen darf man annehmen, daß die Stärke (Energie) der Valenzelektronen und ihre Verteilung in jedem Fall verschieden sein wird. Sie eindeutig zu messen, ist man nicht in der Lage. Vorläufig kann als Maß die elektromotorische Kraft einer Substanz in der Voltaschen Spannungsreihe (siehe **38.**) oder die Lösungstension (siehe **36.**)[3]) angesehen werden,

---

[1]) Das Funkenspektrum des Kaliums ist dem Bogenspektrum des Argons ähnlich (Kossel und Sommerfeld, siehe **127.**).

[2]) Einige chemische Tatsachen lassen sich noch nicht recht aus dieser Theorie erklären (Baker: J. Amer. Chem. Soc. **36**, 789; 1914): 1. ist es schwer verständlich, daß die beiden Atome im Mol von nicht polaren Substanzen, z. B. der beiden Methylgruppen im Aethan sich gar nicht unterscheiden; 2. ein Atom dürfte nur so viel Elektronen verlieren, als seine Maximalvalenz beträgt; die Versuche von J. J. Thomson über positive Strahlen (siehe weiter unten) sind damit nicht vereinbar. 3. Auch der von Thomson nach dieser Methode gefundene Zerfall, z. B. für CO_2 läßt sich auf diesem Wege nicht erklären. 4. In Gasen müßte die Zahl der Ionen erheblich größer sein als er gefunden wird, da ein Zerfall der Mole und eine Wiedervereinigung der Bruchstücke, die unter Elektronenbewegung vor sich gehen sollte, nach der kinetischen Gastheorie sehr häufig erfolgen muß. 5. Die Spaltung von Gasmolen in heißen Gasen (z. B. O, Cl) führt nicht zur Ionenbildung.

[3]) Nach Smits (ZS. phys. Chem. **92**, 11; 1917) wird durch die Lösungstension etwas anderes, nämlich das Gleichgewicht zwischen neutralen Atomen, Ionen und Elektronen gemessen.

d. h. die Neigung Elektronen abzuspalten und in den Ionenzustand überzugehen, eine Neigung, die auch durch das Ablösepotential beim lichtelektrischen Effekt (Ionisationspotential)[1]) meßbar ist. Eine Verwertung des Zahlenmaterials ist noch nicht möglich.

Solange man den Atombau nicht genau kennt, muß man zur Ermittelung der Valenzzahl und Stärke auf chemische Erfahrungen zurückgehen. Man kann unterscheiden zwischen Elementen, die Elektronen abgeben (siehe **36.**) und solche, die Elektronen aufnehmen. Zwischen diesen polaren Substanzen stehen „neutrale" Elemente.[2]) Zu diesen gehört vor allem der Kohlenstoff (siehe **17.**). Dieser kann ebenso leicht 4 Elektronen verlieren, wie aufnehmen (CH_4, CCl_4).[3]) Man kennt ihn kaum als Ion, dagegen bildet er in auffälligem Maße Mole und doppelt gebundene Atome. Diese können dadurch entstehen, daß ein Valenzring eines C-Atoms, das 4 Elektronen verlieren kann, mit einem C-Atom, das 4 Elektronen gewinnen kann, zu einem gemeinsamen 8-Ring, der sich in 2 Tetraedern anordnet (siehe **23.**), verkuppelt wird. Da die beiden einzelnen Ringe sich nicht unterscheiden, ist der gemeinsame Ring symmetrisch und dadurch besonders fest. Weniger haltbar wird die Verkuppelung sein bei Valenzringen, bei denen 2 Elektronen von der einen, 6 von dem anderen Atom stammen; das gleiche ist bei 1 und 7 Elektronen zu erwarten. Diese Ringe werden sich leicht spalten[4]), eine Erscheinung, die besonders in Lösungen eintritt (Dissoziation). Die Ringe, bei denen 3 und 5 Elektronen eines Atoms mitwirken, sind am wenigsten stabil. Hier (man denke an N, P, As-Verbindungen) sind Umlagerungen, Valenzwechsel[5]) besonders häufig, die darauf hindeuten, daß die Stärke der Valenzen[6]) verschieden ist.

Die 5 Valenzen des *N* sind nicht gleichwertig. Nach den chemischen Erfahrungen ist diese Ungleichmäßigkeit dadurch zu erklären (Wenzel 1917, vgl. **135.** S. 325), daß das Atom *N* 2 verschiedene Kerne (N_α und N_β) besitzt, die bei dreiwertigem *N* doppelt, bei fünfwertigem einfach gebunden sind. Es sind daher viel mehr isomere Alkylamine möglich, als man bisher gefunden hatte. Wenzel hat eine Reihe dieser neuen Isomeren dargestellt. Die 5 Valenzen zerfallen in 2 Gruppen in eine mit 2 und eine mit 3 Valenzen. Beim Übergang von fünfwertigem *N* in dreiwertigen verschwindet von jeder Gruppe eine Valenz; sie binden sich gegenseitig zu einer Doppelbindung. Ähnliche Betrachtungen führen dazu für O zwei vierwertige, für C zwei dreiwertige Kerne anzunehmen.

Zwischen Haupt- und Nebenvalenzen bestehen keine grundsätzlichen Unterschiede. Berzelius hatte angenommen, daß die Atome eine bestimmte Valenzrichtung bevorzugen, daß die Metallatome stets elektropositiv, die Metalloide elektronegativ[7]) seien. Dem entspricht, daß die ausgesprochen polaren Elemente komplementär im periodischen System angeordnet sind (Harkins, siehe **16.** und **121.**).

---

[1]) Über seine Messung und deren Unsicherheit, siehe **42.**

[2]) Auch metalline Elemente (Hackh 1914) oder homöopolare Elemente (Lewis) zum Unterschied von den polaren (Metallen und Metalloiden). Die Verbindungen nichtpolarer Elemente sind unbeweglich und haben feste Strukturformeln wie die Kristalle. Den Unterschied zwischen polaren (dissoziierbaren) und neutralen Verbindungen kann man durch die Strukturformeln sofort erkennbar machen, wenn man „gerichtete" Valenzen benutzt (Briggs: J. Chem. Soc. **111**, 253; 1917), z. B. ist dann zu schreiben: $\rightarrow H \rightarrow Cl \rightarrow$; dagegen $H \rightleftarrows CN$; ferner $\leftarrow Cl \leftarrow N (\leftrightarrows H)_4$.

[3]) Er kann drei- oder vierwertig auftreten (siehe **26.**).

[4]) Über die Auffassung von Born siehe **135.**, S. 318.

[5]) Hinrichsen: Chem. Atomistik 1908, S. 54 — der Begriff stammt von Erlenmeyer.

[6]) Oder die Größe der Durchdringbarkeit der „Valenzglocke" (Lewis).

[7]) Lewis hat (1916) eine ähnliche Auffassung entwickelt. Die polaren Substanzen (H_2O, NH_3, NaCl) haben eine bewegliche Struktur; ihre Atomgruppierung ist im beweglichen Gleichgewicht und kann wie die der tautomeren Verbindungen der organischen Chemie wechseln, indem die Elektronen zwischen den Atomen sich leicht bewegen. Es kann so auch der dualistische Zerfall eintreten in entgegengesetzt geladene Ione. Tautomerie zeigt z. B. (Nelson und Falck)

Aber tatsächlich gibt es keine scharfen Grenzen zwischen Metallen (deren Oxyde Basen sind) und Metalloiden (deren Oxyde Säuren[1]) sind). Besonders die Elemente der Gruppen II, III, V und VI können positiv und negativ erscheinen (so z. B. die negativen P- und S-Atome positiv in SF_6, PH_3, SO_3, PF_5, PCl_5, B_2S_3 — das negative Cl positiv in Cl_2O_7). Andererseits können Metalle wie Zn, Sn, Au, Pt ihre negativen Kontravalenzen leicht äußern; sie erscheinen dann in sauren Gruppen. Ja in einer Verbindung können sogar beide Arten von Metallatomen vertreten sein, so in den komplexen Chloriden oder Jodiden des Cd (wie man aus Überführungsmessungen beim Durchgang des elektrischen Stromes erkennt). Der Kohlenstoff kann +- oder --geladen vorkommen (CH_4 und CCl_4).

J. J. Thomson hat diese Aufladung nach seiner Methode der Analyse durch die positiven Strahlen (siehe **15.**) geprüft. Alle nach dieser Methode untersuchten Gase waren zu seiner Überraschung nicht einheitlich, sondern ein Gemisch einer Reihe von Molekül- und Atomarten, bei denen durchaus nicht die Berzeliussche polare Natur hervortritt. Im Sauerstoff findet man 8 Arten: neutrales O-Atom (O), neutrales Mol (O_2), O mit einer, O mit zwei +-Ladungen, O mit einer--Ladung, O_2 mit einer +-Ladung, O_3 und O_6 mit einer +-Ladung. Ob diese Atomarten wirklich Valenzelektronen aufnehmen, ist zweifelhaft. Können doch auch die inaktiven Gase (He, Ne, Ar, Kr) Ladungen (bis zu 5) aufnehmen oder abgeben, je nach der Energie der sie treffenden Kathodenstrahlen; das einatomige Hg sogar 7 Ladungen. Das ist eine Wirkung der Kontra- oder Nebenvalenzen. Von einer gewöhnlichen Ionisierung kann hier nicht die Rede sein. Man nimmt an, daß es sich hier um eine besondere Valenzform, die Stark die gelockerte Valenz nennt, handelt. Ein wesentlicher Unterschied gegen die Nebenvalenzen, die sich in den lockeren Verbindungen (Hydrate, Komplexe) äußern, dürfte aber nicht vorhanden sein.

Wir kennen also sehr verschieden starke Valenzen. Die von Berzelius angenommene Konstanz ist im allgemeinen nicht vorhanden. Nur beim Kohlenstoff haben wir einfachere Verhältnisse, seine Valenzen sind gleich, er bildet homöopolare Verbindungen.[2]) Es ist daher auch kein Zufall, daß gerade die numerische Festlegung der Valenz an den Organometallen abgeleitet wurde (Frankland 1853, Butlerow 1861). Atome mit ausgesprochen starker Lösungstension, wie es die eigentlichen Metalle sind, zwingen das C-Atom leicht zu regelmäßiger Verkettung und man kann die Zahl der Verkettungen eindeutig bestimmen. Das Unzutreffende von Berzelius Anschauung, daß Verbindungen stets polar zusammengesetzt sind, beweisen am treffendsten einige Ergebnisse von J. J. Thomson nach der oben erwähnten Methode der positiven Strahlen. So kann CH_4 in die Atomgruppen CH_1, CH_2, CH_3 zerfallen. C_2H_2, C_2H_4, C_2H_6 können als negativ geladene Gruppen auftreten, eine Erscheinung, die mit der Berzeliusschen Auffassung unvereinbar ist. Benzol[3]) kann nicht weniger als 17 verschiedene Gruppen abspalten. Organische Verbindungen, wie Methylalkohol, Äthylalkohol, Äther, Dimethyläther geben

---

die Salpetersäure ($O_2 \equiv \underset{\substack{V\\ \text{wertig}}}{N} — O — H$ und $O_2 \equiv \underset{\underset{H}{|}}{N} = O$, H $\nearrow$ O). H hat eine Kontravalenz die eine Bindung von O aufhebt. Diese Auffassung ist stark bestritten worden; siehe die Arbeiten von Brunel, Fry, Arsem u. a. in den Bänden 36—38 (1914/16) der Americ. Chemical Soc. Langmuir und Lewis (J. Amer. Chem. Soc. **38**, 2221, 1916) vertreten die Auffassung, daß bei polaren Verbindungen die Hauptvalenzen ungesättigt sind und die Bildung fester Atomgruppen, wie in amorphen Substanzen oder den Kohlenstoffverbindungen ausgeschlossen ist. Infolgedessen können die polaren Stoffe ihre Atome austauschen. — Über den Zerfall des Valenzringes durch Absonderung von einzelnen Elektronen bei den Elementen der großen Perioden siehe **127.**

[1]) Liebig hat bereits 1838 (Lieb. Ann. **26**, 113) darauf hingewiesen, daß der abspaltbare (ionisierte) Wasserstoff die Eigenschaft einer Substanz als Säure bedingt.

[2]) Es gibt auch dreiwertigen C; siehe Triphenylmethyl **37.**).

[3]) Rays of positive electr. 1913, 69.

z. T. ganz ähnliche Spaltstücke. Andererseits tritt keine Spaltung ein bei salzähnlichen Verbindungen, wie Nickelkohlenoxyd, Kohlenoxychlorid, Schwefelwasserstoff.[1]) Danach ist die dualistische Spaltung der Salze nur ein Sonderfall. Bestimmte Schlüsse über die Stärke und Verschiedenheit der Valenzen kann man unter diesen Umständen aus den Spaltungen nicht ziehen. Die Spaltung oder Ionisation hängt zum Teil von der Energie der auf den Valenzring aufprallenden Elektronen oder Atome ab.[2]) Man weiß bisher auch noch nicht, ob die Lösungstension oder das Ionisationspotential konstant ist.

Die Stärke der Valenz setzt Kossel (1919) einfach proportional der Zahl der Valenzladungen[3]), die aus elektrochemischen Beobachtungen folgen, und er erklärt dadurch die Bildung von Verbindungen wie NH_4Cl aus $NH_3 + HCl$ oder von $HCl + AuCl_3$ zu $HAuCl_4$. Das H-Atom in HCl wird nur von einer Kraft gleich einer Valenzladung (H ist einwertig); in NH_3 aber mit der dreifachen Kraft festgehalten. Das dreifach geladene N-Atom übt auf das H-Atom eine größere Kraft aus, als das Cl-Atom und kann daher HCl festhalten; das gleiche gilt für das dreifach geladene Au-Atom. Das Wirkungsfeld eines dreifach geladenen Atoms reicht weiter, als das eines doppelt oder einfach geladenen.

In der Reihe der homologen Elemente, z. B. N, P, As, Sb, Bi nimmt aber das Wirkungsfeld ab in dem Maße als das Atomvolumen wächst (siehe **126.**). Es sind daher komplexe Verbindungen mit Sb oder Bi weniger stabil als solche mit N. In der Reihe H_2O, H_2S, H_2Se, H_2Te wird das H-Atom am meisten festgehalten von H_2O, am wenigsten festgehalten von H_2Te, wie man an den Dissoziationskonstanten (10^{-14}, 10^{-7}, $1{,}7 \cdot 10^{-4}$ und 10^{-2} für H_2Te) nachweisen kann. H_2Te ist daher die stärkste Säure der Reihe. Andererseits ist der Anziehungsbereich von H_2O größer als der von HCl oder HF, so daß sich H_2O an HCl oder HF anlagern kann. Durch solche Betrachtungen ist das Verständnis für die Hydratbildung und für andere Komplexerscheinungen wie die Spaltung und Bildung basischer Salze erschlossen worden.

Für die Stärke des Zusammenhaltes ist außer der Zahl der Valenzen, ihrem Wirkungsbereich (d. h. dem Atomvolumen) auch noch die Verteilung der Valenzelektronen über das elektrische Valenzfeld maßgebend. Eine gleichförmige Verteilung auf die Valenzschale ist nicht gut möglich. Die Valenzelektronen stellen sich zwischen die Atome (das Gleichgewicht ist dynamisch) und halten daher dadurch zusammen, daß ein Teil ihrer Kraftlinien sich an den Polen des einen Atoms und ein anderer Teil an den Polen des zweiten Atoms anheftet (Teudt 1919). Die Verteilung der Valenzelektronen ist eine solche, daß sich an den Polen der Atome, die selbst von Elektronen frei sind, möglichst viel Kraftlinien anhäufen. Die Möglichkeit einer solchen Verteilung ist um so größer, je weniger Elektronenringe ein Atom enthält. Auch aus diesem Grunde nimmt die Festigkeit der Verbindungen in den homologen Reihen der Elemente mit steigendem Atomgewicht ab. Aus der Forderung der Symmetrie folgt, daß die Bahnen der Valenzelektronen einander parallel sind und daß diese Elektronen sich mit gleicher Winkelgeschwindigkeit (eine der Bohrschen Grundannahmen) drehen.

129. Das Atom als magnetischer Kreisel.

Die dualistische Spaltung ist nur verständlich, wenn die nach dem Faradayschen Gesetz konstanten Valenzladungen an bestimmten unveränderlichen Teilen

---

[1]) Hittorf hat das bereits in seiner Arbeit: Elektrolyte sind Salze (Wied. Ann. **4**, 374; 1878) für eine Reihe ähnlicher Substanzen in Lösungen festgestellt.

[2]) Beim H müssen die auftreffenden Teile eine Geschwindigkeit von $2 \cdot 10^8$ cm/sec oder von 20000 Volt/cm; beim O aber 16 mal soviel oder 320000 Volt besitzen; eine Spannung, die vielleicht nicht unerreichbar ist (Dessauer und Beck 1919, S. 82).

[3]) Die Zahl der Valenzeinheiten oder -Ladungen läßt sich durch optische Untersuchungen kontrollieren (Dispersion, ultrarote Eigenschwingungen, Wimmer: Phys. ZS. **20**, 92; 1919, vgl. **135.**, S. 314). So wird das Mol CaF_2 (Flußspat) durch $2 + 2 = 4$ Valenzen; SiO_2 durch $4 + 4 = 8$, $CaCO_3$ durch $2 + 4 + 6 = 12$ Valenzen zusammengehalten.

des Atoms haften. Danach erscheint ein Atom als eine Art Magnet, da die Ladungen wegen der Elektronenbewegung Kreisströme erzeugen, die auch die Grundlage des Magnetismus bilden. Man kann daher auch die Valenzelektronen durch Weisssche Magnetonen (μ, S. 75) ersetzen. Bei der Ungewißheit über die Verteilung der Valenzelektronen wird eine derartige Auffassung, bei der die chemischen Atome als rotierende Dipole (Dubletts) angesehen werden, von Stark (1915) und J. J. Thomson (siehe **38.**) für die Erklärung der Vorgänge der chemischen Verwandtschaft bevorzugt. Stark führt die polaren Eigenschaften der Atomoberfläche auf ausgedehnte positive Flächen zurück. Das Atom besitzt als Dipol eine Hauptachse und ein bestimmtes Moment. Das Atom hat demgemäß die Eigenschaften eines Oszillators in der drahtlosen Telegraphie. Diese Eigenschaften genügen zur Erklärung der von Stark entdeckten Erscheinungen der Zerlegung der Spektrallinien im elektrischen Felde und des Doppler-Effektes bei Kanalstrahlen.

Auf ähnlicher Grundlage hat Ritz (1903 und 1908, vgl. **114.**) eine Theorie der Spektrallinien entwickelt, die die bekannten Erscheinungen für den Wasserstoff gut wiedergibt. Der weitere Ausbau der Magnetonentheorie, besonders der Ausgleich der magnetischen Kräfte mit den quantenhaften Energien der Elektronen ist noch nicht zuverlässig gelungen.[1]) Ritz setzte voraus, daß die Schwingungen der Serienspektren durch rein magnetische Kräfte erzeugt werden. In einer Ebene, die senkrecht auf der Achse des Atommagneten steht, erfolgt die Bewegung der Elektronen. Er sagte eine Reihe von Serien des Wasserstoffs voraus, die Paschen (1911) dann auch aufgefunden hat (siehe **125.**). Nach seiner Theorie konnte zum ersten Male die Universalkonstante der Spektralstrahlung, die Rydbergsche Zahl, richtig berechnet werden. Daß eine solche Zahl vorhanden ist, folgt daraus, daß das magnetische Feld aller Atome H eine Konstante ist ($= \mu/e^2 =$ $1{,}168 \cdot 10^9$ Gauss). Zeeman (1914) hat gezeigt, daß die von ihm entdeckte, sehr verwickelte magnetische Zerlegung der Spektrallinien durch diese Annahme sich leichter (aber durchaus nicht vollständig), als durch das Rutherford-Bohrsche Atommodell erklären läßt. Es bestehen gegen diese Ableitungen, wie gegen alle Modelle, schwerwiegende Einwände (Voigt 1912). Das Bohrsche Modell hat sich aber bisher am leistungsfähigsten erwiesen.

Während die magnetischen Modelle wohl eine Reihe von Tatsachen einfacher erklärten als die Bohrsche Theorie, waren sie unfruchtbar in bezug auf

[1]) Siehe die Mitteilungen von J. Koch, Bohr, Nicholson, Allen, Vegard, G. W. Walker 1914/15. Webster (siehe **42.**) deutet seine Ergebnisse über weiße X-Strahlung ebenfalls zugunsten der Dipoltheorie. Wereide (Ann. Phys. **52**, 284; 1917) hält es für möglich, die Magnetonentheorie mit der Bohrschen zu verknüpfen. Ist das Magneton des Atoms (μ), ebenso, wie der Magnetismus des Rutherfordschen Kernes ein Vielfaches des Elementarquantums, so berechnet sich leicht, daß das Atom 5 Magnetonen μ enthält. μ wird $= he/20\,\pi\, c\, m = 18 \times 10^{-22}$ EME. Zwischen dem Weissschen Magneton ($M = 1123{,}5$), der Loschmidtschen Zahl N und μ besteht die Beziehung: $\mu N = M$. Bernoulli (1919) gibt dieser Konstanten die Form $\mu' = hc/2e = 2{,}23 \cdot 10^{-7}$; sie bedeutet die Kraftlinienzahl, die der Atomdipol bei seiner Rotation schneidet. Die abgebbare elektrische Energie eines Atoms ist proportional, $\mu' \cdot N \cdot \nu$ (N, die Rydbergsche Zahl; ν, die Grundschwingung).

Als bestes Modell für die Magnetonen, aus denen man sich ebenfalls die Atome aufgebaut denken kann, ist der Parsonsche Elektronenring (siehe **40.**, S. 75) anzunehmen. Seine scheinbare Masse fällt mit der des Magnetons zusammen. Auch hat er die richtige Kreiselbewegung. Die Vorgänge lassen sich nach der klassischen Elektrodynamik berechnen und ergeben ohne weiteres ein stabiles Atommodell (Webster: Phys. Review **9**, 484, 560; 1917). Wenn man die Magnetonentheorie annimmt, muß man den H-Kern als sehr zusammengesetzt voraussetzen (Vegard: Ann. Phys. **53**, 77; 1917). Sommerfeld hat andererseits für die Bohrschen Ringe nachgewiesen, daß der magnetische Einfluß gegenüber dem elektrischen zu vernachlässigen ist (Szber. Münch. Akad. 1916, 166).

Ishiwara (Proc. Math. Phys. Soc. Tokyo **8**, 106, 173, 318, 540, 580; 1915) hat bei Berechnung der Elektronenbewegung nach den strengen Formeln der Relativitätstheorie gefunden, daß die Magnetonentheorie nicht haltbar ist, daß aber auch die Bohrsche Theorie etwas umzustellen wäre (siehe **130.** zu Nr. 3).

die Aufdeckung besonderer neuer chemischer Tatsachen oder die Zusammenfassung weit auseinanderliegender Erscheinungen. In der großen Erörterung vor der Londoner Physikal. Gesellschaft (Allen 1919) ist das klar zutage getreten. Allen führt 13 Einzelpunkte zugunsten der Magnetonentheorie an, so die Erklärung des Diamagnetismus, Kohäsionserscheinungen, stereochemische Struktur, Streuung der α-Strahlen[1]), Zeemaneffekt. Die gewöhnlichen Strahlungsgesetze können beibehalten werden. Nach Webster lassen sich die Plancksche Strahlungsformel und damit auch die Grundlagen der Quantentheorie nach dieser Theorie ableiten. Nach Duane muß man beim Rutherfordmodell auch magnetische Kräfte annehmen, damit das Atommodell stabil bleibt. Bernoulli leitet aus dem Ritzschen Atommodell neue Beziehungen zwischen dem Wirkungsquantum h, der Elektronenmasse m und der inneren Reibung der Gase ab.

Die Grundlagen der benutzten magnetischen Modelle sind aber durchaus nicht die gleichen, wie es bei Rutherford-Bohr der Fall ist. Zu allen diesen hat nun J. J. Thomson (1919), der sich mit dem Rutherfordschen Modell und den Quantenbedingungen von Bohr nicht befreunden[2]) kann, versuchsweise ein neues gefügt. Das Atom besteht aus sich übereinander lagernden elektrischen und magnetischen Wechselfeldern (d. h. es wechselt Anziehung und Abstoßung systematisch). An bestimmten Übergangsstellen, oder räumlich angesehen Übergangsschalen, ist das elektrische Feld Null, die Elektronen sind dort im Gleichgewicht und bleiben daher an diesen Stellen. Die Abstände dieser Schalen vom Zentrum bilden eine geometrische Reihe. Die Schwingungen der Elektronen werden durch Änderungen des magnetischen Feldes, das das elektrische überlagert, hervorgerufen. Die Zeichenwechsel[3]) dieses Feldes fallen mit denen des elektrischen in der Reihenfolge zusammen. Die magnetische Kraft μ ändert sich mit der Entfernung nach einem Gesetz $\mu\ (a^2-r^2)$, das elektrische Potential Φ dagegen ist

$$= \frac{1}{r^2}\left(1-\frac{c_1}{r}\right)\left(1-\frac{c_2}{r}\right)\left(1-\frac{c_3}{r}\right)\sin cn$$

(abgeändertes Coulombsches Gesetz, vgl. **125.**). Für $r = c_1,\ c_2,\ c_3$ wechselt Φ zwischen Anziehung und Abstoßung.

Für $r = c/n\pi$ (n eine ganze Zahl) erreicht Φ ein Maximum. Die Abstände der Wechselstellen bilden eine geometrische Reihe.

130. Die Bohrsche Theorie und die Berechtigung ihrer Annahmen.

Bohr hat 1913 als erster Annahmen über den Atombau und die Vorgänge im Atom bei der Strahlung gemacht, die rechnerisch behandelbar sind. Die Erscheinungen der Spektren, und zwar sowohl des gewöhnlichen Lichtes wie des Röntgenlichtes sind nicht nur dem Verständnis näher gerückt, sondern auch dadurch berechenbar geworden. Die Voraussetzungen, auf denen seine Theorie beruht, sind folgende:

1. Das Atom besteht, wie es Rutherford annahm, aus einem Kern, dessen Ladung gleich der Ordnungszahl N des Atoms im periodischen System

---

[1]) Nach Nicholson (1919) ist aber die Streuung der α- und β-Strahlen mit starken magnetischen Feldern im Atom überhaupt nicht vereinbar.

[2]) Die Strahlungserscheinungen sind nach seiner Auffassung lediglich Resonanzerscheinungen, die an feste Bahnen gebunden sind und nur wenige Atome betreffen, wie sich aus dem Studium der Absorptions- und Resonanzspektren ergibt.

[3]) Solche Wechselfelder lassen sich auch rein mechanisch ableiten, wenn man sich vorstellt, daß ein in das Innere des Atoms eindringendes Elektron in pulsierende Schwingungen auf einer bestimmten Kreisbahn gerät, wie sie bei Teilchen, die in Flüssigkeiten schwingen, bekannt sind. Die Weite dieser Pulsationen ist vergleichbar den bedingt periodischen Bewegungen des „Ellipsenvereins" (Korn 1919, vgl. **133.**).

ist, und einer entsprechenden Zahl von Elektronen. Diese rotieren (schwingen) in Ringen, die so angeordnet sind, daß die Wirkungen der Ladungen sich bis auf die Wirkung der Valenzelektronen, die den äußersten Ring einnehmen, ausgleichen. Das Wasserstoffatom hat nur ein Elektron.[1])

2. Die schwingenden Elektronen sind nicht an bestimmte Bahnen gebunden, sondern sie können innerhalb der Atomhülle verschiedene (durch die Voraussetzung Ziffer 8 bestimmte) Bahnen einschlagen.

3. Die Strahlung ist nicht bedingt durch Schwingungen des ganzen Atoms. Die Strahlung, die gemessen wird, geht stets von den den Kern umgebenden Elektronen aus. Beim Wasserstoff genügt für die Strahlung, daß sein Elektron von einer Bahn auf eine andere überspringt. Demgemäß gehört zu jeder Wasserstofflinie im Spektrum eine Anfangs- und eine Endbahn. Die Anfangsbahn ist jeder Serie gemeinsam, die Endbahn richtet sich nach dem freien Raum, der freien Weglänge, die dem Elektron zur Verfügung steht. Die Bewegungen, bei denen das Elektron in seiner Bahn bleibt, rufen keine Strahlung hervor.

4. Auch bei anderen Atomen wird die Strahlung durch Beschleunigung einiger weniger Elektronen und den damit verbundenen Bahnwechsel bedingt. Bei diesem Vorgang beeinflussen sich die strahlenden Elektronen nicht. Jedes ist unabhängig von dem andern und verhält sich wie ein Wasserstoffelektron.

5. Die Elektronen, die die sichtbare Strahlung verursachen, gehören dem äußersten Ringe, dem Valenzring, an.

6. Auch andere Strahlungen, wie die *K*- und *L*-Strahlung, lassen sich ähnlich auffassen. In diesem Falle werden die dem Kern nächsten Ringe erschüttert. Es lösen sich einzelne Elektronen los, die sich unabhängig bewegen.

7. Bei der die Strahlung begleitenden Elektronenbewegung wird die Energie W nur in Quanten übertragen und nach außen abgegeben. Ist ν die Schwingungszahl, so ist die zur Verfügung stehende Energie W der Strahlung $= h\nu$[2]) (oder gleich einem ganzen Vielfachen) — h, das Plancksche Elementarquantum, die kleinste Energiemenge, die bei physikalischen Vorgängen, vor allem bei der Wärmebewegung übertragbar ist. W ist gleich der Differenz der Energien auf der Endbahn und auf der Anfangsbahn.

8. Das Maß für die Bewegung der Elektronen, die die Masse m ($= 8{,}9 \cdot 10^{-28}$ g) besitzen, ist die Winkelgeschwindigkeit w, die Anzahl Kreisgrade, die das Elektron, das sich mit v cm in der Sekunde bewegt, in gleicher

---

[1]) Ishiwara (1915 und 1916, vgl. S. 292, 296, 302) benutzt ein anderes Modell. Er gelangt zu den Bohrschen Formeln unter ähnlichen Voraussetzungen wie Bohr und unter Anbringung der relativistischen Korrektionen von Sommerfeld. Der Kern seines H-Atoms hat aber zwei schwingende Elektronen. Die Zweiatomigkeit wird dadurch wahrscheinlich, daß sie die Voraussetzung für die Ableitung der Langevinschen Theorie des Diamagnetismus ist. Die magnetische Konstante des H-Atoms berechnet sich zu $-3{,}0 \cdot 10^{-6}$. K. Onnes fand (1911) $-2{,}7 \cdot 10^{-6}$, Pascal (1910) $-3{,}0$. Das Modell gibt auch die richtige Feinstruktur der H-Linien (vgl. **120.**, S. 257).

[2]) Diesen einfachen Grundsatz, daß für die Frequenz der Schwingungen ν die zur Verfügung stehende Energie W maßgebend ist, hat Wien (1907) ausgesprochen.

Zeit zurücklegt. Ist a der Abstand des Elektrons von dem Schwerpunkt des Systems, das aus der Kernmasse M und dem bewegten Elektron m besteht, so ist der Halbmesser a_0 der Bahn $= a\delta$ ($\delta = M/M + m$) $v = a_0 w$. Die Energie, die das Elektron enthält, ist durch das Winkelmoment der Bewegung W bestimmt. Zunächst ergibt sich der Weg des Elektrons zu $2\pi w a_0$; diesen Weg legt die Masse m am Hebelarm a_0 zurück. Also ist $W = 2\pi w a_0^2 m$. Und diese Größe setzt Bohr konstant = dem Wirkungsquantum h oder einem ganzen Vielfachen (i) von h. Also haben wir $w a_0^2 m = ih/2\pi$.[1])

Zu diesen Voraussetzungen ist folgendes zu bemerken:

Zu 1. Das Rutherford-Bohrsche Atommodell ist begründet durch die Absorptions- und Streuungsversuche[2]) (hauptsächlich von Geiger und Marsden) von α-, γ- und X-Strahlen. — Die gewöhnlichen Gesetze der Mechanik und Elektrodynamik kann man auf ein solches System nicht anwenden (Nicholson, Harkins). Diese gelten nur noch für den stationären, nicht strahlenden Zustand. Könnten sie bei der Strahlung gelten, so müßten alle Elektronen in einem Ringe liegen. Das stimmt aber nicht mit der Erfahrung. Nimmt man mehrere Ringe, so bleiben unausgeglichene elektrostatische Kräfte zwischen den Ringen übrig. Diese stören aber Systeme nicht, die quantenhafte Energieverteilung besitzen. Bei solchem System bestehen, wenn man genügend kleine Räume betrachtet, stets erhebliche Unterschiede im Energieinhalt (siehe **42.**). Nicholsons System, bei dem die instabilen konzentrischen Ringe durch parallele Ringe in verschiedenen Ebenen ersetzt sind (siehe **125.** S. 279), läßt sich nach den gewöhnlichen elektrodynamischen Grundsätzen[3]) behandeln. Aber in seiner Anordnung ist der abgesonderte Valenzring schlecht unterzubringen.

Zu 2. Daß die Elektronen verschiedene Bahnen einschlagen können, folgt aus den Erfahrungen mit der K- und L-Strahlung. Der Übergang von dieser Strahlung zu der sichtbaren führt ungezwungen zu 4 oder 5 Bahnen (siehe S. 274, 277).

Zu 3. Die Strahlung ist nach Lenards jahrelangen Versuchen eine Eigenschaft des Atoms und nicht eine des Mols. Das läßt sich erweisen aus dem Wert der Rydbergschen Konstante (Wolfke, **131.**). Diese müßte 1,1 mal so groß sein, wenn sie vom Mol herrührt. Die Berechnung ergibt den Wert $3{,}59 \cdot 10^{15}$ gegen $3{,}26 \cdot 10^{15}$, wenn das Atom strahlt. Die Beobachtung gibt $3{,}29 \cdot 10^{15}$. Demgemäß ist die Strahlung eine Atomeigenschaft und sie muß dann von denjenigen Bestandteilen ausgehen, die hauptsächlich chemische und physikalische Erscheinungen bedingen. Das sind die den äußeren Ring bildenden Valenzelektronen.
Die Vorstellung, daß die Strahlung auf einer Bewegung von Elektronen beruht, knüpft an die radioaktive Erfahrung an und an die Untersuchungen Lenards über ultraviolette Strahlung und die Strahlungen der Selbstleuchter (Phosphore, 1910). Die Lichtstrahlung kann auch rein thermisch durch Aussendung von Elektronen hervorgerufen werden (Richardson, **33.**). In diesem Falle läßt sich der gesetzmäßige Zusammenhang zwischen Energie der Elektronen und Strahlung durch die Versuche genau nachprüfen. Die Lichterregung beruht auf der Wiedervereinigung der losgelösten Elektronen mit dem Atomrest (dem Atomion, Stark). Aus diesen Annahmen heraus hat sich unter Benutzung der Grundsätze der kine-

---

[1]) Über Stabilität des Modells und Coulombsches Gesetz siehe **125.**

[2]) Siehe **105.**, **115.**, **116.**, **117.** Eine weitere Stütze für diese Modelle ist die Ableitung der Atomdispersion im Gaszustande aus den einfachen Voraussetzungen dieser Theorie (Sommerfeld 1917, Born 1918). Aus der Theorie folgt vor allem, daß die Mole z. B. von H, N, O anisotrop sind. Derartige Mole müssen aber eine Dispersion des Lichtes bewirken. Für den Wasserstoff ist die Beziehung von Dispersion und Atommodell am sichersten (vgl. **134.**).

[3]) Diese sind auch anwendbar auf die Protoelemente (Coronium und Nebulium, siehe **101.** und **130.**, S. 300).

tischen Gastheorie die so lange rätselhafte Erscheinung der Schichtung des Glimmlichtes in Geisslerröhren sicher deuten lassen. Das Leuchten tritt ein, wenn die freie Weglänge der Elektronen zu Ende ist, durch Änderung des Druckes und des Gases kann man die Schichtlänge und damit die freie Weglänge ändern.[1]) Wird die freie Weglänge größer, so stehen den Elektronen auch mehr Bahnen zur Verfügung. Das gilt auch für die Spektralstrahlung. Wir sehen daher, daß bei abnehmenden Druck die Zahl der Linien zunimmt (Riecke, **132.**).[2])

Die Annahme, daß das Atom nicht strahlt, wenn die Elektronen konstant rotieren oder andere z. B. Pendelbewegungen ausführen, daß es nur strahlt in den kurzen Zeitabschnitten, in denen Elektronen ihre Bahn wechseln, ist eine ganz neue und stark bestrittene. Bei den auf dem Boden der elektromagnetischen Lichttheorie stehenden Theorien der Strahlung wird stets vorausgesetzt, daß die Oszillatoren strahlen, wenn sich ihre Teile bewegen. Bohr schränkt diese Strahlung ein auf ganz bestimmte Bewegungen, so daß es eine große Reihe von Lagen des Atoms gibt, in denen es strahlenlos ist. Diese umstürzende Vorstellung kann man nach Nernst (1916) umgehen, wenn man annimmt, daß stets, auch beim absoluten Nullpunkt, Strahlung vorhanden ist. Diese wird im allgemeinen aber aufgehoben durch die Nullpunktsenergie, die in umgekehrter Richtung vom Lichtäther dem Atom zugeführt wird. Dieses Gleichgewicht wird gestört, wenn die Elektronenbewegung durch äußere Einflüsse plötzlich eine andere wird. Dann entsteht eine nicht mehr ausgeglichene Strahlung. Wereide (1916) nimmt an, daß die Strahlung der gleichmäßig umlaufenden Elektronen aufgehoben wird durch die entgegengesetzte des Kerns. Die umlaufenden Elektronen erzeugen nach Ampère Molekularströme und dadurch ein magnetisches Moment (Feldstärke H_0), dessen Einheit das Weisssche Magneton ist. Auf diese Umläufe kann man die Gesetze der Zentrifugalkraft und des Elektromagnetismus anwenden. Die Strahlung kommt zustande, wenn die Zahl der Magnetonen durch äußere Einwirkung geändert wird (Zusammenstoß des Atoms mit starken Energiequellen). Der Radius a des Umlaufkreises ändert sich dann sprunghaft. Es gilt für jeden Umlauf die einfache Beziehung $h = 2\pi e\sqrt{ma}$. Nimmt man $a = 0{,}5 \cdot 10^{-8}$ cm (siehe **30.**), so erhält man für h den richtigen Wert ($6{,}4 \cdot 10^{-27}$). Die Zahl der Magnetonen entspricht der Zahl der beobachtbaren Spektralserien, also auch der Zahl der Anfangsbahnen.

Zu 4. und 5. Rydberg fand, daß die Spektralserien von einer Konstanten abhängen. Dafür läßt sich nur eine einfache Erklärung geben (Stark)[3]), wenn man annimmt, daß die Spektren stets von derselben Art von Oszillatoren ausgehen. Als solche kommen nur die Valenzelektronen in Frage. Diese müssen unabhängig nacheinander strahlen. Die gleichzeitige Bewegung von 2 freien Elektronen führt niemals zu den beobachteten (Balmerschen) Schwingungen (Nicholson 1914).[4]) Es kann in einem Osz. nur ein einzelnes Elektron schwingen. Nach den Annahmen über den Bau des Valenzringes erscheint das besonders bei mehrwertigen Elementen schwer verständlich. Indessen hat man schon eine Reihe von Spektralbeobachtungen anderer Elemente, die wie beim Wasserstoff von einem freien Elektron oder mehreren voneinander unabhängigen Elektronen, die also wie ein Elektron wirken, herrühren. Die homogene Röntgenstrahlung ergibt Schwingungen, die den Balmerschen, die man im Wasserstoffspektrum beobachtet, vergleichbar sind (Sommerfeld, **120.**). Hier wird zwar zunächst der Kern erregt, die Erschütterung wird aber weiter auf die Elektronenringe übertragen; die Bewegungen der Elektronen sind nach den Energiemessungen Rutherfords und Andrades (siehe **124.**)

---

[1]) Über die Untersuchungen Righis: siehe **114.**, Anm. 1 S. 220. J. J. Thomson (Electricien **79**, 506; 1917) hat diese Vorgänge in Vorlesungsversuchen leichter verständlich gemacht.

[2]) Die Beobachtungen von Nicholson und Merton widersprechen dem. Ihre Erklärung durch Franck (siehe **132.** S. 303).

[3]) Vhdl. Phys. Ges. **13**, 405; 1911.

[4]) Dagegen leitet Ishiwara (Proc. Math. Phys. Soc. **8**, 106; 1915) die durch radioaktive Korrektionsglieder verbesserte Balmerformel gerade ab unter der Voraussetzung von 2 Elektronen (siehe **129.** S. 294, 302).

unabhängig voneinander. Helium hat 2 umlaufende Elektronen. Aber bei der Strahlung haben wir es mit dem ionisierten Atom, das bei 25 Volt entsteht (S. 85 und Nachtrag S. 338), zu tun. Dieses hat nur ein Elektron und ist dem H-Atom außerordentlich ähnlich[1]), wie aus den Beobachtungen an den Sternspektren folgt (**101.**). Legt man für Lithium die Formel von Hicks (1910) für die Spektralserien zugrunde, so kommt man auch zu einer Balmerschen Strahlungsformel, wenn man annimmt, daß von 3 Elektronen des Li nur das eine Valenzelektron strahlt, daß also nur ein Drittel der Ladung für die Strahlungsenergie in Betracht zu ziehen ist (Bohr 1915, Hartmann 1917). Man gelangt für das Li-Atom zu folgender Form: Der Kern ist umgeben von einem Elektronenring aus 2 Elektronen, um diesen läuft in weiter Entfernung das eine Valenzelektron um.

Bei anderen Atomen läßt sich annehmen, daß Strahlung eintritt, sobald das Atom 2 Elektronen verloren und 1 Elektron gewonnen hat (Bohr 1915). Sommerfeld (1916) hat weiter für H, He, Li die Frage geprüft, ob sich im Sinne Bohrs Atommodelle finden lassen, die imstande sind, die sämtlichen bekannten Spektralschwingungen auszustrahlen. Dabei sind diese Schwingungen stets entstanden zu denken aus dem Zusammenwirken von 2 Ritzschen Termen (siehe **114.**). Bei H sind die Bahnen des strahlenden Elektrons in der *p*- und *d*-Serie als reine Kepplerellipsen aufzufassen. Bei He und Li sind noch andere Bahnen als in der Symmetrieebene, der Umlaufsebene des Elektrons möglich. Das He-Atom hat folgende Form: Ein inneres Elektron läuft in einer engen nahezu kreisförmigen Bahn um den doppelt geladenen He-Kern, ein zweites äußeres Elektron beschreibt eine das erste Elektron umschließende Bahn von größeren Abmessungen (vgl. **133.**, S. 308). Li hat einen 3fach geladenen Kern; 2 innere Elektronen umkreisen eng diesen Kern; ein drittes äußeres Elektron bewegt sich in weiter Entfernung bei *p*- und *d*-Schwingungen in der gleichen Ebene. Die Berechnung führt nach 3facher Annäherung für dieses strahlende System zu Termen von der Form[2]): $\frac{N}{\{(m+\varrho)+\pi/(m+\varrho)^2\}^2}$. Hierbei sind ϱ und π Konstanten, die für jede Serie verschieden sind. Die Konstanten für die *p* (Hauptserie), *d* (Nebenserie), *b* (Bergmanserie) haben Werte von der Form $9/n^3$, also 9/8, 9/27, 9/64. *m* besteht aus 2 Größen *n* und n^1, den Lauf- und Serienzahlen, welchen z. B. für die *p*-Serie die Werte 2 und 0, 1, 2, 3 . . . zuzuerteilen sind. Die Ableitungen von Sommerfeld hängen nur von wenigen Konstanten ab, dem Radius und der Ladung des inneren Elektronenringes, der Quantenzahl *n*, der Kernladung *E*. Ritz brauchte zu seinen Formeln 6 empirische Konstanten.

Die gegenseitige Unabhängigkeit[3]) der Elektronen folgt aus den Moseleyschen Gleichungen (siehe **119.**). Bei der theoretischen Ableitung (siehe **131.**) setzt man die Wirkung proportional der Gesamtzahl *N* der Ringelektronen (= der Ordnungszahl). Das ist nur möglich, wenn jedes Elektron unabhängig von dem andern ist, wenn sich also die elektrischen Felder der Elektronen nicht überschneiden. Von dieser Zahl *N* ist nur eine kleine Korrektion (σ_n) abzuziehen. Diese enthält den Einfluß, den *n*-Elektronen hervorrufen, die mit dem strahlenden Elektron einen Ring bilden. Sommerfeld hat noch den Geschwindigkeitseinfluß berechnet. Maßgebend für ihn ist die Größe α (siehe S. 256), der relativistische Faktor, der die von den bewegten Elektronen erzeugten Hemmungsströme berücksichtigt. Dieser Faktor ist auch nur klein.

---

[1]) Sommerfeld: Ann. Phys. **51**, 80; 1916; die Feinstruktur der einzelnen Linien im H- und He-Spektrum ist ähnlich.

[2]) Ähnliche Termen lassen sich für die Alkalien (siehe **114.**) angeben. Vernachlässigt ist bei diesen Entwicklungen die Schirmwirkung der Ringe aufeinander und die magnetischen Felder in den inneren Ringen. J. J. Thomson (Engineering **107**, 477; 1919, vgl. **129.**) kommt unter ganz anderen Annahmen für das Kraftgesetz zwischen elektrischen Ladungen der Atome (gleichzeitige elektrische und magnetische Wirkung) zu dem gleichen Formeltypus. Die Sommerfeldschen Rechnungen beruhen aber auf umfassenderen Voraussetzungen, die nicht bloß auf diesen einen Fall zugeschnitten sind.

[3]) Epstein leitet aus dieser Unabhängigkeit die Beziehungen zwischen den β-Gruppen beim radioaktiven Zerfall ab (siehe **133.** S. 309).

Zu 6. Die von J. J. Thomson (1912) ausgesprochene Vermutung, daß die homogene Röntgenstrahlung von dem Kern auf die Ringe übertragen wird, bestätigen die Versuche von Rutherford und Andrade (1914) über die Beziehung zwischen β- und γ-Strahlgruppen von RaB und C (siehe **124.**), ebenso die von Kossel angegebenen Beziehungen zwischen *K*- und *L*-Strahlen (siehe **120.**). Daß die *K*- und *L*-Strahlen wasserstoffähnliche Strahlen sind, folgt aus der Anordnung der Doppellinien[1]) (Sommerfeld, siehe **120.**, **125.**).

Zu 7. Die Energie der Strahlung hängt von der Konstante *h* ab. Besonders einfach ist diese Abhängigkeit bei dem Photoeffekt (der Entwicklung von elektrischen Strömen durch ultraviolette Lichtstrahlung), ebenso bei der Erregung von homogenen X-Strahlen. Die Auslösungs- oder Ionisationspotentiale sind proportional *h* (siehe **42.**, **114.**). Aus dem experimentell gefundenen Wienschen Verschiebungsgesetz (Änderung des Strahlungsmaximums mit der Temperatur) hat Einstein (1917) unter Anwendung der Grundsätze der Quantentheorie weiter die unstetige Verteilung der inneren Energie der Mole während der Einstrahlung und Ausstrahlung abgeleitet (siehe **41.**). Daraus folgt weiter streng einerseits die Plancksche Strahlungsformel, andererseits die Bohrsche Annahme, daß die Arbeit beim Übergang von einer Elektronenbahn zu anderen $= h\nu$ ist.

Diesen einfachen Grundsatz, daß für die Frequenz der Schwingungen ν die zur Verfügung stehende Energie *W* maßgebend ist, hat zuerst Wien (Götting. Nachr. 1907, 598) ausgesprochen. Geprüft ist die Gleichung $W = ch\nu$ (*c* Lichtgeschwindigkeit) am genauesten, wie bereits erwähnt, für X-Strahlung (z. B. durch Duane: Phys. Rev. **6**, 166; 1915). Stark hat 1909 für das Aussenden des optischen Spektrums (Theorie der Resonanzstrahlung und Ionisierungsspannung) ähnliche Bedingungen als Voraussetzung angegeben.

Bei allen Vorgängen im Atom (wie z. B. den Messungen von Duane und Millikan, S. 80, 88; bei der Berechnung der Wärmetönung nach Bernoulli siehe **135.**, S. 318) stößt man immer auf die Konstante *h* oder den Betrag $\boldsymbol{h\nu}$ für den Energieaustausch. Aber worauf diese Grundeigenschaft des Atoms beruht, ist noch nicht klargestellt. Ist sie eine Eigenschaft des Elektrons, das der Träger des Energieaustausches ist, oder ist sie eine Eigenschaft des umgebenden Raumes (Dichtigkeit der Kraftlinien).? Wir beobachten lediglich, daß, wenn im Atom eine Veränderung eintritt, das Energiequant der kleinste Energiebetrag ist, mit dem der ursprüngliche Zustand bei reversiblen Vorgängen wieder herstellbar ist.

Lodge (1919) hält diese Auffassung, wonach die Energie in Quanten zerlegt wird, für physikalisch nicht genügend begründet, da wir diese Zerlegung im allgemeinen auf Emissions- oder Strahlungsvorgänge beschränken. Es handelt sich ausschließlich um eine Atomeigenschaft. Diese ist, wie andere durch bestimmte Zahlen eindeutig auszudrücken. Die Strahlung ist eine periodische Eigenschaft des Atoms. Zu ihrer Auslösung bedarf es der Anhäufung von kleineren Energiebeträgen. Erst wenn der Schwellenwert $h\nu$ erreicht ist, kann man entsprechend dem Resonanzprinzip bei mechanischen Vorgängen eine merkliche Wirkung erzielen.

Durch das Bohrsche Atommodell sind die Zahlenbeziehungen im Atom am einfachsten zu entwickeln. Mit wachsender Kernzahl *N* nimmt der Radius ϱ der Valenzelektronen ab, während die Geschwindigkeit (v) und damit die Frequenz (ν) ständig wächst. Das Produkt ϱv ist konstant, d. h. das Moment entsprechender Ringe ist bei allen Elementen gleich. ν ist v direkt, ϱ umgekehrt proportional. Da also v proportional *N* und ϱ umgekehrt proportional *N* wächst, so wächst $\nu\ (= v/2\pi\varrho) \sim N^2$. Das ist das Moseleysche Gesetz. Die Umlaufsenergie eines Elektrons mit der Masse *m*, also $^1/_2 mv^2$, ist nach einfachen mechanischen Regeln gleich der potentiellen Energie. Beim Entfernen eines Elektrons in das Unendliche, also bei einem Strahlungsvorgang im K-, L- oder M-Ring, wird die Summe beider Energien vernichtet, d. h. die Größe mv^2. Dieser Vorgang ist

[1]) Die Ähnlichkeit besteht auch für Absorptionsbanden der X-Strahlung (Wagner, siehe **119.**) und für Emissionsbanden von H, He und anderen Stoffen (siehe S. 225); die Wellenlängen der Kanten folgen den Balmerschen Formeln.

aber nur möglich, wenn die kritische Resonanzschwingung ν erreicht und dabei die Energie h übertragen wird. Es ist also $m_1 v^2 = h\nu$.

W. Wien hat (1919) in einer schwierigen Experimentaluntersuchung das Wesen der Atomenergie $h\nu$ zu ergründen versucht. Die Spektralstrahlung beruht auf der Abgabe der Energie $h\nu$. Diese Energie hat eine bestimmbare Wirkungsgrenze und aus der Größe dieser Grenze kann man sich ein Bild über die Vorgänge beim Austausch der Energie machen. Diese Grenze (ein Maß für die Dämpfung, das Abklingen der Strahlung) wurde aus der photographisch aufgenommenen Lichtbahn von Kanalstrahlen bestimmt, die von einem Raum höheren zu einem niederen Drucks (z. B. bei Wasserstoff von 0,06 auf 0,0015 mm Quecksilber) übertraten. Die Dämpfung der Energie $h\nu$ läßt sich auch nach verschiedenen Theorien berechnen, und damit deren Zuverlässigkeit an der Hand der Erfahrung prüfen. Die Versuche ergaben, daß die Atomenergie nicht den Gesetzen einfacher, elastischer Schwingungen gehorcht.

Zu 8. Die Bohrsche Annahme über den Zusammenhang zwischen Drehgeschwindigkeit der Elektronen und Radiusvektor (Konstanz des Drehmomentes) hat ihr Vorbild in dem **Kepplerschen Gesetz der Planetenbewegung.** Die Analogie ist so weitgehend, daß man die Gesetze der Himmelsmechanik auf die Bewegung der Elektronen um den Kern anwenden kann (Schwarzschild 1914). Die Gültigkeit des Satzes vom konstanten Drehmoment ist eine Voraussetzung für die Ableitung der experimentell ermittelten Moseleyschen Gleichungen, sowie für die Whiddingtonschen Beobachtungen über das Auslösepotential bei homogener X-Strahlung (van den Broek, siehe **131.**).

Nach Sommerfeld (1917, Atombau S. 243) kann man die Bohrschen Annahmen völlig in die Form der Kepplerschen Gesetze kleiden (über das dritte Kepplersche Gesetz siehe **133.**, S. 306). Das Elektron bewegt sich auf einer Ellipse, in derem Brennpunkt der Kern des Atomes steht. Der Fahrstrahl vom Kern zum Elektron beschreibt in gleichen Zeiten gleiche Flächen. Die Flächengeschwindigkeit ist ein ganzes vielfache des Wirkungsquantums h von Planck. Die Exzentrizität der elliptischen Bahnen steht in einfacher Abhängigkeit von den Quantenzahlen.

Aus dieser Analogie mit der Planetenbewegung folgt, daß beim Atom die einzelnen Elektronen soweit voneinander entfernt sind, daß ein α-Teilchen tausende von Atomen durchqueren kann, ohne mit einem Elektron oder einem Kern zusammen zu stoßen (S. 228). Der Atomkern hat, wie die Sonne, die Hauptmasse des Systems. Die Elektronen sind (anders wie die Planeten) symmetrisch zum Kern angeordnet zu denken.

Die Bohrsche Annahme beruht auf der Quantentheorie. Es ist aber versucht worden, diese Annahme nach den gewöhnlichen elektrodynamischen Grundsätzen[1]) abzuleiten (Bernoulli 1916 u. 1919). Ein rotierendes Elektron erzeugt ein Magnetfeld und bei dieser Rotation schneidet es nach den Faradayschen Grundsätzen eine bestimmte Anzahl Kraftlinien. Macht man die Voraussetzung, daß das Elektron in gleichen Zeiten eine gleiche Zahl von Kraftlinien schneidet, so ergibt sich der Bohrsche Satz. Diese Voraussetzung wird dadurch bestätigt, daß sich Beziehungen ergeben, die zu dem richtigen Molekulardurchmesser σ, wie er nach der kinetischen Gastheorie bestimmt ist, führen (siehe **30.**). Es ist die Schwingungszahl $\nu_0 = eH_0/2\pi m$, ferner $\sigma^2 = 2h/\pi e z H_0$. H_0 ist das konstante magnetische Feld (vgl. Ritz, **129.**); e, m Ladung, Masse des Elektrons; z Zahl der umlaufenden Elektronen; $z = 1$ für H, O; $z = 2$ für He. Es ergibt sich σ (in 10^{-8} cm) für H = 2,21 (2,17 nach kinetischer Gastheorie), für He = 1,77 (1,81), für O = 2,58 (2,66).

Diese Betrachtungen enthüllen einen wunden Punkt der Bohrschen Theorie (vgl. auch Wereide bei 3. und siehe **129.**), nämlich den, daß die magnetischen Wirkungen, die polaren Eigenschaften der Atome außer acht gelassen sind. Jedoch scheint die eigentliche magnetische Wirkung gering zu sein. Sie hängt eng zusammen mit den relativistischen Hemmungsgliedern. Diese sind aber sehr klein (Sommerfeld, Epstein bei **133.**). Eine Entscheidung über diese Fragen setzt voraus,

---

[1]) Schott (Phil. Mag. **36**, 243; 1918) beweist, daß die Bohrsche Hypothese mit den elektrodynamischen Gleichungen von Maxwell-Hertz und mit den Poyutingschen Entwicklungen über den Äther unvereinbar sei.

daß man über das Wesen des elektrischen und magnetischen Feldes besser als jetzt unterrichtet ist.

Bohr nimmt ferner den Kern als unwirksam für die meßbare Strahlung an; er verzichtet damit darauf eine Erklärung für das Entstehen der homogenen X-Strahlen zu geben. Das Zeemansche Phänomen läßt sich nur schwierig nach den Bohrschen Annahmen deuten. Jedoch auch die Ritzschen Modelle, die von den Magnetonen hauptsächlich Gebrauch machen, genügen nicht für die Wiedergabe aller Erscheinungen bei der Zerlegung der Spektrallinien im magnetischen Felde. Erfolgreicher ist die Bohrsche Theorie bei der Darstellung[1]) des Starkeffektes (Zerlegung der Linien im elektrischen Felde).

Stark (Ann. Phys. **54**, 81, 111; 1917) hat eine Reihe von Erscheinungen besonders im kontinuierlichen Spektrum der Kanalstrahlen aufgefunden, deren Entstehung unmöglich auf Vorgänge zurückgeführt werden kann, wie sie das Bohrsche Atommodell verlangt. Der Träger dieser Spektralvorgänge, die unabhängig sind von den Serienlinien, ist einmal das sogenannte Quantenpaar des Wasserstoffes, ein Mittelding zwischen dem strahlenden Wasserstoffatomion und dem neutralen Atom. Stark findet auch noch andere widerspruchsvolle Punkte der Bohrschen Theorie. So ist die Frequenz ν_{ik} einer H-Serienlinie, bei der das Elektron von der i^{ten} zur k^{ten} Bahn überspringt, abhängig von der Nummer der Endbahn, die erst später erreicht wird. Stark frägt, woher denn das Elektron wisse, beim Verlassen der einen Bahn, welches die Endbahn sei? Nach der Bohrschen Auffassung sind ferner +-geladene Wasserstoffmole metastabil; sie müßten in $H + H^+$ (Ion) zerfallen. Aber nach Dempster (Phys. Rev. **8**, 680; 1916) sind in Kanalstrahlen gerade diese geladenen Mole gegenüber den Atomionen überwiegend und stabil. Auch sind sie Träger des Viellinien- oder Bandenspektrums, das durch langsame Kathodenstrahlen hervorgerufen wird.

Schließlich sei noch ein Versuch von Kunz (1918) erwähnt, die magnetischen Eigenschaften des Atoms aus dem Bohrschen Modell verständlich zu machen. Wenn ein Elektron sich in stabiler Bahn (Radius a, Schwingungszahl ν) bewegt und daher nicht strahlt (gemäß Bohr), so ist sein Drehmoment proportional dem Wirkungsquantum h. Dieses kann aber zugleich im Sinne der Weissschen Magnetonen als magnetisches Moment M aufgefaßt werden. Es gilt dann die Beziehung:

$$M = \pi a^2 i \quad (\text{wobei } i = e\nu) = ehp/4\pi m \quad (p \text{ eine ganze Zahl}).$$

Aus den bekannten Abmessungen beim H-Atom können diese auch für andere Elemente berechnet werden, da sich die Bahnradien einfach wie die Ordnungszahlen verhalten. Man bekommt so leicht Werte für die Stärke der molekularen Kreisströme der verschiedenen Elemente und damit für deren Atommagnetismus. Um diamagnetische Eigenschaften zu erhalten, muß man annehmen, daß ein Teil der Elektronen sich entgegengesetzt dreht, so daß die magnetischen Kräfte sich z. T. aufheben. Behält man das Bohrsche Modell bei, so sollte Helium paramagnetisch sein. Es ist aber diamagnetisch. Das richtige magnetische Moment berechnet sich für Lithium. Auf diesem Wege findet man auch eine (qualitative) Erklärung für den einfachen Zeemaneffekt und für die Größe der magnetischen Suszeptibilität.[2])

Mit einem vereinfachten Bohrschen Modell läßt sich für die nicht auf Erden aufgefundenen gasförmigen Protoelemente (z. B. Coronium und Nebulium, siehe **101.**) nach Nicholson (1919) die Ordnungszahl berechnen. Hier hat man zwar ebenfalls

---

[1]) Durchgeführt von Warburg (1913), Seeliger (1914), Bohr (1914). Die vollständige Lösung des Problems ist Schwarzschild (Szber. Berl. Akad. 1916, 548) und Epstein (Phys. ZS. 1916, 148) gelungen. Vgl. J. Stark: Ann. Phys. **56**, 585; 1918 und die Darlegungen von Sommerfeld (Atombau S. 440). Die Berechnungen beruhen auf dem Auswahlprinzip, einer Regel, nach der sich Elektronen von einer möglichen Bahn zu solchen anderen nur bewegen, bei denen die zugehörigen Quantenzahlen, die die Bahnen kennzeichnen, sich in einem bestimmten Sinne ändern (vgl. **133.**).

[2]) Eine ähnliche Theorie des Diamagnetismus abgeleitet aus dem Bohrschen Modell, bei dem aber der Wasserstoffkern als doppelt geladen angenommen wird, siehe **130.**, S. 294 (Ishiwara 1915).

einen geladenen Kern, um diesen rotieren aber in festen Bahnen eine bestimmte Anzahl Elektronen. Größe der Bahn und Geschwindigkeit der Elektronen ist so nach der klassischen Elektrodynamik zu berechnen, daß die aus den Spektren bekannten Schwingungen sich ergeben. Eine Beschränkung tritt dadurch ein, daß das Winkelmoment der schwingenden Elektronen ein einfaches Vielfache des Planckschen Wirkungsquantum h wird. Ihre Geschwindigkeit wird sehr groß und da die Atome doppelt geladen sind, so haben wir mit einer Art α-Teilchen zu tun. Beim Coronium ist der Kern aus 7 +-Elektronen, die Hülle aus 9 —-Elektronen zusammengesetzt. Nicholson konnte nicht bloß die 36 bekannten Linien erhalten, sondern auch solche, wie 6374, die erst später aufgefunden wurden. Die anderen Nebelelemente haben 2, 4 und 6 Elektronen im Kern.

131. Winkelmoment und Moseleysche Gleichungen für die K und L-Strahlung.

Das die Strahlung bewirkende, als isoliert anzusehende Elektron (Ladung e, Masse m, Geschwindigkeit v) befindet sich im Abstand a_0 vom Kern. Es wird im Gleichgewicht sein, wenn die es forttreibende Zentrifugalkraft Z aufgehoben wird durch die nach dem Coulombschen Gesetz berechnete Anziehung der Ringelektronen, deren Gesamtladung E ist. Es ist:

$$Z = mv^2/a_0 = eE\ a_0^2 \qquad v \text{ ist } = a_0 w \qquad \text{also ist } m a_0^3 w^2 = eE.$$

Ist N die Ordnungszahl, so ist $E = Ne$. N ist zu vermindern um die Größe σ_n (siehe **130.**, S. 287). Sind n-Elektronen in dem Ring vorhanden, zu dem das strahlende Elektron e gehört, und gleich verteilt, so üben n—1 Elektronen auf e eine Kraft aus proportinal $e\sigma_n$.[1]) Bei 2 Elektronen ist $\sigma_2 = 0{,}25$; bei 3 = 0,58; 0,96 (4); 1,38 (5); 1,83 (6); 2,81 (8); 7,4 (16).[2]) Es gilt also die Beziehung $m a_0^3 w^2 = e^2 (N - \sigma_n)$. Vergleichen wir 2 Elemente mit aufeinander folgenden Ordnungszahlen N und N + 1, wie es Moseley tat, so ist e, m, $N - \sigma_n$ konstant anzunehmen. Die Größe $a_0^3 w^2$ ist also konstant. Ferner fand M., daß die Differenz der Quadratwurzeln aus den Schwingungszahlen ν für 2 folgende Elemente konstant ist. Also ist $a_0^3 w^2/\sqrt{\nu}$ oder da ν proportional w, wird $w^{3/2} \cdot a_0^3$ konstant; quadriert $w^3 a_0^6$ oder $w a_0^2 =$ konst., also auch weiter $m w a_0^2$ oder $m v a_0 =$ konst. Das aber ist der Satz vom konstanten Winkelmoment.

Für K-Strahlen ist $E = e\ (N—1)$; $\sigma_n = 1$ nach den Moseleyschen Versuchen, also folgt

$$Z = e^2 (N-1)\ a_0^2, \text{ daraus } m a_0 v^2 = e^2 (N-1) \text{ oder } m a_0 v = e^2 (N-1)/v.$$

Aus den Whiddingtonschen Versuchen über das Ablösepotential der K-Strahlen (siehe **122.**) folgt: $v = 2{,}26 \cdot 10^8 (N—1)$. Da $e = 4{,}78 \cdot 10^{-10}$ folgt $m a_0 v = 1{,}03 \cdot 10^{-27}$ (van den Brock 1914). Nach dem Bohrschen Satz ist das Winkelmoment $m a_0 v = h/2\pi$. Setzt man den Wert von h ein, so ergibt sich der gleiche Wert, wie eben erhalten ($1{,}05 \cdot 10^{-27}$). Es folgt also der Bohrsche Satz aus den Versuchen.

---

[1])
$$\sigma_n = \frac{1}{4} \sum_{\sigma=1}^{\sigma=n-1} \frac{1}{\sin 2\pi\sigma/n}.$$

$2\pi/n$ ist der Winkel, den die Radienvektoren vom Kern als Mittelpunkt aus zu 2 benachbarten Elektronen einschließen (vgl. **125.**).

[2]) Diese Zahl ist für die L-Strahlen von Moseley gefunden (siehe **119.**).

Setzt man die Werte für m und v ein, so ergibt sich a_0 zu 5,1 (N—1) (in 10^{-9} cm), also von der Größenordnung des Molekulardurchmessers. Das ist aber viel größer als man erwarten sollte, wenn das strahlende Elektron aus dem Atominnern stammte.

132. Die Bohrsche Theorie bestätigt durch die Erfahrungen der Spektralanalyse.

Der vorigen Ableitung entsprechend folgt für ein Elektron, das auf der i^{ten} Bahn sich befindet:

$$1)\ w_i^2 a_i^3 \delta = eE/m\,, \qquad 2)\ w_i a_i^2 \delta = ih/2\pi m\,.$$

Die Größe $\delta = M/M + m$ (S. 295) ist nahe $= 1$[1]) und daher meist die Abweichung von 1 unberücksichtigt geblieben. Für genauere Rechnungen ist aber zu beachten, daß wegen der Verschiedenheit der Massen auch der Kern M sich bewegt, und zwar um den gemeinsamen Schwerpunkt.

Aus 1) und 2) folgt

$$3)\ a_i = i^2 h^2/4\pi^2 m e E \delta\,, \qquad 4)\ w_i = 8\pi^3 m e^2 E^2 \delta / i^3 h^3.$$

Ist v die Geschwindigkeit eines umlaufenden Elektrons, v_1 die der Kernmasse, so ist:

$$v = a_i w_i \delta \qquad v_1 = a_i w_i (1 - \delta) \qquad T_i = {}^1/_2\, m v^2 + {}^1/_2\, M v_1^2.$$

T ist die lebendige Kraft des Gesamtsystems. Setzt man die Werte ein und vernachlässigt kleine Größen, so wird bei Berücksichtigung von 1): $T_i = eE/2a_i$.

Die Arbeit A_i, die das Elektron leistet, wenn es vom i^{ten} Ring ins Unendliche fliegt, kann man der lebendigen Kraft T_i gleichsetzen. Für die Arbeit W bei der Bewegung des Elektrons vom i^{ten} zum k^{ten} Ring hat man demgemäß:

$$W = A_i - A_k = eE/_2\,(1/a_i - 1/a_k)\,.$$

Setzt man die Werte von a_i aus 3) ein, so ergibt sich für W (und zugleich für die Strahlungsenergie)[2])

$$5)\ W = 2\pi^2 m e^2 E^2 \delta / h^2\,(1/i^2 - 1/k^2)\,.$$

Für W haben wir den einfachen Zusammenhang mit der Schwingungsfrequenz ν, daß $W = h\nu$ ist. Daher wird für einen Stoff mit der Kernladung E:

$$6)\ \nu = 2\pi^2 m \delta e^2 E^2 / h^3\,(1/i^2 - 1/k^2)\,.$$

Das ist die Rydberg-Balmersche Gleichung für das Spektrum des Wasserstoffes, bei der man $E = e$ zu setzen hat. Für die **Rydbergsche Zahl** $N\infty$ (vgl. **136.**)[3]) wird

$$7)\ N\infty = 2\pi^2 m e^4/h^3; \quad \text{also} \quad \nu = N\infty\, E^2 \delta / e^2\,(1/i^2 - 1/k^2)\,.$$

---

[1]) $m = 1/1844$ der Masse des H-Atoms. Die Zahlenwerte von $N\infty$ bestätigen diesen Wert aufs beste (vgl. Tabelle bei **136.**).

[2]) Diese Energie läßt sich auch in Volt angeben und mit den Beobachtungen über das Resonanzpotential vergleichen (S. 85). Welche Linien dem Resonanzpotential, welche dem Ionisationspotential zugehören, läßt sich nur ermitteln, wenn man sich auf den Boden der Bohrschen Anschauungen stellt (Franck und Hertz 1918, vgl. S. 83).

[3]) Man kann diese Zahl auch ableiten unter der Voraussetzung, daß das Atom H aus einem Kern mit doppelter Ladung besteht, um den zwei Elektronen rotieren (Crehore, Ishiwara 1918 bei **130.**, S. 294).

N_∞ ist aus den eigentlichen Rydbergschen Zahlen, den konstanten Faktoren in den Spektralgleichungen beliebiger Stoffe, leicht zu berechnen. Wir haben einfach $N_\infty = N_H/\delta_H$ beim Wasserstoff und $N_\infty = N_{He}/\delta_{He}$ (beim Helium, bei dem $E = 2e$ ist). Sommerfeld[1]) gibt für N_H den Wert 109677,69; für N_{He} 109722,14 an. Diese Werte sind um 59,48 (entsprechend $1-\delta_H = 1/1844$) und um 14,9 (entsprechend $1-\delta_{He} = 1/4 \cdot 1844$) zu vermehren. Daraus folgt $N\infty = 109737{,}17$ und 109737,04. Evans findet N_H zu 109704 und N_{He} zu 109750; aus diesen Zahlen folgt $N\infty$ zu 109763,5 und 109764,9. Fowler hat (1913) das Verhältnis der Schwingungszahlen des He zum H und damit das der beiden N zu 1,000408 gefunden. Dieser Wert berechnet sich aus der Beziehung zu den Werten der δ ($\delta_2/\delta_1 = 1 + {}^3/_4 1/1844$) zu 1,000407.

Der Unterschied zwischen den Rydbergkonstanten N für Wasserstoff und Helium tritt deutlich hervor, wenn man Spektralwellen gleicher Serien vergleicht. Nach den Spektralformeln (S. 222, 223) werden die Wellen nahezu gleich, für welche $\tau_1 = 4$(He) und $\tau_1 = 2$(H) angenommen wird. Sie unterscheiden sich nur um einen kleinen Betrag; denn die berechneten Zahlen stehen im Verhältnis der beiden N. So ergeben sich folgende Zahlen:

τ_2		λ		Δ
für H	für He	für H	für He	
3	6	6562,8	6560,1	2,7
4	8	4861,3	4859,3	2,0
5	10	4340,5	4338,7	1,8
6	12	4101,7	4100,1	1,6

Die Gleichung 3) führt zur Berechnung der möglichen Bahnen des Elektrons im H-Atom. Wir erhalten die Größen[2]) 0,53—2,2—5,0—14 · 10^{-8}cm. Die Bahnen überschreiten[3]) also den Atomdurchmesser (S. 52). 4 Bahnen können vorhanden sein (Harkins, siehe **125.** S. 274).

Die Geschwindigkeit auf der ersten Wasserstoffbahn (v_1) steht in einfacher Beziehung zur Relativitätskonstante α (vgl. **120.**, S. 256). Es ist $\alpha = v/c$; α bedeutet das Verhältnis der Bahngeschwindigkeit zur Lichtgeschwindigkeit. Die

[1]) Ann. Phys. **51.**, 93; 1916.

[2]) Für andere Elemente sind die entsprechenden Bahnen leicht zu berechnen. Die Bahnradien verhalten sich nämlich wie die Ordnungszahlen.

[3]) Die Beobachtungen von Merton und Nicholson (1919) widersprechen diesen Folgerungen. Wird in kapillaren Geisslerröhren reinstes Helium unter 40 mm Druck eingefüllt, so wird bei der Entladung aus den Elektroden eine Spur Wasserstoff frei. Das He-Spektrum verschwindet und es erscheinen H-Linien der Balmerserie. Ihre Zahl beträgt 14, während sonst in reinem Wasserstoff nur 6—7 zu sehen sind. In letzterem sind sie unscharf, im He sehr scharf. Die Bahnen der zu diesen Strahlungen gehörenden Elektronen können in dem Bohrschen Atommodell keinen Platz finden.

Nach Franck (ZS. Physik **1**, 2; 1920) läßt die Bohrsche Theorie sehr wohl Bahnen zu, die größer als das Atom sind. Es sind das „gestörte Quantenbahnen". Solche Bahnen sind bei dem Stark-Effekt (siehe **130.**, Nr. 8) und bei den Vorgängen bei der Verbreiterung der Spektrallinien durch Druck sowie vor allem bei leuchtenden Gasgemischen anzunehmen. Charakteristisch sind hierfür die Beobachtungen über das Leuchten des Natriumdampfes (W. Wood und Mohler,

Konstante α (ihr Wert ist $= 2\pi e^2/hc$) ist aufgebaut aus den Größen e, h und c. e stammt aus der Elektronentheorie, h aus der Quantentheorie, c aus der Relativitätslehre. In dieser Konstanten, die auch das Maß für die Feinstruktur der Spektrallinien ist, vereinigen sich die drei modernen Ströme physikalischer Forschung.

Der Wert der Rydbergschen Zahl $N\infty$ folgt aus Beziehung 7) mit $e = 4{,}77 \cdot 10^{-10}$; $h = 6{,}55 \cdot 10^{-27}$ und $m = 8{,}9 \cdot 10^{-28}$ g (siehe **136.**) zu $3{,}24 \cdot 10^{15}$. Der experimentell gefundene Wert ist $3{,}29 \cdot 10^{15}$ ($= 109740 \cdot 3{,}10^{10}$; $3 \cdot 10^{10} =$ Lichtgeschwindigkeit). Diese Übereinstimmung spricht sehr zugunsten der Bohrschen Theorie.

Die obige Ableitung der Balmerschen Gleichung beruht auf dem Rutherfordschen Modell (siehe **117.**). Aber auch andere Atommodelle[1]) leisten ähnliches. Lindemann zeigte (1914), daß allgemein zwischen n positiven und n' negativen im Abstand a entfernten Elektronen mit der Ladung e und der Masse m (bei Anwendung des Coulombschen Gesetzes) die Gleichung gelten muß:

$$(n n' e^2)^x m^y a^z h^u = \nu \quad (h \text{ Wirkungsquantum, } \nu \text{ Schwingungszahl}).$$

Aus den Dimensionen dieser Größen folgt, daß $y = x - 1$; $z = x - 2$; $u = 1 - 2x$. Man erhält verschiedene Modelle, je nach dem Wert, den man x erteilt. Für x kann man 0, $^1/_2$, 1, 2 setzen. Für das Bohrsche Modell ist $x = 1$. Es wird dann $\nu = C \cdot n' e^2 / h a^2$[2]). Man macht nun 2 Zusatzhypothesen: 1. Der Abstand a ist proportional der Anzahl Quanten τ, welche gleichzeitig ausgestrahlt werden; 2. das Elektron strahlt beim Übergang von einem a zum andern monochromatisch. Dann folgt ν in der Balmerschen Form $C\,(1/\tau_1^2 - 1/\tau_2^2)$.

1919). Beleuchtet man den Dampf mit dem Licht der D_1-Linie, so sendet der Dampf nur diese Linie aus; beleuchtet man mit D_2, so beobachtet man wieder nur D_2. Mischt man aber dem Na-Dampf Wasserstoff bei, so leuchtet der Dampf mit einem Licht, das beide D-Linien enthält, auch wenn nur eine der Linien zur Lichterregung verwendet ist. Das ist nur möglich, wenn durch die Gegenwart des Wasserstoffs das Elektron von der einen auf die andere D-Bahn geworfen wird. Diese Bahnänderungen durch indifferente Mole hingen nicht vom Druck, sondern von den Energiemengen ab, die das Elektron beeinflussen. Ähnlich wie Merton beobachtete auch R. Wood (1909), daß bei N-Beimengung bis zu 50 Gliedern der Hauptserie des Na erscheinen, obwohl der Druck nahezu eine Atmosphäre erreicht. Das Elektron des Na beschreibt dabei einen Kreis von $2{,}5 \cdot 10^{-5}$ cm, der hundertmal größer ist, als der des Atoms. Zwischen dem geladenen Kern, um den es kreist, und ihm liegen daher viele Atome. Diese sind aber neutral und beeinflussen nicht die Bewegung.

Die Wirkung der Beimengungen, vor allem solcher von einatomigen Gasen, wie es Metalldämpfe sind (Hg zu He) ist leicht zu verstehen. He-Atome geben Elektronen unter Lichterscheinung nur ab bei Spannungen von 25 Volt; Hg-Dampf aber bei viel niedrigerer Spannung. Die Gegenwart des Hg selbst in Spuren erleichtert daher die Ionisierung und das Leuchten des He; das gleiche gilt für Gemenge von Wasserstoff und Helium. In Gemengen kann sich daher die gewöhnliche Quantenbahn leicht ändern.

[1]) Bisher konnten weder das Bohrsche noch andere Modelle eine Erklärung für das sekundäre H-Spektrum, das nicht weniger als 1500 Linien umfaßt, finden (Nicholson 1919 und Sommerfeld, Atombau S. 534; siehe auch S. 225). Das Spektrum wird durch das Wasserstoffmolekül erzeugt (vgl. **134.**).

[2]) C wird $= ^1/_2$, wenn man willkürlich das Quant gleich der kinetischen Energie $e^2/2a$ setzt.

133. Die Erweiterung und Sicherung der Bohrschen Theorie. Ellipsen und Hyperbeln als Bahnen der Elektronen (Sommerfeld, Epstein).

Bohr nahm bei seinen Betrachtungen zur Vereinfachung an, daß die Elektronen lediglich Kreisbahnen beschreiben. Diese Annahme muß nach Sommerfeld und Epstein (1916) verallgemeinert werden. Die Elektronensysteme des Atoms stellen Welten im Kleinen[1]) dar; in ihnen sind bei der verschiedenen Größe und Geschwindigkeit der aufeinander wirkenden Massen m, wie bei den Planeten und Kometen elliptische Bahnen (siehe **120.**) und hyperbolische Bahnen, die zuerst Rutherford bei der Erklärung der Streuung der α-Teilchen (siehe **117.**) voraussetzte, vorherrschend. Die 5 oder 6 Ringe sind nicht einheitliche Bahnen; die Mehrzahl ist aus einer Reihe von Bahnen mit gleichem Brennpunkt (dem Schwerpunkt des Systems von Kern und Ringen) gebildet. Dieser Mehrzahl von Bahnen entsprechend können die Spektrallinien keine einheitlichen Linien sein, sondern müssen aus mehreren nahe aneinander liegenden Linien bestehen, entsprechend der Zahl der möglichen Übergänge eines Elektrons von einem Ring zum andern. Bei der Berechnung dieser Strahlung ist dann noch (vgl. **120.**) für Elektronen, deren Geschwindigkeit sich der Lichtgeschwindigkeit nähert, die Masse wegen ihrer durch die Hemmung im induzierten elektrischen Felde vermehrten Trägheit (siehe **35.**) zu vergrößern. Die Größe der Vermehrung bestimmt die Konstante $\alpha^2 = 5{,}31 \cdot 10^{-5}$, das relativistische Glied.

Die Zahl der möglichen Bahnen ist stark eingeengt. Die Achsen der Scharen konfokaler Ellipsen und Hyperbeln haben den Quantenbedingungen von Bohr zu genügen. Es darf die übertragbare Energie nur gleich der Planckschen Konstante h oder gleich ihren ganzen Vielfachen sein ($= nh$). Wie bei den Keplerschen Ellipsen der Planetenbewegung gilt der Flächensatz. Ist a die große, b die kleine Achse, ω die mittlere Umlaufgeschwindigkeit, so ist $\pi m a b \omega = \pi m a^2 \omega \sqrt{1 - \varepsilon^2} = nh$. ε ist die Exzentrizität ($= 0$ beim Kreis). Die Ableitung für den Energieaustausch von Ring zu Ring und damit die der Balmerschen Gleichung wird formal sich nicht ändern. Nur tritt eine Quantenbedingung für ε hinzu. Sind n und n' ganze Zahlen, so ist zu setzen $1 - \varepsilon^2 = n^2/(n + n')^2$. Jede der Teilschwingungen der Balmerschen Gleichung, die die Bewegung des Elektrons auf einem Ringe darstellt, hat dieser Bedingung zu gehorchen. Die Balmersche Gleichung nimmt die Form an:[2])

$$\nu = N_0 \left(1/(n + n')^2 - 1/(m + m')^2\right).$$

Während bei der ursprünglichen Gleichung nur 2 Laufzahlen τ_1 und τ_2 vorhanden sind, haben wir jetzt 4 Lauf- oder Quantenzahlen m, m', n, n' zu berücksichtigen, deren Kombination die Zahl der möglichen Übergänge, d. h. also der

---

[1]) Stoney (Transact. Roy. Soc. Dublin **2/4**, 563; 1891) hat bereits bei den Elektronen planetenähnliche Bahnen angenommen.

[2]) Ishiwara (Nature **99**, 424; 1917; Math. Phys. Soc. Tokyo **9**, 20; 1917) hat diese Formeln zu erweitern gesucht. Auch für die gewöhnlichen Spektralgleichungen sollen Kosselsche Beziehungen gelten: Man erhält sie in der Form: $\nu = \nu_0 \left\{\frac{(N - C_1)^2}{(n_1 + \mu_1)^2} - \frac{(N - C_2)^2}{(n_2 + \mu_2)^2}\right\}$. An Stelle der Ordnungszahl N tritt die „geschirmte" Kernzahl $N - C$; $C = 1{,}6$ oder $3{,}5$ (vgl. S. 235 u. 258). Für die Mg-Strahlung ist eine der Balmerschen ähnliche Formel mit 4 Konstanten aufgestellt worden.

beobachtbaren Spektrallinien, ergibt. Diese Zahl ist $= \tau_1 \cdot \tau_2 = (n + n')(m + m')$. Doch fallen stets aus physikalischen Gründen (gemäß dem Auswahlprinzip; vgl. **130.**, S. 300) einige Übergänge fort. m' und n' bestimmen die Größe[1]) der Bahn (die in der Zeiteinheit vom Radiusvektor bestrichene Fläche) und die Ordnungsnummer der Ringe, zwischen denen der Übergang der Elektronen eintritt; m und n bestimmen die Exzentrizität.

Diese 4 Quantenzahlen kennzeichnen ein Netzwerk von Bahnen. Zu jeder Bahn gehört eine bestimmte Flächengeschwindigkeit und Exzentrizität, die durch die Quantenzahlen und die zugehörigen Laufzahlen bestimmt ist. In Analogie zum dritten Keplerschen Gesetz kann man leicht nachweisen, daß die Quadrate der Umlaufszeiten (τ) sich wie die Kuben der Bahnradien (a) verhalten. Daraus folgt: Die Energien der gequantelten Bahnen verhalten sich umgekehrt wie die Quadrate der zugehörigen Quantenzahlen. Zu jeder Bahn gehört ein Ring mit zahlreichen Elektronen. Es kann aber stets nur ein Elektron auf einer bestimmten Ellipse laufen. Sommerfeld hat auch diese Schwierigkeit gelöst (1918). Jedes der Elektronen läuft in einer bestimmten Ellipse, aber die Bahnellipsen sind symmetrisch verteilt, wodurch die Stabilität des Systems gemäß den Coulombschen Kräften gewahrt ist. Die Elektronen bilden in jeder Lage ein reguläres Polygon, in dessen Mitte der Kern steht. Die gesamte Schar der Ellipsen (der Ellipsenverein) rotiert; das Polygon erweitert oder verengt sich periodisch, je nachdem sich die Schar dem Kern als Aphel nähert oder entfernt.[2]) Es bleibt sich aber dabei ähnlich. Ein solches System kann noch wasserstoffähnliche Schwingungen ausführen. (In der beifolgenden Figur 34 ist die Lage der Ellipsen angedeutet; die „bedingt" periodische Schwingung des Systems vollzieht sich zwischen den Grenzradien r_1 und r_2.)

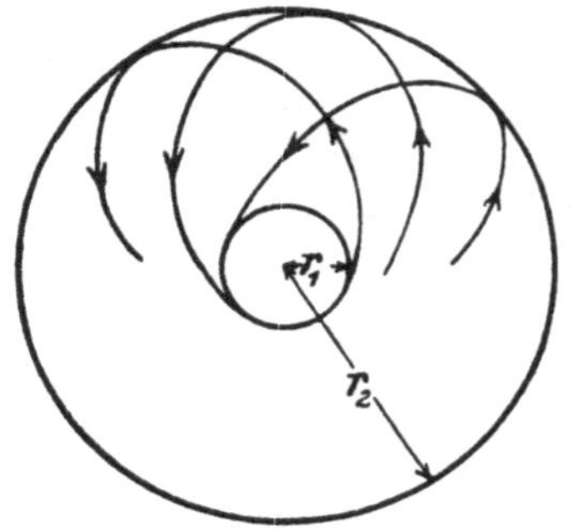

Fig. 34.

Der aus diesen Betrachtungen für den Wasserstoff folgende Zerfall der Hauptlinien in mehrere eng nebeneinander stehende ist in der Tat vorhanden. Paschen (vgl. **120.**) zeigte 1916, daß die Breite dieser Linien (der Abstand der äußersten Komponenten) von 0,3645 Ångströmeinheiten (AE) dem theoretischen Wert genau entspricht. Dabei ist einzusetzen $\tau_1 = 3$ (für H_α), $= 4$ (für H_β), $= 5$ (für H_γ), $= 6$ (für H_δ).

Bei den K- und L-Strahlungen wiederholt sich diese Feinstruktur und man kann theoretisch diese Strahlungen als Wasserstoffstrahlung mit in gleichem Maße vergrößerten Wellenlängen betrachten (siehe **120.**). In beiden Gruppen besteht die Strahlungsgleichung aus 2 Gliedern. Das eine Glied gehört zur Bewegung des Elektrons in der Ausgangsstellung, das andere zur Endstellung. Diese Endstellung ist einem weiter nach außen gelegenen Ring zuzuordnen. Bei den K-Strahlen springt das Elektron vom Ring K oder I ($\tau_1 = n + n' = 1$) zu den Ringen L (= II; $\tau_1 = 2$), M (= III; $\tau_1 = 3$) oder N (= IV; $\tau_1 = 4$) über. Die L-Strahlen gehen vom Ring II aus. Auf Ring I ist nur eine Kreisbahn möglich ($n = 0$, $n' = 1$, $\varepsilon = 0$, $b = a$). Auf Ring II sind 2 Bahnen möglich ($n = 0$, $n' = 2$ — Kreis und $n = 1$, $n' = 1$ —

[1]) Streng genommen fallen die Ellipsen nicht in eine Ebene, sondern in eine Reihe von Ebenen mit gemeinsamer Schnittlinie, die durch den Brennpunkt geht. Auch die Lage dieser Ebenen ist durch die Quantenbedingungen eingeschränkt. Die Richtungskosinus sind „gequantelt", $\cos \alpha = n/n + n'$. Diese Quantelung ist physikalisch nachzuweisen durch die Verschiedenheit der Polarisationsebene der Spektrallinien und durch die Verschiedenheit in der Zerlegung nahestehender Linien im elektrischen und magnetischen Felde.

[2]) Eine einfache Ableitung der Form dieser Ellipsen und ihrer Bewegung hat Epstein (Naturw. **6**, 238; 1918) gegeben. — Die Idee der Verteilung der Elektronen in einem pulsierenden Polygon hat zuerst Nicholson (Phil. Mag. **27**, 557; 1914) geäußert (vgl. Korn **129.**).

Ellipse mit $b = a/2$ und $\varepsilon = 3/4$); auf III 3 Bahnen (1. $n = 0$, $n' = 3$ — Kreis 2. $n = 1$, $n' = 2$; 3. $n = 2$, $n' = 1$); auf IV 4 Bahnen (0—4, 1—3, 2—2, 3—1).[1] Wie man sich ein solches Bahnsystem konfokaler Keplerellipsen zu denken hat, zeigt folgende Skizze (Fig. 35). Auch der Übergang von einer Bahn zur anderen läßt sich leicht versinnbildlichen (Fig. 36), wenn die verschiedenen (*K*, *L*, *M*, *N*) Bahnen nach ihren Energiewerten (siehe **132.**) als Kreise mit verschiedenem Radius schematisch dargestellt werden (Wagner 1917). Die Ellipsenbahnen sind dabei punktiert gezeichnet. Die Bahnen mit größeren Exzentrizitäten haben die (absolut gerechnet) größere, (algebraisch gerechnet) kleinere Energie.

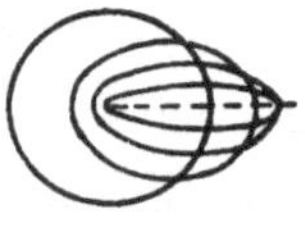

Fig. 35.

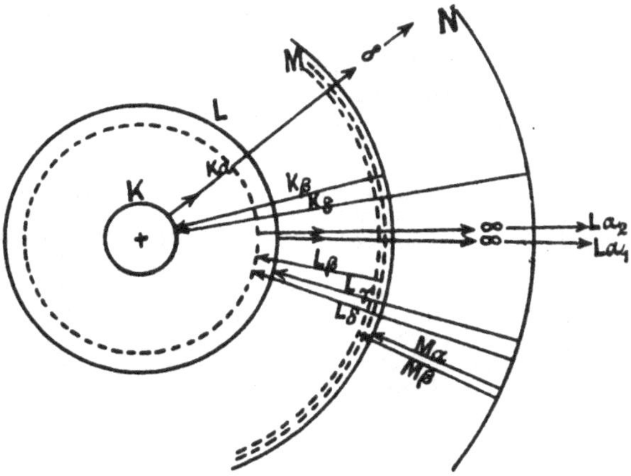

Fig. 36.

Die Linie H_α entsteht beim Springen des Elektrons vom Ring II auf III, H_β: II auf IV, H_γ: II auf V, H_δ: II auf VI. Die Zahl der möglichen Bahnen oder der Komponenten dieser Linien müßte 6, 8, 10 und 12 betragen. Jedoch fallen je 2 fort. Die erforderliche Zahl von Linien tritt im Starkeffekt (Zerlegung im elektrischen Felde) und im Zeemaneffekt (Zerlegung im magnetischen Felde) auf. Die *K*- und *L*-Strahlen sind den Wasserstoffstrahlen gleich. (Die Balmer-Serie entspricht der L-Strahlung, vgl. **119.**, S. **245**). Wie die verschiedenen Linien zuzuordnen sind, erkennt man aus der folgenden Übersicht:

Linie	Übergang von	auf	Linie	Übergang von	auf
K α_1	Ring I (1,0)[1]	II (2,0)	*L* α_1 H_α	Ring II (2,0)	III (3,0)
α_2	I (1,0)	II (1,1)	α_2 H_α	II (2,0)	III (2,1)
β_1	I (1,0)	III (3,0)	β_1 H_α	II (1,1)	III (2,1)
β_2	I (1,0)	IV (4,0)	β_2 H_β	II (2,0)	IV (4,0)
			γ_1 H_β	II (1,1)	IV (3,1)

Die Zuordnung der Linien zu den einzelnen Termen- und Quantengruppen macht bei anderen Elementen noch größere Schwierigkeiten als beim Wasserstoff. Kossel und Sommerfeld (1919) sehen als Leitfaden den Energieaufwand an, der zur Erregung jeder Serie erforderlich ist. Man beobachtet beim Wasserstoff, daß die Hauptserie (HS.-Serie mit scharfen Linien, siehe **114.**) zuerst bei geringerem Aufwand von elektrischer oder thermischer Energie auftritt; dann folgt die Neben-

[1]) Die Klammer gibt die Werte von n' und n.

serie (NS., mit diffusen Linien) und zuletzt die Bergmannserie (BS., Funkenserie). Diese Abstufung ist auch bei den Alkalien vorhanden. Diese Serien nehmen ihren Ursprung von verschiedenen Anfangsbahnen, da die Energie zur Entfernung eines Elektrons aus den Bohrschen Bahnen sehr verschieden ist. Die Anfangsbahnen sind charakterisiert durch den zweiten variablen Term der Serienformeln mit dem Glied n. Den HS.-Serien entspricht $n = 2$, den NS. $n = 3$, den BS. $n = 4$. Die Laufzahl τ_1 der Serienterme zerfällt in n und n'. n wird als azimutale Quantenzahl bezeichnet, da sie die Größe und Lage der Bahn im Raum andeutet, n' die radiale Quantenzahl, durchläuft Werte von 0 bis unendlich und bestimmt die Exzentrizität der Bahnellipsen.

Bereits beim Helium und dann bei den Alkalien kamen zu den Gliedern vom Balmer-Rydbergtypus $\left(\frac{N}{(n+n')^2}\right)$ solche vom Ritzschen Typus $\frac{N}{\{(n+p)+\omega(v_1-v_2)\}^2}$ hinzu. Diese lassen sich nach Bloch (1919, vgl. **114.**) auch noch aus dem Bohrschen Modell heraus verstehen. p ist ein Maßstab der Störung, den ein innerer Ring auf das äußere strahlende Elektron ausübt, das in einem viel größeren Kreise um den Kern rotiert; ω ist die Störung, den ein Trabant, d. h. ein nahe dem strahlenden Elektron rotierendes Elektron auf dieses ausübt. p und ω lassen sich auf die Quanten- oder Laufzahlen zurückführen.

Als Modell zur Berechnung der Elektronenbahnen der 6 oder 12 Spektralserien des Heliumatoms wird (Landé, Tank 1919, S. 224) angenommen, daß um den doppelt geladenen Kern ein Elektron in einem inneren Ring läuft und das zweite ablösbare und strahlende Elektron in weiter Entfernung. Der innere Ring ist bei den sogenannten Parheliumstrahlungen einquantig, der zweite ist zweiquantig. Bei der eigentlichen Heliumstrahlung ist auch der innere Ring zweiquantig (Tank). Beim Parhelium liegen die Bahnen beider Elektronen in derselben Ebene, beim eigentlichen Helium kreuzen sich die Bahnen in rechtem Winkel.[1]) Aus der doppelten Quantenzahl folgt die Dupletbildung beim Helium. Es lassen sich ganz allgemeine Spektralterme vom Ritzschen Typus $\frac{N}{(n+a+a/n^2)^2}$ ableiten. Die Größe a/n^2 ist eine Funktion von 3 Laufzahlen: n_1, n_2, n', von denen n' die Exzentrizität der Keplerellipsen, n_1 und n_2 die Flächengeschwindigkeit des Elektrons auf diesen Ellipsen und der Quotient $n_1/n_1 + n_2$ die Neigung der Ellipsen gegen den Innenring bestimmt.

Zu abschließenden Resultaten über die Atommodelle kann man vorläufig auf diesem Wege noch nicht gelangen.

Diese Formeln führen zu Spektren, die nicht mehr wasserstoffähnlich sind. Solche kommen nach Koch, Stark und Sieberts Beobachtungen auch beim Helium vor: z. B. $\nu = N\left(\frac{1}{(2+0{,}0077)^2} - \frac{1}{(n+0{,}0077)^2}\right)$.

Beim Lithium wurde eine ähnliche Serie abgeleitet. Dabei ist angenommen, daß nur ein Elektron von den drei des Li strahlend oder ein Serienelektron ist; die anderen beiden bewegen sich nahe dem Kern, und zwar jedes in einer besonderen Bahn in derselben Ebene; die Bahnebene des dritten steht senkrecht dazu.

---

[1]) Zu abweichenden Ergebnissen führt die Landésche Rechnung für das Parhelium, bei dem die Bahn des inneren Elektrons ebenfalls einquantig ist. Die Ellipsenbahnen des strahlenden Elektrons bei den diffusen und Nebenserien kreuzen unter Winkeln von 60° und 70° die Bahn des Innenelektrons. Auch ist die Verteilung der Bahnen eine andere. Parhelium kann sich in Helium nicht verwandeln. Die beiden Elektronensysteme verhalten sich, wie verschiedene Elemente. Ihre beiden Spektralsysteme sind unabhängig voneinander; sie geben keine Kombinationsserien nach Ritz, wie es bereits Runge und Paschen 1906 feststellte. Parhe ist weniger stabil, als He; zu ihm gehört die niedrigere Ionisationsspannung (S. 85) von 21 Volt. Im nicht erregten Zustand überwiegt Parhe. Die Grundlinien der Hauptserien 10830 AE (He) und 20582 AE (Parhe) verhalten sich, wie die D-Linien des Na oder die Linie 2536 des Hg (S. 84). Sie entstehen, wenn das Außenelektron von seiner zweiquantigen zur einquantigen Bahn überspringt (Franck und Reiche: ZS. Physik **1**, 154; 1920).

Diese Atommodelle lassen sich eindeutig feststellen. Bei den Alkalien bleiben noch eine Reihe von Möglichkeiten.

Bei der Ableitung aller dieser Beziehungen sind die von Ring zu Ring übergehenden Elektronen, gleichgültig, welche Strahlung sie erregen, als voneinander isoliert angesehen worden. Überträgt man diese Auffassung auf die β-Elektronen, die sich beim radioaktiven Zerfall aus dem Kern loslösen, sieht man also die sichtbare Strahlung bei äußerer Erregung (Zuführung von Wärme oder Lichtstrahlung unter Entstehung eines Photostromes) und die unsichtbare bei innerer (radioaktiver) Erregung des Atoms als wesensgleich an (Epstein 1916), so muß auch die radioaktive β-Strahlung ein wasserstoffähnliches Spektrum liefern und aus einer Reihe von Komponenten oder Gruppen bestehen. Diese Gruppen sind vielfach beobachtet worden.[1]) Die theoretische Berechnung ergibt für diese Gruppen: 1. Eine Abhängigkeit von der Ordnungszahl N, die in diesem Falle die Zahl der Ringelektronen bedeutet, die durch die β-Elektronen in Erschütterung versetzt werden; 2. eine Abhängigkeit von dem relativistischen Glied α^2. Die allgemeine Formel, die wieder die Lauf- oder Quantenzahlen n und n' enthält, vereinfacht sich, da man annehmen kann, daß die strahlenden Elektronen vom Ring I ausgehen ($n' = 1$, $n = 0$). Es gilt dann[2]) für die relativ zur Lichtgeschwindigkeit gemessene Geschwindigkeit β der Elektronen.

$$\frac{1}{\beta} = \sqrt{\frac{\pi^2}{4} - 1} \cdot \sqrt{\frac{1}{\alpha^2 N^2} - 1}\,.$$

N	β ber.	β beob. Danysz (RaB und C)	Rutherford und Robinson RaB	Rutherford und Robinson RaC	v. Baeyer, Hahn (RaB und C)
92	0,747	753	751	750	74
91	0,732	733	731	—	—
90	0,718	722	719	—	—
89	0,704	706	700	—	69
88	0,690	—	—	—	—
87	0,677	682	—	675	—
86	0,664	660	—	—	—
85	0,652	—	656	—	—
84	0,640	642	—	648	—
83	0,628	—	—	632	63
82	0,616	—	—	—	—

Die Bahnen der Elektronen sind bei diesen Bewegungen als Hyperbeln aufzufassen, deren Parameter gequantelt sind, also von 2 ganzen Zahlen n und n' abhängen. Die Hyperbelbahnen fallen in der Nähe des Perihels der Bahn mit den Ellipsen zusammen.

Die verschiedenen β- und γ-Strahlungen kann man den verschiedenen Werten von n und n' zuordnen. Die Übergänge zu den Hyperbeln mit $n = 3$, $n' = -1$ erregen β-Strahlen von der Geschwindigkeit von 0,76–0,88; Übergänge zu Hyperbeln $n = 2$, $n' = 0$ geben β-Werte von 0,26—0,29. Die noch übrigen β-Strahlungen erhält man, wenn man mit einer um 6m oder 7m (in einer ganzen Zahl) verminderten Kernzahl rechnet. Man kann auch die Wellenlänge der Strahlungen berechnen, die diesen Übergängen entsprechen, sie stimmen gut mit den von Rutherford und Andrade gemessenen überein. Der Sprung von der Hyperbel $n = 1$, $n' = 0$ zu $n = 2$, $n' = 0$ führt zu harten γ-Strahlen ($\lambda = 0{,}99$ und $0{,}72 \cdot 10^{-9}$ cm; siehe **120.**).

Ähnlich liegen die Verhältnisse bei dem Entweichen der Elektronen bei der lichtelektrischen Bestrahlung. Es sind immer nur bestimmte Geschwindigkeiten

---

[1]) Von Baeyer, Rutherford, Danysz (siehe S. 270).

[2]) Auch die Beziehung zwischen der Wellenlänge und der Ordnungszahl der γ-Strahlung der Gruppen ist einfach (van den Broek, siehe **124.**).

(gemessen in Volt) zu erhalten, und diesen entsprechen bestimmte Grenzwellenlängen Φ des Lichtes. In Wasserstoff gilt:

Quantenzahlen n . .	3	1	2	1	3	2
„ n' . .	−1	0	0	1	0	1
zugehörige Volts . .	15,6	9,2	2,30	1,52	1,05	0,70
„ $\varLambda$ in AE.	793	1366	5350	8085	—	—

Gehrcke[1]) bestrahlte den Wasserstoff durch eine Quarzquecksilberlampe mit einem $\varLambda$ von 2300 AE. Dabei dürften die Elektronen keine höhere Geschwindigkeit als 2,30 Volt annehmen. Beobachtet wurde für mit H beladene oder in H zerstäubte Metalle (Pt, Au, Zn, Cu) bei der Bestrahlung ein Potential von 2,29 Volt ± 0,1 Volt (im Mittel von 50 Messungen).

134. Das Wasserstoffmol nach Debye (1915); das H_3-Mol nach Bohr (1919) und andere Mole.

Das H-Mol besteht aus 2 punktartigen positiven Kernen im Abstand $2\,d = 0{,}604 \cdot 10^{-8}$ cm[2]) und 2 in der Mittelebene zwischen beiden kreisenden Elektronen (siehe **36.**), die auf einem Durchmesser ($2\,a = 1{,}05 \cdot 10^{-8}$ cm) einander gegenüber liegen.[3]) d berechnet sich $= a/\sqrt{3}$ aus der Bohrschen Stabilitätsbedingung, daß bei jeder Drehgeschwindigkeit ω der Elektronen Gleichgewicht vorhanden sein muß. Fallen auf ein solches System Lichtwellen, so wird das Licht an den Elektronen gebeugt. Die Grundbewegung der Elektronen wird nicht geändert, sondern nur überlagert von periodischen Änderungen des elektrischen Momentes der Elektronen. Summiert man diese Änderungen über die Gesamtzahl N der Mole im ccm, so erhält man eine Gleichung für die Einwirkung des Lichtes auf das Wasserstoffgas, also eine Dispersionsformel. Es ist die Dispersion

$$(n_\nu - 1) = 2\pi \frac{N e^2}{m\,\omega}\left(\gamma + \delta \frac{\nu^2}{\omega^2}\right).$$

ν die Schwingungszahl des dispergierenden Lichtes; γ, δ Konstante. Für ω ist der Wert von $4{,}21 \cdot 10^{16}$ Umläufe in der Sekunde einzusetzen. Dieser erfüllt die Bohrsche Annahme[4]) von der Konstanz ($= h/2\pi$) des Drehmoments.

---

[1]) Und Janicki: Ann. Phys. **47**, 679; 1915.

[2]) $2\,d = \frac{2}{9-\sqrt{3}}\,\frac{h^2}{\pi^2 m\,e^2}$; $\omega = (14 - 3\sqrt{3})\,\pi^3 \frac{m\,e^4}{h^3}$.

[3]) Die Elektronen müssen, damit Stabilität vorhanden, selbst noch besondere Bewegungen ähnlich wie die Erde um ihre Achse ausführen; es sind 6 Formen solcher Bewegungen möglich (van Leeuwen und Boyers 1916). Über die Stabilität des Modells siehe auch Rubinowicz: Phys. ZS. **18**, 191; 1917.

[4]) Auch eine etwas anders durchgeführte Rechnung von Davisson (1916), die sich auf die Cuthbertsonschen Beobachtungen (siehe **123.**) stützt, bestätigt das Debyesche Resultat. Auch Burgers Rechnungen (1918) mit einem etwas abgeänderten Modell führen zu Werten der Dispersion, die mit dem beobachteten (von Cuthbertson und von J. Koch) übereinstimmen.

Nach Lenz (1919) ist jedoch mit dieser Anwendung die Brauchbarkeit des Modells erschöpft. Es versagt, sobald man andere physikalische Eigenschaften des Wasserstoffs abzuleiten versucht. So ist das H-Mol Träger des Viellinienspektrums (S. 225 und **132**, S. 304). Nach Lenz (1918) und Heurlinger (1918/9) läßt sich dieses Spektrum durch das Debyesche Modell nicht wiedergeben, ebensowenig gibt dieses Modell Rechenschaft vom Zeeman-Effekt, von der Größe der Ionisierungsspannung, oder von der Abhängigkeit der spezifischen Wärme von der Temperatur. Franck, Knipping (1919) machen noch darauf aufmerksam,

Aus den Beobachtungen für $n = 1$ folgt die Größe Ne^2/m zu 6,0 und $6{,}5 \cdot 10^{27}$. Aus den Werten für N ($2{,}77 \cdot 10^{19}$ bei **29.**) für $e = 4{,}77 \cdot 10^{-10}$ E.S.E. und für $e/m = 5{,}3 \cdot 10^{17}$ E.S.E. (nach **40.**; $= 1{,}765 \cdot 10^7 \cdot 3 \cdot 10^{10}$) ergibt sich Ne^2/m zu $7{,}0 \cdot 10^{27}$.

Das Trägheitsmolekül T des Atoms ist außerordentlich klein. Aus $T = 2\,d^2m$ folgt (mit $m = 1{,}64 \cdot 10^{-24}$ g) $T = 3 \cdot 10^{-41}$ g-cm² (Nernst 1916). Flamm (1918) berechnet diesen Wert genauer zu $2{,}82 \cdot 10^{-41}$; aus Messungen über die spezifische Wärme des Wasserstoffs, unter Berücksichtigung der Werte der Boltzmannschen Konstante k und der Planckschen h folgt T zu $2{,}77 \cdot 10^{41}$.[1]) Die kinetische Energie des Moles folgt zu $4{,}10^{-11}$ erg/sec. Die elektrische Energie, die nach den Grundannahmen der elektromagnetischen Lichttheorie ausgestrahlt werden sollte, berechnet sich außerordentlich viel größer, zu $5 \cdot 10^{-3}$ erg/sec. Das Mol müßte also, sobald es strahlt, zerfallen. Da aber das H-Mol stabil ist, so muß man aus diesen Zahlenwerten den Schluß ziehen, daß die Annahme der Lichttheorie über die Strahlungsvorgänge in Atomen nicht zutrifft, das bestätigt aber wieder die Bohrschen Voraussetzungen.[2])

Nach ähnlichen Betrachtungen ergibt sich (Sommerfeld 1917; vgl. **126.** und Fig. 33), daß ein Sauerstoffmol 4 lose, Dispersion hervorrufende Valenzelektronen, ein Stickstoffmol 6 Valenzelektronen besitzt. Von den übrigen Elektronen sind beim Sauerstoff je 6 an die beiden Kerne, beim Stickstoff je 4 an die Kerne gebunden. Die Kerne haben von dem symmetrisch zu ihnen in der Mitte rotierenden Valenzring den Abstand $a\sqrt{3}$, wenn a den Radius des Valenzringes bedeutet. Königsberger (1916) folgert dagegen aus den Erscheinungen der Streuung der Kanalstrahlen in Sauerstoff, daß an jeden Kern ein Ring von nur 4 Elektronen gebunden ist (Radius $8 \cdot 10^{-10}$ cm), so daß 8 lose gebundene (Valenz-)Elektronen vorhanden sind. Je 2 dieser Elektronen bilden einen Ring; die 4 Ringe stehen einander näher als die Kerne. Wenzel (1917) folgert aus chemischen Erfahrungen (siehe **128.**), daß der Sauerstoff zwei 4wertige Kerne besitzt.

Nach den Debyeschen Annahmen für die Bewegung der H-Elektronen in einem Ring symmetrisch zu den Kernen läßt sich die Größe der Grundschwingung

---

daß der diamagnetische H nach dem Modell paramagnetisch sein müßte. J. J. Thomson hat festgestellt, daß in Kanalstrahlen + gebadene H-Mole auftreten. Sie müßten nach dem Modell aus 2 Kernen mit nur einem Elektron bestehen; eine solche Anordnung ist aber instabil. Der wirkliche Bau des Moles läßt sich nur aus der Dissoziationsarbeit (81 000 cal nach Langmuir) und aus der Ionisationsspannung (S. 84 und Nachtrag zu **42.** S. 338) ableiten. Es scheint die Annahme, daß die beiden Elektronen des H-Moles in einem gemeinsamen Ring rotieren, nicht zuzutreffen.

Zu Schwingungen, wie sie aus dem Viellinien- oder Bandenspektren folgen, kann man allgemein (auch für andere Elemente, als Wasserstoff) gelangen, wenn man das Molekül als starren Kugelkreisel betrachtet (Theorie von Bjerrum und von Schwarzschild 1916). Lenz findet auf diesem Wege eine der Deslandresschen Gleichung (S. 225) entsprechende Schwingungsformel von der Form:

$$\nu = \nu_0 + \frac{h}{8\pi^2 T}(m^2 - m_1^2)\,.$$

Hierin bedeutet h das Elementarquantum, T das Trägheitsmoment des Moleküls m, m_1 ganze Zahlen. So ist demnach T aus Bandenspektren berechenbar.

[1]) Auch aus quantentheoretischen Betrachtungen über das Absorptionsspektrum läßt sich T berechnen und zwar = 2,1 (Rotszajn 1918). — Weitere Werte: 1,5 (Einstein-Storm), 1,4 (Holm), 0,3 (Wyssenhof).

[2]) J. J. Thomson hat ein stabiles Modell auf Grund eines abgeänderten Coulombschen Gesetzes erhalten (siehe **125.**).

berechnen. Führen die Kerne noch selbst Bewegungen aus, indem sie sich periodisch nähern und entfernen in einer Linie, die durch die Mitte des Ringes geht, so ändert sich die Umlaufsgeschwindigkeit ω periodisch. Die Schwingungen des ganzen Systems stehen in enger Beziehung zu der Energie und der spezifischen Wärme des Systems (vgl. S. 24). Frl. Laski (1919) hat die Debyeschen Betrachtungen noch verallgemeinert, indem sie auch für andere Gase ähnliche Modelle angenommen hat. So für das Stickstoffmol 2 positive Kerne mit der Ladung 7 im Abstand $d = 0{,}91 \cdot 10^{-8}$ cm. In der Mitte zwischen beiden rotiert der Hauptelektronenring, er ist zweiquantig, hat 10 Elektronen und den Durchmesser 0,16 $\mu\mu$ (vgl. S. 52) oder $16 \cdot 10^{-9}$ cm. Die übrigen 4 Elektronen gruppieren sich in 2 kleinen Ringen, die sehr nahe den Kernen sich bewegen. Beim Sauerstoffmol werden 2 positive Kerne mit der Ladung 8 angenommen im Abstand $0{,}87 \cdot 10^{-8}$ cm, zwischen diesen der Elektronenring von 12 Elektronen mit dem Durchmesser $15 \cdot 10^{-9}$ cm. Nahe den Kernen befinden sich die beiden Ringe mit den übrigen 4 Elektronen. Die Trägheitsmomente T sind für H_2 0,29, für N_2 10,1, für O_2 $7{,}5 \cdot 10^{-40}$ groß; die Grundschwingungen (über diese S. 24; sie sind auch aus der spezifischen Wärme und der optischen Dispersion ableitbar) ν ergeben sich zu 1,87, 1,59 und $1{,}90 \cdot 10^{14}$.

Die Atome, d. h. die durch die äußeren Elektronen bedingten Kraftfelder haben nach allen diesen verschiedenen Annahmen (vgl. auch **132.**) keine Kugelform. Das folgt (Strutt 1918, vgl. S. 42) auch daraus, daß die gebeugte Strahlung an den Molen fast aller Gase nicht vollständig polarisiert ist, wie sie es an einer Kugel sein müßte. Nur beim Pentan trifft das zu. An der Luft ist 4 % der Strahlung, am Wasser 14 % und am Helium sogar **42** %[1]) unpolarisiert. Helium hätte demnach, wie das Elektron selbst, eine Ringstruktur (S. 75).

Bohr gibt einen einfachen Weg zur Feststellung der Stabilität eines Atommodells an. Es ist die Energie W zu berechnen, die zur Zerlegung des Modells (zur Abspaltung der Elektronen, d. h. zu ihrer Fortführung in die Unendlichkeit, also zur Ionisierung, vgl. S. 85) erforderlich ist. Die Formeln sind eine einfache Folge aus den Entwicklungen bei **132.** W wird im Verhältnis zu der Energie W_0 berechnet, die nötig ist, um ein Elektron vom H-Atom abzuspalten. W_0 ist $= 13{,}5$ Volt (Rydbergsche Zahl). Bei Berechnung von W ist die gegenseitige Schwächung der Elektronen durch einen Faktor F zu berücksichtigen, der, wie die Moseleyschen Schirmglieder (siehe **125.**) abzuleiten ist. So ergibt sich F für das von J. J. Thomson in Anodenstrahlen beobachtete negativ geladene H-Atom (2 Elektronen um einen H-Kern) zu $^3/_4$. Die Arbeit, aus diesem Ring mit 2 Elektronen ein Elektron loszulösen, also das neutrale H-Atom wiederherzustellen, beträgt 1,15 W_0. Es ist demgemäß das negative H-Atom stabiler als das neutrale Atom, da zu der letzteren Zerlegung weniger Energie erforderlich ist.

Für das obige Modell des Wasserstoffmoleküls nach Debye wird $F = 1{,}05$; $2a = 1{,}0 \cdot 10^{-8}$ cm und W die Arbeit zur Abtrennung von 2 Elektronen vom Mol $= 2{,}2\ W_0$. Hinzu kommt noch die Dissoziationsarbeit des Moles in Atome (von Langmuir, siehe Nachtrag S. 338) gemessen. Demgemäß ist das Mol stabiler als die einzelnen Atome. Stabil ist auch das ebenfalls in Anodenstrahlen vorhandene negativ ionisierte Mol ($W = 2{,}3\ W_0$). J. J. Thomson fand (S. 189—191), daß bei der Bestrahlung mit Kathodenstrahlen viele Substanzen aktiven Wasserstoff (**H_3**) entwickeln. Diese Substanz ist nach Harkins (S. 202) der Urbestandteil der Kerne vieler Elemente. Das ist nur möglich, wenn H_3 ein sehr stabiler Körper ist. Bohr nimmt für ihn die gleiche Gruppierung der Elektronen an, wie beim Wasserstoffmolekül, mit dem einen Unterschied, daß 3 Elektronen den Mittelring bilden. Die Arbeit zur Zerlegung, zur Abspaltung dieser 3 von den 2 Kernen beträgt 3,06 W_0. Das neutrale Mol kann aber nicht von selbst in H_3 sich verwandeln. Für die Reaktion $3H_2 \rightarrow 2H_3$ ist die Zuführung von Energie im Betrage von $^3/_2 \cdot 2{,}2\ W_0 - 3{,}06 W_0 = 0{,}24\ W_0$ erforderlich. H_3 bildet sich wahrscheinlich nicht unmittelbar. Bei der Bestrahlung mit Kathodenstrahlen entstehen zunächst negativ geladene H-Mole (H_2), die sich mit positiven H-Kernen (H^+) zu neutralem H_3 vereinigen.

---

[1]) Diese Angabe wird neuerdings von Strutt (jetzt Lord Rayleigh) widerrufen.

135. Räumliche Anordnung der 8 Elektronen der Valenzschale (Born 1918/19).

Je mehr physikalische Eigenschaften in Beziehung zum Bohrschen Modell gesetzt werden, um so größere Schwierigkeiten bereitet das ursprüngliche Modell. So hat Sommerfeld (1917), der ja das Modell am erfolgreichsten benutzte, selbst auf einige Punkte hingewiesen. Schon beim Wasserstoff fangen die Schwierigkeiten an. So ist er diamagnetisch — nach dem Modell sollte er paramagnetisch sein —, da die Kerne magnetische Momente erzeugen, wenn auch ihre Wirkung durch die Außenringe stark abgeschwächt oder abgeschirmt wird. Ebenso ist *N* diamagnetisch, *O* ferromagnetisch, ohne daß sich dieser Unterschied im Modell ausdrücken ließe. Um die Stabilität des H-Moles zu verstehen, muß man besondere Bewegungen der Elektronen und besondere Quantenbeziehungen voraussetzen. Das Modell für He läßt nichts von der chemischen Trägheit dieses Gases erkennen.

Je nach den untersuchten Eigenschaften sind die verschiedenen Forscher zu ganz verschiedenen Elektronenanordnungen für die Elemente gelangt. Man kann 2 Gruppen unterscheiden; die eine räumt den elektrischen Kräften im Atom den Vorrang ein; die andere legt das Hauptgewicht auf die elektromagnetischen Kräfte. Soll man mit letzteren die Parsonsschen Magnetonen und ringförmigen Elektronen, oder mit ersteren die Rutherfordschen kleinen Kernelektronen als Urbestandteile annehmen?

Die Theorie Bohrs muß an sich richtig sein. Wie sollte sie sonst so erfolgreich anwendbar[1]) sein. Nur ist das Atommodell noch nicht zutreffend gedeutet. Wir verstehen viele seiner Eigenschaften nicht. So sollte z. B. das Elektron, wenn es sich in einer stabilen Bahn bewegt, wie man es nach den Strahlungsgesetzen erwartet, strahlen. Warum strahlt es aber nur beim Übergang von einer Bahn zur andern? Warum ist die Energie der Strahlung so eng mit dem Wirkungsquantum verknüpft? Szarvasi (1918) findet hierfür eine Erklärung darin, daß wir dem Modell Eigenschaften beilegen, die in Wirklichkeit den Atomen nur im Durchschnitt zukommen. Alle beobachteten Eigenschaften sind ein Ergebnis des Zusammenwirkens zahlloser Atome. Es sind also auch hier die Grundsätze der statistischen Mechanik anzuwenden. Aus solchen Betrachtungen folgt, daß die Strahlung aus Linien bestehen muß und jede Linie einem bestimmten Zustand, einer Gruppe von Atomen zugehört, die in einem Teil, einer „Zelle des statistischen Phasenraums" sich zu einem bestimmten Zeitpunkt befindet. Das Plancksche Strahlungsgesetz, durch das die Energie der Strahlung berechnet wird, ist nur anwendbar auf eine solche Zelle. Die Bohrschen Atome werden mit den strahlenden Resonatoren Plancks (siehe **42.**) identisch, sobald man die Energie W_n in einer Zelle $= h\nu$ setzen kann.

Daß man überhaupt mit Durchschnittslagen rechnen muß, ergibt sich schon daraus, daß Wasserstoff, wie alle anderen Elemente zahlreiche Linien aussendet; und wenn jede Linie ihren Ursprung in einer besonderen Bahn eines Elektrons hat, so müssen die Atome in Gruppen zerfallen, deren jede

---

1) Resonanz- und Ionisierungsspannung in Gasen, Röntgenspektren, Feinstruktur von H- und He-Linien.

einer solchen Bahn zuzuordnen ist. Wasserstoff strahlt eine große Reihe von Linien aus, die zu einer Serie, der Balmerschen zusammengefaßt werden. Die erste Linie entsteht, wenn ein Elektron sich nur zwischen den mit den Zahlen 2 und 3 von der Theorie bezeichneten Bahnen (von bestimmtem Radius) bewegt, die zweite Linie, wenn sich ein Elektron zwischen den Bahnen 2 und 4 bewegt. In der Theorie der Elektronenbewegungen im Atom werden aus der verwirrenden Vielheit der Bahnen einzelne dieser Bahnen herausgegriffen. Diese sind nur in einer besonderen Gruppe von wenigen Atomen mit strahlungsfähigen Elektronen belegt.

Sehr umstritten ist noch die Frage, warum das Bohrsche Modell stabil ist. Warum stürzen die Elektronenringe nicht ineinander? Diese Frage hat zuerst J. J. Thomson (vgl. **125.**, S. 275) durch eine Hilfshypothese, die auch Born zunächst annahm, zu klären versucht. Thomson ist der Meinung, daß das einfache Coulombsche Gesetz nicht streng für die Elektronen gilt. In neueren Arbeiten (1918) hat aber Born überzeugend nachgewiesen, daß dieses Fundamentalgesetz nicht geändert zu werden braucht. Die Grundlagen für diese Betrachtungen lassen sich an einfachen Salzen entwickeln. Wir haben gesehen (siehe **128.**), daß das NaCl-Mol so gebaut sein muß, daß das Natrium sein Valenzelektron mit den 7 Valenzelektronen des Chlors vereinigt zu einem 8-Ring. Die äußerste Schale des Na ist dann selbst auch ein 8-Ring. Es stehen sich 2 Schalen mit je 8 Elektronen von verschiedener Ladung und den entsprechenden positiven Kernen gegenüber. Diese ziehen sich zunächst an, weil die Hauptladung entgegengesetzt ist. Kommen sie sich aber bis auf eine bestimmte Entfernung nahe, so müssen sie sich abstoßen. Denn es stehen sich dann gleichnamige Elektronen am nächsten. (Das kann man z. B. an den Comptonschen Zeichnungen [Fig. 31 und 32, S. 283] erkennen.) Es tritt Gleichgewicht ein und die Valenzschalen der beiden Atome bleiben in bestimmter Entfernung voneinander.

Diese Vorgänge sind bei Kristallen der Berechnung zugänglich. Die Voraussetzung ist, wie S. 288 auseinandergesetzt, daß die Bausteine der Kristalle nicht gewöhnliche Atome, sondern Ionen sind. Aus einer Reihe von physikalischen Erscheinungen[1]) ergibt sich auch, daß die Kristalle ionisiert sind. Diese Ionen haben einen bestimmten festen Abstand (δ_0), die Gitterkonstante. Dieser Abstand ist gleich der Entfernung der Schwerpunkte. In diesen sind die positiven Kernladungen zentriert. Um diese Kerne kreisen die Elektronen in Ringen, deren Radius aber im allgemeinen nicht $^1/_{10}$ der Gitterkonstante überschreitet. δ_0 läßt sich ohne Schwierigkeit aus der Dichte ϱ, den Atomgewichten G_1 und G_2 der Ionen und der Loschmidtschen Zahl N berechnen. Es ist $\delta_0{}^3 = 4\,(G_1 + G_2)/N\varrho$. Für reguläre Kristalle ist das Gleichgewicht der elektrischen Kräfte, die nach diesen Anschauungen

[1]) Dem Nachweis von Debye (S. 94 u. S. 288) hat Wimmer (Phys. ZS. **20**, 92; 1919) einige weitere Beweise zugefügt. Aus der Beziehung der ultraroten Eigenschwingungen zum Brechungsexponenten bei regulären Kristallen berechnet sich das Verhältnis der Wertigkeit des Moles v zur Elektronenzahl z der Bestandteile des Kristallmoles wie 2 : 1, z. B. für KCl $v = 2$ $(z = 1)$, CaF_2 4 (2), SiO_2 8 (4), ZnS 4 (2), $CaCO_3$ 12 (6). — Mit diesen z hat man zu rechnen, wenn man für die Konstante k der Drudeschen Dispersionstheorie ($= 0{,}297 \cdot 10^8\, \varrho\, z^2/G_1 G_2$ — G_1, G_2: Atomgewicht der ionisierten Bestandteile) Übereinstimmung zwischen Rechnung und Beobachtung erzielen will.

ausschließlich die Kristallteile zusammenhalten, berechenbar. Zunächst die Anziehungskräfte.[1]) Man denke sich die Abstände δ bis in das Unendliche vergrößert, wobei aber die relative Lage[2]) der Ionen zueinander unverändert bleiben soll. Dann läßt man sich dieses ganze System bis zu den beobachteten Beträgen von δ zusammenziehen. Die bei diesem Vorgang geleistete Arbeit (das Potential Φ) hat die Form α/δ. α ist für reguläre Kristalle streng zu berechnen (Landé 1918, Bormann 1920), für NaCl und ähnliche Substanzen $= 13{,}94 e^2$, für $CaF_2 = 46{,}93 e^2$ (e: Ladung des Elektrons). Dieser Anziehungskraft wird das Gleichgewicht gehalten durch die Abstoßung gleichnamiger Elektronenringe, die im Abstand δ_0 bereits merkbar wird. Das Potential dieser Abstoßungskräfte hat die Form $-\beta/\delta^n$. Die Konstante β ist $= \alpha/n\,\delta_0^{n-1}$. n ist eine unbekannte Größe. Sie läßt sich (Born und Landé 1919) durch verschiedene Annahmen über die Anordnung der Elektronenringe berechnen; die eine Annahme führt zu $n = 5$, die andere zu $n = 9$.

Zu $n = 5$ gelangt man, wenn man die übliche Annahme macht, daß die Ebenen der Elektronenringe eines Atoms zusammenfallen; die Ringe haben eine gemeinsame Achse. Die Achsen der nebeneinander liegenden Ionen fallen aber abwechselnd in die 4 Längshauptdiagonalen des Elementarwürfels des Kristalles. Außerdem ist der innerste (K-) Ring jedes Ions einquantig; die übrigen geben bei der Strahlung zwei Quanten ab. Die aufeinander folgenden Ringe der verschiedenen Elemente sind mit einer sehr ungleichen Anzahl (p_i) von Elektronen belegt (vgl. Vegard S. 282); es ist $p_1 = 2$, $p_2 = 8$, $p_3 = 8$, $p_4 = 10$, $p_5 = 8$, $p_6 = 10$, $p_7 = 8$. Die Radien dieser Ringe (a_i) lassen sich nach den Grundsätzen von Sommerfeld einfach berechnen. Sie sind im folgenden für einige Elemente in relativem Maß (Einheit: der innerste Ring des H-Atoms $= h^2/4\pi^2 e^2 m = 0{,}528 \cdot 10^{-8}$ cm; S. 303) angegeben:

Kalium: $a_1 = 0{,}0534$, $a_2 = 0{,}278$, $a_3 = 0{,}754$ — Chlor: $a_1 = 0{,}0598$, $a_2 = 0{,}325$, $a_3 = 1{,}097$ — Rubidium: $a_1 = 0{,}0272$, $a_2 = 0{,}1243$, $a_3 = 0{,}176$, $a_4 = 0{,}312$, $a_5 = 0{,}846$ (vgl. S. 283).

Der Gitterabstand δ ($= \delta_0$ oben) ist eine einfache Funktion von Gliedern, die sich aus p_i und a_i zusammensetzen. Die Schlußwerte, in denen die beobachteten δ (in 10^{-8} cm) und die berechneten δ verglichen werden, sind folgende:

Substanz	LiF	NaF	KF	LiCl	NaCl	KCl	RbCl	CsCl
ber.	3,6	4,9	5,3	4,2	5,4	5,9	6,3	6,2
beob.	4,0	4,6	5,3	5,1	5,6	6,2	6,6	6,5

Substanz	LiBr	NaBr	KBr	RbBr	CsBr	LiJ	NaJ	KJ	RbJ	CsJ
ber.	4,4	5,6	6,1	6,6	6,4	5,1	6,2	6,7	7,2	7,0
beob.	5,5	6,0	6,6	6,9	6,8	5,9	6,5	7,0	7,3	7,2

Diese Übereinstimmung beider δ-Reihen muß als ein Zufall betrachtet werden, da die ganze Rechnung auf irrtümlichen Voraussetzungen beruht. Das erkannte Born, als er andere Eigenschaften der Kristalle aus den gleichen Eigenschaften ableiten wollte. So erhielt er für die Kompressibilität (K) nur den halben Wert. Er verfuhr dann umgekehrt und be-

[1]) Madelung (Phys. ZS. **19**, 324; 1918).
[2]) Wie sie Debye und Scherrer gefunden haben (Nachr. Götting. Akad. 1918, 101; Phys. ZS. **19**, 474; 1918).

rechnete, welche Potenz n in dem Potential Φ sich ergäbe, wenn man δ (den Gitterabstand) und K als bekannt voraussetzt. Es berechnet sich $n = \mathbf{9}$.[1]) Die Beziehungen sind sehr einfach. Ein äußerer Druck p, der das Gitter komprimiert, muß wie der elektrische Druck wirken, der das Gitter zusammenhält. Es ist, wenn Δ die Volumenänderung durch den elektrischen Druck bedeutet:

$$1)\quad p = -\frac{d\Phi}{d\Delta} = -\frac{\alpha(n-1)\Delta}{9\delta^7}, \qquad 2)\quad K = -\frac{1}{v}\frac{dv}{dp} = -\frac{1}{\delta^3}\frac{d\Delta}{dp}.$$

Daraus folgt

$$K = \frac{9\delta^7}{\alpha(n-1)} \quad \text{oder} \quad n = 1 + \frac{3{,}41\cdot 10^{-13}}{K}\left(\frac{G_1 + G_2}{\varrho}\right)^{4/3},$$

nach Einführen des Wertes von α und von δ. Für die 9 binären Salze, zusammengesetzt aus den Kationen Na, K, Tl, den Anionen Cl, Br, J folgt dann im Mittel $n = 8{,}8$. Setzt man $n = 9$, so ergibt sich

$$K = 4{,}26\cdot 10^{-14}\,(G_1 + G_2/\varrho)^{4/3}.$$

Im folgenden sind die Schlußwerte gegeben:

Substanz	NaCl	NaBr	NaJ	KCl	KBr	KJ	TlCl	TlB	TlJ
$K\cdot 10^{12}$ ber.	4,1	5,1	6,9	5,0	6,2	8,6	4,7	5,1	6,7
$K\cdot 10^{12}$ beob.	3,5	4,7	6,3	5,4	6,6	8,7	4,7	5,4	6,8

Aus der Formel für K ersieht man, daß für $n = 5$ die Werte von K doppelt so groß sich ergeben, als für $n = 9$.

Die Zahl **9** muß zunächst recht merkwürdig erscheinen. Sie ist, solange man an einer Anordnung der Elektronen in ebenen Ringen festhält, gar nicht erklärbar. Es ist aber eigentlich durch keine Tatsache gerechtfertigt, sich die Gruppierung von 8 Elektronen (die 8-Zahl zieht sich durch das ganze periodische System als roter Faden durch) als eben vorzustellen. Da diese Gruppe von 8 die Grundlage beim Aufbau regulärer Kristalle bildet, so liegt es nahe anzunehmen, daß diese Gruppe, die den Elementarbereich des Kristalles ausfüllt, ebenfalls regulär, also als Würfel angeordnet ist. Man kann sie einfach auf die 8 Ecken des Würfels verteilen.[2]) Aber sie haben in den Ecken keine festen Plätze, sie müssen um diese Ecken bestimmte Bahnen beschreiben, wodurch die Stabilität des Würfels allein gewahrt bleibt. Diese Bahnen hat man sich so zu denken, daß die 8 Elektronen in jedem Moment eine symmetrische Würfelfigur bilden. Die Größe dieser Figur schwankt[3]) zwischen bestimmten Grenzen regelmäßig hin und her. Diese Auffassung entspricht derjenigen, die Sommerfeld zu dem bei **133.** erwähnten „Ellipsenverein" geführt haben. Die räumlichen Bahnen lassen sich aber bisher noch nicht einwandfrei berechnen (Born und Landé).

---

[1]) Für die abstoßende Wirkung der Kernladungen kommt noch ein kleines Korrektionsglied mit einer niedrigeren Potenz als 9 (etwa 5) hinzu.

[2]) Diese Vorstellung hat zuerst Lewis (1913) aus chemischen Gründen entwickelt (vgl. weiter unten). Kossel (Ann. Phys. **49**, 329; 1916) machte für sie physikalische Gründe geltend.

[3]) Solche begrenzt periodische Bahnen in räumlicher Anordnung und Symmetrie sind in großer Mannigfaltigkeit denkbar. Sie entstehen bei der gekoppelten Bewegung von nicht bloß 8, sondern auch von 4 oder von 24 Elektronen. Landé (Vhdl. Phys. Ges. **21**, 2; 1919) hat einige Sonderfälle derartiger Bahnen behandelt.

Berechnet man das Potential Φ, das zwei solche Elektronenwürfel aufeinander ausüben, nach den einfachen elektrostatischen Coulombschen Grundgesetzen[1]), so ergibt sich als Hauptglied eine Größe, die umgekehrt proportional der neunten Potenz des Abstandes δ der Kernladungen ist. Ein Zusatzglied mit der fünften Potenz ist nur dann zu berücksichtigen, wenn die Radien der beiden Ionenwürfel, welche den Kristall bilden, sehr verschieden sind. Die beobachteten Werte der Kompressibilität K[2]) führen zu der gleichen Form von Φ.

Diese 8 symmetrisch um den Kern im Raum verteilten Elektronen, die jedes Atom des Kristalls besitzt, sind, da sie den Zusammenhalt des Kristalles bedingen, als die äußere Atomhülle aufzufassen. (Die Größe des Würfels oder der Atomschale ist gleich dem Radius des Atoms.) Diese 8 sind daher auch die Träger oder die Ursache der chemischen Verwandtschaft.[3]) Sie sind die eigentlichen Valenzelektronen. Diese Betrachtung ist auf alle chemische Elemente ausdehnbar. Nicht bloß die Alkalimetalle und die Halogene, sondern alle chemischen Atome müssen eine derartige Valenzschale besitzen. Bei den Edelgasen ist die Schale zu 8 Elektronen stets vorhanden. Bei den anderen Elementen ist das nur im Ionenzustand möglich.

Zu der Folgerung, daß die Valenzelektronen oder Valenzkräfte im Raum gleichmäßig verteilt sein müssen, ist man schon lange aus chemischen Gründen gelangt; es war zuerst Van't Hoff, der diesen Schluß zur Erklärung des Auftretens von entgegengesetzt drehenden Verbindungen zog. Beim

---

1) Diese gelten gemäß den Betrachtungen bei **117.** S. 234.

2) Auch die Elastizitätskonstanten und die Grundschwingungen (abgeleitet aus den Reststrahlen, S. 24) lassen sich auf ähnlichem Wege genügend genau berechnen (Born: Vhdl. Phys. Ges. **21**, 533; 1919; vgl. S. 318).

3) Diese Auffassung öffnet einen neuen Weg zur Berechnung der chemischen Verwandtschaft, den wir wiederum Born verdanken (Vhdl. Phys. Ges. **21**, 13; 1919). Bisher war man auf die Verwertung der thermochemischen Daten, der Wärmetönung angewiesen. Diese läßt sich jetzt aus der Kristallgitterenergie berechnen: Dabei ist z. B. die Bildung des Kristalls NaCl in folgende Teile zu zerlegen: 1. Das metallische Na wird in isolierte Atome gespalten und diese werden ionisiert; 2. das Mol Cl_2 wird in Atome gespalten und diese werden ionisiert; 3. die Na- und Cl-Ionen vereinigen sich zum festen Kristall. Die elektrostatische Kristallenergie wird als Wärme gewonnen. Solche Rechnungen hat Fajans (1919) ausgeführt. Sie bestätigen die Annahme, daß das Potential zwischen den Elektronenschalen der Atome nach der neunten, die Abstoßung zwischen den Atomen also nach der zehnten Potenz der Entfernung abnimmt. Zunächst gelangt man nach den Born-Madelungschen Ansätzen zur Berechnung der freien Energie bei der Bildung des Kristalls aus den gasförmig zu denkenden Ionen und von da weiter zur Lösungswärme dieser Ionen. Aus den Unterschieden der Lösungswärme berechnet sich die Umsetzungswärme bei gegenseitigem Austausch der Ionen in Lösung. Es ergibt sich:

KCl + LiBr → KBr + LiCl	ber. +4	beob. +3,6 cal.
KCl + LiJ → KJ + LiCl	7	7,2
KCl + NaBr → KBr + NaCl	3	2,0
KCl + NaJ → KJ + NaCl	5	3,4
2KCl + $CaBr_2$ → 2KBr + $CaCl_2$	9	8,5
2KCl + CaJ_2 → 2KJ + $CaCl_2$	12	11,7

Jeder andere Wert für die Anziehungspotenz als $n = 9$ führt zu starken Abweichungen. So z. B. berechnet sich für die letzte Umsetzung statt 12 Kalorien 17, wenn man $n = 8$ nimmt.

Kohlenstoff sind 4 Valenzelektronen auf ein Tetraeder, beim Sauerstoff 8 Elektronen auf ein Oktaeder zu verteilen. Die 8-Zahl, die für die stabile Anordnung der Elektronen erforderlich ist, kommt beim Kohlenstoff durch die Vereinigung von zwei Tetraedern zustande. Dieser Vorgang erklärt es, daß wir so häufig bei Verbindungen der organischen Chemie aneinander gebundene Doppelatome des Kohlenstoffes antreffen. Diese Verbindungen besitzen ebenso, wie die Edelgase, die Schale aus 8 Elektronen, ohne daß sie vorher in den Ionenzustand überzugehen brauchen. Solche Substanzen sind, ebenso wie die Edelgase, chemisch neutral oder homöopolar, sie unterscheiden sich daher wesentlich von den leicht Ionen abgebunden polaren (salzartigen) Substanzen. Zu den neutralen Substanzen gehören indessen nicht bloß die Verbindungen mit doppelt gebundenen C, sondern die meisten C-haltigen Körper der organischen Chemie.

Bei Metallen, die in Würfeln kristallisieren, läßt sich messen, wie die Atome in ihnen verteilt sind, und damit die Energiegrößen ihrer Raumgitter berechnen. Es ergibt sich, daß die ursprünglichen einfachen Annahmen von Bohr nicht zutreffend sein können, soweit sie wenigstens die Form oder Größe der Bewegung der Valenzelektronen betreffen (auch die S. 322 erörterte Theorie von Langmuir verläßt diese Annahmen). Nach den Untersuchungen von Debye (1919) bilden die Li-Atome (d. h. der Kern mit den Kern- oder He-Elektronen) Würfel, aber nicht in einfacher Anordnung. Es sind zwei sich gewissermaßen durchdringende Systeme vorhanden. Der Mittelpunkt eines Würfels bildet die Ecke des nächsten. Diese Anordnung ist keine starre, sondern alle Atome schwingen oder bewegen sich gleichmäßig, aber diese Schwingungen sind begrenzt (vgl. Sommerfeld S. 306), wobei stets die Verteilung geometrisch gleich bleibt. Die Eckpunkte der Würfel sind daher relativ fest. Um diese Ecken kreisen oder schwingen die Valenzelektronen, in Bahnen von solcher Größe, daß sich die Bahnkurven benachbarter Elektronen berühren (eine ähnliche Bewegung haben wir auch in den Langmuirschen Zellen vorauszusetzen). 8 benachbarte Elektronen bilden in jedem Augenblick einen Würfel. Die Energie der Bewegung wird, in Übereinstimmung mit Bohr durch die Quanten $Nh\nu$ bestimmt. Haber zeigte (1919), daß man mit einem solchen Gitter Schwingungen berechnet, die denen entsprechen, in welche die Metalle bei der Bestrahlung geraten (selektiver Photoeffekt). Diese Elektronenbewegung führt auch zu magnetischen Kräften (siehe **129.**). Wenn man annimmt, daß Nachbarelektronen ihre Bahnen in entgegengesetzter Richtung durchlaufen, so findet man, daß die Metalle diamagnetisch sein müssen. Die magnetische Konstante entspricht den beobachteten Werten.

Die Grundschwingung (ν_0) dieser Gitter ist eine solche, wie wir sie aus der Beobachtung an Reststrahlen (S. 24) ableiten können, worauf bereits 1919 Haber hinwies. Die Energie zur Abtrennung des Valenzelektrons vom Atom ist $= Nh\nu_0$ zu setzen. Sie ist vergleichbar (wie eine Reihe von neueren Arbeiten von Fajans u. Haber zeigen) mit den Energiebeträgen, die sich aus den beobachteten Wärmetönungen bei chemischen Reaktionen ergeben. Es ist (in kg/cal) $Nh\nu_0 = 103$ (für Li); 85 (Na); 66 (K); 60 (Rb); 188 (Ag); 123 (Tl).

Bernoulli hat (1919) aus ähnlichen Voraussetzungen sehr einfache Formeln abgeleitet, aus denen sich auf optischen und elektrischem Wege die Energie U der Atome berechnen läßt. Es ist allgemein

$$U_i = 2e\,N\mu\sqrt{\frac{M}{n\,m}}\,\nu_i \text{ — für } C = 2e\,N\mu\sqrt{\frac{C}{4m}}\,\nu_C \text{ — für } O = -\,4e\,N\mu\sqrt{\frac{O}{2m}}\,\nu_O$$

$$\text{für } CO_2 = 2e\,N\mu\sqrt{\frac{CO_2}{8m}}\,\nu_{CO_2}\,.$$

Hierin bedeutet e, m die Ladung und Masse des Elektrons, N die Rydbergsche Konstante, μ eine neue Atomkonstante, nämlich die Zahl der Kraftlinien, die ein Valenzelektron auf seiner Bahn schneidet.[1]) M das Atomgewicht, n die Zahl der wirksamen Valenzelektronen, ν die Eigenschwingung der Substanz. ν steht in enger Beziehung zum Schmelzpunkt und Molekularvolumen. Durch weitere Vereinfachungen und Umrechnung in kg/cal. erhält man für die Reaktionswärme Q Gleichungen von der Form:

$$Q = \mu' \left\{ \nu_1 \sqrt{\frac{M_1}{\alpha}} - z\nu_2 \sqrt{\frac{M_2}{\beta}} - \nu' \sqrt{\frac{M'}{\alpha + \beta - \delta}} \right\};$$

μ' ist aus μ zu berechnen. Für die Bildung der CO_2 aus O und C wird $\alpha = 4$, $\beta = 2$, $z = 2$. δ bedeutet die Zahl der Ladungen, die bei der Bildung der Verbindung abgegeben werden. Für binäre Substanzen wie NaCl muß man $\delta = 0$ setzen, da der NaCl-Kristall aus Ionen aufgebaut ist (vgl. **128.**). Für AgCl wird $\delta = 1$; AgCl ist ein unlöslicher **amorpher** Niederschlag, der keine Ionen enthält; ein ebensolcher Niederschlag ist $PbCl_2$, bei seiner Bildung verschwinden 2 Ladungen ($\delta = 2$).

Die berechneten und beobachteten Wärmetönungen stimmen gut überein, z. B. für CO_2 108,3 (statt 106,0), NaCl 98,6 (97,9), KCl 105,7 (105,7); SiO_2 196,8 (191,0); Eis 68,7 (69,6); AgCl 29,05 (29,0); AgBr 23,6 (23,7); AgJ 13,5 (13,8); HgJ 14,2 (14,2); $PbCl_2$ 84,2 (83,9).

Die Verbindung kommt dadurch zustande, daß die Bahnen der Valenzelektronen der zusammentretenden Atome sich erweitern oder verengern in dem Maße, daß von jedem der Elektronen wieder die gleiche Zahl μ von Kraftlinien bei jedem Umlaufe geschnitten wird. Bei NaCl wird die Bahn enger.

Alle Reaktionen sind demgemäß elektromagnetischen Ursprungs.

Chemische Grundlagen für die kubische Valenzschale nach den Theorien von Lewis, Harkins, Langmuir.

Die quantitativen Berechnungen von Born führen zu den gleichen Anschauungen, die bereits seit einer Reihe von Jahren Lewis[2]) und Langmuir (1919) aus rein chemischen Gründen vertreten. Sie fußen auf den Entwicklungen über Valenzen und Kontravalenzen von Abegg und Bodländer. Im stabilen Atom oder Ion sind stets 8 Valenzen vorhanden, von denen ein Teil als Haupt-, der andere Teil als Neben- oder Kontravalenzen anzusehen ist. Lewis setzte als Träger dieser Valenzen Elektronen voraus und nahm an, daß sie in einer Glocke oder Schale räumlich gleichmäßig verteilt, also in einem Kubus angeordnet seien. Nachstehend sei einiges aus diesen Arbeiten angeführt. Zunächst die Grundsätze für das kubische Atom.

1. In jedem Atom ist ein Kern vorhanden, der bei chemischen Einwirkungen unverändert bleibt und positive Ladungen besitzt.
2. Der Kern ist umgeben von einer Glocke (oder Schale). Beim neutralen Atom enthält diese Glocke die gleiche Anzahl von 8 Elektronen. Bei chemischen Vorgängen kann sich die Zahl der Elektronen in der Glocke zwischen 0 und 8 ändern.
3. Das Atom sucht in der Glocke stets 8 Elektronen festzuhalten; diese ordnen sich in den Ecken eines Kubus an. Ein Atom, das weniger als 8 Elektronen in der Valenzschale besitzt zieht die an 8 fehlende Zahl an sich heran, so hat Fluor 7 Elektronen (seine Ordnungszahl ist 7) und zieht ein Elektron heran (es erscheint daher als einwertig).
4. 2 Atomglocken können sich gegenseitig durchdringen; ein Elektron kann daher beiden Teilen eines polaren Moleküls angehören (z. B. bei NaCl — das erklärt, wie wir schon gesehen haben, die Stabilität und den Zusammenhalt der polaren Verbindungen).

---

[1]) $\mu = hc/2e = 2{,}231 \cdot 10^{-7}$ (Vhdl. Naturf. Basel **28**, 11, 533; 1917; vgl. S. 292).

[2]) Seit 1902; vgl. seine Arbeiten J. Amer. Chem. Soc. **35**, 1448; 1913 (Valenz und Tautomerie) und **38**, 762; 1916 — und ferner **128.**, Anm. 2, S. 287. Lewis hat auch einen Versuch gemacht (Science **46**, 297; 1917), quantitative Schlüsse zu ziehen. Er nahm dazu an, daß die Elektronenringe sich nach einem Kraftgesetz anziehen, das nicht dem Coulombschen entspräche. Diese Annahme ist aber durchaus nicht nötig, wie die Entwicklungen Borns zeigen.

5. Elektronen können von einer Glocke zu einer anderen übergehen (diese Austauschbarkeit von Valenzen macht es verständlich, daß bei polaren Verbindungen Isomerien kaum vorkommen).

Je nach der Stärke der Durchdringung und des Zusammenhanges der Glocken gemäß (4) gelangt man zu Übergängen zwischen polaren und nicht polaren Molen. Eine große Reihe von Elementen — sie können zugleich ihre Valenz ändern — ist fähig, sowohl polare, wie nicht polare (neutrale) Verbindungen zu bilden. Derartige Beobachtungen macht man an Metallen wie Fe, Hg, Cr, Co, Mn (auch Ni, Cu, Au, die Platinmetalle gehören hierher). In ihnen kann die Hauptvalenz durch Cl, CN, NO_2-Gruppen so abgeschwächt werden, daß sich das Atom negativ ladet und komplexe Anionen bildet. Die Abschwächung[1]) kann noch weiter gehen, so daß schließlich die entstehende Verbindung nicht mehr polar ist. So sind einige Co - und Cr-Verbindungen, Nickelkohlenoxyd, viele Metallkarbide keine Salze mehr. Kohlenstoff kann andererseits im Azetylen und im Triphenylmethyl als Metall auftreten. Elemente mit derartigem wechselnden Charakter, bei denen vor allem die Hauptvalenzen sehr geringe Stärke zeigen, haben auch ein kleines Atomvolumen.[2]) Das läßt sich leicht nach dem Rutherfordschen Atommodell begreifen. In kleinen Atomen sind die Ringe enger und es werden daher auch die im Außenring befindlichen Valenzelektronen stärker angezogen. Sie sind daher weniger leicht durch entgegengesetzt geladene Atome vom Atomkern fortzureißen; das Valenzelektron wirkt nicht nach außen.

Die physikalischen Eigenschaften der Elemente stehen in einfachem Zusammenhang mit der Zahl der Elektronen in der Valenzschale (Harkins 1919). Von Atomen der Elemente mit gesättigter Schale, mit einem vollen Oktett, wie denen der Edelgase, gehen keine elektrischen Wirkungen zu Nachbaratomen aus. Die Kohäsion ist gering; die Elemente sind schwer zu verflüssigen und bilden keine Verbindungen. Bei Elementen mit nur 4 Elektronen in der Schale (C, Si; Fe, Co, Ni; Wo, Os . . .) ist dagegen das elektrische Streufeld sehr groß. Die Atome zeigen sehr große Kohäsion gegen eigene oder fremde Atome; die Härte des Elementes, wie der einfachen Verbindungen (z. B. für Diamant und Quarz) ist beträchtlich, ebenso die Festigkeit und die Oberflächenspannung. Der hohen Kohäsion entspricht auch der hohe Schmelzpunkt und Siedepunkt.

Die Größe des Streufeldes, also die chemische Verwandschaft, läßt sich in einigen Fällen messen, z. B. aus dem Vorgang der Ausbreitung einer Substanz auf eine andere. Aus der Ausbreitung der Buttersäure auf Wasser und der damit verbundenen Herabsetzung der Oberflächenspannung des Wassers läßt sich die Verwandtschaft der COOH-Gruppe zum Wasser bestimmen. Das gleiche gilt für andere aktive Gruppen (OH, CN). Dagegen sind die CH_4-Gruppen inaktiv, wie die Edelgase. Das folgt daraus, daß sich die Kohlenwasserstoffe der Paraffinreihe auf Wasser nicht ausbreiten.

Durch noch mehr ins einzelne gehende (von Bohr abweichende) Annahmen über die räumliche Verteilung der Elektronenringe (die Zahl der Elektronen ist den Vorstellungen in **125.** angepaßt), sind nach Langmuir (1919) die Eigenschaften der anorganischen Elemente leicht zu verstehen. Seine Entwicklungen[3]) beruhen auf folgenden Grundsätzen:

1. Die Elektronen im Atom bleiben in bestimmten Zonen; sie schwingen entweder um bestimmte Gleichgewichtslagen oder rotieren. In den Edelgasen, den stabilsten Atomen, sind die Valenzelektronen paarweise symmetrisch zu einer bestimmten (Äquatorial-)Ebene angeordnet. Aber kein Elektron liegt in dieser

[1]) Die Stärke der Polarität läßt sich durch die Dielektrizitätskonstante messen (J. J. Thomson: Phil. Mag. **27**, 757; 1914. — Langmuir: J. Amer. Chem. Soc. **38**, 2221; 1916).

[2]) Rajendradal: J. Chem. Soc. **115**, 127; 1919.

[3]) Man darf sich nicht wundern, daß die einzelnen Annahmen der verschiedenen Forscher vielfach einander widersprechen. Vorläufig, wo wir im Anfang der Elektromechanik der Atome stehen, muß man mit solchen Versuchen zufrieden sein.

Ebene selbst. Senkrecht zu dieser Ebene ist eine Symmetrieachse (Polarachse) anzunehmen, in welcher sich 4 Ebenen unter je 45° schneiden. Die Verbindungslinien der Elektronen sind den Achsen im tetragonalen Kristall vergleichbar.

2. In jedem Atom sind die Elektronen in konzentrischen Kugelschalen verteilt. Die mittleren Radien der Schalen bilden eine arithmetische Reihe ($r_1 : r_2 : r_3 : r_4 = 1:2:3:4$, vgl. dagegen **132.**). Die Oberflächen der Schalen verhalten sich wie 1:4:9:16.

3. Die erste Schale zerfällt in 2 Teile oder Zellen, die zweite in 8, die dritte in 18, die vierte in 32 Teile (entsprechend den großen Perioden des Systems).

4. Jede Zelle der ersten Schale enthält nur ein Elektron, die andere ein oder zwei. Die äußeren enthalten nur dann 2, wenn die inneren mit 2 gesättigt sind. Bei den Edelgasen hat jede Zelle gleichviel Elektronen. He = 2, Ne = 2 + 8, Ar = 2 + 2·8, Kr = 2 + 2·8 + 18, Ne = 2 + 2·8 + 2·18, RaEm = 2 + 2·8 + 2·18 + 32. Das ist die normale Verteilung der Elektronen, bei der RaEm z. B. auf 4 Schalen. Die beiden Elektronen der ersten Schale nahe dem Kern stehen einander gegenüber. Ihre Verbindungslinie ist die Polarachse des Atoms. Im Neon sind 8 Elektronen der zweiten Schale symmetrisch in Würfelform zu dieser Achse angeordnet. Die Verteilung der Elektronen in den übrigen Atomen ist stets auf die der Edelgase zurückzuführen; es tritt nur der Valenzring zu den Schalenelektronen hinzu. Die 18 Elektronen der dritten Schale bilden 2 Gruppen zu je 9 Elektronen, die symetrisch verteilt sind, je 8 von diesen liegen außerhalb der Polarachse; die beiden neunten (bei Kr) fallen in die Achse, die daher von 4 Elektronen besetzt ist.

5. Zwischen den 2 Elektronen in einer Zelle sind elektromagnetische oder Magnetonenkräfte vorhanden, durch die das Gleichgewicht erhalten wird.

6. Die wichtigste Grundlage für den Zusammenhalt des Atoms ist das Oktett der zweiten Schale. In allen Atomen ist die Neigung vorhanden, die Elektronen so zu gruppieren, daß ein Oktett entsteht. Diejenigen Verbindungen sind beständig, bei denen sich ein solches Oktett bildet.

7. Die Verbindungen entstehen durch Zusammentreten von mehreren Oktetts. 2 Oktetts haben bis zu 3 Paar Elektronen gemeinsam. Die Elektronen eines Oktetts können paarweise zu anderen (bis zu 4) Oktetts gehören.

Durch diese Vorstellungen werden die Unterschiede zwischen polaren und nicht polaren Verbindungen erst erklärlich.

Die Hauptunterschiede zwischen polaren (heteropolaren, salzartigen) und neutralen (homöopolaren) Verbindungen sind folgende:

polar	homöopolar
Elektronen beweglich	unbeweglich, Neigung zur Bildung langer Ketten im Atom
Reaktionsfähig	chemisch träge
bildet tautomere[1]) Verbindungen	bildet isomere Verbindungen
ist elektrischer Leiter	ist Isolator
ist ionisierbar	gibt keine Ionen
ist kristallisiert	ist amorph
ist ein Ionen erzeugendes Lösungsmittel	gelöste Substanzen sind nicht ionisierbar
hat hohe Dielektrizitätskonstante (DE.)	kleine DE.
bildet komplexe Mole	hat nur einfache Mole
assoziiert sich mit einem Lösungsmittel,	bleibt unverbunden
hat im flüssigen Zustande abnorme Werte verschiedener Konstanten (des kritischen Punktes, des Dampfdruckes, der Verdampfungswärme, der Zähigkeit, der Oberflächenspannung)	hat normale Werte der wichtigsten physikalischen Konstanten

[1]) Von den organischen Verbindungen haben viele Substanzen mit einem Gehalt an O oder N, sowie ungesättigte Substanzen die Fähigkeit Tautomere zu bilden. Diese Substanzen gehören daher zu den polaren.

Die Summe aller Valenzen ist bei polaren Substanzen durch 8 teilbar, so ist z. B. bei LiF = 8, Li_2SO_4 = 32 (die Valenzen von O = 6 gesetzt), KOH = 8, H_2O = 8, NH_3 = 8, $MgCl_2$ = 16, $NaNO_3$ = 24, K_2CO_3 = 24. Wir haben allerdings unter einigen sehr reaktionsfähigen Substanzen Ausnahmen. Diese sind aber nicht polar, z. B. SO_2 (18), NaClO (14), C_2H_2 (10), ferner NO (11), NO_2 (17), ClO_2 (19) und vor allem das Pseudometall Triphenylmethyl (21). In Lösungen bilden diese Substanzen aber leicht Komplexe, für die dann wieder die „achter" Regel gilt.

Den obigen Annahmen entsprechend kann man ein sehr einfaches Schema aufstellen, nach welchem die Elektronen der Elemente auf die einzelnen Schalen und Zellen verteilt sind. Das Volumen jeder Zelle ist gleich, da die Oberfläche jeder der 4 Schalen gerade um so viel größer wird, wie die Zahl der Elektronen anwächst. Die Entfernung jeder Schale bis zur nächsten, also die Tiefe der Zellen, d. h. der Wirkungsbereich jedes Elektrons ist gleich.

I	II	III	IV	V	VI	VII
I	2(He)	I	—	$2 = 2 \cdot 1^2$	1	2 E in der Polarachse
I	10(Ne)	II	a	$8 = 2 \cdot 2^2$	1	8 E in Würfelform
II	18(Ar)	II	b	$8 = 2 \cdot 2^2$	2	
III A, B	36(Kr)	III	a	$18 = 2 \cdot 3^2$	1	16 E in 2 Würfeln
IV A, B	54(Xe)	III	b	$18 = 2 \cdot 3^2$	2	2 E in der Polarachse
V A, B	86(Em)	IV	a	$32 = 2 \cdot 4^2$	2?	16 E in 2 Würfeln
VI A	92(Ur)	IV	b	$32 = 2 \cdot 4^2$	2?	

In dieser Übersicht bedeutet Spalte:

I: Die horizontale Reihe des periodischen Systems.

II: Die Maximalzahl der Elektronen in diesen Reihen. — Die Nullreihe (S. 260) wird zur vorhergehenden zugezählt.

III: Die Bezeichnung der Schalen.

IV: Die Beschaffenheit der Schicht; a einfache, b doppelte Schicht von Elektronen in den Schalen.

V: Die Zahl der Zellteilungen einer Schale (1, 4, 9 oder 16 für eine halbe Schale).

VI: Die größtmöglichste Belegung der Zellen in der äußersten Schale (es ist die Summe der Produkte der Zahlen in V und VI gleich den Zahlen in II, z. B. $1 \cdot 2 + 2 \cdot 8 + 2 \cdot 18 = 54$).

VII: Läßt die räumliche Verteilung der Elektronen (E) erkennen (die Symmetrieebenen der Doppelwürfel können miteinander Winkel von 45° bilden).

Die Verteilung der Elektronen auf Schalen und Zellen wird durch den Hinzutritt einer neuen Schale nicht geändert.

Die Annahme von einzelnen Elektronen, die im Innern einer Schale auf der Polarachse angeordnet sind, erklärt zwanglos die große Ähnlichkeit der Elemente der Triaden, z. B. Fe, Ni, Co. Jedes dieser Elemente hat außen eine Schale mit 8 Elektronen. Beim Ni treten ein, beim Co zwei weitere Elektronen hinzu, aber sie gehören der äußeren Oberfläche nicht an, so daß sich die 3 Elemente in ihrer Valenzschale nicht unterscheiden. Ferner kann man den Unterschied allotroper Formen der Elemente (**94.**, S. 179) auf den Unterschied in der Lage der beiden, die Schale zusammensetzenden Würfel zurückführen.

Das einzelne Elektron kann sich nur innerhalb des Bereiches seiner Zelle entsprechend den Kristallelektronen frei bewegen. Rotationsbewegungen um den Kern, wie sie Bohr voraussetzt, verwirft Langmuir. Solche Bewegungen führen zu ganz symmetrischen, kugelförmigen Atomen. Eine solche Symmetrie ist aber z. B. bei dem Kohlenstoffatom sicher nicht vorhanden. Wir haben bei vielen organischen Substanzen, z. B. den hochmolekularen Fettsäuren, aber auch bei poröser Holzkohle (ebenso bei dem porösen Wolframmetall, das aus Trioxyd reduziert ist) eine kettenförmige Anordnung. Die chemischen Kräfte der beiden Enden der Kette sind verschieden. Sind die Substanzen flüssig, so lassen sich diese Kräfte messen, indem man untersucht, wie die Oberflächenspannung des Wassers durch dünnste Schichten von molekularer Dicke (vgl. S. 40 und oben S. 320) beeinflußt wird.

Eine andere neue Annahme wird durch das Vorhandensein von isosteren Verbindungen bestätigt. Diese erklären sich ungezwungen, wenn man annimmt, daß ein Valenzwürfel nicht bloß einen, sondern auch mehrere Kerne umfassen kann. Substanzen, bei denen die Valenzschale gleich ist, der Kern verschieden ist, haben gleiche Eigenschaften.

Strukturformeln und die Auffindung von Verbindungen mit gleichen (isosteren) Eigenschaften.

Nur solche Verbindungen gleicher oder verschiedener Atome sind möglich, welche die einfache Gleichung erfüllen:

$$e = 8n - 2p.$$

e bedeutet die Summe der Valenzelektronen E für jedes der Atome, welche die Verbindung bilden. E hat einen mit der Reihenzahl des Elements im periodischen System übereinstimmenden Wert, z. B. ist E = 6 für O und S. Für Elemente mit der Ordnungszahl über 20 können die Werte anders sein, so bei den seltenen Erden.

n ist die Zahl der Würfel, *p* die Zahl der durch Verschmelzen von Würfeln entstehenden Paarelektronen oder Bindungen. So besteht z. B. das Fluoratom (F_2) aus 2 Würfeln, die an einer Kante zusammenhängen, es gehört ein Elektronenpaar 2 Würfeln an; d. h. es ist eine Bindung vorhanden (F—F). Für F ist E = 7; $e = 14$; $n = 2$; $p = 1$.

Die Zahl der Bindungen *p* steht mit der Zahl der abgebbaren oder Valenzelektronen in engem Zusammenhang. 2 F-Atome können zusammen 2 Elektronen (ein Elektronenpaar) abgeben, F ist einwertig. *p* kann höchstens für ein Atom den Wert 4 erreichen. Die Zahl *p* nennt Langmuir die Kovalenzzahl. *p* beträgt für S in SO_2 3 ($e = 18$, $p = 3$, $n = 3$); in SO_3 4. Für N in N_2O_5, HNO_3 ist $p = 4$. In der komplexen Verbindung KBF_4 haben wir zu setzen: $n = 5$, $e = 32$, $p = 4$. Sehr wichtig ist die Erklärung für die Struktur des NH_4Cl. Es ist zu setzen $n = 2$, $e = 16$, $p = 0$. $p = 0$ bedeutet, daß die 4 H-Kerne mit den 4 Elektronen des N 4 Elektronenpaare oder ein vollständig in sich abgeschlossenes Oktett bilden. Das eine überschüssige Elektron des N ist von dem diesem Oktett gegenüberstehenden Cl-Atom aufgenommen. Dieses wird dadurch zum Cl-Ion und ebenfalls zu einem Oktett. Beide Oktette hängen nicht durch Elektronenpaare oder Bindungen, sondern durch elektrische Kräfte, wie sie Born berechnet hat, zusammen.

Der Salmiak besteht daher, wie auch andere binäre Salze, aus Ionen (vgl. **128**., S. 288). Bei der Auflösung in Wasser werden lediglich diese Ionen weiter voneinander entfernt (einfache Erklärung der elektrolytischen Dissoziation).

Die folgende Zusammenstellung gibt für einige Substanzen die aus der Grundgleichung folgenden Strukturformeln:

Substanz	*n*	*e*	*p*	Formel	Substanz	*n*	*e*	*p*	Formel
N_2O	3	16	4	N=O=N	C_2H_4	2	12	2	H_2C=CH_2
N_2O_2	4	22	5	O=N—N=O	C_2H_6	2	14	1	H_3C—CH_3
N_2O_3	5	28	6	O=N—O—N=O	$(H_2)SO_3$	4	26	3	O—S=O_2
N_2O_4	6	34	7	O=N—N=O │ │ O O	$(H_2)SO_4$	5	32	4	O_2=S=O_2
					$(H_2)S_2O_6$	8	50	7	O—S—S—O ‖ ‖ O_2 O_2
N_2O_5	7	40	8	O=N—O—N=O │ │ O O	$(H_2)S_2O_8$	10	62	9	O—S—O—S—O ‖ │ ‖ O_2 O O_2
CH_4	1	8	0						
C_2H_2	2	10	3	HC≡CH					

Auch die Ähnlichkeit der Eigenschaften der Gase SF_6 oder SiF_4 mit denen der Argongruppe ist leicht zu verstehen. Die äußere Hülle bilden wie bei diesen Gasen in beiden Fällen 8 Elektronen, die aus den Elektronen des Fluors und der

S- oder Si-Atome stammen. Die übrigen Elektronen der F-Atome binden die anderen Atome. Vom Si-Kern bleiben nur die 8 Elektronen der zweiten Schale übrig, die für sich ein Oktett bilden, das die beiden Polar- oder He-Elektronen und den Kern umgibt. Dieser Si-Rest ist positiv geladen und hält die 4 F-Ionen, die auch je ein Oktett bilden, im Gleichgewicht. In Tetraederform sind ihre Kerne gelagert. Bei der Verbindung SF_6 lagern sich die 6 F-Ionen um den positiven Schwefelkern in Oktaederform. Diese Anordnung ist sehr symmetrisch und stabil.

Gleichheit der Eigenschaften tritt bei vielen Substanzen ein, nämlich bei allen, bei denen die Werte von *e*, *n* und *p* übereinstimmen. Das ist nur möglich, wenn mehrere Kerne in einer gemeinsamen Hülle stecken. Ein Beispiel, wie sich Langmuir die Konstitution solcher Stoffe denkt, gibt die nebenstehende Figur 37. In ihr ist das Stickstoffmol (N_2) dargestellt. Von seinen 14 Elektronen bilden 8 das Oktett, 6 befinden sich im Innern und zwar 4 in 2 Paaren nahe den Kernen und 2 in der Polarachse symmetrisch zu den 2 Kernen.

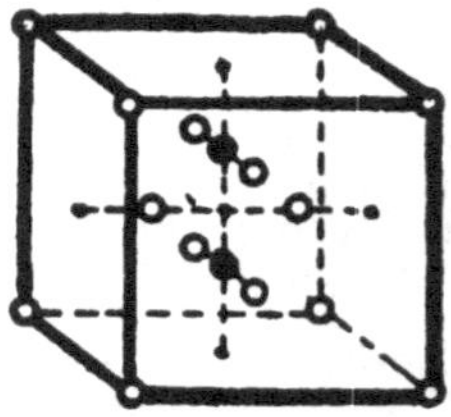

Fig. 37.

In dieser Gleichheit der Eigenschaften isosterer Verbindungen haben wir eine ähnliche Erscheinung, wie sie für isotope Elemente besteht. Als Beispiel seien hier die Konstanten von Stickstoff (N_2) und Kohlenoxyd (CO), die je 14 Elektronenladungen im Kern besitzen, und von Stickoxydul (N_2O) und Kohlensäure (CO_2) mit je 22 Elektronen nebeneinander gestellt. Diese Substanzen haben wie die Isotopen gleiche Kernladung.

Eigenschaft	N_2O	CO_2	N_2	CO
kritischer Druck in Atm.	75	77	35°	33°
Siedepunkt	—	—	83	78
kritische Temperatur	35,4	31,9	122	127
kritisches Volumen	5,5	—	5,05	5,17
Dichte beim Siedepunkt	—	—	0,793	0,796
Dichte bei −20°	0,996	1,031	—	—
Dichte bei +10°	0,856	0,858	—	—
Zähigkeit × 10^6 (20°)	148	148	—	—
Zähigkeit × 10^6 (0°)	—	—	163	166
Wärmeleitfähigkeit bei 100°	0,0506	506	—	—
Brechungsindex 16° (D-Linie)	1,193	1,190	—	—
Dielektrizitätskonstante	1,598	1,582	—	—
Magnetische Suszeptibilität (bei 40 Atm. und 16°) × 10^6	0,12	0,12	—	—
Löslichkeit in Wasser (0°)	1,30	1,78	—	—
Löslichkeit in Alkohol (15°)	3,25	3,13	—	—
Oberflächenspannung in Dynen	3,5	2,4	2,9	2,9

N_2O und CO_2 bilden Hydrate mit 6 Wassermolen und mit gleicher Bildungswärme. Da Dampfspannungen zeigen, daß die Eigenschaften von N_2O denen der CO_2 bei einer um 3° niedrigen Temperatur vollständig gleich sind (eine Ausnahme bildet nur der Gefrierpunkt).

Die Isosterie ist weit verbreitet, so sind das Cl-Ion, das Cyanion isoster mit Stickstoff und Argon; K-Ion mit NH_4-Ion, MgO mit NaF; MgF_2 mit Na_2O; KCl mit CaS; K_2S mit $CaCl_2$; KNO_3 mit $SrCO_3$; $KClO_4$ mit $SrSO_4$; K_2SnCl_4 + 2aq mit K_2FeCl_3, H_2O. Der gleichen Anordnung im Oktett entspricht die gleiche Anordnung in den Kristallen. Isostere Substanzen sind **isomorph**.

Die geteilten Kernmassen (Wenzel).

Eingehend hat auch Wenzel (1918) die Fragen der Unterschiede der verschiedenen Verbindungstypen erörtert. Gestützt auf die im vorstehenden erläuterten Ergebnisse des Atombaues zeigt er, wie z. B. der Wechsel der Valenz mit einer Änderung in der Struktur der Atome verknüpft sein kann. Dabei ist er aber von der Auffassung, daß der Kern der Atome eine zusammenhängende Masse bildet, abgegangen. Das Stickstoffatom kann in mehreren Formen auftreten. Es hat 7 Kernmassen. Man kann annehmen, daß diese in 2 Gruppen zu 3 und zu 4 Massen zerfallen. In der ersten, der α-Gruppe, sind die 3 Massen im Dreieck angeordnet; in der zweiten, der β-Gruppe, die 4 Massen im Tetraeder. Diese Gruppen können doppelt miteinander verbunden sein durch 2 Valenzen oder Elektronen zum dreiwertigen (oder *A*-)Stickstoff oder einfach durch eine Valenz zum fünfwertigen (oder *B*-)Stickstoff. Man erhält dann folgende Strukturbilder *A* und *B* des Stickstoffes (Fig. 38).

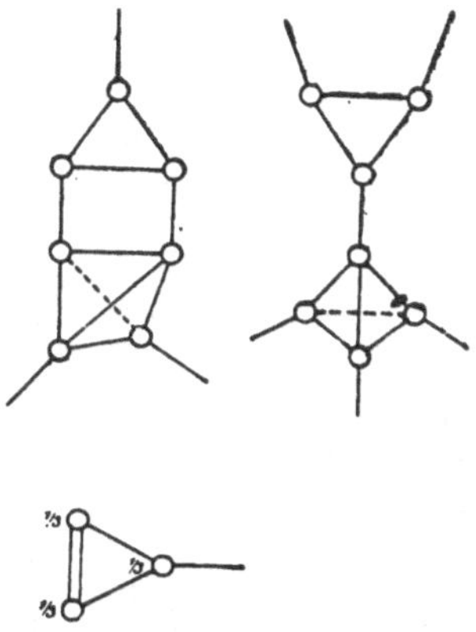

Fig. 38.
3-wertiges und } N-Atom
5-wertiges }
Wasserstoff-Atom

Solche Strukturverschiedenheiten bedingen eine große Zahl von Isomerien. In der Tat hat Wenzel auch eine Anzahl von bisher unbekannten isomeren N-Verbindungen isoliert; zugleich hat er auch eine Reihe von Reaktionen, bei denen der Stickstoff seine Valenz ändert, erklären können.[1])

Die Valenzen beim C-Atom sind nicht gleich. Nur 3 Valenzen sind metalloidisch (sie liegen in einer Ebene), die vierte Valenz (die Thielesche Partialvalenz) ist metallisch und wirkt in einer Ebene senkrecht zu der metalloidischen Ebene. Beim Zusammentritt von 6 C-Atomen zum Diamant (S. 45) oder zum Benzolring (siehe **128.** und S. 46) sättigen sich die Metallvalenzen gegenseitig und nur die metalloidischen Valenzen können nach außen wirken. Diese Auffassung stützt sich wesentlich auf chemische Reaktionen.[2]) Sie ist aber im Einklang mit den Ergebnissen der Durchstrahlung von C- und auch von N-Atomen mit Röntgenstrahlen.[3])

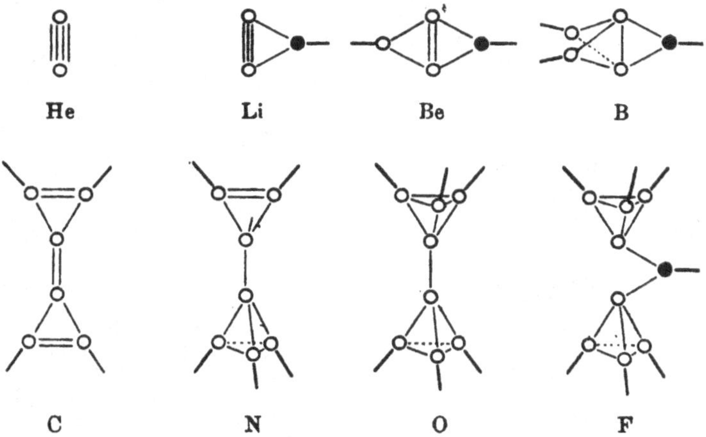

○ = **Valenzmasse 2.** • = **Valenzmasse 3.**

Fig. 39.

[1]) Alkylierung durch Ammoniak, Aufspaltung des Piperidinringes durch Wasserstoffsuperoxyd, Isomerien bei Oximen, Verhalten des Isoconiin.

[2]) Eine ähnliche Auffassung hat schon früher v. Baeyer in seiner Theorie über das Entstehen der organischen Farbstoffe vertreten (Ber. Chem. Ges. **38**, 572; 1905.

[3]) Debye und Scherrer (Phys. ZS. **17**, 280; 1916). — Vegard (Phil. Mag. **33**, 395; 1917).

Ähnliche Strukturbilder mit verteilten Kernmassen kann man für die Elemente mit niedrigen Ordnungszahlen (siehe Fig. 39) entwerfen. In ihnen ist der Unterschied in den Eigenschaften, besonders der des metallischen und des metalloidischen Charakters, erkennbar. Er ist durch die verschiedene räumliche Verteilung der Valenzen erklärbar. Bei der Verteilung der Kernmassen sind 2 Einheitsmassen anzunehmen, und zwar die Valenzmasse 2 bei den Elementen von der Atomform *n* He (Harkins **104.**, S. 202), außerdem die Valenzmasse 3 bei den Elementen, die noch als Urbestandteil H_3 enthalten. He selbst besteht aus 2 Valenzmassen von der Einheit 2. Zu jeder dieser Masse 2 gehören 2 Valenzen oder Elektronen. Die 4 Valenzen wirken nicht nach außen (das He ist valenzlos), da die beiden Kerne doppelt gebunden sind. Tritt zu dem Doppelkern H_3 hinzu, indem sich das Li-Atom bildet, so löst sich die Doppelbindung[1]), es werden 2 Valenzen frei, die das dreiwertige H_3 festhalten. Eine Valenz bleibt übrig; das Li-Atom ist daher einwertig.

Die Valenzgrundmassen 2 und 3 können aus 2 und 3 H-Kernen von der Masse 1 aufgebaut sein. Der H-Kern muß aber nach dem spektralen Verhalten und nach den Beziehungen zu den Nebelelementen (S. 195) selbst teilbar sein. Wenzel nimmt ihn als dreiteilig an, so daß der H dreiwertig sein sollte. Da er aber nur einwertig auftritt, so müßten 2 der Teilmassen doppelt gebunden sein, dem Wasserstoff käme also das in Fig. 38 gezeichnete Strukturbild zu.

In den Grundeinheiten selbst und in ihren Verbindungen sind also mehrfache Bindungen stets vorhanden. Die Verteilung dieser Bindungen führt für ein Element zu verschiedenen Strukturformeln. Es ist daher bei vielen Elementen eine Umgruppierung der Valenzen, wie oben beim Stickstoff möglich. Durch diese erklärt sich das amphotere Verhalten vieler Elemente, die bald als Metalle, bald als Metalloide auftreten, so das Verhalten des Kohlenstoffes.[2]) Bei diesem besitzt der Diamant die Metalloidform, der Graphit die Metallform.

Literatur zu 114. bis 135.

Allgemeines. A. Sommerfeld: Atombau u. Spektrallinien (Braunschweig 1919). Während des Druckes erschien dieses grundlegende Werk, in welchem die 3 großen Ströme der Forschung der letzten 25 Jahre (die Untersuchungen über die Natur der Elektrizität, über die Natur der Strahlung, über die Beziehungen zwischen Masse und Energie oder über die Relativitätstheorie) zu einer Einheit verschmolzen sind.

Clay: Bau der Atome (Chem. Weekblad **13**, 1078; 1916). — Wolfke: Innerer Bau der Atome (Zürich 1917). — Harden: Science **44**, 655; 1916. — Soddy (Vortrag Royal Institution): Nature **99**, 414, 433; 1917. — Flamm: Schriften Ver. Verbreit. Naturwiss. Wien **56**, 1; 1916. — Kaye: X-Rays (London 1917). — Chanoz: La photographie des radiations invisibles (Paris 1917). — J. J. Thomson: [1]) The structure of the atom (Proceedings Royal Institution **18**, 49; 1905). [2]) Rays of positive electricity (Proceed. Royal Inst. **18**, 577; 1907). [3]) Radiations from atom (Royal Inst. — Engineering **101**, 1916). [4]) Problems in atomic structure (Royal Inst. — Engineering **105**, 206, 234, 260, 286, 344, 463; 1918; Electrican **80**, 751, 815, 835; 1918). [5]) Spectralanalysis and atomic structure (Royal Inst. — Engineering **107**, 366, 403, 476, 511, 560; 1919). — E. Marx: Handbuch der Radiologie (Lpg. 1919) Bd. V gibt für folgende Abschnitte ausführliche Darlegungen: Zu **115.**, S. 109, 13,. Zu **117.**, S. 468—680. Zu **118.**, S. 309, 329, 345, 388, 402. Zu **119.**, S. 622. Zu **120.**, S. 644. Zu **126.**, S. 680. — J. A. Crowther: Molecular physics (London 1919).

Berthoud: Arch. Sc. Phys. Genève (5) **1**, 473; 1919. — Debye: Vom Abbau des Atoms (Vortrag Deutsche Chem. Ges. Dez. 1919). — A. H. Compton: J. Franklin Just. **185**, 745—775; 1919. — Harkins: Science **50**, 577; 1919.

---

[1]) Der Vorgang ist ähnlich der Auflösung der Doppelbindung des Äthylens (C_2H_4) durch eine NH_2-Gruppe — die komplexe Gruppe ($C_2H_4NH_2$) ist einwertig.

[2]) Ein metallisches C-Atom enthält das Azetylen, das Triphenylkarbinol (S. 67), die Triphenylmethanfarbstoffe. — Wird die Doppelbindung in der Fig. 39 aus der Mitte verlegt, so entsteht aus dem amorphen, metalloidischen *C* die Metallform.

Zu **114.** Zeeman: [1]) Versl. Akad. Wet. Amsterd. **5**, 181, 242; 1896. [2]) Phil. Mag. **43**, 226; 1897. — Righi: Strahlende Materie 1909, 151, 237, 337, 341. — Einstein: Ann. Phys. **17**, 145; 1905. — Franck und Hertz: Vhdl. Phys. Ges. 1913, 34; 1914, 437. — Stark: Die elektrische Spektralanalyse chemischer Atome (Lpg. 1914). — Millikan: Phys. Review **10**, 194; 1917. — Jeans, Rayleigh: Phil. Mag. **11**, 123, 609; 1906. — Seeliger: Die Naturwiss. **2**, 285, 311; 1914. — Schäfer: ZS. Ver. D. Ingen. **50**, 937; 1906. — Harkins und Wilson: J. Chem. Soc. **37**, 1396; 1915. — Balmer: Ann. Phys. **25**, 80; 1885. — Rydberg: [1]) Astroph. J. **6**, 233; 1897. [2]) Congrès Internat. Phys. II, 200; 1900. [3]) Lunds Univers. Arskrift NF. (2) **9**, Nr. 18, 1913. — Curtis: Proc. Roy. Soc. **90**, 605; 1914. — Allen: Phil. Mag. **29**, 140; 1915. — Kayser: Astroph. J. **5**, 95; 1897. — Ritz, Paschen: Ann. Phys. **25**, 667; **27**, 537; 1908. — Fowler: [1]) Roy. Astr. Soc. Notices Bd. 73. [2]) Nature **92**, 231; 1913. [3]) Philosoph. Transact. **214**, 225; 1914. [4]) Proc. Roy. Soc. **90**, 426; **91**, 208; 1915. [5]) Engineering **101**, 342; 1916. — Lyman: Astroph. J. **19**, 263; 1904; **23**, 181; 1906; **43**, 189; 1916. — Nicholson: Proc. Roy. Soc. **91**, 432; 1915. — Evans: Phil. Mag. **29**, 284; 1915. — Merton: [1]) Proc. Roy. Soc. **19**, 382, 428; 1915. [2]) Nature **95**, 65; 1915. — [3]) Phil. Transact. **217**, 237; 1917. [4]) Nature **103**, 118, 495; 1919. — Paschen, Sommerfeld: Ann. Phys. **50**, 901; **51**, 1; 1916. — Epstein: Naturwiss. **6**, 230; 1918. — Hicks: Phil. Transact. **212**, 33; **213**, 323; 1913. — Kilchling: ZS. wiss. Photogr. **15**, 293, 317, 341; 1916. — Soddy: J. Chem. Soc. **115**, 15; 1919. — Stark: Die elementare Strahlung (Lpg. 1911, 54, 66). — Deslandres: C. R. **169**, 749, 1365; 1919. — Paschen: Ann. Phys. **60**, 405; 1919. — Über die Balmer-Linien: Dyson: Proc. Roy. Soc. **68**, 33; 1901. — Evershed: Phil. Trans. **197**, 381; 1901. — Ames, Cornu: Phil. Mag. **30**, 48; 1890. — Liveing und Dewar: Proc. Roy. Soc. **67**, 467; 1900. — Merton u. Nicholson: Proc. Roy. Soc. **95**, 112; 1919. — Curtis: Proc. Roy. Soc. **96**, 147; 1919. — Lyman: Nature **104**, 314; 1919.

Zu **115.** Richards, Traube siehe **30.** — Lenard: [1]) Ann. Phys. **56**, 263; 1895. [2]) Ann. Phys. **12**, 714 (743); 1903. — [3]) Über Kathodenstrahlen (Lpg. 1903). [4]) Heidelberg Akad. Abhdl. Nr. 5, 1918; 166fl. — Bragg: [1]) (u. Klemann) Phil. Mag. **8**, 726; **10**, 318; **11**, 617; 1904/06. [2]) Jahrb. Radioakt. 1905, 4. [3]) Durchgang von α-, β-, γ- und Röntgenstrahlen durch Materie (Lpg. 1913, 48fl.) — Crowther: Proc. Roy. Soc. **84**, 226; 1911. — Seeliger: Jahrb. Radioakt. **16**, 19; 1919.

Zu **116.** und **117.** Rutherford und Geiger: Proc. Roy. Soc. **81**, 141, 174; **82**, 486, 495; **83**, 492, 505; 1908/10. — Marsden: Phys. ZS. **11**, 689; 1910. — Nutall: Phil. Mag. **26**, 702; 1913. — Rutherford (Geiger, Marsden): [1]) Proc. Roy. Soc. **86**, 235; 1912. [2]) Szber. Wien **121**, 2361; 1912. [3]) Phil. Mag. **25**, 604; **27**, 488; 1913/14. [4]) Nature **92**, 546; 1914. — Atommodell: [1]) Rutherford, Phil. Mag. **21**, 669; 1911. [2]) (Roy. Inst. 6. VI. 1919) Engineering **107**, 793; 1919. — Lawson und Hess: Szber. Wien **127**, 599; 1918. — Marsden und Lantsberry: Phil. Mag. **27**, 824; **30**, 240; 1914/15. — Darwin: Phil. Mag. **25**, 201; 1913; **27**, 499; 1914. — Perrin: Die Atome 1914, 146. — Seeliger: Jahrb. Radioakt. **16**, 19; 1919.

Zu **118.** Hupka: Interferenz der X-Strahlen (Brschg. 1911). — Pohl: Physik der X-Strahlen (Brschg. 1912). — Siegbahn: Naturwiss. **5**, 513; 1917. — Stark: Elementare Strahlung 1911, 94, 174, 238. — Walter: Naturwiss. Rdsch. **11**, 485; 1896. — Sagnac: Ann. chim. phys. **22**, 493; 1901. — Barkla: [1]) Phil. Mag. **7**, 543, 812; 1904. [2]) Nature **71**, 440; 1905; Philosoph. Transact. **204**, 467; 1905. [3]) (u. Sadler) Phil. Mag. **16**, 550; **17**, 739; **21**, 648; **22**, 396; 1908/11. [4]) Phys. ZS. **15**, 160; 1914. [5]) Jahrb. Radioakt. 1908, 246; 1910, 1. [6]) Phil. Transact. (A) **217**, 315 (Bakerian Lecture; p. 357 J-Strahlen); 1918. [7]) (u. Dunlop): Phil. Mag. **31**, 222; 1916. — Benoist: [1]) C. R. **151**, 324, 545, 772; 1901. [2]) J. de phys. **10**, 683; 1901. — Barkla, Crowther: Phil. Mag. **11**, 769; **14**, 653; 1906/07. — Aurèn: [1]) Phil. Mag. (6) **33**, 471; 1917. [2]) Phil. Mag. **37**, 165; 1919. — Owen: [1]) Proc. Roy. Soc. **86**, 426; 1912. [2]) Proc. Roy. Soc. **94**, 339, 510 ; 1918. — Laub: [1]) Phys. ZS. 1913, 1209. [2]) Vhdl. Phys. Ges. 1915, 104. — Siegbahn: Phys. ZS. 1914, 753. — Bragg und Pierce: [1]) Phil. Mag. **28**, 626; 1914. [2]) Phil. Mag. **29**, 407; 1915. — Rutherford: [1]) (u. Richardson) Proc. Roy. Soc. **90**, 521; 1914. [2]) (u. Andrade) Phil. Mag. **27**, 252; **28**, 263, 305; 1914. [3]) Phil. Mag. **30**, 339, 356; 1915. — Barkla: [1]) Proc. Roy. Soc. **92**, 501; 1916. [2]) Chem. News **114**, 199; 1916. [3]) (u. White) Phil. Mag. **34**, 270; 1917. — Soddy und Russell: Phil. Mag. **18**, 620; **19**, 725; 1910. —

Ishino: Phil. Mag. **33**, 131; 1917. — Kaye: Phil. Transact. **204**, 123; 1908. — Rawlinson: Phil. Mag. **28**, 274; 1914. — Moore: [1]) London Phys. Soc. **28**, 1915. [2]) Proc. Roy. Soc. **91**, 337; 1915. — Chapman (u. Barkla): Proc. Roy. Soc. **86**, 439; 1912. [2]) Phil. Mag. **21**, 496; 1911. — Hull: Phys. Review **8**, 326; 1916. — Miller: Phys. Rev. **7**, 340; 1916. — Williams: Proc. Roy. Soc. **94**, 567; 1918. — Debye und Scherrer: Phys. ZS. **19**, 474; 1918. — A. H. Compton: Phys. Review **13**, 296; **14**, 20, 247; 1919. — Dessauer und Back: Vhdl. Phys. Ges. **21**, 168; 1919.

Zu **119.** W. H. Bragg: Science Progress **13**, 569; 1919 (Vortrag über X-Strahlen). — Wagner: Jahrb. Radioaktiv. **16**, 190; 1919. — Lilienfeld: Jahrb. Radioaktiv. **16**, 161; 1919. — Wagner: Phys. ZS. **18**, 405; 1917 (Über Röntgenspekroskopie). — Respondek: Stahl u. Eisen **38**, 837; 1918. — v. Laue: [1]) Szber. Münch. Akad. 1912, 303, 363. [2]) Ann. Phys. **41**, 971; 1913. — Bragg siehe **26.** — de Broglie, Ledoux: C. R. **157**, 924; **158**, 177; **162**, 596; **163**, 87, 354, 405, 754, 771, 784; 1913/16. **168**, 608, 854; **169**, 134; 1919. — Moseley: [1]) (u. Darwin) Phil. Mag. **26**, 210; 1913. [2]) Phil. Mag. **26**, 1024; **27**, 703; 1913/14. — Van den Broek: [1]) Nature **93**, 480; 1914. [2]) Phil. Mag. **28**, 630; 1914. [3]) Elster Festschr. 1915, 428. — Millikan: Phys. Review **10**, 194; 1917. — Malmer: [1]) Phil. Mag. **28**, 787; 1914. [2]) Dissert. Lund; Nova acta Univers. Lundensis Bd. XI, 1915. — Siegbahn (Stenström, Frimann): [1]) Vhdl. Phys. Ges. 1916, 39, 150, 278. [2]) Phys. ZS. 1916, 17, 48, 61, 176, 328. [3]) Ann. Phys. **49**, 611; 1916. [4]) Nova acta Univers. Lund. Bd. XII, Nr. 9, 1916. [5]) (Siegbahn) Ann. Phys. **59**, 56; 1919; Phil. Mag. **37**, 601; 1919. [6]) (u. Jönsson) Phys. ZS. **20**, 251; 1919. [7]) siehe **120.** — Stenström: Ann. Phys. **57**, 358; 1918. — Stenström: Untersuchungen über Röntgenspektra (Dissert. Lund 1919). — K. W. Kohlrausch: Szber. Wien **128**, 853; 1919. — Siegbahn: [1]) Phys. ZS. **20**, 533; 1919. — [2]) Phil. Mag. **38**, 639, 651; 1919. — Wagner: [1]) Phys. ZS. **16**, 30; 1915. [2]) Szber. Münch. Akad. 1916, 32. — Bragg: Phil. Mag. **29**, 407; 1915. — Blake (und Duane): Phys. Review **10**, 98; 1917. — Cabrera: Nature **96**, 144; 1915. — Duane: [1]) (und K. Fuh Hu) Phys. Review **11**, 488, 490; **13**, 159; **14**, 369; 1919. [2]) (u. Shimizu) Phys. Review **11**, 492; **13**, 159, 306; **14**, 67; 1919; Science **49**, 198; 1918; Proc. Nat. Acad. **5**, 198; 1919. — Dershaw: Phys. Rev. **11**, 461; 1918. — Uhler, Dershaw, A. Compton: Phys. Rev. **10**, 650; 1917; **11**, 244, 430; 1918. — Hull: Phys. Rev. **8**, 326; 1916. — Ulrey: Phys. Rev. **11**, 401; 1918. — Kunz: Phys. Review **12**, 58; 1918. — Richardson: Proc. Roy. Soc. **91**, 396; 1915. — Rutherford und Andrade: Phil. Mag. **26**, 332; **27**, 854; **28**, 263; 1914. — Overn: Phys. Review **14**, 137; 1919. — de Broglie: C. R. **169**, 962; 1919; **170**, 585, 735; 1920. — Sanford: Phys. Review **14**, 275; 1919.

Über Ni und Co. J. J. Thomson: Proc. Cambr. Phil. Soc. **14**, 109; 1906. — Barkla: [1]) Phil. Mag. **14**, 408; 1907. [2]) Jahrb. Radioakt. 1908, 306. — Pohl: Physik der X-Strahlen 1912, 120. — Fajans: Phys. ZS. 1915, 483. — De Broglie: C. R. **158**, 1785; 1914.

Zu **120.** und **121.** Sommerfeld: Ann. Phys. **51**, 125fl., 1916. — Vegard: Phys. ZS. **20**, 121; 1919. — De Broglie: C. R. **169**, 134, 962; 1919. — Kossel: Vhdl. Phys. Ges. 1914, 953; 1916, 398. — Kossel, Sommerfeld: ZS. Physik **1**, 119, 135; 1920. — Wagner: [1]) Ann. Phys. **46**, 868; **49**, 646; 1915/16. [2]) Phys. ZS. **18**, 489; 1917. — Siegbahn: [1]) Jahrb. Radioakt. 1916, 333. [2]) siehe **119.** — Duane: siehe **119.** — Smekal: Vhdl. Phys. Ges. **21**, 149; 1919. — Rydberg: siehe **96.** — Odling: Manual of Chemistry (1861). — Harkins und Hall: [1]) ZS. anorg. Chem. **97**, 175; 1916. [2]) Proc. Amer. Acad. 1916, 216. — Venable: Science **41**, 589; 1915. — Soddy: Chemie der Radioelemente 1914, 14. — Paneth: ZS. phys. Chem. **91**, 171; 1916. — Baur: ZS. phys. Chem. **76**, 572; 1911 (vgl. C. Schmidt: ZS. phys. Chem. **75**, 657 und Borchers: Beziehung zwischen Atomvolumen und Atomgewicht, Halle 1904). — Curt Schmidt: [1]) Periodisches System der Elemente (Lpg. 1917). [2]) ZS. anorg. Chem. **103**, 79; 1918. — R. Vogel: ZS. anorg. Chem. [1]) **72**, 319; 1912. [2]) **102**, 192; 1918. — R. J. Meyer: Naturwiss. **2**, 781; 1914. — F. W. Clarke: Chem. News **61**, 31; 1890.

Atomgewichte: Zusammenstellung, siehe J. Amer. Chem. Soc. **41**, 1881; 1919. Einzelne Werte: Smith und van Haagn: Carnegie Inst. Public. Nr. 267; 1918. — Baxter, Richards und Craig: Proc. Nat. Acad. **2**, 718; **4**, 387; 1916/8. — Kremers und Hopkins: J. Amer. Chem. Soc. **41**, 918; 1919. — Moles und Batuecas: J. Chim. phys. **17**, 537; 1919 (Fluor).

Zu **122.** Van den Broek: [1]) Phys. ZS. 1913, 38; 1914, 894. [2]) Elster Festschrift 1915, 428. — Moseley: Phil. Mag. **26**, 1024; 1913. — J. J. Thomson: Atomic theory 1914. — Stark: Ann. Phys. **50**, 73; 1916. — Nicholson: Nature **93**, 268; 1914. — Fajans: Elster Festschrift 1915, 623. — Whiddington: [1]) Proc. Roy. Soc. **85**, 323; 1911. [2]) Proc. Cambr. Phil. Soc. **17**, 144; 1913. — Pohl: Physik der X-Strahlen 1912, 73, 114. — Landé: Phys. ZS. 1914, 793. — Laub: Ann. Phys. **46**, 807; 1915. — Webster: Proc. Nat. Acad. Boston **2**, 93; 1916. — Duane: Phys. Review **6**, 166; 1915.

Zu **123.** und **124.** Drude: Ann. Phys. **14**, 714; 1904. — Erfle: Ann. Phys. **24**, 672 (699); 1907. — Cuthbertson: Proc. Roy. Soc. **83**, 166; 1909. — Darwin: Phil. Mag. **23**, 901; **27**, 499; 1912/14. — Van den Broek: siehe **122.** und [1]) Phil. Mag. **27**, 655; **28**, 630; 1913/14. [2]) Nature **92**, 372; **93**, 7, 241, 376; 1913/14. — J. J. Thomson: Atomic theory 1914, 28. — Soddy, Rutherford: Nature **92**, 399, 423; 1913. — Rutherford: Radioakt. Subst. 1913, 559. — Bohr: Phil. Mag. **26**, 476 (500); 1913. — v. Hevesy: Phys. ZS. 1914, 797. — Paneth: Szber. Wien **123**, 1909; 1914. — v. Baeyer: Phys. ZS. 1913, 321. — Danysz: Radium **10**, 4; 1913. — Rutherford: [1]) (u. Robinson) Phil. Mag. **26**, 717; **27**, 495; **28**, 281; 1913/14. [2]) Nature **95**, 167, 494; 1915. — Wilson: Proc. Roy. Soc. **87**, 276; 1913. — Fleck: J. Chem. Soc. **105**, 247; 1914. — Kohlweier: ZS. phys. Chem. **92**, 685; **93**, 1; 1918. — Kirchhof: Phys. ZS. **20**, 211; 1919. — Stewart: Science **46**, 569; 1917.

Zu **125.** und **126.** Debierne: Ann. de phys. **4**, 323; 1915. — Sommerfeld: [1]) Ann. Phys. **51**, 1—94, 125—167; 1916. [2]) Szber. Münch. Akad. 1916, 131. [3]) ZS. Verein D. Ingen. **61**, 841, 856; 1917. [4]) Bayer. Industr.- und Gewerbebl. **104**, 81; 1918. — Planck: Szber. Berl. Akad. 1915, 909. — Epstein: [1]) Ann. Phys. **50**, 815; 1916. [2]) Phys. ZS. **17**, 313; 1916. [3]) Naturwiss. **6**, 244; 1918. — Debye: [1]) Ann. Phys. **39**, 789; **46**, 809; 1912/16. [2]) Gött. Nachricht. 1917, 236. [3]) Phys. ZS. **18**, 276; 1917. — Born und Landé: [1]) Naturwiss. **6**, 406; 1918. [2]) Vhdl. Phys. Ges. **20**, 202; **21**, 383; 1918/19. — J. J. Thomson: [1]) Phil. Mag. **7**, 445; 1904. [2]) Phil. Mag. **26**, 1044; 1913. [3]) Elektrizität und Materie 1904, 58. [4]) Korpuskulartheorie 1908, 100. [5]) (Royal Institution) Engineering **105**, 235, 260, 286, 344; 1918. — Compton: Phys. Rev. **9**, 29; 1917. — Lord Kelvin: Phil. Mag. **3**, 257; 1902. — Rayleigh: Phil. Mag. **11**, 107; 1906. — Föppl: Phys. ZS. **13**, 1135; **15**, 707; 1912/14. — Mayer: Phil. Mag. **9**, 90; 1879. — Bohr: Phil. Mag. **26**, 1, 476, 857; 1913. — Darwin und Bragg: Phil. Transact. **215**, 253; 1915. — Harkins: J. Amer. Chem. Soc. **37**, 1396; 1915. — Wagner: Ann. Phys. **46**, 891; 1915. — Nicholson: [1]) Monthly Notices Astron. Soc. **72**, 49, 139, 671; 1911. [2]) Phil. Mag. **27**, 542; **28**, 90; 1914. — Rutherford, Barkla: Nature **95**, 7, 344, 494; 1915. — St. Meyer: [1]) Elster Festschrift 1915, 146. [2]) Szber. Wien **124**, 249; 1915. — Kossel: Ann. Phys. **49**, 320; 1916. — Vegard: [1]) Vhdl. Phys. Ges. **19**, 328, 344; 1917. [2]) Phil. Mag. **35**, 293; 1918. [3]) Phys. ZS. **20**, 97, 121; 1919. [4]) Phil. Mag. **37**, 237; 1919. — Reiche und Smekal: [1]) Naturwiss. **6**, 228, 306; 1918. [2]) Ann. Phys. **57**, 124; 1918. — Smekal: [1]) Vhdl. Phys. Ges. **21**, 149; 1919. [2]) Szber. Wien. Akad. **127**, 1229; 1919. — Bärwald: Naturwiss. **7**, 694; 1919. — Siegbahn: Ann. Phys. **59**, 69; 1919. — Wenzel: [1]) Monatshefte Chem. **38**, 217; 1917. [2]) J. prakt. Chem. **98**, 155; 1918. — Millikan: [1]) Phys. Review **10**, 194; 1917. [2]) Science **45**, 321; 1917. — Einstein und de Haas: Vhdl. Phys. Ges. **17**, 152; 1915. — Barnett: Phys. Review **6**, 239; 1915. — Strutt: Proc. Roy. Soc. **95**, 153; 1918. — Aurèn: siehe **118.** — H. Wolff: Ann. Phys. **60**, 685; 1919.

Bau der Kerne: Gehrcke: Vhdl. Phys. Ges. **21**, 779; 1919. — Kirsch Smekal: Naturwiss. **8**, 206/7; 1920. — Harkins: Science **50**, 577; 1919. — Perrin: Ann. de Phys. (9) **11**, 5; 1919 (Neue Theorie der Strahlung und der chemischen Reaktionen). — Silberstein: Phil. Mag. **39**, 147; 1920.

Zu **127.** Abegg und Bodländer: [1]) ZS. anorg. Chem. **20**, (453), 496; 1899; **39**, 330; 1904; **50**, 304; 1906. [2]) Amer. Chem. J. **28**, 220; 1902. — Kossel: [1]) Ann. Phys. **49**, 231; 1915. [2]) (Sommerfeld) Vhdl. Phys. Ges. **21**, 242; 1919. — Werner: Neuere Anschauungen auf dem Gebiet der anorgan. Chemie (3. Aufl., Brschg. 1913). — Kirchhof: ZS. phys. Chem. **93**, 623; 1919. — Aurèn: [1]) Meddel. Vetensk. Nobelinstitut **5**, Nr. 18, 1919. [2]) Phil. Mag. **37**, 165; 1919. — Ladenburg: Naturwiss. **8**, 5; 1920.

Zu **128.** E. v. Meyer: Geschichte der Chemie (Lpg. 1914). — Ladenburg: Vorträge über die Entwicklungsgeschichte der Chemie (1902). — Berzelius: [1]) (u. Hiesinger) Gilbert-Annal. **27**, 269; 1807. [2]) Schweiggers Journal **6**, 119; 1812.

[3]) Essai sur la theorie des proportions chimiques 1819. [4]) Lehrbuch der Chemie III, 1. Abt., 73; 1827. — Davy: Phil. Transact. 1826, 383. — Frankland: Lieb. Ann. **85**, 368; 1853. — Butlerow: ZS. Chemie 1861, 553. — H. Kauffmann: [1]) Phys. ZS. 1908, 311. [2]) Valenzlehre (Stuttg. 1911). — Stark: [1]) Jahrb. Radioakt. 1908, 124; 1912, 15. [2]) Die elementare Strahlung (Lpg. 1911). [3]) Die Atomionen chemischer Elemente (Lpg. 1913). [4]) Die Elektrizität im chemischen Atom (Lpg. 1915). — Ruggli: Die Valenzhypothese von J. Stark (Stuttg. 1913, Sammlung chem. Vorträge, Bd. 19). — Debye: [1]) Phys. ZS. **19**, 474; 1918. [2]) (u. Scherrer) Nachrichten Götting. Akad. 1918, 101. — J. J. Thomson: [1]) Phys. ZS. 1910, 1121. [2]) Jahrb. Radioakt. 1911, 197. [3]) Phil. Mag. **20**, 752; **21**, 225; **24**, 209, 668; 1911/12. [4]) Rays of positiv. electr. 1913, 26. — Falk und Nelson: [1]) J. prakt. Chem. **88**, 97; 1913. [2]) J. Amer. Soc. **36**, 1655; **37**, 274, 1732; 1914/15. — Arsem, Brunell, Fry, Lewis, Langmuir: J. Amer. Chem. Soc. **36**, 1655; **37**, 709, 855, 2368; **38**, 762, 2221; 1914/16; **41**, 868; 1919. — Loring: Studies in Valency (London 1916). — Friend: Theorie of Valency (London 1916). — Wenzel: Monatshefte Chemie **38**, 267; 1917. — Wimmer: Phys. ZS. **20**, 92; 1919. — Kirchhof: ZS. phys. Chem. **93**, 623; 1919. — Kossel: [1]) Ann. Phys. **49**, 229; 1916. [2]) Naturwiss. **7**, 339, 360; 1919. — Teudt: ZS. anorg. Chem. **106**, 189; **108**, 137; 1919. — Lacomblé: ZS. phys. Chem. **93**, 257; 1919. — A. H. Compton: J. Frankl. Inst. **185**, 745; 1919. — Bernoulli: Helvetia Chim. Acta **2**, 721; 1919. — Perrin siehe **125**.

Zu **129**. Stark: Ann. Phys. **48**, 210; 1915. — J. J. Thomson: [1]) Phil. Mag. **27**, 757; 1914. [2]) Phil. Mag. **37**, 419; 1919. — Koch: Ann. Phys. **48**, 99; 1915. — Nicholson: Phil. Mag. **28**, 90; 1914. — Allen, Bohr, Vegard: Phil. Mag. **29**, 40, 140, 332, 651, 714; 1915. — Allen, G. Walker: Nature **92**, 630; **94**, 382; 1914/15. — G. Walker: Proc. Roy. Soc. **91**, 156; 1914. — Ritz: [1]) Ann. Phys. **12**, 264; 1903; **25**, 660; 1908. [2]) Phys. ZS. 1908, 521. [3]) Oeuvres (Paris 1911), S. 98. — Zeeman: Magnetisch-optische Untersuchungen (Lpg. 1914), S. 185. — Voigt: Ann. Phys. **36**, 873; 1913. — Paschen: Jahrb. Radioakt. 1911, 174. — Parson: Magnetonen (Smitsonian Public. Bd. 65, Nr. 11; 1915). Webster: [1]) Proc. Amer. Acad. **50**, 131; 1915. [2]) Phys. Review **9**, 484, 560; 1917. [3]) J. Amer. Chem. Soc. **40**, 375, 1918. — Allen (Owen, Jeans, Larmor, Nicholson): Proc. Phys. Soc. Lond. **31**, 3; 1919. — Duane: Science **46**, 347; 1917. — Bernoulli: [1]) Vhdl. Phys. Ges. **18**, 308; 1916. [2]) Archiv Soc. Phys. Genève **42**, 24; 1916. [3]) Vhdl. Naturf. Ges. Basel **28**, 533; 1917. — Nicholson: J. Chem. Soc. **115**, 855; 1919. [4]) Helv. Chim. Acta **2**, 721; 1919. — A. Compton und Rognley: Phys. Rev. **11**, 132; 1918.

Zu 130. · N. Bohr: Phil. Mag. **26**, 1,476, 857; **27**, 506; **30**, 394; 1913/15. — Zusammenfassungen [1]) Bohr: Danske Vidensk Selsk Skrifter Naturvidensk Afd. **8**, Teil IV; 1918 (On the quantum theory of linespectra.). [2]) Burgers: Archiv Musée Teyler (3) **4**, 1—265; 1918 (Der Atombau von Rutherford und Bohr.). — Lenard: Ann. Phys. **31**, 671; 1910. — Nicholson: [1]) Roy. Astron. Soc. Notices März 1914. [2]) Nature **92**, 583, 680; **93**, 268; 1914. [3]) Phil. Mag. **27**, 541; 1914. — [4]) (u. Merton) Phil. Transact. **217**, 237; 1918. [5]) Nature **103**, 118, 455; 1919. [6]) J. Chem. Soc. **115**, 855; 1919. — Langevin, Pascal: Ann. chim. phys. **5**, 70; 1905; **19**, 5; 1910. — Millikan: J. Franklin-Institute **183**, 337; 1917. — K. Onnes und Perrin: Proc. Amsterd. **14**, 115; 1911. — Erochin: Ann. Phys. **42**, 1054; 1909. — Harkins: J. Amer. Chem. Soc. **37**, 1404; 1915. — Wolfke: Phys. ZS. 1915, 198. — Nernst: Vhdl. Phys. Ges. 1916, 83. — Wereide: Ann. Phys. **49**, 990; 1916. — Stark: Elementare Strahlung 1911. [2]) Vhdl. Phys. Ges. 1911, 405. — Rau: Szber. Würzburg Phys. Med. Ges. 1914. — Hicks: Phil. Transact. **210**, 96; **213**, 323; 1910/14. — Hartmann: Phys. ZS. 1917, 14. — J. J. Thomson: [1]) Phil. Mag. **23**, 456; 1912. [2]) Electrician **107**, 560; 1919. — Sommerfeld: [1]) Szber. Münch. Akad. 1916, 131. [2]) ZS. Verein D. Ingen. **61**, 841, 856; 1917. [3]) Phys. ZS. **19**, 298; 1918. — Lenz: Szber. Münch. Akad. 1918, 355. — Ritz: Ann. Phys. **12**, 246; 1903. — Schwarzschild: Vhdl. Phys. Ges. 1914, 20. — Bernoulli: Vhdl. Phys. Ges. 1916, 309. — Warburg: Vhdl. Phys. Ges. 1913, 1259. — Seeliger, Gehrcke: Naturwiss. **2**, 285, 311; 1914; **4**, 587; 1916. — Einstein: Phys. ZS. 1917, 120. — Born: Vhdl. Phys. Ges. **20**, 16; 1918. — Lodge: Engineering **107**, 315; 1919. (Astronomie des Atoms.) — Kunz: Phys. Review **12**, 59; 1918. — Epstein: Szber. Münch. Akad. 1918, 73. — W. Wien, Försterling: Ann. Phys. **60**, 599, 673; 1919.

Lodge (Vortrag in der Royal Institution über Aether und Materie): Nature

104, 15, 82; 1919. — Millikau (Über Strahlung und Elektronen): J. Frankl. Institut **183**, 337; 1917.

Zu **131.** und **132.** Moseley: Phil. Mag. **26**, 1032; 1914. — Van der Broek: Nature **93**, 242; 1914. — Nicholson: [1]) Astron. Soc. Notices Bd. 73, 1914. [2]) siehe **130.** — Balmer: Ann. Phys. **25**, 841; 1885. — Rydberg: Astroph. J. **6**, 233; 1897. — Paschen, Evans, Fowler: siehe **114.** — F. A. Lindeman: Vhdl. Phys. Ges. 1914, 281. — Riecke: Phys. ZS. 1915, 222. — Crehore: Phys. Review **12**, 13; 1918. — Franck und Hertz: Phys. ZS. **20**, 133; 1919. — Franck: ZS. Phys. **1**, 2; 1920.

Zu **133.** Paschen: Ann. Phys. **50**, 901; 1916. — Sommerfeld: [1]) Szber. Münch. Akad. 1915, 425; 1916, 459. [2]) Ann. Phys. **51**, 1, 125; 1916. — 3) ZS. Verein D. Ingen. **61**, 841, 856; 1917. — Epstein: [1]) Phys. ZS. 1916, 313. [2]) Ann. Phys. **50**, 815; 1916. — Debye: Phys. ZS. 1916, 513. — Planck: Szber. Berl. Akad. 1915, 909. — Ishiwara: Proc. Tokyo Math. Phys. Soc. **8**, 173; 1915. — Wagner: Phys. ZS. **18**, 489; 1917. — Kossel und Sommerfeld: Vhdl. Phys. Ges. **21**, 240; 1919. — Bloch: C. R. **168**, 1271; 1919. — Tank: [1]) Archiv Sc. Phys. Genève **1**, 240; 1919. [2]) Ann. Phys. **59**, 293; 1919. — Landé: [1]) Naturwiss. **7**, 270; 1919. [2]) Phys. ZS. **20**, 231; 1919. — Rurge und Paschen: Astrophys. Inst. 1906. — Franck u. Reiche: ZS. Phys. **1**, 154; 1920.

Zu **134.** Debye: [1]) Szber. Münch. Akad. 1915, 1. [2]) Ann. Phys. **46**, 809; 1915. — Laski: Phys. ZS. **20**, 269; 1919. — Nernst: Vhdl. Phys. Ges. 1916, 83. — Burgers: [1]) Communicat. Leyden Suppl. **41**a, 145; 1916. [2]) Dissert. Leyden 1918. [3]) Archiv Musée Teyler (3) **4**, 1—265; 1918. — Heydweiller: Vhdl. Phys. Ges. 1915, 360. — Van Leeuwen: [1]) Versl. Akad. Wet. Amsterd. **24**, 1047; 1916. [2]) Phys. ZS. 1916, 196. — Boyers: Proc. Acad. Amsterd. **19**, 480; 1916. — Davisson: Phys. Rev. **8**, 20; 1916. — Cuthbertson: Proc. Roy. Soc. **83**, 166; **84**, 13; 1910. — Rotszajn: Ann. Phys. **57**, 102; 1918. — Holm: Ann. Phys. **42**, 1311; 1913. — v. Wyssenhof: Ann. Phys. **51**, 285; 1916. — Sommerfeld: Ann. Phys. **53**, 498, 536; 1917. — Wenzel: Monatshefte Chem. **38**, 267; 1917. — Lenz, Franck, Knipping und Frl. Krüger: Phys. Ges. **21**, 632, 728; 1919. — Schwarzschild: Szber. Berl. Akad. 1916, 518. — Heurlinger: [1]) Arkiv. Mat. Fis. **12**, 1916. [2]) Dissert. Lund 1918. [3]) ZS. Wiss. Photogr. **18**, 241; 1919. [4]) Phys. ZS. **20**, 188; 1919. — Pommerfeld: Atombau S. 534. — H_2: Bohr: [1]) Meddeland. Nobelinstitut Nr. 28; 1919. [2]) Danske Videnskab. Selskabs Skrifter (8) IV, 1918—20. — Duane und Wendt: Phys. Review **10**, 116; 1917. — Dispersion der Luft: J. Koch in Nova Acta Societatis Upsal. IV Vol 2 Nr. 5; Arkiv. Mat. Fis **8**; 1912. — W. Traub: Ann. Phys. **61**, 533; 1920.

Zu **135.** Born und Landé: [1]) Szber. Berl. Akad. 1918, 1048. [2]) Naturwiss. **7**, 140; 1919. — Landé: Vhdl. Phys. Ges. **20**, 223; 1918; **21**, 2; 1919. — Szarvassi: Phys. ZS. **19**, 505; 1918. — Van Bijl: Phys. Review **10**, 548; 1917. — Born, Fajans: Vhdl. Phys. Ges. **20**, 202, 210, 230; 1918; **21**, 533, 539; 1919. — Haber: Szber. Berl. Akad. 1919, 506, 990. — Born, Fajans, Born und Frl. Bormann, Haber: Vhdl. Phys. Ges. **21**, 679, 709 (714, 723), 733, 750; 1919. — Born: [1]) Ann. Phys. **61**, 87; 1920. [2]) ZS. Physik **1**, 44; 1920. — Bormann: ZS. Physik **1**, 55; 1920. — Langmuir: [1]) Phys. Review **13**, 300; 1919. [2]) J. Franklin-Institute **187**, 359; 1919. [3]) J. Amer. Chem. Soc. **38**, 2221; 1916; **41**, 868, 1543; 1919; **42**, 274; 1920; Proc. Nat. Acad. **5**, 252; 1919. — Harkins und King: [1]) Proc. Nat. Acad. **5**, 152; 1919. [2]) J. Amer. Chem. Soc. **41**, 972; 1919. — Bernoulli: Helv. Chim. Acta **2**, 721; 1919. — Wenzel: [1]) Monatshefte Chemie **38**, 267; 1917. [2]) J. prakt. Chem. (N. F.) **98**, 155; 1918. — Lewis: [1]) J. Amer. Chem. Soc. **35**, 1498; 1913; **38**, 762; 1916. [2]) Science **46**, 297; 1917. — J. J. Thomson: Engineering **105**, 286; 1918. — Sommerfeld: Ann. Phys. **53**, 536; 1917.

Anhang.

136. (Anhang 1).

Für die Atomtheorie; für die **Strahlung** und für **radioaktive Vorgänge** wichtige physikalische **Konstanten** und Beziehungen.

1. Masse des Wasserstoffatoms $M = 1/N$ (Loschmidtsche Zahl, S. 50), $M = 1{,}62$—$1{,}64 \cdot 10^{-24}$ g[1]) und [2]); 1,662 ± 0,002[56]).
   Masse des freien ruhenden Elektrons $\mu = 8{,}9 \cdot 10^{-28}$ g[3]) — (Tabelle S. 76) $\mu = 9{,}0$.
2. Aus den Balmerschen H- und He-Serien[4]) folgt M/μ zu 1844[5]) oder 1847 ± 3[57]) — Tabelle S. 76: 1845.
3. Ladung von 1 g Wasserstoff 9570 EME. (Elektromagnetische Einheiten).
   Ladung von 1 g Atom jeder Substanz (bezogen auf Sauerstoff = 16) 96500 Coulomb = 9650 EME.[7]), abgeleitet aus den Werten 96494 (Ag = 107,88) und 96512 (I = 126,92)[53]) — 1919 gibt Guye[71]) 107,87 für Ag an (siehe Nr. 12 und **121.**) —. Die von 1 EME. abgeschiedene Ag-Menge beträgt 0,011180 g.
4. Mol- und Atomgewicht des Heliums 3,998[7]) und [68]); 3,994[8]); 4,002[9]); 4,000[69]).
5. 1 g Mol eines idealen Gases (bezogen auf Sauerstoff = 16) nimmt bei 0^0 und 760 mm den Raum von 22410[10]) oder 22415,6[69]) ccm ein.
6. Die Gaskonstante R beträgt $8{,}317 \cdot 10^7$ erg/Grad; 1,988 cal/Grad oder 8,32 Watt-Sekunden[1]), [69]).
7. Mechanisches Wärmeäquivalent A: Eine kleine g-Kalorie bei $15^0 = 419 \cdot 10^5$ erg/Grad oder 4,184 Watt-sec[11]) unter Bezug auf das internationale Ohm und den Wert 1,0183 Volt des Westonelementes bei 20^0 C[72]).
8. Die Rydbergsche Schwingungszahl N_∞[6]) (abgeleitet aus dem Wasserstoffspektrum) hat den Wert 109673,72 oder 109673,711 ± 0,006[2]), [5]), [57]). — Es ist ferner $N'_\infty = c N_\infty$; c (die Lichtgeschwindigkeit) $= 3 \cdot 10^{10}$ cm; $N'_\infty = 3{,}29 \cdot 10^{15}$ [[13]) und [15]), vgl. **114.** und **132.**].
   N_∞ als Maß der Arbeit, die nach Bohr erforderlich ist, um ein Elektron im Atom von einem Ring zum nächsten — beim H in die Unendlichkeit zu führen, ist = 13,5 Volt zu setzen[67]) (vgl. S. 85, 312, 338).
9. Die Boltzmannsche Strahlungskonstante B $(= ch/k)$ beträgt 1,457 cm-Grad[14]). k ist $= R/N$ (N, Loschmidtsche Zahl, S. 50); sie wird angegeben zu 1,345[1]), 1,347[15]), 1,368[58]), 1,372[74])$\cdot 10^{-16}$ erg/Grad. h ist das Plancksche Elementarquantum — siehe 10.
10. Die Bestimmungen von h (Einheit: 10^{27} erg-Sekunden) nach verschiedenen Methoden; abgeleitet:
    a) aus der Strahlungstheorie 6,41[1]), 6,55[1a]), 6,56 und 6,57[54]), 6,547 ± 0,011[56]); 6,551 ± 0,009[74]) (aus den Konstanten k Nr. 9, und σ Nr. 11) und 6,557 (aus den Wienschen Konstanten; **137.** III);
    b) aus der Feinstruktur der Spektrallinien 6,51[2]), 6,54[5]);
    c) aus dem Grenzwert der Hauptschwingungen für H und He 6,55[16]);
    d) aus der Rydbergschen Konstanten und der Bohrschen Theorie 6,55[17]), 6,542[74]);
    e) aus dem photoelektrischen Entladungspotential (S. 88) für K, Na, Li 6,58 ± 0,03[18]), für Zn und Cd 6,58 und 6,71[63]);

f) aus dem Minimumspotential, bei dem Röntgenstrahlen entstehen (Grenze der weißen oder Bremsstrahlung, S. 81) 6,51 (Duane und Hunt)[19]), 6,59 (Hull)[19]), 6,53 (Webster)[19]), 6,53 (Sabine)[63]), [75]). Der genaueste Wert ist der von Blake und Duane[62]): **6,555**;
g) aus der Absorptionsgrenze des Rh-Spektrums 6,6[73]), 6,48 ± 0,03[65]), [75]);
h) aus dem nach der kinetischen Theorie der Gase gefundenen Atomradius und den magnetischen Kräften des Atoms 6,4[20]);
i) aus der Reibung der Gase und der Grenzfrequenz des Spektrums 6,55[61]).
k) aus dem Resonanzpotential (vgl. S. 87) 6,579 ± 0,02[74]);
l) aus den Worten unter f) (nach Elimination von e gemäß **137** II) 6,550[11]).

Zu f): Die Untersuchung von Blake und Duane berücksichtigt eine große Reihe von Fehlerquellen, die bei Messung der Wellenlängen mit Kristallgittern und der Entladungspotentiale auftreten. Es wurde gefunden für

eine Spannung von. . . .	42,11	38,50	35,71	35,50	36,85	36,34 KV.
h (erste Berechnung) .	6,554	6,554	6,555	6,560	6,555	6,555
h (zweite ,, .	6,557	6,557	6,548	6,557	6,555	6,555

Die 4 letzten Zahlen verdienen das größte vertrauen.

11. Die Strahlungskonstante σ des Stefanschen Gesetzes (Einheit: 10^{12} cm^{-2}, Grad^{-7}):
a) Coblentz 5,75[21]), 5,7[54]);
b) Westphal 5,54 — Shakespear 5,67 — Keene 5,87 — Valentiner 5,58 (nach Coblentz korrig.: 5,65—5,70)[21]);
c) Planck[1]) 5,46, Warburg[22]) 5,7, Gerlach[23]) 5,85, Millikan[56]) 5,72, Flamm[57]) 5,74, Hennig[58]) 5,60, Hennig[59]) 5,72, Coblentz[60]) 5,722.

12. Atomgewichte bezogen auf Ag = 107,870[27]) (107,867)[71]); Natrium: 22,993[27]); Chlor: 35,457[28]) und 35,461[71]); Blei: 207,14[27]), 207,16[25]), 207,18[26]); Radium: 226,0[24]); Thorium 232,10[25]); Uran 238,15[25]).

13. 1 g Radium (Ra) enthält $n = 60{,}5 \cdot 10^{22}/226 = 268 \cdot 10^{19}$ Atome und sendet in der Sekunde $p = 3{,}57 \cdot 10^{10}$ α-Teile aus — nach Hess[70]): 3,72 —. Es bildet dabei die gleiche Anzahl Atome Emanation. Die Zahl der He-Atome, die sich aus den 4 Zerfallprodukten entwickeln, ist 4mal so groß.
Die Lebensdauer (Halbwertzeit T) $= 0{,}693/\lambda$ $\lambda = p/n$-sec. T in Jahren folgt aus den p-Werten zu 1647 und 1580[70]).

14. Im Jahr entwickelt 1 g Ra 164 cmm (bei 0° und 760 mm) Helium (umgerechnet auf den internationalen Radiumstandard aus 156 cmm nach [7]) und [29]), 158[30]), 157[31]), 164[32]) (umgerechnet aus 169[7])).

15. Helium (in cmm) wird entwickelt im Jahr von (je 1 g): Ionium[33]) $4{,}75 \cdot 10^{-4}$; Uran[30]) $2{,}75 \cdot 10^{-5}$; Pechblende[34]) $3{,}2 \cdot 10^{-5}$; Uranoxyd[34]) 9,5, berechnet [aus der Zahl der α-Teile gemäß [5])] — beobachtet $10{,}4 \cdot 10^{-5}$; Uran[30]) im Gleichgewicht in Mineralien (im Gleichgewicht mit den Zerfallprodukten) $11{,}0 \cdot 10^{-5}$; Thorium[30]) und [64]) $3{,}14 \cdot 10^{-5}$; Thorianit[34]) $2{,}8$—$3{,}7 \cdot 10^{-5}$ cmm.

16. Zahl der in der Sekunde ausgesandten α-Teile von 1 g: Ra rein[30]) $3{,}57 \cdot 10^{10}$ [umgerechnet aus 3,4[7])] und 3,72[70]); Ra im Gleichgewicht mit den Zerfallprodukten 4mal so viel; Uran rein ($U_1 + U_2$) $2{,}4 \cdot 10^4$[30]) und $2{,}24 \cdot 10^4$[35]); Uran in Mineralien $7{,}4 \cdot 10^4$[36]) und $9{,}6 \cdot 10^4 = 4 \times 2{,}4 \cdot 10^4$[30]); Thorium in Mineralien $2{,}7 \cdot 10^4$[30]); Thorium rein $3{,}3 \cdot 10^3$; Thorium zusammen mit den 5 Zerfallprodukten $2 \cdot 10^4$[37]).

17. Volumen der Emanation (in cmm bei 0° und 760 mm) im Gleichgewicht mit 1 g Ra (das ist ein Curie nach dem Beschluß von Brüssel 1911): 0,63[7]) [umgerechnet aus dem Wert 0,60[38]) und [39])] und 0,57[40]). Die Zahl der Atome beträgt $1{,}7 \cdot 10^{16}$. Der gesamte Energiegehalt, der bei einer mittleren Lebensdauer von 133 Stunden abgegeben wird, berechnet sich zu 3860 Kalorien[55]).
Kondensationstemperatur: 150°; Siedepunkt bei 760 mm −65°[41]); kritische Temperatur 104,5°[39]).

18. 1 kg Uran steht in Mineralien im Gleichgewicht mit 0,323 mg Ra[7]), 0,322[42]), 0,333[43]), 0,333[44]), 0,3383 und 0,3415[45]). Aus dem Verhältnis der Lebensdauern (Nr. 13): nämlich $4{,}85 \cdot 10^9$ und 1647 Jahre folgt der Wert 0,322.

19. Änderung des Wiener Radiumnormals (vom Sept. 1910) an Gewicht im Jahr 0,04%; die Wärmeentwicklung steigt dabei um 1%[46]).
20. 1 g Ra entwickelt in der Stunde allein 25,2[47])—25,1[7]) g-calorien; im Gleichgewicht mit den 4 Zerfallprodukten 132,2[46]) cal, 132,3[47]), 135[48]), 134,7[7]).
21. Wird a) die Ionisation[1]), b) die Wärmeentwicklung des Radius durch die α-Strahlung jedesmal = 100 gesetzt, so ist für die β- und γ-Strahlung der Wert von a) 3,8 und 5,2; von b) 1,9 und 4,4[48]) und [49]).
22. Die Aktivitäten von gleichen Mengen Ur und Ra verhalten sich wie $1:1{,}3\cdot 10^{6}$ [50]) 1 g Uranmetall strahlt 796[50]) oder 790[46])mal mehr als 1 g Uranoxyd (auf 1 qcm 20 mg verteilt).
23. Die spezifische Ladung E eines g-Atoms (= 4 g) α-Teilchen beträgt nach den Beobachtungen 4820 EME. — aus dem Faradayschen elektrolytischen Grundgesetz folgt E zu 4826[7]). Da ein α-Teil $2\,E$ mit sich führt und ein g-Atom $60{,}5\cdot 10^{22}$ Atome enthält (S. 50), so folgt E für ein gewöhnliches Atom zu $1{,}56\cdot 10^{-20}$ EME. oder $4{,}68\cdot 10^{-10}$ ESE. Das ist gleich dem Wert der Ladung e des Elektrons (Tabelle S. 76).
24. Ein Curie C, die Emanationsmenge, die 1 g-Ra im Gleichgewicht dauernd abgibt (Nr. 17), strahlt $2{,}75\cdot 10^{6}$ ESE. = 0,92 Milliampere aus, wenn die α-Strahlung ohne Verlust ionisieren würde; — gefunden wurde $C = 2{,}67\cdot 10^{6}$ [46]) und [51]). Wird angenommen, daß ein α-Teil $1{,}74\cdot 10^{5}$ Ionen erzeugt[7]), so berechnet sich $C = 1{,}74\cdot 3{,}57\cdot e = 2{,}89\cdot 10^{6}$ ESE.[55]).
25. Die Geschwindigkeit der α-Teile beträgt: beim Ur[52]) $1{,}56\cdot 10^{9}$ cm/sec; RaC[52]) $1{,}922\cdot 10^{9}$; ThC_4[12]) $2{,}26\cdot 10^{9}$ — Lichtgeschwindigkeit: $30\cdot 10^{9}$ cm/sec.
26. Lauesche Gitterkonstanten (vgl. S. 51) von Kristallen[66]) in 10^{-8} cm: 2,814 (NaCl, Moseley 1913); 3,136 (KCl, Wagner 1916); 3,028; 3,0301 und 3,02904 ($CaCO_3$, Compton 1916, 1918; Ledoux 1919[76]) umgerechnet auf den Wert 2,814 für NaCl; Siegbahn 1919); 7,621 ($CaSO_4$, Friman 1916); 8,408 (K_4FeCy, Siegbahn 1919); 4,23 (Quarz, Stenström 1918); 4,61 und 8,06 (Beryll je nach der Fläche, Stenström); 10,56 (Zucker, Stenström).

[1]) Planck: Wärmestrahlung 1913, 63, 166 — [1a]) 1906, 153. [2]) Sommerfeld: Ann. Phys. **51**, 93; 1916. [3]) Stark: Elementarquantum 1910, 65. [4]) Balmer: Ann. Phys. **25**, 80; 1885. [5]) Paschen: Ann. Phys. **50**, 901; 1916. [6]) Rydberg: Astrophys. J. **6**, 233; 1897. [7]) Rutherford und Robinson: Szber. Wien **122** (2a), 1855; 1913. — Phil. Mag. **28**, 305, 320, 552; 1914. [8]) Watson: J. Chem. Soc. **97**, 810; 1910. [9]) Heuse. Vhdl. Phys. Ges. **15**, 518; 1913. [10]) Guye: Mem. Soc. Phys. Genf **35**, 548; 1908: [11]) Jäger und v. Steinwehr: Szber. Berl. Akad. 1915, 432. [12]) Rutherford: Phil. Mag. **31**, 379; 1916. [13]) Riecke: Phys. ZS. **16**, 222; 1915. [14]) Warburg und Leithäuser: Szber. Berl. Akad. 1910, 925. [15]) Nernst: Vhdl. Phys. Ges. **18**, 83; 1916. [16]) Bernoulli: Vhdl. Phys. Ges. **18**, 309; 1916. [17]) Wolfke: Phys. ZS. **17**, 198; 1916. [18]) Millikan: Phys. Review (2) **7**, 18, 355; Phys. ZS. **17**, 217; 1916. [19]) Duane u. Hunt: Phys. Rev. **6**, 166; 1915; ferner Hull: Phys. Rev. **7**, 156; 1916; Proc. Nat. Acad. **2**, 256; 1916; Webster: Proc. Nat. Acad. **2**, 93; 1916; **3**, 181; 1917; Phys. Review **7**, 599; 1916. [20]) Wereide: Ann. Phys. **49**, 990; 1916. [21]) Bull. Bur. Standards Washington **12**, 553; 1915; Jahrbuch Radioakt. **10**, 340; 1913; Westfal: Vhdl. Phys. Ges. **14**, 987; 1912; Valentiner: Ann. Phys. **31**, 273; 1910; **39**, 489; 1912; Shakespear: Proc. Roy. Soc. **86**, 180; 1912; Keene: Proc. Roy. Soc. **88**, 49; 1913). [22]) (auch Eucken) Abhdl. Bunsenges., Heft 7, S. 65, 375; 1913. [23]) (Paschen) Ann. Phys. **38**, 130; 1912; Ann. Phys. **50**, 268; 1916. [24]) Hönigschmidt: Szber. Wien **121** (2a), 1973, 2119; 1912. [25]) Hönigschmidt und Horowitz: Szber. Wien **123**, 1635, 2407; 1914; **124**, 1094; 1915; **125**, 149, 179; 1916. [26]) Baxter, Thorvaldsen, Grover: J. Amer. Chem. Soc. **37**, 1027; 1915; **38**, 489; 1916. [27]) Th. W. Richards und Lambert: J. Amer. Chem. Soc. **36**, 1329; 1914; **37**, 95; 1915; ZS. anorg. Chem. **88**, 429; 1914. [28]) Guye und German: C. R. **159**, 992; 1914. [29]) Boltwood und Rutherford: Proc. Manchester Lit. Phil. Soc. **54**, 1909; Szber. Wien **120**, 314, 336; 1911; Phil. Mag. **22**, 599; 1911. [30]) Geiger und Rutherford: Proc. Roy. Soc. **81**, 173; 1908; Phys. ZS. **10**, 1; 1909; Phil. Mag. **20**, 697; 1910. [31]) Danysz und Duane: Sill. J. **35**, 295; 1912. [32]) Dewar: Proc. Roy. Soc. **83**, 404; 1910. [33]) Boltwoord: Radium **8**, 106; 1911. [34]) Strutt: Nature **81**, 158; 1908; Proc. Roy. Soc. **80**, 752; **84**, 388; 1908. [35]) St. Meyer: Szber. Wien **122**, 1085; 1913. [36]) Brown:

Proc. Roy. Soc. **84**, 154; 1911. [37]) Heimann: Szber. Wien **123**, 1369; 1919. [38]) Debierne: C. R. **148**, 1264; 1909. [39]) Gray und Ramsay: J. Chem. Soc. **95**, 1074; 1909; ZS. phys. Chem. **70**, 121; 1909. [40]) Rutherford: Szber. Wien **117**, 925; 1908; Phil. Mag. **16**, 300. [41]) v. Hevesy: Jahrb. Radioakt. **10**, 198; 1913. [42]) Gleditsch: Radium **8**, 256; 1911; C. R. **148**, 1451, 1709; **149**, 267; 1911. [43]) Markwald und Heimann: Jahrb. Radioakt. **10**, 299; 1913. [44]) Lind und Whittmore: J. Amer. Chem. Soc. **36**, 2066; 1914. [45]) Becker: Jahrb. Radioakt. **12**, 1; 1915. [46]) St. Meyer: Jahrb. Radioakt. **11**, 436; 1914. [47]) St. Meyer und Hess: Szber. Wien **121**, 603; 1912. [48]) Rutherford und Robinson: Szber. Wien **121**, 1491; 1912. [49]) Eve: Phil. Mag. **22**, 562; 1911. [50]) St. Meyer: Jahrb. Radioakt. **6**, 389; 1909. [51]) Flamm und Mache: Szber. Wien **121**, 227; 1912; **122**, 535, 1539; 1913. [52]) Rutherford: Phil. Mag. **13**, 110; 1907. [53]) Rosa und Vinal: Bull. Bur. Standards Wash. **13**, 497; 1916. [54]) Coblentz: Bull. Bur. Standards **13**, 470; 1916. [55]) St. Meyer: Radioaktivität 1916, 334 (ber.: 2,74 und 2,82). [56]) Millikan: Phil. Mag. **(6) 34**, 1; 1917. [57]) Flamm: Phys. ZS. **18**, 575; 1917. [58]) Henning: Ann. Phys. **53**, 320; 1917. [59]) Henning: Vhdl. Phys. Ges. **20**, 81; 1918. [60]) Coblentz: 1. Bull. Bur. Standards **15**; 1918; 2. Proc. Nat. Acad. Science **3**, Heft 8, 1918. [61]) Bernoulli: Archiv Science Phys. Genève **42**, 29; 1916. [62]) Blake und Duane: Phys. Review **10**, 93, 624; 1917. [63]) Sabine: Phys. Review **9**, 93, 210; 1917. [64]) Lawson: Szber. Wien Akad. **126**, 721, 1917. [65]) Wagner: Ann. Phys. **57**, 454; 1918. [66]) Stenström: Ann. Phys. **57**, 358; 1918. [67]) Bohr: Phil. Mag. **26**, 857; 1913. [68]) Taylor: Phys. Review **10**, 683; 1917 und Guye: J. chim. phys. **16**, 54; 1918. [69]) vaan Laar: J. chim. phys. **17**, 266; 1919. [70]) Hess und Lawson: Szber. Wien Akad. **127**, 405; 1918. [71]) Guye: J. chim. phys. **17**, 183; 1919; Chem. Weekblad **16**, 1243; 1919. [72]) Jäger und v. Steinwehr: 1. Szber. Berl. Akad. 1915, 424; 2. Vhdl. Phys. Ges. **21**, 25; 1919. — Sutton: Phil. Mag. (6) **35**, 27; 1918. [73]) Wagner: Phys. ZS. **18**, 440; 1917. [74]) Birge: Phys. Review **14**, 361; 1919. [75]) Wagner: Jahrb. Radioakt. **16**, 190; 1919 (Erörterung der Methoden unter f) und g) zur Bestimmung der Planckschen Konstanten). [76]) Ledoux-Lebard und Dauvilier: C. R. **169**, 788, 965; 1919.

---

137. (Anhang 2).

Über den Zusammenhang zwischen dem elektrischen Elementarquantum *e* und anderen Konstanten.

Den Zweifel (siehe **35.**), der über die Methoden zur Ermittelung von *e* und damit über diese Größe selbst entstanden ist, kann man dadurch beheben, daß man zeigt, daß diese Konstante in unlösbarem Zusammenhang mit anderen einwandsfrei bestimmten Konstanten steht. Millikan (1917) weist darauf hin, daß dieser Zusammenhang mit folgenden 10 Größen vorhanden ist, und zwar mit:

1. der Loschmidtschen Zahl N (oder L; siehe **29.**);
2. der Zahl der Mole in einem idealen Gas bei 0° und 760 mm (siehe **29.**);
3. der kinetischen Energie und der Molekularbewegung bei 0°;
4. der konstanten Änderung der molekularen Energie für 1°;
5. der Boltzmannschen Energiekonstanten k eines Gases (siehe **136.**, Nr. 9);
6. der Masse M des Wasserstoffatoms (siehe **136.**, Nr. 1);
7. der Balmer-Rydbergschen Konstante $N\infty$ (siehe **132.**);
8. der Wienschen Strahlungskonstante c_2;
9. der Stefan-Boltzmannschen Strahlungskonstante σ (siehe **136.**, Nr. 11);
10. der Laueschen Gitterkonstante des Kalkspates (siehe **136.** Nr. 26).

Ausführlicher und rechnerisch einwandsfrei hat Flamm (1917) diesen Zusammenhang dargelegt. Er geht von der am besten bekannten Zahl, der Rydbergschen aus; außerdem sind die Faradaysche elektrolytische Konstante $F' = 9649{,}4$ (in elektromagnetischen Einheiten, siehe **136.**, Nr. 3), die Konstante R des Mariotte-Gay-Lussacschen Gesetzes (siehe **136.**, Nr. 6) und die Lichtgeschwindigkeit $c = 2{,}9990 \cdot 10^{10}$ zu berücksichtigen.

Wie wir schon (siehe **114.** und **132.**) sahen, geben H und He Werte für die Rydbergsche Zahl, $N_1 = 109677{,}69 \pm 0{,}06$ und $N_2 = 109722{,}14 \pm 0{,}04$ (Paschen 1916). Nun ist $N_1 = \frac{N\infty}{1+m/m_1}$; $N_2 = \frac{N\infty}{1+m/m_2}$. Die Masse des H-Atoms M_1 ist $= m + m_1$, die Masse des He-Atoms $M_2 = m + m_2$ (m: Masse des Elektrons; m_1, m_2: Masse der positiven Kerne). Es ergibt sich zunächst eine quadratische Gleichung für m und für $N\infty$; letztere folgen daraus als Funktion von M_1, M_2, N_1, N_2. Für M_1 hat man zu setzen A_1/L, für M_2 A_2/L (A_1, A_2 die AG. von H und He 1,0077 und 4,002 [siehe **13.** und **136.**, Nr. 4]; L: Loschmidtsche Zahl). Das Ergebnis der Auflösung der quadratischen Gleichungen läßt sich in die Form bringen:

$$\text{a)}\quad N\infty = N_2 + \frac{A_1(N_2-N_1)}{A_2-A_1}\left\{1+\frac{A_1A_2}{(A_2-A_1)^2}\,\frac{N_2-N_1}{N_2}\right\} = 109737{,}11 \pm 0{,}06,$$

$$\text{b)}\quad \frac{1}{Lm} = \frac{A_2-A_1}{A_1A_2}\,\frac{N_2}{N_2-N_1} + \frac{A_2-2A_1}{A_2(A_2-A_1)} = 1833 \pm 3\,.$$

Der Ausdruck Lm ist das AG. des Elektrons bezogen auf Sauerstoff = 16 als Einheit. Die Werte für a) und b) sind vollständig hypothesenfrei berechnet.

Aus ihnen folgt weiter das Verhältnis (M_1/m) der Masse des H-Atomes zum Elektron $= A_1/L\,m = 1847 \pm 3$ (siehe **136.**, Nr. 2).

Nun ist weiter ebenso hypothesenfrei die spezifische Ladung e'/m des Elektrons (in EME.) zu berechnen, wobei $ce' = e$ zu setzen ist. Wir haben $F' = Le'$ — also $e'/m = F'/L\,m = 1{,}769 \pm 0{,}003$ (übereinstimmend mit den Werten in Tabelle bei **40.**).

Wir gelangen nunmehr zu den Kontrollen des Wertes von e.

Es ist I. (siehe **132.** nach Sommerfeld)

$$N\infty = \frac{2\pi^2 m e^4}{c h^3}; \quad \text{also} \quad h^3 = \frac{2\pi^2 e^5}{c^2 \frac{e'}{m} N\infty}; \quad \text{oder} \quad \frac{h}{e} = \sqrt[3]{\frac{2(\pi e/c)^2}{\frac{e'}{m}\cdot N\infty}}\,.$$

Setzt man den Millikanschen Wert von e (siehe **40.**), ferner die eben ermittelten Werte von e'/m und $N\infty$ ein, so folgt $h/e = (1{,}3710 \pm 0{,}0012)\,10^{-17}$ und daraus das Plancksche Wirkungsquantum $h = 6{,}545\cdot 10^{-27} \pm 0{,}002$ in vollkommener Übereinstimmung mit dem experimentellen Wert von Blake und Duane.

II. haben wir für die Sommerfeldsche Konstante[1]) α der relativen Bewegung des Elektrons (siehe **120.**) $\alpha = \frac{2\pi e^2}{ch} = \frac{1}{16\pi^2}\cdot\sqrt[3]{\frac{15}{\pi^2}} = 7{,}281\cdot 10^{-3}$. Den Wert von h/e aus I. eingesetzt, folgt:

$$\alpha = \sqrt[3]{\frac{4e'}{m}N\infty\,\pi\frac{e}{c}} \quad \text{und } \Delta\nu \text{ der Abstand der H-Doppellinien} = \frac{N\infty\,\alpha^2}{2^4}\,.$$

Setzt man hier wieder e nach Millikan und der bekannten Größen ein, so wird $\Delta\nu = 0{,}3650 \pm 0{,}0005$, (wieder mit den Versuchsergebnissen, S. 257, in Übereinstimmung). Umgekehrt ist e einfach aus dem Wert von α und von $N\infty$ zu berechnen. Es ist

$$e = \frac{\alpha^3 c^2}{4\pi N\infty\, e'/m} = 4{,}77\cdot 10^{10}\,.$$

Da α eine reine Zahl ist, hängt e nur von den durch Versuche ermittelten Werten von $N\infty$ und e'/m ab.

---

[1]) Aus diesem zuerst von Lewis und Adams (Phys. Review **3**, 92; 1914) aus dem Stefanschen Gesetz rein zahlenmäßig abgeleiteten Wert von α (vgl. **120.**, S. 256) läßt sich (nach Einsetzen von h) e rein numerisch genau berechnen (Allen: Proc. Phys. Soc. London **27**, 425; 1915). Es ist $e = 9\alpha^2\cdot 10^{-6} = 9\cdot 0{,}5301$.

III. haben wir zur Kontrolle die Folgerungen aus dem Wien-Planckschen Strahlungsgesetz.[1])

Die Konstante c_2 ist $= \frac{ch}{k} = c\frac{h}{e}\cdot\frac{e}{k}$; h das Plancksche Wirkungsquantum, k die Boltzmannsche Konstante $= \frac{R}{L} = \frac{R}{F'}\frac{e}{c}$, also $c_2 = \frac{h}{e}\cdot\frac{R}{F'}$. die obigen Werte eingesetzt, ergibt $c_2 = 1{,}4304 \pm 0{,}0013$. Der in der Phys. techn. Reichsanstalt (Warburg-Müller) ermittelte Wert beträgt 1,4300; ihn hält auch Nernst und Wulf (Vhdl. Phys. Ges. **21**, 294; 1919) für den wahrscheinlichsten.

IV. Die Stefan-Boltzmannsche Strahlungskonstante σ (Planck) ist $= \frac{2\pi^5 k^4}{15c^2h^3}$ oder $= \left(\pi\frac{k}{e}\right)^4\frac{e'}{m}\frac{N\infty}{15\pi e}$; die Werte von $\frac{h}{e}\left(=\frac{R}{F'c} = 2{,}8746\cdot10^{-7}\right)$, von $N\infty$; $\frac{e'}{m}$ und endlich des Millikanschen e eingesetzt, ergibt $\sigma = 5{,}738$[2]) $\pm$ 0,011. Der genaueste Experimentalwert ist 5,72 (siehe **136.**, Nr. 11).

Es kann also der Wert von e nur der von Millikan ermittelte sein.

V. Crehore berechnet ähnlich wie Born (siehe **135.**) die Anziehung von 2 Wasserstoffatomen im Mol unter Annahme der Ringstruktur und der Gültigkeit der gewöhnlichen elektromagnetischen Lichttheorien und des Coulombschen Gesetzes. Dies Anziehung läßt sich vergleichen mit der mechanischen nach dem Newtonschen Gravitationsgesetz. Daraus ergibt sich die Konstante k des Newtonschen Gesetzes $k = \frac{p^4}{3}\frac{m_0^2}{m_H}\frac{\pi^4 e^{10}}{c^4 h^4}$. k ist $= 666{,}07\cdot10^{-10}$ nach astronomischen Beobachtungen, $m_0 = 0{,}90\cdot10^{-27}$, $m_H = 1{,}662\cdot10^{-24}$, $h = 6{,}547\cdot10^{-27}$, $c = 2{,}9987$, p die Zahl der Elektronen im H-Atom = 2. Daraus folgt $e = 4{,}75\cdot10^{-10}$.

VI. Wagner bestimmte den Wert von h aus der Bremsstrahlung an Kristallen. Die Gitterkonstante d ist $\sqrt[3]{\frac{m_1+m_2}{2}\frac{e}{F\cdot D}}$, $m_1 = 39{,}10$ (K), $m_2 = 35{,}46$ (Cl); $D = 1{,}985$ (Dichte des Sylvins), $F = 9650\cdot3\cdot10^{10}$. Ist V_0 das Bremspotential, φ der Winkel, um den der äußerste Strahl der Bremsstrahlung abgelenkt ist, so

---

[1]) Von den gleichen Grundlagen ausgehend berechnet Henning (Vhdl. Phys. Ges. **20**, 81; 1918) diesen Wert zu 1,4317 und σ zu 5,717. Mendenhall (Phys. Review **10**, 523; 1917) findet für c_2 den Wert 1,440; Coblentz (Phys. Review **7**, 1916) 1,437 und 1,432.

Diese Rechnungen sind nicht einwandsfrei (Nernst und Wulf: Vhdl. Phys. Ges. **21**, 294;1919, vgl. S. 78), da sie die Plancksche Strahlungsformel als richtig annehmen. Die sämtlichen Beobachtungen der Strahlung lassen sich in einer Formel darstellen $\varrho' = \text{Pl}\cdot(1+\alpha)$. Pl ist hier der Plancksche Wert von $\varrho = c/\lambda\cdot(e^x - 1)$. Es ist für

$x = 0$	0,5	1,0	1,5	2,0	2,5	3,0	3,5	4,0	5,0	7,0	9,0	10,0
$\alpha' = 0$	5	15	35	60	**72**	70	66	61	50	35	26	22

$\alpha' = 1000\,(\alpha - 1)$. ϱ' ist also bis zu 7% größer, als nach Planck. Das Maximum der Strahlung $\lambda_m T$ folgt daraus zu 2915 in Übereinstimmung mit den Werten 2940 (Lumner und Pringsheim 1900), 2920 (Paschen 1901), 2911 (Coblentz 1914). Daraus folgt wieder $c_2 = 14324$. Das stimmt wieder mit den besten Werten überein, nämlich dem von Holborn und Valentiner 14200 (Ann. Phys. **22**, 1; 1907), Warburg und Leithäuser 14300 (Ann. Phys. **40**, 609; 1913), Warburg und Müller 14260 und 14331 (Ann. Phys. **48**, 410; 1915). Die Abweichungen in den c-Werten kommen daher, daß c_2 von der Temperatur ($\lambda T\cdot x$) abhängig. Für großes x erhalten wir 14300, für $x = 6$ wird aber c_2 bereits 14500.

Auch Priest (vgl. S. 78) hält die Plancksche Formel nicht für korrekt. Die von ihm vor kurzem angegebene Formel führt zu den Wert 2940 für $\lambda_m T$. Coblentz weist indessen auf die Willkür in den Grundlagen dieser Rechnung hin; vorläufig sei es am besten an der theoretisch gut begründeten Planckschen Formel festzuhalten.

ist gemäß der Einsteinschen Gleichung $h = \frac{2 e V_0 \sin \varphi \cdot d}{c}$. Für $e = 4{,}77$ ergibt sich $h = 6{,}48 \cdot 10^{-27}$.

VII. Born und Landé konnten aus der beobachteten Kompressibilität K den Abstand δ der einzelnen Ionen in einem regulären Kristallgitter nach der Formel berechnen $K = 9\delta^4/8a$. Dabei ist a der numerische Wert des Madelungschen Anziehungspotentials der Elektronenschalen der beiden Ionen der Kristalle. Für NaCl, LiF ist $a = 13{,}94\, e^2$, für $CaF_2 = 46{,}93\, e^2$. Andererseits läßt sich δ aus der Dichte ϱ der Kristalle, dem Atomgewicht der Ionen (μ_+ und μ_-) und der Loschmidtschen Zahl N (siehe **135**. S. 314) berechnen. Es ist $\delta^3 = 4\,(\mu_+ + \mu_-)/N\varrho$. Setzt man die Werte für δ und K ein, so ist a, also auch e berechenbar. Im Mittel der Werte für 10 Kristalle folgt e zu $4{,}84 \cdot 10^{-10}$.

VIII. Sanford hat eine einfache Beziehung zwischen e und den Wellenlängen der Serienspektren oder der Rydbergschen Konstante abgeleitet. Für 6 der Serien des Heliums folgen so Werte von e, die zwischen 4,77 und 4,79 liegen.

Nach den Erfahrungen über elektrische Strahlung muß man e als Konstante betrachten (Lenard 1919). e spielt sowohl bei der Elektrolyse, wie bei lichtelektrischen und Ionisationsvorgängen durch Bestrahlung die gleiche Rolle. Ferner lassen sich die Energiebeträge bei der Umwandlung von primärer in sekundärer Kathodenstrahlung messen. Ein quantitativer, eindeutiger Zusammenhang beider Strahlungen ist ohne Annahme eines konstanten, einheitlichen Wertes von e nicht denkbar. Der Zusammenhang zwischen dem mit den Atomvorgängen eng verbundenen Elementarquantum der Energie h und der Ladung e spricht zugunsten der Existenz des Elektrons. Die Elementarquanten h und e sind daher als **Atomkonstanten** anzusehen.

Literatur zu 137.

Millikan: Phil. Mag. (6) **34**, 1; 1917. — Flamm: Phys. ZS. **18**, 513; 1917. — Paschen: Ann. Phys. (4) **50**, 901; 1916. — Sommerfeld: Ann. Phys. (4) **51**, 91; 1918. — Planck: Theorie der Wärmestrahlung, 2. Aufl. 1913, S. 163. — Warburg und Müller: Ann. Phys. (4) **48**, 430; 1915. — Crehore: 1. Phys. Review **12**, 13; 1918; 2. Electrician **81**, 412; 1918. — Wagner: Ann. Phys. (4) **57**, 457; 1918. — Born und Landé: Vhdl. Phys. Ges. **20**, 214; 1918. — Priest, Coblentz: Phys. Rev. **14**, 191, 267; 1919. — Sanford: [1]) Phys. Rev. **14**, 275; 1919. [2]) Astrophys. J. **49**, 337; 1919. — Lenard: [1]) Ann. Phys. **60**, 335; 1919. [2]) Kathodenstrahlen 1918, S. 143, 158, 181. — Sommerfeld: Atombau 1919, S. 370ff,

Nachträge.

Zu 42. S. 84/86. Resonanzspannung (*RV*) und Ionisierungsspannung (*IV*) für H, He, Ar, N. Bestätigung der Einsteinschen Gleichung (S. 80).

1. Wasserstoff (Frank, Knipping: Vhdl. Phys. Ges. **21**, 728; 1919). Die Beobachtungen von Lyman (S. 85) über die Seriengrenze ergeben die Werte 10,1 (*RV*) und 13,5 (*IV*) Volt. Da aber die H-Mole erst in Atome dissoziiert werden müssen, ehe sie strahlen können, erhöhen sich diese Werte um den Betrag der Dissoziationsarbeit [81 000 cal nach Langmuir; J. Amer. Chem. Soc. **37**, 417; 1915[1])] = 3,5 Volt). Die Sollwerte für *RV* und *IV* sind daher 14,6 und 17,0 Volt. Eine verstärkte Ionisation (durch Entfernung des zweiten Elektrons) sollte bei 2·13,5 + 3,5 = 30,5 Volt eintreten. Die Versuche ergaben schwache Ionisation bei 11,5 ± 0,7 V; stärkere unter Aussendung von ultraviolettem Licht bei 13,6 ± 0,7 V; sehr starke bei 17,1 ± 0,25 V (statt des Wertes 15,8 V S. 86) und bei 30,4 ± 0,5 V.

2. Helium und Parhelium (Frank, Knipping: Phys. ZS. **21**, 481; 1919). Zur Loslösung eines Elektrons vom He ist die vierfache Arbeit, als beim H-Atom erforderlich, also 4 × 13,5 = 54,0 V. Die Versuche ergeben für die Loslösung beider Elektronen 79,5 ± 0,3 V. (Rau 81,3 V. S. 86), also für ein Elektron 79,5 - 54,0 = 25,5 V. Gefunden wurde 25,4 ± 0,3 V. *RV* ergab sich zu 20,5 V. Horton und Davies (Nature **104**, 406; 1919; Proc. Roy. Soc. Dez. 1919) fanden Werte von 25,6 und 20,4 V. Die Linien und zwar alle zugleich werden bei Spannungen über $25^1/_2$ V. ausgesandt (vgl. **133.** und S. 341).

3. Argon. Werte von Horton und Davies: 11,5 (*RV*) und 15,1 (*IV*). Der Wert von 15,1 V. entspricht der Grenze der Lyman-Serie.

4. Stickstoff (H. D. Smyth: Phys. Review. **14**, 409; 1919) beobachtetes *IV*: 8,3 Volt; entspricht λ = 1491 AE. — Lymans Beobachtungen gaben 1493 und 1495. Bei 6,3 V. entsteht das Bandenspektrum.

Zu 62., 74., 83., 92. Unterschiede der Isotopen. Nachweis des Thalliums als Radioelement. Eine zweite Aktiniumreihe.

Merton (Proc. Roy. Soc. Dez. 1919; Nature **104**, 406; 1919) fand, daß die Linien des Uranblei um 0,0050 AE. länger, die des Thoriumblei um 0,0022 AE. kürzer sind, als die Linien des gewöhnlichen Bleies. Die Genauigkeit dieser schwierigen Messungen beträgt 0,0008 AE. Merton maß zugleich auch das Spektrum des Thalliums, das in Pechblende enthalten ist; dieses zeigt Linien, die um 0,0055 AE. kürzer sind, als die Linien des inaktiven Thalliums. Es gibt daher ein radioaktives isotopes Thallium, wie es ein Thoriumblei gibt.

---

[1]) ZS. Elchem. Ges. **20**, 498; 1914; **26**, 197; 1920. — Fajans: Ber. Chem. Ges. **53**, 643; 1920.

Aus der ausführlichen Mitteilung (Proc. Roy. Soc. **96**, 388; 1920) läßt sich erkennen, daß die auf 0,0008 AE. angegebene Genauigkeit dieser entscheidenden Messungen auch erreicht ist. Zwischen 2 einander parallelen durchsichtig versilberten Glasplatten entstehen ungemein feine Interferenzringe, wenn die Platten mit monochromatischem Licht einer Bogenlampe mit Cadmiumelektroden beleuchtet werden. Dem Cadmium wurden Blei, Radiumblei, Thoriumblei usw. zugesetzt. Die Ringe photographiert und die Lage der Ringe bei den verschiedenen Zusätzen verglichen; die größten Unterschiede in der gegenseitigen Lage bei gleicher Substanz betrugen 3% des Abstandes eines Ringes vom nächsten (6 Messungen). Im Mittel wurde z. B. gefunden für Blei 1,201 $\pm$ 0,006 (gegen den normalen Streifen des Cd); für Radioblei 1,141 $\pm$ 0,002. Der Unterschied der Abstände dieser beiden betrug also 0,060 $\pm$ 0,008; oder umgerechnet auf Wellenlängen, wie oben 0,0050 $\pm$ 0,0008.

Betrachtungen von Kirsch (Naturwiss. **8**, 207; 1920) über den Zusammenhang von Lebensdauer und Reichweite radioaktiver Substanzen, nach den Gleichungen von St. Meyer (**92**, S. 177) geben Aufschluß über die Zahl der H-Kerne, aus denen die Kerne der radioaktiven Substanzen zusammengesetzt sind. Darnach gehört die Uran-Radiumreihe zu einer Reihe von der Zusammensetzung $4n + 2$ (S. 186). In der Aktiniumreihe fallen die Emanation und das α-strahlende Radioaktinium heraus. Letztere gehören einer Reihe von der Zusammensetzung $4n + 3$ an (es sind in dieser stets 3 H-Kerne mit 2 Elektronen zu einem Unterkern vereinigt); die Mehrzahl der Elemente hat die Zusammensetzung $4n + 1$. Wir beobachten bei Act.-präparaten im allgemeinen die einander sehr nahekommenden Eigenschaften von 2 isotopen Elementen.

Zu **103.** und **104. Abweichung der At.-Gew. von ganzen Zahlen. Eine Reihe von Elementen sind aus Isotopen zusammengesetzt. Zerlegung des Sauerstoffes. Nebelelemente auf Erden.**

Die Kerne der Atome bestehen aus Wasserstoff, da auch selbst Helium aus Wasserstoff aufgebaut ist (siehe **105.**). Bei der Vereinigung dieser H-Kerne gilt die von Einstein 1905 (**93**, S. 178) gegebene Gleichung, nach welcher Energieänderungen von Änderungen der Masse begleitet sind. Nach diesem Grundsatz berechnet Lunn (nach Harkins, Science **50**, 577; 1919) für Kohlenstoff einen den Beobachtungen entsprechenden Massen- oder, wie Harkins sagt, Packungsdefekt. Der C-Kern besteht aus 12 H-Kernen und 6 Elektronen; der Defekt beträgt $12 \cdot 1{,}0078 - 12{,}005 = 0{,}031$. Bei der Rechnung ist angenommen, daß die Kernelektronen in einer 400mal größeren Entfernung von den H-Kernen bleiben als der Durchmesser der H-Kerne beträgt.

Für eine Reihe von Elementen mit größeren Abweichungen der At.-Gew. von ganzen Zahlen (z. B. Mg, Be, Cl) reicht diese Erklärung nicht aus. Loring zeigte, daß diese Elemente aus Isotopen zusammengesetzt sein können, und auch Lenz (Naturwiss. **8**, 181; 1920) teilt diesen Standpunkt. Nunmehr hat Aston wie für Neon (siehe **121.**, S. **261**), für eine Reihe anderer Elemente diese Annahme **bestätigt** und das At.-Gew. der Bestandteile im Cavendish. Laborat. zu Cambridge genau gemessen (Nature **104**, 392; 1919). Er benutzte die Methode der positiven Strahlen (S. 26) in einer sehr verfeinerten Anordnung (Phil. Mag. **38**, 707; **39**, 611; 1919). HCl gibt nach dieser Methode 2 Linien, die dem Mol.-Gew. 36 und 38; COCl 2 Linien, die dem Mol.-Gew. 63 und 65 entsprechen. Darnach besteht Cl aus 2 Isotopen mit dem Gewicht 35,0 und 37,0 (genaue ganze Zahlen). Quecksilber besteht aus mindestens 4 Isotopen, deren Gewicht in der Nähe von 200 liegt. Für Elemente mit höheren At.-Gew. ist bei Berechnung des Packungseffektes die bisher noch wenig untersuchte kaum absorbierbare kürzeste γ-Strahlung (S. 82; S. 243; $\lambda < 0{,}02 \cdot 10^{-1}$ cm) zu berücksichtigen (Smekal, Naturwiss. **8**, 206; 1920).

Derartige Betrachtungen über die Umwandlung von Strahlung in Masse führen Smekal und Lenz (**Nachtrag S. 342**) dazu, die Beobachtung von Rutherford (S. 202) so zu deuten, daß auch Sauerstoff durch α-He-Strahlen zerlegt ist.

Die Methode der positiven Strahlen von Goldstein (S. 26) erweist sich als die einzige Methode, um schnell und außerordentlich genau in allen bisher für homogen angesehenen Gasen die verschiedenen in ihnen enthaltenen Atomgattungen zu erkennen. Jeder Atomgattung entspricht eine bestimmte scharfe Marke, die in der ursprünglichen Methode eine Parabel in der neuen von Aston eine wenig gekrümmte Hyperbel ist. In einer Reihe von Vorträgen von der Royal Institution (Engineering **109**, 318, 338, 384, 402, 453; 1920) gibt J. J. Thomson Einzelheiten über die Entwicklung und die Resultate der Methode. Aston hat die Resultate zuerst ganz kurz in der Nature (**105**, 8; 1920) mitgeteilt. Im April- und Maiheft des Phil. Magaz. (**39**, 449, 611; 1920) sind die wichtigen Photographien wiedergegeben, die erkennen lassen, wie einfach die Bestimmungen der Masse eines Atoms sind. Jede Masse entspricht einer bestimmten Linie oder vielmehr ein den Absorptionsbanden der Spektren ähnliches Gebilde. Die Lage des einen scharfen Randes ist auf etwa $^1/_{20}$ mm sicher abzulesen. Der Abstand der Linien ist durch Verstärkung des die Strahlen ablenkenden Magnetfeldes beliebig zu vergrößern.

Die Messungen sind schnell ausgeführt. Vergleicht man z. B. das **Massenspektrum** des Kohlenoxydes mit seinen 5 Linien (für C, Masse 12; für die Gruppe CH = 13, CH_2 = 14, CH_3 = 15, CH_4 und O = 16) mit dem Spektrum eines Gemisches von Kohlenoxyd und Neon, so sieht man, daß das letztere 4 Linien mehr enthält. Aus dem mit dem Lineal gemessenen Abstand dieser 4 neuen Linien zu den 5 ergibt sich ohne weiteres, daß diese 4 den Massen 10, 11, 20 und 22 (10, 11 Linien für Massen mit doppelter Ladung) entsprechen. 7 solche Photographien geben für die Linie der Masse 22 die Werte 22,00; 22,01; 21,90; 22,10; 22,03; 21,98 im Mittel 22,00. Außer den Linien 20 und 22 ist noch die Linie 21, also ein drittes Isotop, allerdings nur schwach nachzuweisen. Auch für Chlor scheint noch eine Komponente von der Masse 39,0 vorhanden zu sein (nach der Intensität der Bande geschützt) nur im Betrage von 1%.

Neben H_3 sind auch in manchen Gasen nach den Beobachtungen von J. J. Thomson noch die **Nebelelemente** (Nebulium = 3, und Coronium = 2,4; vgl. S. 194) erkennbar. Ein weiteres, noch nicht identifiziertes Element hat die Masse 3,5. Es entsteht, wenn Kathodenstrahlen auf Zirkonerde fallen (S. 190).

Argon hat die Masse 40,0; der At.-Gew.-Wert von 39,9 weicht um nur 0,1 ab; diese Abweichung ist durch einen 3%igen Gehalt an Metargon (Masse 36,0) verursacht. Der Wert 40,0 ist durch eine Reihe von Nebenmarken sichergestellt. Krypton besteht aus 6 Teilen mit den Massen 78 (nur wenig vorhanden), 80, 82, 83, 84, 86; Xenon aus 5 Teilen (Massen: 128, 130, 131, 133, 135).

Wasserstoff hat 3 Komponenten entsprechend den Atomen H, H_2, H_3 (vgl. S. 189). Die Atommasse hat den Wert 1,008, wie er auch nach den Methoden S. 21 gefunden ist. Es ist der e i n z i g e Wert, der keine ganze Zahl ist. Das läßt sich sofort aus den Photographien des Massenspektrums an der asymmetrischen Lage der H- gegen die Heliumlinien ablesen.

S t i c k s t o f f ist dagegen das einzige Element o h n e alle Isotopen.

Die von Harkins auf Grund des abweichenden Wertes des Packungseffektes (S. 199) 1915 vorausgesagte **Zusammensetzung des Chlors** aus 2 Isotopen ist in seinem Laboratorium durch großzügige Versuche von Broeker bestätigt worden (Science **51**, 289; 1920). Gewaltige Mengen Chlor (im Tag mehr als 1 cbm) wurden unter Druck heiß durch Systeme von Tonröhren gepreßt. Dabei werden die Atome gesiebt. Diejenigen mit kleinerer Masse gehen durch die Wände schneller hindurch. Das innerhalb der Röhren verbliebene Gas wird dichter und dichter, je öfter es diffundiert (siehe auch Nature **105**, 200; 1920 u. Phys. Review, Febr. 1920).

Zu **94.** S. 179 und zu **104.** S. 202. **Allotrope Formen der gasförmigen Elemente, besonders des Heliums. Aktiver Wasserstoff und Stickstoff.**

Helium besteht aus dem eigentlichen He und dem Parhe (S. 308). Beide Substanzen unterscheiden sich durch ihre Spektren. Der Unterschied beruht auf der verschiedenen Anordnung der Elektronenbahnen. Franck und Knipping (Vhdl. Phys. Ges. (3) **1**, 39; 1920 und ausführlich: ZS. Physik **1**, 320) haben gezeigt, daß auch das R e s o n a n z p o t e n t i a l (RV) beider Elemente v e r s c h i e d e n ist. Das eigentliche stabile He mit gekreuzten Elektronenbahnen hat ein RV von 21,3 V. Das instabile Parhe mit komplanaren Bahnen hat ein niedrigeres RV

(20,45 V.). Dieses wurde bisher allein beobachtet, doch war diese Beobachtung auf die Anwesenheit von Verunreinigungsspuren zurückzuführen, durch die sich von selbst das instabile in das stabile He umwandelt. In ganz reinem He tritt das Parhe-Spektrum bei 20,4 Volt nicht auf.

In ähnlicher Weise dürften sich auch die Beobachtungen über das Leuchten und die Umwandlung von aktiven Stickstoff (N_3, S. 179) und über den aktiven, Protowasserstoff (H_3 S. 202 und S. 312), dem Urbestandteil so vieler Elemente eindeutig erklären lassen.

Aktiver Wasserstoff ist durch elektrische Entladung oder durch Bestrahlung darstellbar (H. Wendt u. Landauer: J. Amer. Chem. Soc. **43**, 930; 1920). Chemisch ähnelt er sehr dem Ozon.

Zu **107.** **Zerlegbarkeit der Elemente.**

Im Anschluß an die grundlegenden Versuche von Rutherford (S. 202) entwickelt Lenz (Naturwiss. **8**, 181; 1920) Grundsätze, nach denen beim Zusammenstoß von schnellen α-Teilchen des Wasserstoffs und Heliums mit schweren Atomen eine Kernzerlegung möglich ist. Aus den bekannten At.-Gew. des zu zerlegenden Atoms und seiner vermutlichen Spaltteile läßt sich der zu erwartende Massendefekt (siehe **103.**, S. 198) berechnen. Er ist mit der Massenänderung zu vergleichen, die einer α-Strahlung gemäß der Einsteinschen Gleichung (siehe **93.**) entspricht. Zerlegung ist möglich, wenn der Defekt, als Maß für die Energie zur Trennung, kleiner ist als die Energie der α-Strahlung. Diese Energie beträgt $1{,}3 \cdot 10^{-5}$erg, also $1{,}3 \cdot 10^{-5}/9 \cdot 10^{20} = 1{,}45 \cdot 10^{-26}$g bezogen auf die Masse des H-Atoms ($1{,}64 \cdot 10^{-28}$g) = 0,009. Bei der Spaltung sind die Energien oder Strahlungen, welche die Spaltstücke noch besitzen, mit in Rechnung zu stellen.

Stickstoff zerfällt wahrscheinlich in Wasserstoff und Kohlenstoff: $N \rightarrow C + 2H$. Der Unterschied der At.-Gew. beträgt 0,007, Zerlegung ist also möglich. Der abspaltbare Wasserstoff besitzt nach den Messungen Rutherfords eine Energie, die einem scheinbaren At.-Gew. von 1,006 entspricht ($^2/_3$ der α-Strahlenergie). Es ist ein Zerfall wahrscheinlich, wenn $N - C \geqq 2{,}012$ ist. Die bisherigen Messungen der At.-Gew. sind nicht genau genug, um das zu entscheiden. Der Vorgang muß auch so sein, daß die α-Teilchen aus He ihre Energie zunächst ganz an das N-Atom abgeben und die Energie dann an das abfliegende α-Teilchen aus Wasserstoff übertragen wird.

Die Versuche Rutherfords über das Entstehen schneller Wasserstoffteilchen (mit der größeren Reichweite von 9 cm) in Sauerstoff kann man auch als Zerlegung des O in C und H deuten. Die Geschwindigkeit der α-Teilchen nimmt zu, weil bei der Aufspaltung Energie frei wird.

Zu **114.** S. 223. **Neue Heliumserie.**

Lyman (Nature **104**, 314; 1919) hat bei starker Funkenentladung Linien $_1$640,1; 1214,9 und 1084,7 aufgefunden. Diese gehören einer Serie an, für die $\tau_1 = 2$ zu setzen ist. Es sind die Linien, für welche $\tau_2 = 3$, 4 oder 5 ist.

Zu **118.** S. 242. **Röntgenstrahlen der I-Serien sind nicht nachweisbar.**

Duane und Shimizu (Phys. Review. **14**, 389; 1919) haben die Strahlung einer Al-Antikathode bei 70000 Volt untersucht. Das kontinuierliche Spektrum gab innerhalb des Bereiches von 0,18 bis $1{,}26 \cdot 10^{-8}$ cm keine Spur oder Andeutung einer charakteristischen Strahlung des Al.

Ebensowenig konnte Siegbahn und Wingardh (Phys. ZS. **21**, 83; 1920) mit einem neuen Präzisionsapparat zur Messung der Absorption von Röntgenstrahlen die Beobachtungen von Barkla und White, Williams und Owen über besondere Absorptionslinien, die einer J-Strahlung angehören, bestätigen. Die Absorption μ des Aluminiums ändert sich innerhalb der Wellen von 0,48 bis 0,78 ganz kontinuierlich nach der Gleichung $\mu = 3{,}42\ \lambda^{2 \cdot 78}$.

Zu **121.** **Atomgewichte.**

Durch die Entdeckungen von Aston über die zusammengesetzte Natur einiger Elemente, wie Chlor, Quecksilber, wird die theoretische Verwertbarkeit vieler Werte der Tabelle in Frage gestellt.

Der Wert des At.-Gew. von Fluor liegt sehr nahe an 19,0. Moles und Batuecas (J. Chim. phys. **17**, 537; 1919) fanden das At.-Gew. aus der Dichte von Methylfluorid zu 18,998.

Zu **37.** S. 67 und zu **135.** S. 324. **Pseudohalogene. Rhodan isoster dem Chlor.**

Ist die Gestalt der Atomhülle, die Zahl und die Verteilung der Valenzelektronen bei verschiedenen Substanzen gleich, so haben diese gleiche Eigenschaften. Was für Atome in der Hülle stecken, ist ohne Belang. So erklärt sich, daß Triphenylmethyl ein Metall ist. Das treffendste Gegenstück dazu bildet die Atomgruppe SCN (Rhodan), die vor kurzem in freiem Zustande von Bjerrum (und Kirschner, Danske Vidensk. Selskabs Skrifter **8**, V, 1; 1918) dargestellt und von Söderbeck (Lieb. Ann. **419**, 217; 1919) eingehend untersucht wurde. Das Rhodan ist ein Halogen. Es verdrängt Jod, und wird von Brom aus seinen Salzen verdrängt. Seine Lösungstension fügt sich in die der Halogene ein. Wir haben folgende Zahlenreihe: $2Cl'' \rightarrow Cl_2$ = 1,37 Volt; $2Br'' \rightarrow Br_2$ = 1,09 Volt; $2Rh'' \rightarrow Rh_2$ = 0,77 Volt; $2J'' \rightarrow J_2$ = 0,54 Volt.

Zu S. 119 und S. 160. **Berichtigung.**

Die **Lebensdauer** der Actinium-Emanation beträgt 3,92 Sekunden.

I. Sachverzeichnis.

II. Namenverzeichnis.

III. Verzeichnis und Titelabkürzungen

der in den Literaturangaben benutzten Zeitschriften und Veröffentlichungen gelehrter Gesellschaften.

A. Helvetica chimica acta, Bern. — Liebigs Annalen der Chemie, Leipzig (Lieb. Ann.). — Annalen der Physik, Leipzig (Ann. Phys.) und Annalen der Physik und Chemie (Gilb. Ann. und Pogg. Ann.). — Annales de chimie et de physique; jetzt Annales de physique, Paris (Ann. Chim. phys. oder Ann. de phys.). — Archiv der Pharmazie, Berlin. — Archiv für Philosophie, Berlin. — Archives néerlandaises des sciences exactes, Haarlem (Arch. néerl.). — Archives des sciences physiques et naturelles — Bibliothèque universelle —, Genève (Arch. Sc. Phys.). — Kolloidchemische Beihefte, Dresden. — Berichte der Deutschen Chemischen Gesellschaft, Berlin (Ber. Chem. Ges.). — Bulletin de la Société chimique, Paris (Bull. Soc. Chim.). — Chemikerzeitung, Cöthen (Chem. Ztg.). — Il Nuovo Cimento, Pisa (Nuov. Cim.). — Comptes-rendus de l'Association Francaise pour l'avancemant des Sciences, Paris. — The Electrician, London. — Engineering, London. — Gazzetta chimica, Rom. — Jahrbuch der Radioaktivität und Elektronik, Leipzig (Jahrb. Radioakt.). — American Chemical Journal, Baltimore. — The American Journal of Science, New-Haven (Sill. J.). — Astrophysical Journal, Chicago (Astroph. J.). — Journal of Physical Chemistry, Ithaca N. Y. — Journal für praktische Chemie, Leipzig (J. prakt. Chem., I. und neue Folge; N. F.). — Journal der Russischen Physikal-Chemischen Gesellschaft, Petersburg (J. Russ. Phys.). — Journal de chimie physique, Genf (J. chim. phys.). — Journal für reine und angewandte Mathematik, Berlin (Crelles J.). — Journal de physique théorique et appliquèe, Paris (J. de phys.). — Journal of the Chemical Society, London (J. Chem. Soc.). — Journal of the American Chemical Society, Easton (J. Amer. Chem. Soc.). — Journal of the Röntgen Society, London. — Ostwalds Klassiker der Naturwissenschaften, Leipzig. — The Geological Magazine, London. — The Philosophical Magazine, London (Phil. Mag.). — Memoires de la Société d'Arceuil, Paris. — Monatshefte für Chemie, Wien. — Astronomische Nachrichten Kiel. — Nature, London. — Natur und Offenbarung, Münster. — Die Naturwissenschaften, Braunschweig (Naturw.). — The Chemical News, London (Chem. News). — Monthly Notices of the R. Astronomical Society, London. — Proceedings of the Royal Institution, London (Proc. Roy. Inst.). — Proceedings of the Mathematical and Physical Society, Tokyo. — Proceedings of the Physical Society, London (Proc. Phys. Soc.). — Prometheus, Berlin. — Le Radium, Paris. — Report of the British Association for the advancement of Sciences, London (Brit. Assoc.). — Physical Review, New York (Phys. Rev.). — Revue Générale des Sciences, Paris. — Naturwissenschaftliche Rundschau, Braunschweig. — Sammlung chemischer und chemisch-technischer Vorträge, Stuttgart. — Science, New York. — Transactions of the Faraday Society, London. — Die Umschau, Frankfurt a. M. — Verhandlungen der Deutschen Physikalischen Gesellschaft, Braun, schweig (Vhdl. Phys. Ges.). — Verhandlungen des Naturwissenschaftlichen Vereins Karlsruhe. — Chemisch Weekblad, Amsterdam. — Zeitschrift für angewandte Chemie, Berlin (ZS. angew. Chem.). — Zeitschrift für anorganische Chemie, Hamburg (ZS. anorg. Chem.). — Zeitschrift für physikalische Chemie, Leipzig (ZS. phys. Chem.). — Zeitschrift für Elektrochemie, Halle (ZS. Elchem.). — Zeitschrift für Instrumentenkunde, Berlin. — Kolloid-Zeitschrift, Dresden. — Zeitschrift für Naturwissenschaften, Stuttgart. — Zeitschrift für Mathematik und Physik, Leipzig. — Zeitschrift für wissenschaftliche Photographie, Leipzig. — Physikalische Zeitschrift, Leipzig (Phys. ZS.). — Zeitschrift des Vereines Deutscher Ingenieure, Berlin (ZS. V. Ing.).

B. Amsterdam: Verslag van de gewone vergadering der Wis.- en Natuurkundige (Versl. Akad. Amsterd), ferner Proceedings of Academy. — Basel: Verhandlungen der Naturforschenden Gesellschaft. — Berlin: Sitzungsberichte (und Verhandlungen) der Kgl. Preuß. Akademie der Wissenschaften (Szber. Berl. Akad.). — Boston: Proceedings of the American Academy of Arts and Sciences. — Brüssel: Mémoires de l'Académie Royale de Belgique, Classe des Sciences. — Cambridge: Proceedings and Transactions of the Philosophical Society. — Dublin: Scientific Proceedings und Transactions of the Royal Dublin Society; Proceedings and Transactions of the Royal Irish Academy Science. — Edinburg: Proceedings of the Royal Society; Transactions of the Royal Society (Trans. Roy. Soc. Edinb.). — Göttingen: Nachrichten der Kgl. Gesellschaft der Wissenschaften (Gött. Nachr.). — Haarlem: Archives du Musée Teylor. — Halle: Abhandlungen der Naturforschenden Gesellschaft. — Heidelberg: Sitzungsberichte der Akademie der Wissenschaften; mathem.- naturwiss. Klasse. — Königsberg: Schriften der Physikalischen Ökonomischen Gesellschaft. — Kopenhagen: Det. Kgl. Danske Videnskabernes Selskabs Skriften, Naturvidenskabelig Afdeling. — Krakau: Bulletin international, de l'Académie des Sciences. — Leiden: Communication from the Physical Laboratory at the University, by Kamerlingh-Onnes (Comm. Leiden). — London: Proceedings und Philosophical Transactions of the Royal Society (Abt. A), (Proc. Roy. Soc.; Phil. Transact.). — Lund: Acta Universitatis Lundensis oder Lunds Universitets Årsskrift. — Manchester: Memoirs and Proceedings of the Literary and Philosophical Society. — München: Sitzungsberichte der Bayerischen Akademie der Wissenschaften. — Ottawa: Proceedings of the Royal Society of Canada. — Paris: 1. Comptes-rendus hebdômadaires des séauces del'Académie des Sciences (C. R.); 2. Memoires de l'Institut de France; 3. Travaux et mémoires du Bureau international des poids et mesures. — Petersburg: Bulletin (Isvestija) de l'Académie des Sciences. — Philadelphia: Journal, of Franklin Institute. — Rom: Atti (Rendiconti) della R. Accademia dei Lincei (Att. Rend. Linc.). — Stockholm: 1. K. Svenska Vetenskaps-Akademiens Handlingar; 2. Meddelanden från K. Vetenskapsakademiens Nobel Institut. — Washington: 1. Journal of the Wash. Acad. of Sciences; 2. Proceedings of the National Academy of Sciences; 3. Bulletin (Scientific papers) of the Bureau of Standards; 4. Report of the Superintendent of the Coast and Geodetic Survey; 5. Publications (Miscellaneous collections) of the Smithsonian Institute; 6. Publications, Carnegie Institute. — Wien: 1. Sitzungsberichte der Akademie der Wissenschaften (Abteilung IIa), (Szber. Wien. Acad.); 2. Anzeiger der Akademie; 3. Vorträge des Vereins zur Verbreitung naturwissenschaftlicher Kenntnisse. — Würzburg: Sitzungsberichte der physikalisch-medizinischen Gesellschaft. — Zürich: Vierteljahrsschrift der Naturforschenden Gesellschaft.

IV. Zu S. 260: **Abkürzungen** (symbolische Bezeichnung) **der Elemente** in der Reihenfolge ihrer Ordnungszahlen.

H: Wasserstoff
He: Helium
Li: Lithium
Be: Beryllium
B: Bor
C: Kohlenstoff
N: Stickstoff
O: Sauerstoff
F: Fluor
Ne: Neon
Na: Natrium
Mg: Magnesium
Al: Aluminium
Si: Silicium
P: Phosphor
S: Schwefel
Cl: Chlor
Ar: Argon
K: Kalium
Ca: Calcium
Sc: Scandium
Ti: Titan
V: Vanadin
Cr: Chrom
Mn: Mangan
Fe: Eisen
Co: Cobalt
Ni: Nickel
Cu: Kupfer
Zn: Zink
Ga: Gallium
Ge: Germanium
As: Arsen
Se: Selen
Br: Brom
Kr: Krypton
Rb: Rubidium
Sr: Strontium
Y: Yttrium
Zr: Zirkon
Nb: Niob
Mo: Molybdän
Ru: Ruthenium
Rh: Rhodium
Pd: Palladium
Ag: Silber
Cd: Cadmium
In: Indium
Sn: Zinn
Sb: Antimon
Te: Tellur
J: Jod
Xe: Xenon
Cs: Cäsium
Ba: Baryum
La: Lanthan
Ce: Cer
Pr: Praseodym
Nd: Neodym
Sm: Samarium
Eu: Europium
Gd: Gadolinium
Tb: Terbium
Dy: Dysprosium
Ho: Holmium
Er: Erbium
Tu: Thulium
Yb: Ytterbium
Ad: Aldebaranium
Lu: Lutetium
Cp: Cassiopeium
Ta: Tantal
W: Wolfram
Os: Osmium
Ir: Iridium
Pt: Platin
Au: Gold
Hg: Quecksilber
Tl: Thallium
Pb: Blei
Bi: Wismut
Po: Polonium
RaEm: Emanation
Ra: Radium
Act: Actinium
Th: Thorium
Pa: Protactinium
U: Uran

Kolibri 360 GmbH
Ferdinand-Jühlke-Straße 7
99095 Erfurt, Deutschland
produktsicherheit@kolibri360.de